EUL VERLAG

Die Anwendung der International Public Sector Accounting Standards (IPSAS) als funktionales Element einer Neuordnung der öffentlichen Verwaltung – Eine konzeptionelle und normative Analyse am Beispiel von Natur- und Kulturgütern –

Dissertation zur Erlangung des Grades eines
Doktors der Wirtschaftswissenschaft

eingereicht an der Fakultät für Wirtschaftswissenschaften
der Universität Regensburg

Vorgelegt von:
Dipl.-WiWi Daniel M. Blab

Berichterstatter: Prof. Dr. Axel Haller
em.o.Univ.Prof. Dkfm. Dr. Reinbert Schauer
Univ.Prof. Dr. Dennis Hilgers

Tag der Disputation: 16.07.2013

Dr. Daniel M. Blab

Die Anwendung der International Public Sector Accounting Standards (IPSAS) als funktionales Element einer Neuordnung der öffentlichen Verwaltung

Eine konzeptionelle und normative Analyse am Beispiel von Natur- und Kulturgütern

Mit einem Geleitwort von Prof. Dr. Axel Haller, Universität Regensburg

EUL VERLAG

Bibliografische Information der Deutschen Nationalbibliothek

Die Deutsche Nationalbibliothek verzeichnet diese Publikation in der Deutschen Nationalbibliografie; detaillierte bibliografische Daten sind im Internet über <http://dnb.d-nb.de> abrufbar.

Dissertation, Universität Regensburg, 2013

ISBN 978-3-8441-0305-2
1. Auflage Januar 2014

JOSEF EUL VERLAG GmbH
Brandsberg 6
53797 Lohmar
Tel.: 0 22 05 / 90 10 6-6
Fax: 0 22 05 / 90 10 6-88
E-Mail: info@eul-verlag.de
http://www.eul-verlag.de

Bei der Herstellung unserer Bücher möchten wir die Umwelt schonen. Dieses Buch ist daher auf säurefreiem, 100% chlorfrei gebleichtem, alterungsbeständigem Papier nach DIN 6738 gedruckt.

Geleitwort

Seit ca. drei Jahrzehnten bestehen mit schwankender Intensität Bestrebungen, die Verwaltung des öffentlichen Sektors zu reformieren. Unter dem Stichwort des *New Public Management* (NPM) wurden und werden in verschiedenen Ländern – darunter auch in Deutschland – aber auch auf internationaler Ebene Konzepte entwickelt, um die Effizienz sowie die Effektivität des öffentlichen Verwaltungshandelns und dadurch die gesamte Wohlfahrtsoptimierung zu verbessern. Ein wesentliches Element der Reformen ist die konzeptionelle und inhaltliche Umstellung des öffentlichen Rechnungswesens von dem tradierten, auf Zahlungsströmen und Budgets basierten kameralistischen Rechnungsstil auf das doppische System der Rechnungslegung, das schon seit Jahrhunderten in der Privatwirtschaft zur Anwendung kommt und durch eine periodengerechte Erfolgsermittlung charakterisiert ist. Hierdurch sollte eine realitätsnahe Abbildung der Vermögens-, Finanz- und Ertragslage von rechtlichen oder organisatorischen Wirtschaftseinheiten und damit eine bessere Ressourcenbewirtschaftung erreicht werden.

Da die Globalisierung auch vor dem öffentlichen Sektor nicht Halt macht, was u.a. an bestehenden Länderverbünden und -kooperationen (z.B. UN, NATO oder OECD) oder regionalen wirtschaftlichen bzw. politischen Zusammenschlüssen von Ländern (z.B. EU) deutlich wird, ergibt sich ein zunehmender Bedarf an international interpretier- und vergleichbaren, standardisierten Informationen zur wirtschaftlichen Lage und Aussicht von einzelnen Verwaltungseinheiten aber auch ganzen Staaten bzw. Volkswirtschaften. Deshalb werden seit ca. zwei Jahrzehnten vom International Public Sector Accounting Standards Board (IPSASB) die sog. International Public Sector Accounting Standards (IPSAS), die internationalen Berichterstattungsstandards für öffentliche Verwaltungseinheiten, in Analogie zu den für den privatwirtschaftlichen Sektor entwickelten International Financial Reporting Standards (IFRS) erarbeitet. Darüber hinaus entwickelt das IPSASB seit 2006 ein Rahmenwerk („*Public Sector Conceptual Framework*“), das als konzeptionelle Grundlage der Normenentwicklung dienen soll.

Vor diesem äußerst dynamischen Hintergrund der internationalen Normierung der Berichterstattung im öffentlichen Sektor leistet Herr Blab mit seiner Dissertationsschrift mehrere sehr nützliche Beiträge. Erstens dokumentiert und erläutert er die elementare Bedeutung der Reform des öffentlichen Rechnungswesens sowohl auf nationaler als auch internationaler Ebene für den Erfolg eines NPM. Dabei geht er auch ausführlich auf die Rolle ein, die hierbei das IPSASB spielt. Zweitens analysiert er die enge Verbundenheit zwischen den IFRS und den

IPSAS sowie deren wesentliche konzeptionelle Unterschiede. Drittens zeigt er den Entwicklungsprozess sowie den Status Quo der Entwicklung des IPSASB-Rahmenkonzepts auf. Schließlich entwickelt er auf Basis der bestehenden IPSAS sowie des aktuellen Framework-Entwurfs einen konkreten Vorschlag zur Bilanzierung und Berichterstattung von Natur- und Kulturgütern (*heritage assets*), ein Spezifikum des öffentlichen Sektors, das bisher weder durch die IFRS noch durch die IPSAS geregelt wird. Hiermit trägt er zur Schließung der bestehenden Normierungslücke bei und stimuliert eine bessere Erfüllung der Aufgaben des Rechnungswesens in der öffentlichen Verwaltung.

Regensburg, im Oktober 2013 Prof. Dr. Axel Haller

Vorwort des Verfassers

Die vorliegende Arbeit entstand während meiner Tätigkeit als wissenschaftlicher Mitarbeiter am Lehrstuhl für Financial Accounting and Auditing der Universität Regensburg. Sie wurde im Juni 2013 von der Fakultät für Wirtschaftswissenschaften der Universität Regensburg als Dissertation angenommen. Die Arbeit behandelt die Reform des Rechnungswesens im öffentlichen Sektor und thematisiert die Internationalisierung der Rechnungslegungsnormen für den Verwaltungsbereich durch die International Public Sector Accounting Standards (IPSAS), indem u.a. ein grundlegendes Rahmenkonzept für die IPSAS unter Rückgriff auf die Arbeiten des International Public Sector Accounting Standards Board und des International Accounting Standards Board entwickelt und dargestellt wird. Hierauf basierend wird eine Regelungslücke mit Vorschlägen zur Behandlung von Natur- und Kulturgütern (*heritage assets*) geschlossen.

Ich möchte das Vorwort nutzen, um mich bei all jenen zu bedanken, ohne die diese Arbeit nicht gelungen wäre. An erster Stelle gilt mein Dank meinem Doktorvater, Herrn Prof. Dr. Axel Haller, der mit seinem fachlichen Rat, seiner Motivation und seinen geschätzten Anregungen maßgeblich zum erfolgreichen Abschluss dieser Arbeit beigetragen hat. Herrn em.o.Univ.Prof. Dkfm. Dr. Reinbert Schauer danke ich für die Übernahme und rasche Ausfertigung des Zweitgutachtens und die Gastfreundschaft bei meinen Tagungsteilnahmen an der Johannes Kepler Universität Linz. Herrn Univ.Prof. Dr. Dennis Hilgers danke ich für seine spontane Bereitschaft als Prüfer in meiner Disputation tätig zu werden. Ebenfalls danken möchte ich Herrn Prof. Dr. Klaus Röder für die Übernahme des Disputationsvorsitzes.

Zur Anfertigung einer Dissertation ist ein kollegiales Umfeld sehr hilfreich. So gilt mein weiterer Dank all meinen ehemaligen und aktuellen Kolleginnen und Kollegen am Lehrstuhl für Financial Accounting and Auditing der Universität Regensburg für ihre stete Diskussionsbereitschaft, die produktive Zusammenarbeit und das durch Freundschaft geprägte Arbeitsklima. Ferner danke ich unserer Sekretärin, Frau Sonja Amann, für ihre Hilfsbereitschaft.

Eine wesentliche Unterstützung bei meinem Promotionsprojekt waren mir meine Familie und Freunde, wofür ich mich von ganzem Herzen bedanken möchte. Ein spezieller Dank gebührt meinen Schwestern Miriam und Nicola für ihre aufmunternden Worte. Ganz besonders danke ich meiner Freundin Maja für ihren Rückhalt, Zuspruch und ihr Verständnis. Die größte Dankbarkeit wird meinen Eltern zuteil, da sie mich auf meinem gesamten Lebensweg auf vielfältigste Art und Weise bedingungslos unterstützt haben. Ihnen ist die Arbeit gewidmet.

Regensburg, im November 2013 Daniel Blab

Inhaltsverzeichnis

Abbildungsverzeichnis

Tabellenverzeichnis

Abkürzungsverzeichnis

AASB	Australian Accounting Standards Board
Abs.	Absatz
AcSB	Canadian Accounting Standards Board
ADB	Asian Development Bank
a.F.	alte Fassung
AfA	Absetzung für Abnutzung
AfA-Tabelle „AV“	AfA-Tabelle für die allgemein verwendbaren Anlagegüter (AfA-Tabelle „AV“) (AV: Anlagevermögen)
AG	Aktiengesellschaft
AHK	Anschaffungs- oder Herstellungskosten
AllMBl.	Allgemeines Ministerialblatt Bayern
a.M.	am Main
Amtsbl.	Amtsblatt
Art.	Artikel
ASB	Accounting Standards Board
Aufl.	Auflage
AV	Alternative View (sonst: Anlagevermögen)
BB	Brandenburg
BC	Basis for Conclusions
BewertL	Bewertungsleitfaden
BewertR	Bewertungsrichtlinie
BewertRL	Bewertungsrichtlinie
BGBl.	Bundesgesetzblatt
BHO	Bundeshaushaltsordnung
BilMoG	Bilanzrechtsmodernisierungsgesetz
BNatSchG	Gesetz über Naturschutz und Landschaftspflege
BW	Baden-Württemberg
BY	Bayern
bzgl.	bezüglich
bzw.	beziehungsweise
ca.	circa
CAPE	Committee on Accounting for Public-benefit Entities

CF	Conceptual Framework
CF-ED	Conceptual Framework Exposure Draft
CGU	Cash-generating Unit
CICA	Canadian Institute of Chartered Accountants
CIGAR	Comparative International Governmental Accounting Research Network
CP	Consultation Paper
CVM	Contingent Valuation Method
DCF	Discounted Cash Flow
d.h.	das heißt
DÖRS	Deutsche Öffentliche Rechnungslegungsstandards
Doppik	Doppelte Buchführung in Konten
DP	Discussion Paper
DRS	Deutscher Rechnungslegungs Standard(s)
DRSC	Deutsches Rechnungslegungs Standards Committee
DSchG	Denkmalschutzgesetz
EB	Erstbewertung
ED	Exposure Draft
EFRAG	European Financial Reporting Advisory Group
EG	Europäische Gemeinschaft
e.g.	for example
EIB	Europäische Investitionsbank
EPOS.NRW	Einführung von Produkthaushalten zur Outputorientierten Steuerung. Neues Rechnungswesen
EPSAS	European Public Sector Accounting Standard(s)
EröffBilSoRL	Sonderrichtlinien zur Bewertung in der Eröffnungsbilanz
ESA	European System of Accounts
EStG	Einkommensteuergesetz
ESVG	Europäisches System Volkswirtschaftliche Gesamtrechnung
et al.	et alli
etc.	et cetera
EU	Europäische Union
EUR	Euro
Eurostat	Statistisches Amt der Europäischen Union

e.V.	eingetragener Verein
F	IASB-Framework
f.	folgende
FASAB	Federal Accounting Standards Advisory Board
FASB	Financial Accounting Standards Board
FB	Folgebewertung
FEE	Fédération des Experts Comptables Européens
ff.	fortfolgende
Fn.	Fußnote(n)
FRS	Financial Reporting Standard(s)
FSD&A	Financial Statement Discussion and Analysis
F BC	IASB-Framework, Basis for Conclusions
F OB	IASB-Framework, Objectives
F QC	IASB-Framework, Qualitative Characteristics
GASB	Governmental Accounting Standards Board
GASBS	Governmental Accounting Standards Board Statement(s)
GBE	Government Business Enterprises
GBl.	Gesetzblatt des Landes Baden-Württemberg
GemEBilBewVO	Gemeindeeröffnungsbilanz-Bewertungsverordnung
GemHKVO	Gemeindehaushalts- und -kassenverordnung
GemHVO	Gemeindehaushaltsordnung
GemKVO	Gemeindekassenverordnungen
GemO/GO	Gemeindeordnung
GFS	Government Finance Statistics
GFSM	Government Finance Statistics Manual
GG	Grundgesetz
GmbH	Gesellschaft mit beschränkter Haftung
GN	Guidance Note
GoB	Grundsätze ordnungsmäßiger Buchführung
GöHR	Grundsätze des öffentlichen Haushalts- und Rechnungswesens
GoöB	Grundsätze ordnungsmäßiger öffentlicher Buchführung
GoöL	Grundsätze ordnungsmäßiger öffentlicher Leistungsrechnung
GoöPL	Grundsätze ordnungsmäßiger öffentlicher Planung und Leistungsrechnung

GRI	Global Reporting Initiative
GPFR	General Purpose Financial Reporting
GPFS	General Purpose Financial Statements
GPSS	German Public Sector Standards
GuV	Gewinn- und Verlustrechnung
GV.	Gesetz- und Verordnungsblatt
GVBl.	Gesetz- und Verordnungsblatt
GVOBl.	Gesetz- und Verordnungsblatt
HE	Hessen
HGB	Handelsgesetzbuch
HGO	Hessische Gemeindeordnung
HGrG	Haushaltsgrundsätzegesetz
HGrGMoG	Haushaltsgrundsätzemodernisierungsgesetz
Hrsg.	Herausgeber
IAS	International Accounting Standard(s)
IASB	International Accounting Standards Board
IASC	International Accounting Standards Committee
ICOMOS	International Council on Monuments and Sites
i.d.R.	in der Regel
IDW	Institut der Wirtschaftsprüfer in Deutschland e.V.
IDW ERS ÖFA	Entwurf IDW Stellungnahme zur Rechnungslegung – Fachausschuss für öffentliche Unternehmen und Verwaltungen
IFAC	International Federation of Accountants
IFAC-PSC	International Federation of Accountants-Public Sector Committee
IFAC-IPSASB	International Federation of Accountants-International Public Sector Accounting Standards Board
IFRIC	International Financial Reporting Interpretations Committee
IFRS	International Financial Reporting Standard(s)
IG	Implementation Guidance
IIRC	International Integrated Reporting Council
IMK	Ständige Konferenz der Innenminister und -senatoren
INTOSAI	International Organization of Supreme Audit Institutions
IÖR	Integriertes Öffentliches Rechnungswesen
IPR	Integrierte Produktrahmen

IPSAS	International Public Sector Accounting Standard(s)
IPSASB	International Public Sector Accounting Standards Board
i.V.m.	in Verbindung mit
IVS	International Valuation Standard(s)
IVSC	International Valuation Standards Council
IWF/IMF	Internationaler Währungsfonds/International Monetary Fund
JA	Jahresabschluss
Jg.	Jahrgang
Kfz	Kraftfahrzeug
KGSt	Kommunale Gemeinschaftsstelle für Verwaltungsmanagement
KLR	Kosten- und Leistungsrechnung
KommHV-Doppik	Kommunalhaushaltsverordnung-Doppik
Landes-KLR M-V	Landes-Kosten-Leistungsrechnung Mecklenburg-Vorpommern
LHO	Landeshaushaltsordnung
LoHN	Leistungsorientierte Haushaltswirtschaft Niedersachsen
MBl. LSA	Ministerialblatt Land Sachsen-Anhalt
MHR	Modernisierung des Haushalts- und Rechnungswesens
MoU	Memorandum of Understanding
MV	Mecklenburg-Vorpommern
m.w.N.	mit weiteren Nachweisen
NATO	North Atlantic Treaty Organization
NFM	Neues Finanzmanagement
NHH	Neues Haushaltswesen Hamburg
NI/NDS	Niedersachsen
NKF	Neues Kommunales Finanzmanagement
NKFW	Neues Kommunales Finanzwesen
NKHR	Neues Kommunales Haushalts- und Rechnungswesen
NKR	Neues Kommunales Rechnungswesen
NKRS	Neues Kommunales Rechnungs- und Steuerungssystem
No.	Number
NPM	New Public Management
NPÖ	Neue Politische Ökonomie
Nr.	Nummer
NRW	Nordrhein-Westfalen

NSI	Neue Steuerungsinstrumente
NSM	Neues Steuerungsmodell
NVS	Neue Verwaltungssteuerung
NZ IAS	New Zealand International Accounting Standard(s)
NZICA	New Zealand Institute of Chartered Accountants
OECD	Organisation for Economic Co-operation and Development
öGoB	öffentliche Grundsätze ordnungsmäßiger Buchführung
ÖPRS	Öffentlichen Planungs- und Rechnungslegungsstandards
ÖRS	öffentliche Rechnungslegungsstandards
o.V.	ohne Verfasser
PhD	Doctor of Philosophy
Pkt.	Punkt
Pkw	Personenkraftwagen
PÖ	Politische Ökonomie
PPP	Public Private Partnership(s)
PP&E	Property, Plant and Equipment
PSAB	Public Sector Accounting Board
PSC	Public Sector Committee
PS MC	IFRS Practice Statement „Management Commentary“
RE	Reporting Entity
Rn.	Randnummer(n)
RP	Rheinland-Pfalz
RPG	Recommended Practice Guideline
S.	Seite(n)
SächsKomHVO	Sächsische Kommunalhaushaltsverordnung
SEC	Securities and Exchange Commission
SFAC	Statement of Financial Accounting Concepts
SFFAS	Statement of Federal Financial Accounting Standards
SH	Schleswig-Holstein
SIC	Standing Interpretations Committee
SL	Saarland
SMC	Specific Matter for Comment
SME	Small and Medium-sized Entities
SN	Sachsen

SNA	System of National Accounts
sog.	sogenannte/n/s
SORP	Statements of Recommended Practice
Sp.	Spalte(n)
ST	Sachsen-Anhalt
ThürGemBV	Thüringer Gemeindebewertungsverordnung
ThürGemHV	Thüringer Gemeindehaushaltsverordnung
Tz.	Textziffer
u.a.	unter anderem/und andere
UARG	Unterausschuss „Reform des Gemeindehaushaltsrechts“
UK	United Kingdom
UN	United Nations
UNDP	United Nations Development Programme
UNESCO	United Nations Educational, Scientific and Cultural Organization
USA	United States of America
US-GAAP	United States-Generally Accepted Accounting Principles
VFE-Lage	Vermögens-, Finanz- und Ertragslage
VGR	Volkswirtschaftliche Gesamtrechnung
VKR	Verwaltungskontenrahmen
vgl.	vergleiche
VO	Verordnung
XRB	External Reporting Board
z.B.	zum Beispiel
z.T.	zum Teil

1. Problemstellung und Aufbau der Arbeit

Der auf MAX WEBER[1] zurückgehende, in westlichen Industrienationen vorherrschende Bürokratismus prägte mit seinen starren Strukturen, insbesondere durch strikte Kompetenzordnung, feste Hierarchien und Beamtentum, bis Mitte der 1970er Jahre den öffentlichen Verwaltungsbereich. Ende der 1970er Jahre begann ein Umdenken in Bezug auf die Leistungsfähigkeit des Bürokratismus, da die durch den Ölpreisschock verursachte Wirtschaftskrise zu steigenden Arbeitslosenzahlen, sinkenden Steuereinnahmen sowie erhöhten Sozialausgaben führte und die Staatsfinanzen, wie z.B. in Neuseeland, bis an den Rand eines Staatsbankrotts belastete.[2] Einhergehend mit dieser ökonomischen Krise sind ein durch die Globalisierung forcierter Standortwettbewerb, eine Bürokratie- und Politikverdrossenheit der Bürger und ein gesellschaftlicher Wandel zum Individualismus, der auch innerhalb der Verwaltungen die öffentlich Bediensteten dazu veranlasst, nach Tätigkeitsgebieten mit Eigenverantwortung und entwicklungsfähigen Arbeitsinhalten zu streben, als Rahmenbedingungen für das New Public Management (NPM)[3] anzusehen. Um das Verwaltungshandeln effizienter und effektiver ausgestalten zu können, werden als Konsequenz die im privatwirtschaftlichen Unternehmensbereich bewährten Managementmethoden und -instrumente auf den öffentlichen Sektor übertragen und angepasst.

Ausgehend von der hohen Verschuldung und einer dadurch eingeschränkten Handlungsfähigkeit[4] ist im öffentlichen Sektor durch die New Public Management-Bewegung ein erheblicher Umbruch angestoßen worden, der sich u.a. auch in der Reform des öffentlichen Rechnungswesens von dem kameralistischen zum doppischen Rechnungsstil ausdrückt. Dieser Schritt wurde erforderlich, da „die Aussagekraft des kameralistischen Rechnungswesens [...] als eingeschränkt angesehen werden“[5] muss. LÜDER formulierte es so: „Mit der Fortführung der Kameralistik in traditioneller oder auch modifizierter Form kann keine Regierung glaubhaft machen, dass sie wirtschaftlich handeln will und kann, dass sie (finanziell) nachhaltig und generationengerecht handeln will und kann, [und] dass sie ernsthaft gewillt ist, über ihre finanziellen Transaktionen und ihre finanzielle Lage gegenüber der Öffentlichkeit transparent

1 Vgl. grundlegend zum Bürokratismus Weber, M. (1972).

2 Vgl. Budäus, D./Grüning, G. (1998), S. 4-5; Thom, N./Ritz, A. (2008), S. 12.

3 Vgl. zum New Public Management z.B. Budäus, D. (1994); Grüning, G. (2000); Naschold, F./Bogumil, J. (1998); Pollitt, C./Bouckaert, G. (2004); Reinermann, H. (2000a); Schedler, K. (2003a); Schedler, K./Proeller, I. (2009); Schröter, E./Wollmann, H. (2005).

4 Vgl. zur Auswirkung der Wirtschafts- und Finanzkrise 2008/2009 auf die öffentlichen Haushalte Bräuninger, M. (2010), S. 53-64.

5 Schauer, R. (2007), S. 10.

und umfassend Rechnung zu legen“[6]. Durch ein doppisch geführtes Rechnungswesen kann eine transparente Darstellung der Vermögens-, Finanz- und Ertragslage der Verwaltungseinheit erreicht werden, um darauf aufbauend auch durch vergleichbare internationale Rechnungslegungsnormen das Politik- und Verwaltungshandeln i.V.m. weiteren Instrumenten, wie z.B. Leistungsindikatoren, transparenter, effizienter und effektiver zu machen.[7]

Durch die Globalisierung haben neben dieser Reform des Rechnungsstils auch die Internationalisierungsbestrebungen der Rechnungslegungsnormen, wie sie im Unternehmensbereich z.B. durch die IAS-Verordnung[8], die die Anwendung der International Financial Reporting Standards (IFRS) für kapitalmarktorientierte Mutterunternehmen mit Sitz in einem EU-Mitgliedstaat für den Konzernabschluss verpflichtend vorschreibt, Auswirkungen, da der privatwirtschaftliche Unternehmenssektor für die Modernisierung des Verwaltungsbereichs als Referenzrahmen gilt. Das International Public Sector Accounting Standards Board (IPSASB) hat sich zur Aufgabe gemacht, qualitativ hochwertige Rechnungslegungsstandards für den öffentlichen Sektor (International Public Sector Accounting Standards; IPSAS) zu entwickeln, durch deren Akzeptanz die Konvergenz internationaler und nationaler Standards erleichtert und somit eine weltweit vereinheitlichte Berichterstattung im öffentlichen Sektor ermöglicht werden soll.[9] Hierbei liegt die Erkenntnis zugrunde, „dass in einer Zeit weltumspannender Herausforderungen das nationalökonomische Ziel der Wohlfahrtsmehrung global zu interpretieren und realisieren ist, was auch international einheitliche Maße der Wohlfahrtsmessung bedingt“[10]. Wie der Privatsektor ist auch der öffentliche Bereich durch internationale Länderverbünde und -kooperationen (wie UN, NATO oder die OECD) und regionale wirtschaftliche und politische Zusammenschlüsse von Ländern (wie z.B. die EU) geprägt, die international vergleichbare gesellschaftliche Leistungsmaße benötigen.[11] Alle diese Institutionen haben die IPSAS bereits für ihre eigene Rechnungslegung eingeführt. Außerdem unterstützen z.B. die Weltbank und der Internationale Währungsfonds (IWF) Entwicklungsländer nur dann finanziell, wenn diese Länder die IPSAS für ihre eigene Rechnungslegung anwenden und damit eine transparente Rechenschaft über die Mittelverwendung ablegen können.[12] Die Bedeutung der IPSAS wird weiter zunehmen, da zu erwarten ist, „dass mittelfristig die IPSAS schon auf-

---

6 Lüder zitiert nach Schauer, R. (2007), S. 10-11 (im Original mit Aufzählungspunkten). Zitat aus einem Vortrag der 2. Hamburger Fachtagung zur Reform des staatlichen Rechnungswesens im November 2006.

7 Vgl. Ball, I. (2012), S. 35-40; Bergmann, A. (2012), S. 20.

8 Kurzform für die „EG-Verordnung Nr. 1606/2002 betreffend die Anwendung internationaler Rechnungslegungsstandards“. Vgl. auch Coenenberg, A. G./Haller, A./Schultze, W. (2012), S. 13-14.

9 Vgl. IFAC-IPSASB (2012h), Preface, Tz. 5.

10 Haller, A./Blab, D. (2009), S. 445.

11 Vgl. Haller, A./Blab, D. (2009), S. 445; Lüder, K. (2002), S. 165; Lüder, K. (2003a), S. 407-409.

12 Vgl. Srocke, I. (2004), S. 57.

grund der internationalen Harmonisierungszwänge das zentrale Referenzsystem des öffentlichen Haushalts- und Rechnungswesens sein werden“[13].

Die IPSAS basieren, soweit wie möglich, auf den IFRS und werden, falls nötig, an die Besonderheiten des öffentlichen Sektors angepasst. Des Weiteren müssen für Sachverhalte, die im Unternehmensbereich nicht auftreten und deshalb auch nicht durch die IFRS geregelt sind (z.B. erhobene Steuern, soziale Leistungsverpflichtungen), eigenständige IPSAS entwickelt werden. Für neu zu konzipierende IPSAS und auch bestehende Regelungslücken bedarf es eines noch zu erarbeitenden, eigenständigen und auf die öffentlichen Zwecke ausgerichteten Rahmenkonzeptes (momentan ist für die IPSAS noch auf das IASB-Framework zurückzugreifen), das die grundlegenden Konzepte und Prinzipien der IPSAS enthält. Hierzu hat das IPSASB im Jahr 2006 die Entwicklung eines eigenständigen Framework in den Projektplan, als „*Public Sector Conceptual Framework*“ bezeichnet, aufgenommen und in vier Phasen unterteilt. Phase 1 (Rolle, Geltungs- und Anwendungsbereich; Zielsetzung und Adressaten; qualitative Anforderungen; berichterstattende Einheit) wurde bereits finalisiert, zur Phase 2 (Abschlussposten, Ansatz- und Realisationsgrundsätze), Phase 3 (Bewertungsgrundsätze) und Phase 4 (Ausweis) wurden Exposure Drafts veröffentlicht; das gesamte Framework-Projekt soll bis März 2014 abgeschlossen sein.[14]

In der Literatur wird kritisch angemerkt, dass sich in Deutschland seit gut 20 Jahren die Forschung (gerade aus Sicht der Betriebswirtschaftslehre) nur am Rande mit dem öffentlichen Sektor und auch der öffentlichen Rechnungslegung befasst und befassen kann, da immer mehr Lehrstühle für das Fach „Public Management“ aufgegeben und umgewidmet wurden.[15] In dieser Entwicklung liegt eine hohe Diskrepanz zum tatsächlichen Bedarf und sollte zu einem Umdenken der Entscheidungsträger in Politik und Verwaltung führen, um diese gesellschaftliche Unverantwortlichkeit zu beheben.[16] Der Staat finanziert einerseits in erheblichem Umfang die Lehre und Forschung zum effizienten und effektiven Management privatwirtschaftlicher Unternehmen und leistet sich andererseits für die Weiterentwicklung der eigenen Organisation im Sinne eines „Public Management“ nicht einmal eine Handvoll an Lehrstüh-

13 Budäus, D. (2009a), S. 36. „*We must speak the same accounting language*!“; Hoogervorst, H./Teitler-Feinberg, E. (2012), S. 321. Diese Forderung gilt nicht nur für den Unternehmensbereich, sondern auch für den öffentlichen Sektor.

14 Vgl. IFAC-IPSASB (2012i), Appendix B, S. 12.

15 Vgl. Budäus, D. (2006b), S. 119-120; Budäus, D. (2009a), S. 45; Budäus, D./Hilgers, D. (2010a), S. 104-105; Mülhaupt, L. (1993), S. 104.

16 Vgl. Budäus, D. (2006b), S. 119; Budäus, D. (2009a), S. 45; Budäus, D./Hilgers, D. (2010a), S. 104-105.

len, und dass obwohl die Bedeutung des öffentlichen Sektors bei einer Staatsquote von fast 50% offensichtlich ist.[17]

In der vorliegenden Arbeit wird diese Kritik aufgegriffen und die Internationalisierung des öffentlichen Rechnungswesens thematisiert.[18] Ausgehend von der Reform im öffentlichen Haushalts- und Rechnungswesen und der Umstellung auf den doppischen Rechnungsstil werden insbesondere die Aktivitäten des IPSASB vertieft betrachtet.[19] Zielsetzung der Arbeit ist die Entwicklung eines konzeptionellen Rahmens (Framework) für die IPSAS,[20] um darauf basierend im weiteren Verlauf der Arbeit die fehlende, detaillierte Regelung der IPSAS zur Bilanzierung von Natur- und Kulturgütern zu schließen.

Hierzu wird in dem ersten Themenschwerpunkt der Arbeit das begonnene Framework-Projekt des IPSASB mit dem IASB-Rahmenkonzept verglichen und die zwingend durch die besonderen Erfordernisse des öffentlichen Sektors bestehenden Unterschiede herausgearbeitet und gewürdigt.

Im zweiten Themenschwerpunkt werden die gewonnenen Erkenntnisse zum IPSASB-Framework auf ihre Tauglichkeit überprüft, indem eine Regelungslücke der IPSAS auf Basis des IPSASB-Framework und der Übertragung bestehender IPSAS geschlossen wird. Die Arbeit befasst sich hierzu mit der Bilanzierung von Natur- und Kulturgütern (*heritage assets*) und legt den „*focus on the highly topical area of art and heritage assets within government*“[21]. Momentan gibt es keine verbindlichen Regelungen, wie mit *heritage assets* nach IPSAS zu verfahren ist, da IPSAS 17 und IPSAS 31 nur allgemeine Hinweise enthalten. Aus diesem Grund hat das IPSASB bereits im Jahr 2004 mit den Vorarbeiten zum Projekt „*Heritage Assets*“ begonnen, um noch ungeklärte Ansatz- und Bewertungsfragen zu Natur- und Kulturgütern zu lösen, die eine Vergleichbarkeit der Abschlüsse und eine den tatsächlichen Verhältnissen entsprechende Darstellung der Vermögens-, Finanz- und Ertragslage der Verwaltungseinheit verhindern. Derzeit ruht das Projekt beim IPSASB, so dass in der Arbeit die Überlegungen des diesbezüglichen Consultation Paper zwar beachtet werden, aber ein

17 Vgl. Budäus, D. (2006b), S. 119-120; Budäus, D. (2009a), S. 45; Budäus, D./Hilgers, D. (2010a), S. 104-105. Zusätzlich wird angemahnt, dass die wenigen Lehrstühle, nicht wie in der Vergangenheit geschehen, mit fachfremden Professoren besetzt werden sollen.

18 Hierzu wird in der Arbeit auch immer wieder ein Bezug zu den Entwicklungen in Deutschland hergestellt.

19 In der vorliegenden Arbeit ist der Bearbeitungsstand für die Entwicklungen beim IPSASB bis Ende April 2013 berücksichtigt.

20 Im deutschen Schrifttum fehlt bis heute eine eingehende Diskussion des IPSASB-Framework; vgl. Müller-Marqués Berger, T. (2012b), S. S79.

21 Caperchione, E./Lapsley, I. (2011), S. 104.

eigener Vorschlag entwickelt wird, wie Natur- und Kulturgüter nach den IPSAS zu bilanzieren sind.

Kapitel 1: Einleitung

⇩

Kapitel 2: Darstellung des Aufbaus und der Organisation des öffentlichen Sektors

⇩

Kapitel 3: Darstellung der Grundlagen und Zwecke des öffentlichen Haushalts- und Rechnungswesens

⇩

Kapitel 4: Darstellung der Reform des öffentlichen Haushalts- und Rechnungswesens

⇩

Kapitel 5: Darstellung der internationalen Rechnungslegungsnormen (IPSAS) für den öffentlichen Sektor

⇩

Kapitel 6: Erarbeitung eines Rahmenkonzeptes für das IPSASB

⇩

Kapitel 7: Vorschlag zur Kategorisierung und Bilanzierung von Natur- und Kulturgütern

⇩

Kapitel 8: Schlussbetrachtung

Abbildung 1: Aufbau der Arbeit[22]

Die Arbeit ist in acht Kapitel unterteilt.[23] Nach dem einführenden **Kapitel 1** wird in **Kapitel 2** der grundsätzliche Aufbau und die Organisation des öffentlichen Sektors dargestellt. Zunächst wird ausgehend von dem übergeordneten öffentlichen Zweck der Gemeinwohlorientierung und Wohlfahrtsmaximierung auf die daraus resultierenden öffentlichen Ziele eingegangen, die von Politik und Verwaltung zu formulieren sind. Im öffentlichen Sektor herrscht im Gegensatz zum privatwirtschaftlichen Unternehmensbereich eine Sachzielorientierung (Leistungsziele) vor, und Formalziele (Erfolgs- und Finanzziele) treten in den Hintergrund, da auch immer die intergenerative bzw. -periodische Gerechtigkeit und somit der Nachhaltigkeitsaspekt beachtet werden müssen. Um die öffentlichen Zwecke und Ziele erreichen zu können, sind diese in konkreten öffentlichen Aufgaben umzusetzen. Die Art und Weise der öffentlichen Aufgabenerfüllung wurde seit Ende der 1970er Jahre durch die NPM-Bewegung beeinflusst, die sich in drei Ausprägungsdimensionen (ein neues Rollenverständnis von Staat und Verwaltung, eine externe Strukturreform und eine Binnenreform) unterteilen lässt. Neben der Darstellung des NPM wird dessen Umsetzung in Deutschland thematisiert und des Weiteren auf das 3-Ebenen-Konzept eingegangen, dass den Steuerungskreislauf zwischen Politik und Verwaltung auf der Planungs- und Kontrollebene darstellt. Hieraus lassen sich die Zusammen-

22 Quelle: Eigene Darstellung.
23 Abbildung 1 veranschaulicht graphisch den Aufbau der Arbeit.

hänge zwischen der Kostenwirtschaftlichkeit, Effizienz und Effektivität des Verwaltungshandelns ableiten.

Eine wesentliche Komponente des NPM ist die Reform des öffentlichen Haushalts- und Rechnungswesen, das in **Kapitel 3** betrachtet wird. Da ein Haushalts- und Rechnungswesen nicht zum Selbstzweck eingeführt und umgesetzt wird, werden dessen Funktionen in Form des Schutzzwecks und der internen Steuerungs- und Entscheidungsunterstützung aufgezeigt. Zusätzlich werden in diesem Kapitel die Adressaten des öffentlichen Rechnungswesens herausgearbeitet, da im öffentlichen Sektor vernetzte Prinzipal-Agenten-Beziehungen bestehen und die darin auftretenden Informationsasymmetrien mit den Informationen des Rechnungswesens ausgeglichen werden können und sollen.

Die Arbeit beschäftigt sich in **Kapitel 4** mit der notwendigen Reform des öffentlichen Haushalts- und Rechnungswesens, um für eine effizientere und effektivere Verwaltungsführung die notwendige Informationsbasis bereitstellen zu können. Zunächst wird der Reformbedarf ermittelt, indem die Defizite der Kameralistik und die Vorteile der Doppik aufgezeigt werden. Anschließend wird darauf eingegangen, wie die doppischen Berichtsinstrumente der Vermögens-, Finanz- und Ergebnisrechnung zusammen mit der Kosten- und Leistungsrechnung zu einem integrierten Verbundsystem zusammenzufassen sind, um den besonderen Entscheidungs- und Steuerungsanforderungen an ein öffentliches Haushalts- und Rechnungswesen gerecht werden zu können. Das Kapitel schließt mit einem Überblick über den internationalen und nationalen Reformstand zur Umstellung auf ein doppisch geführtes öffentliches Rechnungswesen, um den Handlungsbedarf für eine internationale Vergleichbarkeit aufzeigen zu können.

Der Bedarf an international vergleichbaren Rechnungslegungsinformationen und damit an einer Harmonisierung der Rechnungslegungsvorschriften für den öffentlichen Sektor wird zu Beginn in **Kapitel 5** thematisiert. Kern dieses Kapitels ist das IPSASB, das als Standardsetter der internationalen Rechnungslegungsnormen für den öffentlichen Sektor (IPSAS) fungiert. Zunächst werden der organisatorische Aufbau und der Aufgabenbereich des IPSASB dargestellt, um im Anschluss auf den Geltungsbereich der IPSAS einzugehen. Zusätzlich wird die Bedeutung der IPSAS herausgearbeitet, indem Anwendungschancen und -hindernisse angeführt werden. Abschließend wird der Entwicklungsprozess eines neuen Standards des IPSASB skizziert, indem die Anlehnung der IPSAS an die IFRS (soweit es die besonderen Anforderungen des öffentlichen Sektors zulassen) aufgezeigt wird. Zusätzlich wird auf ausgewählte, aktuelle IPSASB-Projekte (Langfristige Tragfähigkeit öffentlicher Finanzen, Leistungs- und Wirkungsberichterstattung, erläuternde Berichterstattung), die insbesondere der Rechenschaft und der Nachhaltigkeitsorientierung geschuldet sind, eingegangen.

Im anschließenden **Kapitel 6** werden die Grundlagen für die Anforderungen an ein Rahmenkonzept des IPSASB gelegt. Hierbei werden nationale Entwicklungen und das IASB-Framework als Referenzrahmen für ein internationales Rahmenkonzept für den öffentlichen Sektor herangezogen, da die Erkenntnisse des Unternehmenssektors und hier im Speziellen der IFRS grundsätzlich als Bezugsbasis für die IPSAS mit entsprechenden Anpassungen geeignet sind. Die Struktur des IASB-Framework wird in Hinblick auf Konzeption, Aufbau und Inhalt für das zu entwickelnde Rahmenkonzept des IPSASB übernommen. Es wird in diesem Kapitel auf die einzelnen Aspekte eines Framework wie Anwendungsbereich, Zielsetzung der Berichterstattung, Abschlussadressaten und deren Informationsbedürfnisse, berichterstattende Einheit, qualitative Anforderungen an die gewährten Informationen, Definition der Abschlussposten, Ansatz- und Bewertungskriterien, Kapital- und Kapitalerhaltungskonzepte sowie Ausweisfragen eingegangen, indem die IASB-Regelungen den Vorschlägen des IPSASB gegenübergestellt und kritisch gewürdigt werden.

Mit den in Kapitel 6 gewonnenen Erkenntnissen können die Regelungslücken zur Bilanzierung von Natur- und Kulturgütern nach den IPSAS geschlossen werden. Das IPSASB hat zwar das Projekt „*Heritage Assets*“ angestoßen, hat es aber bis heute noch nicht beendet. Deshalb werden in **Kapitel 7** Natur- und Kulturgüter zunächst definiert, Besonderheiten herausgearbeitet und deren Bedeutung und wissenschaftliche Diskussion aufgezeigt. Im Anschluss wird die Regelungslücke der IPSAS verdeutlicht, die momentan mögliche, aber unverbindliche und nicht verpflichtende Berücksichtigung der IPSAS 17 und IPSAS 31 für *heritage assets* dargestellt und auf weitere relevante IPSASB-Regelungen eingegangen. Des Weiteren wird in diesem Kapitel grundlegend diskutiert, wie *heritage assets* zu bilanzieren sind, da es national wie international keine einheitlichen und vergleichbaren Regelungen zum Ansatz, zur Bewertung und zum Ausweis von Natur- und Kulturgütern gibt. Hierzu werden Ansatzkriterien, unterschiedliche Bewertungsmaßstäbe und -methoden (sowohl des IPSASB-Framework als auch in der Literatur diskutierte) dargestellt, auf ihre Eignung überprüft und es wird ebenfalls auf die Ausweisfrage von Natur- und Kulturgütern eingegangen. Auf diesen Erkenntnissen aufbauend, wird eine eigenständige Systematisierung der Natur- und Kulturgüter vorgenommen, anhand derer die bestehenden IPSAS-Regelungen, soweit wie möglich, auf die speziellen Charakteristika der Natur- und Kulturgüter angewendet werden können und in Teilbereichen zu ergänzen sind.

Das letzte **Kapitel 8** beschließt die Arbeit mit einer Zusammenfassung zum IPSASB-Framework und zur Bilanzierung von *heritage assets*. Da die öffentliche Aufgabe zum Erhalt der Natur- und Kulturgüter generell eine Nachhaltigkeitskomponente enthält, wird dieser Aspekt in einem Ausblick aufgegriffen und u.a. angeregt, dass das aus der Nachhaltigkeitsdebatte und -berichterstattung im Unternehmensbereich sich entwickelnde Konzept des Integrated Reporting auf den öffentlichen Sektor übertragen werden kann.

2. Zielsetzung und Aufgaben der öffentlichen Verwaltungstätigkeit

In diesem Kapitel werden grundsätzliche Besonderheiten des öffentlichen Sektors, dessen Organisationsformen sowie der Zweck, die Ziele und die Aufgaben des öffentlichen Sektors dargestellt. Am Ende werden die Modernisierungstendenzen im Verwaltungsbereich aufgezeigt, die unmittelbare Auswirkungen auf das zu thematisierende Haushalts- und Rechnungswesen haben, das im folgenden Hauptkapitel aufgegriffen wird.

2.1 Der öffentliche Sektor

Zur Erfassung der Güter- und Finanzströme in einer Volkswirtschaft wird in der Volkswirtschaftslehre ein Kreislaufmodell angewendet, in dem die Beziehungen zwischen den Akteuren Staat, Unternehmen und privaten Haushalten abgebildet und die wirtschaftlichen Aktivitäten erfasst werden. In der einfachsten Form sind die Haushalte[24] für einen Großteil der Produktion selbst verantwortlich, soweit die Haushalte der Ansicht sind, dass sie billiger und besser als die Unternehmen für ihren häuslichen Eigenbedarf produzieren können. Erst durch eine Arbeitsteilung und Spezialisierung in der Produktion von Gütern und Dienstleistungen durch eine Kombination der Produktionsfaktoren Arbeit, Boden und Kapital entstehen die Unternehmen und es entwickelt sich eine Marktsituation von Angebot und Nachfrage. Haushalte bieten ihre Produktionsfaktoren auf den Faktormärkten an und decken als Konsumenten der produzierten Güter auf den Gütermärkten ihren Bedarf. Die Unternehmen benötigen die von den Haushalten bereitgestellten Produktionsfaktoren zur Güterherstellung und veräußern Güter und Dienstleistungen am Markt. Hierdurch kommt es einerseits zu einem Güterstrom zwischen den Unternehmen und Haushalten, und andererseits fließt ein entgegengesetzter Geldstrom, z.B. zur Vergütung der eingesetzten Arbeitskraft oder zur Bezahlung der gekauften Produkte. Durch diese unterschiedlichsten Beziehungen der Marktteilnehmer entwickeln sich die Güter- und Geldströme, da Unternehmen und Haushalte sowohl als Anbieter als auch als Nachfrager auftreten können und es auch im Zuge eines Wertschöpfungsprozesses zu Geschäften zwischen den Unternehmen kommt.[25] Neben den Unternehmen und den Haushalten, die zum privatwirtschaftlichen Sektor zählen, tritt als weiterer Marktteilnehmer der Staat[26] sowohl als Nachfrager und Anbieter auf und ergänzt dieses Geld- und Güterstrommodell.[27]

---

24 Soweit nicht anders spezifiziert, werden im Folgenden unter dem Begriff „Haushalt“ immer die privaten Haushalte verstanden.

25 Vgl. zum Kreislaufmodell der Geld- und Güterströme z.B. Mankiw, N. G./Taylor, M. P. (2008), S. 28-29; Woll, A. (2007), S. 40-43. Dieses Kreislaufmodell als Komponente der Volkswirtschaftlichen Gesamtrechnung (VGR) kann um weitere Akteure/Bereiche, wie Staat, Kapitalmarkt/Vermögensbildung, Steuer oder Ausland ergänzt oder auch weiter (z.B. Unternehmenssektor in Wirtschaftszweige) unterteilt werden; vgl. Felderer, B./Homburg, S. (2005), S. 31-38; Musgrave, R. A. et al. (1994), S. 17.

26 Der Staat ist in dem vereinfachenden Kreislaufmodell als Sammelbegriff für die Entscheidungsträger des öffentlichen Sektors und als Abgrenzung zum Privatsektor zu verstehen; vgl. Woll, A. (2007), S. 47. Zur

Hierbei lassen sich drei Hauptbereiche staatlicher Aktivitäten unterscheiden, in denen der Staat wie ein Unternehmen, Haushalt oder als Wirtschaftslenker agiert.[28] Wenn der Staat als Unternehmer, der mit einem Privatunternehmer meistens vergleichbar ist, tätig wird, gibt es hierfür zwei Hauptgründe. Erstens kann es primär im Entstehungsprozess von Industrienationen oder auch in aufstrebenden Ländern zu einem Mangel an einem privaten Unternehmertum kommen, der durch eine staatliche Produktionstätigkeit kompensiert und überbrückt wird.[29] Zweitens wird der Staat dann unternehmerisch aktiv, wenn ein Marktversagen für die Produktion und Bereitstellung bestimmter Güter und Dienstleistungen vorliegt, da zwar genug Unternehmen am Markt existieren, diese die für sie unrentablen Güter und Dienstleistungen aber nicht anbieten.[30] Darüber hinaus umfasst der traditionelle Bereich staatlicher Aktivitäten die Wahrnehmung und Finanzierung öffentlicher Aufgaben, wodurch der Staat im Kreislaufmodell wie ein Haushalt anzusehen ist. Hierzu zählt die Befriedigung der Kollektivbedürfnisse, wie Rechtsordnung, Sicherheit, Bildung, gesundheitliche Grundversorgung, die durch Steuereinnahmen, Verschuldung oder sonstige Einnahmen finanziert wird oder auch der Umfang der Einkommensbesteuerung und -umverteilung zwischen den unterschiedlichen Akteuren, wie z.B. Transferzahlungen an bedürftige private Haushalte und Subventionen an bestimmte Unternehmensbranchen, so dass hierunter das weite Feld der öffentlichen Finanzpolitik zu fassen ist. Der dritte Bereich staatlicher Aktivitäten ist die Lenkung des Wirtschaftsprozesses und somit die Gestaltung und Vorgabe des Rahmens der Marktaktivitäten, die von einer Zentral-

---

Abgrenzung des Staates gibt es viele verschiedene Ansätze und keine eindeutige Definition; vgl. Gemmell, N. (1995), S. 2-4.

27 Vgl. Mühlenkamp, H. (1999), S. 37-41. Neben dem privaten und öffentlichen Sektor gibt es auch den dritten Sektor, der durch Negationen alles enthält, was nicht dem privaten oder öffentlichen Sektor zurechenbar ist, wie z.B. Nonprofit-Organisationen. Vgl. hierzu z.B. Reichard, C. (1988), S. 363-370; Schuppert, G. F. (2000), S. 354-383.

28 Vgl. zur Unterteilung der drei Hauptbereiche staatlicher Aktivitäten Woll, A. (2007), S. 47-57. Allgemein sind die Hauptfunktionen des Staatssektors die Allokations- (Bereitstellung öffentlicher Güter und Beeinflussung der Ressourcenzuordnung zwischen öffentlichen und privaten Gütern), Distributions- (Einkommens- und Ressourcenverteilung) und Stabilisierungsfunktion (ausgleichende Eingriffe zur Vollbeschäftigung, Preisniveaustabilität, Zahlungsbilanzausgleich und Wirtschaftswachstum); vgl. Edling, H. (2011), S. 379-380; Musgrave, R. A. et al. (1994), S. 5-15. Siehe zum Spannungsfeld zwischen der Versorgungs- und Stabilisierungsfunktion des staatlichen Handelns Mackscheidt, K./Steinhausen, J. (1977), S. 1-4.

29 Vgl. Woll, A. (2007), S. 48.

30 Vgl. Woll, A. (2007), S. 48-49. Dies ist oft der Fall bei öffentlichen Gütern, die ohne Eigentumsrechte und Preise aufgrund der Nichtrivalität im Konsum und des nicht anwendbaren Ausschlussprinzips sind. Deshalb können hier keine Marktmechanismen einsetzen und deshalb sind die staatlichen Aktivitäten notwendig; vgl. Blankart, C. B. (2008), S. 53-54; Zimmermann, H. et al. (2009), S. 51-54. Allgemein tritt ein Marktversagen ein, wenn selbststeuerende Marktkräfte nicht zu einer effizienten Ressourcenallokation führen, da dies durch Marktmacht (Einzelne oder eine kleine Gruppe können den Marktpreis maßgeblich beeinflussen), durch externe Effekte (Auswirkung des Handelns Einzelner auf die Wohlfahrt eines unbeteiligten Dritten, z.B. Luft-, Wasserverschmutzung) oder durch Informationsasymmetrien (ungleiche Informationsverteilung zwischen den Marktteilnehmern) verhindert wird; vgl. Mankiw, N. G./Taylor, M. P. (2008), S. 13-14; Zimmermann, H. et al. (2009), S. 49-51.

verwaltungswirtschaft (zentrale Lenkung des Wirtschaftsprozesses) bis zur Marktwirtschaft (dezentrale Lenkung des Wirtschaftsprozesses) mit weiteren Differenzierungen reichen.[31]

Der im volkswirtschaftlichen Kreislaufmodell verwendete Begriff „Staat" muss weiter differenziert werden, um den Umfang des öffentlichen Sektors besser abgrenzen zu können, wobei es nicht möglich ist, eine absolut strikte Trennung zwischen dem öffentlichen und privaten Sektor vorzunehmen, da auch Kooperationsformen existieren.[32] Allgemein zählen zum öffentlichen Sektor grundsätzlich die Gebietskörperschaften[33] in Form von Bund, Länder, Gemeinden und Gemeindeverbänden, aber auch supranationale Institutionen wie die Europäische Union. Ergänzend kommen die Parafisci[34], die organisatorisch selbständig öffentliche Aufgaben erfüllen und sich über Zwangsabgaben finanzieren, ohne Träger von Hoheitsrechten zu sein, und die öffentlichen Unternehmen hinzu.[35] In Deutschland besteht der öffentliche Sektor aus den Verwaltungen der Gebietskörperschaften, die sich aber ihrerseits wiederum in Organisationseinheiten mit einem Verwaltungscharakter aufgrund von planenden, gesetzesvorbereitenden und -vollziehenden Aufgaben oder mit einem Betriebscharakter aufgrund von Dienstleistungs- und Produktionsaufgaben unterteilen.[36] Zum öffentlichen Sektor zählen somit alle Organisationseinheiten, die mit öffentlichen Aufgaben betraut sind.

Neben diesem Aufgabencharakter ist auch eine Unterscheidung hinsichtlich der formalen und faktischen Autonomie der Organisationseinheiten möglich. So kann eine Gebietskörperschaft neben dem Bereich der Kernverwaltung auch öffentliche Unternehmen umfassen, die entweder rechtlich unselbständig oder rechtlich selbständig organisiert sein können. Öffentliche Unternehmen, die rechtlich unselbständig sind, können in Brutto- und Nettobetriebe unterschieden werden.[37] Bruttobetriebe (= Regiebetriebe) zeichnen sich durch eine haushaltsmäßige und organisatorische Einbettung in den Trägerhaushalt der Verwaltung aus, so dass sämtliche Einnahmen und Ausgaben unsaldiert als Bruttogrößen im Trägerhaushalt erscheinen und

31 Vgl. Woll, A. (2007), S. 50-57.

32 Eine weitere Eigenart des Kreislaufmodells ist, dass öffentliche Unternehmen aus Vereinfachungsgründen den privaten Unternehmen hinzugerechnet werden; vgl. Musgrave, R. A. et al. (1994), S. 19.

33 Der Bund und die Länder sind *staatliche* Gebietskörperschaften.

34 Unter Parafisci fallen die Sozialversicherungsträger (u.a. gesetzliche Renten-, Kranken-, Unfall-, Arbeitslosenversicherung, Zusatzversorgungsanstalten), ständische Organisationen (u.a. Industrie- und Handelskammern), Kirchenfisci und selbständiges Sondervermögen öffentlicher Haushalte in Form von Fonds, wie z.B. der Fonds „Deutsche Einheit" oder der Restrukturierungsfonds (= Bankenabgabe); vgl. Arndt, H.-W. (2003), S. 789; Nowotny, E./Zagler, M. (2009), S. 34.

35 Vgl. Nowotny, E./Zagler, M. (2009), S. 33-36. In einer engeren Definition des öffentlichen Sektors umfasst dieser nicht die öffentlichen Unternehmen; vgl. o.V. (2003e), S. 751.

36 Vgl. Lüder, K. (1989), Sp. 1152.

37 Weitere rechtlich unselbständige, aber öffentlich-rechtliche Unternehmen sind Anstalten des öffentlichen Rechts, Körperschaften des öffentlichen Rechts und Stiftungen des öffentlichen Rechts; vgl. Bolsenkötter, H. (2002), Sp. 1589-1590; Chmielewicz, K. (1989), Sp. 1094.

auch von einer Bruttoetatisierung gesprochen wird und zusätzlich kein gesondertes Vermögen bei Bruttobetrieben vorhanden ist.[38] Im Gegensatz zu Bruttobetrieben sind Nettobetriebe (= „Eigenbetriebe“ auf Gemeindeebene) organisatorisch selbständig, wodurch im Trägerhaushalt nur in saldierter Form das betriebliche Jahresergebnis als Gewinnabfuhr oder Verlustdeckungsbedarf erscheint (= Nettoetatisierung).[39] Neben diesen rechtlich unselbständigen öffentlichen Unternehmen umfassen die öffentlichen Unternehmen auch privatrechtliche Unternehmen, die rechtlich selbständig sind (z.B. Stadtwerke in Form einer AG oder GmbH). Diese auch als Eigengesellschaften bezeichneten öffentlichen Unternehmen sind Unternehmen mit einer Kapitalbeteiligung öffentlicher Verwaltungseinheiten und werden in einer privatrechtlichen Rechtsform geführt.[40] Sind mehrere Gebietskörperschaften an einer Eigengesellschaft beteiligt, spricht man von einem gemischtöffentlichen Unternehmen.[41] Falls die öffentliche Beteiligung über 50% des Eigenkapitals beträgt und der Rest im privatrechtlichen Anteilsbesitz gehalten wird, handelt es sich auch um ein öffentliches Unternehmen, das als gemischtwirtschaftliches Unternehmen bezeichnet wird.[42] Diesen Organisationseinheiten des öffentlichen Sektors obliegen die öffentlichen Aufgaben, die aus dem Zweck und den Zielen der Staatstätigkeit abzuleiten sind.

2.2 Öffentlicher Zweck und öffentliche Ziele

Der im Kreislaufmodell angesprochene Akteur „Staat“ und damit die Existenz von Politik und Verwaltung und deren Handlungen werden erst dadurch gerechtfertigt und legitimiert, dass der oberste Staatszweck die Orientierung am Gemeinwohl[43] ist, um so das Wohl der Bürger zu mehren und Schaden von ihnen abzuwenden.[44]

Der Privatsektor alleine reicht für den Wirtschaftskreislauf nicht aus, da es, wie oben angesprochen, immer auch den öffentlichen Sektor geben muss, um Fehlentwicklungen der Marktkräfte zu korrigieren und politisch, gesellschaftlich oder sozial nicht gewollte Ergebnis-

38 Vgl. Brede, H. (2005), S. 13, 79; Eichhorn, P. (2003b), S. 754-757; o.V. (2003d), S. 166-167; Schauer, R. (2003b), S. 167.

39 Vgl. Brede, H. (2005), S. 13, 79-81; Eichhorn, P. (2003b), S. 754-757; o.V. (2003h), S. 707; Schauer, R. (2003a), S. 707. Siehe auch Zeiß, F. (1989), Sp. 282-294.

40 Vgl. Brede, H. (2005), S. 81; o.V. (2003f), S. 286. Siehe auch Matschke, M. J./Wegmann, J. (1989), Sp. 294-304.

41 Vgl. Chmielewicz, K. (1989), Sp. 1094-1095; o.V. (2003c), S. 415; Reichard, C. (1989), Sp. 472-479.

42 Vgl. Chmielewicz, K. (1989), Sp. 1095; Haeseler, H. R. (1989), Sp. 479-485; o.V. (2003g), S. 415-416.

43 Der Gemeinwohlbegriff kann unabhängig von der Betrachtung aus unterschiedlichen wissenschaftlichen Fachrichtungen nicht eindeutig abgegrenzt und definiert werden. Vgl. für eine thematische Annäherung Schuppert, G. F. (2003), S. 218-260.

44 Vgl. Eichhorn, P. (1984), S. 238; Schuppert, G. F. (2003), S. 215.

se zu verhindern.[45] „Es gibt kein Entweder/Oder, keine reine Privatwirtschaft oder Staatswirtschaft, sondern nur eine Symbiose, nämlich eine sozialorientierte Privatwirtschaft oder eine privatorientierte Sozialwirtschaft (öffentliche Wirtschaft) je nach politischer Schwerpunktsetzung und Staatsverfassung."[46] Oberste Maxime des Handels und der Maßnahmen des öffentlichen Sektors muss die Wohlfahrtsmaximierung und eine daran ausgerichtete Wirtschaftspolitik sein.[47]

Das Gemeinwohl als bewusst abstrakt gehaltener Staatszweck und die damit in Verbindung stehende Wohlfahrtsmaximierung werden durch die öffentlichen Ziele der Politik und Verwaltung konkretisiert.[48] „Ziele sind Maßstäbe, an denen künftiges Handeln gemessen werden kann. Man braucht Ziele, um sagen zu können, wie gut oder schlecht Aktionen sind und inwieweit sich Aktionen unterscheiden. Man braucht Ziele, um optimale Aktionen zu erkennen: Optimale Entscheidungen sind eben zielentsprechende Entscheidungen."[49] Da praktische Probleme in der Erfassung der Wohlfahrtsmaximierung und des Erfolgs der Wirtschaftspolitik durch eine unmögliche Messung einer gesamtwirtschaftlichen Wohlfahrt, die wiederum mit einer Besserstellung jedes Einzelnen hinreichend gewährleistet wäre – dies ist aber unrealistisch – auftreten, muss im Zuge der Wirtschaftpolitik auf Zwischenziele zur Erreichung des Gesamtziels fokussiert werden. Das „magische Vieleck der Wirtschaftspolitik" spiegelt sich in den Komponenten Wirtschaftswachstum, Beschäftigung, Verteilung, Umwelt, außenwirtschaftliches Gleichgewicht und Preisstabilität wider.[50] Diese volkswirtschaftlichen und auch politischen Ziele führen immer zu Maßnahmen, die durch die Verwaltungseinheiten umzusetzen sind. Es kann resümiert werden, dass die Ziele des Verwaltungsmanagements nicht wie

45 Vgl. Klug, F. (2003), S. 240; Musgrave, R. A. et al. (1994), S. 4-5. Siehe zur historischen Entwicklungen der Rechtfertigung staatlicher Aktivitäten Mackscheidt, K./Steinhausen, J. (1977), S. 12-19.

46 Klug, F. (2003), S. 240 (im Original teilweise fett gedruckt und mit Aufzählungszeichen).

47 Vgl. Nowotny, E./Zagler, M. (2009), S. 522.

48 Als ethisches Grundprinzip gibt das Streben nach Glück dem Einzelnen den Sinn des Lebens und den wirtschaftlichen Aktivitäten den nötigen Antrieb, so dass in einer Gesellschaft durch die Eingriffe des öffentlichen Sektors ein Ausgleich zwischen Einzel- und Gesamtinteressen bzw. zwischen Egoismus und Altruismus erfolgt, da nicht alle Lebensbereiche durch das monetäre Streben der Marktkräfte richtig erfasst und gesteuert werden können. Der Zusammenhang zwischen Wohlfahrt als die auf dem Egoismus basierende Verfolgung privater Interessen der Marktteilnehmer und dem aus dem Altruismus abgeleiteten und an öffentlichen Interessen ausgerichteten Gemeinwohl als Richtmaß der Marktaktivitäten des Staates wird dadurch deutlich, dass sich Wohlfahrt und Gemeinwohl im Bruttoinlandsprodukt widerspiegeln, das als Erfolgsmaßstab einer Volkswirtschaft angesehen wird. Vgl. hierzu Eichhorn, P. (1984), S. 241; Klug, F. (2003), S. 239-240, 242-244. MÜLHAUPT spricht bewusst bei Gemeinwohl oder der Wohlfahrt von einer Leerformel, da die Vielfältigkeit und Heterogenität der Ziele im öffentlichen Sektor nur durch einen abstrakten Begriff erfasst werden können; vgl. Mülhaupt, L. (1987), S. 140.

49 Mag, W. (1999), S. 16 (im Original teilweise fett gedruckt). Siehe zu einer grundsätzlichen Diskussion der Ziele öffentlicher Verwaltungen und privatwirtschaftlicher Unternehmen Braun, G. E. (1988).

50 Vgl. Nowotny, E./Zagler, M. (2009), S. 521-522. Zur Operationalisierbarkeit der Zwischenziele sind diese weiter zu unterteilen, so dass z.B. als Indikatoren für die Beschäftigung die Arbeitslosenquoten und für die Preisstabilität die Inflationsrate herangezogen werden.

im Unternehmensbereich allein vom Management vorgegeben werden, sondern auch durch politische Entscheidungen und öffentliche Ziele bestimmt werden.[51] Durch die Gemeinwohlorientierung des öffentlichen Sektors dominieren im Verwaltungsbereich die Sachziele – Was soll bereitgestellt werden? (Leistungsziele) –, so dass die Formalziele – Wie, d.h. nach welchen Regeln soll die Bereitstellung erfolgen? (Erfolgs- und Finanzziele) – nur eine nachrangige Bedeutung haben.[52] Das Gemeinwohl und eine daran ausgerichtete Güter- und Dienstleistungspalette steht deshalb im Vordergrund und eben keine Gewinnmaximierung oder Erfüllung bestimmter Rentabilitätskennzahlen wie im privatwirtschaftlichen Unternehmensbereich.[53]

In Ergänzung ist die Gemeinwohlorientierung als Dienst an der Allgemeinheit zu verstehen, was zur Konsequenz hat, dass die öffentlichen Bediensteten weniger Leistungsanreize besitzen (bzw. ihnen solche geboten werden können) als dies im privatrechtlichen Unternehmensbereich der Fall ist, „denn im allgemeinen bildet der Dienst im fremden Interesse – erst Recht im Dienst für die Allgemeinheit – eine schwächere Triebfeder als Tätigkeiten im eigenen Interesse“[54].[55] Solange keine oder nur geringe Verknüpfungen zwischen den persönlichen Interessen der Bediensteten im öffentlichen Bereich und den Verwaltungszielen bzw. dem durch die Verwaltungseinheit angestrebten Gemeinwohl bestehen, ist dies ein wesentlicher Grund für die schwerere Steuer- und Kontrollierbarkeit von öffentlichen Verwaltungen und Unternehmen im Vergleich zu privatwirtschaftlichen Unternehmen.[56] Verstärkt wird dies durch die Tatsache, dass gemeinwohlorientierte Ziele schwerer zu definieren und auch zu messen sind, wie z.B. die Sicherheit oder Bildungserfolge, so dass zur Bestimmung der Zielerreichung In-

---

[51] Vgl. Eichhorn, P. (2003c), S. 1166. EICHHORN/FRIEDRICH vertiefen die Ableitung der Verwaltungsziele, indem aus dem öffentlichen Interesse für die Gebietskörperschaften entweder gesamtstaatliche, teilstaatliche oder kommunale Interessen folgen, die sich jeweils in Sammelziele, Zielbündel und Einzelziele unterteilen lassen. Diese Einzelziele sind gesellschaftlicher, staatlicher, wirtschaftlicher, betrieblicher, politischer oder sonstiger Art und ergeben für eine Verwaltungseinheit konkrete Verwaltungsziele, die sich in den Bereichen Beschaffung, Erstellung, Abgabe und Finanzierung widerspiegeln. Neben diesen Einzelzielen sind auch externe Koordinierungsziele zu beachten, die die Abstimmung einzelner Aktivitäten der Verwaltungseinheiten für ein gemeinsames Verwaltungshandeln erreichen. Vgl. hierzu Eichhorn, P./Friedrich, P. (1976), S. 120-130. Eine Unterteilung kommunaler Ziele findet sich z.B. bei Fleige, T. (1989), S. 41-61.

[52] Vgl. Brede, H. (2005), S. 15; Budäus, D. (1999), S. 55-65; Schauer, R. (2010), S. 10; Schierenbeck, H./Wöhle, C. B. (2008), S. 78; Tauberger, A. (2008), S. 7; Wöhe, G./Döring, U. (2010), S. 73. Siehe zu den Begriffen „Sach-" und „Formalziel“ auch Kosiol, E. (1968), S. 261.

[53] Vgl. Eichhorn, P. (1993), S. 494.

[54] Brede, H. (2005), S. 16.

[55] Im Zuge der Verwaltungsmodernisierung werden verstärkt auch Leistungskomponenten in die Vergütung der Bediensteten des öffentlichen Sektors aufgenommen, um diesen angesprochenen Nachteil auszugleichen. Vgl. allgemein zu Leistungsanreizen Eichhorn, P./Friedrich, P. (1976), S. 343-349.

[56] Vgl. Brede, H. (2005), S. 16.

dikatoren verwendet werden müssen.[57] Aus diesen Steuerungsproblemen lässt sich auch die strenge Reglementierung und Kontrolle bei Aufstellung, Vollzug und Ausgleich des Haushaltsplans ableiten.[58]

Aus den öffentlichen Zielen ergeben sich die öffentlichen Aufgaben, da zwischen beiden eine Mittel-Zweck-Beziehung besteht. Die Aufgaben bilden definitionsgemäß das Mittel, um ein Ziel zu erreichen, so dass das Ziel der angestrebte Zustand ist, der durch die Aufgabe als zielgerichtetes Handeln zu erfüllen ist.[59] Die öffentlichen Aufgaben stellen inhaltlich den Zweck und die Ziele der Verwaltungstätigkeit dar.[60]

2.3 Öffentliche Aufgaben

„Unter dem Begriff ‚öffentliche Aufgaben' werden alle von den Trägern öffentlicher Gewalt unmittelbar zu erfüllende oder unter deren Aufsicht und Verantwortung zu erfüllende Aufgaben zusammengefasst."[61] Die Bestimmung des öffentlichen Aufgabenfeldes ist generell mit der Abgrenzung der Aufgabenverteilung zwischen Staat und Gesellschaft verbunden. Eine trennscharfe und allgemeingültige Zuordnung zu den beiden Sektoren ist rein wissenschaftlich oder auf Basis sonstiger Erkenntnisse undenkbar, da hierzu immer der politische und verfassungsrechtliche Rahmen und gegebenenfalls auch zusätzliche Einzelentscheidungen und -entwicklungen zur Erfassung der Komplexität öffentlicher Verwaltungen zu berücksichtigen sind, und es darüber hinaus auch Mischformen in der Aufgabenverteilung (z.B. öffentlich-rechtliche Organisation des Rundfunks, der aber staatsunabhängig ist) gibt.[62]

Das Aufgabenspektrum des öffentlichen Sektors umfasst grundsätzlich öffentliche Aufgaben mit Gemeinwohlbezug und nicht-öffentliche Aufgaben, die sich jeweils noch weiter aufgliedern lassen.[63] Öffentliche Aufgaben mit einem expliziten Gemeinwohlbezug sind zum einen (1) die staatlichen Kernaufgaben, die vom Staat gewährleistet und vollzogen werden (z.B. innere Sicherheit, Steuerverwaltung), und zum anderen (2) staatliche Gewährleistungsaufgaben, die zwar vom Staat gewährleistet werden, aber vom Staat oder von Privaten/Nonprofit-

57 Vgl. Brede, H. (1989), Sp. 1868; Brede, H. (2005), S. 16-17; Eichhorn, P. (1984), S. 247-248; Mülhaupt, L. (1987), S. 140.

58 Diese Thematik wird in Kapitel 3.1 noch weiter vertieft.

59 Vgl. Brede, H. (2005), S. 18.

60 Vgl. Bogumil, J./Jann, W. (2005), S. 47; Eichhorn, P./Noll, W. (1983), S. 41.

61 Püttner, G. (2003), S. 739 (im Original teilweise mit Abkürzungen und Verweispfeilen).

62 Vgl. Bogumil, J./Jann, W. (2005), S. 47; Eichhorn, P. (1984), S. 244; Püttner, G. (2003), S. 739.

63 Vgl. zu den folgenden Ausführungen Bogumil, J./Jann, W. (2005), S. 52-53. Siehe auch Schauer, R. (2010), S. 204-207.

Organisationen vollzogen werden können (z.B. Kindergärten, Schulen, Universitäten).[64] Nicht-öffentliche Aufgaben, die keinen expliziten Gemeinwohlbezug beinhalten, sind (1) staatliche Ergänzungsaufgaben, die der Staat eventuell dann übernimmt, wenn er sie wirksamer und wirtschaftlicher als Private/Nonprofit-Organisationen vollziehen kann, und (2) private Kernaufgaben, die ausschließlich von Privaten/Nonprofit-Organisationen getragen werden.[65]

Eine wachsende Aufgabenkritik stellt in Frage, welche öffentlichen Aufgaben privatisiert werden können, um so die Aufgabenbreite und finanzielle Belastung des öffentlichen Sektors zu begrenzen.[66] Des Weiteren zeichnet sich die Entwicklung des öffentlichen Sektors in den letzten Jahrzehnten durch widersprüchliche Trends aus.[67] Die Ordnungsfunktion des Staates entwickelt sich zu einer Gestaltungsfunktion, die mit steigenden neuen Aufgaben verbunden, aber oft mit nur leicht steigenden oder gar rückläufigen Budgets zu bewältigen ist. Ein gesellschaftlicher Wertewandel betont die Individualisierung und Liberalisierung, die mit einer Forderung nach mehr Bürgernähe, Deregulierung und einem effizienteren und effektiveren Verwaltungshandeln gepaart ist.[68] Hierbei ist auch ein Wandel vom „Versorgungsstaat" zum „Gewährleistungsstaat" zu erkennen, indem öffentliche Aufgaben nicht mehr ausschließlich durch den Staat bzw. die Kernverwaltung erbracht werden, sondern ein Fremdbezug der zu erbringenden und zu gewährleistenden Güter und Dienstleistungen erfolgt.[69] Dies gelingt durch die Übertragung von öffentlichen Aufgaben auf öffentliche Unternehmen im Rahmen von Ausgliederungen (= formelle Privatisierung), öffentlichen Kooperationen oder Privatisierungen (= materielle Privatisierung).[70] Die Spannbreite zwischen der vollständigen Eigenerstellung durch die Verwaltung und einer Privatisierung kann mittels des Verselbständigungsgrades unterschieden werden.[71] „Als ‚Ausgliederung' ist ein Vorgang zu bezeichnen, bei dem

---

64 Bei Gewährleistungsaufgaben greift in Deutschland das Subsidiaritätsprinzip, wodurch grundsätzlich staatliche Eingriffe unterbleiben sollen und der Staat nur dazu verpflichtet ist, Hilfe zur Selbsthilfe zu leisten; vgl. Dickertmann, D. (2003b), S. 1023. Bei Universitäten und Schulen ist u.a. zu beachten, dass der Staat die rechtlichen Rahmenbedingungen vorgibt. Die Entscheidung, ob der Vollzug staatlich oder privatrechtlich erfolgt, ist von Wirksamkeits- und Kostenüberlegungen abhängig; vgl. Bogumil, J./Jann, W. (2005), S. 52.

65 Vgl. Bogumil, J./Jann, W. (2005), S. 53.

66 Vgl. zu einer historischen Betrachtung der öffentlichen Aufgaben bei angespannter Haushaltslage Ambrosius, G. (2011), S. 301-312.

67 Vgl. Kropfberger, D. (2007), S. 47.

68 Vgl. Kropfberger, D. (2007), S. 47. Vgl. hierzu die Ausführungen in Kapitel 2.4 zum New Public Management.

69 Vgl. Schauer, R. (2010), S. 95. Siehe zu den Formen der Privatisierung und deren Konsequenzen Oettle, K. (1991), S. 119-130; Schauer, R. (2010), S. 101-108.

70 Vgl. Eichhorn, P./Noll, W. (1983), S. 41-44; Schauer, R. (2010), S. 95-108.

71 Vgl. Greiling, D. (2011), S. 52. Es liegt keine Ausgliederung vor, wenn ein Nettobetrieb in eine Eigengesellschaft umgewandelt wird; vgl. Greiling, D. (2011), S. 54.

Aufgaben, die bislang von einer Gebietskörperschaft selbst, d.h. durch die eigenen Organe besorgt wurden, auf eine juristische Person übertragen werden, die weder Selbstverwaltungsträger noch Gebietskörperschaft ist, jedoch in einem besonderen Naheverhältnis zur ursprünglichen Gebietskörperschaft steht."[72] Die Wahrung der öffentlichen Einflussnahme auf die Aufgabenwahrnehmung wird durch unternehmensverfassungsmäßige und spezialgesetzliche Regelungen aufrechterhalten.[73] Kooperationsformen zwischen dem öffentlichen und privaten Sektor sind z.B. *Public Private Partnerships* (PPP), wodurch die Erfüllung ursprünglich öffentlicher Aufgaben, wie z.B. die Aufrechterhaltung der Infrastruktur (Straßen, Tunnel, Brücken etc.) durch eine vertragliche Zusammenarbeit zum gemeinsamen Ziel von öffentlichen und privaten Institutionen wird.[74] Wenn ursprünglich öffentliche Aufgaben komplett den wettbewerblichen Marktkräften überlassen werden, wird eine Privatisierung von öffentlichen Unternehmen dadurch gerechtfertigt, dass privatwirtschaftliche Unternehmen effizienter als öffentliche arbeiten würden.[75] Es muss jedoch einschränkend angeführt werden, dass es mittlerweile wieder den Trend zur Rekommunalisierung gibt, da die aus der Privatisierung erhofften Vorteile – wie lukrative Verkaufserlöse, Effizienzsteigerungen und Angebotsverbesserungen – einer weiterhin zu gewährleistenden und sozial gerechten Daseinsversorgung und der Möglichkeit zur politischen Einflussnahme gegenübergestellt und damit abgewogen werden müssen.[76]

2.3.1 Art und Weise der Aufgabenerfüllung

Da sich die Gebietskörperschaften größtenteils über Zwangsabgaben in Form von Steuern, Abgaben und Gebühren finanzieren und es meistens keinen kausalen Zusammenhang zwischen Ressourcenzuflüssen und -abflüssen in Form der zu erbringenden Güter und Dienstleistungen gibt, ist ein transparenter und treuhänderischer Ressourceneinsatz erforderlich, der nicht zu Lasten künftiger Generationen bzw. Perioden vollzogen werden darf.[77] Der öffentliche Sektor ist als Marktteilnehmer in die Güter- und Geldströme einer Volkswirtschaft eingebunden und hat sich auch den Marktkräften unterzuordnen, die ein wirtschaftliches Handeln

---

72 Vgl. Baumgartner, G. (2006), S. 96. Zur begrifflichen Differenzierung siehe auch Greiling, D. (2011), S. 53-54. Ausgliederungen sind z.B. Eigengesellschaften.

73 Vgl. Greiling, D. (2011), S. 51.

74 Vgl. Ritz, A. (2003), S. 858. Siehe zur weiteren Differenzierung des Begriffs „*Public Private Partnership*" Budäus, D./Grüning, G. (1996), S. 279-282. Siehe auch Budäus, D./Grüb, B. (2007), S. 421-431; Macdonald, H. I. (2007), S. 432-439; Rehm, H. (2007), S. 440-450. Siehe zu internationalen Rechnungslegungsvorschriften der Bilanzierung von PPP z.B. Heald, D./Georgiou, G. (2011), S. 217-247.

75 Diese Ansicht wird weder durch empirische Studien noch durch die Erkenntnisse der Neuen Institutionenökonomik belegt; vgl. Mühlenkamp, H. (2006), S. 390-417.

76 Vgl. Bauer, H. (2012), S. 239-230; Klug, F. (2003), S. 260-261; Libbe, J. et al. (2011), S. 1; Theuvsen, L./Zschache, U. (2011), S. 3.

77 Siehe zur intergenerativen bzw. interperiodischen Gerechtigkeit und zum Haushaltsausgleich Kapitel 3.3.2.1.2.2.

forcieren.[78] Die Art und Weise der Aufgabenerfüllung ist so auszugestalten, dass „die Gebote der Sparsamkeit, Wirtschaftlichkeit und Zweckmäßigkeit, letztlich der Gesetzmäßigkeit, [...] maßgebend für die drei Staatsgewalten und die öffentliche Finanzkontrolle [sind]“ [79]. Der Grundsatz der Wirtschaftlichkeit als Zweck-Mittel-Relation besitzt zwei Ausprägungen, das Minimal- und das Maximalprinzip.[80] Die Wirtschaftlichkeit als Minimalprinzip sieht für die Verwaltungseinheit vor, dass ein vorgegebener Zweck (Leistungen in bestimmter Menge und/oder Eigenschaft) mit einem minimalen Ressourceneinsatz erreicht wird.[81] Bei Anwendung des Maximalprinzips hat die Verwaltungseinheit auf Basis der vorgegebenen und festgelegten Haushaltsmittel einen gewissen Handlungsspielraum, indem ein Maximum in der Aufgabenerfüllung in quantitativer und/oder qualitativer Hinsicht und somit ein maximaler Zweck zu erreichen ist.[82]

Wenn man den öffentlichen Sektor betrachtet, ist zu differenzieren, ob die Wirtschaftlichkeit im betriebswirtschaftlichen oder volkswirtschaftlichen Sinne zu beurteilen ist. Bei der betriebswirtschaftlichen Sichtweise sind die Zweck-Mittel-Relationen als wertmäßiger (Einnahmen zu Ausgaben), gemischter (Ausbringungsmenge zu Kosten) oder mengenmäßiger (Mengenerträge zu Einsatzmenge) Quotient zu verstehen und beziehen sich nur auf eine Verwaltungseinheit.[83] Die Wirtschaftlichkeit einer Volkswirtschaft übersteigt die betriebswirtschaftliche Betrachtungsweise, indem auch Wirtschaftssubjekte außerhalb der Verwaltungseinheit und damit der soziale Nutzen und die sozialen Kosten mit einbezogen werden.[84] Wenn neben dieser betriebswirtschaftlichen oder volkswirtschaftlichen Dimension auch gesellschaftliche Aspekte beachtet werden, muss die Wirtschaftlichkeit um zwei Begriffe – Effizienz und Effektivität – erweitert werden.[85] Die Effizienz stellt das Verhältnis von gesellschaftlichen Vorteilen zu gesellschaftlichen Nachteilen dar. Zur Messung der gesellschaftlichen Zielerreichung dient die Effektivität als Quotient aus dem gesellschaftlichen Soll-Ergebnis und gesellschaftlichen Ist-Ergebnis.[86]

---

78 Vgl. Klug, F. (2003), S. 240.

79 Klug, F. (2003), S. 239. Siehe zur rechtlichen Regelung des Grundsatzes der Wirtschaftlichkeit und Sparsamkeit in Deutschland z.B. Gröpl, C. (2001), S. 94; Schmidt, J. (1996), S. 15-19.

80 Vgl. Eichhorn, P. (1979), S. 14-15. Vgl. allgemein zum Prinzip der Wirtschaftlichkeit in der Betriebswirtschaftslehre Eichhorn, P. (2005).

81 In dieser Ausprägung entspricht der Grundsatz der Wirtschaftlichkeit dem Grundsatz der Sparsamkeit; vgl. Eichhorn, P. (1979), S. 14.

82 Vgl. Eichhorn, P. (1979), S. 14-15.

83 Vgl. Eichhorn, P. (1979), S. 15-17.

84 Vgl. Eichhorn, P. (1979), S. 17-20.

85 Die beiden Begriffe „Effizienz“ und „Effektivität“ werden in Kapitel 2.4 im Rahmen des 3-Ebenen-Konzepts noch näher thematisiert. Siehe auch o.V. (2003i), S. 283; o.V. (2003b), S. 283-284.

86 Vgl. Eichhorn, P. (1979), S. 21-23; Gornas, J./Beyer, W. (1991), S. 44-46. Der Quotient kann auch umgedreht das gesellschaftliche Ist-Ergebnis ins Verhältnis zum gesellschaftlichen Soll-Ergebnis setzen.

2.3.2 Rolle der Öffentlichen Betriebswirtschaftslehre

Das Verwaltungshandeln wird mit seinen verschiedenen Facetten in den unterschiedlichsten Wissenschaftsdisziplinen erforscht. Die Verwaltungswissenschaften unterteilen sich in Verwaltungsrecht, Verwaltungsökonomie mit den Teilbereichen Öffentliche Betriebswirtschaftlehre und der volkswirtschaftlichen Disziplin der Finanzwissenschaft, Verwaltungspolitologie, Verwaltungssoziologie, Verwaltungspsychologie und andere Wissenschaften.[87]

In der vorliegenden Arbeit kommt eine betriebswirtschaftliche Betrachtungsweise zur Anwendung, die auf den Methoden der Öffentlichen Betriebswirtschaftslehre basiert, da zu deren Erkenntnisobjekt alle Institutionen und Personen zu zählen sind, die öffentliche Aufgaben wahrnehmen.[88] Öffentliche Verwaltungen sind wie Betriebe zu verstehen, die dem Gemeinwohl entsprechend ihre Aufgaben wirtschaftlich und wirksam erfüllen und dabei dem öffentlichen Interesse dienen.[89] „Die Öffentliche Betriebswirtschaftslehre ist im Kern eine Theorie der wirtschaftlichen Erfüllung öffentlicher Aufgaben“[90], so dass hier ebenfalls das ökonomische Prinzip, mit den Ausprägungen der Effizienz und Effektivität, gilt.[91]

Herausforderungen resultieren für die Öffentliche Betriebswirtschaftslehre aus der geforderten Steigerung in der Effizienz und Effektivität der Leistungserbringung des öffentlichen Sektors bei gleichzeitig sinkenden finanziellen Mitteln.[92] Dabei ergeben sich die wichtigsten Fragestellungen der Öffentlichen Betriebswirtschaftslehre aus den Schwierigkeiten bei der Messung der gemeinwohlorientierten Zielerfüllung.[93] Denn bei der Beurteilung des Verwaltungshandelns reichen reine Wirtschaftlichkeitsbetrachtungen der einzelnen Verwaltungseinheit z.B. im Bereich der Leistungserstellung nicht aus. Vielmehr muss im Hinblick auf die Gemeinwohlorientierung des öffentlichen Sektors die Verwaltungseinheit auch in Bezug auf Effizienz- und Effektivitätsgesichtspunkte hin beurteilt werden. Es muss eine Rückkopplung zwischen den erbrachten öffentlichen Leistungen und der damit erzielten Wirkung bei den Leistungsempfängern geben, um so einen Gradmesser für die Erreichung politischer Ziele zu erhalten.[94] Nur durch diese Rückkopplung können politische Ziele und daraus abgeleitete Maßnahmen angepasst werden, die ihrerseits wiederum Auswirkungen für die zu erfüllenden

87 Vgl. Brede, H. (2005), S. 28; Eichhorn, P. (1997), S. 44; Eichhorn, P./Friedrich, P. (1976), S. 82; Schauer, R. (2010), S. 14-16; Thieme, W. (1984), S. 5-8.
88 Vgl. Eichhorn, P. (2003d), S. 741. Siehe zur Entwicklung der Öffentlichen Betriebswirtschaftslehre Oettle, K. (1999), S. 17-30; Potthoff, E. (1985), S. 35-46.
89 Vgl. Eichhorn, P. (1971), S. 611-622; Püttner, G. (2007b), S. 68-74.
90 Eichhorn, P. (1985), S. 178 (im Original kursiv geschrieben).
91 Vgl. Klug, F. (2003), S. 247.
92 Vgl. Kropfberger, D. (2007), S. 47-57.
93 Vgl. Brede, H. (2005), S. 17.
94 Vgl. Gornas, J./Beyer, W. (1991), S. 44.

Aufgaben der Verwaltungseinheiten haben. Der sich hieraus ergebende Steuerungskreislauf aus Planungs- und Kontrollebene wird im 3-Ebenen-Konzept abgebildet und resultiert aus den Steuerungsproblemen öffentlicher Verwaltungen, die zur im nächsten Kapitel thematisierten Reform öffentlicher Verwaltungen und der damit einhergehenden Übernahme bzw. Anpassung von im Unternehmensbereich bewährten Managementinstrumenten geführt haben.[95]

2.4 Reform der öffentlichen Verwaltungen

Bis Mitte der 1970er Jahre war der Verwaltungsbereich westlicher Industriestaaten durch den auf MAX WEBER[96] zurückgehenden Bürokratismus (Bürokratiemodell)[97] geprägt, der durch eine starke Reglementierung und Standardisierung die vorgeschriebene und strikt budgetierte Leistungserbringung durch die jeweilige Verwaltungseinheit und den Rechtsvollzug einhergehend mit einer einheitlichen Rechtsanwendung vorsieht.[98] Diese damals – auch teilweise heute noch[99] – von Juristen dominierte Verwaltungstätigkeit zeichnete sich auch im kameralistisch[100] geprägte Haushalts- und Rechnungswesen öffentlicher Verwaltungen ab, da eine reine Orientierung an Zahlungsmitteln (die im juristischen Sinne objektiv nachprüfbar sind, da es z.B. keine Bewertungsspielräume für Rückstellungen wie bei der Doppik gibt), und eine strenge Reglementierung und Kontrolle des Haushaltsplans vorgenommen wird, an den die Verwaltungsführung bei ihrer Aufgabenerfüllung gebunden ist.

Diese starren Strukturen verursachen in der Verwaltungspraxis Dysfunktionen, die zu einer „Beamtenmentalität" führen können, die durch ein „unflexibles, vorsichtiges und den Status

95 Vgl. zum Zusammenhang zwischen Öffentlicher Betriebswirtschaftslehre und Public Management Reichard, C. (1999), S. 47-54.

96 Auf empirischen Untersuchungen basierend bezeichnete MAX WEBER zu Beginn des 20. Jahrhunderts als Bürokratie ein Verwaltungsmodell, das sich insbesondere durch strikte Kompetenzordnung, feste Hierarchien und Beamtentum charakterisierte; vgl. grundlegend zum Bürokratismus Weber, M. (1972). Heute steht der Begriff „Bürokratie" abwertend und synonym für die Bürokratiepathologie; vgl. Schedler, K./Proeller, I. (2009), S. 15-17.

97 Unter dem Begriff „Bürokratie/Bürokratismus" versteht man aus der juristisch geprägten Sichtweise, dass die Verwaltung nur ausführender Akteur der Politik ist. „Die Bürokratie ist, zumindest im Idealtyp, die formal rationalste Form der Herrschaft, ihre klassischen Merkmale der Arbeitsteilung, klaren Zuständigkeiten, Schriftlichkeit, Weisung, Regelgebundenheit und der Unabhängigkeit eines so sozialisierten Beamtenstandes sorgen [...] dafür, dass Verwaltung nicht als eigenständiger Akteur der Politik ins Blickfeld geriet"; Bogumil, J./Jann, W. (2005), S. 31.

98 Vgl. Budäus, D./Grüning, G. (1998), S. 4.

99 Diese einseitig von Juristen in Führungsaufgaben vorgenommene Verwaltungstätigkeit ist Grund für die seit einiger Zeit verstärkte Öffnung des Verwaltungsdiensts für Nicht-Juristen, z.B. Betriebswirte, die die in Kapitel 2.4.1 beschriebenen Managementinstrumentarien des New Public Management im öffentlichen Sektor umsetzen können.

100 Die Kameralistik erfasst im Gegensatz zur im Unternehmensbereich vorherrschenden Doppelten Buchführung in Konten (Doppik) nur zahlungswirksame Vorgänge und keine zahlungsunwirksamen Ressourcenveränderungen (z.B. Abschreibungen und Rückstellungen). Hierdurch wird mit der Kameralistik die Verschuldungssituation nicht der Realität entsprechend zu positiv dargestellt, da im öffentlichen Sektor bei Anwendung der Kameralistik z.B. keine Pensionsrückstellungen für die Beamten gebildet werden. Siehe zur Kameralistik Kapitel 4.1.1.

Quo sicherndes Verhalten der Beamten"[101] erkennbar wird. Die Verwaltungsmitarbeiter haben nur geringe Anreize, die Aufgabenerfüllung im Sinne der Verwaltungseinheit mit mehr Eigeninitiative positiv zu beeinflussen, da einerseits die Verwaltungseinheit nicht den Marktkräften des Wettbewerbs ausgesetzt ist und am Markt bestehen muss und andererseits keine Leistungsmotivationen durch die praktische Unkündbarkeit bei Beamten und durch das dem Anciennitäts- und nicht dem Leistungsprinzip folgende Beförderungsmodell geschaffen werden.[102] Diese Missstände, die einen oftmals kunden- bzw. bürgerfernen, überreglementierten, unflexiblen, einfallslosen und bestenfalls mittelmäßigen Verwaltungsapparat zur Folge haben können, werden als Ergebnis des Bürokratismus hingenommen.[103]

Weitere Gründe für die Ineffizienzen im öffentlichen Sektor liegen in der Natur der öffentlichen Güter, die ohne regulierende Marktkräfte bereitgestellt werden. Zusätzliche Reibungsverluste resultieren aus dem nicht vorhandenen kausalen Zusammenhang zwischen Nutzer und Zahler öffentlicher Leistungen, den vielen Einflussfaktoren (wie Wähler, Parteien, Politiker, Verwaltungs- und Kontrollorgane und Lobbygruppen) auf die Bestimmung des Leistungsprogramms und dessen Finanzierung, und der mangelnden Eignung des kameralistischen Rechnungsstils.[104]

Erst Ende der 1970er Jahre wandelte sich die Einstellung zum Bürokratismus, da die durch den Ölpreisschock hervorgerufene Wirtschaftskrise zu steigenden Arbeitslosenzahlen, sinkenden Steuereinnahmen sowie ansteigenden Sozialausgaben führte und die Staatsfinanzen, wie z.B. in Neuseeland, bis an den Rand eines Staatsbankrotts belastete.[105] Einhergehend mit dieser ökonomischen Krise sind ein durch die Globalisierung forcierter Standortwettbewerb, eine Bürokratie- und Politikverdrossenheit der Bürger und ein gesellschaftlicher Wandel zum Individualismus, der auch innerhalb der Verwaltungen mit nach Eigenverantwortung und entwicklungsfähigen Arbeitsinhalten strebenden öffentlich Bediensteten verbunden ist, als Rahmenbedingungen für das New Public Management (NPM)[106] anzusehen.[107]

---

101 Budäus, D./Grüning, G. (1998), S. 4.

102 Vgl. Budäus, D./Grüning, G. (1998), S. 4.

103 Vgl. Budäus, D./Grüning, G. (1998), S. 4.

104 Vgl. Recktenwald, H. C. (1978), S. 15-24.

105 Vgl. Budäus, D./Grüning, G. (1998), S. 4-5; Thom, N./Ritz, A. (2008), S. 12.

106 Vgl. zum New Public Management z.B. Budäus, D. (1994); Grüning, G. (2000); Naschold, F./Bogumil, J. (1998); Pollitt, C./Bouckaert, G. (2004); Reinermann, H. (2000a); Schedler, K. (2003a); Schröter, E./Wollmann, H. (2005). Wann dieser Begriff zum ersten Mal verwendet wurde, ist umstritten. So wird er zum einen im Jahr 1991 bei RHODES genannt; vgl. Schedler, K./Proeller, I. (2009), S. 37-38. Zum anderen ist die Bezeichnungsweise „New Public Management (NPM)" 1991 von HOOD (Hood, C. (1991), S. 3) kreiert worden; vgl. Reichard, C. (2002), S. 255. KLUG stellt die Frage, was ist „neu" am „NPM", und kommt zum Ergebnis, dass vieles schon bekannt war, aber wieder vergessen wurde und es auch eine Akzentverschiebung gegeben hat. Trotzdem sollte man das „new" weglassen; vgl. Klug, F. (2003), S. 259.

Das NPM ist ein international gebräuchlicher Oberbegriff für die Reformen im öffentlichen Sektor, die sich in ihren nationalen Ausprägungen unterscheiden können; in Deutschland erfolgte die Reform im Rahmen des Neuen Steuerungsmodells, das in Kapitel 2.4.2 thematisiert wird.

2.4.1 Das New Public Management

Wie oben angesprochen, gewinnt das NPM im Wesentlichen dadurch an Bedeutung, dass vor dem Hintergrund der finanziell angespannten Lage der Gebietskörperschaften die nur noch schwer zu handhabende öffentliche Verschuldung und die damit eingeschränkte finanzielle Handlungsfähigkeit der Gebietskörperschaften dramatisch – hierbei muss zwischen der tatsächlichen und der verdeckten Verschuldung noch weiter unterschieden werden –[108] steigt, und zusätzlich ein Veränderungsbedarf dadurch forciert wird, dass auch europäische und außereuropäische Länder einer Verwaltungsreform unterliegen.[109] „Ausgehend von verschiedenen angelsächsischen Staaten wie Großbritannien, Australien, Neuseeland, USA hat sich diese Doktrin im weiteren Verlauf auch in den nordischen Staaten, in den Niederlanden sowie später auch in den deutschsprechenden Ländern und im frankophonen Raum verbreitet."[110] So bestimmt seit Beginn der 1990er Jahre in Deutschland die New Public Management-Bewegung immer weiter die Diskussion zur Reformbedürftigkeit der öffentlichen Verwaltungen und somit auch des öffentlichen Rechnungswesens in Deutschland.[111]

---

107 Vgl. Schröter, E./Wollmann, H. (2005), S. 63-64; Thom, N./Ritz, A. (2008), S. 12.

108 Für Deutschland lag in den letzten Jahren allein die öffentliche Verschuldung in Form von Geldschulden in einer Größenordnung von 1,8 Billionen EUR, wobei bereits die jährlichen Zinsaufwendungen die Marke von 65 Milliarden EUR übersteigen. Wenn man jedoch die tatsächliche Verschuldung durch Berücksichtigung der Rückstellungen, wie z.B. für zukünftige Pensionszahlungen, betrachtet, liegt die öffentliche Verschuldung um das 3-fache über jener der Geldschulden; vgl. Budäus, D./Hilgers, D. (2008), S. 50; Budäus, D./Hilgers, D. (2010d), S. 517. Laut den Berechnungen des Statistischen Bundesamtes beträgt der aktuelle Schuldenstand der Bundesrepublik Deutschland 2,042 Billionen EUR (Stand: 31.03.2012; vorläufiges Ergebnis). Siehe zu Maßnahmen des Schulden- und Finanzmanagement im öffentlichen Sektor, speziell bei öffentlichen Unternehmen, Papenfuß, U./Schaefer, C. (2011), S. 321-323.

109 Vgl. Buschor, E. (2000), S. 21. VOGEL fand in seiner Untersuchung heraus, dass – obwohl das NPM in vielen Ländern zu beobachten ist – der Internationalisierungsgrad der NPM-Diskussion in Deutschland sehr gering ist und sich vielmehr als ein nationaler Diskurs zwischen Verwaltungspraxis und -wissenschaft entwickelt hat und somit noch vielfältige Anschlussmöglichkeiten an die international geführte Diskussion bietet; vgl. Vogel, R. (2009), S. 383-384. Siehe für eine rezensierte Auswahl zur NPM-Diskussion Göbel, M./Vogel, R. (2010).

110 Reichard, C. (2002), S. 255.

111 Gründe für das in Deutschland vergleichsweise späte Aufgreifen des New Public Management sind darin zu sehen, dass es keinen akuten Problem- und Handlungsdruck in den 1980er Jahren gab, dem relativ günstigen Abschneiden Deutschlands im internationalen Vergleich und bereits institutionelle Regelungen, wie das föderative System, die Garantie der kommunalen Selbstverwaltung sowie die Dekonzentration der staatlichen Verwaltungsfunktionen, existierten, die lange einen Modernitätsvorsprung sicherten; vgl. Wollmann, H. (1996), S. 19.

Weitere Gründe für die Reform des öffentlichen Sektors in Form des NPM und damit eine Abwendung von der ursprünglichen Ausprägung des Bürokratismus[112] liegen in der Globalisierung, da der internationale Wettbewerb immer größer, die Marktmechanismen immer wirkungsvoller und die Freizügigkeit des Finanzkapitals immer flexibler werden. Ein sich daraus entwickelnder Wettbewerb der Staaten um die besten Standort- und Währungsbedingungen führt zu deren Angleichung, die durch eine weltweite Vergleichbarkeit aufgrund der gestiegenen Informationsverfügbarkeit (z.B. durch Medien) gefördert wird. Gleichzeitig hat dieser Wettbewerb auch eine unmittelbare Auswirkung auf die Organisation und Ausgestaltung der öffentlichen Verwaltungen, da seit dem Mauerfall 1989 der weltweite Machtkampf zwischen den politischen Systemen in den Hintergrund getreten ist und sich jetzt auf die durch die öffentliche Hand gebotenen Rahmenbedingungen (wie Rechtssicherheit, Subventionen, Verwaltungsauflagen etc.) konzentriert.[113]

Im Hinblick auf die finanzielle Lage des öffentlichen Sektors hat sich in der Nachkriegszeit in einem zunehmenden Maße das „Wagner'sche Gesetz“[114] der wachsenden Staatsausgaben bestätigt und die Staatsquote liegt gegenwärtig in den meisten Industriestaaten bei rund 50%. Verbunden mit der Globalisierung und international mobilen Kapital- und Produktionsentscheidungen sind die Staaten zu einer aktiven, kostenintensiven Standortpolitik gezwungen, um Arbeitsplätze im eigenen Land sichern zu können. Da diese finanziellen Herausforderungen nicht allein auf die Bürger durch Steuer- und Abgabenerhöhungen umgelegt werden können, war eine Neuverschuldung zwingende Konsequenz. Die angespannte Haushaltslage ist aber nicht nur auf die Ausgabenseite zurückzuführen. Aufgrund des geringen wirtschaftlichen Wachstums und steigenden Problemen auf dem Arbeitsmarkt ist auch die rückläufige Einnahmenseite zu beachten. Bisherige Sanierungsmaßnahmen wirkten nicht nachhaltig, da es

---

112 Siehe hierzu Kapitel 2.4.

113 Vgl. Klug, F. (2003), S. 249, 266.

114 Das von ADOLPH WAGNER 1863 aufgestellte „Gesetz“ der wachsenden Staatstätigkeit besagt, dass im modernen Rechts- und Wohlfahrtsstaat die Aufgaben des Staates nach Art und Umfang langfristig zunehmen und somit der vom Staat beanspruchte Anteil am Sozialprodukt steigt. Gründe sind hierfür z.B. die Stellung der öffentlichen Güter und Dienstleistungen in der Bedürfnishierarchie der Bürger. Mit steigendem realem Pro-Kopf-Einkommen (= Wohlstandszunahme der Gesellschaft) steigt nach Deckung der Grundbedürfnisse (siehe auch Maslow'sche Bedürfnispyramide) die Nachfrage nach „höheren“ Bedarfsgütern und Leistungen, die nicht nur privat finanziert werden, sondern durch öffentliche Leistungen (z.B. höhere Schulbildung, soziale Absicherung) gedeckt werden. Zusätzlich treten öffentliche Leistungen als Komplementärgüter privater superiorer Güter (= Güter, die bei steigendem Einkommen relativ stärker nachgefragt werden; z.B. Luxusgüter) auf, wie das der notwendige Straßenbau aufgrund gestiegener Pkw-Zulassungen zeigt. Allgemein fällt hier in den Aufgabenbereich des öffentlichen Sektors die Kompensation negativer externer Effekte des Privatsektors, wie z.B. Lärmschutzwände, Gewässerreinigung. Als Nebeneffekt der Wandlung vom Agrar-zum Industriestaat ist eine zunehmende Verstädterung für steigende Ausgaben (Brecht'sches Gesetz) und eine steigende Lebenserwartung in Verbindung mit sinkenden Geburtenraten für wachsende Sozialausgaben verantwortlich. Vgl. zu dieser Fußnote Nowotny, E./Zagler, M. (2009), S. 47-48.

sich primär um mehr oder weniger lineare Ausgabenkürzungen in Form der „Rasenmähermethode“ gehandelt hat, die politisch gut zu „verkaufen“ waren, da sie schnell wirkten und alle betroffen haben. Außerdem verfügen Regierungskoalitionen aufgrund der angestrebten Wiederwahl und nicht tragfähigen Mehrheiten oft nicht über den Mut für weitreichende Reformen, doch genau diese sind erforderlich.[115]

New Public Management wird als ein genereller Leitbegriff für die Reform von Staat und Verwaltung verwendet und teilweise – unter einem wissenschaftstheoretisch angreifbaren Bezug zum Begriff von THOMAS KUHN[116] – als neues „Paradigma in den Verwaltungswissenschaften“[117] oder auch als „Paradigmenwechsel“[118] angesehen.[119] Unter NPM kann somit eine Vielzahl an Reformbereichen und Entwicklungstendenzen subsumiert werden. Ihnen ist gemein, dass eine ökonomische Denkweise unter Berücksichtigung der Wirkungsweise des Wettbewerbs und die Anwendung privatwirtschaftlicher Managementmethoden auf den öffentlichen Sektor übertragen werden, um eine „Stärkung des outputorientierten Handelns des öffentlichen Sektors in weniger zentralisierten Strukturen“[120] zu erzielen und eine Abwendung von der auf MAX WEBER zurückgehenden bürokratischen Organisationsform der öffentlichen Verwaltung zu vollziehen.[121]

Hierbei muss berücksichtigt werden, dass man aufgrund der bereits heute existierenden Vielschichtigkeit der Heterogenität der Organisationsformen und Steuerung öffentlicher Aufgabenwahrnehmung auch in Zukunft wahrscheinlich nicht von dem einen NPM-Modell sprechen kann, wie es noch bei dem Bürokratiemodell der Fall war.[122]

---

115 Vgl. zu diesem Absatz Buschor, E. (2000), S. 23-24; Schröter, E./Wollmann, H. (2005), S. 63-64. Die „Rasenmähermethode“ tritt sehr häufig bei Ressourcenknappheit auf und weist globale und nicht differenzierte Kürzungen auf. Diese berücksichtigen nicht die unterschiedlichen Prioritäten der Verwaltungsleistungen und auch nicht die Beziehungen zwischen Ressourceneinsatz und Leitungswirkungen. Der gegensätzliche Ansatz ist das „Gießkannenprinzip“, das eine Mittelzuteilung ohne Differenzierung und Prioritätensetzung vorsieht; vgl. Schauer, R. (2010), S. 44-45.

116 Vgl. hierzu die Ausführungen in Kuhn, T. S. (1976).

117 Budäus, D./Finger, S. (1999), S. 316-317. Vgl. hierzu z.B. auch Barzelay, M. (1992); Dunleavy, P./Hood, C. (1994); Hood, C. (1991); Reinermann, H. (1993); Vogel, R. (2006).

118 Reichard, C. (1995), S. 65. Siehe auch Buschor, E. (2000), S. 23.

119 Eine fachterminologische Einordnung der auf die Verwaltungsmodernisierung bezogenen Begriffe „Paradigma“ und „Paradigmenwechsel“ im Sinne der Wissenschaftstheorie erfolgt bei Vogel, R. (2006), S. 3-7. Da NPM als ein Sammelbegriff angesehen werden kann, bezeichnet LÖFFLER NPM „als ein neues gesellschaftliches Phänomen mit einer unendlichen Zahl normativer, politischer und organisatorischer Erscheinungen“; Löffler, E. (1998), S. 324.

120 Schedler, K. (2003a), S. 717. Zum Begriff „Output“ siehe Kapitel 2.4.3.

121 Das verbreitete unökonomische Handeln ist nicht nur auf den kameralistischen Rechnungsstil zurückzuführen, sondern auch auf den politischen Einfluss auf die Verwaltungseinheiten und die starre Hierarchie, die keine Eigenverantwortlichkeit fördert, sondern nur den angeordneten Planvollzug fordert; vgl. Bräunig, D. (2004), S. 313.

122 Vgl. zu den institutionellen Wahlmöglichkeiten bei der öffentlichen Aufgabenwahrnehmung Reichard, C. (1998).

Des Weiteren erfordert jede Veränderung der Aufgaben, der Organisation oder des Aufgabenvollzugs öffentlicher Verwaltungen auch immer eine Anpassung des politischen Systems.[123] Im NPM werden die aus dem privatwirtschaftlichen Sektor bewährten Marktmechanismen zur effizienten Ressourcensteuerung eingesetzt und nicht mehr die hierarchische Anordnung, wie es im traditionellem Bürokratiemodell noch praktiziert wurde.[124] So wird das NPM eine neue Betrachtung des politisch-administrativen Systems und insbesondere der Rollen von Parlament, Regierung und Verwaltung erfordern.[125] Dieser Neuorientierung der Strukturen innerhalb des Systems Staat wird eine Schlüsselrolle im Rahmen des NPM zugeschrieben.[126]

Das NPM beschränkt sich in seinen Reformansätzen und -strategien nicht nur auf die Anwendung betriebswirtschaftlicher Instrumente in der Managementorganisation öffentlicher Verwaltungen, sondern lässt sich nach BUDÄUS/FINGER in drei interdependente Ebenen unterscheiden, die in den folgenden Gliederungspunkten erläutert werden.[127]

2.4.1.1 Neues Rollenverständnis von Staat und Verwaltung

Die erste Ebene fördert ein neues Rollenverständnis von Staat und Verwaltung, das den Abbau von staatlicher Eigenproduktion vorsieht, um so eine Stärkung der staatlichen Handlungs- und Gestaltungsfähigkeit zur Bewältigung gesellschaftlicher Herausforderungen zu erreichen. Dies bezieht sich auf die Erkenntnisse über das Staatsversagen und den wachsenden Bedenken an der generellen Problemlösungskompetenz des Staates und der Finanzierbarkeit der bisherigen Strukturen und Verhaltensweisen.[128]

Ansatzpunkte für das neue Rollenverständnis sind im Wesentlichen ein Wegfall von Aufgaben, eine Aufgabenverlagerung auf den Markt in Form einer materiellen Privatisierung und

123 Vgl. Grimmer, K. (1997), S. 65.
124 Vgl. Peters, G. (1996), S. 21-22; Reichard, C. (1994), S. 148-149.
125 Vgl. Buschor, E./Grünefelder, P. (1999), S. 132; Schedler, K./Proeller, I. (2009), S. 64-65.
126 Vgl. Janning, H. (1996), S. 152; Kodolitsch, P. (1996), S. 169; Wollmann, H. (1996), S. 34.
127 Vgl. hierzu Budäus, D./Finger, S. (1999), S. 319-326, siehe auch Brüggemeier, M. (2004), S. 336-337; Budäus, D./Hilgers, D. (2008), S. 53-54; Finger, S. (2001), S. 103-192. Eine andere Unterteilung der Reformelemente in Funktionen und Rollen des Staates (Staatsverständnis), (internes) Verwaltungsmanagement, Markt- und Wettbewerbsorientierung, Demokratisierung und Bürgerorientierung erfolgt bei REICHARD (vgl. Reichard, C. (2002), S. 257), wobei er die drei bei NASCHOLD (vgl. Naschold, F. (1997), S. 20-21) genannten „Megatrends" (Managementreformen, Vermarktlichung und Demokratisierung) um einen vierten Bereich (Staatsverständnis) ergänzt. Vgl. hierzu auch Reichard, C. (2003b), S. 507-508. Hiervon etwas abweichend werden von KÖNIG als Reformfelder Neue sektorale Verantwortungsteilung, Binnenrationalisierung und Downsizing unterschieden; vgl. König, K. (2000), S. 34.
128 Vgl. Budäus, D. (1998), S. 3; Haller, A./Blab, D. (2009), S. 443.

ein Ausbau des kooperativen Aufgabenvollzugs sowohl zwischen den öffentlichen Einheiten als auch zwischen dem öffentlichen und privaten Sektor.[129]

Da die Konvention darüber, was als öffentliche Aufgabe anzusehen ist, von den finanziellen Spielräumen des Staates, dem politischen Kräfteverhältnis im Parlament, der gesellschaftlichen Anspruchshaltung, der Zeitnähe zukünftiger Wahlen und den geschätzten Erwartungen des Medianwählers[130] durch die Parlamentarier abhängt, darf das neue Rollenverständnis von Staat und Verwaltung nicht zu einer einseitigen Forderung des Aufgabenabbaus führen. Vielmehr muss eine Transparenz[131] zwischen den öffentlichen Aufgaben und der zugrunde liegenden Finanzierung erfolgen, um ein effektiveres und effizienteres Verwaltungshandeln zu erreichen. In diesem Sinne muss eine öffentliche Aufgabe auch nicht zwingend durch den Staat erfüllt werden, vielmehr kann eine Gewährleistung durch ihn in einem kooperativen Auftragsgeber/Auftragsnehmerverhältnis zwischen Verwaltung und privatwirtschaftlichen Stellen (z.B. *Public Private Partnership*[132]) unter Nutzung der wettbewerblichen Marktkräfte erfolgen,[133] so dass der Staat seine produktive Tätigkeit zugunsten einer Kooperation und Koordination der Aufgabenerfüllung aufgibt. Hierdurch soll nicht nur eine bloße Verlagerung der bisherigen öffentlichen Aufgaben von der Verwaltung auf den Markt erfolgen, sondern eine weiterreichende Kooperation und Vernetzung mit dem privaten und dem Nonprofit-Sektor.[134]

2.4.1.2 Externe Strukturreform des öffentlichen Sektors

Die mit der ersten Ebene im Zusammenhang stehende zweite Ebene des NPM, die externe Strukturreform, beschäftigt sich mit der Gestaltung der Rahmenbedingungen, unter denen die Gebietskörperschaften ihre Leistungen zu erbringen haben.

Schwerpunkte dieser Ansätze sind die situationsabhängige Nutzung von Marktkräften[135] zur Schaffung von Wettbewerbsbedingungen im Verwaltungsbereich, die Gebührenerhebung zur

129 Vgl. Budäus, D./Finger, S. (1999), S. 319.

130 Vgl. zum Medianwählermodell Nowotny, E./Zagler, M. (2009), S. 105-107. Grundlage des Medianwählermodells von DOWNS (Downs, A. (1957)) sind einkommensmaximierende Wähler und stimmenmaximierende Politiker, so dass eine nach Mehrheitswahlrecht gewählte Regierung Umverteilungen zu Gunsten des Medianwählers durchsetzen wird; vgl. hierzu in deutscher Übersetzung Downs, A. (1968).

131 Vgl. zur Beurteilung der Transparenzerfordernis bei der Modernisierung der Verwaltungsorganisation durch die Bildung verselbständigter Verwaltungseinheiten Shirvani, F. (2008), S. 1-10.

132 Vgl. hierzu z.B. Budäus, D./Grüb, B. (2007); Macdonald, H. I. (2007); Rehm, H. (2007).

133 Hierdurch erfolgt auch kein Aufgabenabbau, sondern nur ein Formenwandel öffentlicher Aufgabenerfüllung; vgl. Schuppert, G. F. (1998), S. 438. Dieser Bereich wird auch in der Privatisierungsdiskussion aufgegriffen; vgl. hierzu Gusy, C. (1998).

134 Vgl. Mayntz, R. (1997), S. 67. Siehe zu den obigen Abschnitten Budäus, D./Finger, S. (1999), S. 319-322.

135 Eine generelle Zweckmäßigkeit von Wettbewerb und Marktkräften für öffentliche Aufgaben kann nicht unterstellt werden und muss anhand der jeweiligen situativen Bedingungen beurteilt werden. Hier stellt sich

stärkeren Beteiligung der Nutzer öffentlicher Leistungen an deren Finanzierung und des Weiteren sollen den Nutzern auch mehr Wahlmöglichkeiten geboten werden.[136]

Der Wettbewerb soll sowohl extern mit Unternehmen außerhalb der Verwaltung als auch verwaltungsintern erfolgen. Im externen wie im internen Wettbewerb soll eine Trennung zwischen dem Finanzierungsträger und dem Leistungserbringer bestehen, so dass die Zusammenarbeit über Leistungsaufträge definiert wird.[137] Falls für bestimmte öffentliche Güter und Dienstleistungen kein Markt existiert und somit auch kein Wettbewerb zur Ressourcenallokation stattfinden kann, muss ein Benchmarking als Wettbewerbssurrogat eingerichtet werden, um so für die einzelnen Kosten und Leistungen Daten für Vergleichs-, Bewertungs- und Planungszwecke zu erhalten. Hiermit soll das durch eine Angebotsorientierung geprägte Leistungsspektrum der Verwaltung besser an den Bedarfs- und Bürger-/Kundenwünschen ausgerichtet werden, wozu das Benchmarking mit Kundenbefragungen verknüpft werden sollte.[138] Ein zusätzliches Mittel zur Förderung der Nachfrageorientierung bei öffentlich finanzierten Einrichtungen, wie z.B. Kindergärten, Schulen oder Hochschulen, stellt ein Gutschein-System dar, mit dem die Kunden eine Nachfragemacht erhalten und entsprechend ihren individuellen Präferenzen das verfügbare Angebot an öffentlichen Gütern und Dienstleistungen beeinflussen können. Der Vorteil liegt dabei darin, dass die Anpassung und Umstrukturierung des öffentlichen Angebots direkt durch das Nachfrageverhalten der Kunden gesteuert wird und nicht durch einen langwierigen, mit politischen Eigeninteressen geprägten Abstimmungsprozess.[139]

Ein weiterer Teilbereich der externen Strukturreform fördert die Reduzierung der Dysfunktionen kollektiver Finanzierungssysteme durch die Beteiligung der Nutzer öffentlicher Leistungen an deren Finanzierung mittels einer Gebührenerhebung.[140] Das Funktionieren kollektiver Finanzierungssysteme wird dadurch gestört, dass keine individuelle Zurechnung der Finanzierung zu den in Anspruch genommenen Leistungen erfolgt. Für das Individuum besteht kein

die Frage, warum es eine gleichzeitige Leistungserstellung vergleichbarer Güter und Dienstleistungen von Privaten und öffentlichen Verwaltungen geben kann und es wird kritisiert, dass eine öffentliche Aufgabe eben nicht durch Private erbracht werden könne. Gründe, die eine gleichzeitige Leistungsbereitstellung von privaten und öffentlichen Produzenten rechtfertigen, sind zum einen, dass dies als Zwischenstufe hin zur materiellen Privatisierung angesehen werden kann (z.B. im Straßenbau, bereits geschehen bei Post, Bahn, Bundesdruckerei etc.). Zum anderen kann so der Staat seiner Auffangverantwortung schneller gerecht werden, falls die Aufgaben durch den privaten Sektor nicht zufriedenstellend erfüllt werden (z.B. im Bildungsbereich). Vgl. hierzu Budäus, D./Finger, S. (1999), S. 323. Auf der zweiten Ebene des NPM wird somit auf Ansätze der Public Choice-Theorie zurückgegriffen; vgl. Budäus, D. (1997), S. 44.

136 Vgl. Budäus, D. (1998), S. 4; Budäus, D./Finger, S. (1999), S. 322-323.

137 Vgl. Buschor, E. (2002), S. 61.

138 Vgl. Brüggemeier, M. (2004), S. 336; Klages, H. (1998), S. 141.

139 Vgl. Budäus, D./Finger, S. (1999), S. 322-324.

140 Vgl. hierzu weiterführend Münch, K.-N. (1978), S. 43-68.

Anreiz, die durch die Gemeinschaft finanzierten öffentlichen Güter und Dienstleistungen möglichst wenig und somit ressourcenschonend in Anspruch zu nehmen, so dass es zu einer Maximierung des Individualnutzens auf Kosten des kollektiven Systems kommen kann.[141]

Generell soll neben der Förderung des Wettbewerbs und der nutzerbezogenen Finanzierung die Schaffung von Wahlmöglichkeiten für die Bürger im Fokus der externen Strukturreform stehen. Dies soll dazu beitragen, dass sich die im öffentlichen Sektor vorherrschende Angebotsorientierung hin zu einem nachfrageorientieren öffentlichen Leistungsspektrum entwickelt, welches sich an den individuellen Präferenzen der Bürger ausrichtet.[142]

2.4.1.3 Binnenreform der öffentlichen Verwaltungen

Die Binnenreform, als dritte Ebene des NPM, befasst sich unter Rückgriff auf Ansätze und Erkenntnisse der Managementlehre mit der Weiterentwicklung von verwaltungsinternen Strukturen, Verfahren und personalem Verhalten.[143] Ziel dieses Reformbereiches ist eine an den Anforderungen und Bedürfnissen der Bürger als Kunden der Verwaltungseinheit ausgerichtete Bereitstellung und Durchführung öffentlicher Güter und Dienstleistungen, die ein effektives, effizientes und sparsames Verwaltungshandeln gewährleisten.[144]

Wesentliche Teilbereiche[145], die zur erfolgreichen Binnenreform im Sinne des NPM umgesetzt werden müssen, sind in der folgenden Aufzählung kurz beschrieben:

- Es muss eine Neustrukturierung des politisch-administrativen Systems und somit der Aufgabenverteilung zwischen Politik und Verwaltung erfolgen, verbunden mit dem Konzept eines Kontraktmanagements[146], das wiederum eine systematische Ziel- und Maßnahmenplanung voraussetzt. So erfolgt eine Trennung zwischen strategischer und operativer Führung, die Politik legt das „Was" und die Verwaltung das „Wie" der Leistungserbringung fest.[147]

---

141 Vgl. Budäus, D./Finger, S. (1999), S. 324.

142 Vgl. zu den obigen Abschnitten Budäus, D./Finger, S. (1999), S. 322-324.

143 Vgl. Budäus, D. (1998), S. 4. Dies wird auch als Public Management bezeichnet; vgl. Budäus, D. (1997), S. 44-45.

144 Siehe zu den Begriffen Effektivität, Effizienz und Sparsamkeit/Kostenwirtschaftlichkeit die Ausführungen in Kapitel 2.4.3.

145 Vgl. Budäus, D./Finger, S. (1999), S. 325.

146 Kontraktmanagement stellt ein Steuerungs-, Planungs- und Kontrollinstrument dar, das im öffentlichen Sektor die verbindlichen Absprachen zwischen zwei Organisationseinheiten regelt, sowohl verwaltungsübergreifend zwischen zwei öffentlichen Organisationen, aber auch zwischen der Politik- und Verwaltungsführung bzw. einzelnen Fachabteilungen und zwischen zwei verwaltungsinternen Stellen. Hierbei müssen die zu erbringenden Leistungen, deren Finanzierung, die Form der Berichterstattung zum Leistungsfortschritt und zur Zielerfüllung und Konsequenzen bei Nichterfüllung festgeschrieben werden. Vgl. hierzu Jann, W. (2003a), S. 592.

147 Vgl. Bleyer, M. (2004), S. 128-129; Schedler, K./Proeller, I. (2009), S. 63-65.

- Dezentrale Organisationsstrukturen bei kontinuierlicher Organisationsentwicklung lassen die Verlagerung der Entscheidungskompetenzen und damit der Verantwortlichkeiten von hierarchisch übergeordneten Instanzen zu untergeordneten Ebenen zu. Dies entspricht dem Subsidiaritätsprinzip, das besagt, dass eine übergeordnete Stelle nur dann einen Sachverhalt zu regeln hat, wenn dieser auf einer nachgeordneten Ebene nicht zufriedenstellend entschieden werden kann.[148]
- Im Gegensatz zur im kameralistischen Rechnungsstil vorherrschenden Inputorientierung, die der Legislative die Steuerung des Verwaltungshandelns durch einen hohen Detaillierungsgrad des Finanzmitteleinsatzes ermöglicht,[149] ist die Outputorientierung die Grundlage einer wirkungsorientierten Verwaltungsführung und Leistungserstellung.[150] Nicht mehr die zur Verfügung stehenden Mittel sind der Steuerungshebel, sondern die erbrachten Leistungen und die damit erzielten Wirkungen bei den Leistungsempfängern. Hierzu müssen Produkte[151] gebildet werden, die die Eigenschaftsmerkmale der Verwaltungsleistungen definieren und Voraussetzung für das Kontraktmanagement zwischen Politik und Verwaltung sind. Über Produkte wird der Mitteleinsatz (= Kosten) mit den durch Kennzahlen messbaren und damit im Benchmarking vergleichbaren Ergebnissen (= Leistungen) verbunden.[152]
- Parallel zum Wechsel von der Input- zur Outputorientierung generiert die Verwaltung durch globale Budgetierungskonzepte flexible Handlungsspielräume, da eine detaillierte Kontierung entfällt und auch das Bruttoprinzip aufgehoben wird, so dass nicht mehr die im Budget ausgewiesenen Bruttobeträge rechtlich bindend sind, sondern nur noch die Nettoaufwendungen.[153]

---

148 Vgl. Eichhorn, P. et al. (2003), S. 255.

149 Die sich aus der Inputorientierung ergebenden Ineffizienzen finden mit dem Schlagwort „Dezemberfieber“ ihren plakativen Ausdruck. Siehe hierzu Kapitel 4.1.2.

150 „Leistungen stellen das direkte Ergebnis der Verwaltungstätigkeit aus dem Blickwinkel eines Dritten (externen Leistungsempfängers) dar. Wirkungen sind das unmittelbare Ergebnis der Erbringung einer oder mehrere Leistungen durch die Verwaltung. Die Verwaltung erbringt – durch eine Vielzahl unterschiedlicher, meist interner Aktivitäten – Leistungen an Leistungsempfänger, die bei diesen oder deren Umfeld bestimmte Wirkungen auslösen“; Schedler, K./Proeller, I. (2009), S. 72 (im Original teilweise fett hervorgehoben). Vgl. zur wirkungsorientierten Verwaltungsführung Schedler, K. (1996).

151 „Das Produkt ist die kleinste selbständige Leistungs- und Dienstleistungseinheit, die von einer Kundin bzw. einem Kunden genutzt werden kann. Als selbständig gilt eine Leistungseinheit, wenn sie ohne Bezug einer weiteren Leistung einen Nutzen stiftet“; Brühlmeier, D. et al. (1998), S. 301. Kriterien zur Aggregation der Verwaltungsleistungen zu Produkten sind Vollständigkeit, Sinnzusammenhang und eindeutige Verantwortung; vgl. Schneidewind, T. (2006), S. 31. Siehe auch Spraul, K. et al. (2012), S. 935-968.

152 Vgl. Klug, F. (2003), S. 257-258.

153 Vgl. Schedler, K. (2003b), S. 446-447. Die Einhaltung der veranschlagten Nettoaufwendungen bedeutet, dass der Budgetempfänger höhere Aufwendungen als budgetiert haben kann, wenn er dies über zusätzliche Einnahmen finanzieren kann.

- Um ein flexibles und wirtschaftliches Verwaltungshandeln zu gewährleisten, muss eine Einheit von Fach- und Ressourcenkompetenz existieren, wodurch einer Facheinheit ein individuelles Budget zur eigenverantwortlichen Bewirtschaftung zugeteilt wird.[154] Die Aufgabe des Bürokratiemodells ist mit einem Kontrollverlust verbunden, der in Verbindung mit der Zusammenführung der Fach- und Führungskompetenzen korruptes Verhalten begünstigen kann. Damit dies verhindert werden kann, ist eine interne Revision auf- und auszubauen.[155]
- Um transparente Informationen für Steuerungs- und Berichtszwecke zu erhalten, muss ein Neues Öffentliches Rechnungswesen eingeführt werden, mit dem nicht nur wie bei der Kameralistik Zahlungsvorgänge erfasst und abgebildet werden, sondern auch Kosten und Leistungen, sowie Vermögen und Schulden. Grundsätzlich ist dies mit entsprechenden Nebenrechnungen auch auf Basis der erweiterten Kameralistik möglich.[156] Der Idealzustand wird jedoch nur mit einer integrierten Verbundrechnung erreicht, der u.a. das Rechnungswesen mit einem doppischen Rechnungsstil[157] zugrunde liegt, ergänzt um eine Kosten- und Leistungsrechnung sowie eine Wirkungsrechnung.[158]
- Die Einrichtung eines Controllingsystems unterstützt die Verwaltungsführung mit einer bedingt durch die dezentrale Ressourcenverantwortung notwendigen Informationsbereitstellung für Steuerungs- und Entscheidungsaufgaben.[159]
- Die zu reformierende Personalentwicklung umfasst Aus-, Fort- und Weiterbildungsmaßnahmen zur Qualifizierung der Mitarbeiter aufgrund der wegen den Reformelementen gewandelten Anforderungen an die Problemlösungskompetenz. Hiermit einhergehend ist eine Personalbedarfs-, Personalbeschaffungs- und Personaleinsatzplanung aufzubauen, die an der Verwaltungsstrategie und den Leistungsprozessen orientiert ist.[160]

---

154 Vgl. Eichhorn, P. et al. (2003), S. 255.

155 Vgl. Budäus, D./Finger, S. (1999), S. 341. Siehe zur Bedeutung der internen Revision im Zuge der Verwaltungsmodernisierung auch Hofmeister, A. (2007), S. 329-336.

156 Siehe zur erweiterten Kameralistik Kapitel 4.1.1.3 und zu den Defiziten der Kameralistik Kapitel 4.1.2.

157 Der doppische Rechnungsstil basiert auf der Doppelten Buchführung in Konten (Doppik), die sich bereits im Unternehmensbereich über Jahrhunderte bewährt hat und 1494 von LUCA PACIOLI umfassend dargestellt wurde; vgl. Coenenberg, A. G./Haller, A./Mattner, G. et al. (2012), S. 33. Vgl. zu einem internationalen Literaturüberblick der Jahre 1981-2005 über die periodengerechte Erfolgsermittlung im öffentlichen Sektor Christensen, M. (2007). CHRISTENSEN kommt zu dem Schluss, dass es nun notwendig sei, die Vorzüge und Eigenheiten des *public sector accrual accounting*, die man laut Literatur meint zu kennen, durch empirische Studien nachzuweisen.

158 Vgl. z.B. Brede, H. (2003a), S. 714-716; siehe zur integrierten Verbundrechnung Kapitel 4.2.2. Siehe zur Umsetzung der Kosten- und Leistungsrechnung im NPM Buchholtz, K. (2000), S. 394-404 und allgemein zur Steuerungsunterstützung durch die Kosten- und Leistungsrechnung Buchholtz, K. (2001).

159 Vgl. Hoffjan, A. (2003), S. 225.

160 Vgl. Eichhorn, P. et al. (2003), S. 799; Thom, N./Alfes, K. (2007), S. 568-569.

- Das mit dem Bürokratiemodell verbundene, prinzipienhaft geregelte Dienstrecht beinhaltet das auf dem Laufbahnprinzip beruhende Berufsbeamtentum und ist bei mehrheitlich stabilen Umweltbedingungen als adäquat anzusehen, aber nicht bei der jetzt vorherrschenden Verwaltungsmodernisierung. Nur ein leistungsorientiertes Anreizsystem (Steuerung über Ziele und Zielvereinbarungen) ist dazu geeignet, die Verwaltungsmitarbeiter zum Mittragen, Mitdenken und Umsetzen der Ideen des NPM zu motivieren, und muss ebenfalls eingeführt werden.[161]
- Die Verwaltungsmodernisierung gelingt nur, wenn die Mitarbeiter in den Reformprozess integriert werden. Hierfür spielt, wie bei jedem Veränderungsmanagement, die offene Kommunikation eine wesentliche Rolle.[162]
- Der geförderte Wettbewerb durch das NPM bedingt auch eine stärkere Bürger- und Kundenorientierung bei der Leistungserbringung und -abnahme und umfasst die gesamte Wahrnehmung der Verwaltungseinheit in der Öffentlichkeit, z.B. als kundenfreundlich und kompetent.[163]

Diese Auflistung zeigt, dass die Binnenreform des NPM aus unterschiedlichsten Teilkomponenten besteht. Aufgrund der Interdependenzen der einzelnen Teilbereiche der Binnenreform als auch der externen Strukturreform ist die Umsetzung nur einzelner Reformelemente wenig sinnvoll, da die Komponenten nur im Ganzen ihre volle Wirkung zu einer effizienteren und effektiveren Verwaltungstätigkeit erzielen können. Ein Kompromiss ist nur im Hinblick auf die zeitliche Einführung der Komponenten denkbar, die „möglicherweise auch in kleinen, sukzessiven Schritten, aber keinesfalls in halben Schritten“[164] erfolgen kann. „Halbe Schritte“ bedeuten, dass eine Komponente nur teilweise in die Verwaltungstätigkeit übernommen wird. Wenn z.B. immer mehr Verwaltungseinheiten ausgegliedert und rechtlich verselbständigt werden, müssen diese als „zweiten halben Schritt“ auch privatisiert bzw. den steuernden Marktkräften ausgesetzt werden.[165]

---

161 Vgl. Busse, B. (2003), S. 517-519; Oechsler, W. A. (1999), S. 400-402; Oechsler, W. A. (2007), S. 546-547; Sass, J./Sienz, R. (2007), S. 71. MÜHLENKAMP kommt aufgrund empirischer Befunde zu dem Schluss, dass die Leistungsentgelte im öffentlichen Sektor ihre Ziele der Motivation und Leistungssteigerung weit verfehlt haben. Unterschiede zur Privatwirtschaft ergeben sich aus finanziellen Restriktionen, Leistungsmessproblemen und einer andersartigen Motivlage der Beschäftigten im öffentlichen Sektor; vgl. Mühlenkamp, H. (2007), S. 61, 68. LAPSLEY betont auch, dass letztendlich die Reformen des NPM von den Verwaltungsmitarbeitern umgesetzt werden und von deren Einsatz abhängig sind; vgl. Lapsley, I. (2008), S. 92-93.

162 Vgl. allgemein zum Change Management z.B. Doppler, K./Lauterburg, C. (2008); Sabogal, M. (2011).

163 Vgl. Baumann, M. (2003), S. 622.

164 Lüder, K. (1996), S. 99.

165 Vgl. Lüder, K. (1996), S. 99.

Generell muss zur Erreichung der Zielsetzung des NPM ein Ansatz verfolgt werden, bei dem nicht alles gleichzeitig verändert wird, da dies zu chaotischen Zuständen führen würde. Vielmehr muss bei Einführung einer neuen Führungskonzeption, wie z.B. leistungsabhängige Vergütungen, auch das notwendige Instrumentarium, wie z.B. ein transparentes Rechnungswesen und ein Controllingsystem, vorhanden sein. „Der Reform des Instrumentariums muss die Reform der organisationellen und personellen Rahmenbedingungen für seine Anwendung folgen, erst wenn dadurch Anreize zu effizientem und effektivem Verwaltungshandeln geschaffen werden, kann auch das Instrumentarium seinen vollen Nutzen entfalten.“[166]

2.4.2 Das Neue Steuerungsmodell in Deutschland

Ausgehend von den angelsächsischen Ländern (USA, Neuseeland/Australien und Großbritannien) finden sich nationale Umsetzungen der Ideen des NPM zur wirkungs- bzw. outputorientierten Verwaltungssteuerung und allgemein zur Verwaltungsmodernisierung z.B. in der Schweiz, den Niederlanden, den skandinavischen Ländern und Österreich.[167]

In Deutschland ist die Reformbewegung, die sich vor allem mit der Binnenreform des NPM befasst,[168] von dem sog. Neuen Steuerungsmodell (NSM) der Kommunalen Gemeinschaftsstelle für Verwaltungsmanagement (KGSt) geprägt.[169] Dieser deutsche Ansatz zur strategischen Steuerung beschränkt sich weitestgehend auf die kommunale Ebene und basiert auf den Erfahrungen in der niederländischen Stadt Tilburg[170] und zielt auf mehr Effizienz, Effektivität und Kundenorientierung ab und verzichtet dabei gleichzeitig in großen Teilen auf die Diskussion der Neubestimmung öffentlicher Aufgaben, wodurch die politische Konsensfähigkeit deutlich erhöht wurde.[171] Das NSM ist damit ein Referenzmodell und gleichzeitig ein Managementmodell für die kommunale Verwaltungsmodernisierung in Deutschland und beeinflusst auch die Reformbestrebungen beim Bund (Moderner Staat – Moderne Verwaltung) und bei den Ländern (Neue Steuerungsinstrumente, NSI).[172] In der Dokumentation der KGSt heißt

---

166 Lüder, K. (1996), S. 100.

167 Vgl. Hilgers, D. (2009), S. 435; Schauer, R. (2010), S. 64. Siehe hierzu im Detail auch die Vergleichsstudie von Lüder, K./Jones, R. (2003). Siehe hierzu auch Kapitel 2.4.1.

168 Vgl. Reichard, C. (2003b), S. 508; Reichard, C. (2003a), S. 122.

169 Die KGSt wurde 1949 in Köln gegründet und ist das von Städten, Gemeinden und Kreisen gemeinsam getragene Entwicklungszentrum des kommunalen Managements in Deutschland. Vgl. zum NSM die grundlegende Dokumentation „Das Neue Steuerungsmodell: Begründung, Konturen, Umsetzung“, KGSt (1993). Siehe hierzu auch Bogumil, J. et al. (2008); Jann, W. (2005), S. 74-84. Für eine umfassende Darstellung mit einer Übersicht der Arbeiten der KGSt zu diesem Thema vgl. Heinz, R. (2000).

170 Das Tilburger Modell ist nicht nur ein Vorbild für die Reformen im öffentlichen Sektor in den Niederlanden, sondern auch für Deutschland, da die kommunalen Rahmenbedingungen in beiden Ländern im Wesentlichen übereinstimmen; vgl. KGSt (1992). Siehe hierzu auch Brüggemeier, M. (1998), S. 142-145; Zahradnik, S. (1997), S. 127-134.

171 Vgl. Jann, W. (2005), S. 76.

172 Vgl. Reichard, C. (2002), S. 267.

es als zentrale Gestaltungsaufgabe für die kommenden Jahre: „Die Kommunalverwaltung muss sich von der Behörde zum politisch gesteuerten Dienstleistungsunternehmen entwickeln“[173]. Die KGSt identifiziert hierbei die folgenden wesentlichen „Lücken“ im Anspruch an die Verwaltungen und die tatsächliche Verwaltungsrealität:[174]

- Die Strategielücke lässt sich auf die kurzfristige, von Wählerwünschen beeinflusste Politik zurückführen, die keinen Raum für die Entwicklung eines Leitbildes für eine längerfristige Ausrichtung der Verwaltungseinheit zulässt.
- Die vorliegende Managementlücke beruht in der Verwaltung und den Ausgliederungen auf einer Trennung von Fachverantwortung und Ressourcenzuteilung. Hierdurch wird eine Ressourcenverschwendung begünstigt, da keine Belohnungsanreize beim optimalen Ressourceneinsatz bestehen und ein Effizienzdenken durch die mangelnde Gesamtabstimmung des Verwaltungshandelns und die fehlende Marktnähe bzw. Bürgerferne nicht gefördert wird.
- Die Tätigkeit im öffentlichen Dienst leidet gerade bei dem benötigten qualifizierten Personal unter einer Attraktivitätslücke, die sich auf das starre Bürokratiemodell und die mögliche parteipolitische Beeinflussung der Verwaltungstätigkeit und Stellenbesetzung zurückführen lässt.
- Im Bereich der Legitimationslücke liegt der Umstand, dass ein obrigkeitsstaatliches, nur rechtsvollziehendes Verwaltungshandeln von den Bürgern und Medien heutzutage nicht mehr akzeptiert wird und vielmehr eine transparente, effiziente, effektive und qualitativ hochwertige Leistungserbringung der Verwaltungseinheit – gemäß dem Schlagwort *„value for money“*[175] – eingefordert wird. Dies führt zu einer im Vergleich zu früher deutlich verschärften Rechenschaftspflicht der Verwaltungseinheit.

Diese Defizite lassen sich als Steuerungsprobleme zusammenfassen, so dass das NSM auf den Aufbau einer unternehmensähnlichen, dezentralen Führungs- und Organisationsstruktur mit folgenden Kernelementen[176] abzielt:

---

173 KGSt (1993), S. 7. So auch Banner, G. (1991). Eine kritische Auseinandersetzung mit dem Begriff des Dienstleitungsunternehmens und die Wandlung in ein solches erfolgt bei LAUX, der zum einen die grundlegenden Unterschiede zwischen privatwirtschaftlichen Unternehmen und dem öffentlichen Sektor anführt, aber zum anderen auch die „Mächtigkeit und Beharrungskraft“ des kulturell gewachsenen Rechtssystems anspricht; vgl. Laux, E. (1998), S. 72-74.

174 Vgl. KGSt (1993), S. 9-12. Siehe zu der Auflistung Diemer, R. (1996), S. 72.

175 Dye, K. M. (1990), S. 167.

176 Vgl. KGSt (1993). Siehe ergänzend zu den wesentlichen Reformelementen des NSM Budäus, D. (1998), S. 4; Heinz, R. (2000), S. 3-4; Hilbertz, H.-J. (2001), S. 9-12; Reichard, C. (2002), S. 268. HOLTKAMP sieht das NSM als gescheitert an, da das angebliche Ziel der Haushaltskonsolidierung damit nicht erreicht worden sei und auch weitere Bausteine wie politisches Kontraktmanagement und outputorientierte Steuerung

- Klare Verantwortungsteilung zwischen Politik und Verwaltung;
- Führung durch Leistungsabsprache anstelle von Einzeleingriffen;
- Dezentrale Gesamtverantwortung in den Fachbereichen;
- Zentrale Steuerung durch ein neues System aus Controlling und Berichtswesen;
- Instrumente zur Outputsteuerung;
- Budgetierung;
- Qualitätsmanagement;
- Personalentwicklung.

Charakterisierend ist, dass dieser Modernisierungsdrang nicht nur partiell einzelne Reformfelder aufgreift, sondern vielmehr eine neue Dimension der Umstrukturierung verfolgt. Aufgrund des sich wandelnden Umfeldes geschieht die notwendige Anpassung nicht sukzessiv, sondern ist mit einem Quantensprung zu vergleichen, der einen grundlegenden Umbau des Verwaltungssystems bedingt.[177] Verdeutlicht wird die Problemlage der Kommunen durch Schlagworte, wie „Unregierbarkeit der Städte" und „Rettet unsere Städte jetzt"[178], die die Notwendigkeit eines grundlegenden Umdenkens aufzeigt.

2.4.3 Das 3-Ebenen-Konzept

Wie bereits in den Kapitel 2.2 und 2.3.1 beschrieben, orientiert sich das Verwaltungshandeln an den Grundsätzen des Gemeinwohls und der Wirtschaftlichkeit. Zur operablen Steuerung einer öffentlichen Verwaltungseinheit müssen diese unbestimmten Begriffe mit der Bildung von konkretisierenden Zielen, die in ein Zielsystem eingeordnet werden müssen, unterlegt werden, da sie sonst nur eine Leerformel darstellen.[179] Ein Zielsystem öffentlicher Verwaltungen kann erst dann einen Beitrag zur Konkretisierung des Gemeinwohlziels leisten, wenn es gelingt, die Herausforderung der Operationalisierung der politischen Ziele zu lösen, da diese durch ein hohes Konfliktpotenzial, Vielschichtigkeit und beschränkte direkte Messbarkeit charakterisiert werden, so dass die Bildung einer einlinigen Ziel-Mittel-Kette erschwert

und Budgetierung nicht eingeführt worden seien; vgl. Holtkamp, L. (2008), S. 424. Für eine detaillierte Widerlegung dieser Ansicht siehe Banner, G. (2008), S. 447-455.

177 Vgl. Budäus, D./Finger, S. (1999), S. 313. Zur Unterscheidung einer schrittweisen und einer sprunghaften Anpassung siehe Müller, D. et al. (1984).

178 Kronawitter, G. (1994), S. 1. 1994 richteten die Oberbürgermeister der wichtigsten deutschen Großstädte einen Aufruf „Rettet unsere Städte jetzt!" an die Öffentlichkeit, „in dem sie vor der weiteren Abwälzung von Krisenlasten und auch der Folgekosten der deutschen Einheit auf die Kommunen warnten und eindringlich die Gefahr einer nicht mehr beherrschbaren Zuspitzung ökologischer und sozialer Konflikte und des „Auseinanderdriftens der städtischen Gesellschaft" (Kronawitter, G. (1994), S. 8) beschworen"; Harlander, T. (1998), S. 8. Diese Thematik wurde früher bereits in den Beiträgen bei Wagner, F. W. (1976) verfolgt; vgl. Budäus, D./Finger, S. (1999), S. 313.

179 Vgl. Budäus, D./Buchholtz, K. (1997), S. 324.

und die Zielerreichung oft nur indirekt gemessen werden kann.[180] Aus den politischen Zielen leitet sich der Leistungsauftrag für die öffentlichen Verwaltungen ab, die die vorhandenen Ressourcen im Sinne des Wirtschaftlichkeitsprinzips[181] einsetzen müssen. Wenn aber nur die Wirtschaftlichkeit betrachtet wird, kann kein Rückschluss darauf gezogen werden, ob mit den erzielten Verwaltungsleistungen auch ein Beitrag zur Erreichung der politischen Ziele geschaffen wurde, da die „falschen Sachen" durchaus wirtschaftlich realisiert werden können. Vielmehr muss zur Beurteilung des Verwaltungshandelns das Verhältnis geplanter Ziele zum tatsächlich realisierten Zielerreichungsgrad und damit die Wirksamkeit betrachtet werden.[182] Zur Verdeutlichung der im Fokus des NPM stehenden Begriffe „Effektivität", „Effizienz" und „Sparsamkeit/Kostenwirtschaftlichkeit", die zu steuernde Erfolgsindikatoren im Prozess der öffentlichen Leistungserstellung darstellen, kann als allgemeiner konzeptioneller Bezugsrahmen und allgemeines Strukturschema auf das 3-Ebenen-Konzept (3-E-Konzept) – siehe Abbildung 2 – zurückgegriffen werden.[183]

In dieser Abbildung wird der Steuerungskreislauf aus Planungsebene (Ziele und Input legen das Aufgabenspektrum und die dafür bereitgestellten Mittel fest) und der Kontrollebene (die Berichtsinstrumente (Vermögens-, Finanz- und Ergebnisrechnung) dienen der Dokumentation und gleichzeitig auch der Kontrolle des erreichten Output) ersichtlich; die Verbindung dieser beiden Ebenen entsteht über die Kosten- und Leistungsrechnung. Durch den Outcome kann über Wirkungsrechnungen und Leistungsberichte eine Rückkopplung und Anpassung der politischen Zielvorgaben erreicht werden.[184] Das Controlling dient hierbei der Informationsversorgung der Verwaltungsführung und steuert und kontrolliert die unterschiedlichen Prozessphasen der öffentlichen Leistungserbringung, in denen die Ziele, die Maßnahmen und die

---

180 Vgl. Brede, H. (1989), Sp. 1867-1869; Budäus, D./Buchholtz, K. (1997), S. 324; Eichhorn, P. et al. (2003), S. 827; Thieme, W. (1984), S. 145.

181 Das Wirtschaftlichkeitsprinzip (siehe hierzu Kapitel 2.3.1) lässt sich in Abhängigkeit von der Phase der Haushaltswirtschaft in zwei Formen unterscheiden. Im Zuge der Haushaltsaufstellung greift das Maximalprinzip und besagt, dass mit den gegebenen Mitteln das bestmögliche, maximale Ergebnis erreicht wird. Im Rahmen des Haushaltsvollzugs, bei dem die erwarteten Ergebnisse festgelegt sind, gilt es diese mit dem minimalen Mitteleinsatz zu erreichen (Minimalprinzip); vgl. Budäus, D./Buchholtz, K. (1997), S. 325.

182 Vgl. Eichhorn, P. et al. (2003), S. 283, 1207. Aufgrund der Ergänzung der Wirtschaftlichkeits- durch die Wirksamkeitsbetrachtung wird ein Unterschied zwischen Verwaltungscontrolling und dem Controlling im privatwirtschaftlichen Sektor deutlich; vgl. Lüder, K. (1993), S. 266.

183 Vgl. zum 3-Ebenen-Konzept (3-E-Konzept) Buchholtz, K. (2001), S. 53-54; Budäus, D./Buchholtz, K. (1997), S. 326-333; Budäus, D. (2002b), S. 208-211; Budäus, D. (2009a), S. 23; Schauer, R. (2008), S. 37; Schauer, R. (2010), S. 33-36. Als Systematisierung der Erfolgsindikatoren haben sich die sog. „three Es" („Economy" (= Kostenwirtschaftlichkeit, Kosteneffizienz, Sparsamkeit), „Efficiency" (= Wirtschaftlichkeit), „Effectiveness" (= Wirksamkeit, Zweckmäßigkeit) durchgesetzt; vgl. hierzu Carter, N. et al. (1995), S. 35; Schauer, R. (2010), S. 35; Schedler, K./Proeller, I. (2009), S. 76.

184 Vgl. zum Zusammenhang zwischen Öffentlicher Betriebswirtschaftslehre und Public Management Reichard, C. (1999), S. 47-54. Siehe auch Kapitel 2.3.2.

Umsetzung bzw. der Ressourcenverbrauch festgelegt und deren Realisierung kontrolliert werden. Diese Phasen werden in den folgenden Abschnitten kurz beschrieben:

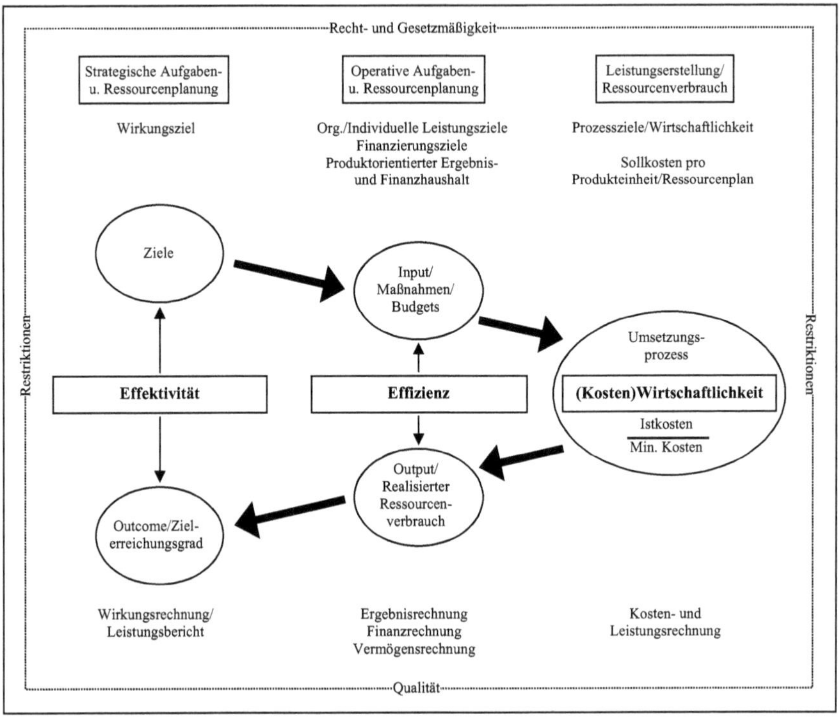

Abbildung 2: Das 3-Ebenen-Konzept[185]

Die Prozessebene der Effektivität (= Zielebene) liegt primär im Zuständigkeitsbereich der Politik, erst durch die Formulierung politischer Ziele erfolgt die Abstimmung zwischen Politik und Verwaltung. Das Setzen politischer Ziele ist stark von politischen Rationalitäten geprägt, die auf eine Machterhaltung bzw. Machterweiterung ausgelegt sind und politischen Gegnern eine möglichst geringe Angriffsfläche bieten möchten, so dass diese Ziele wenig operabel, allgemein gehalten und im Nachhinein nur schwer überprüfbar sind. Jedoch müssen Ziele gebildet, vorgegeben und mit der Bereitstellung entsprechender Ressourcen zur Zielerreichung durch Kontrakte zwischen Politik und Verwaltung festgelegt werden, da nur so eine Basis für Erfolgskontrollen in Form der Effektivitätsbetrachtung geschaffen werden kann.[186]

185 Quelle: Budäus, D./Buchholtz, K. (1997), S. 332; Budäus, D. (2002b), S. 210; Budäus, D. (2009a), S. 23.

186 „*Unless it is clear what an organization is trying to do, there will be no means of deciding whether it has been successful or not*"; Bourn, J. (1992), S. 27.

Effektivität entspricht dem Verhältnis geplanter Ziele zum tatsächlich realisierten Zielerreichungsgrad (Outcome)[187]. Die Messung der Effektivität ist nicht unproblematisch und bedarf entsprechender Maßgrößen. Nur auf Ebene der operativen Ziele, die eine geeignete Operationalisierung der politischen Ziele darstellen, kann die Effektivität direkt als Quotient aus Outcome und Zielvorgabe berechnet werden. In der Regel handelt es sich bei der Effektivitätsermittlung um einen schlecht strukturierten Problembereich, der erst durch die sukzessive Entwicklung von Indikatoren, die eine indirekte Ermittlung und Beurteilung ermöglichen,[188] gelöst werden kann. Aus diesem Grund muss die Entwicklung von Indikatoren zur Messung der Wirkung des Verwaltungshandelns parallel mit der Setzung politischer Ziele erfolgen.[189]

Die Produktebene stellt die Schnittstelle zwischen Politik und Verwaltung dar und unterliegt nicht einer politischen Rationalität, sondern einer Managementrationalität, wodurch eine Strukturierung der Ziele und eine Bewertung der Zielerreichung besser möglich sind. Die politischen Ziele müssen mit entsprechenden Maßnahmen und Budgets durch die Verwaltung in Form von Gütern und Dienstleistungen, als Produkte des Verwaltungshandelns, umgesetzt werden.[190] Im Mittelpunkt steht die Effizienz der öffentlichen Leistungserbringung, die durch geeignete Maßnahmen die vorgegebenen Ziele in Form von Input und Output (= Produkte) erreichen muss. Die Effizienz bezieht sich hierbei auf die Relation von Produkten und die hierfür notwendigen Ressourcen als Inputfaktoren (z.B. Kosten). Die Beurteilung der Effizienz greift überwiegend auf gemischtdimensionale Kennzahlen zurück, da die Outputs in der Regel auf nicht-monetären Größen und die Inputs auf Kosten oder nicht-monetären Größen basieren. Die getroffenen Maßnahmen müssen sich an der Zielerreichung messen lassen, aber auch den Qualitätsvorgaben entsprechen, da Effizienzanalysen nur bei gleichbleibender Qualität des Output aussagefähig sind.[191] Genauso darf die notwendige Haushaltssanierung nicht

187 Als Outcome kann auf Bürgerseite z.B. das Gefühl von Sicherheit, Bildung oder Gesundheit durch das Verwaltungshandeln (Polizei, Schulen, Gesundheitsamt etc.) erreicht werden; vgl. Hilgers, D. (2008b), S. 109

188 Ein als Indikator messbarer Outcome (z.B. Anzahl der Unfalltoten in einem Jahr) stellt nur eine Größe zur Ermittlung der effektiven Erfüllung politischer Ziele (z.B. Steigerung der Verkehrssicherheit) dar; vgl. Budäus, D./Buchholtz, K. (1997), S. 330.

189 Vgl. zu diesem Absatz Budäus, D./Buchholtz, K. (1997), S. 328-330; Budäus, D. (2002a), S. 208-209; Hilgers, D. (2008b), S. 109. Die erste Ebene ist dem strategischen Controlling zuzuordnen, die zweite dem strategischen und operativen Controlling und die dritte rein dem operativen Controlling; vgl. Budäus, D. (2002a), S. 210-211; Budäus, D. (2002b), S. 391. Mit Einführung neuer Managementmodelle in der Verwaltung wird die notwendige Erweiterung des strategischen Controllings um ein politisches Controlling immer wichtiger. Dies bietet zum einen der Legislative ein adäquates Kontrollinstrument für das auf Produkthaushalten und Globalbudgets basierende Verwaltungshandeln. Zum anderen behandelt es im Bereich der Exekutive Verfahren und Instrumente zur Koordination und Steuerung politischer Ziele und Programme; vgl. Budäus, D. (2002b), S. 392.

190 Siehe zum Funktionenschutz auf der Ebene Regierung - Verwaltung Kapitel 3.3.2.1.2.1.

191 Vgl. zu diesem Absatz Budäus, D./Buchholtz, K. (1997), S. 330; Budäus, D. (2002a), S. 209; Hilgers, D. (2008b), S. 110.

auf Kosten der Leistungsqualität durchgeführt werden, vielmehr muss das Bewusstsein in Politik und Verwaltung dafür geschärft werden, dass Kostensenkungen nicht automatisch mit Leistungskürzungen verbunden sein müssen, sondern auch durch innovative Anpassungen des Aufgabenverständnisses und der Leistungsprozesse erzielt werden können.[192]

Die Prozessebene, als dritte Ebene, ist gänzlich der Verantwortung der Verwaltung zuzurechnen und richtet sich am zentralen Bewertungsmaßstab des kostenwirtschaftlichen und sparsamen Ressourcenumgangs aus. Hier sind Outcome und Output in Form der zu erstellenden Produkte fest vorgegeben, so dass idealtypisch Produkte und ihre qualitativen Anforderungen als fixe Größen vorliegen. Dieser Problembereich ist somit vergleichsweise gut strukturiert und im Wesentlichen geht es hierbei nur um die operative Ausgestaltung des Leistungsprozesses. Dieser Ebene liegt eine ökonomische Rationalität zugrunde, die auf dem ökonomischen Prinzip basiert, wodurch im Sinne des Minimalprinzips die vorgegebenen Leistungen mit einem möglichst geringen Ressourceneinsatz erzielt werden sollen. Die Probleme bei der Beurteilung eines kostenwirtschaftlichen Leistungsvollzugs resultieren hauptsächlich aus der Ermittlung eines sinnvollen Vergleichsmaßstabes, also von Sollkosten, für aussagekräftige Soll-Ist-Vergleiche.[193]

Bei Beachtung der Forderung nach Sparsamkeit und Wirksamkeit kann ein Zielkonflikt entstehen, da der kostenwirtschaftlichste Weg der öffentlichen Leistungserstellung oft nicht die gewünschte Wirksamkeit auf Seiten der Leistungsempfänger entwickeln kann und umgekehrt. In einer Entscheidungssituation ist abhängig von den vorhandenen Ressourcen dem Kriterium der Effektivität zu folgen, das Effizienzprinzip stellt hierbei nur ein Auswahlprinzip dar.[194]

Wird das 3-E-Konzept um die Ebene der Ordnungsmäßigkeit in Bezug auf die Gesetzes- und Vorschriftenkonformität („Efficacy“) ergänzt und die rechtliche Rahmenordnung und die daraus resultierende Regulierungswirkung einbezogen, erhält man das 4-E-Konzept.[195] Das 5-E-

[192] Vgl. Fiedler, J. (2005), S. 489. Diese neue Denkweise ermöglicht durch einen gesellschaftlich-politisch tragfähigen Konsens über das Gemeinwohl, den Aufgabenbereich des öffentlichen Sektors neu zu strukturieren und betriebswirtschaftlich effiziente Abgrenzungen zwischen zwingend öffentlichen Aufgaben und möglicher marktwirtschaftlicher Leistungserbringung zu fördern; vgl. Kropfberger, D. (2007), S. 56; Borgonovi, E. (1999), S. 66.

[193] Vgl. zu diesem Absatz Budäus, D./Buchholtz, K. (1997), S. 330; Budäus, D. (2002a), S. 210; Hilgers, D. (2008b), S. 110.

[194] Vgl. Müller, S. et al. (2009), S. 36-37; Schauer, R. (2008), S. 38-39.

[195] Vgl. Buschor, E. (1992), S. 216-217; Buschor, E. (2002), S. 65-66; Hilgers, D. (2008b), S. 110.

Konzept ist noch umfangreicher. Es umfasst auch die Ebene der Finanzierungsziele („Equity“) und zielt auf die Einhaltung des Budgets bzw. den Haushaltsausgleich ab.[196]

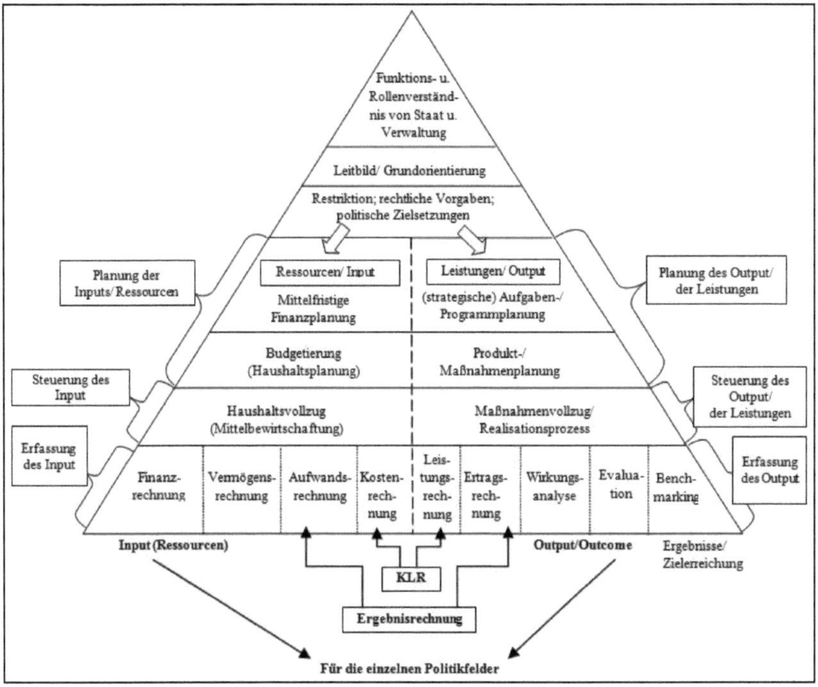

Abbildung 3: Pyramide der integrierten Ressourcen- und Leistungssteuerung[197]

Im Zuge von Diskussionen derartiger Mehrebenen-Konzepte wird nicht nur die Beachtung eines ausgeglichenen Haushaltes gefordert, sondern auch eine Verteilungsgerechtigkeit. Gerade im öffentlichen Sektor darf eine Effizienzforderung, den minimalen Input für einen bestimmten Output zu verwenden, nicht damit verwechselt werden, dass Leistungen zu reduzieren oder ganz zu streichen sind, da sonst dem Aspekt der gerechten Verteilung, z.B. auch unter Gleichheitsaspekten, nicht Rechnung getragen werden kann.[198] Die Entscheidungen müssen auf einer vielseitigen Informationsbasis getroffen werden, da „nicht alles, was betriebswirtschaftlich rentabel ist, […] automatisch auch der Volkswirtschaft dienen und sozialen Nutzen stiften“[199] muss.

[196] Vgl. Buschor, E. (2002), S. 65-66; Hilgers, D. (2008b), S. 110. Eine praktische Umsetzung erfolgte im Kanton Zürich; vgl. Buschor, E. (2000), S. 31; Nydegger, P. (2001), S. 143.

[197] Quelle: Budäus, D. (2006c), S. 133.

[198] Vgl. Johnsen, A. (2005), S. 9; Hilgers, D. (2008b), S. 110.

[199] Klug, F. (2003), S. 264.

Eine umfassende Integration der Bestandteile der Ressourcen- und Leistungssteuerung wird in Abbildung 3 skizziert, indem auf der linken Seite der Pyramide alle mit dem Input verbundenen Komponenten und auf der rechten Seite alle mit dem Output in Beziehung stehenden Aspekte aufgezeigt werden.

2.4.4 Weiterentwicklungen des New Public Management

Die Umsetzung einer wirkungsorientierten Verwaltungsführung ist die größte Herausforderung im Prozess der Verwaltungsmodernisierung, denn „auch das kaufmännische Rechnungswesen vermag nicht alle verwaltungsbetrieblichen Controlling-Aufgaben zu erfüllen, so z.B. im Hinblick auf Systeme der Messung des Output und Outcome der Aufgabenwahrnehmung. Auf diesem Feld muss noch – unabhängig von der Art des Rechnungssystems – erhebliche Entwicklungsarbeit geleistet werden.“[200] Das Haushalts- und Rechnungswesen dient der transparenten Darstellung der Vermögens-, Finanz- und Ertragslage der Verwaltungseinheit und ermöglicht eine Beurteilung der Effizienz der Verwaltungstätigkeit, ist aber unzureichend bei der Ziel- und Wirkungsorientierung.[201] „Der Schritt vom Output zum Outcome, der weder von der Kameralistik noch von der Doppik, auch nicht von der Kosten- und Leistungsrechnung automatisch vollzogen wird, stellt sich damit als die eigentliche und schwierigste Aufgabe dar.“[202] Hieraus resultierende Ansätze zur Weiterentwicklung des NPM lassen sich in zwei Bereiche, Außen- (Public Governance)[203] und Innenperspektive (Public Management), aufteilen.[204]

In der Außenperspektive werden die Probleme des öffentlichen Sektors nicht mehr nur auf ein Staatsversagen zurückgeführt, sondern auch als Gesellschaftsversagen interpretiert, so dass deren Lösung auch in einer Förderung der gesellschaftlichen Selbstorganisation und -steuerung gesucht werden kann. Public Governance bezieht sich hierbei nicht nur auf die öffentliche Verwaltung, sondern auch auf die Verflechtung mit dem Unternehmensbereich und der Gesellschaft und untersucht die notwendigen institutionellen Voraussetzungen für ein

---

200 Gornas, J. (1999), S. 320.

201 Vgl. Finger, S. (2007), S. 98-99.

202 Beyer, L./Kinzel, H. G. (2005), S. 360. EICHHORN schlägt zur Erweiterung des herkömmlichen Rechnungswesens die Erstellung einer Outcome-Impact-Bilanz vor; vgl. Eichhorn, P. (2011), S. 143.

203 Der Begriff „Governance“ ist immer kontextabhängig und entsprechend der gemeinten Eigenschaft zu bezeichnen, so dass dieser die Steuerung und Koordination im Verhältnis zwischen öffentlicher Verwaltung und ihrem sozialen, ökonomischen und politischen Umfeld abbildet. Unter Public Governance fasst man die Aufgaben des Staates und seine Beziehungen zu den Bürgern zusammen. Vgl. hierzu König, K. (2001), S. 617, 620; Schauer, R. (2009), S. 176-177.

204 Sich hieraus entwickelnde Forschungsansätze zur Reform der öffentlichen Verwaltung sind u.a. das E-Government (vgl. Budäus, D./Hilgers, D. (2010a), S. 98-99; Lapsley, I. (2009), S. 9-11) oder der Bereich des Open Government, worunter „die systematische Öffnung von Staat und Verwaltung im Sinne einer Entgrenzung bisheriger Organisations- und Entscheidungsstrukturen“ (Hilgers, D. (2012), S. 631) bis hin zum Citizensourcing (vgl. Hilgers, D./Ihl, C. (2010), S. 68) zu verstehen ist.

effektives und effizientes Verwaltungshandeln, ergänzt um soziale und politische Gesichtspunkte und mit einer höheren Bürgerorientierung. Durch die geförderte Kooperation zwischen Staat und Gesellschaft tritt dieser als aktivierender Staat auf und unterstützt bürgerschaftliches Engagement, z.B. durch Bürgerkommunen. Es wird eine neue Aufgabenverteilung angestrebt, aber auch eine stärkere, dem Nutzen entsprechende Mitfinanzierung öffentlicher Leistungen erwartet, so dass eine Abkehr vom Leistungs- zum Gewährleistungsstaat erfolgt.[205]

Im Gegensatz zur Außenperspektive wird in der Innenperspektive die Übertragung betriebswirtschaftlicher Instrumente auf das öffentliche Verwaltungshandeln angestrebt und unter dem Begriff „Public Management“ zusammengefasst.[206] Der Fokus dieser Richtung wird verstärkt auf den Bereich Performance Management gelegt, der in den anglo-amerikanischen Staaten schon weiter vorangeschritten und in Deutschland, besonders auf Bundes- und Länderebene, noch am Anfang ist[207]. Er befasst sich mit dem Hauptziel „Performance“, also der Leistung bzw. dem Ergebnis in den unterschiedlichen Phasen des Leistungsprozesses (3-E-Konzept) der Verwaltungseinheit und den daraus resultierenden Wirkungen.[208] Entsprechende finanzielle Informationen können auf Basis des outputorientierten Haushalts- und Rechnungswesens generiert werden, die für ein umfassendes Bild noch um nicht-finanzielle Bezugsgrößen zu ergänzen sind. Teilbereiche des anzuwendenden Instrumentariums sind das Performance Contracting, in dem Ziel- und Leistungsvereinbarungen festgelegt werden. Das Performance Budgeting[209] stimmt weitgehend mit der an Produkten bzw. Outputs gebundenen Budgetierung überein, ergänzt diese aber um Hinweise auf die vergangene oder damit beabsichtigte Performance.[210]

Da das Performance Budgeting zukunftsorientiert ist, sollte es eng mit der vergangenheitsorientierten und ebenfalls an Performance-Zielen auszurichtenden Rechnungslegung verbunden sein.[211] Hierzu ist ein Performance Measurement notwendig, mit dem ein Soll-Ist-Vergleich der erzielten und geplanten Ergebnisse und Wirkungen des Verwaltungshandelns möglich ist.

---

205 Vgl. Jann, W. (2002), S. 291; Jann, W. (2003b), S. 450-451; König, K. (2002), S. 33-39; Schauer, R. (2009), S. 176-177; Schauer, R. (2010), S. 67-68; Thom, N./Ritz, A. (2008), S. 10-11. Siehe hierzu auch Kettl, D. F. (2000), S. 488-497; Pierre, J./Peters, B. G. (2000).

206 Vgl. zur Abgrenzung von Public Management und Public Governance auch Schedler, K. (2007), S. 253-268.

207 Vgl. Kroll, A./Küchler-Stahn, N. (2009), S. 477. Im Detail siehe Bouckaert, G./Halligan, J. (2008); Proeller, I./Siegel, J. P. (2009), S. 455-474.

208 Falls nicht die institutionelle Ebene des Performance Management betrachtet wird, bezieht es sich auf die individuelle Ebene und fördert die Eigenverantwortlichkeit der Beschäftigten durch Kopplung von Entlohnungsbestandteilen an die individuell erbrachte Leistung.

209 Vgl. hierzu grundlegend Kalatschan, M. (2008).

210 Vgl. Reichard, C. (2003e), S. 794.

211 Vgl. Reichard, C. (2003e), S. 794.

Performance Measurement beschränkt sich hierbei nicht nur auf den Vergleich aktueller Performance-Daten mit den vorgegebenen Zielwerten, sondern erlaubt auch einen Datenvergleich mit anderen Perioden oder anderen öffentlichen Verwaltungseinheiten bzw. privatrechtlichen Organisationen. Erreicht wird dies durch eine mehrdimensionale Leistungsmessung, die mittels Kennzahlen und Performance-Indikatoren erfolgt und auch nicht-monetäre Leistungen in die Untersuchung mit einbezieht.[212]

Hiermit in Verbindung steht das Performance Monitoring bzw. die Performance Evaluation, wodurch eine regelmäßige Überwachung und Kontrolle der erbrachten Verwaltungsleistungen und der damit geplanten und auch tatsächlich erzielten Wirkung bei den Bürgern als Leistungsempfänger gewährleistet wird, so dass es weitgehend mit dem operativen und strategischen Controlling gleichzusetzen ist.[213] Um letztendlich die gesamte Bandbreite der Leistungen der Verwaltungseinheit planen und abbilden zu können, reicht das an finanziellen Größen orientierte Haushalts- und Rechnungswesen und die damit verbundene finanzielle Berichterstattung nicht aus, sondern muss um eine an Leistungsgrößen, die auch nicht-finanzieller Art sind, ausgerichtete Leistungsberichterstattung und Wirkungsrechnung ergänzt werden.[214]

Eine zentrale Herausforderung des Performance Management, die derzeit Gegenstand der wissenschaftlichen Diskussion ist, ist die Verwendung der gewonnenen Performance-Informationen und damit die Nutzung nicht nur innerhalb der Verwaltung, sondern auch im politisch-administrativen Steuerungsprozess.[215] Es reicht nicht aus, dass durch das Rechnungswesen Daten nur generiert werden, sondern sie müssen auch in die politischen Entscheidungen mit einfließen.[216]

Problematisch ist hierbei, dass Politiker sich zwar für die Einführung von Performance Management Systemen interessieren, da sie so imageverbessernd beweisen können, dass sie ein

212 Vgl. Reichard, C. (2003f), S. 795; Schauer, R. (2009), S. 164. Siehe zum Einsatz von Indikatoren z.B. Carter, N. (1991), S. 85-101.

213 Vgl. Reichard, C. (2003d), S. 796; Schauer, R. (2010), S. 73.

214 Vgl. Budäus, D./Hilgers, D. (2010d), S. 506; Reichard, C. (2003c), S. 796. Vgl. zum Leistungsbericht auch Fleige, T. (1989), S. 234-242. Siehe zur Leistungs- und Wirkungsberichterstattung nach IPSAS Kapitel 5.4.3.2

215 Vgl. Finger, S. (2007), S. 99; Kroll, A./Küchler-Stahn, N. (2009), S. 482-483. Die für die Verwaltungsmanager relevanten Performance Informationen sind eher output- und effizienzorientiert, und für die Politiker outcome- und effektivitätsorientiert, wobei Überschneidungen ebenfalls auftreten können; vgl. Kroll, A./Küchler-Stahn, N. (2009), S. 483; Van Dooren, W. (2008), S. 16. Siehe zu Problemfeldern in der Umsetzung bei Politik und Verwaltung Brüggemeier, M. (1998), S. 235-254.

216 Vgl. Reinermann, H. (2000b), S. 605; Schedler, K./Knechtenhofer, B. (2007), S. 302.

effizientes und effektives Verwaltungshandeln fördern.[217] Einerseits helfen die Mehrinformationen, dass die Politiker besser strategisch steuern können, aber andererseits müssen die Politiker auch die Verantwortung übernehmen, wenn die gewonnenen Informationen nicht genutzt werden.[218] Letztendlich könnte es sein, dass die Politiker oft ein zu geringes Interesse an den tatsächlichen Messergebnissen (wenn, dann nur an positiven Ergebnissen) und damit an dem Grad der Erfüllung und Erreichung gesetzter politischer Ziele zeigen.[219] Dies könnte so begründet werden, dass die gestiegene Transparenz bei Zielverfehlungen zu einem erhöhten Rechtfertigungsgrund führt und damit zum Eingeständnis politischer Fehler, was den Eigeninteressen der Politiker widerspricht.[220]

BRÜGGEMEIER spricht darüber hinaus von einer „Zielfalle" der Politiker: Wenn im Zuge der strategischen Ausrichtung der öffentlichen Leistungserbringung einerseits keine genauen Ziele artikuliert werden, erhält die Verwaltungsführung einen zu großen Handlungsfreiraum, der aufgrund der herrschenden Prinzipal-Agenten-Beziehung[221] zum Eigennutzen des Verwaltungsmanagements missbraucht werden könnte. Andererseits formuliert die Politik ihre Ziel sehr breit, damit auch teils widersprüchliche Interessen der Bürger oder sonstiger gesellschaftlicher Gruppen gebündelt und in der Verwaltungstätigkeit umgesetzt werden können.[222] Deswegen verzichten Politiker eher auf die Vorgabe von konkreten Zielen, vielmehr beschränken sie sich auf die Formulierung von Aufgaben, die dann von anderen, nämlich den öffentlichen Unternehmen und Verwaltungen, zu erbringen sind. Bei Fehlentwicklungen kann die Verantwortung auf diese abgeschoben werden.[223] Aus der Sicht der Verwaltung besteht einerseits ein Interesse an den generierten Informationen für eigene Steuerungszwecke, aber andererseits kann eine transparenzfördernde Informationspolitik zu einem Machtverlust des Verwaltungsmanagement führen, wenn daraus die Notwendigkeit politischer Eingriffe resultiert.[224] Hieraus entsteht ein Dilemma zwischen Politik und Verwaltung, da folgendes gilt: „wer etwas

217 Vgl. Arnim, H. H. von (2007), S. 305-306; Kroll, A./Küchler-Stahn, N. (2009), S. 478; Mühlenkamp, H. (2005), S. 37-41. Siehe zur Rolle der Politik bei der kommunalen Verwaltungsmodernisierung Möltgen, K. (2001).

218 Vgl. Finger, S. (2001), S. 227.

219 Vgl. Arnim, H. H. von (2007), S. 305-306; Kroll, A./Küchler-Stahn, N. (2009), S. 478; Mühlenkamp, H. (2005), S. 37-41.

220 Vgl. Arnim, H. H. von (2007), S. 305-306; Kroll, A./Küchler-Stahn, N. (2009), S. 478; Mühlenkamp, H. (2005), S. 37-41. Gemäß dem Forschungsbereich der Neuen Politischen Ökonomie (Public Choice) sind Politiker (und auch Verwaltungsmitarbeiter) im Wesentlichen an der Machterlangung und -erhaltung und damit an ihrer Wahl bzw. Wiederwahl interessiert und damit nicht an Informationen, die dies verhindern können; vgl. Mühlenkamp, H. (2005), S. 38, 41.

221 Siehe zur Prinzipal-Agenten-Beziehung zwischen Politik und Verwaltung Kapitel 3.2.3.

222 Vgl. Brüggemeier, M. (1998), S. 238-239.

223 Vgl. Brede, H. (2005), S. 19.

224 Vgl. Finger, S. (2007), S. 97. Siehe zum Informationsgehalt unterschiedlicher Rechnungssysteme Sterck, M./Scheers, B. (2005), S. 28-30.

einführen kann, hat wenig Interesse an der Einführung; wer Interesse an einzelnen Komponenten einer effektiven politisch-administrativen Steuerung hat, hat nicht die Macht, sie einzuführen"[225]. Dieser Konflikt ist nur durch ein Umdenken in Politik und Verwaltung zu lösen, um sich den gesellschaftlichen Herausforderungen stellen zu können. Das doppisch geführte Haushalts- und Rechnungswesen ist hierbei nur ein notwendiger, aber kein hinreichende Bestandteil, da das strategische Management über verbindliche Zielvereinbarungen auf Basis von Produkten umzusetzen ist.[226]

Zusammenfassend ist Performance Management als ein strategieorientierter Prozess anzusehen, der eine leistungs- und wirkungsorientierte Verwaltungssteuerung unter Berücksichtigung der heutigen und zukünftigen Bürgerinteressen im Sinne einer intergenerativen Gerechtigkeit ermöglichen soll.[227] Hierdurch erfolgt eine Verknüpfung der in diesem Kapitel angesprochenen Außenperspektive (Public Governance) und der Innenperspektive (Public Management). Folgende Abbildung 4 verdeutlicht den Zusammenhang zwischen dem Steuerungskreislauf, den benötigten Abschlussinstrumenten und dem Adressatenkreis des Haushalts- und Rechnungswesens und den daraus resultierenden Prinzipal-Agenten-Beziehungen.

In den folgenden Kapiteln werden die Bestandteile der Abbildung vertieft, indem im Besonderen die Funktionen des öffentlichen Haushalts- und Rechnungswesens, deren Adressaten und deren aus den Prinzipal-Agenten-Beziehungen resultierenden Informationsbedürfnisse thematisiert werden. Außerdem werden die Berichtsinstrumente den einzelnen Ebenen des 3-Ebenen-Konzepts zugeordnet. Im Bereich des Public Management wird im Steuerungskreislauf die Effizienzermittlung (in Verbindung mit der vorgelagerten Ziel- und nachgelagerten Prozessebene) in die Haushalts- und Rechnungsebene unterteilt, die mittels einer integrierten Verbundrechnung auf Basis der Doppik geführt werden.[228]

---

225 Finger, S. (2007), S. 98. Vgl. Vernau, K. (2002), S. 236-237.

226 Vgl. Bräunig, D. (2004), S. 320; Budäus, D. (2009a), S. 57; Klug, F. (2003), S. 263-264; Spraul, K. et al. (2012), S. 962-963. Siehe zur Zielvereinbarung zwischen Politik und Verwaltung z.B. Bräunig, D./Meier, J. (2008).

227 Vgl. zu weiterführenden Informationen Bouckaert, G./Halligan, J. (2008); Boyne, G. A. et al. (2006); Frederickson, D. G./Frederickson, H. G. (2006); Moynihan, D. P. (2008); Van Dooren, W. (2008), S. 11-23. Für eine kritische Darstellung des Performance Management siehe Radin, B. A. (2006).

228 Siehe zur integrierten Verbundrechnung Kapitel 4.2.2.

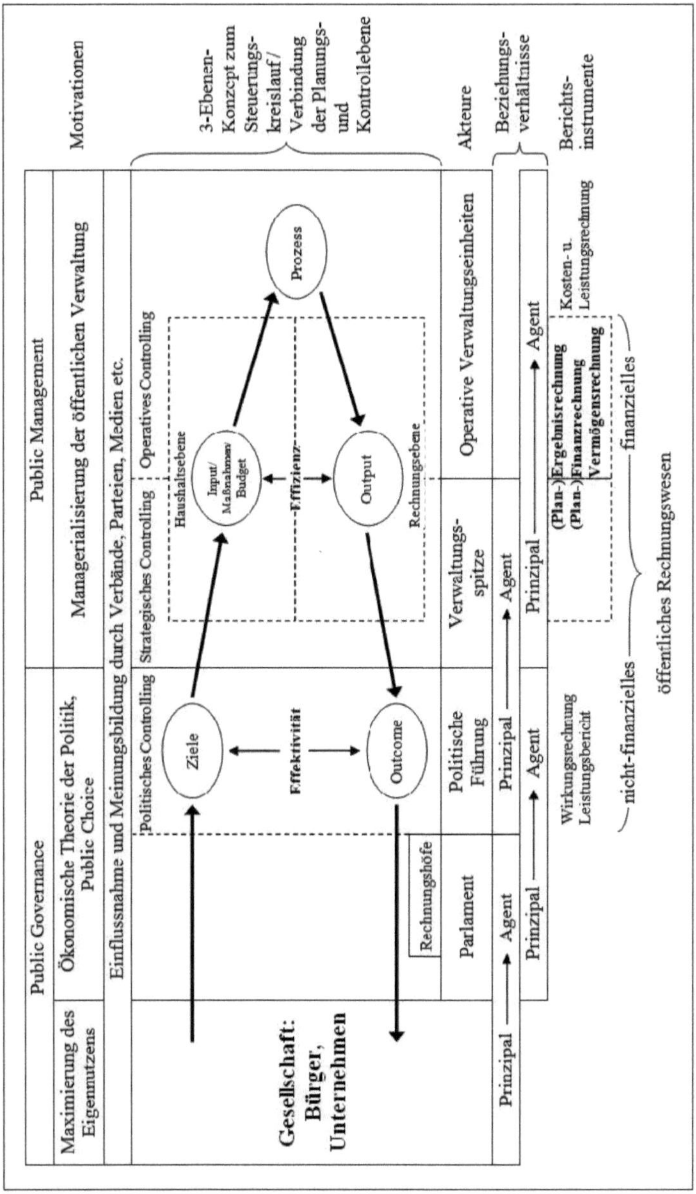

Abbildung 4: Integration des 3-Ebenen-Konzeptes und der Prinzipal-Agenten-Theorie[229]

[229] In Anlehnung an: Müller, S. et al. (2009), S. 35; Naschold, F. et al. (2000), S. 95. Die Abbildung basiert auf einer grundlegenden Überarbeitung und erheblichen Erweiterung der genannten Quellen.

Um einen Abgleich zwischen Planungsebene und der für Dokumentations- und Kontrollzwecke verwendeten Rechnungsebene vornehmen zu können, müssen die Planungsebene (Budgetierung/Haushalt) mit Planvermögensrechnung (nicht zwingend erforderlich)[230], Finanz- und Ergebnishaushalt (= Planfinanz- und Planergebnisrechnung) und die Dokumentationsebene (Ist-Rechnung/Rechnungswesen) mit Vermögens-, Finanz- und Ergebnisrechnung übereinstimmen und miteinander verzahnt sein.[231] Im Finanzhaushalt werden die geplanten Geldzu- und -abflüsse erfasst, so dass dieser das entsprechende Gegenstück zur Finanzrechnung darstellt, die als Teil des Rechnungswesens die tatsächlichen Veränderungen des Zahlungsmittelbestandes dokumentiert.[232] Im Ergebnishaushalt werden die geplanten Ressourcenmehrungen und -minderungen für eine zukünftige Haushaltsperiode festgelegt und ermöglichen die Budgetermittlung für das Verwaltungshandeln. Die sich hieraus ergebenden Reinvermögensänderungen der Haushaltsperiode werden in der Ergebnisrechnung als Teilbereich des Rechnungswesens festgehalten und ermöglichen die Kontrolle, ob ein ausgeglichener Haushalt eingehalten wurde.[233] Das Verbindungsstück zwischen der Haushalts- und Rechnungsebene, speziell beim Ergebnishaushalt und der Ergebnisrechnung, ist die Kosten- und Leistungsrechnung, indem die angefallenen Kosten und Leistungen erfasst und daraus „Soll-Größen" für den Ergebnishaushalt und als Grundlage zukünftiger Budgets abgeleitet werden.[234] Die Berichtsinstrumente der Zielebene gehen in das nicht-finanzielle öffentliche Rechnungswesen über, indem die Wirkung und der Outcome in einer Wirkungsrechnung und in einem Leistungsbericht dokumentiert werden.

230 Eine Planvermögensrechnung ist nicht zwingend erforderlich, da sie keine unabdingbare Planungsfunktion erfüllt. Dennoch kann sie leicht aus der Ist-Vermögensrechnung zu Beginn der Haushaltsperiode und dem Haushaltsplan abgeleitet werden; vgl. Lüder, K. (2001), S. 69.

231 Siehe im Detail zu diesen Berichtsinstrumenten Kapitel 4.2.2.

232 Vgl. Budäus, D. (2006a), S. 198; Budäus, D./Hilgers, D. (2007), S. 33.

233 Vgl. Budäus, D. (2006a), S. 198; Budäus, D./Hilgers, D. (2007), S. 33; Raupach, B./Stangenberg, K. (2009), S. 39.

234 Vgl. Budäus, D. (2006a), S. 198; Budäus, D. (2009a), S. 42-43; Budäus, D./Hilgers, D. (2007), S. 33; Budäus, D./Hilgers, D. (2009), S. 390. Siehe zur Kosten- und Leistungsrechnung Kapitel 4.2.3.

3. Haushalts- und Rechnungswesen in öffentlichen Verwaltungen

Neben den Besonderheiten des öffentlichen Sektors bestehen andere Zwecke, Anforderungen und Adressaten in Bezug auf das Haushalts- und Rechnungswesen im öffentlichen Bereich, woraus sich eine stärkere Verbindung zwischen dem Haushalts- und Rechnungswesen als zwischen dem internen und externen Rechnungswesen im Unternehmensbereich ergibt. Diese Themenfelder werden in den folgenden Unterkapiteln beschrieben.

3.1 Grundlegende Verbindung zwischen dem Haushalts- und Rechnungswesen

Wie bereits angesprochen, wird durch die Verwaltungsreformen eine Abwendung von der reinen Kontrolle der Zahlungsströme hin zu einer managementorientierten Verwaltungssteuerung angestrebt, die den Einsatz von betriebswirtschaftlichen Methoden ermöglicht.[235] Das bis dato kameralistisch[236] geprägte Haushalts- und Rechnungswesen öffentlicher Verwaltungen zeichnet sich durch eine reine Orientierung an Zahlungsmitteln und eine strenge Reglementierung und Kontrolle des Haushaltsplans aus, an den die Verwaltungsführung bei ihrer Aufgabenerfüllung gebunden ist. Da es keine kausale Verbindung zwischen den zur Verfügung stehenden Ressourcen, wie z.B. Zwangsabgaben ohne Leistungsbezug in Form von Steuereinnahmen, und dem Mitteleinsatz und daraus abzuleitenden öffentlichen Gütern und Dienstleistungen gibt,[237] ist der Zweck des Rechnungswesens in einer Kontrolle der Einhaltung des Haushaltsplans – durch einen Soll-Ist-Vergleich der Ein- und Auszahlungen – und des Haushaltsausgleichs zu sehen, um einen Beurteilungsmaßstab für die Verwaltungsführung zu erhalten.[238]

Das kameralistische Haushaltswesen basiert grundsätzlich auf dem Haushaltsplan und der sich daraus ergebende Haushaltskreislauf ist grob in die Phasen Planung, Ausführung, Abrechnung und Kontrolle zu unterteilen,[239] die in einer Demokratie noch weiter untergliedert werden können:[240] Die Exekutive bereitet unter Zuhilfenahme der Verwaltung den Haushaltsplan vor, in dem für die politisch formulierten Ziele konkrete Maßnahmen und finanzielle

---

235 Vgl. Gerstenberg, F. (2007), S. 63-64.

236 Siehe hierzu auch die Kapitel 2.4 und 4.1.1.

237 Durch die Festlegung von Etats werden Mittel in bestimmter Höhe und für einen festgelegten Zeitraum einem bestimmten Verwendungszweck zugeteilt.

238 Vgl. Mülhaupt, L. (1987), S. 140-142. Vgl. zum Haushaltskreislauf m.w.N. Henkes, J. (2008), S. 5-8.

239 Vgl. Raupach, B./Stangenberg, K. (2009), S. 28-32; Zahradnik, S. (1997), S. 32-39. Im doppisch geführten Haushalts- und Rechnungswesen gibt es im Ablauf grundsätzlich keine Änderung, nur die Planung berücksichtigt auch Ressourcenverbräuche und entsprechende Erträge und es wird anhand von Produkten gesteuert; vgl. Raupach, B./Stangenberg, K. (2009), S. 32-37. Vgl. zum Produkthaushalt Bals, H. (2003), S. 321-329.

240 Vgl. zu den Phasen des Haushaltskreislaufs PricewaterhouseCoopers (2009), S. 15. Siehe hierzu auch Bolsenkötter, H. (2000), S. 121-141; Gröpl, C. (2001), S. 102-119; Zahradnik, S. (1997), S. 32-39. Der Haushaltskreislauf ist hierbei unabhängig vom Rechnungsstil.

Mittel festgeschrieben werden. Dieser Haushaltsplan muss vom Parlament/Stadtrat verabschiedet werden. Der Vollzug des Haushaltsplans in Form einer zweckbestimmten Mittelverwendung wird aufgrund der Delegation der Politik durch die Verwaltung vorgenommen. Am Ende der Planperiode haben die Abrechnung des Haushalts und die Erstellung einer Jahresrechnung zu erfolgen. Hier greift die Verbindung zwischen Haushalts- und Rechnungswesen (zwischen Planungs- und Rechnungs- bzw. Dokumentations-/Kontrollebene)[241], da hierauf basierend dem Parlament die Kontrolle des Haushalts und die Entlastung der Exekutive vorbehalten ist. Dem Parlament obliegt das wichtigste Recht – das Budgetrecht –, d.h. die Genehmigung des Haushaltsplans, welches VON STEIN als „Hauptausdruck und Träger der verfassungsmäßigen Freiheit überhaupt“[242] bezeichnet hat.[243] Wenn die Verbindungen aus dem 3-Ebenen-Konzept zwischen den politischen Zielen und den zur Verfügung stehenden Input-Faktoren herangezogen werden, ist der Haushalt das „parlamentarisch legitimierte Regierungsprogramm in Zahlen“[244]. „Da die für die Aufgabenerfüllung eingesetzten Mittel bei der Abgabe der Leistungen nicht wiedergewonnen werden, wiederholt sich der Prozess der Veranschlagung, Beschaffung und Verausgabung der Mittel von Haushaltsjahr zu Haushaltsjahr.“[245] Hieraus folgt eine Fokussierung auf die Haushaltswirtschaft in Form der Ermittlung der Finanzlage, so dass die Darstellung der Vermögens- und Ertragslage in den Hintergrund tritt.[246]

Dieses Manko kann durch eine Umstellung auf die Doppik, die eine den Tatsachen entsprechende Darstellung der Vermögens-, Finanz- und Ertragslage anstrebt, in Verbindung mit einer integrierten Kosten- und Leistungsrechnung und dem Einsatz weiterer betriebswirtschaftlich sinnvoller Instrumentarien ausgeglichen werden, um z.B. die Transparenz in der Verschuldungssituation der Verwaltungseinheit oder den erbrachten Leistungen und den damit erreichten Wirkungen zu erhöhen.[247] Hieraus folgt, dass das Haushalts- und Rechnungswesen neben der vormals dominierenden Überwachungsfunktion eine Dokumentations- und Informationsfunktion übernimmt und u.a. die Abschlussadressaten in ihrer Entscheidungsfindung und die Verwaltungsführung bei ihren Steuerungs- und Lenkungsaufgaben unterstützt und somit vermehrt die Funktion eines Managementsystems einnimmt.[248] Dies kann jedoch

241 Siehe hierzu Abbildung 4.
242 Stein, L. von (1885), S. 206.
243 Vgl. Brixner, H. C. (2007), S. 123.
244 Brixner, H. C. (2007), S. 123.
245 Mülhaupt, L. (1987), S. 141 (im Original alte Rechtschreibung).
246 Vgl. Mülhaupt, L. (1987), S. 141.
247 Siehe zu den Vorteilen der Doppik mit Einbettung in eine integrierte Verbundrechnung Kapitel 4.2.
248 Vgl. Gerstenberg, F. (2007), S. 57. Siehe zum Managementkreislauf aus „Ziele setzen, Planen, Entscheiden, Realisieren, Kontrollieren und der alles umfassenden Kommunikation“ Schubert, U. (1972), S. 43.

nur gelingen, wenn „die Anforderungen, die sich aus einem zunehmenden Zwang zur wirtschaftlichen Führung der Verwaltung herleiten“[249], erfüllt werden können.

Hierbei kommt den Rechungsadressaten und deren zu treffenden Entscheidungen eine wichtige Aufgabe zu, da sich aus deren Informationsbedürfnissen die Rechnungszwecke und somit die Anforderungen an das Rechnungswesen ableiten lassen.[250]

3.2 Adressatenkreis

In den folgenden Unterkapiteln werden die Adressaten des öffentlichen Rechnungswesens und deren Beziehungen zueinander näher beschrieben.

3.2.1 Mögliche Unterteilungen des Adressatenkreises

Auch wenn mancher Fachvertreter der Auffassung ist, „*that in ‚the beginning‘ there was earth, fire, water, air and accounting*“[251],[252] wird ein Rechnungssystem nie zum Selbstzweck[253] eingeführt, sondern verfolgt vor allem den Zweck der Bereitstellung von Informationen zur Deckung der Informationsbedürfnisse von bestimmten Personen bzw. Personengruppen, den Adressaten, im Rahmen der Rechenschaft.[254] Wie bereits aus dem Unternehmensbereich bekannt, können diese Informationssysteme in eine externe und eine interne Unternehmensrechnung, die sich entsprechend an unternehmensexterne bzw. unternehmensinterne Nutzer richtet, aufgegliedert werden.[255] Diese Unterteilung kann grundsätzlich auch auf den öffentlichen Sektor übertragen werden, eine Abgrenzung der Abschlussadressaten gestaltet sich aufgrund deren Heterogenität im öffentlichen Sektor jedoch schwieriger, wie im Folgenden beschrieben wird.[256]

Um letztendlich die Anforderungen an die Ausgestaltung des öffentlichen Haushalts- und Rechnungswesens und die dadurch bereitgestellten Informationen ableiten zu können, müssen

---

249 Lüder, K. (1999), S. 1.

250 Vgl. Merschbächer, G. (1987), S. 135-143.

251 Lowe, E. A./Tinker, A. M. (1977), S. 266.

252 Vgl. Streim, H. (1986), S. 21.

253 Rechnungslegung stellt „keinen Selbstzweck dar, sondern ist Mittel zur Zweckerreichung“; Streim, H. (1988), S. 8. „Bilanzregeln müssen aus der Zweckbestimmung der Rechnungslegung abgeleitet werden. Jeder Bilanzzweck führt zu spezifischen Bilanzierungsnormen“; Stützel, W. (1967), S. 414. Die Zitate sind auch heute uneingeschränkt gültig.

254 Vgl. Baetge, J. et al. (2009), S. 100; Beyer, L./Kinzel, H. G. (2005), S. 359; Moxter, A. (1976), S. 94; Streim, H. (1986), S. 3.

255 Vgl. Ewert, R./Wagenhofer, A. (2008), S. 3; Wagenhofer, A./Ewert, R. (2007), S. 3-5. Unternehmensinterne Adressaten sind die Unternehmensmanager auf den unterschiedlichen Hierarchieebenen. Als unternehmensexterne Adressaten werden z.B. gegenwärtige und potenzielle Investoren, Banken, Kunden, Lieferanten, Konkurrenten, Arbeitnehmer, Finanzbehörden und die interessierte Öffentlichkeit angesehen.

256 Die Unterscheidung in internes und externes Rechnungswesen ist im öffentlichen Sektor möglich, aber nicht so strikt, da z.B. über den Haushaltskreislauf eine stärkere Verbindung dieser Bereiche vorzufinden ist. Vgl. auch Gerstenberg, F. (2007), S. 55. Siehe hierzu Kapitel 3.3.2.2.

zunächst die Adressaten und deren Informationsbedürfnisse und Ansprüche an das Haushalts- und Rechnungswesen öffentlicher Verwaltungen bekannt sein.[257] Eine empirische Studie[258] aus dem Jahr 1991 zur Identifizierung der Abschlussempfänger amerikanischer Kommunen zeigte folgendes Ergebnis:[259] Durch Befragung von 178 amerikanischen Städten, an welche Adressaten die Abschlüsse versandt werden, konnten 64 Empfängergruppen abgeleitet werden.[260] Die fünf häufigsten Nennungen waren örtliche Abgeordnete, die Ratingagentur Moody´s, kommunale Bedienstete in Schlüsselpositionen, der Verband der Finanzbeamten und die Ratingagentur Standard & Poor´s. Zur Ableitung normierter Rechnungslegungsgrundsätze ist solch ein breiter Adressatenkreis nicht zweckmäßig. Eine sinnvolle Zusammenfassung und Unterteilung der Adressatengruppen muss erfolgen, da unterschiedliche Adressaten auch unterschiedliche Informationsbedürfnisse haben und durch die Abschlussoffenlegung oft nur allgemeine und nicht detailliert auf spezielle Individualinteressen zugeschnittene Informationen bereitgestellt werden und so Erwartungslücken entstehen können.[261]

Damit diese Unterteilung nicht willkürlich erfolgt, wird im Folgenden auf die in der Literatur verbreiteten und normativ begründeten Unterscheidungen der Abschlussadressaten öffentlicher Verwaltungen eingegangen.[262]

Bereits im Jahr 1978 hat sich ANTHONY mit der Frage nach den Abschlussadressaten öffentlicher Verwaltungen befasst. Im Ergebnis schlug er als adäquate Adressaten der öffentlichen Rechnungslegung „*governing bodies*“, „*investors and creditors*“, „*resource providers*“, „*oversight bodies*“ und „*constituents*“ vor.[263]

---

257 Vgl. Merschbächer, G. (1987), S. 136.

258 Vgl. zur empirischen Erhebung Atamian, R./Ganguli, G. (1991), S. 3-21.

259 Siehe hierzu Wirtz, H. (2010), S. 153.

260 Eine Übertragung der Ergebnisse auf die deutschen Verhältnisse muss aufgrund der Besonderheiten kommunaler Verwaltungen in Amerika kritisch gesehen werden. So können amerikanische Städte im Gegensatz zu deutschen grundsätzlich insolvent gehen; vgl. Diemer, R. (1996), S. 82. Hierdurch wird auch das hohe Interesse der Ratingagenturen deutlich. Eine aktuelle Durchführung dieser Studie ist wegen der vermehrten Veröffentlichung der Abschlüsse im Internet wenig sinnvoll, da in diesem Fall nicht alle Adressatengruppen erkannt werden können; vgl. zur Veröffentlichungspraxis López Hernández, A. M. et al. (2002), S. 217-229.

261 Vgl. GASB (1985), S. 25; IFAC-PSC (1991), Tz. 25; Wirtz, H. (2010), S. 153-154. Beim GASB (Governmental Accounting Standards Board) handelt es sich um einen privatrechtlich organisierten Standardsetter, der Standards für amerikanische Kommunen und Bundesstaaten erarbeitet. Zum IFAC-PSC (Public Sector Committee ist Vorgängerorganisation des IPSASB) vgl. Kapitel 5.2.

262 Neben den hier dargestellten Ansätzen finden sich weitere Nennungen potenzieller Adressaten bei Cheng, R. H. (1994), S. 48-64; Diemer, R. (1996), S. 83-85; Gerstenberg, F. (2007), S. 64-78; Hennies, M. (2005), S. 20; Kirchmann, U. (2009), S. 33; Köhrmann, H. (2009), S. 25-30; Lehner, B. (2007), S. 14; Löwe, M. (2003), S. 73-74; Magin, C. (2011), S. 69-85; Zahradnik, S. (1997), S. 52-53. Zur Darstellung des öffentlichen Entscheidungsprozesses und dessen Teilnehmer vgl. Moser, W. (1982), S. 13-22. Vgl. zu den folgenden Absätzen Wirtz, H. (2010), S. 153-158.

263 Vgl. Anthony, R. N. (1978), S. 41-47. Siehe hierzu Wirtz, H. (2010), S. 154.

In der im Jahr 1985 veröffentlichten Studie untersuchte der amerikanische Standardsetter GOVERNMENTAL ACCOUNTING STANDARDS BOARD (GASB) die in der Literatur aufzufindenden Annahmen über die Adressaten der Rechnungslegung öffentlicher Verwaltungen.[264] Aus Praktikabilitätsgründen wurden die erkannten Adressaten zu bestimmten Gruppen zusammengefasst. Hierbei handelt es sich um „*citizen groups*", „*legislative and oversight officials*" und „*investors and creditors*", die allesamt auch als Adressatenkreis in der Standardsetzung des GASB gelten.[265]

In der deutschsprachigen Literatur hat sich MERSCHBÄCHER in seiner Dissertation aus dem Jahr 1987 als einer der Ersten mit den Adressaten der öffentlichen Rechnungslegung beschäftigt und nimmt hierfür eine Einteilung in originäre und derivative Abschlussadressaten vor.[266] Ein originärer Informationsbedarf zeichnet sich dadurch aus, dass die bereitgestellten Informationen Entscheidungen und Handlungen der Adressaten prinzipiell beeinflussen; ein derivativer Informationsbedarf bezieht sich nicht vorrangig auf den Inhalt der Informationen, sondern dient der Aufbereitung und Weiterleitung der Informationen. Die originären Informationsadressaten werden weiter in interne (Parlament, Exekutive) und externe (Bürger, Unternehmen, Verbände) unterschieden. Unter die derivativen Informationsadressaten fallen nach der Auffassung von MERSCHBÄCHER „Medien", „Finanzanalysten" und „Wissenschaftler".[267]

OTTE hingegen grenzt in seiner Dissertation aus dem Jahr 1989 den Adressatenkreis der öffentlichen Rechnungslegung noch enger ein. So sind die primären Adressaten „Parlamente und Aufsichtsbehörden", die Informationen zur Haushaltsbewilligung, zum Haushaltsvollzug und somit zur Beurteilung einer ordnungsmäßigen Haushaltsführung benötigen.[268] Darüber hinaus gilt die verwaltungsexterne „interessierte Öffentlichkeit" als sekundärer Adressat, dessen Informationsbedarfe nicht nur finanzwirtschaftlicher Art zur Ordnungsmäßigkeit und zum Nachweis der Mittelverwendung sind, sondern auch eine betriebswirtschaftliche Sicht auf die Wirtschaftlichkeit des Verwaltungshandelns und die zukünftigen Leistungs- und Lebensfähigkeit der Verwaltungseinheit beinhalten.[269] OTTE weist aber darauf hin, dass die „interessierte Öffentlichkeit" nicht „in ausreichendem Maße die notwendige Zeit und Sachkunde zur Beurteilung des staatlichen Finanzgebarens aufbringen"[270] kann und will.

[264] Vgl. GASB (1985), S. 11-24. Siehe hierzu Wirtz, H. (2010), S. 155.
[265] Vgl. GASB (1985), S. 26-31.
[266] Vgl. Merschbächer, G. (1987), S. 143. Siehe hierzu Wirtz, H. (2010), S. 155.
[267] Vgl. Merschbächer, G. (1987), S. 139-143. Diese Unterteilung greifen auch Gerstenberg, F. (2007), S. 67 und Srocke, I. (2004), S. 60-62 auf.
[268] Vgl. Otte, R. (1990), S. 74; Otte, R. (1991), S. 512. Siehe hierzu Wirtz, H. (2010), S. 155.
[269] Vgl. Otte, R. (1990), S. 74; Otte, R. (1991), S. 513-514.
[270] Otte, R. (1991), S. 514.

In seiner Dissertation aus dem Jahr 1994 nimmt LÖW eine eher finanzwirtschaftlich orientierte Systematisierung der potenziellen Adressaten der Rechnungslegung öffentlicher Gebietskörperschaften vor. Er unterteilt die Adressaten anhand der Dispositionsmöglichkeit über Finanzmittel und nach ihrer finanziellen Bindung mit der Verwaltungseinheit. Entscheidungsmöglichkeiten über die Disposition finanzieller Mittel haben einerseits Regierung und Verwaltungsleitung mittels des Haushaltsvollzugs und andererseits setzt das Parlament den Haushaltsrahmen fest. Die finanzielle Bindung an die rechnungslegende Verwaltungseinheit erfolgt zum einen durch Zwang (Wähler, Steuerzahler, Leistungsempfänger; Führung anderer Gebietskörperschaften aufgrund des Finanzausgleichs) und zum anderen durch freiwilligen Entschluss (Fremdkapitalgeber, Arbeitnehmer).[271]

In einer weiteren deutschsprachigen Dissertation aus dem Jahr 2008 unterteilt WIRTZ den Adressatenkreis der öffentlichen Rechnungslegung in drei Gruppen.[272] In die „Gruppe der Aufsichtsbehörden" fallen entsprechend des mehrgliedrigen Staatsgebildes aufsichtsführende Institutionen der übergeordneten Staatsebenen, Rechnungshöfe und generell Institutionen, die die Aufsicht über das Verwaltungshandeln einer öffentlichen Einheit innehaben, aber kein politisches Gremium sind. An dem Kriterium des politischen Gremiums orientiert sich die „Gruppe der Legislative", die sich aus Mitgliedern der Regierungspartei und der Opposition zusammensetzt und als generelle Aufgabe das Budgetrecht ausübt, somit den Haushaltsplan auf Basis der Vorperioden aufstellt und über die Rechnungslegung eine Rechenschaft der Regierung über den Haushaltsvollzug beansprucht. Die Informationsansprüche dieser Gruppe müssen an der Opposition ausgerichtet werden, da sie nicht so umfangreiche Informationsquellen wie die Regierung und die Mitglieder der Regierungspartei besitzt. Die dritte „Gruppe der diversen Vertragspartner" ist ein weiterer Adressat der öffentlichen Rechnungslegung, da durch die unterschiedlichen Vertragsbeziehungen der Gebietskörperschaft, z.B. mit Kreditgebern, Mitarbeitern und Zulieferern, Informationsbedarfe entstehen.[273]

3.2.2 Institutioneller Rahmen: Prinzipal-Agenten-Beziehungen

Da im Ergebnis in der Literatur unterschiedliche Ansichten über die potenziellen Adressaten der Rechnungslegung öffentlicher Verwaltungen bestehen, wird hier der institutionelle Rahmen der öffentlichen Rechnungslegung aufgegriffen, um den Adressatenkreis ableiten zu können. Zur theoretischen Fundierung der unterschiedlichen Verflechtungen der Institutionen kann die in neuerer Zeit im Unternehmensbereich aufgrund der Trennung zwischen Eigentum

[271] Vgl. zur Unterteilung Löw, E. (1994), S. 12.
[272] Vgl. Wirtz, H. (2010), S. 155-158. Die zweite, hier zitierte Auflage ist in 2010 erschienen.
[273] Vgl. Wirtz, H. (2010), S. 157.

und Ressourcenverfügungsgewalt dominierende Prinzipal-Agenten-Theorie[274] – eine Teildisziplin der Neuen Institutionenökonomik – auf den öffentlichen Sektor übertragen werden.[275] Aus der angesprochenen Trennungsproblematik und dem Versuch, durch Anreiz- und Kontrollmechanismen dieses Problem zu begrenzen, ergibt sich der Prinzipal (Eigentümer/Auftraggeber)-Agenten (Stellvertreter/Auftragnehmer)-Konflikt.[276] Charakterisiert wird dieser Eigentümer-Stellvertreter-Konflikt durch eine Auftragsbeziehung zwischen Prinzipal (Eigentümer, Shareholder) und Agenten (Management), wobei der Agent im Sinne des Prinzipals Entscheidungen über Handlungsalternativen zu treffen hat. Hierbei kann das Management eigene Ziele verfolgen, die denen des Eigentümers entgegenstehen (opportunistisches Handeln), was auch durch die asymmetrische Informationsverteilung zu Lasten des Eigentümers begünstigt wird.[277] So ist der Prinzipal bei der Leistungsbeurteilung des Agenten auf die Informationen Dritter oder des Agenten angewiesen. Der Agent kann hierbei jedoch Informationen zu den Eigenschaften seiner Person bzw. seiner Arbeitsweise (*hidden characteristics*) bereits vor Vertragsabschluss, zu alternativen Handlungsmöglichkeiten (*hidden information*) bzw. zum persönlichen Verhalten (*hidden action*) und zu seinen eigenen Absichten (*hidden*

274 Vgl. zur Prinzipal-Agenten-Theorie (= Principal-Agent-Theorie, Agency-Theorie, agency-theoretischer Ansatz) z.B. Christensen, J. (2002), Sp. 28-39; Elschen, R. (1998), S. 557-560; Richter, R./Furubotn, E. G. (2003), S. 173-182; Wagenhofer, A./Ewert, R. (2007), S. 6-10. Die Begriffsdefinitionen und Kernaussagen des agency-theoretischen Ansatzes gehen auf Ross, S. A. (1973) und Jensen, M. C./Meckling, W. H. (1976) zurück. Dieser Ansatz basiert teilweise auf den grundlegenden Arbeiten zu Marktunvollkommenheiten in Beziehungen zwischen Wirtschaftssubjekten von Akerlof, G. A. (1970) und Alchian, A. A./Demsetz, H. (1972). Allgemeine Abwandlungen und Erweiterungen der Agency-Theorie wurden u.a. von Fama, E. F. (1980) und Hill, C. W. L./Jones, T. M. (1992) vorgenommen. Das Verhältnis dieses Ansatzes mit anderen Erklärungsansätzen der Betriebswirtschaftslehre greifen u.a. Eisenhardt, K. M. (1989) und Spremann, K. (1989) auf. Vgl. zu diesen Ausführungen Marten, K.-U. et al. (2011), S. 35-37.

275 Während die Modellwelt der Neoklassik i.d.R. von vollkommenen Märkten ausgeht, in der u.a. alle Informationen zur Verfügung stehen und verarbeitet werden können, liegt der Neuen Institutionenökonomik eine realitätsnähere Sichtweise zugrunde. Hierbei ist der Begriff der Institution in der Literatur nicht einheitlich definiert. Gemein ist den Definitionen jedoch, dass Handlungen von Individuen durch Institutionen in gewisser Weise durch Anreize gelenkt werden. Unter Institution können generell Verträge oder Vertragssysteme sowie Regeln oder Regelsysteme subsumiert werden. Auch die Durchsetzung dieser Verträge oder Regeln ist Bestandteil der Institution; vgl. Erlei, M. et al. (2007), S. 22. Eine Unterteilung der Institutionen im Sinne der Neuen Institutionenökonomik ist in Institutionen der Wirtschaft, des Rechts und der Politik möglich. Theoretische Ansätze zur Erklärung der Funktionen der Institutionen der Wirtschaft sind die Principal-Agent-Theorie und die Transaktionskostentheorie. Für Institutionen des Rechts kann die Theorie der Verfügungsrechte (Property-Rights-Theorie) herangezogen werden und für Institutionen der Politik die Verfassungsökonomik und die Neue Politische Ökonomik (Public-Choice-Theorie); vgl. Erlei, M. et al. (2007), S. 43; Göbel, E. (2002), S. 60.

276 Vgl. Fama, E. F. (1980), S. 288-307; Lüder, K. et al. (1991), S. 11. Dieser Konflikt besteht nur nicht in zu 100 Prozent eigentümergeführten Unternehmen.

277 Vgl. Coenenberg, A. G./Haller, A./Schultze, W. (2012), S. 1256. Die wichtigsten Bestandteile des Grundproblems der Agency-Beziehungen lassen sich in einem, aber relativ unwissenschaftlichen Satz zusammenfassen, „wenn man eine Aufgabe gewissenhaft erfüllt haben will, dann sollte man sie selbst erledigen"; Sappington, D. (1991), S. 45.

intention) nach Vertragsabschluss und während der Vertragsbeziehung dem Prinzipal vorenthalten.[278]

Zur Begrenzung dieser Risiken aus Prinzipal-Agenten-Beziehungen kommen der externen Rechnungslegung wichtige Schutzfunktionen zu. So dient bei Unternehmen der Jahresabschluss als Informations- und Kontrollinstrument für den Prinzipal mittels einer vollständigen und objektiven Rechnungslegung zur Begrenzung und Aufdeckung der durch den Agenten verborgenen Informationen. Zusätzlich ist der Jahresabschluss als Bemessungsgrundlage für die finanzielle Zielerreichung anzusehen und kann durch ein entsprechendes Anreizsystem die Interessen des Managements mit denen der Eigentümer verbinden und somit das Verhalten der Manager im Sinne der Eigentümer steuern.[279] Allgemein gesprochen kann das Prinzipal-Agenten-Problem durch eine Beseitigung der Informationsasymmetrie oder eine Angleichung der Interessen des Prinzipals und Agenten gemildert bzw. gelöst werden.

Neben dieser typischen Prinzipal-Agenten-Beziehung zwischen Unternehmenseigentümer und Manager kann die Agency-Theorie auch Eigentümer-Gläubiger-Verhältnissen zugrunde gelegt werden.[280] Prinzipal-Agenten-Beziehungen bestehen auch in weiteren Bereichen, wie z.B. zwischen Arzt und Patient, Käufer und Verkäufer oder Versicherungsgesellschaft und Versicherungsnehmer.[281]

3.2.3 Vernetzte Prinzipal-Agenten-Beziehungen im öffentlichen Sektor

Diese im privatrechtlichen Bereich auftretende Grundstruktur einer singulären Prinzipal-Agenten-Beziehung[282] lässt sich durch Modifikation an die vernetzten Agency-Verhältnisse im öffentlichen Sektor anpassen, wobei hier der institutionelle Rahmen des öffentlichen Rechnungswesens kurz aufgezeigt wird und im Hinblick auf die Vielfalt der bestehenden Gebietskörperschaften eine allgemeine Abgrenzung als zielführender erscheint. Für parlamentarische Demokratien gibt es eine typische mehrstufige Auftragsbeziehung auf drei Ebenen: durch die Wahl wird das Auftragsverhältnis zwischen Bürgern/Wählern als Prinzipale und den Parlamentariern/Volksvertretern als Agenten begründet, das Parlament wiederum steht als Prinzipal dem Entscheidungsträger Regierung gegenüber und die Regierung beauftragt in

278 Vgl. hierzu weiterführend Göbel, E. (2002), S. 100-103; Jost, P.-J. (2001), S. 23-31; Marten, K.-U. et al. (2011), S. 36.
279 Vgl. Coenenberg, A. G./Haller, A./Schultze, W. (2012), S. 1257; Elschen, R. (1998), S. 558-559.
280 Vgl. z.B. Wagenhofer, A./Ewert, R. (2007), S. 191-223.
281 Vgl. Köhrmann, H. (2009), S. 24; Siefke, M. (1999), S. 45; Zahradnik, S. (1997), S. 52.
282 Im Unternehmensbereich bestehen i.d.R. ebenfalls vernetzte und multiple Agency-Beziehungen, z.B. im Bereich der Aufsichtsräte.

einer Agency-Beziehung die Verwaltungseinheiten mit der Umsetzung ihrer Regierungsprogramme, so dass sich hieraus eine Delegationskette ergibt.[283]

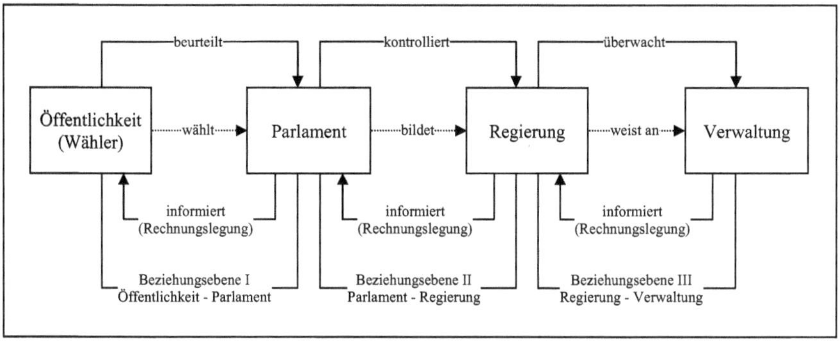

Abbildung 5: Agency-Beziehungen im öffentlichen Bereich[284]

Die Prinzipal-Agenten-Problematik ist auch hier auf die Informationsasymmetrie und die Interessendivergenz der Akteure auf den unterschiedlichen Ebenen der Delegationskette zurückzuführen. In repräsentativen Demokratien, wie z.B. in Deutschland, sind diese unterschiedlichen Prinzipal-Agenten-Beziehungen auf den verschiedenen Staatsebenen identifizierbar.[285] Die Vernetzung der Prinzipal-Agenten-Beziehungen in hierarchischen Mehrebenensystemen zeichnet sich neben der Beziehungen zwischen Bürgern (als Ressourcengeber und -empfänger), Parlament (Interessenvertreter und Kontrollinstanz), Regierung und Verwaltung u.a. durch die Interventionsmöglichkeit der Aufsichtsinstanzen und die Finanzzuweisungen zentraler Instanzen an dezentrale Verwaltungseinheiten aus. „Aufsicht und Anreize dienen dazu, die Ziele, die in Gesetzen und Programmen definiert sind, gegenüber den mehr oder weniger autonomen Verwaltungen der Länder und Kommunen durchzusetzen".[286]

283 Vgl. Erlei, M. et al. (2007), S. 75; Lüder, K. et al. (1991), S. 12. Vgl. auch zur Darstellung der Delegationskette bei öffentlichen Unternehmen Streitferdt, L./Kruse, J. (1988), S. 322-324. Siehe hierzu auch Abbildung 5.

284 Quelle: Gerstenberg, F. (2007), S. 92.

285 Des Weiteren sind in einem hierarchischen Mehrebenensystem auch zwischen den einzelnen Staats-, Länder- und Kommunalebenen Prinzipal-Agenten-Beziehungen möglich, wenn legislative Entscheidungen auf den unteren Ebenen ausgeführt werden müssen (z.B. Bereitstellung von mehr Kinderbetreuungsplätzen bis 2013 gemäß dem Kinderförderungsgesetz, Reform der Jobcenter, Länderfinanzausgleich). Der deutsche Bundesstaat zeichnet sich bei dem ländereigenen Vollzug der Bundesgesetze durch eine Trennung der Rechts- und Fachaufsicht aus. Erstere obliegt dem Bund, Letztere den obersten Landesbehörden. Länderverwaltungen und Kommunalbehörden unterliegen nur dann auch der Fachaufsicht des Bundes, wenn sie den Gesetzesvollzug im Auftrag des Bundes durchführen; vgl. hierzu Benz, A. (2005), S. 19.

286 Benz, A. (2005), S. 19.

3.2.4 Unterteilung des Adressatenkreises

Die in der Arbeit bevorzugte Unterteilung der Adressaten der Rechnungslegung öffentlicher Verwaltungen ist in „Ressourcenbereitsteller“, „Ressourcenempfänger“ und „Verwaltungsnahe und -interne Adressaten, Aufsichtsgremien“ vorzunehmen.[287] Hierbei erfolgt eine Orientierung an den vorgeschlagenen Unterteilungen des Adressatenkreises aus Kapitel 3.2.1. Es wird aber zum einen zusätzlich beachtet, welche Adressaten tatsächlich die gewährten Informationen in ihre Entscheidungsfindung einbeziehen, und zum anderen welche Adressatengruppe über wirksame Sanktionsmöglichkeiten verfügt, um ein Fehlverhalten und Missmanagement der Verwaltungseinheit zu unterbinden.

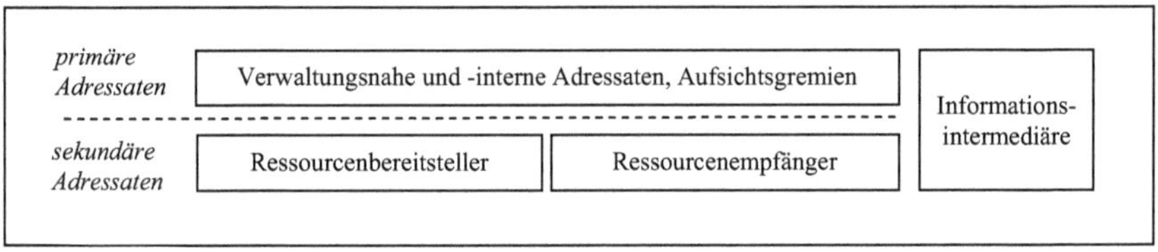

Abbildung 6: Adressaten der öffentlichen Rechnungslegung[288]

Die Finanzierung des öffentlichen Sektors basiert größtenteils auf Steuerzahlungen, Gebühren, Kapitalaufnahmen und anderen Ressourcen um die öffentlichen Aufgaben in Form von Güter und Dienstleistungen für die Bürger und sonstigen Leistungsempfänger zur Verfügung stellen zu können.[289] Hieraus leitet sich die Verpflichtung der Verwaltungseinheit zum treuhänderischen Umgang mit den zur Verfügung stehenden Ressourcen und die Rechenschaftspflicht über ihre Verwaltungstätigkeit ab. Unter der Kategorie der Ressourcenbereitsteller sind zum einen die Bürger zu zählen, die durch unfreiwillig – da ohne Dispositionsfreiheit – zu leistende Ressourcen, wie Steuern und Gebühren (z.B. durch die Monopolstellung bei der Müllentsorgung)[290] den Staat finanzieren, und die freiwilligen Ressourcengeber (wie Gläubiger, Spender, Lieferanten und öffentliche Bedienstete) zu subsumieren. Ein gegebenenfalls auftretendes Fehlverhalten von Politik und Verwaltung kann durch die wahlberechtigten Bürger oft nur zeitverzögert und oft nicht das spezifische Fehlverhalten betreffend durch ihre Stimmabgabe bei der Wahl sanktioniert werden. Unter die Kategorie der Ressourcenempfänger fallen die Bürger (sie können sowohl Ressourcengeber als auch gleichzeitig Leistungsempfänger sein) und andere Gesellschaftsmitglieder, die von den durch die öffentliche Verwaltung erbrachten Güter und Dienstleistungen aufgrund einer Gegenleistung, wie die Bezah-

287 Siehe hierzu Abbildung 6.
288 Quelle: Eigene Darstellung.
289 Vgl. Haller, A./Blab, D. (2009), S. 454.
290 Vgl. Haller, A./Blab, D. (2009), S. 454; Merschbächer, G. (1987), S. 159.

lung bei Ausstellung eines Personalausweises, oder durch öffentliche Transferleistungen, wie Arbeitslosengeld und Subventionen für Unternehmen, profitieren. Hierbei muss berücksichtigt werden, dass im Sinne einer intergenerativen Gerechtigkeit zu den Abschlussadressaten nicht nur die gegenwärtigen Bürger als Leistungsempfänger und Ressourcengeber zu zählen sind, sondern auch zukünftige Bürger, die ihre Rechte und Interessen noch nicht selbst wahrnehmen können, aber von gegenwärtigen Entscheidungen der Politik und Verwaltungsführung betroffen sind.[291] Die Informationsbedürfnisse der Ressourcenbereitsteller beziehen sich zum einen auf die sachgerechte Verwendung und den schonenden Einsatz der zur Verfügung stehenden öffentlichen Ressourcen (Rechenschaft) und zum anderen auf die zukünftig zu erwartenden Belastungen (z.B. Steuer- und Gebührenerhöhungen). Die Ressourcenempfänger haben eher ein Interesse an prospektiven Darstellungen, aus denen ersichtlich wird, mit welchen künftigen öffentlichen Gütern und Leistungen zu rechnen ist (keine Veränderung, Einschränkung oder Ausweitung).

Durch die beschränkte Sanktionierungsmöglichkeit der Bürger sind die Legislative und die Mitglieder des Parlaments oder sonstiger Ausschüsse in ihrer Funktion als Interessenvertretung der Wähler aufgrund der ihnen zustehenden Rechte (z.B. Budgetrecht des Parlaments) sowie ihrer die Stellung als Kontrollinstanz als primäre Adressaten der Berichterstattung öffentlicher Verwaltungen anzusehen. Gleichzeitig wird durch die hier vorgenommene Unterteilung berücksichtigt, dass nicht alle Adressatengruppen ihre Entscheidung auf Basis der öffentlichen Rechnungslegung treffen, da diese für Bürger nur eine Informationsquelle unter vielen darstellt.[292]

Aufgrund der engen Verzahnung des Haushalts- und Rechnungswesens – siehe das 3-Ebenen-Konzept in Kapitel 2.4.3 – dienen die Abschlussinformationen auch der regierenden Partei und dem Verwaltungsmanagement neben intern erfassten Daten als zusätzliche Informationsbasis für ihre zu treffenden Entscheidungen. Neben der Legislative haben auch Aufsichtsgremien, wie z.B. Rechnungshöfe, die Aufgabe, die Ordnungsmäßigkeit der Mittelverwendung durch die Verwaltung im Rahmen des Haushaltsvollzugs zu beurteilen und zu überprüfen und eventuelle Ressourcenverschwendungen aufzuzeigen.[293] Diese im Bezug zur Politik bzw. zur Verwaltung stehenden Gruppen werden in der Kategorie „Verwaltungsnahe und -interne Ad-

291 Vgl. Srocke, I. (2004), S. 62.
292 Siehe hierzu auch Kapitel 3.3.2.1.2.1.
293 Vgl. Fleige, T. (1989), S. 28.

ressaten, Aufsichtsgremien“ zusammengefasst.[294] Die Informationsanforderungen dieser Adressatengruppe umfassen somit retrospektive Daten für Kontroll- und Prüfungszwecke (z.B. Soll-Ist-Vergleiche des Haushaltsvollzugs) und auch zukunftsorientierte Daten, die auf retrospektiven Informationen basieren und zu internen Steuerungs- und Planungsaufgaben (z.B. Haushalts- und Budgetbewilligung) eingesetzt werden können. Die Annahme, dass diese Adressatengruppe einen unmittelbareren Informationsbedarf als die Bürger hat, wird auch aus den genannten haushalts- und verfassungrechtlichen Vorschriften ersichtlich.[295]

Die Rechnungshöfe dienen außerdem auch den Bürgern als Informationsintermediäre, wie auch weitere Adressaten in Person von z.B. Statistikern, Analysten, Medienvertretern oder Lobbyisten, die ebenso von den Abschlussinformationen der Verwaltungseinheit profitieren, aber nicht im Fokus stehen.

3.3 Ziel und Zweck des öffentlichen Haushalts- und Rechnungswesens

Ausgehend von den Adressaten der öffentlichen Berichterstattung und ihren Informationsbedürfnissen wird das Ziel- und Zwecksystem[296] des öffentlichen Haushalts- und Rechnungswesens bestimmt und in den folgenden Unterkapiteln dargestellt.

3.3.1 Allgemeine Zwecke des öffentlichen Haushalts- und Rechnungswesens

Bei der Bestimmung des Ziel- und Zwecksystems des öffentlichen Haushalts- und Rechnungswesens reicht die alleinige Fokussierung auf die externe Rechnungslegung nicht aus, da – wie im 3-Ebenen-Konzept[297] beschrieben – eine direkte Verbindung zwischen der Planungs- und Rechnungsebene besteht. Aus diesem Grund ist eine direkte Übertragung der aus dem Unternehmensbereich bekannten Zwecke der Rechnungslegung nach Handels- und Steuerrecht auf den öffentlichen Sektor nicht möglich.

Die Basisaufgabe des handelsrechtlichen Jahresabschlusses ist die Dokumentation einer periodengerechten Erfolgsermittlung und des Vermögensbestandes zum Periodenende. Dieser Dokumentationsaufgabe liegen die beiden zentralen Funktionen, die Regelung von Informations- und Zahlungsbemessungsinteressen zugrunde. Aufgrund der Interessenvielfalt und den teilweise gegensätzlichen Interessensansprüchen der Beteiligungsgruppen (Eigner, Kreditge-

294 Vgl. zu den Verbindungen zwischen Bürgern, Politik und Verwaltung, den bestehenden Prinzipal-Agenten-Beziehungen und den Funktionen des öffentlichen Haushalts- und Rechnungswesens die Ausführungen im folgenden Kapitel 3.3.

295 Vgl. Lüder, K. et al. (1991), S. 12.

296 Die wissenschaftsmethodologische Unterscheidung zwischen Zwecken, Funktionen und Zielen (z.B. eines Informationssystems) soll hier nicht weiter ausgeführt werden. Vgl. hierzu insbesondere Luhmann, N. (1998).

297 Siehe hierzu Kapitel 2.4.3.

ber, Arbeitnehmer, Kunden, Lieferanten) und der Unternehmensleitung muss ein Ausgleich der Interessen durch ein objektiviertes und normiertes Berichtsinstrument erfolgen. LEFFSON sieht als dominierenden Rechnungszweck die Rechenschaft bzw. die Informationsfunktion, d.h. die Informationsübermittlung durch das Rechnungswesen zur Unterstützung der Entscheidungsfindung der Rechnungsadressaten.[298] Neben dieser Information über die Vermögens-, Finanz- und Ertragslage kommt der Gewinnermittlung eine besondere Aufgabe zu, da sie als Bemessungsgrundlage für ergebnisabhängige Zahlungen wie Dividenden und Erfolgsbeteiligungen dient. Hierbei hat im deutschen Bilanzrecht (anders als in der auf angelsächsischer Tradition beruhenden internationalen Rechnungslegung) der Gläubigerschutz eine große Bedeutung, da er dem Ausgleich der Interessensgegensätzen der Gläubiger und Aktionären dient, wobei solche Gegensätze auch zwischen Minderheits-, Mehrheitsaktionären und Verwaltung bestehen.[299]

Für den steuerrechtlichen Abschluss ist der Fiskus der einzige Adressat, der auf Basis des Steuerbilanzgewinns die abzuführende Einkommen- bzw. Körperschaftsteuer und Gewerbesteuer bemisst. Hierbei kommt im Rahmen der Rechtssicherheit der Steuergerechtigkeit, die die Ausrichtung der Steuerbemessung an der steuerlichen Leistungsfähigkeit fordert, eine große Bedeutung zu.[300] Zusammenfassend nimmt das privatwirtschaftliche Rechnungswesen in Deutschland einen Schutzzweck für Gläubiger, Gesellschafter und den Fiskus ein.[301]

In der Wissenschaft besteht Einigkeit darüber, „dass das Rechnungswesen privater und öffentlicher Institutionen keinen Selbstzweck darstellt, sondern Mittel zur Zweckerreichung ist, also instrumentalen Charakter besitzt“[302]. So kann ein zweckorientiertes Rechnungswesen und dessen konkrete Anforderungen aus den Informationsansprüchen der Rechnungsadressaten für ihre zu treffenden Entscheidungen abgeleitet werden.[303] Uneinigkeit herrscht aber bei der Vorstellung, welche Zwecke ein Rechnungswesen zu erfüllen hat.[304]

So sind die allgemeinen Zecke des öffentlichen Rechnungswesens mit dem privatwirtschaftlichen Unternehmensbereich vergleichbar. Wie im privatwirtschaftlichen Rechnungswesen

298 Vgl. Leffson, U. (1987), S. 100. Als Nebenzwecke ermöglicht das Rechnungswesen die Ermittlung der Besteuerungsgrundlage und die Gewinnung unternehmensinterner Steuerungsinformationen; vgl. Leffson, U. (1987), S. 107-111. MOXTER nennt im ersten Band seiner Bilanzlehre sieben „Zwecke der Bilanzierung“; Moxter, A. (1984), S. 81.

299 Vgl. zu diesen Ausführungen Coenenberg, A. G./Haller, A./Schultze, W. (2012), S. 16-20.

300 Vgl. Coenenberg, A. G./Haller, A./Schultze, W. (2012), S. 20-21.

301 Vgl. Merschbächer, G. (1987), S. 156.

302 Streim, H. (1986), S. 1.

303 Vgl. Merschbächer, G. (1987), S. 135-136.

304 Vgl. Streim, H. (1986), S. 1.

dient auch das öffentliche besonders der Dokumentation der Geschäftsvorfälle.[305] Dies ist als Grundvoraussetzung zur Erfüllung der weiteren Rechnungszwecke anzusehen, da „mit der Dokumentation der Vorfälle [...] die Buchführung eine klare und sichere Grundlage für alle weiteren Zwecke des Rechnungswesens“[306] bietet.

Dem öffentlichen und privatwirtschaftlichen Rechnungswesen ist gemein, dass es der Rechenschaft und der Erfolgskontrolle dient, da der Grundsatz der Wirtschaftlichkeit im Rahmen der Leistungserbringung einzuhalten ist. Der Rechenschaftszweck[307] ermöglicht der Verwaltungsführung den Abschlussadressaten Auskunft über den Ressourceneinsatz und die damit erzielten Verwaltungsleistungen zu geben. Entsprechend der Auffassung von LEFFSON versteht man unter Rechenschaft die „Offenlegung der Verwendung des anvertrauten Kapitals im dem Sinne, dass dem Informationsberechtigten – das kann auch der Rechenschaftslegende selbst sein – ein so vollständiger, klarer und zutreffender Einblick in die Geschäftstätigkeit gegeben wird, dass dieser sich ein eigenes Urteil über das verwaltete Vermögen und die damit erzielten Erfolge bilden kann“[308]. Die Erfolgsermittlung einer öffentlichen Verwaltungseinheit zeigt, ob der Haushalt ausgeglichen ist, so dass die Aufwendungen eines Haushaltsjahres (z.B. für die Erstellung und Erbringung der öffentlichen Güter und Dienstleistungen) durch die Erträge (z.B. in Form von Steuereinnahmen) gedeckt sind, und gleichzeitig wird die erbrachte Verwaltungsleistung dokumentiert. Der Grundsatz der Wirtschaftlichkeit in der Leistungserbringung führt zu einer Zweck-Mittel-Relation mit zwei Ausprägungen, das Minimal- und das Maximalprinzip.[309] Zusätzlich dienen die generierten Informationen als Planungsgrundlage für zukünftige Perioden, so dass der Steuerungsfunktion entsprochen wird.[310]

Ein weiterer Hauptzweck der Rechnungslegung im Handelsrecht, die sich aus dem Gläubigerschutz und der damit verbundenen Kapitalerhaltung ergibt, kann nicht unmittelbar auf den öffentlichen Sektor übertragen werden. Der Gläubigerschutzgedanken spielt aufgrund des äußerst geringen Forderungsausfalls im sehr unwahrscheinlichen Insolvenzfall, oder der nicht zu erwartenden Liquiditätsprobleme bei öffentlichen Verwaltungseinheiten eine untergeordnete Rolle.[311] Vielmehr muss die Kapitalerhaltungsfunktion im Sinne einer intergenerativen

305 Vgl. Mülhaupt, L. (1987), S. 57. Siehe auch Gerstenberg, F. (2007), S. 80; Köhrmann, H. (2009), S. 75-76.
306 Leffson, U. (1987), S. 157.
307 Vgl. Diemer, R. (1996), S. 86.
308 Leffson, U. (1987), S. 64. Siehe hierzu auch Gerstenberg, F. (2007), S. 81; Köhrmann, H. (2009), S. 76.
309 Siehe zum Grundsatz der Wirtschaftlichkeit Kapitel 2.3.1 und zu dessen Verwendung im Haushaltskreislauf und zu dessen Zusammenhang mit der Wirksamkeitsbetrachtung der Verwaltungstätigkeit Kapitel 2.4.3.
310 Vgl. Mülhaupt, L. (1987), S. 57.
311 Vgl. Merschbächer, G. (1987), S. 157-158.

Gerechtigkeit, wie sie z.B. in Deutschland verfassungsrechtlich normiert ist,[312] interpretiert und verstanden werden.[313]

3.3.2 Spezielle Zwecke des öffentlichen Haushalts- und Rechnungswesens

Historisch betrachtet, erfüllte das öffentliche Rechnungswesen jahrhundertelang im Wesentlichen die Aufgabe der parlamentarischen Kontrolle im Zusammenspiel mit der Durchführung des Haushaltsplans, indem Haushaltsplan und Haushaltsdurchführung inhaltlich und finanziell aufeinander abgestimmt wurden.[314] Neben dieser noch heute gültigen Aufgabe wurde im Zuge der unterschiedlichen Verwaltungsreformen das ursprüngliche Zwecksystem um weitere Komponenten erheblich erweitert. Um eine Systematisierung der Zwecke des öffentlichen Rechnungswesens vorzunehmen, gibt es in der Literatur unterschiedliche Ansätze, wie das empirisch-deduktive Vorgehen, das logisch-deduktive Vorgehen und die Kombination beider Methoden.[315]

Der strukturierteste Ansatz, der sich einer Kombination der empirisch-deduktiven und logisch-deduktiven Vorgehensweisen bedient, stammt von LÜDER ET AL. und MERSCHBÄCHER.[316] Basierend auf den Erkenntnissen der Prinzipal-Agenten-Theorie und deren Anwendbarkeit im öffentlichen Sektor wird der öffentlichen Rechnungslegung ein Schutzzweck und der Zweck der Steuerungs- und Entscheidungsunterstützung zugeschrieben. Der Schutzzweck unterteilt sich in den Individualschutz zur Wahrnehmung der Schutzinteressen eines Individuums und in den Funktionenschutz, der sich auf die Sicherstellung der Funktionsfähigkeit der Demokratie bezieht. Während LÜDER ET AL. besonders den Individual- und Funktionenschutz als Zwecke der öffentlichen Rechnungslegung hervorheben, ergänzt MERSCHBÄCHER das Zwecksystem des öffentlichen Rechnungswesens um die Entscheidungs- und Steuerungsunterstützung. In den folgenden Absätzen werden diese Zwecke genauer beschrieben und einer weiteren Detaillierung unterzogen.

---

312 Siehe hierzu Kapitel 3.3.2.1.2.2.

313 Vgl. Gerstenberg, F. (2007), S. 83. Siehe zu den Kapitalerhaltungskonzepten Kapitel 6.8.2.

314 Vgl. Diemer, R. (1996), S. 96.

315 Vgl. hierzu Diemer, R. (1996), S. 80, der eine Zusammenfassung der Ergebnisse der wichtigsten Untersuchungen, wie z.B. Merschbächer, G. (1987); Lüder, K. et al. (1991); Otte, R. (1990), vornimmt. Siehe hierzu auch Gerstenberg, F. (2007), S. 83. Siehe zu einer system-theoretischen, agency-theoretischen und schutzzweck-theoretischen Vorgehensweise auch die Ausführungen bei Diemer, R. (1996), S. 88-91; Otte, R. (1990), S. 32-44; Zahradnik, S. (1997), S. 65-69.

316 Vgl. Lüder, K. et al. (1991) und Merschbächer, G. (1987). Siehe hierzu auch Diemer, R. (1996), S. 91; Gerstenberg, F. (2007), S. 85.

3.3.2.1 Schutzzweck

Wie bereits in Kapitel 2 thematisiert, unterscheiden sich der öffentliche Sektor, die dort herrschenden Beziehungsgeflechte der Akteure und deren Informationsbedürfnisse von dem privatwirtschaftlichen Unternehmensbereich, woraus sich zu beachtende Besonderheiten im Bereich des Rechnungswesens ergeben. Die bestehenden Prinzipal-Agenten-Beziehungen verursachen eine asymmetrische Informationsverteilung zu Lasten des Prinzipals. Durch Anreiz- und Überwachungssysteme, wie z.B. die finanzielle Rechnungslegung, können diese Informationsasymmetrien ausgeglichen werden, so dass der Rechnungslegung als oberster Zweck ein Schutzzweck (einerseits als Individualschutz vor Vermögensverlusten und andererseits als Funktionenschutz zur Wahrung demokratischer Institutionen und Grundprinzipien wie intergenerative Gerechtigkeit und Rechenschaft) zugesprochen werden kann, aus dem in einem weiteren Schritt die inhaltliche Ausgestaltung der Rechnungslegungsnormen abzuleiten ist, da die Qualität der Rechnungslegungsnormen daran zu beurteilen ist, wie diese dem Erreichen der Zwecke des Rechnungswesens förderlich sind.[317] Auf Basis der Informationen des Rechnungswesens können die Abschlussadressaten rationale Entscheidungen treffen, die ohne die gewährten Informationen nicht möglich gewesen wären und somit zu Fehlentscheidungen geführt hätten. So kann die Rechnungslegung in ihrer Funktion als Rechenschafts- bzw. Informationsinstrument ihren Schutzzweck erfüllen.[318] Bei dieser Kombination aus Prinzipal-Agenten-theoretischem und Schutzzweck-theoretischem Ansatz nehmen LÜDER ET AL. eine Untersuchung der Beziehungsebenen „Parlament – Regierung“ und „Öffentlichkeit – Parlament“ vor.[319]

3.3.2.1.1 Individualschutz

Wie bereits oben kurz beschrieben, erfüllt das privatwirtschaftliche Rechnungswesen einen Gläubiger-, Gesellschafter- und Fiskusschutz, womit diese Adressatengruppen vor negativen finanziellen Auswirkungen bewahrt werden sollen.[320] Genauso haben auch die Bürger ein Interesse daran, vor Vermögensverlusten durch das Verwaltungshandeln des öffentlichen Sektors bewahrt zu werden, so dass „die Bürger der Gemeinde […] vor einer unsoliden Haushaltsführung geschützt werden“[321] sollen, wobei diese Aussage auf alle drei Ebenen des öffentlichen Sektors (Kommunal-, Landes- und Bundesebene) übertragen werden kann.

[317] Vgl. Lüder, K. et al. (1991), S. 12. Siehe hierzu die Kapitel 6.3 ff.
[318] Vgl. hierzu Lüder, K. et al. (1991), S. 13-14.
[319] Vgl. Diemer, R. (1996), S. 89-90; Lüder, K. et al. (1991), S. 13-19.
[320] Zur Untersuchung der Relevanz und Übertragbarkeit der Zwecke des privatwirtschaftlichen Rechnungswesens auf den öffentlichen Sektor vgl. Merschbächer, G. (1987), S. 157-167.
[321] Streim, H. (1986), S. 20.

Unter die Vermögensverluste fallen nicht nur monetäre Belastungen, wie willkürlich festgesetzte Gebühren und Beiträge oder eine aufgrund einer Ressourcenverschwendung der Verwaltungseinheit notwendige Steuererhöhungen, sondern auch ein allgemein entgangener Nutzen, wie z.B. durch vermeidbare Leistungseinschränkungen oder nicht umgesetzte, aber mögliche Steuersenkungen.[322] MERSCHBÄCHER sieht bereits dann einen Vermögensverlust, wenn die Ressourcen der Verwaltungseinheit nicht den Präferenzen der Bürger entsprechend eingesetzt werden.[323] Des Weiteren zählen zu den Vermögensverlusten auch nicht genehmigte finanzielle Bereicherungen der Verwaltungsmitarbeiter, eine auf Verschuldung basierende Haushaltsführung zu Lasten künftiger Generationen, die Gefährdung der zukünftigen Lebens- bzw. Leistungsfähigkeit einer Verwaltungseinheit und eine unwirtschaftliche Verwaltungsführung.[324]

Die Verwaltungstätigkeit ist dem Gemeinwohl verpflichtet und soll die Gerechtigkeit fördern und möglichst positiv die Wohlfahrt der Bürger beeinflussen. Doch Informationen zu diesen Größen lassen sich durch die Rechnungslegung nicht direkt bereitstellen, vielmehr wird die Wohlfahrt der Bürger durch den Zwang zur Ressourcenbereitstellung negativ und durch einen möglichen Ressourcen- und Leistungsrückfluss von der Verwaltungseinheit an die Bürger positiv beeinflusst.[325] Die Verbindung zwischen dem Individualschutz der Bürger vor Vermögensverlusten und der Bedeutung der Rechnungslegung ergibt sich aus der Möglichkeit zur Beurteilung der finanziellen Lage der Verwaltungseinheit, unter der im Sinne einer finanziellen Lebensfähigkeit die „Fähigkeit eines öffentlichen Gemeinwesens, jene Leistungen auch weiterhin zu erbringen, für die es existiert“[326], zu verstehen ist.[327]

Hieraus folgt zum einen, dass die finanzielle Lage an der Fähigkeit zur Leistungserbringung gemessen werden muss, wobei eine Balance finanzwirtschaftlicher Größen eine notwendige Bedingung für die finanzielle Lebensfähigkeit darstellt. Zum anderen muss die finanzielle Lage auch danach beurteilt werden, ob im Hinblick auf die zukünftige Entwicklung eine dauerhafte Leistungsfähigkeit gewährleistet ist.[328]

322 Vgl. Merschbächer, G. (1987), S. 173; Streim, H. (1986), S. 20.
323 Vgl. Merschbächer, G. (1987), S. 179.
324 Vgl. zu den Beispielen Merschbächer, G. (1987), S. 159-160.
325 Vgl. Streim, H. (1999), S. 322.
326 Moser, W. (1982), S. 23.
327 Vgl. Anthony, R. N. (1978), S. 48; Gerstenberg, F. (2007), S. 88; Moser, W. (1982), S. 23.
328 Vgl. Moser, W. (1982), S. 23-24.

Das Rechnungswesen hat die zur Berichterstattung über die finanzielle Lage und somit auch über die finanzielle Lebensfähigkeit notwendigen Informationen[329] zu liefern, um die Informationsasymmetrien in den Prinzipal-Agenten-Beziehungen des öffentlichen Sektors ausgleichen zu können. Generell kann die Verwaltungsführung die finanzielle Lage zu Lasten der Bürger durch eine Neuverschuldung, Ausgabenkürzungen oder eine Erhöhung der Einnahmen positiv beeinflussen.[330] Die finanzielle Lage hat als Indikator für die finanzielle Leistungsfähigkeit auch einen unmittelbaren Einfluss auf die Leistungslage einer Verwaltungseinheit. Hierunter ist die Art, Menge und Qualität der von der öffentlichen Verwaltung produzierten Leistungen zu verstehen. Die Finanzierung der Leistungserstellung wirkt sich genauso wie eine unwirtschaftliche, ressourcenverschwendende Leistungserstellung wohlfahrtsmindernd auf die Bürger aus. Informationen zur Leistungslage können aber durch die herkömmlichen, aus dem privatwirtschaftlichen Bereich bekannten Abschlussbestandteile nicht bereitgestellt werden; vielmehr ist das öffentliche Rechnungswesen um eine Leistungs- und Wirkungsberichterstattung zu erweitern, die in Ergänzung zur Ergebnisrechnung auch auf Effektivitäts- und Wirksamkeitsgesichtspunkte der Verwaltungstätigkeit eingeht.[331]

Wie bereits in Kapitel 2 und 3 beschrieben, sind die Bürger sowohl Ressourcenbereitsteller (z.B. Steuern, Gebühren, Beiträge, Leistungsentgelte und sonstige Zwangsabgaben) als auch Ressourcenempfänger der öffentlichen Leistungserbringung, die anhand der politischen Zielsetzung der Regierung im Sinne einer Gemeinwohlorientierung durch die Verwaltungen zu erfüllen ist.

Hierdurch wird eine Prinzipal-Agenten-Beziehung begründet, die einen treuhänderischen Ressourceneinsatz durch die Verwaltungsführung vorsieht und dessen Einhaltung sehr wichtig ist, da man im Allgemeinen bereits im Unternehmensbereich davon ausgehen kann, „dass Eigentümer ihr Unternehmen mit größerer Sorgfalt und Effizienz leiten werden als angestellte Manager“[332]. Die Bürger treten hierbei als Prinzipale auf, übertragen die Aufgaben der Verwaltungsführung und somit den effektiven und effizienten Ressourceneinsatz an die Regierung und gleichzeitig übernimmt in einer parlamentarischen Demokratie das Parlament die

329 So kann die Rechnungslegung auf Basis einer periodengerechten Erfolgsermittlung den Ausgleich von Erträgen und Aufwendungen in der Ergebnisrechnung, den Bestand an Schulden in der Vermögensrechnung und den Zahlungsmittelsaldo aus laufender Verwaltungstätigkeit als Zwischenergebnis in der Finanzrechnung ausweisen; vgl. Streim, H. (1999), S. 326.

330 Vgl. Gerstenberg, F. (2007), S. 89.

331 Vgl. zu den Ausführungen in diesem Absatz Streim, H. (1999), S. 322-323. Siehe auch Kapitel 2.4.3.

332 Erlei, M. et al. (2007), S. 74. „Man kann von den Direktoren von Kapitalgesellschaften, die in erster Linie das Geld anderer Menschen verwalten, nicht wirklich erwarten, dass sie darüber mit solcher Sorgfalt verfügen wie die Partner einer kleinen Personengesellschaft es häufig tun“; Smith, A. (1776), S. 700 übersetzt und zitiert nach Erlei, M. et al. (2007), S. 74.

Interessenvertretung der Bürger, so dass sich auch eine Prinzipal-Agenten-Beziehung zwischen Parlament und Regierung ergibt. Das Parlament hat das Budgetrecht inne und erstellt den Haushaltsplan, in dessen finanziellen Rahmen die Regierung zusammen mit der Verwaltung den Haushaltsvollzug zur Erstellung öffentlicher Sach- und Dienstleistungen vornimmt. Ebenso wird durch die Berichterstattung Rechenschaft über eine wirtschaftliche Leistungserstellung und eine effiziente – eine dem ökonomischen Prinzip entsprechende – und effektive (eine an der Zielerreichung zu messende) Verwaltungstätigkeit abgelegt.[333]

Die Schutzfunktion der Rechnungslegung kommt dadurch zum Tragen, dass es dem Parlament[334] als Informationsinstrument dient, mit dem die parlamentarische Planungs- und Überwachungsfunktion wahrgenommen werden kann. Die Abschlüsse vergangener Haushaltsjahre dienen als Entscheidungsgrundlage der Haushaltsplanung für künftige Perioden. Hierbei müssen immer die unterschiedlich langen finanziellen Konsequenzen der Entscheidungen berücksichtigt werden, da frühere Entscheidungen den gegenwärtigen Dispositionsrahmen einschränken und aktuell getroffene Entscheidungen Auswirkungen auf den zukünftigen Dispositionsspielraum haben.[335] Die Parlamentarier sehen sich hierbei mit dem Abwägen unterschiedlicher Alternativen und Konsequenzen und zu treffenden Wahlentscheidungen zwischen alternativen Maßnahmen konfrontiert, die nur rational auf Basis entscheidungsrelevanter Informationen getroffen werden können. „Liefert ein Rechnungsinstrument derartige Informationen, ermöglicht es dem Parlament ‚bessere' (rationalere) Haushalts-Bewilligungsentscheidungen in Richtung auf den fiktiven Idealzustand [einer] allokative[n] und distributive[n] Effizienz."[336]

Neben diesen Planungsaufgaben des Parlaments wirkt es auch als Kontrollinstanz zur Beurteilung und Überwachung des gesetzeskonformen Haushaltsvollzugs der Regierung im Rahmen der durch das Haushaltsrecht und den Haushaltsplan gesetzten Grenzen. Die Schutzwirkung der Rechnungslegung ist dann erfüllt, wenn durch die Rechnungslegung manipulatives und missbräuchliches, am Eigennutzen und nicht am Gemeinwohl orientiertes Verhalten der Entscheidungsträger offengelegt und eine Sanktionierung ermöglicht wird. Eine Rechnungslegung, mit deren gewährten Informationen solche zu verhindernde Wohlfahrtsverluste als finanzielle Folge von Handlungen, die nicht dem Mehrheitsinteresse entsprechen, aufgedeckt werden, schützt die Allgemeinheit vor Vermögensminderungen. Und in dem Schutz der

[333] Vgl. hierzu Diemer, R. (1996), S. 90; Merschbächer, G. (1987), S. 157-172.
[334] Siehe hierzu auch den Funktionenschutz auf der Beziehungsebene Parlament – Regierung in Kapitel 3.3.2.1.2.1.
[335] Vgl. Anthony, R. N. (1978), S. 42; Lüder, K. et al. (1991), S. 14.
[336] Lüder, K. et al. (1991), S. 14.

Allgemeinheit ist auch ein Individualschutz vor Vermögensverlusten inbegriffen.[337] Das Parlament handelt somit im Interesse der Wähler und Bürger, so dass der „Wille des Volkes“ nur durch das Parlament umzusetzen ist.[338]

Darüber hinaus besteht die Möglichkeit der Bürger, sich selbst vor Vermögensverlusten zu schützen. Man kann zwar die stimmberechtigten Bürger mit den Gesellschaftern eines privatwirtschaftlichen Unternehmens vergleichen, muss hierbei aber zwei wesentliche Unterschiede beachten.[339] Die Bürger als Ressourcenbereitsteller sind zum einen auch Empfänger der öffentlichen Leistungen und zum anderen haben sie nicht so umfangreiche Kompetenzen (es gibt keine der Gesellschafter-/Hauptversammlung vergleichbare „Bürgerversammlung“), so dass sie der Verwaltungsführung keine Vorschriften machen können, wie diese die Verwaltungen zu leiten haben und welche über die gesetzlichen Vorschriften – wie es z.B. die Satzung bei privatwirtschaftlichen Unternehmen ermöglicht – hinausgehende Informationen bereitzustellen sind.[340] Des Weiteren ist die Sanktionierung eines Fehlverhaltens der Verwaltungsführung durch Bürger und Wähler nur in begrenztem Maße möglich.

Die durch die Rechnungslegung gewährten Informationen unterstützen den Individualschutz in den Bereichen der freiwilligen und unfreiwilligen Ressourcenbereitstellung. Wenn Bürger oder Unternehmen freiwillig finanzielle Mittel der Verwaltungseinheit zur Verfügung stellen wollen, sei es durch den Erwerb von Anleihen oder durch die Wahl des Unternehmensstandortes, benötigen sie hierzu entscheidungsrelevante Informationen.[341] Entscheidend hierfür ist die Erwartung an die künftige Entwicklung der Zins- und Steuersätze, aus der im Sinne des Schutzes vor Vermögensverlusten Investitions- und Desinvestitionsentscheidungen abzuleiten sind. Im Falle der zwangsweisen Überlassung finanzieller Mittel, z.B. durch Steuererhebungen, ist „die Offenlegung staatlichen Finanzgebarens auch gegenüber der Öffentlichkeit“[342] unmittelbarer Bestandteil der Schutzfunktion des Rechnungswesens, da dies die Rechenschaft über den Ressourceneinsatz der Verwaltungsführung und das Aufdecken von Verschwendung und Misswirtschaft ermöglicht. Die Abschlussadressaten können dieses Fehlverhalten gege-

---

337 Vgl. zu den Ausführungen in diesem Absatz Lüder, K. et al. (1991), S. 14-15.

338 In Anlehnung an die Ausführungen bei Streim, H. (1986), S. 19.

339 Vgl. Streim, H. (1986), S. 18.

340 Vgl. Streim, H. (1986), S. 19. Gerade dieser Bereich der stärkeren Bürgereinbindung und der Verknüpfung von Staat und Gesellschaft wird durch die Public Governance-Bewegung weiterentwickelt; siehe hierzu Kapitel 2.4.4.

341 Vgl. Lüder, K. et al. (1991), S. 17-18.

342 Lüder, K. et al. (1991), S. 19.

benenfalls durch die Abwanderung als Unternehmer und ein geändertes Wahlverhalten als Bürger sanktionieren.[343]

3.3.2.1.2 Funktionenschutz

Durch das privatwirtschaftliche Rechnungswesen wird ein Funktionenschutz bezweckt, indem die Informationen des Rechnungswesens zur optimalen Ressourcenallokation auf dem Kapitalmarkt führen können und dessen Funktionsmechanismen unterstützen.[344]

Der oben beschriebene Individualschutz steht in einer Verbindung mit dem Funktionenschutz, da die meisten Kapitalgeber auf den Schutz des Gesetzgebers, der den gesetzlichen Rahmen ausgestaltet, angewiesen sind. Bei nicht ausreichendem Schutz könnten sich die Kapitalgeber vom Markt zurückziehen, wodurch dessen Funktionsfähigkeit eingeschränkt werden würde.[345] „Funktionenschutz kann deshalb auch als ein Teilaspekt des Individualschutzes interpretiert werden."[346] Die Verzahnung der einzelnen Ausprägungen der Schutzfunktion – Individual- und Funktionenschutz – des öffentlichen Haushalts- und Rechnungswesens ist unter der legitimierenden Gemeinwohlorientierung des staatlichen Handelns zu sehen, da die Sicherung der intergenerativen Gerechtigkeit durch einen ausgeglichenen Haushalt dem Individualschutz dient und mit der Rechenschaft über den treuhänderischen Einsatz der zur Verfügung stehenden Mittel und den Informationen des Haushalts- und Rechnungswesens der Funktionenschutz gewährleistet wird.[347]

Im öffentlichen Sektor gibt es keine dem privatwirtschaftlichen Unternehmensbereich vergleichbare Anteilseigner. Will man die Verbindung von Funktionenschutz und Kapitalmarkt auf den öffentlichen Sektor übertragen, kommt hierfür nur der Teil des Kapitalmarktes in Betracht, auf dem die Verwaltungseinheiten Kredite beziehen, wobei für Fremdkapitalgeber aufgrund der auszuschließenden Insolvenzgefahr von öffentlichen Gebietskörperschaften deren gewährte Informationen des Rechnungswesens im Hinblick auf den Gläubigerschutzzweck nur von geringer Bedeutung sind.[348] Im öffentlichen Sektor muss der Funktionenschutz eher so interpretiert werden, dass durch die Informationen des öffentlichen Rechnungswesens die

343 Vgl. Lüder, K. et al. (1991), S. 18-19.
344 Vgl. Merschbächer, G. (1987), S. 149-155.
345 Vgl. Merschbächer, G. (1987), S. 155.
346 Merschbächer, G. (1987), S. 155.
347 Vgl. Arbeitskreis „Integrierte Verbundrechnung" (2005), S. 888; Budäus, D. (2009a), S. 15-17; Eichhorn, P. (1984), S. 238.
348 Vgl. Merschbächer, G. (1987), S. 161. „Bedeutung kann der Gläubigerschutz allerdings für den internationalen Kapitalmarkt haben, in den USA und in Kanada beispielsweise auch für den nationalen, da dort die Entscheidung über die Vergabe von Krediten von der finanziellen Situation der Gebietskörperschaft abhängig sein kann"; Merschbächer, G. (1987), S. 161.

Bürger rationalere Wahlentscheidungen treffen können und die Souveränität der Bürger gewahrt bleibt.[349] Dadurch, dass der Funktionenschutz in das Zwecksystem des öffentlichen Rechnungswesens einbezogen wird, soll die Funktionsfähigkeit der Demokratie gewährleistet werden.[350] Zusätzlich stellt das öffentliche Rechnungswesen durch Transparenz und Rechenschaft eine vertrauensbildende Maßnahme dar.

3.3.2.1.2.1 Demokratieprinzip und Institutionenschutz

Wenn man sich zur Charakterisierung der Demokratie[351] auf das deutsche Grundgesetz bezieht, ist gemäß Art. 20 Abs. 2 GG eine parlamentarische Demokratie dadurch gekennzeichnet, dass ein allgemeines und gleiches Wahlrecht im Sinne einer politischen Gleichheit der Staatsbürger, Minderheitenschutz, individuelle Freiheiten, Mehrparteiensystem mit Anerkennung der Opposition, Gewaltenteilung in Judikative, Legislative und Exekutive und das Prinzip der Mehrheitsentscheidungen gewährleistet werden.[352] Das Volk besitzt die oberste Souveränität in der Demokratie, da alle Staatsgewalt vom Volk ausgeht, so wird durch die Wahl der Volksvertreter die grundsätzlich dem Volk zustehende Macht an die Repräsentanten im Parlament und die durch das Parlament bestellte Regierung abgetreten und deren Machtausübung legitimiert.[353]

Das öffentliche Rechnungswesen unterstützt das Demokratieprinzip, da „Informationen […] Voraussetzung jeder politischen Willensbildung in einer Demokratie“[354] sind. Auch wenn „bürokratische Verwaltung ihrer Tendenz nach stets Verwaltung mit ‚Ausschluss der Öffentlichkeit‘ ist, […] so darf nicht vergessen werden, dass […] in einer Demokratie die richtige und zutreffende Information der Staatsbürger über alle Finanzfragen ‚*a fundamental right*‘ des Volkes ist.“[355] Die Bürger haben einen Anspruch auf Öffentlichkeit und somit auch auf eine finanzielle Rechenschaft. Dieser Anspruch lässt sich im Gegensatz zum Informationsanspruch des Parlaments nicht unmittelbar aus dem Wortlaut des Gesetzes ableiten, sondern eher aus dem verfassungsrechtlichen Demokratieprinzip in Art. 20 GG.[356] Dieses demokratische Grundprinzip wird durch das Wahlrecht des Volkes (Art. 20 Abs. 2 GG), das Recht auf freie Meinungsbildung und -äußerung (Art. 5 Abs. 1 GG) und der damit verbundenen Teilha-

---

349 Vgl. Merschbächer, G. (1987), S. 162; Streim, H. (1986), S. 20-21.

350 Vgl. Merschbächer, G. (1987), S. 180. Siehe auch die Zusammenfassung bei Gerstenberg, F. (2007), S. 91.

351 Demokratie (von griechisch *demos*: Volk; und *kratein*: herrschen) bedeutet Volksherrschaft oder Volkssouveränität; vgl. Böhret, C. (2003), S. 243.

352 Vgl. Böhret, C. (2003), S. 243.

353 Vgl. Böhret, C. (2003), S. 244.

354 Kempen, E. O. (1975), S. 96. Vgl. hierzu Merschbächer, G. (1987), S. 162.

355 Neumark, F. zitiert nach Mülhaupt, L. (1987), S. 6. Vgl. zum Demokratieprinzip auch Bolsenkötter, H. et al. (2007), S. 285-286.

356 Vgl. Lüder, K. et al. (1991), S. 19.

be am politischen Willensbildungsprozess konkretisiert.[357] Die notwendige Transparenz folgt aus dem Grundsatz der Öffentlichkeit der Parlamentsverhandlungen (Art. 42 Abs. 1 GG) und gleichzeitig sind die Parlamentarier „Vertreter des ganzen Volkes, an Aufträge und Weisungen nicht gebunden und nur ihrem Gewissen unterworfen“ (Art. 38 Abs. 1 GG).[358] „Auf den Staat (im weitesten Sinne) bezogen, verlangt dies die grundsätzliche Publizität seiner Aktivitäten“[359] und diese staatliche Informationspflicht ist eine zentrale Voraussetzung der demokratischen Partizipationsmöglichkeit des Volkes.[360]

Der durch die Rechnungslegung wahrgenommene Funktionenschutz kann im Sinne des Demokratieprinzips auch auf die unterschiedlichen Prinzipal-Agenten-Beziehungen im öffentlichen Sektor angewendet werden. Auf der Beziehungsebene Bürger – Parlament wird das Demokratieprinzip durch Wahlrecht und -freiheit der Bürger gekennzeichnet, wodurch sich auch eine Sanktionsmöglichkeit des nicht im Sinne des Prinzipals ausgeführten Agentenverhaltens ergibt. Diese agency-bedingte Informationsasymmetrie lässt sich auf die Delegation der Entscheidungsbefugnisse zurückführen.

Diese Delegation ist ein Kennzeichen der demokratischen Willensbildung, da somit die Bürger indirekt an den politischen Entscheidungen mitwirken können, aber auch gleichzeitig die Effizienz der Entscheidungsprozesse gesteigert und die Funktionsweise der Demokratie gewährleistet wird, da zum einen nur die Parlamentarier die Vielzahl an Entscheidungen treffen müssen und zum anderen auch die meisten Bürger nicht die Zeit und die Spezialkenntnisse zur Beurteilungen der möglichen Entscheidungsalternativen haben.[361] Die gewählten Mandatsträger sollen bei ihrem Abstimmungsverhalten ihre erhaltenen Entscheidungsbefugnisse zwar im Sinne der Bürger einsetzen, doch handeln sie oft im Eigeninteresse, wie die Erkenntnisse der ökonomischen Theorie der Demokratie[362] belegen. So sind Politiker nach der An-

---

357 Vgl. Lüder, K. et al. (1991), S. 19-20.

358 Vgl. Lüder, K. et al. (1991), S. 20.

359 Arnim, H. H. von (1981), S. 35.

360 Vgl. Lüder, K. et al. (1991), S. 20.

361 Vgl. Lüder, K. et al. (1991), S. 16. Eine besondere Rolle bei der Meinungsbildung der Wähler nehmen Informationsintermediäre, wie Medien, Verbände, Parteien, Analysten und Wissenschaftler, ein, da sie die zugänglichen Informationen aufbereiten, analysieren und interpretieren und somit das öffentliche Meinungsbild und letztlich auch die Wähler beeinflussen; vgl. Lüder, K. et al. (1991), S. 19; Wittmann, W. (1983), S. 24-26.

362 Der seit den 1950er Jahren entstandene Ansatz der Neuen Politischen Ökonomie (NPÖ; *public choice*) überträgt die Instrumentarien der Wirtschaftstheorie auf den Politikbereich und analysiert die politischen Strukturen, Prozesse und Institutionen und deren Einfluss auf das Wirtschaftsgeschehen; vgl. Holzinger, K. (2009), S. 540. Die NPÖ kann in die Theorie der Präferenzaggregation, die Theorie der Verfassung, Theorien der Demokratie, der Interessengruppen, der Bürokratie und der Autokratie unterteilt werden; vgl. Holzinger, K. (2009), S. 543; Mueller, D. C. (2003), S. 1-8.

1. „Gegenstand der *Theorie der Präferenzaggregation (collective choice)* ist die Frage, wie individuelle Präferenzen möglichst frei von Verfälschungen in kollektive Entscheidungen umgesetzt werden kön-

sicht von DOWNS „keine Idealisten, die spontan und selbstlos im Dienste der sozialen Wohlfahrt tätig werden“[363], vielmehr wollen sie Einkommen, Prestige und Macht, die mit öffentlichen Ämtern verbunden sind, erlangen.[364] Die vorliegende asymmetrische Informationsverteilung können die Politiker nutzen, um Entscheidungen zu ihren Gunsten oder zu Gunsten ausgewählter Wählergruppen[365] und nicht zum Wohle der mehrheitlichen Wählerschaft zu treffen und somit die Gefahr von Wohlfahrtsverlusten zu verstärken.[366] Bedingt durch diese unterschiedlichen Informationsniveaus kommt der Berichterstattung eine egalisierende Bedeutung zu, indem die Auswirkungen der politischen Entscheidungen in einer für die Öffentlichkeit verständlichen Weise aufgezeigt werden.

Das Politikgebaren kann durch die stimmberechtigen Wähler sanktioniert werden. Die Problematik der Sanktionierung mithilfe der Wahlentscheidung ergibt sich zum einen dadurch, dass ein Bürger die unterschiedlichen Aspekte seiner Ansichten, auch bedingt durch die verfügbaren und zugrunde gelegten Informationen, anhand nur einer Stimmabgabe zum Ausdruck bringen muss. Zum anderen besteht die Möglichkeit zur Wahl nur im Zyklus der Legislaturperioden, so dass mit der zunehmenden zeitlichen Differenz zwischen dem Bekanntwerden der die Wahlentscheidung beeinflussenden Informationen und dem Wahltag die Bedeu-

---

nen. Die Unmöglichkeit einer solchen sozialen Wohlfahrtsfunktion wurde von Arrow, K. J. (1951) nachgewiesen. Wenngleich die Relevanz des Theorems strittig ist, konnte es bisher nicht widerlegt werden.

2. Die Theorie der Verfassung (*konstitutionelle Politische Ökonomie*) ist eine normative Spielart der NPÖ, die sich mit der Begründung von Verfassungen (in den neuen Vertragstheorien) und ihren grundlegenden Regeln auseinandersetzt, etwa der von Buchanan, J. M./Tullock, G. (1962) vorgeschlagenen Einstimmigkeitsregel.
3. Die ökonomische *Theorie der Demokratie* zielt auf die Erklärung des Verhaltens von Wählern, Parteien und Regierungen. Das Medianwählermodell von Black, D. (1958) und die Theorie der Parteienkonkurrenz von Downs, A. (1957) standen am Beginn dieses Teilgebiets.
4. Die *Politische Ökonomie der Interessengruppen* befasst sich mit der Organisierbarkeit von Interessengruppen und deren Einfluss auf politische Entscheidungen. Sie wurde begründet durch Olsons ‚Logik des kollektiven Handelns‘ (Olson, M. (1965)). In der Literatur zum *rent-seeking* (Krueger, A. O. (1974)) wurde der Einfluss von organisierten Interessen auf die Politik untersucht.
5. Grundlage der *ökonomischen Theorien der Bürokratie* ist die Auffassung, dass Verwaltungsbeamte nicht *per se* Diener des Allgemeinwohls sind, sondern dass auch sie eigennützige Ziele wie Einkommen oder Bequemlichkeit verfolgen (Downs, A. (1967)). Am einflussreichsten wurde das Modell von Niskanen, W. A. (1971), der das Ziel Budgetmaximierung unterstellt und ineffiziente Überproduktion durch Bürokratien vorhersagt.“; Holzinger, K. (2009), S. 543 (im Original teilweise mit Abkürzungen).

[363] Wittmann, W. (1983), S. 29.

[364] Siehe hierzu Downs, A. (1968), S. 27-29.

[365] Zur Finanzierung der politischen Aktivitäten sind Politiker und Parteien auf Geldgeber angewiesen. Diese erwarten dafür eine ihren Interessen entsprechende Politik. Ebenso haben auch Interessenverbände Einfluss auf die Politik. Dieser steigt, je mehr Wähler und somit auch Wählerstimmen durch die Lobbyisten verkörpert werden; vgl. Wittmann, W. (1983), S. 29-34.

[366] Vgl. Lüder, K. et al. (1991), S. 16. Bei der Willensbildung der Parlamentarier muss beachtet werden, dass deren Entscheidungsspielraum begrenzt wird, da hauptsächlich in den sachkundig besetzten Ausschüssen die Vorlagen für das Parlament erarbeitet werden und dann durch das Parlament meist ohne weitere Änderungen verabschiedet werden; vgl. Wittmann, W. (1983), S. 34-35.

tung der Informationen verstärkt abnimmt.[367] Idealtypisch können die Bürger aufgrund der Informationen des Rechnungswesens rationalere Wahlentscheidungen treffen, da die Bürger einen höheren Informationsstand erlangen und die Gefahr vermindert wird, dass bedingt durch falsche oder fehlende Informationen eine Wahlentscheidung erfolgt, die im Falle von besseren oder ausführlicheren Informationen anders getroffen worden wäre.[368] Durch die Wahlentscheidung erfolgt „nicht nur [eine] Legitimation für die Zukunft (Planungsaspekt), sondern auch [ein] Kontrollakt gegenüber der bisherigen Regierungsarbeit [...] (Kontrollaspekt)“[369].

Damit der Funktionenschutzzweck operationalisierbar wird, muss die Rechnungslegung dem Prinzip des „*full disclosure*“ folgen, so dass den „Bürgern ein umfassender, vollständiger und zuverlässiger Einblick in die finanzielle Gesamtsituation einer Gebietskörperschaft gewährt wird“[370]. Die Verwaltungseinheit muss darüber Rechenschaft ablegen, dass sie im Sinne einer intergenerative/-periodischen Gerechtigkeit gewirtschaftet hat.[371] Die Rechnungslegung stellt hierbei nur eine Entscheidungsgrundlage unter vielen dar, so dass die Ableitung konkreter Anforderungen an das öffentliche Rechnungswesen problematisch ist, da der theoretische Zusammenhang zwischen den durch das Rechnungswesen gewährten Informationen und den Wahlentscheidungen der Bürger fehlt.[372] Vielmehr werden Wahlentscheidungen eher auf emotionaler als auf rationaler Basis getroffen. Das Wahlverhalten wird einerseits durch die Facetten der Persönlichkeitsstruktur, wie physische Bedürfnisse, Überzeugungen und Wertvorstellungen, aber auch andererseits durch Umwelteinflüsse, wie Gruppenzugehörigkeit, Erziehung, Bildungsstand, wirtschaftliche und politische Zustände, beeinflusst.[373] Da diese Interessensgebiete nur teilweise durch das Informationsinstrument der finanziellen Rechnungslegung abgedeckt werden, ist nach LÜDER ET AL. der Funktionenschutz eher auf der Beziehungsebene Parlament – Regierung von Relevanz.[374]

---

367 Vgl. zu diesen Ausführungen Merschbächer, G. (1987), S. 163.

368 Vgl. Merschbächer, G. (1987), S. 162.

369 Lüder, K. et al. (1991), S. 17.

370 Merschbächer, G. (1987), S. 180. Siehe auch Gerstenberg, F. (2007), S. 91.

371 Siehe hierzu Kapitel 3.3.2.1.2.2. Zu diesem Zwecke ist die finanzielle Rechnungslegung um ergänzende nicht-finanzielle Informationen zu erweitern; vgl. Abbildung 18.

372 Vgl. Merschbächer, G. (1987), S. 180. Siehe hierzu Gerstenberg, F. (2007), S. 91.

373 Vgl. Wittmann, W. (1983), S. 26-28. Zur Beurteilung der Bedeutung der Rechnungslegungsinformationen muss zwischen Stamm- und Wechselwählern unterschieden werden. Stammwähler werden in den seltensten Fällen von ihren politischen Überzeugungen abweichen und ihre Wählerstimme zur Sanktionierung eines politischen Fehlverhaltens einsetzen. Wechselwähler hingegen benötigen möglichst vielseitige Informationen, da sie sanktionswillig sind und sich eine eigene Meinung bilden möchten; vgl. Wittmann, W. (1983), S. 28.

374 Vgl. Lüder, K. et al. (1991), S. 17. Hiergegen spricht, dass MACK/RYAN in ihrer Befragungsstudie zum Nutzerkreis der Abschlüsse öffentlicher Verwaltungen in Australien festgestellt haben, dass die Abschlüsse eine wichtige Informationsquelle sind, aber nicht die wichtigste; vgl. Mack, J./Ryan, C. (2007), S. 139-142.

Auf der Beziehungsebene zwischen Politik und Bürgern lässt sich folgender Kreislauf skizzieren:[375] Die Regierungs- bzw. Parteiprogramme werden durch den gesellschaftlichen Druck und das herrschende Meinungsbild beeinflusst und führen zu entsprechenden öffentlichen Maßnahmen und zur Bereitstellung benötigter Haushaltsmittel. Über den sich anschließenden Haushaltsvollzug und den Mitteleinsatz der Verwaltungseinheit muss Rechenschaft abgelegt werden, um eine Kontrolle durch das Parlament bzw. die Aufsichtsgremien zu ermöglichen. Bei Verstößen oder Missmanagement kann u.a. eine Sanktionierung durch das Wahlverhalten der Bürger erfolgen. Zusätzlich wird das öffentliche Meinungsbild durch Interessenverbände, Medien, (Oppositions-)Parteien, Aufsichtsbehörden etc. beeinflusst, so dass sich eine geänderte Erwartungshaltung der Bürger an die Politik entwickeln kann und hieraus Auswirkungen auf die politischen Ziel- und Programmformulierungen folgen. Hierdurch ist der Steuerungskreislauf öffentlicher Verwaltungen geschlossen und beginnt von Neuem.

Wie bereits bei den Ausführungen zum Individualschutz des Rechnungswesens beschrieben, kommt gerade in einer parlamentarischen Demokratie dem Rechnungswesen als Informationsinstrument auf der Beziehungsebene Parlament – Regierung eine große Bedeutung zu. Nur auf Grundlage dieser Informationen können die Parlamentarier ihrer Planungs- und Kontrollaufgabe gerecht werden, wodurch die Funktionsweise der Demokratie gestärkt und eine Misswirtschaft der Regierung verhindert werden kann.[376] „Das Regierungshandeln wird in weiten Teilen vor allem durch Haushaltsgesetz und Haushaltsplan parlamentarisch legitimiert, indem dort für die Regierung Einnahme- und Ausgabeermächtigungen auf Grundlage der parlamentarischen Zustimmung zum Regierungsprogramm beschlossen werden“[377], da das Budgetrecht beim Parlament liegt. Der Haushaltszyklus als Zusammenspiel aus Rechnungslegung als retrospektive Rechenschaft über die Vermögens-, Finanz- und Ertragslage im Rahmen der Haushaltskontrolle und gleichzeitig auch als Basis des prospektiven Haushaltsplans bedingt eine objektive Informationspolitik zwischen Exekutive und Legislative, die an Haushaltsgrundsätzen, wie Vollständigkeit, Genauigkeit und Klarheit, auszurichten ist.[378] Unterstützend wirkt bei der Beurteilung des Regierungshandelns auch die Rechnungsprüfung durch die Rechnungshöfe, deren Berichte sowohl an das Parlament als auch an die Öffentlichkeit gerichtet sind.[379]

BRUSCA/MONTESINOS konnten in ihrer Studie für Spanien auf kommunaler Ebene nachweisen, dass Abschlussinformationen das Wahlverhalten beeinflussen; vgl. Brusca, I./Montesinos, V. (2006), S. 209.

375 Vgl. Lüder, K. et al. (1991), S. 16-20; Wittmann, W. (1983), S. 26-34.

376 Vgl. Lüder, K. et al. (1991), S. 14.

377 Brixner, H. C. (2007), S. 123.

378 Vgl. Lüder, K. et al. (1991), S. 15.

379 Vgl. Harms, J. (1999), S. 177-181; Lüder, K. et al. (1991), S. 19.

Auf der Beziehungsebene Regierung – Verwaltung kommt der Funktionenschutz des Rechnungswesens dadurch zum Tragen, dass die demokratisch legitimierte Regierung zwar durch die Vorgabe der politischen Ziele die Entscheidungskompetenz inne hat, jedoch müssen diese Ziele von der Verwaltung durch geeignete Maßnahmen und Budgets in Gütern und Dienstleistungen als Produkte des Verwaltungshandelns umgesetzt werden.[380] Um eine Wiederwahl der Regierungspartei(en) zu sichern, muss sich die Regierung an Effektivitäts- und Effizienzbeurteilungen ihres Handelns messen lassen, wobei für die Verwaltung als zentraler Bewertungsmaßstab der kostenwirtschaftliche und sparsame Ressourcenumgang gilt. Als Prinzipal-Agenten-Beziehung ausgedrückt, muss die Regierung als Auftraggeber sicherstellen, dass die Verwaltung als Auftragnehmer im Sinne der Regierung agiert.

Das Rechnungswesen liefert hierzu als Kontroll- und Lenkungsinstrument wichtige Informationen und wird auch auf dieser Ebene seinem zugedachten Funktionenschutz gerecht.[381] Hierdurch wird der treuhänderische Ressourceneinsatz zur Wahrnehmung der kollektiven, öffentlichen Aufgaben sichergestellt und die Legitimation des öffentlichen Sektors als Garant für die Orientierung am und sein Handeln im Sinne des Gemeinwohls (Institutionenschutz) gewährleistet.[382]

3.3.2.1.2.2 Intergenerative/-periodische Gerechtigkeit und Rechenschaft

Ein weiterer Bereich zur Sicherung des Funktionenschutzes ist die Generationengerechtigkeit und die transparenzfördernde Rechenschaft, die beide zu einer Nachhaltigkeitsorientierung im öffentlichen Sektor beitragen.

3.3.2.1.2.2.1 Aspekte der Gerechtigkeit und Rechenschaft

Die Schutzfunktion des öffentlichen Haushalts- und Rechnungswesen und die damit generierten Informationen erleichtern eine transparente Darstellung der geforderten Nachhaltigkeit[383] des Verwaltungshandelns und der Rechenschaft über die Verwendung der zur Verfügung stehenden Mittel. Wie bereits in Kapitel 2.4.1.3 angesprochen und in Kapitel 4 vertieft, ist das öffentliche Haushalts- und Rechnungswesen zu reformieren, um den aus dem Prinzip der intergenerativen Gerechtigkeit und den Rechenschafsanforderungen abzuleitenden Informati-

380 Vgl. hierzu auch die Ausführungen zum 3-Ebenen-Konzept in Kapitel 2.4.3.

381 Vgl. Gerstenberg, F. (2007), S. 91.

382 Vgl. Arbeitskreis „Integrierte Verbundrechnung“ (2005), S. 888.

383 Der Begriff „Nachhaltigkeit“ ist in diesem Zusammenhang nicht nur im Sinne von Beständigkeit und Langfristigkeit (die Verwaltungstätigkeit muss auch in Zukunft ausgeführt werden) zu verstehen, sondern vielmehr im Sinne einer intergenerativen Gerechtigkeit, die das gegenwärtige Handeln zu Lasten zukünftiger Generationen verhindern soll. Vgl. zum Nachhaltigkeitsbegriff im Unternehmensbereich Haller, A. (2009), S. 27-28.

onsbedürfnissen gerecht werden zu können und eine transparente Darstellung der Vermögens-, Finanz- und Ertragslage der Verwaltungseinheit zu erreichen.[384]

Das Prinzip der intergenerativen Gerechtigkeit ist in Deutschland z.B. in Art. 115 Abs. 2 Satz 1 GG verankert – „Einnahmen und Ausgaben sind grundsätzlich ohne Einnahmen aus Krediten auszugleichen" – und mit einer „Schuldenbremse", die die Höhe der Kreditaufnahme begrenzt, ausgestaltet.[385] So besagt das Prinzip der intergenerativen Gerechtigkeit, dass jede Generation dazu verpflichtet ist, die von ihr verbrauchten öffentlichen Ressourcen zu ersetzen, damit das von der Vorgänger-Generation erhaltene öffentliche Vermögen erhalten bleibt und an die Nachfolger-Generation übertragen werden kann. Hierdurch wird die Schutzfunktion auch auf zukünftige Bürger erweitert, um Interessenskonflikte zwischen den unterschiedlichen Generationen zu berücksichtigen und ausgleichen zu können.[386] Dieses Prinzip fördert einerseits den Individualschutz zukünftiger Bürger, aber andererseits konkretisiert es auch den Funktionen- bzw. Demokratieschutz, da die Demokratie nur durch eine Generationengerechtigkeit gesichert werden kann.[387] „Wegen der Schwierigkeit, Generationen gegeneinander abzugrenzen, ist das Prinzip der intergenerativen Gerechtigkeit zum Prinzip der interperiodischen Gerechtigkeit [...] fortentwickelt worden"[388] und dessen Erfüllung lässt sich an einem Ergebnissaldo möglichst größer oder gleich Null und einem ausgeglichenen Haushalt ablesen, da „der finanzielle Periodenerfolg [...] ein Indikator für die Generationengerechtigkeit"[389] ist. Die Ergebnisausgleichsregelungen sollten sich aber nur auf ordentliche Erträge und Aufwendungen beziehen und nur regelmäßig auftretende und planbare Ressourcenaufkommen und -verbräuche erfassen, um aussagekräftig zu bleiben.[390]

Um dem Prinzip der intergenerativen Gerechtigkeit und der Rechenschaft richtig entsprechen zu können, ist eine wie in Kapitel 2.4.3 und Kapitel 4.2.2 beschriebene Verknüpfung der Berichtsinstrumente der Planungs- und Rechnungsebene vorzunehmen.[391] FUDALLA spricht von

384 Vgl. Lüder, K. (1995), S. 1. Siehe zur Würdigung der intergenerativen Gerechtigkeit Zeis, A. (1999), S. 165-167.

385 Zur genauen rechtlichen Ausgestaltung der Schuldenbremse siehe Art. 115 Abs. 2 GG. Vgl. zur Würdigung der „Schuldenbremse" z.B. Fischer, E./Gnädinger, M. (2009), S. 283-285; Lenk, T./Kuntze, M. (2010), S. 31-52; Magin, C. (2010), S. 262-268; Scholl, B. (2010), S. 160-169; Tappe, H. (2009), S. 881-890; Tappe, H. (2010), S. 269-271.

386 Vgl. Breidert, U./Rüdinger, A. (2008), S. 34; Srocke, I. (2004), S. 62.

387 Vgl. Srocke, I. (2004), S. 62.

388 Lüder, K. (1995), S. 1. Vgl. Arbeitskreis „Integrierte Verbundrechnung" (2005), S. 890; Lüder, K. (1999), S. 7; Lüder, K. (2008b), § 17, Rn. 23; Streim, H. (2007), S. 292.

389 Bräunig, D. (2004), S. 315. Vgl. Streim, H. (2007), S. 292-293.

390 Vgl. Bräunig, D. (2004), S. 315; Lüder, K. (2008b), § 17, Rn. 23.

391 Die Rechenschaft wird z.B. in Art. 114 Abs. 1 GG vorgeschrieben, um die Bundesregierung entlasten zu können.

der „doppelten Rechenschaftsfunktion“[392] der Berichtsinstrumente. Einerseits werden die Einhaltung und Umsetzung des geplanten und veranschlagten Ergebnishaushaltes in der Ergebnisrechnung und auch die Veränderungen der Zahlungsmittelbestände im Finanzhaushalt und in der Finanzrechnung dargestellt, so dass die Ertrags- und Finanzlage der Verwaltungseinheit und die Einhaltung der intergenerativen Gerechtigkeit ersichtlich wird.[393] Andererseits wird durch die Abschlussinformationen Rechenschaft über die Ausführung des Haushaltsplans abgelegt.[394] Rechenschaft kann folgendermaßen interpretiert werden: „*Accountability is concerned with the right to receive information and the duty to supply it*“[395].

Im öffentlichen Sektor wird die Rechenschaft auf unterschiedliche Weise interpretiert und oft als finanzielle Rechenschaft angesehen.[396] Nichtsdestotrotz muss ein aufgrund der intergenerativen Gerechtigkeit und der Gemeinwohlorientierung breiteres Verständnis der Rechenschaft im öffentlichen Sektor auch Aspekte der „*political, legal and constitutional accountability, social and community accountability, and personal and ethical accountability*“[397] enthalten und aufgrund der zunehmenden Nachhaltigkeitsdebatte und des -bewusstseins in der Gesellschaft um Umweltgesichtspunkte ergänzt werden.[398] Die Informationen eines breiter angelegten Berichtswesen können nicht nur die Verantwortlichen in Politik und Verwaltung in ihren Entscheidungen und Steuerungsaufgaben unterstützen, sondern die Gesellschaft an sich für Diskussionspunkte sensibilisieren, die die reinen finanziellen und wirtschaftlichen Größen übersteigen.[399]

Durch die NPM-Bewegung hat sich die öffentliche Rechenschaftspflicht einerseits zu einem Instrument zur Verbesserung der Effizienz und Effektivität des Verwaltungshandelns entwickelt und sie ist andererseits auch ein Ziel geworden, da die öffentliche Rechenschaft ein Sinnbild für eine gute Verwaltungsführung geworden ist.[400] Im reformierten öffentlichen Rechnungswesen steht die Ergebnisrechnung im Mittelpunkt,[401] wobei alle Berichtsinstrumente über die Vermögensrechnung verbunden sind, da der Saldo der Ergebnisrechnung und der Endbestand der Finanzrechnung dort ausgewiesen werden. Die intergenerative Gerechtig-

392 Fudalla, M. (2008), S. 112.
393 Ob eine intergenerative Gerechtigkeit durch einen ausgeglichenen Haushalt erreicht werden kann, hängt in einem hohen Maße von den Haushaltsregelungen ab, die festschreiben, welche Erträge zum Ausgleich der Aufwendungen verwendet werden dürfen oder nicht.
394 Vgl. Fudalla, M. (2008), S. 112.
395 Gray, R. (1992), S. 413.
396 Vgl. Boyce, G. (2000), S. 28; Corbett, D. C. (1992), S. 191.
397 Boyce, G. (2000), S. 28. Siehe auch Corbett, D. C. (1992), S. 191.
398 Vgl. Boyce, G. (2000), S. 28-29.
399 Vgl. Boyce, G. (2000), S. 29.
400 Vgl. Bovens, M. (2005), S. 183
401 Vgl. Bräunig, D. (2004), S. 315; Lüder, K. (1995), S. 2.

keit wird dann erreicht, wenn die Nettoposition in der Vermögensrechnung über eine Periode hinweg nicht vermindert wird und das öffentliche Vermögen erhalten bleibt.[402]

Jedoch muss beachtet werden, dass allein mit der bloßen Ergebnisermittlung zukünftige Generationen nicht geschützt werden können, sondern nur in Verbindung mit rechtlich verbindlichen Periodisierungsgrundsätzen, Ergebnisverwendungs- und insbesondere Verlustausgleichsregelungen, die aufgrund der politischen Bedeutung auf eine rechtliche Grundlage zu stellen sind.[403] Die Ergebnisermittlung ist hierbei primär eine Frage der Kapital-, Ertrags- und Aufwandsmessung und steht in Verbindung mit den national geregelten Ergebnisdefinitionen (z.B. Abgrenzung des ordentlichen und außerordentlichen Ergebnisses)[404]. Um das Prinzip der intergenerativen Gerechtigkeit im Haushalts- und Rechnungswesen konkret umsetzen zu können, sind (1) Rechnungsziele einzuführen, die in der finanziellen Dimension eine sinnvolle Definition der intergenerativen Gerechtigkeit ermöglichen, (2) Ansatz- und Bewertungsregeln so auszugestalten, dass die intergenerative Gerechtigkeit auch durch finanzielle Daten gemessen werden kann und (3) eine an der intergenerativen Gerechtigkeit auszurichtende Verhaltensänderung die Beteiligten aufgrund der vorhandenen Rechnungswesensdaten erzielt werden kann.[405] Aus dem Grundsatz der intergenerativen Gerechtigkeit leitet sich ein ausgeprägtes Objektivierungserfordernis des öffentlichen Haushalts- und Rechnungswesens ab.[406] Da das Kapital und Vermögen der Verwaltungseinheit für die künftigen Generationen erhalten werden soll, spricht dies für eine eher vorsichtige Ergebnisermittlung und Bewertung.[407]

3.3.2.1.2.2.2 Weitere Aspekte der Nachhaltigkeit

Neben den Berichtsinstrumenten der finanziellen Berichterstattung – wie Vermögens-, Finanz- und Ergebnisrechnung und Anhang – bedarf es weiterer Berichtsformate, um dem Nachhaltigkeitsgedanken der öffentlichen Aufgabenerfüllung und den Leistungsbeitrag für die Allgemeinheit im Sinne einer Gemeinwohlorientierung darstellen und den damit verbundenen Ressourceneinsatz rechtfertigen zu können.

Durch das NPM und den gesellschaftlichen Wandel haben sich die Ansprüche der Öffentlichkeit an das Verwaltungshandeln verändert. Ein obrigkeitsstaatliches, nur rechtsvollziehendes

---

402 Vgl. Kiaman, O./Wielenberg, S. (2010), S. 246-247. Ein einperiodig geforderter Ergebnisausgleich ist sehr streng und sollte über einen mehrperiodigen Ausgleich in Verbindung mit Vorschriften zur Nutzung von Rücklagen und/oder Vortragsmöglichkeiten von Fehlbeträgen erfolgen; vgl. Lüder, K. (2008b), § 17, Rn. 23.

403 Vgl. Eibelshäuser, M. (2006), S. 620; Streim, H. (2007), S. 297.

404 Vgl. Lüder, K. (2001), S. 43.

405 Vgl. Kiaman, O./Wielenberg, S. (2010), S. 247.

406 Vgl. Breidert, U./Rüdinger, A. (2008), S. 34; Eibelshäuser, M. (2006), S. 620.

407 Vgl. Breidert, U./Rüdinger, A. (2008), S. 34; Streim, H. (2007), S. 297.

Verwaltungshandeln wird von den Bürgern und Medien heutzutage nicht mehr akzeptiert. Damit das Verhalten und die Entscheidungen von Politik und Verwaltung im Sinne des Gemeinwohls und der Nachhaltigkeit sind und somit legitimiert werden, muss die Leistungserbringung auf Basis der erhaltenen und treuhänderisch einzusetzenden Ressourcen transparent, sparsam, effizient, effektiv und qualitativ hochwertig sein und einen *value for money*[408] bieten; eine rein auf finanzielle Größen ausgerichtete Berichterstattung reicht hierzu nicht mehr aus.[409] Hieraus resultieren umfangreichere Rechenschaftspflichten der Verwaltungseinheit, die sich in weiteren zu erstellenden Berichtsformaten niederschlagen, so dass u.a. Wirkungs- und Leistungsberichte zur Erfassung des Outcome und der Wirkungen zu erstellen sind, um im Abgleich mit den politischen Zielen den Zielerreichungsgrad ermitteln zu können.[410] Wie bereits beim 3-Ebenen-Konzept in Kapitel 2.4.3 beschrieben, müssen diese Berichte auch mit einer output- und outcomeorientierten Steuerung verbunden sein, um ein integriertes System aus Planung, Steuerung, Rechnungslegung und Kontrolle zu erhalten.[411]

Im Vergleich zum Unternehmensbereich, in dem die Orientierung am *shareholder value* (= der aus Sicht der Investoren/Eigentümer ermittelte Wert) vorherrscht bzw. sich in den letzten Jahren auch aufgrund der sich wandelnden ökonomischen und gesellschaftlichen Rahmenbedingungen am *stakeholder value* (= die aus Sicht aller Stakeholder des Unternehmens abgeleitete Wertkonzeption) ausrichtet, ist im öffentlichen Sektor der *public value* ausschlaggebend.[412]

Der Begriff „*public value*" wurde durch das grundlegende Werk von MOORE[413] geprägt und ist vor allem in der angelsächsischen Literatur weiter diskutiert und konkretisiert worden.[414] Entsprechend KELLY ET AL. umfasst der *public value* die Outcomes und den dafür benötigten Ressourceneinsatz, basierend auf den demokratischen Prinzipien Vertrauen und Legitimität, die letztendlich mit Gerechtigkeit, Ethos und Rechenschaft verbunden sein müssen.[415] Hierbei geht es um die Bewertung und Steigerung der Wertschöpfung des öffentlichen Sektors – so-

408 Siehe Kapitel 2.4.2.

409 Vgl. Prowle, A./Prowle, M. (2011), S. 139-140.

410 Siehe zum Projekt zur Leistungs- und Wirkungsberichterstattung nach IPSAS Kapitel 5.4.3.2 und zum Projekt zur erläuternden Berichterstattung nach IPSAS Kapitel 5.4.3.3. Die IPSAS enthalten bis jetzt keine Regelungen zur Erstellung eines Lageberichts.

411 Vgl. Kubala, F./Petschow, U. (2001), S. 176.

412 Vgl. Schauer, R. (2012), S. 245. Besonders öffentliche Rundfunkanstalten erstellen Public Value Berichte; vgl. Hill, H. (2007), S. 373.

413 Vgl. Moore, M. H. (1995).

414 Vgl. Hill, H. (2007), S. 374.

415 Vgl. Kelly, G. et al. (2002), S. 3. Siehe auch Hill, H. (2007), S. 374; Talbot, C. (2011), S. 27. Bei Betrachtung des Idealtyps „*public value*" muss immer einschränkend berücksichtigt werden, dass die Verantwortlichen aus Politik und Verwaltung auch ihre Eigeninteressen verfolgen; vgl. Talbot, C. (2011), S. 33.

wohl öffentlicher Verwaltungen als auch öffentlicher Unternehmen – im Sinne des Gemeinwohls und zur Erfüllung und Wahrnehmung der öffentlichen Aufgaben.[416] Um diese Ansätze operabel zu machen, ist ein Indikatorensystem zu entwickeln, das sich an das im Unternehmensbereich etablierte Kennzahlensystem der Balanced Scorecard[417] anlehnen kann. TALBOT schlägt hier unter Berücksichtigung der Besonderheiten des öffentlichen Sektors vor, dass eine Unterteilung in „*Resource focus*", „*Service focus*", „*Processes focus*", „*Social Results focus*" und „*Trust & Legitimacy focus*" vorzunehmen ist.[418] Die Bereiche, für die Indikatoren berücksichtigt werden, sind die zur Verfügung stehenden Ressourcen und der Ressourcenbedarf, die erbrachten Leistungen, die Organisation und die Prozesse der Verwaltungseinheit, die erzielten Wirkungen mit den erbrachten Leistungen und der Bereich der Gemeinwohlorientierung und rechtlichen Legitimation.[419]

Aufgrund der vermehrten Orientierung der Unternehmen am *stakeholder value* und der durch die Öffentlichkeit geforderten Wahrnehmung der gesamtgesellschaftlichen Verantwortung auf Unternehmensseite hat sich das sog. Nachhaltigkeitsprinzip etabliert.[420] Diese Prinzip hat sich als Handlungsmaxime etabliert, die die weltweite generationengerechte Entwicklung der Gesellschaft einfordert und sich in den drei Dimensionen „Ökonomie", „Ökologie" und „Soziales" ausdrücken lässt. Um über die Nachhaltigkeitsleistung (*sustainability performance* oder *triple bottom line performance*) und die unternehmerische Verantwortung Bericht erstatten zu können, gehen immer mehr Unternehmen dazu über, Nachhaltigkeitsberichte (*corporate responsibility* oder *sustainability reporting*) zu erstellen und zu veröffentlichen.[421]

Für den öffentlichen Sektor ist diese gesamtgesellschaftliche Verantwortung noch viel stärker ausgeprägt, da sich zum einen die Politik und Verwaltung am Gemeinwohl orientieren müssen und zum anderen die Erfüllung des öffentlichen Leistungsauftrages unter Beachtung der intergenerativen bzw. -periodischen Gerechtigkeit und damit unter Beachtung des Nachhaltigkeitsprinzips erfolgen muss. Die drei gleichberechtigten Dimensionen der Nachhaltigkeit – Ökonomie, Ökologie und Soziales – gelten als „Nachhaltigkeitsdreieck" auch im öffentlichen

416 Vgl. Hill, H. (2007), S. 374; Schauer, R. (2012), S. 245.

417 Die Balanced Scorcard geht auf KAPLAN/NORTON zurück; vgl. Kaplan, R. S./Norton, D. P. (1996).

418 Vgl. Talbot, C. (2011), S. 31-32.

419 Eine Public Balanced Scorecard kann auch andere Schwerpunkte setzen, wie Leistungsmerkmale, Leistungswirkung, Finanzwirtschaft, Prozessqualität und Kundenzufriedenheit; vgl. Hill, H. (2007), S. 375. Siehe weiterführend zum Einsatz im strategischen Verwaltungsmanagement auch Budäus, D. (2002c), S. 319-337; Jöhnk, T. (2005), S. 523-541.

420 Vgl. Coenenberg, A. G./Haller, A./Schultze, W. (2012), S. 948; Haller, A. (2006a), S. 21-25. Spätestens seit dem Brundtland-Report aus dem Jahre 1987 ist der Begriff der Nachhaltigkeit in der öffentlichen und politischen Diskussion bekannt.

421 Vgl. Coenenberg, A. G./Haller, A./Schultze, W. (2012), S. 949; Haller, A. (2006b), S. 64.

Sektor, können aber auch zum „Nachhaltigkeitstetraeder“ erweitert werden, indem eine vierte „institutionelle Dimension“, die die Bedeutung der Partizipation und Rolle der Bürger sowie institutionelle Reformen verdeutlicht, aufgenommen wird.[422]

Ansätze zur Erfüllung der aus der Nachhaltigkeitsorientierung resultierenden Rechenschaft sind z.B. für die deutschen Kommunen in der Erstellung eines Lageberichts (geregelt in der jeweils anzuwendenden Gemeindeordnung i.V.m. der Gemeindehaushaushaltsverordnung) zu sehen, der wie im HGB kein Bestandteil des Jahresabschlusses ist, und sich inhaltlich stark am handelsrechtlichen Lagebericht orientiert, aber noch keine umfängliche Wirkungsorientierung in Form der Darstellung des Outcome berücksichtigt.[423] So haben z.B. bayerische Kommunen, die auf die Doppik umgestellt haben,[424] in ihrem Rechenschaftsbericht (entspricht dem kommunalen Lagebericht; Bezeichnung wurde aus der Kameralistik übernommen) gemäß § 87 KommHV-Doppik den Verlauf der Haushaltswirtschaft und die Haushaltslage darzustellen und die wichtigen Ergebnisse des Jahresabschlusses und erhebliche Abweichungen der Jahresergebnisse von den Haushaltsansätzen zu erläutern und eine Bewertung der Abschlussrechnungen vorzunehmen. Des Weiteren soll der Rechenschaftsbericht eine Darstellung enthalten (1) zum Stand der kommunalen Aufgabenerfüllung; (2) zu den Vorgängen von besonderer Bedeutung, die nach dem Schluss des Haushaltsjahres eingetreten sind; (3) zu erwartenden positiven Entwicklungen und mögliche Risiken von besonderer Bedeutung; und (4) zur Umsetzung von Zielen und Strategien.

Die um Nachhaltigkeitsgesichtspunkte zu erweiternde Finanzberichterstattung und damit eine erweiterte und transparentere Berichterstattung äußert sich auch in den aktuellen Projekten des International Public Sector Accounting Standards Board (IPSASB), wie zur Darstellung der langfristigen Tragfähigkeit öffentlicher Finanzen (ökonomische Nachhaltigkeit) oder zur Leistungs- und Wirkungsberichterstattung (u.a. ökologische und soziale Nachhaltigkeit), die u.a. auch die zukünftige Leistungsfähigkeit der Verwaltungseinheit abdeckt; vgl. hierzu die Kapitel 5.4.3.1 und 5.4.3.2.

---

422 Vgl. Gehrlein, U. (2004), S. 20.

423 Siehe zum kommunalen Lagebericht Henkes, J. (2008), S. 417-424; Köhrmann, H. (2009), S. 59-63; Streim, H. (1987), S. 308-327; Zwehl, W. von/Zupancic, G. M. (1990), S. 265-270. Siehe zum handelsrechtlichen Lagebericht und dessen Funktionen Coenenberg, A. G./Haller, A./Schultze, W. (2012), S. 924-941.

424 Siehe zum Optionsrecht in Bayern Kapitel 4.3.2.

3.3.2.2 Interne Steuerungs- und Entscheidungsunterstützung

Der Zweck des Rechnungswesens[425] zur Steuerungs- und Entscheidungsunterstützung wird hier auf interne Rechnungsadressaten, wie Parlament, Regierung und Verwaltung, bezogen.[426] Eine aus dem Unternehmensbereich abgeleitete Trennung zwischen internem und externem Rechnungswesen bietet sich im öffentlichen Sektor nicht an,[427] da „beispielsweise […](originär interne) Kosteninformationen zu leistungswirtschaftlichen Vorgängen häufig auch eine gewisse Öffentlichkeit [besitzen], während die finanzwirtschaftlichen Daten der (originär externen) Haushaltswirtschaft „interne“ Faktorkombinationsprozesse steuern“[428]. Die Verwaltungsführung ist dem Gemeinwohl verpflichtet und hat die Aufgabe, das Wohl der Bürger zu mehren und Schaden von ihnen abzuwenden.[429] Darüber hinaus sind die von den Bürgern zur Verfügung zu stellenden finanziellen Mittel und sonstigen öffentlichen Ressourcen unter Beachtung des (zum Schutz der interperiodischen bzw. intergenerativen Gerechtigkeit einzuhaltenden) Haushaltsausgleichs für die Bereitstellung der breitgefächerten und unterschiedlichen öffentlichen Güter und Dienstleistungen wirtschaftlich und sparsam einzusetzen.[430] Hierbei sind diverse allokative Fragestellungen möglichst optimal zu lösen.[431]

Um dieser Herausforderung der Faktorkombination gerecht werden zu können, muss für die Unterstützung der internen Steuerung und Entscheidungsfindung ein geeignetes Informationssystem ausgestaltet werden, das die (bedingt durch die Dynamik und Komplexität der Umwelt) zunehmende Lücke[432] zwischen den bei der Leistungserstellung benötigten Informatio-

---

425 „Das Rechnungswesen wird dann zu einem Steuerungsinstrument, wenn es dazu benutzt wird, Ziele zu definieren, an denen Entscheidungen und Handlungen auszurichten sind. Rechnungszweck ist damit die Verhaltensbeeinflussung von Handlungsträgern“; Küting, K./Lorson, P. (1998), S. 469-470.

426 Natürlich können die Informationen des öffentlichen Rechnungswesens auch Auswirkungen auf die Entscheidungen externer Adressaten haben, weshalb die von KIRCHMANN in seiner Dissertation vorgenommene Unterscheidung in eine interne und externe Steuerungs- und Entscheidungsunterstützung durchaus gerechtfertigt ist; vgl. Kirchmann, U. (2009). Hier wird jedoch angenommen, dass den Informationsbedarfen der externen Adressaten bereits durch die Beachtung der beiden zuvor genannten Zwecke des Rechnungswesens – Individual- und Funktionenschutz – entsprochen werden kann; vgl. Merschbächer, G. (1987), S. 186. Aus diesem Grund lässt sich auch eine aus dem Unternehmensbereich bekannte Trennung zwischen externen und internen Rechnungen nicht konsequent auf den öffentlichen Verwaltungsbereich übertragen; vgl. Bräunig, D. (2004), S. 311. Siehe zu den unterschiedlichen Informationsansprüchen der Abschlussadressaten im Unternehmensbereich z.B. Küting, K./Reuter, M. (2004), S. 230-233. Vgl. zur Konvergenz von internem und externem Rechnungswesen im Unternehmensbereich anstatt vieler z.B. Schulte-Nölke, W. (2001).

427 Siehe zur Verknüpfung des öffentlichen Haushalts- und Rechnungswesens Kapitel 3.1.

428 Bräunig, D. (2004), S. 311. Vgl. auch Kirchmann, U. (2009), S. 256.

429 Vgl. Schuppert, G. F. (2003), S.215.

430 „Öffentliche Aufgaben gibt es viele, sie sind praktisch unbegrenzt, ihre Anzahl und ihr jeweiliger Umfang können nur ‚politisch‘ entschieden werden, d.h. durch Abstimmung und Interaktionen, nicht durch Analyse und wissenschaftlichen Diskurs“; Naschold, F. et al. (2000), S. 56.

431 Vgl. zur Problematik der optimalen Faktorkombination die Ausführungen bei Kirchmann, U. (2009), S. 247-252.

432 Vgl. Bea, F. X. (1987), S. 28; Kirchmann, U. (2009), S. 246-247.

nen und den in einer Verwaltung bestehenden Möglichkeiten der Informationsbeschaffung geschlossen werden kann.

Zur Erklärung des politisch-administrativen Systems[433] kann auf die Erkenntnisse der von WIENER begründeten Kybernetik, charakterisiert durch die Funktionsprinzipien der Steuerung und Regelung, zurückgegriffen werden.[434] Die Komplexität des politisch-administrativen Systems liegt darin, dass es ein soziales (und damit gemäß der Systemtheorie als ein von außen beeinflussbares, aber nicht zielgenau steuerbares System gilt, das eines regulatorischen Rahmens bedarf)[435] und auch teilautonomes System ist.[436] Da politische Zielsetzungen durch die Verwaltung umgesetzt werden, handelt es sich hierbei um die „Interaktion zweier unterschiedlicher Entscheidungskreise, die idealerweise ineinander greifen sollten"[437]. Diese Regelkreise unterliegen entweder der politischen oder der verwaltungsspezifischen Rationalität, wobei die Verwaltung zwar als „Erfüllungsgehilfe der Politik" gilt, aber auch als ein „teilautonomes soziales System mit entsprechender eigener Systemrationalität"[438] anzusehen ist.[439]

Die durch das Steuerungssystem in der öffentlichen Verwaltung generierten Informationen müssen als Steuerungsgrößen für das Parlament zum einen bei der Haushaltserstellung zur Festlegung des finanziellen Rahmens eine Planungsfunktion und zum anderen bei dem Abgleich des Haushaltsplans mit dem Haushaltsvollzugs eine Kontrollfunktion erfüllen, um so z.B. auch die Exekutive auf Basis der Rechnungslegung entlasten zu können und ihr eine Möglichkeit zur Rechenschaft zu gewähren.[440] Hierdurch wird einerseits das Budgetrecht des Parlaments beachtet und andererseits die politische Funktion des Budgets ersichtlich, d.h. die „regelmäßig wiederkehrende Einflussnahme auf die Exekutive im Sinne einer Lenkung, Begrenzung und Kontrolle der Verwaltungstätigkeit"[441]. Hierzu müssen die Parlamentarier unter Berücksichtigung der zur Verfügung stehenden Informationen eine rationale Wahl zwischen in Art und Umfang alternativen Maßnahmen und unter Beachtung ihrer langfristigen Auswir-

433 Vgl. Eichhorn, P. et al. (2003), S. 824; Röhrig, A. (2008), S. 10.

434 Vgl. Eichhorn, P. et al. (2003), S. 624. Mittels der Steuerung wird versucht, die zur Zielerreichung notwendigen Prozesse so auszugestalten, dass zu erwartende Störungen mit geeigneten Maßnahmen kompensiert werden können. Bei der Regelung wird das zu erreichende Ziel mit dem momentanen Zielerreichungsstand laufend abgeglichen, so dass auf Basis dieses Soll-Ist-Vergleichs eine Rückkopplung des Regelkreises erfolgt und eine Anpassung vorgenommen wird. Vgl. hierzu Kiesel, B. (2005), S. 41-42.

435 Vgl. Kirchmann, U. (2009), S. 253-254.

436 Vgl. Röhrig, A. (2008), S. 33; Vernau, K. (2002), S. 70. Siehe auch Reinermann, H. (2000a), S. 51-64.

437 Röhrig, A. (2008), S. 10. Siehe hierzu auch Schedler, K./Proeller, I. (2009), S. 53.

438 Vernau, K. (2002), S. 70.

439 Vgl. Röhrig, A. (2008), S. 10.

440 Vgl. Merschbächer, G. (1987), S. 165, 186. Siehe zum Haushaltskreislauf Kapitel 3.1.

441 Neumark, F. (1952), S. 599. Siehe hierzu auch Merschbächer, G. (1987), S. 186.

kungen treffen.[442] Der Verwaltung obliegt es, den durch die für einzelne Maßnahmen festgelegten Budgetrahmen bei der operativen Leistungserstellung eigenständig zu verantworten, den Ressourceneinsatz zu steuern und auf Basis geeigneter Informationen des Rechnungswesens die Entscheidungen zu treffen.[443] Zu beachten ist, dass der Handlungsspielraum des Parlaments, der Regierung und auch der umsetzenden Verwaltungseinheiten jeweils durch die Recht- und Gesetzmäßigkeit der Entscheidungen beschränkt ist.[444]

Die Anforderungen an Informationen als Steuerungsgrößen zur Entscheidungsunterstützung und Verhaltenssteuerung – siehe Abbildung 7 – im Planungs- und Kontrollprozess des öffentlichen Sektors spiegeln sich unmittelbar in einer notwendigen Entscheidungs- und Kontrollrelevanz wider.[445] Darüber hinaus gilt der Grundsatz der Wirtschaftlichkeit auch für ein Steuerungssystem, so dass zu dessen effizienter Ausgestaltung Kosten-Nutzen-Abwägungen vorzunehmen sind.[446]

Mittels des Steuerungssystems sind die Konsequenzen der zur Auswahl stehenden Handlungsalternativen abzubilden, um so als Entscheidungsgrundlage zu dienen. Diese Entscheidungsrelevanz erfordert eine Zukunfts- und Risikoorientierung der Informationen. So müssen alle zukünftigen Konsequenzen der Entscheidungen und der Einfluss möglicher Risiken berücksichtigt werden.[447] Aufgrund der bereits in Kapitel 3.2.3 beschriebenen Prinzipal-Agenten-Problematik mit ihren potenziellen Interessenkonflikten und Informationsasymmetrien müssen die Informationen zur Verwaltungssteuerung auch eine Kontrollrelevanz besitzen, die sich in einer Anreizverträglichkeit und Kommunikationsfähigkeit äußert.[448]

---

[442] Vgl. Lüder, K. et al. (1991), S. 14. Unter anderem bilden die Informationen der Abschlüsse bzw. des Rechnungswesens vorangegangener Perioden die Basis des zukünftigen Haushaltsplans. Vgl. zum Haushaltsplan z.B. Gröpl, C. (2001), S. 67-70; Schmölders, G. (2007), S. 60-64.

[443] Ein Rechnungssystem steuert auch verwaltungsintern das Verhalten, wenn es Informationen zu den Kosten der Leistungen bereitstellt; vgl. Lüder, K. (1987), S. 258. Hierzu muss eine Kosten- und Leistungsrechnung eingerichtet werden. Vgl. zur Verwaltungssteuerung mit einer Kosten- und Leistungsrechnung Buchholtz, K. (2001).

[444] Vgl. hierzu die Abbildung 2 zum 3-E-Modell. Siehe Eichhorn, P. (2003a), S. 760.

[445] In der Literatur besteht weitestgehend Einigkeit über die zugrunde zulegenden Anforderungskriterien für Steuerungsgrößen. Vgl. z.B. Coenenberg, A. G./Fischer, T. M. et al. (2012), S. 776-781; Hebeler, C. (2003), S. 116-121; Kirchmann, U. (2009), S. 256-268; Klein, G. A. (1999), S. 63-71; Schulte-Nölke, W. (2001), S. 71-80; Schultze, W./Hirsch, C. (2005), S. 15-33; Siefke, M. (1999), S. 53-69.

[446] Vgl. Coenenberg, A. G./Fischer, T. M. et al. (2012), S. 781; Kirchmann, U. (2009), S. 267-268; Schultze, W./Hirsch, C. (2005), S. 15.

[447] Vgl. Coenenberg, A. G./Fischer, T. M. et al. (2012), S. 777; Schultze, W./Hirsch, C. (2005), S. 16-17.

[448] Vgl. Coenenberg, A. G. (1995), S. 2080; Coenenberg, A. G./Fischer, T. M. et al. (2012), S. 777-780; Schultze, W./Hirsch, C. (2005), S. 17-27.

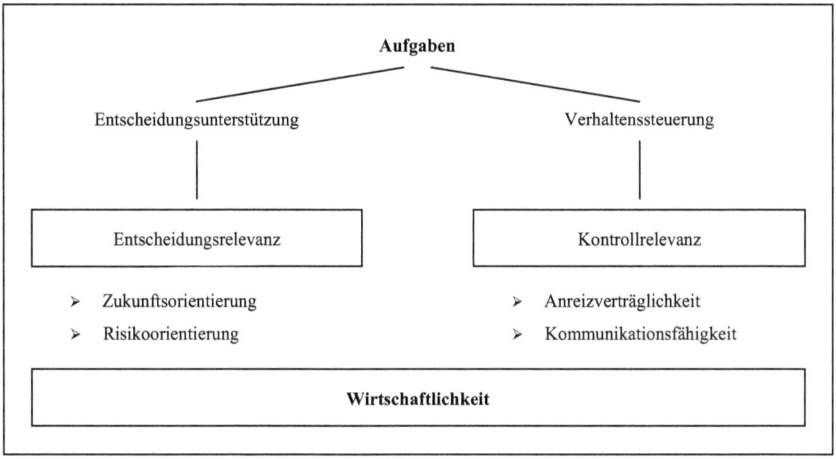

Abbildung 7: Anforderungen an Steuerungsgrößen[449]

Als zentrales Kriterium der Steuerungsrechnung ist die Anreizverträglichkeit anzusehen, die auf eine Zielkongruenz und Maßgenauigkeit abzielt.[450] Bei Erfüllung der Zielkongruenz stimmen die Ziele der einzelnen Verantwortlichen im öffentlichen Sektor mit dem übergeordneten Ziel der Wohlfahrtsorientierung überein, so dass eine höhere (niedrigere) Zielerreichung des einzelnen Verantwortlichen einen gestiegenen (gesunkenen) Beitrag zur Zielerreichung der übergeordneten Wohlfahrt widerspiegeln muss.[451] Auch im Verhältnis zwischen Politik und Verwaltung ist eine Zielkongruenz zu beachten, so dass sich Politik und Verwaltung an den Zielen der Prinzipale (Wähler) orientieren müssen. Hierunter ist nicht die Übertragung des politischen Zielsystems auf die Verwaltung zu verstehen, sofern die politischen Ziele konträr zum Ziel der Wohlfahrtsorientierung sind,[452] da ein Steuerungssystem, das nicht zur Erreichung gesellschaftlich präferierter Handlungen bestimmt ist, als nutzlos anzusehen ist.[453] Als weiteres Kriterium der Anreizverträglichkeit wird die Maßgenauigkeit gefordert, „d.h. die Zielgrößen müssen so definiert werden, dass sie frei von Ermessensspielräumen sind und nicht zu Sachverhaltsgestaltungen veranlassen“[454]. „Um zielkonformes Verhalten seitens der Entscheidungsträger zu bewirken, muss die gewählte Steuerungsgröße grundsätzlich durch

449 Quelle: Coenenberg, A. G./Fischer, T. M. et al. (2012), S. 778.

450 Vgl. Coenenberg, A. G. (1995), S. 2080; Coenenberg, A. G./Fischer, T. M. et al. (2012), S. 778-780; Schneider, D. (1997), S. 490.

451 Vgl. Coenenberg, A. G. (1995), S. 2080; Coenenberg, A. G./Fischer, T. M. et al. (2012), S. 779; Kirchmann, U. (2009), S. 258-259.

452 Siehe zur Orientierung am Eigennutzen der Politiker (Public Choice) Kapitel 2.4.4.

453 Vgl. Kirchmann, U. (2009), S. 260.

454 Coenenberg, A. G. (1995), S. 2080. Detaillierter sind die vier Aspekte der Maßgenauigkeit: geringe Manipulationsmöglichkeit, geringe Ermessensspielräume, wahrheitsgetreue Abbildung der wirtschaftlichen Verhältnisse, abrechnungstechnische Genauigkeit; vgl. Schultze, W./Hirsch, C. (2005), S. 24.

die Leistung der Entscheidungsträger beeinflussbar sein.“[455] Es muss ein als gerecht empfundener Zusammenhang zwischen dem Verhalten des Entscheidungsträgers und der Ausgestaltung des Entscheidungskriteriums bestehen.[456] Aufgrund der Prinzipal-Agenten-Beziehungen im öffentlichen Sektor kommt der Zielkongruenz verglichen mit der Maßgenauigkeit eine größere Bedeutung zu. Eine zunehmende Zielkongruenz darf nicht auf Kosten einer stark abnehmenden Maßgenauigkeit, z.B. durch mehr Wahlrechte und Ermessensspielräume, erreicht werden.[457]

Da das Rechnungssystem auf Menschen ausgerichtet ist, wird als Kriterium der Kontrollrelevanz eine Kommunikationsfähigkeit und somit ein verständliches und vergleichbares Steuerungssystem vorausgesetzt.[458] Um die Verständlichkeit zu fördern, muss das Steuerungssystem möglichst einfach und nachvollziehbar ausgestaltet sein. In der internen Steuerung dient die Steuerungsrechnung der Politik und der Verwaltung für Haushaltsplanung, -vollzug und -kontrolle und muss aus diesem Grund für unterschiedliche Adressaten mit unterschiedlichen Informationsbedarfen verständlich sein.[459] Die Vergleichbarkeit ist als Analysefähigkeit zu interpretieren, die Leistungsvergleiche innerhalb einer Verwaltungseinheit und auch zwischen anderen Verwaltungseinheiten im Sinne eines Benchmarking ermöglicht. Die Leistungsbewertung muss hierbei eine zeitliche und objektbezogene Vergleichbarkeit gewährleisten.[460]

Das bereits oben beschriebene 3-Ebenen-Konzept[461] zeigt den Zusammenhang zwischen der Planungs- und Kontrollebene und den dabei genutzten Informationen des Rechnungswesens und weiterer Informations- und Entscheidungssysteme (wie z.B. die Kosten- und Leistungsrechnung) auf. Zur Steuerungs- und Entscheidungsunterstützung muss ein Informationssystem geschaffen werden, „das die drei Größen Effektivität, Effizienz und Kostenwirtschaftlichkeit erfasst, abbildet, steuert und kontrolliert.“[462]

Zur Messung der Effektivität (als Verhältnis von geplanten Zielen zu dem Zielerreichungsgrad) müssen Messgrößen, die den Zielerreichungsgrad erfassen, festgelegt werden. Da eine direkte Messung der Zielerreichung größtenteils quantitativ oder qualitativ nicht möglich ist,

455 Schultze, W./Hirsch, C. (2005), S. 23-24. In diesem Zusammenhang ist z.B. die durch das NPM geforderte leistungsabhängige Vergütung zu sehen. Siehe hierzu Kapitel 2.4.1.3.

456 Vgl. Schultze, W./Hirsch, C. (2005), S. 24.

457 Vgl. hierzu Kirchmann, U. (2009), S. 260.

458 Vgl. Coenenberg, A. G. (1995), S. 2080-2081; Coenenberg, A. G./Fischer, T. M. et al. (2012), S. 780; Schultze, W./Hirsch, C. (2005), S. 25-27.

459 Vgl. Kirchmann, U. (2009), S. 263.

460 Vgl. Kirchmann, U. (2009), S. 263; Klein, G. A. (1999), S. 65.

461 Vgl. hierzu auch die Ausführungen zum 3-Ebenen-Konzept in Kapitel 2.4.3.

462 Budäus, D. (1997), S. 50.

müssen hierfür Indikatoren entwickelt werden. Das Informationssystem und Rechnungswesen muss so ausgestaltet sein, dass Ziele und der Zielerreichungsgrad zum Zwecke der Steuerungs- und Entscheidungsunterstützung abgebildet werden können.[463]

Die Beurteilung der Effizienz (als Verhältnis von Produkten/Leistungen/Maßnahmen zu den hierfür benötigten Ressourcen) gestaltet sich einfacher als die der Effektivität, da auf dieser Ebene die Planung und Dokumentation der den Produkten zuzuordnenden Kosten und Leistungen im Vordergrund steht und sich deshalb die Produkte und Leistungen oftmals quantitativ und qualitativ abgrenzen lassen, aber dennoch stellt die Zuordnung der Kosten zu den einzelnen Produkten eine wesentliche Herausforderung dar.[464]

Der Leistungserstellungsprozess ist leichter zu beurteilen, da unter Beachtung des ökonomischen Prinzips vorgegebene Produkte in festgelegter Qualität zu erbringen sind. Zur Beurteilung der Wirtschaftlichkeit besteht die Herausforderung darin, geeignete Sollkosten als Vergleichsmaßstäbe zu ermitteln, wobei nicht nur das Produkt an sich, sondern der gesamte Erstellungsprozess zu beachten ist.[465]

Die zentrale Herausforderung im Bereich der Steuerungs- und Entscheidungsunterstützung ist die Entwicklung „eines Informationssystems, das Ziele einschließlich deren Messindikatoren, Produkte, Kosten der Produkterstellung, realisierte Produkte und realisierte Zielerreichungsgrade dokumentiert und Abweichungsanalysen ermöglicht“[466]. Dies führt zu einer transparenten Rechenschaft über die Verwaltungstätigkeit gegenüber internen Aufsichtsinstanzen und gegenüber externen Adressaten. Zusätzlich müssen einerseits die Kompetenzbereiche der Politik und der Verwaltung klar abgegrenzt sein, aber andererseits ist auch deren Zusammenspiel zu stärken.[467] Es darf hierbei jedoch nicht der Fehler gemacht werden, dass durch den Hang zur Perfektionierung des Controlling der Verwaltungsebene nur auf die Effizienzsteigerung geachtet wird und die Politikorientierung mit dem Fokus auf die Effektivität in den Hintergrund treten. Mittels des auf dem 3-Ebenen-Konzept basierenden öffentlichen Controlling soll die Politik durch die Verwaltung entlastet werden, um so der eigentlichen Aufgabe der politisch strategischen Ausrichtung besser gerecht werden zu können.[468] Um die Ziele des

463 Vgl. hierzu Budäus, D. (1997), S. 50.
464 Vgl. Budäus, D. (1997), S. 51.
465 Vgl. Budäus, D. (1997), S. 51. Eine quantitativ und qualitativ klare Produktdefinition ist Voraussetzung für die Ermittlung der Produktkosten, in die die Ergebnisse einer Prozesskostenrechnung einzubeziehen sind; vgl. Budäus, D. (1997), S. 52.
466 Budäus, D. (1997), S. 51. Siehe auch Berens, W. et al. (2008), S. 111.
467 Vgl. Budäus, D. (1997), S. 51; Klug, F. (2003), S. 264-265.
468 Vgl. Budäus, D. (1997), S. 53.

NPM erreichen zu können, ist in den Verwaltungen eine outputorientierte Steuerung zu etablieren.[469]

3.4 Ableitung der Zielgrößen des öffentlichen Haushalts- und Rechnungswesens

Damit die Zwecke des öffentlichen Rechnungswesens operabel umgesetzt werden können und deren Erfüllung beurteilt werden kann, sind entsprechende Zielgrößen abzuleiten. Diese beziehen sich im Wesentlichen auf die wirtschaftliche Lage der öffentlichen Verwaltung, da allein durch die enge Verknüpfung des Haushalts- und Rechnungswesens die finanzielle Gesamtsituation die Basis aller weiteren Entscheidungen ist. Ohne finanzielle Ausstattung lassen sich die wenigsten Maßnahmen realisieren.[470] Das Finanzgebaren der Verwaltungseinheit kann anhand folgender Zielgrößen beurteilt werden:[471]

- Einhaltung der Budgets: Durch den Haushaltsvollzug und die Haushaltskontrolle wird die Umsetzung der politischen Ziele, die demokratisch legitimiert sind, gewährleistet.
- Zukünftige Leistungs- bzw. Lebensfähigkeit: Die Aufrechterhaltung der künftigen Leistungs- bzw. Lebensfähigkeit kann durch einen ausgeglichenen Haushalt signalisiert werden, wodurch gleichzeitig der interperiodischen bzw. -generativen Gerechtigkeit entsprochen wird. Dies ist im Sinne der Nachhaltigkeit zu gewährleisten.
- Wirtschaftlichkeit des Verwaltungshandelns: Die Wirtschaftlichkeit ist einerseits gesetzlich verpflichtend, andererseits werden durch einen wirtschaftlichen Ressourceneinsatz die Bürger vor möglichen Vermögensverlusten geschützt.
- Mittelverteilung auf konkurrierende Aufgaben: Ein Entscheidungsprozess ist nur dann demokratisch, wenn er transparent und für die Adressaten nachvollziehbar ausgestaltet ist. Die Entscheidungsträger haben in ihre Wahl alle verfügbaren Informationen mit einzubeziehen und die Konsequenzen der unterschiedlichen Alternativen abzuwägen.

Neben diese finanziell messbaren Größen ist im Zuge des NPM das Haushalts- und Rechnungswesen um eine Ziel- und Wirkungsorientierung zu ergänzen, die nicht-finanzielle Leistungsparameter umfasst. Hierbei ist der Output der Verwaltungstätigkeit um einen Outcome zu ergänzen und der Erreichungsgrad der vormals gesetzten politischen Ziele zu überprüfen. Es wird ermittelt, ob die mit den politischen Zielvorgaben bestimmte Verwaltungstätigkeit die politisch gewünschte Wirkung bei den Leistungsempfängern (z.B. bei den Bürgern) erreicht hat.[472] Idealtypisch formuliert die Politik die Ziele und plant auf Grundlage der doppisch ge-

469 Vgl. Berens, W. et al. (2008), S. 111.
470 Vgl. Diemer, R. (1996), S. 91; Lüder, K. et al. (1991), S. 20-23.
471 Vgl. zu dieser Auflistung Diemer, R. (1996), S. 91; Lüder, K. et al. (1991), S. 22.
472 Siehe hierzu das 3-Ebenen-Konzept in Kapitel 2.4.3.

nerierten Daten outcome- und outputorientiert, die Verwaltung führt die geplanten Maßnahmen durch und berichtet der Politik die Zielerreichung und die Wirkungen und schlägt gegebenenfalls Gegensteuerungsmaßnahmen vor.[473]

[473] Vgl. Finger, S. (2007), S. 99.

4. Reform des öffentlichen Haushalts- und Rechnungswesens

Wie bereits in Kapitel 2.4 beschrieben, wird grundsätzlich im Zuge des NPM die bürokratische Verwaltungssteuerung durch eine stärkere Managementorientierung ersetzt.[474] Ein Teilbereich der Binnenmodernisierung ist die Reform des öffentlichen Haushalts- und Rechnungswesens, das durch die damit gewonnenen Informationen die Grundlage und Voraussetzung für weitere Reformelemente des NPM darstellt.[475] Das kameralistisch geprägte Haushalts- und Rechnungswesen, das nur auf den Geldverbrauch ausgerichtet ist, fördert eine „organisierte Unverantwortlichkeit“[476], die in der geringen Wirtschaftlichkeit des öffentlichen Sektors mündet.[477] Da sowohl Politiker als auch die Verwaltungsführung auf Basis eines unzureichenden Planungs- und Informationssystems ihre Entscheidungen treffen, ist die Kameralistik letztlich auch Grund für die finanziell angespannte Situation der öffentlichen Haushalte, da die Finanzlage verschleiert wird, die Verschuldungssituation nicht transparent ist und sich dadurch falsche Ausgabenanreize und Investitionsvorhaben zum Nachteil künftiger Generationen entwickeln.[478]

Bereits 1988 wurden von der Wissenschaftlichen Kommission „Öffentliche Unternehmen und Verwaltungen“ des Verbandes der Hochschullehrer für Betriebswirtschaft unter dem Vorsitz von REINBERT SCHAUER Leitlinien und Anforderungsmerkmale an die Reform des öffentlichen Rechnungswesens erarbeitet,[479] die die Grundlage für weitere Reformdiskussionen gebildet haben, welche 1993 in der Verabschiedung der „Empfehlungen für das öffentliche Rechnungswesen im Rahmen der Haushaltsreform“[480] mündeten.[481] Als zusätzlichen Anstoß, den Reformeifer im öffentlichen Sektor nicht ermüden zu lassen, sind die Veröffentlichungen

474 Siehe zu einem kurzen Literaturauszug Budäus, D. (2006a), S. 187.

475 Generell ist die Reform des Haushalts- und Rechnungswesens ein Teilbereich des NPM und somit in unterschiedlichen Ländern vorzufinden. Die Ausführungen in Kapitel 4 basieren im Wesentlichen auf den Umsetzungen in Deutschland.

476 Dieser Begriff als Impulsgeber für die Reformbedürftigkeit besonders im kommunalen Bereich wird 1989 von Gerhard Banner, Vorsitzender der KGSt, in einer programmatischen Rede verwendet; vgl. Budäus, D. (2006a), S. 192; Budäus, D./Hilgers, D. (2010a), S. 82.

477 Vgl. Streitferdt, L. (2000), S. 273-274.

478 Vgl. Berens, W. et al. (2008), S. 109; Budäus, D. (2006a), S. 191-192.

479 Vgl. Wissenschaftliche Kommission „Öffentliche Unternehmen und Verwaltungen“ (1988), S. 683-685. „(a) Eignung zur Abstimmung zwischen Haushaltsplan und Haushaltsführung, zur Feststellung der Stadien des Haushaltsvollzugs, zur Überwachung der Zahlungsanordnung und Zahlungsausführung sowie zur Erfassung der Zahlungsmittelbestände und ihrer Veränderungen; (b) Gesamtausweis der Bestände an Vermögen und Schulden und deren Veränderungen; (c) Entwicklung einer modernen, auf die Verwaltungsziele ausgerichteten Kosten- und Leistungsrechnung, die dem Grundsatz der Wirtschaftlichkeit in den einzelnen Verantwortungsbereichen Rechnung tragen läßt; (d) Orientierung an Regeln, die wie die Grundsätze ordnungsmäßiger Buchführung und Bilanzierung zu einer einheitlichen Praxis im Rechnungswesen öffentlicher Verwaltungen führen, wissenschaftlich fundiert sind und Normcharakter haben.“; Wissenschaftliche Kommission „Öffentliche Unternehmen und Verwaltungen“ (1988), S. 684.

480 Vgl. Wissenschaftliche Kommission „Öffentliche Unternehmen und Verwaltungen“ (1993), S. 287-294.

481 Vgl. Schauer, R. (1994), S. 39; Schauer, R. (2005c), S. 600. Siehe zu den Leistungen der Wissenschaftlichen Kommission Schauer, R. (1999), S. 304-319; Schauer, R. (2005b), S. 58-71.

des wissenschaftlichen Arbeitskreises „Integrierte Verbundrechnung"[482] zu den Grundsätzen ordnungsmäßiger Buchführung im öffentlichen Haushalts- und Rechnungswesen[483] und die Hamburger Thesen[484] zu verstehen sowie das von DIETRICH BUDÄUS verfasste Manifest zum öffentlichen Haushalts- und Rechnungswesen in Deutschland[485].

Auf die Reform des öffentlichen Haushalts- und Rechnungswesens auf nationaler Ebene wird in den folgenden Unterkapiteln eingegangen und zusätzlich eine Zusammenfassung des internationalen Reformstandes gegeben.

4.1 Gründe der Reformnotwendigkeit

Die Unterschiede zwischen Kameralistik und Doppik und die jeweiligen Vor- bzw. Nachteile werden in den folgenden Unterkapiteln dargestellt. Die Frage, ob die Doppik oder die Kameralistik der richtige Rechnungsstil für den öffentlichen Sektor ist, wird schon so lange diskutiert, dass es bei der Doppik nicht mehr darum geht, ob sie eingeführt wird, sondern nur noch wann.[486] Hierbei wird aber das eigentliche Kernproblem des öffentlichen Rechnungswesens, die Ausrichtung an und Gewinnung von entscheidungsrelevanten Informationen für die Steuerung der Verwaltungseinheit, vernachlässigt.[487] Damit das Verwaltungshandeln unter Effizienz- und Effektivitätsgesichtspunkten beurteilt werden kann, reicht sowohl das kameralistisch als auch das doppisch gewonnene Zahlenmaterial nicht aus und kann höchstens als Datenbasis angesehen werden. Die Kameralistik ist aufgrund des Fälligkeitsprinzips so konzipiert, dass die finanzwirtschaftliche Zielgröße der Liquidität im Fokus steht und damit hervorragend für die Planung und Kontrolle des Haushalts und der damit verbundenen Rechenschaft über die Herkunft und Verwendung der finanziellen Ressourcen geeignet ist.[488] Diese einseitige Konzentration auf die Zahlungsströme erlaubt allerdings keine Aussagen zu Erträgen und Aufwendungen und den damit verbundenen erfolgswirtschaftlichen Zielgrößen. Hierzu ist die Erfassung in der Ergebnisrechnung (unternehmerische Gewinn- und Verlustrechnung) notwendig, die zusammen mit der Finanzrechnung (unternehmerische Kapitalflussrechnung)[489]

[482] Der Arbeitskreis wurde Ende 2004 vom Finanzministerium des Landes Nordrhein-Westfalen eingerichtet, um das Land bei der Reform des öffentlichen Haushalts- und Rechnungswesens zu unterstützen; vgl. Arbeitskreis „Integrierte Verbundrechnung" (2005), S. 887. Dem wissenschaftlichen Arbeitskreis gehörten sechs Professoren (W. Berens, D. Budäus, E. Buschor, E. Fischer, K. Lüder und H. Streim) an.

[483] Vgl. Arbeitskreis „Integrierte Verbundrechnung" (2005), S. 887-890.

[484] Vgl. Berens, W. et al. (2008), S. 109-111. Die Hamburger Thesen wurden bereits im November 2007 verabschiedet.

[485] Vgl. Budäus, D. (2009a).

[486] Vgl. Brede, H. (1994), S. 88-91; Brede, H. (2005), S. 189.

[487] Vgl. Schauer, R. (2000), S. 81.

[488] Vgl. Oettle, K. (1987), S. 280-282; Schauer, R. (2000), S. 85, 88.

[489] Unterschiede zwischen der Finanzrechnung/Kapitalflussrechnung und der Kameralistik bestehen darin, dass in der Kameralistik geplante, aber nicht ausgeschöpfte Finanzmittel bzw. eine Überziehung der zuge-

und den jeweils daraus resultierenden Vermögensänderungen in der Vermögensrechnung (unternehmerische Bilanz) als Bestandsrechnung zusammengefasst wird. Zusätzlich sind Kosten und Leistungen und der daraus abzuleitende leistungswirtschaftliche Erfolg einer wirtschaftlichen Leistungserstellung zu dokumentieren. Dies wird durch ein doppisches Rechnungswesen, das auf den Verursachungsprinzip von Ressourceneinsatz und Leistungserstellung basiert, in Verbindung mit einer Kosten- und Leistungsrechnung erreicht.[490] Wie bereits oben erwähnt, stellt der privatwirtschaftliche Unternehmensbereich den Referenzrahmen für das doppische Rechnungswesen im öffentlichen Sektor dar. Hierbei bestehen aber Gefahren bei der Interpretation der gewonnenen Zahlen, wie beispielsweise im folgenden Fall gezeigt wird.

Eine doppische und durch die Unternehmensrechnungslegung geprägte Sichtweise muss als Besonderheit des öffentlichen Sektors beachten, dass im Gegensatz zum privatwirtschaftlichen Bereich die Höhe des allgemein als Nettoposition bezeichneten Eigenkapitals einer Verwaltungseinheit zweitrangig ist, da es in erster Linie auf einen ausgeglichenen Haushalt, der aus der Ergebnisrechnung ersichtlich ist, ankommt und nur die aus der Vermögensrechnung ersichtliche Veränderung der Nettoposition Aufschluss darüber gibt, ob auf Kosten zukünftiger Generationen gewirtschaftet und damit gegen die intergenerative Gerechtigkeit verstoßen wurde oder nicht; hier greift der Schutzzweck der öffentlichen Rechnungslegung.[491] Da jedoch das aus dem privatwirtschaftlichen Bereich gewohnte betriebswirtschaftliche Wissen auch auf den öffentlichen Sektor übertragen wird, führt die oft negative Nettoposition – als Konsequenz der Doppikumstellung und damit z.B. höhere Abschreibungen und Rückstellungsbildungen – dazu, dass es von der politischen Seite her eine Ablehnung der Doppikeinführung gibt, da die Politiker und auch die Medien fälschlicherweise auf die möglicherweise negative Nettoposition der Verwaltungseinheit achten und daraus die vermeintlich schlechte Lage der Verwaltungseinheit ableiten und darauf basierend die politische Führung und das Verwaltungsmanagement negativ beurteilen.[492] Die Höhe der Nettoposition als Gradmesser des Insolvenzrisikos ist im öffentlichen Sektor insofern nicht relevant, da in den meisten Ländern die Insolvenzfähigkeit einer Verwaltungseinheit ausgeschlossen ist, da sonst die Wahrnehmung grundlegender öffentlicher Aufgaben nicht mehr gewährleistet sein wür-

wiesenen Mittel durch einen Soll-/Ist-Vergleich ermittelt werden. Die sich daraus ergebenden Unterschiede in Form von Restgrößen, die als Forderungen bzw. Verbindlichkeiten interpretiert werden können, werden dann in das nächste Haushaltsjahr übertragen. Siehe hierzu Kapitel 4.1.1.1.

490 Vgl. Oettle, K. (1987), S. 280-282; Schauer, R. (2000), S. 85, 88. Siehe zur notwendigen Verbindung mit einer Kosten- und Leistungsrechnung Kapitel 4.2.2.

491 Vgl. Bergmann, A./Rauskala, I. (2012), S. S71; Budäus, D. (2007), S. 57; Budäus, D./Hilgers, D. (2010c), S. 22-26; Mühlenkamp, H./Magin, C. (2010), S. 8-11. Siehe zum Schutzzweck Kapitel 3.3.2.1.

492 Vgl. Berens, W. et al. (2008), S. 111.

de.[493] Aber gerade im Hinblick auf die jüngste Staatsschuldenkrise in Europa, z.B. von Griechenland, Island und Irland, muss von der weitverbreiteten Vorstellung, dass entwickelte Staaten risikofreie Schuldner sind, Abstand genommen werden.[494] Dennoch gilt, dass ein Staat aufgrund seiner Zahlungsschwierigkeiten nie bzw. nur in sehr seltenen Fällen vollständig aufgelöst und untergeordnete Verwaltungseinheiten bei einem zu hohen Insolvenzrisiko eher fusionieren oder sich zusammenschließen als vollständig abgeschafft zu werden.[495] Hierbei darf aber nicht außer Acht gelassen werden, dass die finanzielle Nachhaltigkeit und damit die zukünftige Finanzierbarkeit von durch die Politik beschlossenen Programmen oft erst in den folgenden Jahren einschätzbar sind, wodurch der Ergänzung der finanziellen Berichterstattung um prospektive Informationen eine große Bedeutung zukommt.[496]

Um auch die Effektivität des Verwaltungshandelns und den anknüpfenden Zielerreichungsgrad ermitteln zu können und damit eine Rückkopplung auf die politische Zielsetzung und das sich daraus ergebende Aufgabenprogramm der Verwaltungen zu erhalten, sind eine Leistungsberichterstattung und Wirkungsrechnung und hiermit verbundene Steuerungsinstrumente zu etablieren.[497] Die Reform des Haushalts- und Rechnungswesens muss ein Mehr an Transparenz über das Handeln von Politik und Verwaltung bringen und mit den Konsequenzen aus diesem Handeln in einem sinnvollen Steuerungssystem verknüpft sein.[498] Es geht nicht lediglich darum, die Doppik durch die Kameralistik zu ersetzen. Die generierten Informationen müssen auch Verwendung finden und es muss immer wieder hinterfragt werden, „welche Informationen werden benötigt, um bestimmte Handlungskonsequenzen zu erzeugen?“[499]. Die transparente Abbildung im Rechnungswesen muss sich in der Budgetierung niederschlagen, damit entsprechende Anreiz- und Sanktionsmechanismen greifen können und die Verzahnung von Haushalts- und Rechnungswesen – von der Planungs- und Kontrollebene – gewährleistet wird.[500]

---

493 Vgl. Magin, C. (2011), S. 100. Siehe zur Diskussion der kommunalen Insolvenzfähigkeit auch Duve, T. (2008b), S. 22-27; Duve, T. (2009), S. 374-580; Magin, C. (2011), S. 202-231; Niederste Frielinghaus, S. (2008), S. 991-997. Für die vom jeweiligen Bundesland in Deutschland abhängigen Möglichkeiten, mit einer Überschuldung einer Kommune umzugehen, vgl. z.B. Stockel-Veltmann, C. (2010b), S. 1-8; Stockel-Veltmann, C. (2010a), S. 34-44. Siehe zum Einsatz eines Sanierungsmanagers z.B. Bajohr, S. (2009), S. 171-185; Duve, T. (2008a), S. 283-293.

494 Vgl. Bergmann, A./Rauskala, I. (2012), S. S71.

495 Vgl. Bergmann, A./Rauskala, I. (2012), S. S72.

496 Vgl. Bergmann, A./Rauskala, I. (2012), S. S72.

497 Vgl. Mäder, H./Schedler, K. (1994), S. 58-59; Schauer, R. (2010), S. 73-74; Schedler, K./Proeller, I. (2009), S. 63-64, 135; Thom, N./Ritz, A. (2008), S. 50.

498 Vgl. Fischer, E. (2005), S. 75.

499 Fischer, E. (2005), S. 76. Siehe zur Nutzung der gewonnenen Daten auch Reinermann, H. (2000b), S. 605.

500 Vgl. Fischer, E. (2005), S. 76.

4.1.1 Stand der Kameralistik

Der Begriff „Kameralistik“ (lateinisch: *camera*; fürstliche Rechungskammer) bezeichnet einerseits eine staatswissenschaftliche Wirtschaftslehre aus dem 18. Jahrhundert, in der alle wirtschaftlichen Verflechtungen aus der Staatssicht (und somit auch das staatliche Rechnungswesen) erklärt wurden, so dass andererseits auch der Rechnungsstil der Gebietskörperschaften darunter zu verstehen ist.[501] Die Entwicklung des kameralistischen Rechnungswesens lässt sich gemäß WALB in vier Stufen unterteilen.[502]

In der ersten Stufe von ca. 1500-1750 bestand die Kameralistik aus der chronologischen Erfassung von Geld und beweglichen bzw. unbeweglichen Sachgütern (Kassenbuch); erst im Zeitablauf hat sich eine sach- oder personenbezogene Verrechnung (Sachbuch) entwickelt.[503] Die Fortentwicklung auf der zweiten Stufe von ca. 1750-1810 verankerte die systematische Erfassung nach chronologischen (Kassenbuch, später Zeit- oder Hauptbuch) und sachlichen (Sachbuch) Gesichtspunkten. Zudem wird die Ist-Verrechnung um eine Soll-Verrechnung der zukünftigen Einnahmen und Ausgaben ergänzt.[504] Auf der dritten Stufe erfolgte ab ca. 1810 eine weitere Untergliederung des kameralistischen Sachbuches und die Arbeit von JÄGER VON WEIDENAU[505] sah eine getrennte Verbuchung von Einnahmen und Ausgaben nach deren Erfolgswirkung vor, und war ein Grundstein für die Entwicklung einer Erfolgsrechnung.[506] Auf der vierten Stufe ab ca. 1910 wurde der kameralistische Rechnungsstil zu einer Betriebskameralistik entwickelt, auf die weiter unten eingegangen wird.[507]

4.1.1.1 Klassische Kameralistik

Die klassische Kameralistik in Form der Verwaltungskameralistik wird im Rechnungswesen von Gebietskörperschaften verwendet und ist allein auf die Erfassung von finanzwirtschaftlichen Vorgängen ausgerichtet, da sie zahlungsorientiert ist. Öffentliche Verwaltungen sind an die Einhaltung des gesetzlich vorgegebenen Haushaltsplans und speziell an die dort festgelegten Einnahmen und Ausgaben gebunden, so dass die Kameralistik die hierzu notwendigen

---

501 Vgl. Wysocki, K. von (1965), S. 11.

502 Vgl. Kronthaler, L./Weichselbaumer, J. S. (2002), Sp. 923-924; Walb, E. (1926), S. 209; Wysocki, K. von (1965), S. 13. Die Kameralistik lässt sich in Verwaltungs- (klassische Kameralistik), Betriebskameralistik (gehobene Kameralistik) und erweiterte Kameralistik unterteilen, wobei in der vorliegenden Arbeit die Verwaltungskameralistik gemeint ist; vgl. Mülhaupt, L. (2003), S. 537-541; Schauer, R. (1993), S. 152-155. Vgl. zur Kameralistik im Detail z.B. Wysocki, K. von (1965).

503 Vgl. Walb, E. (1926), S. 210-215; Wysocki, K. von (1965), S. 13.

504 Vgl. Gornas, J. (1989), Sp. 1651-1652; Walb, E. (1926), S. 215-220; Wysocki, K. von (1965), S. 12-13. Die zweite Stufe war geprägt von der Arbeit von Puechberg, J. M. (1762). Siehe auch Schauer, R. (2012), S. 19.

505 Vgl. Jäger von Weidenau (1810).

506 Vgl. Walb, E. (1926), S. 220-222; Wysocki, K. von (1965), S. 14-15.

507 Vgl. Walb, E. (1926), S. 222-225; Wysocki, K. von (1965), S. 15-16.

finanzwirtschaftlichen Kontrollen unterstützen muss.[508] Die Gewaltenteilung zwischen anordnender, den Haushaltsvoranschlag genehmigender Stelle und der vollziehenden Stelle spiegelt sich in der Kameralistik durch die Zahlungsanordnung als Soll-Größe der Einnahmen und Ausgaben und der Zahlungsausführung der Kassen als Ist-Größe wider.[509] Der so mögliche Soll-Ist-Vergleich zeigt den Überschuss bzw. den Fehlbetrag der abzurechnenden Periode und verdeutlicht, ob die im Haushaltsplan veranschlagten Mittel voll ausgeschöpft wurden oder ob Einsparungen möglich bzw. Überschreitungen notwendig waren.[510] Aus der getrennten Erfassung und Verrechnung der Soll- und Ist-Größen ergeben sich Restgrößen, die als Forderungen und Verbindlichkeiten interpretiert werden können.[511] Die kameralistische Buchführung dokumentiert die Ordnungsmäßigkeit der Mittelzu- und -abflüsse; sie zeigt den Liquiditätsstand und weist noch ausstehende Einnahmen bzw. zu leistende Zahlungen als Restgrößen aus.[512] Die Rechenschaftslegung über den Haushaltsvollzug ist die prägende Größe in der Informationsgewährung der Verwaltungskameralistik.

Schwachpunkte der Verwaltungskameralistik sind das Nichtvorhandensein einer Erfolgsrechnung und einer umfassenden Vermögensrechnung, in der die Erfassung – diese ist nur bei geldmäßigen Vermögensänderungen ersichtlich –, Fortschreibung und Finanzierung des Vermögens abgebildet werden würde.[513]

4.1.1.2 Gehobene Kameralistik

Diese Schwächen der Verwaltungskameralistik führten zur Fortentwicklung einer Betriebskameralistik, da aufgrund steigender Ausgliederungen von öffentlichen Aufgaben in öffentliche Betriebe ein Rechnungsstil notwendig wurde, der wie die doppelte Buchführung die Erfolgsermittlung und Erfassung der Schulden und Vermögensveränderungen der öffentlichen Betriebe ermöglichte.[514]

---

508 Vgl. Kußmaul, H. (2001a), S. 133-134. Vgl. zur Verwaltungskameralistik im Detail z.B. Gornas, J. (1989), Sp. 1650-1658; Kußmaul, H. (2001a), S. 175-179; Kußmaul, H./Henkes, J. (2005a), S. 20-27; Kußmaul, H./Henkes, J. (2005b), S. 59-65; Wysocki, K. von (1965), S. 17-44.

509 Vgl. Schauer, R. (2012), S. 17.

510 Vgl. Schauer, R. (2012), S. 17.

511 Vgl. Gornas, J. (1989), Sp. 1654; Schauer, R. (1993), S. 153. In der Verwaltungspraxis wird die Erfassung der Soll-Werte oft eingespart, so dass sich die Buchhaltung auf ein komplexes Kassenkonto beschränkt.

512 Vgl. Beyer, L./Kinzel, H. G. (2005), S. 352.

513 Vgl. Gornas, J. (1989), Sp. 1654; Schauer, R. (1993), S. 152-153.

514 Vgl. Fuchs, M. (1989), Sp. 132-133. Ein geschlossenes Buchführungssystem der gehobenen Kameralistik wurde von WALB (Walb, E. (1926)) erarbeitet und von JOHNS (Johns, R. (1938)) und MÜLHAUPT (Mülhaupt, L. (1987)) fortgeführt; siehe hierzu Eichhorn, P. (1997), S. 148; Schauer, R. (1993), S. 153. Vgl. zur Betriebskameralistik auch Kußmaul, H. (2001b), S. 224-231, 254-259; Wysocki, K. von (1965), S. 45-81. Die gehobene Kameralistik wird aufgrund ihrer Komplexität hier nicht im Detail dargestellt.

Wesentliche Unterschiede ergeben sich im Vergleich zur pagatorisch geprägten Kameralistik dadurch, dass diese um folgende Punkte ergänzt werden muss, um die zur Führung eines Betriebes notwendigen Informationen bereitstellen zu können: Eine vollständige Trennung der erfolgs- und vermögenswirksamen Vorgänge muss zur Erfolgsermittlung gegeben sein, Nichtgeldvorgänge (wie Auflösung einer Rückstellung) müssen erfasst werden, Bestandsveränderungen und Fortschreibungen des Vermögens (wie Abschreibungen) und Kapitals (wie Rückstellungserhöhung) müssen zur Darstellung der Vermögenslage ermittelt werden und eine Periodenabgrenzung der Erträge und Aufwendungen ist zur Erfolgsermittlung vorzunehmen.[515]

Die damit notwendig gewordenen fiktiven Buchungen haben einerseits die früher gewährleistete, vorteilhafte Verbindung zum Haushaltsplan verschleiert und andererseits diesen Rechnungsstil so verkompliziert, dass er sich nicht in der Verwaltungspraxis durchsetzen konnte und für öffentliche Betriebe die doppelte Buchführung übersichtlicher und einfacher ist.[516]

4.1.1.3 Erweiterte Kameralistik

Im Gegensatz zur Betriebskameralistik hat in der Verwaltungspraxis nach dem 2. Weltkrieg die erweiterte Kameralistik einen höheren Stellenwert erlangt, gerade bei kostenrechnenden Einrichtungen, die die durch Zusatzrechnungen generierten Informationen zur Gebührenkalkulation, für Steuerungsentscheidungen und Wirtschaftlichkeitskontrollen benötigen.[517]

Hierzu wird die Verwaltungskameralistik um eine Kosten- und Leistungsrechnung und eine Vermögensrechnung erweitert, da die Kosten- und Leistungsrechnung als Instrument zur Preisbildung und für ein wirkungsvolles Controlling angesehen wird.[518] Die Soll-Spalten der Verwaltungskameralistik werden um zusätzliche Spalten für eine Vermögensänderungsrechnung (Anlagenrechnung, Lagerrechnung, Periodenabgrenzung, Rücklagenbildung, Schuldenrechnung), eine neutrale Rechnung und eine Betriebsrechnung zur Erfassung der Kosten und Erlöse ergänzt.[519] Jede Buchung in der Kameralrechnung geht einher mit einer Buchung in der entsprechenden Zusatzrechnung. Da die erweiterte Kameralistik nicht mehr die Ist-Buchungen, sondern die Soll-Buchungen in den Vordergrund stellt, ist es möglich, dass nicht das Sachbuch des Kassenkontos, sondern die dezentral geführte Haushaltsüberwachungsliste

[515] Vgl. Fuchs, M. (1989), Sp. 134; Schauer, R. (1993), S. 153-154.
[516] Vgl. Fuchs, M. (1989), Sp. 138; Schauer, R. (1993), S. 154.
[517] Vgl. Fuchs, M. (1989), Sp. 138-139; Schauer, R. (1993), S. 154-155.
[518] Vgl. Zimmermann, G. (1993), S. 169-171.
[519] Vgl. Fuchs, M. (1989), Sp. 139; Schauer, R. (1993), S. 154.

als Entscheidungsgrundlage herangezogen wird.[520] Das Sachbuchkonto und das Haushaltsüberwachungslistenkonto sind mit der Vermögensrechnung und in der Regel auch mit einer Kostenarten- und Kostenstellenrechnung systematisch verbunden, die mit jedem kostenrechnerischen Konzept verzahnt werden können, aber eben kein integriertes System darstellen und nur durch Zusatz- und Nebenrechnungen die erforderlichen Informationen generieren können.[521] Deswegen kann die bloße zusätzliche Umsetzung einer Kosten- und Leistungsrechnung die Dominanz der Finanzrechnung als Hauptinstrument nicht brechen. Weiterhin wird ein Denken und Handeln in den Größen „Einnahmen" und „Ausgaben" vollzogen werden, da in der Verwaltungspraxis wesentliche Schnittstellen- und Abgrenzungsprobleme auftreten.[522]

Einschränkend ist für Deutschland anzumerken, dass die erweiterte Kameralistik nicht flächendeckend, sondern nur in „geeigneten Bereichen"[523] angewendet wird und deswegen auch keine institutionelle Verbindlichkeit besitzt.[524] Generell kann die Einführung der erweiterten Kameralistik an der Ernsthaftigkeit der Reformbemühungen zweifeln lassen, da so gezeigt wird, dass man „keine Innovation [will], sondern man begnügt sich mit Reparaturen des Bestehenden, die sich jederzeit wieder rückgängig machen lassen"[525]. Die Einbindung der zusätzlichen, durch die Kosten- und Leistungsrechnung gewonnenen Informationen in die Entscheidungsprozesse muss von der Verwaltungsführung gelebt und nicht nur geduldet werden, damit auch die Bediensteten ohne ökonomische Vorbildung für den Nutzen der Kosten- und Leistungsrechnung sensibilisiert werden und dadurch deren Akzeptanz erhöht wird.[526]

4.1.2 Defizite der Kameralistik

Die mit der Verwaltungsmodernisierung einhergehende Forderung nach der Doppik-Einführung[527] – in Verbindung mit einer integrierten Verbundrechnung – im öffentlichen Sektor lässt sich u.a. mit den Defiziten eines kameralistischen Rechnungswesens erklären, da

520 Vgl. Fuchs, M. (1989), Sp. 139; Schauer, R. (1993), S. 154.

521 Vgl. Brede, H. (2005), S. 195; Fuchs, M. (1989), Sp. 139; Schauer, R. (1993), S. 154.

522 Vgl. Budäus, D. (1991), S. 210-211; Budäus, D./Hilgers, D. (2007), S. 31; Budäus, D./Hilgers, D. (2009), S. 382.

523 Die Formulierung ist § 6 Abs. 3 HGrG entnommen; vgl. Budäus, D. et al. (2004), S. 231. Dadurch wird suggeriert, dass es Verwaltungsbereiche gibt, die für die Kosten- und Leistungsrechnung „geeignet" oder „nicht geeignet" sind. Generell gilt aber, dass die Kosten- und Leistungsrechnung in allen Bereichen, wo Ressourcen verbraucht werden, mit einem unterschiedlich großen Aufwand eingeführt werden kann. Vgl. Budäus, D./Hilgers, D. (2009), S. 389; Lüder, K. (2001), S. 58-60.

524 Vgl. Buchholtz, K. (2000), S. 389; Budäus, D. (2009a), S. 41; Budäus, D./Hilgers, D. (2009), S. 382.

525 Lüder, K. (2001), S. 15. Siehe auch Budäus, D. (2009a), S. 43.

526 Vgl. Mundhenke, E. (2007), S. 237-238.

527 Vgl. Berens, W. et al. (2008), S. 109; Beyer, L./Kinzel, H. G. (2005), S. 356; Wissenschaftliche Kommission „Öffentliche Unternehmen und Verwaltungen" (1988), S. 683-684 (generell ist das öffentliche Rechnungswesen zu reformieren, indem das kameralistische Rechnungswesen fortentwickelt wird oder eine Neuorientierung am Rechnungswesen privater Unternehmen erfolgt; vgl. S. 685); Wissenschaftliche Kommission „Öffentliche Unternehmen und Verwaltungen" (1993), S. 288.

wichtige Daten für Planungs- und Steuerungszwecke meist nur durch zusätzliche Nebenrechnungen aufwendig ermittelt werden können.[528]

Im öffentlichen, kameralistisch geprägten Rechnungswesen steht nicht die Gewinnermittlung wie im Unternehmensbereich im Fokus, sondern die Planung und Kontrolle des Haushaltes und der darin veranschlagten Mittel. Der zu ermittelnde Finanzierungserfolg zeigt, „inwieweit eine Deckung der Ausgaben durch Einnahmen erfolgt und damit die Entstehung von Schulden, die die künftigen Haushaltsjahre belasten, vermieden worden sind“[529]. Die Erfassung nur von geldmäßigen Vorgängen ist zu einseitig und führt dazu, dass in der klassischen Kameralistik eine transparente Darstellung der Vermögens- und Schuldensituation fehlt und auch keine, wie in der Betriebsbuchhaltung vergleichbare Ermittlung von Kosten erfolgt; Größen wie Abschreibungen, Rückstellungen oder auch kalkulatorische Mieten werden nicht berücksichtigt.[530] „Dieser Mangel an Informationen beeinträchtigt nicht etwa nur die formalen Mechanismen der Steuerung, sondern er prägt auch das Denken und Verhalten der Akteure in Verwaltung, Politik und Öffentlichkeit. Wenn nur Einnahmen und Ausgaben gebucht werden, so wird dies auch zu einem Denken in Einnahmen und Ausgaben führen.“[531] Ein zu förderndes Kostenbewusstsein bei den Führungsverantwortlichen aus Politik und Verwaltung benötigt entsprechende Kosteninformationen, um Investitions- und Finanzierungsvorhaben abwägen zu können und um gerade auch in Zeiten knapper Kassen wirtschaftlich sinnvolle Entscheidungen zu treffen.[532]

Darüber hinaus werden keine Informationen über die Erfüllung öffentlicher Aufgaben und die damit verbundenen Leistungen gesammelt, so dass keine Aussage über die Leistungserfolge einer kameralistisch geführten Verwaltungseinheit möglich ist. Leistungen werden nur mittelbar erfasst, wenn sie mit Zahlungsvorgängen verbunden sind. Es erfolgt nur eine bedingte Ermittlung von mit der Leistungsabgabe verbundenen zukünftigen Folgeausgaben, aber keine Nutzenrechnung, um die erzielte Wirkung der öffentlichen Güter und Dienstleitungen bei den Empfängern zu messen und zu bewerten und so einen Zielerreichungsgrad abzuleiten.[533]

[528] Auch wenn sich der Nutzen der Doppik und integrierten Verbundrechnung nur schwer quantifizieren lässt, ist es offensichtlich, dass ein Staat auf Basis eines intransparenten, kameralistischen Informationssystems nicht den notwendigen wirtschaftlichen Ressourceneinsatz, die Erfüllung des demokratisch maßgeblichen Budgetrechts und der intergenerativen Gerechtigkeit gewährleisten kann; vgl. Berens, W. et al. (2008), S. 111.

[529] Kronthaler, L./Weichselbaumer, J. S. (2002), Sp. 928.

[530] Vgl. Beyer, L./Kinzel, H. G. (2005), S. 353-354; Budäus, D. (2006a), S. 191; Wissenschaftliche Kommission „Öffentliche Unternehmen und Verwaltungen“ (1988), S. 683.

[531] Beyer, L./Kinzel, H. G. (2005), S. 353.

[532] Vgl. Beyer, L./Kinzel, H. G. (2005), S. 353, 355.

[533] Vgl. Kronthaler, L./Weichselbaumer, J. S. (2002), Sp. 928-929; Oettle, K. (1993), Sp. 1053.

Das Zahlenwerk des Rechnungswesens bildet einerseits eine Basis für die Fortschreibung des Haushaltsplans – wodurch Einsparungen nicht belohnt, sondern durch geringere Budgets in der Folgeperiode bestraft werden und das „Dezemberfieber“[534] bestärkt wird – und die damit verbundene Mittelfestlegung für zukünftige Haushaltsperioden. Doch andererseits werden wichtige Daten für interne Steuerungsentscheidungen, wie Wirtschaftlichkeitsanalysen und Wirksamkeitsuntersuchungen, nicht generiert, da eine zu große Diskrepanz zwischen der Leistungs- und Finanzsphäre besteht, die nur durch eine Deckungsgleichheit von Verwaltungsorganisation, Haushaltsstruktur und Rechnungssystem ausgeglichen werden kann.[535]

Dennoch muss bei allen angesprochenen Defiziten beachtet werden, dass die Kameralistik mit entsprechenden Nebenrechnungen, wie z.B. bei der Betriebskameralistik oder der erweiterten Kameralistik, grundsätzlich in der Lage ist, dieselben Informationen wie das doppische Rechnungswesen, das seinerseits die im nächsten Kapitel anzusprechenden Verbesserungspotenziale aufweist, zu generieren.[536]

Ein Vorteil, den die Kameralistik gegenüber der Doppik hat, ist, dass sämtliche Ein- und Auszahlungen im Mittelpunkt der Betrachtung stehen und direkt erfasst werden, wodurch die Bedeutung einer Kapitalflussrechnung, der darin dargestellten Veränderung des Finanzmittelfonds und des finanzwirtschaftlichen Erfolgs schon frühzeitig berücksichtigt wurde.[537] Der vielleicht wichtigste Grund für eine Doppik-Einführung ist in dem in weiten Teilen der Politik, Verwaltung und Gesellschaft verwurzelten Vorurteil zu sehen, dass die Kameralistik verstaubt und die Ursache für die Probleme im öffentlichen Sektor sei.[538] Weitere unterstützende Argumente sind die Bedeutung der elektronischen Datenverarbeitung, die im Bereich des

---

534 Der Begriff „Dezemberfieber“ bedeutet, dass am Jahresende noch nicht voll ausgeschöpfte Budgets auch für „sinnlose“ Zwecke verbraucht werden, damit im Folgejahr keine Kürzung der Mittelzuweisung erfolgt.

535 Vgl. Beyer, L./Kinzel, H. G. (2005), S. 353-354; Eichhorn, P. (1997), S. 153-154; Kronthaler, L./Weichselbaumer, J. S. (2002), Sp. 929; Streitferdt, L. (1994), S. 868-869.

536 Vgl. Brede, H. (2005), S. 195; Schauer, R. (1993), S. 153-154. Gerade im Hinblick auf die Verbindung zwischen internen und externen Rechnungswesenskomponenten haben die Erfahrungen in anderen Ländern gezeigt, dass die Doppik grundsätzlich besser geeignet ist; vgl. Gornas, J. (1999), S. 319. BUSCHOR sieht die Überlegenheit der Doppik nicht als systembedingt, sondern als kostenbedingt (Kameralistik nicht im privatrechtlichen Sektor anwendbar, Schnittstellenproblematik zwischen dem öffentlichen und privatrechtlichen Sektor) an; vgl. Buschor, E. (1993), S. 253.

537 Vgl. Kronthaler, L./Weichselbaumer, J. S. (2002), Sp. 929. Die mögliche Bereicherung der Doppik durch die Buchungssystematik der Kameralistik betont auch MONSEN; vgl. Monsen, N. (2005), S. 26. Die Bedeutung einer transparenten Darstellung der Finanzlage erkennend erstellen in Deutschland im privatwirtschaftlichen Bereich bereits viele Unternehmen freiwillig eine Kapitalflussrechnung als Bestandteil des Jahresabschlusses. Eine Erstellungspflicht besteht nur im Konzernabschluss eines Mutterunternehmens (§ 297 Abs. 1 Satz 1 HGB) und für kapitalmarktorientierte Kapitalgesellschaften gemäß § 264d HGB, die nicht zur Konzernabschlusserstellung verpflichtet sind (§ 264 Abs. 1 Satz 2 HGB). Für kapitalmarktorientiere Mutterunternehmen sind die IFRS vorgeschrieben, die ebenfalls eine Kapitalflussrechnung als Pflichtbestandteil festlegen. Vgl. hierzu Coenenberg, A. G./Haller, A./Mattner, G. et al. (2012), S. 463.

538 Vgl. Brede, H. (2005), S. 195; Kempf, D. (1993), S. 335; Mülhaupt, L. (1990), S. 163.

Rechnungswesens im Wesentlichen im kaufmännischen Zweig weiterentwickelt wird und zu günstigen Standardsoftwares führt, was für den kameralistischen Rechnungsstil nicht auf Dauer gewährleistet werden kann und dessen Ablösung begünstigt.[539] Dadurch, dass die Verwaltungen wirtschaftlicher geführt werden müssen, besteht ein Bedarf an einem kaufmännisch ausgebildeten und denkenden Personal, das besser rekrutiert werden kann, wenn ein Personaltransfer aus dem Unternehmensbereich in die Verwaltung leichter möglich ist. Dieses betriebswirtschaftliche Wissen setzt im Rechnungswesen an und bildet das Fundament für weitere Reformbereiche der Verwaltungsmodernisierung.[540]

Wie bereits in Kapitel 2.3 beschrieben, werden immer mehr öffentliche Aufgaben aus dem Kernbereich der Verwaltungen in öffentliche Unternehmen ausgegliedert oder auf Eigengesellschaften, an denen die Gebietskörperschaft beteiligt ist, übertragen, die dann z.B. in der Rechtsform einer AG oder GmbH die Regelungen des HGB zu befolgen haben und zu einer kaufmännischen Buchführung und entsprechender Abschlusserstellung verpflichtet sind. Nettobetriebe unterliegen ebenfalls durch entsprechende Verweise den HGB-Regelungen.[541] Durch diese dezentrale Struktur der Gebietskörperschaften in Deutschland wird es erschwert oder sogar unmöglich, ein tatsächliches Bild über die Vermögens-, Finanz- und Ertragslage zu erhalten und bewusst geschaffene Schattenhaushalte – „Flucht aus dem Budget"[542] – aufzudecken und zu verhindern.[543] Dies ist nur möglich, indem ein Konzernabschluss unter Berücksichtigung der Kernverwaltung und der Ausgliederungen und sonstigen Beteiligungen erstellt wird. Grundlegend für die Durchführung der dafür notwendigen Konsolidierungsmaßnahmen ist, dass in allen einzubeziehenden Einheiten derselbe Rechnungsstil (die doppelte Buchführung) angewendet wird.[544] Ausgehend von den Einzelabschlüssen der zu konsolidierenden Einheiten ist eine identische Ausübung von Ansatz-, Bewertungs- und Ausweisvorschriften in den dann anzupassenden Einzelabschlüssen zu gewährleisten. Die angepassten Einzelabschlüsse werden in einem Gesamtabschluss zusammengefasst, um einen Gesamtüberblick über die Vermögens-, Finanz- und Ertragslage der Gebietskörperschaften als Ganzes zu erhalten.[545]

---

539 Vgl. Brede, H. (2005), S. 196; Buschor, E./Lüder, K. (1994), S. 171; Lüder, K. (1987), S. 256; Lüder, K. (1994), S. 193; Streitferdt, L. (2000), S. 277-278.

540 Vgl. Brede, H. (1994), S. 90; Brede, H. (2005), S. 196.

541 Vgl. Brede, H. (2005), S. 189; Henkes, J. (2008), S. 498-505.

542 Vgl. hierzu grundlegend Smekal, C. (1977).

543 Vgl. Buschor, E./Lüder, K. (1994), S. 165-166; Lüder, K. (1999), S. 1-2; Srocke, I. (2004), S. 27-29.

544 Vgl. Brede, H. (2005), S. 196. Siehe grundlegend zur Konzernrechnungslegung von Gebietskörperschaften Srocke, I. (2004).

545 Vgl. Budäus, D. (2006a), S. 195-196; Budäus, D./Hilgers, D. (2007), S. 36; Budäus, D./Hilgers, D. (2009), S. 388.

4.2 Chancen und Entwicklungsbereiche der Doppik und des darauf aufbauenden Haushalts- und Rechnungswesens

Trotz der oben genannten Vorteile ist darauf hinzuweisen, dass eine bloße Doppik-Einführung noch nicht für die Anforderungen des öffentlichen Sektors und die erforderliche Aussagekraft des öffentlichen Rechnungswesens, gerade im Hinblick auf die Effizienz und Effektivität, ausreicht.[546] Hierauf wird in den folgenden Unterkapiteln eingegangen.

4.2.1 3-Komponenten-Rechnung

Im Gegensatz zur Kameralistik, die nur Einnahmen und Ausgaben erfasst, auf dem Geldverbrauchskonzept basiert und besonders zur finanzwirtschaftlichen Kontrolle von im Haushaltsplan festgelegten und tatsächlich vollzogenen Einnahmen und Ausgaben geeignet ist, zeichnet sich die Doppik durch ein Ressourcenverbrauchskonzept aus.

Dies wird erreicht, indem sowohl der Erfolg einer Periode, aber auch das Vermögen und die Schulden ermittelbar sind und zudem die finanzwirtschaftliche Kontrolle der liquiden Mittel möglich ist.[547] Die Komponenten eines doppischen Rechnungswesens spiegeln die Vermögens-, Finanz- und Ertragslage einer Verwaltungseinheit wider. Dies sind grundsätzlich die aus dem privatwirtschaftlichen Unternehmensbereich bekannte Vermögensrechnung (Bilanz) zur vollständigen Darstellung der Vermögens- und Schuldenbestände, die Ergebnisrechnung (Gewinn- und Verlustrechnung) zur Ermittlung des „Erfolgs" der Verwaltungseinheit (dieser soll mindestens einen ausgeglichenen Haushalt aufweisen, indem sich die Erträge und die Aufwendungen wertmäßig ausgleichen) und die Finanzrechnung (Kapitalflussrechnung) zur Abbildung des Bestands und der Veränderungen der finanziellen Ressourcen.[548] Diese drei Berichtsinstrumente werden zur 3-Komponenten-Rechnung[549] zusammengefasst, da die Saldogrößen aus Ergebnis- und Finanzrechnung die Verbindung zur Vermögensrechnung darstellen und als Reinvermögensänderung bzw. als Veränderung der Finanzmittel in der Vermögensrechnung erfasst werden. Hierdurch ist die Ermittlung des Periodenerfolgs in zwei unterschiedlichen, aber integrierten Rechnungen doppelt möglich, da sich der Saldo aus einem Bestandsvergleich der Vermögensrechnung zu Periodenanfang und -ende und der Saldo der Ergebnisrechnung entsprechen müssen.[550]

546 Vgl. Gornas, J. (1999), S. 320.

547 Vgl. Raupach, B./Stangenberg, K. (2009), S. 15-16.

548 Vgl. Raupach, B./Stangenberg, K. (2009), S. 23-24.

549 LÜDER hat im Rahmen des „Modellprojekts Wiesloch" diese Mehrkomponenten-Rechnung mit Ergänzung um eine Kosten- und Leistungsrechnung als Neues Kommunales Rechnungswesen (NKR) bzw. Speyerer Verfahren entwickelt; siehe hierzu Lüder, K. (1999). Vgl. Heiling, J. (2003a), S. 978-980.

550 Vgl. Budäus, D. (2006a), S. 193-194; Budäus, D./Hilgers, D. (2007), S. 32; Budäus, D./Hilgers, D. (2009), S. 383.

Diese Zusammenhänge sind auch aus dem privatwirtschaftlichen Unternehmensbereich bekannt, jedoch gibt es einen wesentlichen Unterschied im öffentlichen Rechnungswesen: es wird nicht nur auf Bestands- (Vermögensrechnung) und Erfolgskonten (Ergebnisrechnung) gebucht, sondern auch auf Ein- und Auszahlungskonten, so dass eine originäre Ermittlung der Ressourcenbestände in der Finanzrechnung möglich ist.[551]

Diese drei Teilsysteme der Vermögens-, Finanz- und Ergebnisrechnung werden um eine Kosten- und Leistungsrechnung zur Erfüllung der Planungs- und Steuerungsaufgaben ergänzt.[552]

4.2.2 Integrierte Verbundrechnung

Um die Anforderungen an die Entscheidungs- und Steuerungsmechanismen des öffentlichen Sektors erfüllen zu können, muss sich das Rechnungssystem als konzeptionelle Grundlage des Haushalts- und Rechnungswesens weiterentwickeln und sowohl Planungs- als auch Rechnungslegungsfunktionen erfüllen können.[553] Bei Anwendung der Kameralistik oder erweiterten Kameralistik dominiert die Planungsfunktion auf Basis des Geldverbrauchskonzeptes; die 3-Komponenten-Rechnung hingegen ist ein integratives System aus unterschiedlichen Rechnungen, die der Abbildung des Ressourcenverbrauchs und damit der Rechnungslegung über die Vermögens-, Finanz- und Ertragslage dienen.[554] Zur Erfüllung der Anforderungen des im 3-Ebenen-Konzept (siehe Kapitel 2.4.3) skizzierten Haushalts- und Steuerungskreislaufes einer Verwaltungseinheit, muss eine integrierte Verbundrechnung auf Basis der Doppik eingeführt werden; siehe hierzu Abbildung 8.[555] Hierbei handelt es sich um ein abgestimmtes System aus den Modulen der 3-Komponenten-Rechnung, die um eine Kosten- und Leistungsrechnung ergänzt wird und die Grundlage für den an einer output- und ressourcenorientierten Budgetierung ausgerichteten Haushaltsplan der nächsten Haushaltsperiode, für Steuerungs- und Rechnungslegungszwecke bildet.[556]

---

551 Vgl. Kußmaul, H./Henkes, J. (2010), S. 478; Raupach, B./Stangenberg, K. (2009), S. 24. MEYERING sieht die 3-Komponenten-Rechnung als Vorbild für den Unternehmensbereich an, da dort zum einen die Daten für die Kapitalflussrechnung derivativ ermittelt werden müssen, und sie zum anderen auch als Basis für die steuerliche Gewinnermittlung besonders bei kleinen Unternehmen dienen könnte; vgl. Meyering, S. (2011), S. 829-833; Meyering, S. (2012), S. 419-420.

552 Vgl. Budäus, D. (2006a), S. 196; Budäus, D./Hilgers, D. (2007), S. 37; Budäus, D./Hilgers, D. (2009), S. 389.

553 Vgl. Budäus, D. (2006a), S. 192; Budäus, D. (2009a), S. 29; Budäus, D./Hilgers, D. (2007), S. 30; Budäus, D./Hilgers, D. (2009), S. 381; Carnegie, G. D./Wolnizer, P. W. (1996), S. 90-94.

554 Vgl. Budäus, D. (2006a), S. 193; Budäus, D./Hilgers, D. (2007), S. 31; Budäus, D./Hilgers, D. (2009), S. 382.

555 Vgl. Arbeitskreis „Integrierte Verbundrechnung“ (2005), S. 887; Lüder, K. (2001), S. 32; Streitferdt, L. (1994), S. 870.

556 Vgl. Arbeitskreis „Integrierte Verbundrechnung“ (2005), S. 887-888; Berens, W. et al. (2008), S. 110.

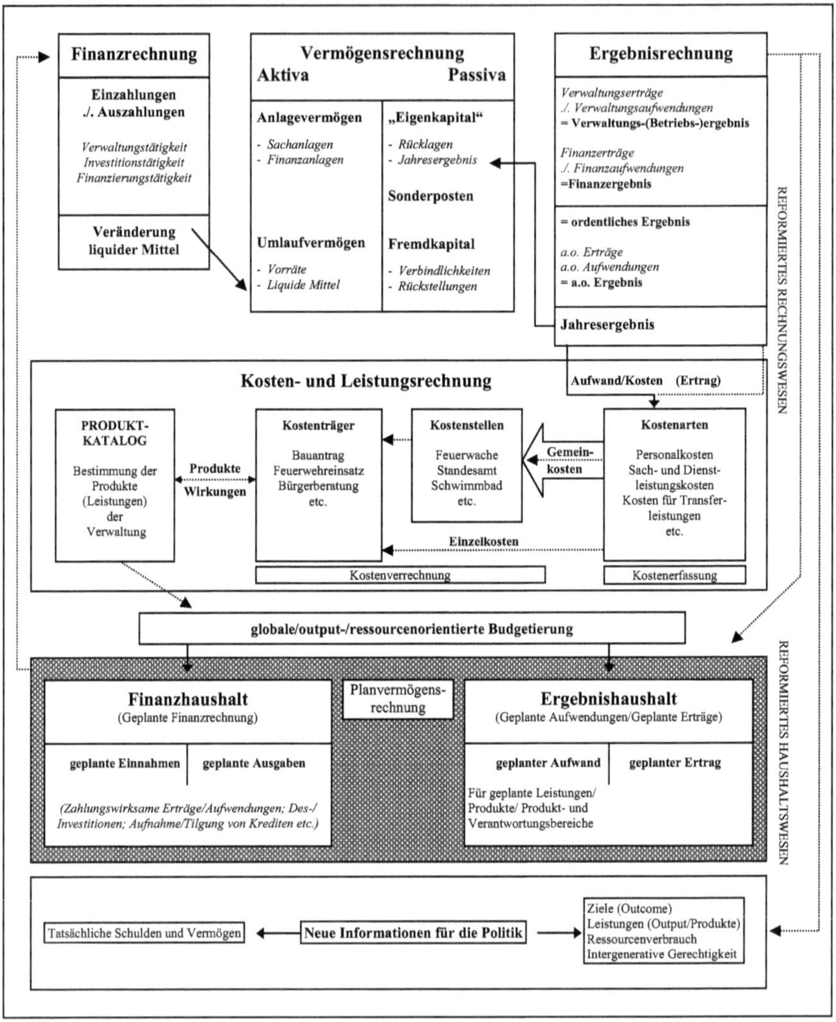

Abbildung 8: Integrierte Verbundrechnung[557]

Im strukturellen Aufbau (Form, Ausweis, Ansatz und Bewertung) müssen die Planungsebene (Budgetierung/Haushalt) mit Planvermögensrechnung, Finanz- und Ergebnishaushalt und die Dokumentationsebene (Ist-Rechnung/Rechnungswesen) mit Vermögens-, Finanz- und Ergebnisrechnung übereinstimmen und miteinander verzahnt sein, da aufgrund der nicht bestehen-

[557] In Anlehnung an: Budäus, D./Hilgers, D. (2010d), S. 511.

den Trennung zwischen öffentlichen Haushalts- und Rechnungswesen die losgelöste Betrachtung einer Ebene nicht sinnvoll ist.[558]

Ausgehend vom Haushaltswesen weist der Finanzhaushalt die geplanten Geldzu- und -abflüsse aus und stellt das entsprechende Gegenstück zur Finanzrechnung dar, die als Teil des Rechnungswesens die tatsächlichen Veränderungen des Zahlungsmittelbestandes dokumentiert.[559] Im Ergebnishaushalt werden die geplanten Ressourcenmehrungen und -minderungen für eine zukünftige Haushaltsperiode festgelegt. Die daraus abzuleitenden Budgets ermächtigen das Verwaltungshandeln. Die sich ergebenden Reinvermögensänderungen der Haushaltsperiode werden in der Ergebnisrechnung als Teilbereich des Rechnungswesens festgehalten und ermöglichen die Kontrolle, ob ein ausgeglichener Haushalt eingehalten wurde.[560] Der Ergebnis- und Finanzhaushalt bilden den Kern des Haushaltswesens und zur vollumfänglichen Information kann eine Planvermögensrechnung erstellt werden, die den geplanten Bestand an Vermögen und Schulden zum Stichtag aufweist und das Äquivalent zur Vermögensrechnung als Teil des Rechnungswesens ist.[561]

Das Verbindungsstück zwischen der Haushalts- und Rechnungsebene, speziell beim Ergebnishaushalt und der Ergebnisrechnung, ist die Kosten- und Leistungsrechnung (= Kostenrechnung), indem die angefallenen Kosten und Leistungen erfasst und daraus „Soll-Größen“ für den Ergebnishaushalt und als Grundlage zukünftiger Budgets abgeleitet werden.[562] Vergleichbar zum privatwirtschaftlichen Unternehmensbereich dient die Kosten- und Leistungsrechnung in der öffentlichen Verwaltung grundsätzlich sowohl als internes Steuerungsinstrument (Managementfunktion) als auch zur output- und ressourcenorientierten Budgetierung (Ergebnishaushalt), da sie sowohl Informationen über die Kosten der Leistungsseite als auch Informationen über Erlöse und nichtmonetäre Leistungen liefert.[563] Entsprechend der Funkti-

558 Vgl. Arbeitskreis „Integrierte Verbundrechnung“ (2005), S. 888; Berens, W. et al. (2008), S. 110; Budäus, D. (2006a), S. 198; Budäus, D./Hilgers, D. (2007), S. 33; Budäus, D./Hilgers, D. (2009), S. 384.

559 Vgl. Budäus, D. (2006a), S. 198; Budäus, D./Hilgers, D. (2007), S. 33.

560 Vgl. Budäus, D. (2006a), S. 198; Budäus, D./Hilgers, D. (2007), S. 33; Raupach, B./Stangenberg, K. (2009), S. 39. Die Abgrenzung zwischen Finanz- und Ergebnishaushalt wird z.B. deutlich an einer geplanten Investition in ein Fahrzeug. Die Ermächtigungsgrundlage für diese Investition ist der Finanzhaushalt, der die damit verbundenen Auszahlungen erfasst. Im Ergebnishaushalt werden die dann anfallenden Abschreibungen für das Fahrzeug ermächtigt. Vgl. hierzu Raupach, B./Stangenberg, K. (2009), S. 39.

561 Vgl. Budäus, D. (2006a), S. 198; Budäus, D./Hilgers, D. (2007), S. 33; Lüder, K. (2001), S. 69. Eine Planvermögensrechnung muss nicht zwingend erstellt werden, da sie keine unabdingbare Planungsfunktion erfüllt. Dennoch kann sie leicht aus der Ist-Vermögensrechnung zu Beginn der Haushaltsperiode und dem Haushaltsplan abgeleitet werden; vgl. Lüder, K. (2001), S. 69.

562 Vgl. Budäus, D. (2006a), S. 198; Budäus, D. (2009a), S. 42-43; Budäus, D./Hilgers, D. (2007), S. 33; Budäus, D./Hilgers, D. (2009), S. 390. Siehe zum Unterschied zwischen Kosten- und Leistungsrechnung und Ergebnisrechnung Kapitel 4.2.3.1.

563 Vgl. Arbeitskreis „Integrierte Verbundrechnung“ (2005), S. 888; Berens, W. et al. (2008), S. 111; Budäus, D. (2009a), S. 40; Budäus, D./Hilgers, D. (2009), S. 389.

onen des öffentlichen Haushalts- und Rechnungswesens (siehe Kapitel 3.3.2) erfüllt die integrierte Verbundrechnung eine Informationsfunktion für interne und externe Adressaten sowie eine Schutzfunktion, indem durch die Wahrung der intergenerativen Gerechtigkeit der Individualschutz und der Institutionenschutz durch einen treuhänderischen Ressourceneinsatz gewährleistet werden.[564]

4.2.3 Kosten- und Leistungsrechnung und darauf basierende Instrumente

Die Kosten- und Leistungsrechnung ist ein wesentlicher Bestandteil der Verwaltungsmodernisierung und des Steuerungsprozesses, da zur erfolgreichen Steuerung einer Verwaltungseinheit notwendige Informationen über die Kosten und Leistungen (Kostenarten-, Kostenstellen- und Kostenträgerrechnung)[565] ermittelt werden.[566] Die Kostenrechnung dient in Form einer Planungsrechnung als Grundlage für zu treffende Entscheidungen, als Kontrollrechnung ermöglicht sie Soll-Ist-Vergleiche und zusätzlich nimmt sie auch Dokumentationsaufgaben wahr.[567] Es muss jedoch beachtet werden, dass „allein durch die Einführung der Kostenrechnung in die Verwaltungsbetriebe […] keine nennenswerte Steigerung der Wirtschaftlichkeit zu erwarten“[568] ist, da hierzu weitere Steuerungskomponenten notwendig sind.[569]

So bildet die Kosten- und Leistungsrechnung für viele Elemente der New Public Management-Bewegung die Basis, wie z.B. für das Berichtswesen, das Controlling, das Kontraktmanagement, die dezentralen Verantwortungsbereiche und für Mitarbeiterprogramme, die Leistungsanreize bieten.[570] Die Einführung einer Kosten- und Leistungsrechnung darf aber nicht nur mit dem Ziel verfolgt werden, nach außen eine generelle Reformbreitschaft signalisieren zu können, vielmehr müssen die generierten Informationen in die Steuerungs- und Entscheidungsprozesse der Politik und Verwaltung noch besser eingebunden werden.[571]

---

564 Vgl. Arbeitskreis „Integrierte Verbundrechnung“ (2005), S. 888; Berens, W. et al. (2008), S. 110. STREITFERDT regt an, dass die kommunale Haushaltsrechnung durch eine Wertschöpfungsrechnung zu erweitern ist, um so die Wertschöpfung einer Kommune beurteilen zu können; vgl. Streitferdt, L. (2000), S. 288-292. Vgl. zur Wertschöpfungsrechnung im Unternehmensbereich Haller, A. (1997).

565 Folgende Fragestellungen stehen hinter diesen Teilrechnungen: Kostenartenrechnung (Welche Kosten fallen an?), Kostenstellenrechnung (Wo fallen die Kosten an?) und Kostenträgerrechnung (Wofür fallen die Kosten an?); vgl. Coenenberg, A. G./Fischer, T. M. et al. (2012), S. 67-69.

566 Vgl. Adamaschek, B. (2005), S. 360; Buchholtz, K. (2000), S. 404.

567 Vgl. Coenenberg, A. G./Fischer, T. M. et al. (2012), S. 22-23.

568 Gornas, J. (1976), S. 241.

569 Vgl. Schauer, R. (1988), S. 511.

570 Vgl. Adamaschek, B. (2005), S. 360-361.

571 Vgl. Budäus, D./Hilgers, D. (2009), S. 390; Budäus, D./Hilgers, D. (2010a), S. 96-97.

4.2.3.1 Zwecke der Kosten- und Leistungsrechnung

Die Zwecke der Kosten- und Leistungsrechnung im öffentlichen Sektor sind die Kosten-(Wirtschaftlichkeits-)kontrolle, die ein Benchmarking der Verwaltungseinheiten ermöglichen soll, eine dem Gebührenrecht entsprechende Gebührenkalkulation für entgeltliche Güter und Dienstleistungen sowie allgemeine Steuerungsaufgaben, wie z.B. die Festlegung des an quantitativen, qualitativen, zeitlichen und räumlichen Gesichtspunkten auszurichtende Leistungsprogramms und die sich daraus u.a. ergebenden *make-or-buy*-Entscheidungen.[572] Die Kostenrechnung wird bei der integrierten Verbundrechnung nicht wie die anderen Module buchungstechnisch in die Doppik eingebunden, sondern im Sinne eines Zweikreissystems als separates System geführt und besteht aus der oben genannten Kostenarten-, Kostenstellen- und Kostenträgerrechnung.[573]

In der Kostenartenrechnung werden die angefallenen Kosten der Verwaltungseinheit erfasst und nach Kostenarten gegliedert. Hierzu werden aus den in der doppelten Buchführung erfassten Erträgen und Aufwendungen der Ergebnisrechnung Kosten und Leistungen abgeleitet und um neutrale Erträge und Aufwendungen, Anderskosten/-leistungen und Zusatzkosten/-leistungen korrigiert bzw. ergänzt.[574]

In der Kostenstellenrechnung werden die Kostenarten den verursachenden, organisatorischen Bereichen, den sog. Kostenstellen, zugerechnet.[575] Die Kostenstellenrechnung dient primär der Kostenkontrolle und Wirtschaftlichkeitssteuerung, zielt ab auf die Transparenz bei und Verrechnung von Gemeinkosten und die Darstellung von Kostenverantwortlichkeiten und Leistungsbeziehungen innerhalb der Verwaltungseinheit, und verbindet somit die Ressourcensichtweise der Kostenartenrechnung und mit der Produktsichtweise der Kostenträgerrechnung.[576]

Als dritte Kostenrechnungskomponente schlüsselt die Kostenträgerrechnung die Kosten auf die Kostenträger zu.[577] Kostenträger sind die in den Kostenstellen erbrachten und an verwaltungsexterne bzw. -interne Leistungsempfänger abgegebenen Leistungen, die als Produkte

572 Vgl. Ahlgrimm, C. (2000), S. 373; Bals, H. (1989), Sp. 825-837; Brede, H. (2005), S. 200; Buchholz, W. (2003), S. 605.

573 Vgl. Budäus, D./Hilgers, D. (2009), S. 389; Lüder, K. (2001), S. 60.

574 Vgl. Budäus, D./Hilgers, D. (2009), S. 389; Coenenberg, A. G./Fischer, T. M. et al. (2012), S. 67-68; Lüder, K. (2001), S. 60-63. Neutralen Aufwendungen und Erträgen stehen keine Kosten und Leistungen gegenüber. Anderskosten und -leistungen stehen Aufwendungen und Erträge in anderer Höhe gegenüber. Zusatzkosten und -leistungen stehen keine Aufwendungen und Erträge gegenüber. Vgl. Coenenberg, A. G./Fischer, T. M. et al. (2012), S. 24-26.

575 Vgl. Coenenberg, A. G./Fischer, T. M. et al. (2012), S. 68-69; Lüder, K. (2001), S. 63.

576 Vgl. Lüder, K. (2001), S. 65; Raupach, B./Stangenberg, K. (2009), S. 169.

577 Vgl. Coenenberg, A. G./Fischer, T. M. et al. (2012), S. 69; Lüder, K. (2001), S. 65.

definiert werden.[578] Mittels der Kostenträgerrechnung wird der Ressourcenverbrauch für die erbrachten Produkte ermittelt und ein Vergleich innerhalb einer oder zwischen unterschiedlichen Verwaltungseinheiten mit deren Produktkosten ermöglicht.[579]

4.2.3.2 Mit der Kosten- und Leistungsrechnung verbundene Problembereiche

Die Probleme im Zusammenhang mit der Kosten- und Leistungsrechnung, die sich aus den Besonderheiten des öffentlichen Sektors ergeben und in dieser Form im privatwirtschaftlichen Unternehmensbereich nicht auftreten, sind z.B. die Definition von Kostenträgern bzw. Leistungen/Produkten, die Leistungsmessung und die Berücksichtigung von externen Effekten.[580] Um eine Verzahnung zwischen den Leistungen als Nutzen und den Kosten herstellen zu können, muss ein in sich stimmiger Produktkatalog entwickelt werden, da ein Produkt „als Output das Ergebnis und die Schnittstelle im Wertschöpfungsprozess einer Organisation zwischen Input (Kosten) und Outcome (Nutzen) ist“[581].[582] Gleichzeitig muss sichergestellt werden, dass die aus dem Produktkatalog abgeleiteten Produkte identisch sind mit den Kostenträgern der Kostenträgerrechnung. Dies ist in der Verwaltungspraxis aber nicht immer gewährleistet, da hier oft Kostenstellen als Kostenträger charakterisiert werden und damit die Kosten nicht dem Produkt (als eigentlichen Kostenträger), sondern dem Ort der Kostenentstehung (Kostenstelle) zugeschlüsselt werden.[583] Die Produktabgrenzungen werden auch dahingehend falsch verstanden, indem „Inputgrößen (z.B. Gebäude) oder Aktivitäten und Funktionen als Output/Leistungen definiert“[584] werden. Zusätzlich werden Verwaltungsvergleiche durch eine uneinheitliche Produktdefinition erschwert.[585]

578 Vgl. Balzer, K. (2005), S. 425; Lüder, K. (2001), S. 65. Über Produkte wird der Mitteleinsatz in Form von Kosten mit den Ergebnissen der Leistungserstellung verbunden.

579 Vgl. Raupach, B./Stangenberg, K. (2009), S. 172. Siehe zu Leistungsvergleichen, die den Wettbewerbsgedanken des privatwirtschaftlichen Sektors auf den öffentlichen Sektor übertragen, Adamaschek, B. (2003), S. 649-650; Adamaschek, B. (2007), S. 750-767. Siehe zum Benchmarking in öffentlichen Verwaltungen Thau, A. (2009).

580 Vgl. Brede, H. (2005), S. 200. BREDE führt des Weiteren auch die Bestimmung des Umfangs der Gemeinkosten und die Aussagefähigkeit von Trennungsrechnungen im Querverbund an. Herausforderungen sind hierbei die richtige Schlüsselung von Gemeinkosten der Querschnittsämter, Leitungsorganen und anderen zentralen Einrichtungen, aber nur innerhalb einer Verwaltungseinheit und nicht des gesamten übergeordneten politisch-administrativen Systems; vgl. Brede, H. (2000), S. 359-360; Brede, H. (2005), S. 203.

581 Goldbach, A. (2003), S. 208.

582 Vgl. Schauer, R. (2012), S. 168.

583 Vgl. Budäus, D. (2006a), S. 197; Budäus, D. et al. (2004), S. 231; Budäus, D./Hilgers, D. (2007), S. 38. Ein Beispiel kann das Produkt „Führerscheinerstellung“ und die Kostenstelle „Kfz-Zulassungsstelle“ sein.

584 Budäus, D./Hilgers, D. (2009), S. 389.

585 Vgl. Budäus, D./Hilgers, D. (2009), S. 389-390. Nach REICHARD ist zu kritisieren, dass man im Rahmen der Reformen und des „deutsche[n] Perfektionismusanspruch[es] […] detaillierte und umfangreiche Leistungsbeschreibungen und Produktkataloge erarbeitet [hat], die viel Energie gebunden und vom Ziel einer wirkungsorientierten Steuerung eher abgelenkt haben“ (Reichard, C. (2002), S. 274); siehe hierzu auch Balzer, K. (2005), S. 428, 430.

Bei der Betrachtung leistungswirtschaftlicher Erfolge muss beachtet werden, dass die Leistungen einer Verwaltungseinheit nicht nur die aus einem Leistungserstellungsprozess resultierenden Produkte sind, sondern größtenteils auch aus der Leistungserstellung als Tätigkeit an sich und der vorgehaltenen Leistungsbereitschaft als Kapazitäten, wie Feuerwehr, Katastrophenschutz und Rettungswesen, bestehen.[586] Die meisten Kosten fallen für die Aufrechterhaltung der Kapazitäten an und nur ein geringer Anteil ist direkt von dem Volumen der Leistungsinanspruchnahme abhängig.[587]

Die öffentlichen Leistungen sind meistens immaterieller Art, also Dienstleistungen, und können nicht monetär bewertet werden, da keine Marktpreise und auch keine monetären Wertmaßstäbe direkt ermittelbar sind. Dies bereitet nicht unerhebliche Probleme bei der Leistungsmessung in qualitativer und quantitativer Hinsicht, da die Beurteilung der Effizienz und Effektivität des Verwaltungshandelns nur über zu entwickelnde Indikatoren möglich ist, wie sie in der weiter unten angesprochenen Wirkungsrechnung Verwendung finden.[588] Schwierigkeiten bei der Messung der öffentlichen Leistungen ergeben sich zum einen aus der Langfristigkeit der Wirkungen, da sich z.B. bei Bildungsinvestitionen erst nach mehreren Jahren möglicherweise positive Auswirkungen zeigen.[589] Zum anderen müssen aufgrund der Tatsache, dass die öffentliche Leistungserbringung auf das Gemeinwohl abzielt, bei der Erstellung einer Kosten- und Leistungsrechnung auch externe Effekte einbezogen werden, da nur so die vollumfängliche Wirkung der Verwaltungstätigkeit auf das Gemeinwohl abgebildet werden kann.[590] Beispielsweise kann der kostenlose Schwimmunterricht in der Schule dazu beitragen, dass Haltungsschäden bei Kindern verhindert oder korrigiert werden. Dies müsste als externer Effekt das Ergebnis des Hallenbades positiv beeinflussen und als Zusatzleistungen (im Gegensatz zu Zusatzkosten) berücksichtigt werden, was aber aufgrund von notwendigen Schätzungen in der Verwaltungspraxis nicht erfolgt.[591]

Wie in Kapitel 2.4.1.3 angesprochen, ist das Ziel der Verwaltungsmodernisierung eine output- bzw. outcomeorientierte Verwaltungsführung und -steuerung, die wirtschaftlich ist und deren Effektivität und Effizienz an den erbrachten Leistungen und den damit erreichten Wirkungen bei den Leistungsempfängern gemessen werden kann. Hiermit verbunden ist eine produkt-

---

586 Vgl. o.V. (2003a), S. 1183; o.V. (2003j), S. 642; Schauer, R. (1994), S. 31.

587 Vgl. o.V. (2003a), S. 1183-1184; o.V. (2003j), S. 642; Schauer, R. (1994), S. 31.

588 Vgl. Brede, H. (2005), S. 201-202; Buschor, E. (1993), S. 253-254; Schauer, R. (1994), S. 31; Wissenschaftliche Kommission „Öffentliche Unternehmen und Verwaltungen" (1993), S. 288-290, 292-293.

589 Vgl. Goldbach, A. (2003), S. 124; Goldbach, A. (2005), S. 126-127.

590 Vgl. Bals, H. (1989), Sp. 833; Brede, H. (2000), S. 361-362; Brede, H. (2005), S. 202-203; Goldbach, A. (2003), S. 124; Goldbach, A. (2005), S. 126.

591 Vgl. Brede, H. (2005), S. 202-203.

oder outputorientierte Budgetierung, die auf den Daten der Kosten- und Leistungsrechnung und einer vollumfänglichen Vermögensrechnung, z.B. zur Ermittlung der Abschreibungsbeträge, aufbaut, da sie sowohl die Finanz- als auch die Ressourcen- und Leistungsplanung umfasst.[592]

Bei Anwendung des kameralistischen Rechnungsstils wird die Budgetierung oft als inputorientiert verstanden, da aufgrund des Geldverbrauchskonzepts nur eine zahlungsorientierte Zuweisung von Haushaltsmitteln erfolgt, nach dem Motte „Was viel kostet, muss ja richtig sein", ohne eine tatsächliche Transparenz und Kontrolle über die damit erzielten Outputs und Outcomes zu haben. Des Weiteren ist diese Budgetierungsform eine „intelligente Sparstrategie"[593] (zumindest für die politischen Akteure), da sie die Verantwortung für die Sparzwänge an die einzelnen Verwaltungseinheiten abschieben und diese mit den zur Verfügung stehenden finanziellen Mitteln zurechtkommen müssen.[594]

Modifizierungen dieser inputorientierten Budgetierung sind Globalbudgets anstelle von detaillierten Mittelzuweisungen und die Aufhebung der jahrzehntelangen Zweckbindung zu Gunsten einer umfassenden Deckungsfähigkeit der Budgets, die damit nicht mehr an einzelne Ausgabenarten gebunden sind, so dass zumindest teilweise größere Handlungsspielräume für das Verwaltungsmanagement entstehen.[595] Hierdurch werden Anreizmechanismen geschaffen, da auf der einen Seite die einzelnen Verwaltungseinheiten sich durch eine sparsame Ressourcenbewirtschaftung selbst „belohnen" können und die Motivation der Beschäftigten durch mehr Eigenverantwortung gesteigert wird, aber auf der anderen Seite auch das aus dem Budgetrecht resultierende „(Detail-) Steuerungspotentials des Parlaments"[596] verringert wird.[597] Globalbudgets sind mit einem System aus Leistungsvereinbarungen, in denen die politischen Akteure das „Was" und die Verwaltung das „Wie" der Leistungserbringung festlegen, und den dafür notwendigen Leistungsindikatoren zu kombinieren.[598]

592 Vgl. Berens, W. et al. (2008), S. 111; Budäus, D./Hilgers, D. (2009), S. 389; Schauer, R. (2012), S. 208.
593 Budäus, D. (2006a), S. 196; Budäus, D./Hilgers, D. (2007), S. 37; Budäus, D./Hilgers, D. (2009), S. 391.
594 Vgl. Budäus, D. (2006a), S. 196; Budäus, D./Hilgers, D. (2007), S. 37; Budäus, D./Hilgers, D. (2009), S. 391.
595 Vgl. Budäus, D. (2006a), S. 196; Budäus, D./Hilgers, D. (2007), S. 37; Budäus, D./Hilgers, D. (2009), S. 391. Siehe zu Globalbudgets z.B. Schedler, K. (2003b), S. 446-447. Zu Problemstellungen und zum Zusammenhang zwischen externen, den einzelnen Verwaltungseinheiten zugeteilten und internen Budgets, die den einzelnen Verantwortungsbereichen einer Verwaltungseinheit als Unterbudgets zustehen; vgl. Grommas, D. (2005), S. 139-163.
596 Lüder, K. (2001), S. 14.
597 Vgl. Hebeler, T. (2002), S. 76; Lüder, K. (2001), S. 14.
598 Vgl. Schauer, R. (2012), S. 106.

Um aber den Zielen der Verwaltungsmodernisierung auch tatsächlich entsprechen zu können, sind globale, outputorientierte und auf dem Ressourcenverbrauchskonzept basierende Budgetierungsansätze notwendig.[599] Problematisch ist nur, dass im Sinne der integrierten Verbundrechnung die Budgetierung die Planungsrechnung darstellt und auf dem Ergebnishaushalt basiert, der sich aber nur aus einer flächendeckenden Kosten- und Leistungsrechnung ableiten lässt, die das Bindeglied zwischen Ergebnishaushalt und Ergebnisrechnung ist.[600] Hierzu ist neben der Kostenrechnung eine Leistungsrechnung zu etablieren. In diesem Fall kann der privatwirtschaftliche Unternehmensbereich nur bedingt als Referenzmodell dienen. Dort entspricht die Leistungsrechnung der Kostenträgerrechnung und stellt primär eine Erlösrechnung dar, da sich der monetäre Wert der Leistungen über Marktpreise ableiten lässt.[601] Aufgrund der oft fehlenden Kausalität zwischen erhaltenen und eingesetzten Ressourcen im Leistungserstellungsprozess ist diese Vorgehensweise für öffentliche Verwaltungen größtenteils nicht sinnvoll, um die leistungswirtschaftlichen Ziele zu erfassen. Oft gibt es keine monetär fassbaren Erfolge wie Umsatzerlöse, da – wie bereits oben angesprochen – Leistungen unentgeltlich abgegeben werden oder nicht monetarisierbar sind.[602] Diese Informationslücke ist systemimmanent und als gravierend einzuschätzen.[603] Falls dennoch die Leistungsrechnung als Kostenträgerrechnung ausgestaltet ist, muss gewährleistet werden, dass die Produkte mit den Kostenträgern identisch sind.[604]

Um diesen Reformbereich zu schließen und eine Verbindung zwischen der Leistungsmessung und der Leistungsbeurteilung, die im Rahmen der Verwaltungsmodernisierung eine wichtige

---

599 Ein nächster Entwicklungsschritt ist die wirkungsorientierte Budgetierung, die in ihrer Umsetzung noch komplexer ist, da eine kausale Verbindung zwischen den zugewiesenen Mitteln und den erreichten Wirkungen der Verwaltungstätigkeit hergestellt werden müsste, wozu Outcome-Indikatoren notwendig sind; vgl. Heiling, J. (2003b), S. 1207-1208. Hierfür ist einerseits eine Abstimmung zwischen den politischen Zielen und dem Verwaltungsmanagement notwendig. Da politischen Ziele oft nur ressortübergreifend erreicht werden können, müssen andererseits die unterschiedlichen Verwaltungsressorts zusammenarbeiten. Aus dieser Zusammenarbeit ergibt sich ein Abgrenzungsproblem, besonders wenn die Resultate sehr allgemein und abstrakt formuliert werden: Welches Ressort hat welchen Anteil am erzielten Resultat? Und wem ist die Verantwortung für die Haushaltsmittel zuzuordnen? Vgl. hierzu Boston, J./Pallot, J. (1997), S. 401; Sterck, M./Scheers, B. (2005), S. 27-28.

600 Vgl. Budäus, D. (2006a), S. 196; Budäus, D./Hilgers, D. (2007), S. 37; Budäus, D./Hilgers, D. (2009), S. 391.

601 Vgl. Budäus, D. (2006a), S. 197; Budäus, D./Hilgers, D. (2007), S. 38; Budäus, D./Hilgers, D. (2009), S. 389.

602 Vgl. Budäus, D. (2006a), S. 197; Budäus, D./Hilgers, D. (2007), S. 38; Budäus, D./Hilgers, D. (2009), S. 389; Goldbach, A. (2003), S. 208; Schauer, R. (1994), S. 30-31. Öffentliche Verwaltungen sind Aufwandswirtschaften bei denen ein Vergleich von Aufwendungen und Erträge einen monetären, aber nicht leistungswirtschaftlichen Erfolgssaldo ergibt und nur die wertmäßige Deckung des Ressourceneinsatzes mit den Ressourcenerträgen einer Periode darstellt; vgl. Schauer, R. (1994), S. 30-31.

603 Vgl. Streim, H. (1999), S. 322-323.

604 Vgl. Budäus, D. (2006a), S. 197; Budäus, D./Hilgers, D. (2009), S. 389.

Steuerungsgrundlage für leistungsabhängige Vergütungsmodelle und Verwaltungsvergleiche darstellt, zu erzielen, sieht GOLDBACH drei mögliche, noch weiter zu vertiefende Ansätze.[605]

Die erste Möglichkeit zur Verzahnung der Kosten- und Leistungsseite kann eine Nutzwertanalyse sein, die so zu modifizieren ist, dass auch die sonst bei diesem Verfahren ausgesparte Kostenseite berücksichtigt wird. Dies könnte dadurch erreicht werden, dass die Kosten als Ziel, z.B. als Kostenminimierung, definiert und in das Zielsystem der Nutzwertanalyse eingegliedert werden.[606]

Die zweite Möglichkeit wird in einem Ausbau der Nutzwertanalyse zu einer Kostenwirksamkeitsanalyse oder Kostennutzwertanalyse gesehen, indem die Leistungs- und Kostengrößen ins Verhältnis zueinander gesetzt werden.[607]

Als dritte Möglichkeit wird die Idee von SCHAUER aufgegriffen, der eine zweigeteilte Vorgehensweise zur Verknüpfung von Kosten und Leistungen vorschlägt.[608] Hierfür sind die von der Verwaltungseinheit erbrachten Produkte in Kollektivgüter, wie z.B. Sicherheit, Bildung, soziale Wohlfahrt, und Individualgüter, wie z.B. Leistungen von Regiebetrieben und Gebührenhaushalten, zu unterscheiden und getrennt zu behandeln.[609] Individualgüter sind grundsätzlich marktfähig, werden entgeltlich an die Leistungsempfänger abgegeben und führen zu monetären Erlösen, so dass eine Saldierung der Kosten mit den Erlösen möglich ist und hieraus der Erfolgssaldo entwickelt und zur Analyse der Kostenwirtschaftlichkeit verwendet werden kann.[610] Kollektivgüter hingegen haben keine ermittelbaren Marktpreise und sind zur Beurteilung der Aufgabenerfüllung an ihren erzielten Wirkungen zu messen.[611] Hierzu ist ein Erfolgsquotient aus den Leistungswirkungen und den Kosten zu bilden, wie z.B. „Verringerung der Ausbreitung von Infektionskrankheiten in Gegenüberstellung mit den hierfür notwendigen Kosten für die Öffentlichkeitsarbeit und für Impfmaßnahmen“[612].[613]

---

605 Vgl. Goldbach, A. (2003), S. 207-210.

606 Vgl. Goldbach, A. (2003), S. 207. Kritikpunkte sind u.a., dass Kosten zuerst in Geldeinheiten aufwendig erfasst werden, um dann wieder in dimensionslose Skalen übertragen zu werden und dass bei einer Nutzwertmethode zur Addition von Teilnutzwerten zu einem Gesamtnutzwert die einzelnen Teilziele hinreichend unabhängig sein müssen, was aber aufgrund des Wertschöpfungsprozesses im öffentlichen Sektor zwischen Kosten und Nutzen nicht gegeben ist; vgl. Goldbach, A. (2003), S. 208-209.

607 Vgl. Brede, H. (2005), S. 174-175, 272-273; Goldbach, A. (2003), S. 209. Siehe zur Nutzwertanalyse als Instrument strategischer Entscheidungen im öffentlichen Sektor Kirchhoff-Kestel, S./Ott, S. (2012), S. 6-9.

608 Vgl. Goldbach, A. (2003), S. 210; Schauer, R. (1994), S. 30-33.

609 Vgl. Goldbach, A. (2003), S. 210; Schauer, R. (1994), S. 31.

610 Vgl. Goldbach, A. (2003), S. 210; Schauer, R. (1994), S. 32-33.

611 Vgl. Goldbach, A. (2003), S. 210; Schauer, R. (1994), S. 31.

612 Schauer, R. (1994), S. 32.

613 Vgl. Goldbach, A. (2003), S. 210; Schauer, R. (1994), S. 31-33. GOLDBACH führt an, dass es in der Verwaltungspraxis zu Abgrenzungsproblemen zwischen Kollektiv- und Individualgütern und der Zurechnung von Kostenanteilen kommen könnte; vgl. Goldbach, A. (2003), S. 210.

Um die öffentlichen Leistungen vollumfänglich zu erfassen, reicht es nicht aus, nur den Output abzubilden, vielmehr müssen der quantitativ zählbare und auch der qualitative Outcome, wie z.B. Bildung, in einer Wirkungsrechnung erfasst werden.[614] Im Gegensatz zur 3-Komponenten-Rechnung und der ergänzenden Kosten- und Leistungsrechnung, die in einen Verbund integriert werden können, ist ein systematischer Verbund der Wirkungsrechnung mit den anderen Rechnungen kaum vorstellbar.[615] Um die Wirksamkeit der Verwaltungstätigkeit ermitteln zu können, muss ein Kennzahlensystem entwickelt werden, dessen Wirkungsindikatoren eine auf die zentralen Wirkungen ausgerichtete, valide, widerspruchsfreie, zeitnahe, einfache, genaue, verlässliche, vollständige, den Persönlichkeitsschutz gewährleistende und wirtschaftliche Datenerhebung ermöglichen.[616] Die Validität (Gültigkeit) zeigt, wie gut der reale Sachverhalt durch die zahlenmäßige Erfassung in Form der Wirkungsrechnung abgebildet wird. Dies ist aber auch problematisch, da z.B. bei der Evaluierung der Leistungen eines Lehrstuhls als Lehreinheit an einer Universität durch zusätzliche Faktoren, wie Zu- und Abneigung des Faches bzw. der Lehrenden, die Aussagen der Studierenden beeinflusst werden können.[617] Ähnliche Probleme zeigen sich auch bei den Kriterien der Widerspruchsfreiheit und Verlässlichkeit.[618] Für öffentliche Verwaltungseinheiten bietet es sich an, eine Wirkungsrechnung in Ergänzung zu einem Lagebericht aufzunehmen.[619]

Zusammenfassend ist festzustellen, solange wie die Probleme der öffentlichen Kosten- und Leistungsrechnung (gerade im Hinblick auf die Leistungsrechnung) nicht gelöst sind oder wegen der Probleme vor einer Einführung der Kosten- und Leistungsrechnung Abstand genommen wird, sind die Erfahrungen mit einer Kosten- und Leistungsrechnung im privatwirtschaftlichen Unternehmensbereich im öffentlichen Sektor nachzubilden, um eine Informationsbasis zu schaffen, die den Anforderungen des öffentlichen Sektors entsprechend kontinuierlich angepasst und verbessert werden kann. Auch dann, wenn aufgrund fehlender Informa-

---

614 Vgl. Brede, H. (2005), S. 206-207; Buschor, E. (1993), S. 253-254; Schauer, R. (1994), S. 31; Wissenschaftliche Kommission „Öffentliche Unternehmen und Verwaltungen“ (1993), S. 288-290, 292-293.

615 Vgl. Brede, H. (2005), S. 208-209; Buschor, E. (1993), S. 253.

616 Vgl. Brede, H. (2005), S. 209; Buschor, E./Lüder, K. (1994), S. 183-184.

617 Vgl. Brede, H. (2005), S. 209. Siehe zur Leistungsbeurteilung im Hochschulbereich auch Potthoff, E. (1987), S. 83-97. Siehe zur Reform des Rechnungswesens im öffentlichen Hochschulbereich z.B. Brede, H. (2007), S. 203-211; Hilgers, D. (2008a), S. 180-188; Marettek, C. (2011), S. 462-473.

618 Vgl. Brede, H. (2005), S. 209-210.

619 Vgl. Brede, H. (1997), S. 328; Brede, H. (2005), S. 210. Siehe zum Projekt zur Leistungs- und Wirkungsberichterstattung nach IPSAS Kapitel 5.4.3.2 und zum Projekt zur erläuternden Berichterstattung nach IPSAS Kapitel 5.4.3.3. Die IPSAS enthalten bis jetzt keine Regelungen zur Erstellung eines Lage- bzw. Rechenschaftsberichts. Siehe auch Kapitel 3.3.2.1.2.2.2 zum kommunalen Lagebericht.

tionen Fehlsteuerungen in Kauf genommen werden müssen und nur durch weitere Forschungsaktivitäten behoben werden können.[620]

Die Weiterentwicklung der öffentlichen Kosten- und Leistungsrechnung hat deshalb einen hohen Stellenwert, da im öffentlichen Sektor im Gegensatz zum privatwirtschaftlichen Bereich der Markt als regulierender Faktor fehlt und die Verwaltungseinheiten somit keine Rückkopplung durch das Kaufverhalten der Kunden zur Preisgestaltung, Produktqualität, Serviceleistung, Innovationskraft, Kundenzufriedenheit und Wettbewerbspositionierung etc. erhalten.[621] Anhand dieser Informationen ist es den privatwirtschaftlichen Unternehmen möglich, eine ganzheitliche Beurteilung ihrer Produkte zu erfahren, da die Kaufentscheidung der Kunden nicht nur von dem Preis, sondern auch von der Qualität, dem Service und sonstigen Gesichtspunkten abhängt, die besser als bei Konkurrenzprodukten eingeschätzt werden müssen, da auf einem funktionierenden Markt immer eine Wettbewerbssituation herrscht. Das Unternehmen kann sich und seine Produkte somit im Vergleich zu anderen Unternehmen einordnen und zu optimierende Bereiche ableiten.[622]

Diese Möglichkeiten, sich und seine Güter und Dienstleistungen am Markt und an den dort zu erzielenden Preisen und Umsatzerlösen zu reflektieren, bestehen für öffentliche Verwaltungseinheiten im Wesentlichen nicht und sind durch geeignete Berichts- und Steuerungsinstrumente (wie z.B. Benchmarking) zu kompensieren. Hierzu muss im Sinne der ganzheitlichen Leistungsbeurteilung öffentlicher Verwaltungseinheiten sichergestellt werden, „dass nicht nur über Kosten und Mengen, sondern auch über Qualität, Service, Innovation, Kundenzufriedenheit und vor allem Zielerreichung (Wirkung) berichtet wird“[623]. Des Weiteren kann die Qualität der Leistungen einer Verwaltungseinheit nur beurteilt werden, wenn diese mit denen anderer Verwaltungen verglichen werden.[624] Einen Anreiz, seine Leistungen zu optimieren, erhält die Verwaltungseinheit nicht über die Erfolge am Markt, sondern über eine transparente Berichterstattung für die Öffentlichkeit mit entsprechenden Sanktionierungen, wie adverse Publizität, Berücksichtigung im Wählerverhalten etc.[625] Damit die Reform des Haushalts- und Rechnungswesens erfolgreich wird, ist eine systematische Vorgehensweise entscheidend:

620 Vgl. Brede, H. (2005), S. 203; Buchholtz, K. (2000), S. 404. Eine noch nicht voll ausgereifte Leistungsrechnung ist besser, als wenn gar keine Leistungsrechnung vorgenommen wird.
621 Vgl. Adamaschek, B. (2005), S. 364-366.
622 Vgl. Adamaschek, B. (2005), S. 365-366.
623 Adamaschek, B. (2005), S. 366.
624 Vgl. Adamaschek, B. (2005), S. 368; Adamaschek, B. (2007), S. 750-753; Maerker, R. (2007), S. 257.
625 Vgl. Adamaschek, B. (2005), S. 366-369.

- „kein ressourcenorientiertes Rechnungswesen ohne ressourcenorientiertes Budget;
- keine Kostenrechnung ohne ressourcenorientiertes (finanzielles) Rechnungswesen;
- kein Produkthaushalt ohne Leistungsrechnung;
- keine ‚Insellösung', sondern eine flächendeckende Einführung der integrierten Verbundrechnung."[626]

Der momentane Reformstand des öffentlichen Haushalts- und Rechnungswesens in unterschiedlichen Ländern wird im Folgenden dargestellt.

4.3 Reformfortschritte

Historisch betrachtet, gab es bereits neben der Anwendung des kaufmännischen Rechnungswesens in den mittelalterlichen Staatsbuchhaltereien italienischer Städte immer wieder Versuche, die Prinzipien der kaufmännischen Buchführung auf die öffentlichen Verwaltungen zu übertragen und dort umzusetzen.[627] In den letzten Jahren und Jahrzehnten hat sich die öffentliche Rechnungslegung dahingehend gewandelt, dass in vielen Ländern auf den unterschiedlichen Staatsebenen die traditionell dominierende Kameralistik durch die kaufmännische Rechnungslegung in Form einer periodengerechten Erfolgsermittlung und der Doppik ersetzt wurde und wird.[628] Diese Reformfortschritte werden in den nächsten Unterkapiteln zunächst aus einer internationalen und dann nationalen Perspektive kurz beleuchtet.

4.3.1 Internationaler Reformstand

Der internationale Vergleich der öffentlichen Rechnungslegung in unterschiedlichen Ländern und ein hiermit verbundener Erfahrungsaustausch zur öffentlichen Rechnungslegung wird von dem Comparative International Governmental Accounting Research Network (CIGAR) gefördert, das bereits 1987 von CHAN, JONES und LÜDER gegründet wurde.[629] Um diesen Austausch zu ermöglichen, veranstaltet das CIGAR seit 1987 im Zwei-Jahres-Rhythmus die Biennial Conferences[630], seit 2003 die Biennial PhD Seminars, seit 1992 die Biennial Work-

626 Schauer, R. (2006), S. 19.

627 Vgl. Schmalenbach, E. (1962), S. 251-254; Wirtz, H. (2010), S. 13. Siehe auch Kapitel 2.4.1, dass NPM nicht „new" ist.

628 Vgl. Wirtz, H. (2010), S. 13.

629 Siehe zu CIGAR die Beschreibungen unter www.cigar-network.net. Für Forschungsaktivitäten im Rahmen von CIGAR vgl. die Beiträge in Bräunig, D./Eichhorn, P. (2002); Budäus, D. et al. (2000), Kapitel 1. Vgl. zu den folgenden Ausführungen auch Wirtz, H. (2010), S. 13-14. Siehe zum Aufbau und den Möglichkeiten internationaler Studien zum öffentlichen Rechnungswesen Lüder, K. (2008a), S. 235-250.

630 Die zu den Biennal Conferences erschienenen Tagungsbände bzw. herausgegebenen Sonderhefte sind in chronologischer Reihenfolge Chan, J. L./Jones, R. H. (1988); Buschor, E./Schedler, K. (1994); Chan, J. L. et al. (1996); Caperchione, E./Mussari, R. (2000); Bac, A. (2001); Montesinos, V./Vela, J. M. (2002); Bourmistrov, A./Mellemvik, F. (2005); Lande, E./Scheid, J.-C. (2006); Jorge, S. (2008); Caperchione,

shops und führte zwischen 2001 und 2003 die Euro-CIGAR Studie[631] durch. Dieses Projekt zielte auf einen Vergleich des öffentlichen Haushalts- und Rechnungswesens in neun europäischen Ländern ab, sowohl auf staatlicher als auch kommunaler Ebene und zeigt beabsichtige und laufende Reformvorhaben auf.[632] Die Studienergebnisse lassen sich nach LÜDER so zusammenfassen, dass derartige Reformen normalerweise auf der kommunalen Ebene beginnen, da in den einbezogenen Ländern die Reformen des staatlichen Rechnungswesens immer nach den kommunalen Rechnungswesensreformen stattgefunden haben.[633] Bezüglich des zeitlichen Rahmens zwischen der jeweiligen Reform auf kommunaler und staatlicher Ebene ergibt sich kein gleichmäßiges Bild.[634] Ein weiterer Punkt ist, dass in allen untersuchten Ländern zumindest die Reform des kommunalen Rechnungswesens zum Zeitpunkt der Untersuchung bereits angestoßen war.[635]

Neben dieser in 2003 veröffentlichten Studie erhebt auch die Organisation for Economic Cooperation and Development (OECD) regelmäßig die Rechnungslegungspraktiken ihrer Mitgliedstaaten; der letzte Stand ist aus dem Jahr 2007.[636] Hierzu werden 23 europäische Länder und zusätzlich Australien (Doppik), Japan, Kanada (Doppik), Südkorea, Mexiko, Neuseeland (Doppik) und USA (Doppik) befragt, ob ihre konsolidierten Abschlüsse für die nationale Ebene auf Basis einer periodengerechten Abgrenzung (*accrual based*) erstellt werden.[637] Neben den OECD-Mitgliedsländern werden die Daten von insgesamt 97 Staaten u.a. mithilfe der Weltbank erfasst, so dass auch Datensätze zu Ländern des Mittleren Ostens, aus Afrika, Osteuropa, Asien, Lateinamerika und der Karibik vorliegen.

E./Lapsley, I. (2011). Siehe hierzu die Ausführungen auf der CIGAR-Homepage, siehe ebenfalls Wirtz, H. (2010), S. 13.

631 Vgl. zur ausführlichen Dokumentation dieser Studie Lüder, K./Jones, R. (2003). Zusammenfassungen finden sich bei Lüder, K. (2004), S. S12-S13; Lüder, K. (2005), S. 40-41; Lüder, K. (2008a), S. 240-243. Siehe auch Braun, S. (2011), S. 303-304.

632 Vgl. Lüder, K. (2004), S. S12; Lüder, K. (2005), S. 40. Zu den einbezogenen Ländern zählen Finnland, Frankreich, Deutschland, Italien, Niederlande, Spanien, Schweden, Schweiz, Großbritannien und zusätzlich wurde das Haushalts- und Rechnungswesensystem der Europäischen Kommission analysiert.

633 Vgl. Lüder, K. (2004), S. S13; Lüder, K. (2005), S. 40; Lüder, K./Jones, R. (2003), S. 21. Die einzige Ausnahme ist Spanien, da hier zunächst auf nationaler Ebene mit der Doppik-Einführung begonnen wurde bzw. in etwa zeitgleich war (so auch in Finnland); vgl. Lüder, K. (2005), S. 40; Müller-Marqués Berger, T. (2009a), S. 864.

634 Vgl. Lüder, K. (2005), S. 40; Müller-Marqués Berger, T. (2009a), S. 864.

635 Vgl. Lüder, K. (2004), S. S13; Lüder, K. (2005), S. 40-41. Siehe auch Wirtz, H. (2010), S. 13.

636 Die Ergebnisse dieser Umfrage werden in die Datenbank „*International Budget Practices and Procedures Database*" eingestellt (www.oecd.org/gov/budget/database). Zu den Ergebnissen einer älteren OECD-Erhebung vgl. Lüder, K. (2003a), S. 412-414.

637 Vgl. zusätzlich zur OECD-Homepage auch Müller-Marqués Berger, T. (2009a), S. 864; Wirtz, H. (2010), S. 15. Neben den hier behandelten 30 Datensätzen der 34 OECD-Mitgliedsländern (keine vollständigen Datensätze von Chile, Estland, Israel und Slowenien) liegen insgesamt Daten von 97 Ländern vor.

Land	Kommunale Ebene	Nationale Ebene
Norwegen	Seit 1924	
Großbritannien	1950er	2000
Schweiz	1975-2000	2007
Niederlande	1982	1994*
Schweden	1986	1991*
Polen	Frühe 1990er	
Spanien	1992	1983
Belgien	1995	
Zypern	1995*	
Italien	1995*	1997
Malta	1995	2002*
Finnland	1997	1998
Portugal	Späte 1990er	Späte 1990er
Frankreich	Späte 1990er	2006
Griechenland	1999	
Lettland	2003	2003
Israel		2004*
Dänemark	2004	2002-2007
Deutschland	2004-2016	
Rumänien	2006	2006
Slowakei	2008	2008
Litauen	2010	2010
Tschechien	2010	2010
Österreich		2013
* Einführung der Doppik nur in Teilen der Verwaltung, als Wahlrecht oder in Ergänzung zur traditionellen Rechnungslegung		

Tabelle 1: Umstellungszeitpunkte auf ein doppisches Rechnungswesen[638]

Außer der Studie von LÜDER/JONES und der Befragung der OECD existiert für Europa eine weiterführende Untersuchung der Fédération des Experts Comptables Européens (FEE)[639] aus dem Jahr 2008, an der 26 europäische Staaten teilgenommen haben.[640] Ziel war es u.a. festzustellen, inwiefern die jeweiligen Länder ein auf der doppelten Buchführung basierendes

[638] Quelle: FEE (2008), S. 43; Müller-Marqués Berger, T. (2009a), S. 864. Für Österreich gilt, dass (1) doppische Elemente schon im Rahmen der Mehrphasenbuchführung seit 1970 Anwendung finden und seit 1982 laufend eine Jahresbestandsrechnung und eine Jahreserfolgsrechnung – wenn auch mit problematischen Bewertungsregeln – vorgelegt wird und (2) die Budgetsteuerung erstmals ab 2013 outputorientiert auf Basis von Wirkungszielen erfolgt. Damit entspricht Österreich dem in der Literatur vielfach geforderten Konzept einer integrierten Verbundrechnung (siehe Kapitel 4.2.2) mit einem in der Planung maßgeblichen zahlungsstromorientierten Finanzhaushalt und einem ressourcenorientierten Ergebnishaushalt und in der Rechnungslegung mit einer darauf abgestimmten Finanzrechnung bzw. Ergebnisrechnung und einer diese Rechnung verbindenden Vermögensrechnung.

[639] Der FEE als europäische Vereinigung des Accountants-Berufsstandes gehören 45 Berufsorganisationen aus 33 europäischen Ländern an, wobei alle 27 EU-Mitgliedstaaten enthalten sind.

[640] Vgl. zur Studie FEE (2008). Dieser Studie ging das Paper „*Accural Accounting in the Public Sector*" (FEE Public Sector Committee (2007)) voraus, das auf einer Umfrage unter 17 europäischen Ländern basierte; vgl. FEE (2008), S. 6.

Rechnungswesen eingeführt haben oder einführen werden.[641] Hierzu wurde bei der Befragung zwischen der nationalen, regionalen und der kommunalen Ebene unterschieden und der jeweilige Zeitpunkt der Doppikumstellung erhoben. Die Auswertung erfolgte aber nur für die nationale und kommunale Ebene.[642] Von den befragten Ländern haben nur Slowenien und Ungarn weder auf der kommunalen noch auf der nationalen Ebene auf die Doppik umgestellt. Die Reformstände der anderen Länder sind in Tabelle 1 chronologisch nach dem Zeitpunkt der Reform auf kommunaler Ebene festgehalten.

Wie schon in der OECD-Studie gezeigt, ist der klare Trend zum doppischen Rechnungswesen in öffentlichen Verwaltungen nicht nur in Europa zu erkennen, sondern auch international. Entsprechende Reformen haben z.B. in Australien, Kanada, Neuseeland und den USA stattgefunden.[643] Dennoch gibt es immer wieder Stimmen, die sogar eine Wiedereinführung der Kameralistik und damit die Rücknahme der Doppikumstellung fordern, wie z.B. für das Gemeinderechnungswesen in Norwegen.[644]

Deutschland konnte sich ebenfalls nicht dem internationalen Reformtrend zur Umstellung auf die Doppik in öffentlichen Verwaltungen entziehen, ist aber zu den Ländern zu zählen, die erst relativ spät mit den Reformen begonnen haben und bestätigt damit sein Image als „*slow, hesitating, late reformer*“[645].[646] Dies wird im folgenden Kapitel für die Kommunal-, Länder- und Bundesebene in Deutschland dargestellt.

4.3.2 Reformstand in Deutschland

Die Reformbestrebungen in Deutschland stehen in unmittelbarer Verbindung zur Entwicklung des Neuen Steuerungsmodells der KGSt, die bereits mit dem 1991 veröffentlichten Kurzbericht „Dezentrale Ressourcenverantwortung: Überlegungen zu einem neuen Steuerungsmodell“[647] den Grundstein, insbesondere für die Reformen auf kommunaler Ebene in Deutsch-

641 Vgl. FEE (2008), S. 4; Müller-Marqués Berger, T. (2009a), S. 864; Wirtz, H. (2010), S. 14.

642 Vgl. FEE (2008), S. 7-8. Schwierigkeiten gab es besonders bei der Datenerhebung für die Regional- bzw. Länderebene, da nicht alle Länder einen dreigliedrigen Aufbau der Staatsebenen haben, z.B. nicht in Finnland, Israel und Polen, so dass eine Abgrenzung von klaren Reformtrends eher schwierig war; vgl. FEE (2008), S. 7.

643 Vgl. Wirtz, H. (2010), S. 15.

644 Vgl. Monsen, N. (2006), S. 39. MONSEN führt anhand einer historischen Studie aus, dass die Versuche, das kaufmännische Rechnungswesen in den öffentlichen Verwaltungen einzuführen, stets gescheitert sind, da die Anforderungen an ein öffentlichen Rechnungswesen nicht erfüllt und die erhofften Verbesserungen nicht erreicht werden konnten. Der kaufmännischen Buchführung in der öffentlichen Verwaltung steht auch THIEME aus der Sicht eines Juristen sehr kritisch gegenüber; vgl. Thieme, W. (2008), S. 433-441.

645 Lüder, K. (2003a), S. 415.

646 Vgl. Budäus, D. (2006a), S. 199; Budäus, D./Hilgers, D. (2007), S. 26; Budäus, D./Hilgers, D. (2009), S. 380; Lüder, K./Jones, R. (2003), S. 51-55.

647 Vgl. KGSt (1991) und zum Neuen Steuerungsmodell KGSt (1992); KGSt (1993). Siehe hierzu Kapitel 2.4.2.

land, legte.[648] Diese Überlegungen trafen genau den Nerv der Zeit bei den Verwaltungsmanagern, da diese mit zunehmend knapperen Haushaltsmitteln zu kämpfen hatten und sich mit der Reform einen größeren finanziellen Handlungsspielraum erhofften, was von den Medien und der daraus resultierenden öffentlichen Erwartungshaltung noch verstärkt wurde.[649] Um diese erhoffte Wirtschaftlichkeit in der Verwaltungsführung zu erreichen, wurden in dieser Zeit viele unterschiedliche Versuche zur Umsetzung der Reformelemente vorgenommen, jedoch geschah dies unkoordiniert und zumeist ohne wissenschaftliche Begleitung.[650] Ab 1993 erfuhr die Theorie und Praxis der Neuen Steuerung eine wissenschaftliche Fundierung in Form von Publikationen und Pilotprojekten in Verbindung mit der praxisorientierten Vorgehensweise der KGSt.[651] Das Problem hierbei war, dass die Kommunen durch die theoretischen Überlegungen zwar einen Orientierungsrahmen erhielten, es sich aber kein einheitliches und für alle verbindliches Steuerungssystem mit seinen unterschiedlichen Facetten wie Produktbildung, Budgetierung, Kosten- und Leistungsrechnung, Controlling und Haushalts- und Rechnungswesen herausbildete.[652]

Des Weiteren gab es in Bezug auf den Rechnungsstil zu Beginn dieser Umbruchphase keine rechtlichen Vorschriften, die die Doppikeinführung forderten. Vielmehr ist das Haushaltsgrundsätzegesetz (HGrG), das die Prinzipien für die Erstellung und den Vollzug von Haushaltsplänen in Bund und Ländern regelt und in die Bundeshaushaltsordnung (BHO) bzw. die einzelnen Landeshaushaltsordnungen (LHO) zu übernehmen ist, auch ein möglicher Referenzrahmen für die Gemeindeordnungen (GemO bzw. GO) und die darauf basierenden Gemeindehaushaltsordnungen (GemHVO) und Gemeindekassenverordnungen (GemKVO).[653] Der hiermit verfolgte Zweck einer Harmonisierung des Haushaltsrechts der Gebietskörperschaften führte in Hinblick auf mögliche Reformen zu einer Schwerfälligkeit des gesamten Normensystems, da die notwendige Regelungsdichte umfangreiche Anpassungen nach sich zieht.[654]

648 Vgl. Beyer, L./Kinzel, H. G. (2005), S. 356.
649 Vgl. Beyer, L./Kinzel, H. G. (2005), S. 356.
650 Vgl. Beyer, L./Kinzel, H. G. (2005), S. 356.
651 Vgl. Beyer, L./Kinzel, H. G. (2005), S. 356. Ein Beispiel für die wissenschaftliche Fundierung ist das „Modellprojekt Wiesloch" unter der Leitung von Prof. Lüder, in dem das sog. „Speyerer Verfahren" als konzeptionelle Grundlage des kommunalen Rechnungswesens entwickelt wurde.
652 Vgl. Beyer, L./Kinzel, H. G. (2005), S. 356. Dies wird u.a. deutlich durch die auch jetzt noch heterogene Anwendung des kameralistischen oder doppischen Rechnungsstils auf kommunaler Ebene.
653 In Deutschland garantiert Art. 28 Abs. 2 GG die kommunale Selbstverwaltung, jedoch unterliegt den Ländern die Gesetzgebungskompetenz für das kommunale Haushaltsrecht gemäß Art. 70 ff. GG; vgl. hierzu Beyer, L./Kinzel, H. G. (2005), S. 357; m.w.N. Henkes, J. (2008), S. 2-3.
654 Vgl. Mühlen, M. zur/Loitz, R. (1998), S. 582.

Zu Beginn der Umbruchphase konnten die angestrebten positiven Auswirkungen des Neuen Steuerungsmodells nicht immer vollumfänglich erreicht werden, da es nicht ausreicht, nur einzelne Reforminstrumente umzusetzen, und es ebenfalls auch hinderlich war, dass diese Steuerungswerkzeuge nur neben dem verbindlichen Haushaltsrecht existierten und dadurch beschränkt wurden.[655] Um dennoch die Reformbestrebungen auf kommunaler Ebene zu fördern, wurden in den Ländern sog. Experimentierklauseln[656] für das kommunale Haushaltsrecht eingefügt, die es den Kommunen ermöglichten, eine Erprobung von neuen Reforminstrumenten, wie dezentrale Ressourcenverantwortung, Produktdefinitionen, Budgetierung etc., auch außerhalb des geltenden Haushaltsrechts vorzunehmen.[657] So konnte z.B. von den Vorschriften zum Haushaltsplan, zum Stellenplan oder zum Buchungsstil flächendeckend oder in Teilbereichen abgewichen werden.[658] Des Weiteren musste die konzeptionelle Grundlage für das kommunale Haushaltsrecht geschaffen werden, da die Ablösung der Kameralistik einerseits durch die erweiterte Kameralistik oder andererseits durch die doppelte Buchführung als Alternativen diskutiert wurde.[659]

Hierbei zeichneten sich zwei Arbeiten zur Förderung der Doppik besonders aus, der aus dem Jahr 1995 stammende Bericht der KGSt[660] zur Umstellung vom Geldverbrauchs- auf das Ressourcenverbrauchskonzept auf doppischer Basis und die 1996 von KLAUS LÜDER verfasste Schrift „Konzeptionelle Grundlagen des Neuen Kommunalen Rechnungswesens (Speyerer Verfahren)“[661], die als Basis für die Erprobung der Doppik auf ihre Praxistauglichkeit im baden-württembergischen Modellprojekt Wiesloch ab 1997 parallel zur Kameralistik diente; dieses Modellprojekt führte aufgrund einer Experimentierklausel ab 1999 zum Dauerbetrieb der Doppik in Wiesloch.[662]

Die Abwägung zwischen erweiterter Kameralistik und Doppik veranlasste am 11.06.1999 bei der Innenministerkonferenz zu den Beschlüssen über die „Konzeption zur Reform des kom-

655 Vgl. Häfner, P. (2009), S. 12-13.

656 Die Experimentierklauseln wurden aufgrund des Beschlusses der Innenministerkonferenz (IMK) vom 06.05.1994 in die Gemeindeordnungen aufgenommen, um die Kommunen in ihrem Reformvorhaben zu unterstützen.

657 Vgl. Häfner, P. (2009), S. 13; Müller, S. et al. (2009), S. 40; Vogelpoth, N. (2007b), S. 628.

658 Vgl. Müller, S. et al. (2009), S. 40.

659 Vgl. Häfner, P. (2009), S. 13; Mühlen, M. zur/Loitz, R. (1998), S. 582. MÜLHAUPT plädiert dazu, die Kameralistik so weiterzuentwickeln, dass sie ein der Doppik vergleichbares Rechnungssystem wird; vgl. Mülhaupt, L. (1993), S. 75-105; Streitferdt, L. (1994), S. 880-881.

660 Vgl. KGSt (1995).

661 Vgl. zur 2. Auflage Lüder, K. (1999).

662 Vgl. Lüder, K. (1999), S. V. Siehe auch Häfner, P. (2009), S. 13-14; Henkes, J. (2008), S. 70-71.

munalen Haushaltsrechts“[663] und am 24.11.2000 in Bonn über „Eckpunkte für die Reform des kameralistischen Haushalts- und Rechnungssystems sowie Eckpunkte für ein kommunales Haushalts- und Rechnungssystem auf der Grundlage der doppelten Buchführung“[664], die die Ausarbeitung von Mustertexten sowohl für die kommunale Doppik als auch für die erweiterte Kameralistik vorsahen.[665] Diese jeweiligen Entwürfe eines Gemeindehaushaltsrechts auf kameralistischer und doppischer Basis wurden am 21.11.2003 in Jena von der Ständigen Konferenz der Innenminister und -senatoren (IMK) beschlossen.[666] Die Länder haben hiermit das Recht, den Kommunen eines der beiden Systeme vorzuschreiben oder beide Systeme alternativ zuzulassen (Optionsmodell).[667] Die dadurch grundsätzlich möglichen Unterschiede im öffentlichen Rechnungsstil sind nicht so erheblich wie gedacht, da eine im Sommer 2007 von der KGSt bundesweit durchgeführte Studie mit 971 teilgenommenen Kommunen ergeben hat, dass sich 96,3% für die Einführung der Doppik entschieden haben.[668]

Konkret wurde der IMK-Beschluss so umgesetzt, dass neun[669] der dreizehn Flächenländer ein doppisch basiertes Haushalts- und Rechnungswesen ihren Kommunen vorschreiben, in Bayern und Thüringen ein Wahlrecht zwischen Doppik und Kameralistik und in Hessen und Schleswig-Holstein ein Wahlrecht zwischen Doppik und erweiterter Kameralistik besteht. In Hessen ist das ursprünglich gewährte Optionsrecht am 16.12.2011 mit Wirkung zum 24.12.2011 gestrichen worden und hessische Kommunen, die sich aufgrund des ursprünglichen Wahlrechts gegen die Doppik entschieden haben, müssen ab dem Haushaltsjahr 2015 doppische Haushaltspläne und Jahresabschlüsse aufstellen. Der erste zusammengefasste Abschluss (Gesamtabschluss) ist spätestens zum Jahr 2021 aufzustellen.[670]

Die kommunale Doppik basiert größtenteils auf den Regelungen des Handelsgesetzbuches (HGB) mit länderabhängigen Abwandlungen, so dass unterschiedliche Bilanzierungs- und Bewertungsgrundsätze in der Eröffnungsbilanz und den Folgebilanzen (teilweise Zeitwerte, teilweise fortgeführte Anschaffungs- und Herstellungskosten) die Vergleichbarkeit der Kom-

---

663 Vgl. IMK (1999). Dieses Konzept wurde vom Unterausschuss „Reform des Gemeindehaushaltsrechts“ (UARG) erarbeitet. Dieser Unterausschuss wurde von der Innenministerkonferenz im Mai 1998 als nichtständiger Unterausschuss des Arbeitskreises III „Kommunale Angelegenheiten“ eingesetzt.

664 Vgl. IMK (2000). Diese Eckpunkte wurden ebenfalls von dem UARG erarbeiten.

665 Vgl. Häfner, P. (2009), S. 14; Henkes, J. (2008), S. 71.

666 Vgl. IMK (2003).

667 Vgl. IMK (2003), Anlage 1, Tz. 2.3. Siehe zu detaillierten Ausführungen z.B. Lasar, A. (2010), S. 5-8. Siehe zur Kritik IDW (2005), S. 1-4.

668 Vgl. KGSt (2008), S. 20; Müller, S. et al. (2009), S. 41. Zur Kritik am Optionsmodell vgl. Paul, G. (2003), S. 27; Wagenführer, A. (2003), S. 7. Siehe auch Henkes, J. (2008), S. 72.

669 Dies sind Baden-Württemberg, Brandenburg, Mecklenburg-Vorpommern, Niedersachsen, Nordrhein-Westfalen, Rheinland-Pfalz, Saarland, Sachsen und Sachsen-Anhalt.

670 Vgl. §§ 92 Abs. 2 und 112 Abs. 5 HGO unter Beachtung der Übergangsvorschriften.

munen innerhalb Deutschlands sehr erschweren, da für die Flächenländer bis zu dreizehn unterschiedliche Varianten des kommunalen Haushaltsrechts denkbar wären.[671] Negative Konsequenzen dieser Uneinheitlichkeit, auch verstärkt durch das Optionsmodell, sind u.a. eine „Verwaltungskomplizierung statt Verwaltungsvereinfachung, [...] mangelnde Vergleichbarkeit der Haushalts- und Rechnungsdaten, Standardisierungsprobleme bei den Aus- und Fortbildungssystemen im öffentlichen Bereich, Abstimmungsprobleme zwischen bundeseinheitlichen Statistiken, Standardisierungsprobleme bei der örtlichen und überörtlichen Prüfung und Reformstau durch Planungsunsicherheit und unklare[n] gesetzlichen Vorgaben“[672]. In Tabelle 2 sind die Umstellungswahlrechte und -zeitpunkte für das öffentliche Haushalts- und Rechnungswesen auf kommunaler Ebene der Flächenländer aufgelistet.

Bundesland	**Bezeichnung des Reformprojektes**	**Reformmodell**	**Doppischer Haushaltsplan/ Jahresabschluss (JA) verpflichtend...**	**Gesamt-/ Konzernabschluss verpflichtend...**
Baden-Württemberg	Neues Kommunales Haushalts- und Rechnungswesen (NKHR)	Doppik	ab 2016	ab 2018
Bayern	Neues Kommunales Finanzwesen (NKFW)	Option: Doppik oder Kameralistik	---	fünf Jahre nach erstem doppischen JA; frühestens ab 2012 *(falls Umstellung auf Doppik)*
Brandenburg	Kommunale Doppik	Doppik	ab 2011	zwei Jahre nach dem ersten doppischen JA
Hessen	Neues Kommunales Rechnungs- und Steuerungssystem (NKRS)	vormalige Option: Doppik oder erweiterte Kameralistik	---	ab 2015 *(falls Umstellung auf Doppik)*
		seit 24.12.2011: Doppik	ab 2015	ab 2021
Mecklenburg-Vorpommern	Neues Kommunales Haushalts- und Rechnungswesen (NKHR)	Doppik	ab 2012	drei Jahre nach dem ersten doppischen JA

671 Vgl. zu den gesetzlichen Grundlagen der einzelnen Bundesländer Ellerich, M. (2009b), S. 619-625; Vogelpoth, N./Poullie, M. (2007), S. 517-525. Siehe zu den Ergebnissen einer Studie zum Rechtsvergleich der kommunalen Doppik Mühlenkamp, H./Glöckner, A. (2010b). Um zwischen statischen und dynamischen Verweisen zu unterscheiden, siehe Bolsenkötter, H. (2008), S. 307; Bolsenkötter, H. (2009), S. 265. Zur Analyse der Auswirkungen des Bilanzrechtsmodernisierungsgesetzes (BilMoG) auf die kommunale Rechnungslegung und die Rechnungslegung und Prüfung öffentlicher Unternehmen vgl. Bauer, L. et al. (2009), S. 143-151; Ellerich, M. (2009a), S. I; Ellerich, M./Radde, J. (2009), S. 780-786; Hauptmann, T./Nowak, K. (2008), S. 426-436; Müller, S./Weller, N. (2008a), S. 294-299; Müller, S./Weller, N. (2008b), S. 259-267; Papenfuß, U./Schmidt, C. A. (2012), S. 2585-2590; Vogelpoth, N. et al. (2009), S. 83-89.

672 Budäus, D. et al. (2005), S. 52 (im Original mit Aufzählungspunkten). Siehe auch Paul, G. (2003), S. 26.

Bundesland	**Bezeichnung des Reformprojektes**	**Reformmodell**	**Doppischer Haushaltsplan/ Jahresabschluss (JA) verpflichtend...**	**Gesamt-/ Konzernabschluss verpflichtend...**
Niedersachsen	Neues Kommunales Rechnungswesen (NKR)	Doppik	ab 2012	ab 2012
Nordrhein-Westfalen	Neues Kommunales Finanzmanagement (NKF)	Doppik	ab 2009	ab 2010
Rheinland-Pfalz	Kommunale Doppik	Doppik	ab 2009	ab 2013
Saarland	Neues Kommunales Rechnungswesen (NKR)	Doppik	ab 2010	ab 2014
Sachsen	Neues Kommunales Haushalts- und Rechnungswesen (NKHR)	Doppik	ab 2013	ab 2016
Sachsen-Anhalt	Neues Kommunales Haushalts- und Rechnungswesen (NKHR)	Doppik	ab 2013	ab 2016
Schleswig-Holstein	Neues Kommunales Rechnungswesen (NKR)	Option: Doppik oder erweiterte Kameralistik	---	sechs Jahre nach erstem doppischen JA *(falls Umstellung auf Doppik)*
Thüringen	Neues Kommunales Finanzwesen (NKF)	Option: Doppik oder Kameralistik	---	drei Jahre nach erstem doppischen JA *(falls Umstellung auf Doppik)*

Tabelle 2: Haushaltsreformen auf kommunaler Ebene in Deutschland[673]

In Abgrenzung zur Kommunalebene der deutschen Flächenländer zeigt sich folgender Reformverlauf für die staatlichen Gebietskörperschaften in Deutschland. Das Ergebnis der weiter oben beschriebenen Studie von LÜDER/JONES, dass die Reformen auf kommunaler Ebene beginnen, stellt sich auch für die Situation auf der Länder- und Bundesebene in Deutschland nicht anders dar. Ein möglicher Grund hierfür ist, dass für die Stadtstaaten Berlin, Bremen und Hamburg, die restlichen Bundesländer und den Bund das Haushaltsgrundsätzegesetz gilt, welches keine Experimentierklausel vorsah.

Das Bundesland Hessen war ein entscheidender Reformtreiber für die Novellierung des HGrG, da die Doppik nicht nur als Ergänzung, sondern als Alternative zur Kameralistik ange-

673 In Anlehnung an: Burth, A./Gnädinger, M. (2011); Stand: 30.03.2012.

sehen wird.[674] Die Novellierung des HGrG mit Inkrafttreten zum 01.01.1998[675] setzte die hessischen Bestrebungen nicht um, da die Doppik jetzt nur ergänzend zur Kameralistik eingesetzt werden konnte (Parallelbetrieb), indem § 33a HGrG a.F. vorgibt: „Die Buchführung kann *zusätzlich* [Hervorhebung durch den Verfasser] nach den Grundsätzen ordnungsmäßiger Buchführung und Bilanzierung in sinngemäßer Anwendung der Vorschriften des Handelsgesetzbuches erfolgen".[676] LÜDER bezeichnet dies als „verpasste Chance"[677]. Trotz dieser Doppelbelastung haben die Länder Hamburg, Hessen, Bremen und Nordrhein-Westfalen die Entscheidung für die Doppikeinführung getroffen. Als erstes Bundesland hat Hamburg zum 01.01.2006 eine Eröffnungsbilanz, zum 31.12.2006 den ersten Jahresabschluss und zum 31.12.2007 den ersten Konzernabschluss nach den Grundsätzen der doppelten Buchführung erstellt.[678] Hessen folgte als erstes Flächenland mit seiner auf der Doppik basierenden Eröffnungsbilanz zum 01.01.2009 (erster Gesamtabschluss zum 31.12.2009)[679] und Bremen mit der aus der Doppikumstellung resultierenden Eröffnungsbilanz zum 01.01.2010[680].

Aufgrund der Bundesratsinitiative der Länder Hamburg und Hessen vom 16.07.2006[681], die eine Abweichungsermächtigung im HGrG für die Nutzung der Doppik oder Kameralistik im öffentlichen Haushalts- und Rechnungswesen der staatlichen Gebietskörperschaften forderten, wird ein weiterer Schritt in Richtung Modernisierung der öffentlichen Verwaltungen in Form des am 31.07.2009 verabschiedeten und zum 01.01.2010 in Kraft getretenen Haushaltsgrundsätzemodernisierungsgesetz (HGrGMoG) gegangen, das den Alleinbetrieb der Doppik auf Basis der Grundsätze staatlicher doppelter Buchführung zulässt.[682] Der neu geschaffene § 1a HGrG räumt ein Wahlrecht zwischen den Rechnungsstilen Doppik und Kameralistik für die öffentliche Haushaltswirtschaft ein – es muss keine zwingende Umstellung erfolgen –, so dass der kostenintensive Parallelbetrieb, wie ihn z.B. Hamburg umgesetzt hat, entfällt.[683] Dieses

674 Vgl. Budäus, D. (2007), S. 65; Harms, J. (2004), S. S19; Kämpfer, G./Breidert, U. (2004), S. S120.

675 Vgl. Haushaltsrechts-Fortentwicklungsgesetz vom 22.12.1997. Hierdurch sollte eine Flexibilisierung des Haushaltswesens, das weiterhin kameralistisch sein soll, bei Bund und Länder erreicht werden. Ein wesentlicher Reformschritt ist die Möglichkeit zur leistungsbezogenen Planaufstellung und -bewirtschaftung (= Budgetierung) (§ 6a HGrG a.F.); vgl. Harms, J. (2004), S. S19. Der neu geschaffene § 6 Abs. 3 HGrG sieht auch vor, dass in geeigneten Bereichen eine Kosten- und Leistungsrechnung eingeführt werden soll.

676 Vgl. Meinen, J. (2012b), S. 305; Müller, S. et al. (2009), S. 42.

677 Lüder, K. (1998), S. 285.

678 Vgl. Freie und Hansestadt Hamburg (2006); Freie und Hansestadt Hamburg (2007); Freie und Hansestadt Hamburg (2008). Siehe hierzu auch Böcking, H.-J./Dutzi, A. (2008), S. 415-425; Böcking, H.-J./Dutzi, A. (2009), S. 36-39; Budäus, D. (2009b), S. 27-35; Thieme, W. (2008), S. 440-441.

679 Vgl. Land Hessen (2009); Land Hessen (2010). Siehe auch Worms, M. J./Tegeler, E. (2010), S. 542-553.

680 Vgl. Freie Hansestadt Bremen (2010).

681 Vgl. Heiling, J./Wirtz, H. (2009), S. 822; Lüder, K. (2009), S. 567.

682 Vgl. Heiling, J./Wirtz, H. (2009), S. 821-827; Lehleiter, R./Riedl, A. (2010), S. 199-202; Lüder, K. (2009), S. 567-574; Müller-Marqués Berger, T. (2009b), S. I.

683 Vgl. Heiling, J./Wirtz, H. (2009), S. 822; Lehleiter, R./Riedl, A. (2010), S. 199; Lüder, K. (2009), S. 567.

Wahlrecht sieht auch Mischformen zwischen Doppik und Kameralistik, also insbesondere auch die erweiterte Kameralistik, vor.[684] Darüber hinaus ermöglicht § 1a Abs. 1 Satz 2 HGrG die Aufstellung, Bewirtschaftung und Rechnungslegung des Haushalts in einer Gliederung nach Titeln, Konten oder Produktstrukturen (Produkthaushalt). Dieses Wahlrecht ermöglicht i.V.m. § 1a Abs. 2 und 3 HGrG und § 10 HGrG einen kameralistischen Haushalt, doppischen Haushalt sowie einen Produkthaushalt (= ein Haushalt, dessen Gliederungsorientierung an den Produkten der jeweiligen Verwaltungseinheit erfolgt, der Outputsteuerung dient und durch Zielvereinbarungen (Kontraktmanagement), Kennzahlen und Produktbudgets erreicht wird).[685] Zusätzlich wird nach § 7a HGrG der unbekannte Begriff „Grundsätze der staatlichen Doppik" eingeführt und keine in der deutschsprachigen Literatur anzufindende Bezeichnung wie „öffentliche Rechnungslegungsstandards" (ÖRS), „German Public Sector Standards" (GPSS), „Deutsche Öffentliche Rechnungslegungsstandards" (DÖRS) oder auch „Grundsätze ordnungsmäßiger öffentlicher Buchführung" (GoöB) verwendet, obwohl letzterer gerade im Hinblick auf den expliziten Verweis des § 7a Abs. 1 HGrG auf die Vorschriften des HGB für Kapitalgesellschaften (§§ 238-315a HGB)[686] und die Grundsätze ordnungsmäßiger Buchführung (GoB) naheliegend gewesen wäre.[687] „Die handelsrechtlichen Bestimmungen stellen [...] das alleinige Referenzmodell für die Ausgestaltung der Grundsätze der staatlichen Doppik dar."[688] Eine stärkere Eigenständigkeit der Grundsätze der staatlichen Doppik und damit eine Lösung vom HGB wäre nach Ansicht des Bund-Länder-Arbeitskreises „KLR/Doppik"

684 Vgl. Lüder, K. (2009). S. 567-568.

685 Vgl. hierzu ausführlich Heiling, J./Wirtz, H. (2009), S. 824-825.

686 Der Verweis erfolgt allgemein auf die „Vorschriften des Ersten und des Zweiten Abschnitts Erster und Zweiter Unterabschnitt des Dritten Buches Handelsgesetzbuch", ohne auf eine bestimmte Fassung zu bestimmen. Da es sich hier um einen dynamischen Verweis auf das HGB handelt, sind die betreffenden Regelungen des HGB in ihrer jeweils gültigen Fassung bindend; Engels, D./Eibelshäuser, M. (2010), S. 179.

687 Vgl. Heiling, J./Wirtz, H. (2009), S. 824; Lehleiter, R./Riedl, A. (2010), S. 200; Lüder, K. (2009), S. 568; Wirtz, H. (2010), S. 2. Zum Begriff ÖRS siehe Budäus, D. (2006c), S. 139; Budäus, D. (2007), S. 50; zum Begriff GPSS Srocke, I. (2004), S. 68; zum Begriff DÖRS Gerstenberg, F. (2007), S. 15, 397. Bereits 1988 hat die Wissenschaftliche Kommission eine Orientierung an Regeln wie den GoB gefordert; vgl. Wissenschaftliche Kommission „Öffentliche Unternehmen und Verwaltungen" (1988); S. 684. Siehe zu den GoöB Arbeitskreis „Integrierte Verbundrechnung" (2005), S. 888; Bolsenkötter, H. (2007c), S. 15; Lüder, K. (2001), S. 38; Lüder, K. (2006b), S. 607; Raupach, B./Stangenberg, K. (2009), S. 59; Streitferdt, L. (1994), S. 875, 882; Wirtz, H. (2010), S. 2. BUDÄUS verwendet die GoöB als Teilmenge der Grundsätze des öffentlichen Haushalts- und Rechnungswesens (GöHR); vgl. Budäus, D. (2009a), S. 34. Als Weiterentwicklung sprechen BUDÄUS/HILGERS von den Öffentlichen Planungs- und Rechnungslegungsstandards (ÖPRS), die sich in die GoöB (Bereich der finanziellen Planung und Rechnungslegung) und die Grundsätze ordnungsmäßiger öffentlicher Planung und Leistungsrechnung (GoöPL; nicht-finanzielle Planung und Rechnungslegung) unterteilen, wobei die GoöL (Grundsätze ordnungsmäßiger öffentlicher Leistungsrechnung) noch zu entwickeln sind; vgl. Budäus, D./Hilgers, D. (2010d), S. 506-507.

688 Heiling, J./Wirtz, H. (2009), S. 825. Die IPSAS finden keine Beachtung. Als Begründung wird angeführt: „Die aktuellen doppischen Reformmodelle der Länder verwenden als Rechnungslegungsstandard das HGB. Der Bund-Länder-Arbeitskreis ‚KLR/Doppik' stellte fest, dass es zwischen dem HGB und den IPSAS keine wesentlichen oder grundsätzlichen Abweichungen in den Rechnungslegungszielen gibt. Daher soll das HGB die Grundlage bilden"; HGrGMoG-Entwurf, Nr. 1.5.4.1. Siehe hierzu auch Kapitel 5.1.

möglich gewesen.[689] Diese Loslösung wäre auch wünschenswert[690], da das HGB auch nach der Novellierung durch das Bilanzrechtsmodernisierungsgesetz (BilMoG) aus dem Jahre 2009 den Gläubigerschutz und damit das Vorsichtsprinzip (diese Grundsätze sind für den öffentlichen Sektor im Gegensatz zum privatwirtschaftlichen Unternehmensbereich nicht relevant (siehe Kapitel 6.1.2.3.1)) in den Vordergrund stellt und nicht die Informationsfunktion.[691]

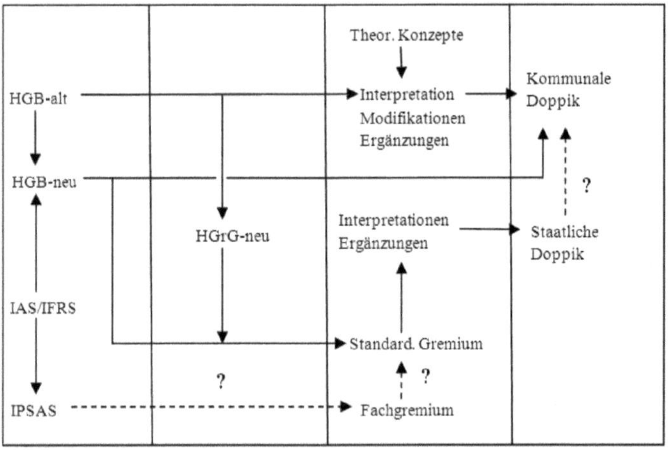

Abbildung 9: Referenzmodelle für die Verwaltungsdoppik[692]

Die Sichtweise des nationalen Gesetzgebers könnte auch anders aussehen, da es weitere mögliche Einflüsse und Referenzmodelle für die Doppik im kommunalen und staatlichen Rechnungswesen gibt, wie in Abbildung 9 dargestellt wird. Die Normierung des kommunalen Rechnungswesens in Form der kommunalen Doppik bezieht sich im Wesentlichen auf das HGB, wobei zwischen statischen (Anwendung der HGB-Regelungen lediglich im Hinblick auf die bereits bei Verabscheidung vorhandenen HGB-Regelungen) und dynamischen (automatische Übernahme der sich künftig ändernden HGB-Regelungen) Verweisen auf das HGB zu unterscheiden ist, und damit der Einfluss des HGB für die Kommunen in unterschiedlichen Bundesländern unterschiedlich sein kann. Wie die Änderungen durch das BilMoG gezeigt haben, steht das HGB auch unter einem möglichen Einfluss der Standardentwicklung (in Form der International Financial Reporting Standards; IFRS) beim International Accounting

689 Vgl. Lüder, K. (2009), S. 570.
690 Vgl. Lüder, K. (2009), S. 570.
691 Vgl. Lüder, K. (2009), S. 570.
692 Quelle: Lüder, K. (2009), S. 570. Die Pfeile kennzeichnen tatsächliche (durchgezogene) oder mögliche (gestrichelte) Einflusslinien. „HGB-neu“ bezieht sich darauf, wie mögliche Änderungen des HGB im öffentlichen Rechnungswesen umzusetzen sind.

Standards Board (IASB). Die IFRS wiederum beeinflussen auch die Entwicklung der International Public Sector Accounting Standards (IPSAS) beim IPSASB[693], dem internationalen Standardsetzer für die Rechnungslegung im öffentlichen Bereich. Durch noch zu entwickelnde Fachgremien können die internationalen Arbeiten auch Einfluss auf das nationale HGrG nehmen (z.B. als Referenz bei Interpretationen oder Regelungslücken), wodurch dann letztendlich auch die Grundsätz der staatlichen Doppik betroffen wären. Um letzten Endes auch ein vereinheitlichtes Rechnungswesen zwischen kommunaler und staatlicher Ebene zu erreichen, wäre es denkbar, dass die Grundsätze der staatlichen Doppik auch in die kommunale Doppik einfließen.

Weitere Änderung ergeben sich im Rahmen des HGrGMoG dadurch, dass gemäß § 7a Abs. 2 HGrG notwendige Konkretisierungen, insbesondere bei der Ausübung handelsrechtlicher Wahlrechte und der Abweichungen von den handelsrechtlichen Bestimmungen aufgrund der Besonderheiten der öffentlichen Haushaltswirtschaft, von Bund und Ländern in dem neu geschaffenen „Gremium zur Standardisierung des staatlichen Rechnungswesens" (§ 49a Abs. 1 HGrG) zu erarbeiten sind; die aktuell gültigen Grundsätze der staatlichen Doppik wurden am 26./27.10.2011 beschlossen und verabschiedet.[694] Dieses Gremium hat gerade im Hinblick auf die Wahlmöglichkeiten zwischen Kameralistik und Doppik und bei den Produkthaushalten eine einheitliche Verfahrens- und Datengrundlage zu gewährleisten.[695] Dies wird durch die (im internationalen Vergleich einmalige) Modellvielfalt im staatlichen Haushalts- und Rechnungswesen erschwert, da die gesamte Bandbreite vom „traditionell kameralistischen, inputorientierten Haushalt bis zum doppisch-basierten flächendeckenden Produkthaushalt und vom traditionellen kameralistischen Rechnungswesen bis zum doppischen Rechnungswesen"[696] zulässig ist.

---

693 Siehe hierzu Kapitel 5.2.

694 Das Gremium zur Standardisierung des staatlichen Rechnungswesens setzt sich aus Vertretern von Bund und Ländern zusammen und ist dem Bundesministerium der Finanzen zugeordnet. Eine Bund-Länder-Arbeitsgruppe erarbeitete konkretisierende Ausführungs- und Erläuterungsbestimmungen, die in den Dokumenten „Standards staatlicher Doppik" (Stand: 09.08.2011) und „Verwaltungskontenrahmen" (VKR; Stand: 09.08.2011) geregelt werden. Beide Dokumente wurden am 26./27.10.2011 vom Gremium zur Standardisierung des staatlichen Rechnungswesens beschlossen. Ebenfalls wurde der Standard „Integrierte Produktrahmen" (IPR; Stand: 26.10.2011) angenommen, der bei der Aufstellung, Bewirtschaftung und Rechnungslegung des Haushalts nach Produktstrukturen (Produkthaushalt) anzuwenden ist. Vgl. Bundesministerium der Finanzen (2012); siehe zur Link-Sammlung zu den Standards Bundesministerium der Finanzen (2011).

695 Vgl. § 49a Abs. 1 Satz 1 HGrG. Das HGrGMoG betrifft zwar nur Bund und Länder, dennoch wird erwartet, dass die Arbeit des Gremiums zur Standardisierung des staatlichen Rechnungswesens auch Auswirkungen auf die kommunale Ebene haben wird; vgl. Fischer, E./Gnädinger, M. (2009), S. 287.

696 Lüder, K. (2009), S. 569.

Gründe für die zögerliche Umstellung in Deutschland werden in der vorliegenden Arbeit darin gesehen, dass (wie bereits in Kapitel 2.4.1 zum NPM beschrieben) ein externer Druck zur Reform, wie z.B. durch eine steigende Verschuldung und eingeschränkte finanzielle Handlungsspielräume, in Deutschland im Vergleich zu anderen Ländern relativ spät ein relevantes Thema (auch in den Medien, die den Druck aufbauen können)[697] wurde. Hiermit lässt sich auch erklären, warum die Reform zuerst auf kommunaler Ebene begann, da den Kommunen aufgrund ihrer Bürgernähe die konkrete Umsetzung und Ausführung politischer Ziele (auch übergeordneter Staatsebenen) obliegt und hierbei fehlende finanzielle Ressourcen zuerst offensichtlich werden und ein effizienteres und effektiveres Verwaltungshandeln erfordern. Ein weiterer Grund kann in den unterschiedlichen Informationsbedürfnissen von Verwaltung und Politik liegen, da einerseits die Verwaltungsführung eine transparente Datenbasis zur Vermögens-, Finanz- und Ertragslage benötigt, um ihren Steuerungsaufgaben nachkommen zu können, aber andererseits die Politiker aus dem Eigennutzen[698] heraus kein großes Interesse z.B. an einer klaren Aufdeckung der Verschuldungssituation oder der Verdeutlichung nicht erreichter Ziele haben. Es muss immer bedacht werden, dass die Politik letztendlich entscheidet, wie das öffentliche Rechnungswesen auszugestalten ist.[699] Zu den unterschiedlichen Ausprägungen auf nationaler Kommunal- und Landesebene (siehe Tabelle 2 und Tabelle 3) trägt sicherlich bei, dass die Politiker ihre legislative Kompetenz nicht abtreten (z.B. an eine übergeordnete, koordinierende Stelle) wollen, sondern eher in ihrem Sinne nutzen, um das öffentliche Rechnungswesen trotz einer Umstellung von Kameralistik auf Doppik (z.B. bei Ansatz- und Bewertungsfragen) individuell auszugestalten, um ihre gesetzten Ziele (z.B. ein geringer Schuldenausweis und eine hohe Nettoposition) zu erreichen und vielleicht auch Vergleiche zwischen Kommunen unterschiedlicher Bundesländer und auch einen Bundesländervergleich (z.B. auch im Hinblick auf Ausgleichszahlungen) zu erschweren.[700] Auf Bundesebene kann auch vermutet werden, dass aus poltischer Sicht kein Interesse an einer höheren Transparenz (z.B. wegen Schattenhaushalten) besteht, so dass zwar eine Umstellung auf die erweiterte Kameralistik vollzogen wird, um eine Reformbereitschaft zu signalisieren, aber nicht der große Umbruch mit Einführung der Doppik erfolgt.

697 Siehe zur Bildung einer öffentlichen Meinung durch die Medien, die dadurch geänderte Erwartungshaltung der Bürger an die Politik und die Auswirkung auf die politischen Zielformulierungen Kapitel 3.3.2.1.2.1.

698 Siehe hierzu Kapitel 2.4.4.

699 Damit ein Reformprozess erfolgreich angestoßen und zu Ende gebracht werden kann, ist es unausweichlich, dass er durch Fach- und Machtpromotoren unterstützt wird. Ein wichtiger Machtpromoter zur Reform des öffentlichen Rechnungswesens sind die Politiker. Vgl. Budäus, D. (2006a), S. 211; Budäus, D./Hilgers, D. (2007), S. 53; Thom, N./Ritz, A. (2008), S. 103-108.

700 Vereinzelt gibt es schon Kooperationen, z.B. auf Länderebene zwischen Hamburg und Bremen (vgl. Budäus, D. et al. (2005), S. 52), oder in kommunalen Pilotprojekten.

Der Mangel einer Gesamtkonzeption[701] in den Reformprozessen öffentlicher Verwaltungen ist ein wesentlicher Kostentreiber und zeigt sich erneut in der Umsetzung und Ausgestaltung des HGrGMoG.[702] Die erhofften Kosteneinsparungen durch die Aufgabe des Parallelbetriebs werden nicht realisiert, da der Bund die erweiterte (moderne) Kameralistik einführt und deswegen Länder mit einem doppischen Haushalts- und Rechnungswesen für die Bewirtschaftung von Bundesmitteln möglicherweise weiterhin zwei Haushaltssysteme führen müssen.[703] Für die Finanzstatistik und die Volkswirtschaftliche Gesamtrechnung sind ebenfalls Daten auf kameralistischer Basis bereitzustellen.[704] Die im Jahr 2009 eingeführte „Schuldenbremse" wird in Art. 109 GG i.V.m. Art. 115 GG geregelt und baut auf einem kameralistischen Haushaltswesen auf, so dass doppisch-orientierte Länder kameralistische Nebenrechnungen führen müssen.[705] Durch die Novellierung des HGrG ist die Chance verspielt worden, eine Einheitlichkeit des staatlichen Rechnungswesens zu erreichen. Durch die gegenwärtige Regelungsvielfalt und die fehlende flächendeckende Umstellung ist der Nutzen der Doppikeinführung stark eingeschränkt.[706]

Gerade der Bund hätte eine Harmonisierung durch seine Vorbildfunktion fördern können, entspricht dieser aber mit der Einführung der erweiterten Kameralistik anstelle der Doppik in keinster Weise.[707] Auch die meisten Bundesländer sind zu kritisieren, da sie ihren Kommunen den Wechsel zur Doppik per Gesetz vorgeschrieben haben, aber selbst an der Kameralistik bzw. erweiterten Kameralistik festhalten; vgl. hierzu Tabelle 3.[708] Es muss aber immer bedacht werden, dass es bei der Reform des Haushalts- und Rechnungswesens nicht nur um den Wechsel der Buchführungstechnik geht. Vielmehr muss das Ziel sein, ein grundlegend neues

701 Vgl. Berens, W. et al. (2008), S. 111.

702 Mit den Regelungen des HGrGMoG wird die Koexistenz unterschiedlicher Rechnungssysteme und Darstellungsmöglichkeiten auf Länder- und Bundesebene zwar akzeptiert, aber durch Strukturvorgaben und Standardsetzung des Gremiums zur Standardisierung des staatlichen Rechnungswesens in einheitliche Bahnen gelenkt; vgl. Wolfrum, G. (2010), S. 222.

703 Vgl. Heiling, J./Wirtz, H. (2009), S. 825. Diese negativen Konsequenzen einer Entscheidung für die Doppikeinführung sind von den Ländern zu tragen.

704 Vgl. Wolfrum, G. (2010), S. 222. Im Hinblick auf zukünftige Entwicklungen wäre eine Möglichkeit zur Harmonisierung, anstatt des Optionsmodells die Doppikeinführung gesetzlich vorzuschreiben, da „schon alleine die Anforderungen bzw. notwendigen Weiterentwicklungen der Finanzstatistik mittelfristig die Einführung der Doppik bei allen deutschen Gebietskörperschaften" (Burth, A. (2008), S. 2) erforderlich machen werden. Siehe hierzu auch Wolfrum, G. (2009), S. 274.

705 Vgl. Tappe, H. (2010), S. 270. Siehe zur Würdigung der Ausgestaltung der „Schuldenbremse" Fischer, E./Gnädinger, M. (2009), S. 283-285; Magin, C. (2010), S. 262-268; Scholl, B. (2010), S. 160-169; Tappe, H. (2009), S. 881-890; Tappe, H. (2010), S. 269-271.

706 Vgl. Hilgers, D. (2010), S. 1105-1106; Lasar, A. (2010), S. 3.

707 Vgl. Lüder, K. (2009), S. 569. Siehe zur Entwicklung der Reform des Haushalts- und Rechnungswesens auf Bundesebene Budäus, D. (2006a), S. 200-202; Lasar, A. (2010), S. 12-15; Mundhenke, E. (2007), S. 233-241; Wolfrum, G. (2010), S. 219.

708 Vgl. auch Budäus, D. (2009a), S. 27. Für einen Vergleich des Rechnungslegungsstandes auf der Ebene der deutschen Bundesländer und der schweizerischen Kantone siehe Kajüter, P. et al. (2012), S. 240.

Steuerungssystem für Politik und Verwaltung auf Basis des Ressourcenverbrauchskonzepts und der Doppik einzuführen, wie es z.B. bei der integrierten Verbundrechnung gewährleistet wird.[709] Die vom Bund gewählte erweiterte Kameralistik wird sich auf Dauer „zu einer – sehr teuren – Übergangslösung zur Doppik entwickeln“[710].

Auch im Hinblick auf die europäischen bzw. weltweiten Reformen im öffentlichen Sektor, die eine Harmonisierung der Rechnungslegung begünstigen und eine mögliche Vergleichbarkeit herstellen, ist der deutsche Sonderweg als Rückschritt und als falsches Signal an die europäischen Länder für den deutschen Reformwillen und dessen Ernsthaftigkeit zu bewerten.[711]

Bundesland	**Bezeichnung des Reformprojektes**	**Reformmodell**
Baden-Württemberg	Neue Steuerungsinstrumente (NSI)	erweiterte Kameralistik
Bayern	Neue Steuerungselemente	erweiterte Kameralistik
Berlin	---	erweiterte Kameralistik
Brandenburg	Neues Finanzmanagement (NFM)	erweiterte Kameralistik
Bremen	Integriertes Öffentliches Rechnungswesen (IÖR)	Doppik
Hamburg	Projekt Doppik/ Neues Haushaltswesen Hamburg (NHH)	Doppik
Hessen	Neue Verwaltungssteuerung (NVS)	Doppik
Mecklenburg-Vorpommern	Landes-Kosten-Leistungsrechnung Mecklenburg-Vorpommern (Landes-KLR M-V)	erweiterte Kameralistik
Niedersachsen	Leistungsorientierte Haushaltswirtschaft Niedersachsen (LoHN)	erweiterte Kameralistik
Nordrhein-Westfalen	Einführung von Produkthaushalten zur Outputorientierten Steuerung. Neues Rechnungswesen (EPOS.NRW)	Doppik
Rheinland-Pfalz	---	erweiterte Kameralistik
Saarland	Neue Steuerung	erweiterte Kameralistik
Sachsen	Neues Steuerungsmodell (NSM)	erweiterte Kameralistik
Sachsen-Anhalt	Neue Steuerungsinstrumente (NSI)	erweiterte Kameralistik

[709] Vgl. Budäus, D. (2007), S. 63; Budäus, D. (2009a), S. 29-31; Lasar, A. (2010), S. 6.

[710] Budäus, D. (2009a), S. 27. Der Bund hätte die Entwicklungen auf kommunaler Ebene aufgreifen müssen und ebenfalls seine Haushaltswirtschaft auf die Doppik umstellen sollen, da der kostenintensive Umweg über die erweiterte Kameralistik nicht zielführend ist und die Steuerzahler zwei Systemumstellungen zu bezahlen hat, „erst von der Kameralistik auf die erweiterte Kameralistik, und dann noch einmal von der erweiterten Kameralistik auf die Doppik“; Burth, A. (2008), S. 2.

[711] Vgl. Lehleiter, R./Riedl, A. (2010), S. 202.

Bundesland	**Bezeichnung des Reformprojektes**	**Reformmodell**
Schleswig-Holstein	Neue Steuerung	erweiterte Kameralistik
Thüringen	---	erweiterte Kameralistik
Bund	Modernisierung des Haushalts- und Rechnungswesens (MHR)	erweiterte Kameralistik
	MHR-Grobkonzept: vorgelegt im Juli 2008	
	MHR-Feinkonzept: vorgelegt im Juni 2009	
	Neuausrichtung MHR-Projekt: beschlossen im Jahr 2010	
	Kernelemente des neu ausgerichteten Reformmodells: - KLR *(nicht flächendeckend)* - Vermögensrechnung	

Tabelle 3: Haushaltsreformen auf Länder- und Bundesebene in Deutschland[712]

4.4 Zusammenfassung

Als Fazit für das Kapitel 4 ist festzuhalten, dass die Umstellung des Rechnungsstils von der Kameralistik auf die Doppik unausweichlich ist, um der aus der Verpflichtung zum wirtschaftlichen und sparsamen Ressourceneinsatz und dem zu beachtenden Prinzip der intergenerativen Gerechtigkeit abzuleitenden transparenten Rechnungslegung öffentlicher Verwaltungen zu entsprechen. Nur so können die Konsequenzen heutiger Entscheidungen für die zukünftige Entwicklung der öffentlichen Finanzen verdeutlicht werden. Das öffentliche Haushalts- und Rechnungswesen ist idealerweise auf Basis einer integrierten Verbundrechnung auszugestalten. Dies geschieht z.B. in Österreich, wo die Budgetsteuerung erstmals ab 2013 outputorientiert auf Basis von Wirkungszielen erfolgt, und somit dem in der Literatur vielfach geforderten Konzept einer integrierten Verbundrechnung mit einem in der Planung maßgeblichen zahlungsstromorientierten Finanzhaushalt und einem ressourcenorientierten Ergebnishaushalt und in der Rechnungslegung mit einer darauf abgestimmten Finanzrechnung bzw. Ergebnisrechnung und einer diese Rechnung verbindenden Vermögensrechnung entspricht.

Um die Verwaltungstätigkeit im Hinblick auf Effizienz und Effektivität besser steuern zu können, sind verlässliche Informationen über die den Verwaltungsbereichen zugeordneten Vermögenswerte und Schulden und deren Veränderungen im Zeitablauf sowie über die Aufwendungen für die erbrachten öffentlichen Güter und Dienstleitungen bereitzustellen. Wie gezeigt wurde, gibt es sowohl national als auch international unterschiedliche Reformstände und Regelungen. Abhilfe können dem öffentlichen Sektor entsprechende, international ver-

712 In Anlehnung an: Burth, A./Gnädinger, M. (2011); Stand: 30.03.2012.

gleichbare Ansatz-, Gliederungs- und Bewertungsregeln schaffen. Deshalb wird im folgenden Kapitel der Entwicklungsrahmen der International Public Sector Accounting Standards (IPSAS) beschrieben und auf deren Harmonisierungspotenzial für das nationale und internationale öffentliche Rechnungswesen eingegangen.

5. Internationale Harmonisierung der Rechnungslegungsnormen für öffentliche Haushalte

Um das in der Satzung des 1977 gegründeten, internationalen Wirtschaftsprüferverbandes International Federation of Accountants (IFAC) festgeschriebene Aufgabenspektrum, „*to serve the public interest, IFAC will continue to strengthen the accountancy profession worldwide and contribute to the development of strong international economies by establishing and promoting adherence to high-quality professional standards, furthering the international convergence of such standards, and speaking out on public interest issues where the profession's expertise is most relevant*"[713], auch hinsichtlich der Rechnungslegung öffentlicher Haushalte erfüllen zu können, wurde das International Public Sector Accounting Standards Board (IPSASB) als eigenständige, an die IFAC angeschlossene Institution etabliert.[714] Der grundlegende Aufbau und die Organisation des IPSASB sowie die Standardentwicklung und -anwendung bilden die Schwerpunkte der folgenden Unterkapitel.

Die Kernaufgabe des IPSASB ist die Entwicklung von qualitativ hochwertigen Rechnungslegungsstandards für den öffentlichen Sektor (International Public Sector Accounting Standards; IPSAS), durch deren Akzeptanz die Konvergenz internationaler und nationaler Standards erleichtert und somit eine weltweit vereinheitlichte Berichterstattung im öffentlichen Sektor ermöglicht wird.[715]

Die Zielsetzung einer harmonisierten Rechnungslegung öffentlicher Verwaltungen leitet sich aus deren Verpflichtung zu einem sparsamen und wirtschaftlichen Ressourceneinsatz und dem Grundsatz der intergenerativen Gerechtigkeit ab.[716] Dieser Reformbedarf ist nicht national beschränkt, sondern muss auch in einem internationalen Licht gesehen werden. Ein Harmonisierungsbedarf des öffentlichen Haushalts- und Rechnungswesens besteht aufgrund der Bedeutung vergleichbarer öffentlicher Abschlüsse,[717] z.B. für ein nationales Benchmarking zur Optimierung der Verwaltungstätigkeit oder in globaler Sichtweise für Unterstützungszahlungen[718] der Weltbank oder des IWF. Die Harmonisierungsnotwendigkeit im öffentlichen Rechnungswesen ist wie im Unternehmensbereich auch auf den zunehmenden Welthandel, die Internationalisierung der Kapitalmärkte, die Gründung regionaler Wirtschaftsgemein-

713 IFAC (2006), 1.4.

714 Ende 1986 wurde das Public Sector Committee als Fachausschuss des IFAC eingerichtet und 2004 in IPSASB umbenannt; siehe Kapitel 5.2.

715 Vgl. IFAC-IPSASB (2012h), Preface, Tz. 5; Lüder, K. (2002), S. 153.

716 Vgl. Schauer, R. (2005a), S. 17; Schauer, R. (2006), S. 14. Siehe hierzu auch die Ausführungen in Kapitel 2.

717 Vgl. Wirtz, H. (2010), S. 172.

718 Vgl. Srocke, I. (2004), S. 57; Voormeulen, R. (1991), S. 119.

schaften und die gesteigerten finanziellen Verflechtungen zwischen den Staaten zurückzuführen.[719] Gerade auch bei Staatenverbünden und Währungsgemeinschaften (wie mit dem Euro in der EU) ist neben einer nationalen Harmonisierung des öffentlichen Rechnungswesens auch eine internationale Harmonisierung und staatenübergreifende Vergleichbarkeit bedeutend. „Das öffentliche Haushalts- und Rechnungswesen befindet sich in Deutschland, in den EU-Mitgliedsländern und der EU-Kommission in einem fundamentalen Umbruch."[720] Des Weiteren führen unterschiedliche Einflüsse zu diesem Handlungsbedarf. „Die fünf Reformtreiber sind: mehr Management, Wirtschaftlichkeit und intergenerative Gerechtigkeit sowie die Finanzkrise und die internationale Harmonisierung im Rechnungswesen."[721] Bezogen auf das Haushalts- und Rechnungswesen kann eine weitere Unterteilung der zu erneuernden bzw. zu entwickelnden Bereiche herausgearbeitet werden. „Die fünf Reformelemente finden sich [...] [in den Bereichen] Rechnungssystem, Rechnungslegung, Budgetierung, Kosten- und Leistungsrechnung sowie Konsolidierung."[722]

5.1 Harmonisierung oder Standardisierung im öffentlichen Rechnungswesen?

Wie bereits unter Kapitel 4.3.2 beschrieben, ist in Deutschland das öffentliche Rechnungswesen sowohl durch eine hohe Heterogenität zwischen Bundes-, Länder- und Kommunalebene als auch auf der jeweiligen Staatsebene – einerseits unter den Bundesländern und andererseits zwischen den Kommunen, die höchstens innerhalb eines Bundeslandes vergleichbar sein können – gekennzeichnet. So kann weder auf nationaler, geschweige denn auf internationaler Ebene von einem einheitlichen Haushalts- und Rechnungswesen die Rede sein.

Die Einheitlichkeit des öffentlichen Haushalts- und Rechnungswesens kann durch eine Harmonisierung oder eine Standardisierung der Rechnungslegungsnormen gefördert werden. TAY/PARKER unterscheiden in Bezug auf Rechnungslegungsnormen die Begriffspaare Übereinstimmung (*harmony*; als Zustand) und Harmonisierung (*harmonization*; als Prozess) im Gegensatz zu Einheitlichkeit (*uniformity*; als Zustand) und Standardisierung (*standardization*; als Prozess).[723] Demnach fördert die Harmonisierung das Bestreben, Rechnungslegungsnormen in Einklang zu bringen und vergleichbar und gleichwertig zu machen, aber ohne ein einheitliches Set an Rechnungslegungsregelungen in unterschiedlichen Ländern zu fordern, da dies dem Konzept der Standardisierung entspricht.[724] Der Unterschied dieser beiden Prozesse

719 Vgl. Lüder, K./Kampmann, B. (1993), S. 65; Wolfrum, G. (2009), S. 274.
720 Budäus, D. et al. (2004), S. 229.
721 Budäus, D. et al. (2004), S. 230. Siehe auch Schauer, R. (2005a), S. 24.
722 Budäus, D. et al. (2004), S. 231.
723 Vgl. Tay, J. S. W./Parker, R. H. (1990), S. 73-74. Siehe auch Fuertes, I. (2008), S. 330.
724 Vgl. Fuertes, I. (2008), S. 330; Van Hulle, K. (1989), S. 96-97.

zur Entwicklung von Rechnungslegungsnormen besteht in der Striktheit der Regelungen, so dass eine Harmonisierung Wahlrechte gewährt, um ähnliche Regelungen in unterschiedlichen Ländern (oder Staatsebenen) zu erreichen, wohingegen die Standardisierung eine strikte und starre Einheitlichkeit der Regelungen in unterschiedlichen Ländern (oder Staatsebenen) vorschreibt.[725] Ein auf Harmonisierung ausgerichteter Prozess erleichtert die Vergleichbarkeit der Abschlussinformationen aus unterschiedlichen Ländern, erreicht aber nicht den Rang an Vergleichbarkeit, der aus einem Standardisierungsprozess resultiert, so dass das jeweilige Potenzial für vergleichbare Informationen vom Fortschritt des jeweiligen Prozesses abhängig ist.[726] Auch wenn die Harmonisierung keine hinreichende Bedingung – wie die Standardisierung – zur Erreichung der Vergleichbarkeit ist, ist sie dennoch als notwendig anzusehen.[727]

Der sich aus den in Kapitel 5 beschriebenen Gründen ergebende Bedarf eines harmonisierten öffentlichen Rechnungswesens scheint zwar der herrschenden Meinung zu entsprechen, ist aber nicht unumstritten.[728] NOBES führt beispielsweise an, dass sich die meisten Harmonisierungsgründe des privatwirtschaftlichen Sektors nicht auch auf den öffentlichen übertragen lassen und dass ein weltweiter Export der nordamerikanischen Vorstellung eines adäquaten öffentlichen Rechnungswesens und die unreflektierte Übertragung von für Industrieländer geeigneten Rechnungskonzeptionen auf Entwicklungsländer die Folgen einer Harmonisierungsbewegung sein könnten.[729]

Die Frage, ob eine Harmonisierung oder Standardisierung im öffentlichen Rechnungswesen verfolgt werden soll, muss differenzierter beantwortet werden. Es ist aufgrund unterschiedlicher sozioökonomischer Rahmenbedingungen der Staaten anzuzweifeln, ob eine weltweite Harmonisierung der öffentlichen Rechnungslegung, die wie im privatwirtschaftlichen Unternehmensbereich im Wesentlichen nur für global agierende Kreditgeber, Investoren und Geschäftspartner von Relevanz ist, erreicht werden kann und angestrebt werden soll.[730] Eine Standardisierung in Form weltweit einheitlicher Regelungen für das öffentliche Haushalts- und Rechnungswesen wird noch schwerer zu erreichen sein, da dieser Prozess nie allen Interessensgruppen mit unterschiedlichen nationalen Ansprüchen und Gesetzesgrundlagen gerecht werden kann. Für zusammenwachsende Wirtschaftsräume, wie die Europäische Währungs-

725 Vgl. Fuertes, I. (2008), S. 330.
726 Vgl. Fuertes, I. (2008), S. 330-331.
727 Vgl. Fuertes, I. (2008), S. 331; García, M. A. (1995), S. 40.
728 Vgl. Lüder, K. (2003b), S. 343; Lüder, K./Kampmann, B. (1993), S. 63.
729 Vgl. Nobes, C. (1988), S. 202-204; kritisch auch Dean, P. (1988), S. 165. Siehe Lüder, K. (2003b), S. 343; Lüder, K./Kampmann, B. (1993), S. 64-65.
730 Vgl. Lüder, K. (2002), S. 163; Vogelpoth, N. et al. (2002), S. 1371; Wirtz, H. (2010), S. 172.

union, gibt es hingegen keine Bedenken für die Notwendigkeit einer Harmonisierung, da die hier an der Spitze stehenden supranationalen Institutionen durch Umlagen der Mitgliedstaaten finanziert werden, die Volkswirtschaftliche Gesamtrechnung vergleichbare Daten benötigt und z.B. auch die Arbeit des Europäischen Rechnungshofes durch eine Vereinheitlichung der nationalen Rechnungssysteme vereinfacht würde.[731] So sprechen besonders Steuerungs- und Kontrollaspekte (wie z.B. in der EU) für eine Harmonisierung und damit Vergleichbarkeit der Daten des öffentlichen Haushalts- und Rechnungswesens. Gerade unter dem Gesichtspunkt unterschiedlicher Steuerungsanforderungen ist die Beschränkung der Harmonisierungsbestrebungen auf Länder, die die gleichen sozioökonomischen Rahmenbedingungen aufweisen, sinnvoller als eine weltweite Harmonisierung.[732] Hierbei können auch die Erfahrungen, Probleme und Schwierigkeiten aus dem langwierigen Konvergenzbestreben zwischen den Standardsettern International Accounting Standards Board (IASB) und dem US-amerikanischen Financial Accounting Standards Board (FASB) für internationale Rechnungslegungsnormen der Unternehmensberichterstattung als Referenz dienen.[733]

Bevor an eine internationale Harmonisierung zu denken ist, müsste zunächst auf nationaler Ebene, wie z.B. in Deutschland, ein harmonisiertes öffentliches Haushalts- und Rechnungswesen erreicht werden, was auch durch internationale Rechnungslegungsnormen – zumindest als Ideenpool – erreicht werden könnte.

Die Entwicklungen aus der nationalen deutschen Perspektive haben gezeigt, dass durch die Reformen der Gemeindehaushaltsverordnungen und durch das HGrGMoG die bestehende Heterogenität des öffentlichen Haushalts- und Rechnungswesens noch verstärkt wurde. Und zwar nicht nur auf kommunaler Ebene, sondern auch auf den staatlichen Ebenen, da unterschiedliche Haushalts- und Rechnungslegungskonzeptionen bzgl. Rechnungsstil – Doppik

731 Vgl. Lüder, K. (2002), S. 165; Lüder, K. (2003b), S. 344-346, 355; Lüder, K./Kampmann, B. (1993), S. 66, 79; Wirtz, H. (2010), S. 172. Hierbei wurde die Harmonisierung des öffentlichen Rechnungswesens von Ländern, die auf der gleichen ökonomischen Entwicklungsstufe (vgl. Dean, P. (1988), S. 166-167) stehen, und von regionalen Ländergruppen (vgl. Monsen, N. (1993), S. 2-3) vorgeschlagen; vgl. Lüder, K./Kampmann, B. (1993), S. 66. Siehe zur Europäisierung des Gemeinwohls Ambrosius, G. (2007), S. 99-110.

732 Vgl. Adam, B. (2004), S. 175; Lüder, K./Kampmann, B. (1993), S. 66; Wirtz, H. (2010), S. 172.

733 Die Anerkennung der internationalen Rechnungsnormen IFRS durch die US-amerikanische Börsenaufsichtsbehörde Securities and Exchange Commission (SEC) und damit die Aufhebung einer notwendigen Überleitungsrechnung eines IFRS-Abschlusses auf einen US-GAAP-Abschluss ausländischer Wertpapieremittenten an US-Börsen ist nicht zuletzt auf die Bestrebungen von IASB und FASB zurückzuführen, in der Entwicklung von Rechnungslegungsstandards zusammenzuarbeiten und bestehende Unterschiede zu beheben. Diese Kooperation wurde im September 2002 durch das sog. „*Norwalk-Agreement*" begründet. In dem im Februar 2006 von IASB und FASB verabschiedeten „*Memorandum of Understanding*" (MoU) wurde der beiderseitige Konvergenzwille der Standardsetter bestärkt. Vgl. hierzu Coenenberg, A. G./Haller, A./Schultze, W. (2012), S. 59.

versus Kameralistik – und Haushaltsrecht, wie Bewertungs- und Bilanzierungsregelungen und Haushaltsausgleich, zur Anwendung kommen und ebenfalls Unterschiede in der Gliederung und Terminologie der Berichtsinstrumente bestehen.[734] Aufgrund der Heterogenität der gesetzlichen Grundlagen des Haushalts- und Rechnungswesens kann eine Vergleichbarkeit der Abschlussinformationen im öffentlichen Sektor und eine identische Rechnungslegung bezweifelt werden. Ein Nutzen ist im unterschiedlich ausgestalteten Haushalts- und Rechnungswesen und den dadurch verursachten bürokratischen Hemmnissen nicht zu erkennen. Nur durch ein Mindestmaß an Vergleichbarkeit kann ein Benchmarking, transparentes Verwaltungshandeln und dessen Kontrolle sowie die Konsolidierung zum Zwecke der Finanzstatistik – die Vielzahl an nicht mehr zusammenführbaren Zahlen lassen Zweifel an der Zuverlässigkeit der Daten entstehen – und die Darstellung der Gesamtlage gewährleistet werden.[735] Hierzu sollte bei Bund und Ländern ein möglichst einheitlicher Ansatz für das Haushalts- und Rechnungswesen gewählt werden, um „eine Vereinheitlichung des derzeitigen ‚Flickenteppichs' staatlicher Haushalts- und Rechnungslegungssysteme"[736] zu erreichen.[737] Dasselbe gilt trotz föderalistischer Strukturen auch für die Kommunen.[738] Dieser Vereinheitlichungsprozess kann aufgrund der Heterogenität mit einem erheblichen Aufwand verbunden sein, würde aber bei einer Harmonisierung des Haushalts- und Rechnungslegungssystems der drei Gebietskörperschaften in Deutschland auf Basis der Doppik zu Kosteneinsparungen und weiteren positiven Effekten führen, wie für die bereits genannten Konsolidierungsmöglichkeiten, „für die Bewirtschaftung von Mitteln anderer Gebietskörperschaften (sofern diese ein anderes System anwenden), für die Verrechnung von Leistungsbeziehungen zwischen Bund, Ländern und Gemeinden, für die Statistik, wie auch für das Zusammenwirken mit anderen europäischen Ländern und der EU-Kommission (z.B. in Fragen der Subventionierung)"[739]. Eine nationale Harmonisierung würde auch eine Steuerung und Kontrolle der öffentlichen Finanzen über die Ebenen der Kommunen, Länder und des Bundes hinweg erleichtern (auch wenn die ange-

---

[734] Vgl. Lasar, A. (2010), S. 14; Müller, S. et al. (2009), S. 99-102.

[735] Vgl. Aprill, R. (2008), S. 188; Müller, S. et al. (2009), S. 102-103. Wie die Maastricht-Kriterien auf europäischer Ebene zeigen, müssen Haushaltsziele auf Grundlage vergleichbarer Maßstäbe vereinbart werden; vgl. Aprill, R. (2008), S. 188.

[736] Wolfrum, G. (2010), S. 222-223.

[737] Vgl. Aprill, R. (2008), S. 187; Bundesrechnungshof (2007), S. 158. Dennoch muss beachtet werden, dass sich die Steuerung des Bundeshaushalts von der Länder- und Kommunalebene durch eine andere Ausgabenstruktur unterscheidet und nur schwer über Produkte erfolgen kann. Nur 6% des gesamten Haushaltsvolumens des Bundes sind reinen Verwaltungsausgaben zuzuordnen. „Über 90% der Gesamtausgaben entfallen dagegen auf gesetzliche Leistungen, Zuwendungen, Zuweisungen an andere Gebietskörperschaften, Zinsen sowie auf Infrastrukturmaßnahmen und auf militärische Großbeschaffungen"; Aprill, R. (2008), S. 187. Siehe zu Gründen für das Zögern bzgl. einer Vereinheitlichung des öffentlichen Rechnungswesens in Deutschland Kapitel 4.3.2.

[738] Vgl. Müller, S. et al. (2009), S. 103.

[739] Wolfrum, G. (2010), S. 223.

sprochenen unterschiedlichen Steuerungsanforderungen bestehen), so dass in letzter Konsequenz auch ein konsolidierter Gesamtabschluss für Deutschland als erstrebenswertes Ziel ersichtlich wird.

Für die Weichenstellung dieses Harmonisierungsprozesses in Deutschland ist die Politik verantwortlich, der am besten in einer Standardisierung für alle drei Staatsebenen münden sollte.[740] Hierfür wäre ein Standardisierungsgremium – wie es bereits durch das HGrGMoG für den Bund und die Länder erfolgt ist – zu etablieren, das alle Sachverhalte bearbeitet, die einer auf allen Ebenen einheitlichen Ausgestaltung bedürfen, wie Rechnungslegungsnormen, interne Steuerungsaspekte, Verknüpfungen zur Volkswirtschaftlichen Gesamtrechnung und Finanzstatistik sowie eines Public Corporate Governance Kodexes.[741] Ein Schritt in diese Richtung könnte der bereits u.a. von LÜDER geforderte Standardisierungsbeirat für das öffentliche Haushalts- und Rechnungswesen sein, dessen Ausgestaltung an den Rechnungslegungsbeirat gemäß § 342a HGB angelehnt werden könnte.[742] Mögliche Aufgaben dieses Standardisierungsbeirats wären eine fachliche Beratung der Legislative bei Grundsatzfragen des doppischen Haushalts- und Rechnungswesens, die Sicherstellung der einheitlichen Normenanwendung durch präzisierende Interpretationen und eine national einheitliche Begriffsbildung.[743] Eine weitere Möglichkeit zur Forcierung der Harmonisierung im öffentlichen Haushalts- und Rechnungswesen ist die Bildung von strategischen Allianzen besonders auf der Ebene der Bundesländer, da die Reform auf kommunaler Ebene bereits gut koordiniert und weit fortgeschritten ist.[744] Durch diese Zusammenarbeit kann z.B. eine Vereinheitlichung der Bilanzierungs- und Bewertungsvorschriften, des Kontenrahmens und der Softwareumsetzung erreicht werden.[745] Da die Reform des öffentlichen Haushalts- und Rechnungswesens nicht isoliert betrachtet werden kann, sind unterschiedliche Einflussfaktoren auf den Harmonisie-

---

740 Vgl. Müller, S. et al. (2009), S. 103.

741 Vgl. Müller, S. et al. (2009), S. 103; Srocke, I. (2004), S. 68. Eine mögliche Bezeichnung wäre „*German Public Sector Committee*“; vgl. Srocke, I. (2002), S. 98-100; Stein, P. (2009), S. 5. Siehe zum Public Corporate Governance Kodex z.B. Ruter, R. X./Häfele, M. (2007), S. 355-362.

742 Vgl. Adam, B. (2004), S. 216; Budäus, D. (2007), S. 61-62; Lüder, K. (2002), S. 164-165; Lüder, K. (2003b), S. 353-354; Müller, S. et al. (2009), S. 104; Wolfrum, G. (2009), S. 274. Das Bundesministerium der Justiz hat die Möglichkeiten des § 342a Abs. 9 HGB in Anspruch genommen und anstelle eines Rechnungslegungsbeirates ein privates Rechnungslegungsgremium im Sinne des § 342 Abs. 1 HGB (Deutsches Rechnungslegungs Standards Committee e.V.; DRSC) anerkannt.

743 Vgl. Adam, B. (2004), S. 216; Müller, S. et al. (2009), S. 104-105.

744 Vgl. Budäus, D. (2006a), S. 212; Budäus, D. et al. (2005), S. 52; Budäus, D./Hilgers, D. (2007), S. 53. Ansätze hierfür gab es zwischen Hamburg und Bremen, die eine enge Kooperation auf der Arbeitsebene beschlossen haben; vgl. Budäus, D. et al. (2005), S. 52.

745 Vgl. Budäus, D. (2006a), S. 212; Budäus, D. et al. (2005), S. 52; Budäus, D./Hilgers, D. (2007), S. 53. Diese Harmonisierungsmöglichkeit muss auch kritisiert werden, da nur eine Angleichung der zur strategischen Allianz zugehörigen Länder erfolgt, aber nicht für alle sonstigen Bundesländer.

rungsprozess zu beachten, die sich nach BOLSENKÖTTER in einem „Harmonisierungs-Viereck" – siehe Abbildung 10 – darstellen lassen.[746]

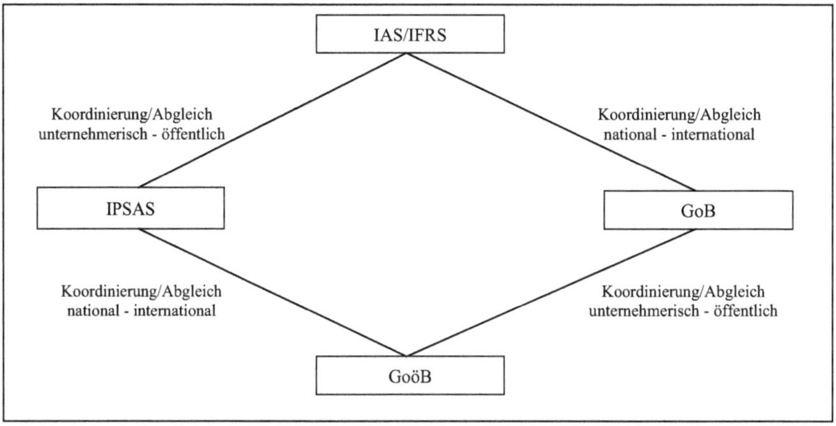

Abbildung 10: Beziehung zwischen relevanten Regelungen und Standards der Rechnungslegung[747]

Um eine Harmonisierung erreichen zu können, muss eine Abstimmung zwischen privatwirtschaftlicher und öffentlicher Rechnungslegung sowohl national als auch international erfolgen, damit eine Ableitung der Grundsätze ordnungsmäßiger öffentlicher Buchführung (GoöB) ermöglicht wird.[748] Da bereits die Reformelemente der Verwaltungsmodernisierung in Anlehnung an den privatwirtschaftlichen Sektor auf den öffentlichen Bereich übertragen wurden, ist es naheliegend auch auf die Erfahrungen in der Entwicklung von Rechnungslegungsnormen für die Unternehmensberichterstattung zurückzugreifen.[749] Aufgrund der Globalisierung und Internationalisierung der Geschäftstätigkeit ist eine international vergleichbare und verständliche Darstellung der Abschlussinformationen über internationale Rechnungslegungsstandards zu gewährleisten. Da sich der öffentliche Sektor ebenfalls der Internationalisierung und Globalisierung (siehe Kapitel 5) nicht verschließen kann und die Ausgestaltung des öffentlichen Haushalts- und Rechnungswesens in verschiedenen Ländern zum Teil erhebliche Unterschiede (siehe Kapitel 4.3.1) aufweist, verfolgen die IPSAS eine internationale Harmonisierung des öffentlichen Rechnungswesens in unterschiedlichen Ländern.[750] „Wesentlich bedeutsamer als

746 Vgl. Bolsenkötter, H. (2003), S. 170; Bolsenkötter, H. (2007c), S. 15; Wirtz, H. (2010), S. 25-26. BOLSENKÖTTER verwendet 2003 noch den Begriff „öGoB" (öffentliche Grundsätze ordnungsmäßiger Buchführung) anstatt Grundsätze ordnungsmäßiger öffentlicher Buchführung (GoöB).

747 Quelle: Bolsenkötter, H. (2003), S. 170; Bolsenkötter, H. (2007c), S. 15.

748 Vgl. Bolsenkötter, H. (2003), S. 170; Bolsenkötter, H. (2007c), S. 15; Wirtz, H. (2010), S. 25.

749 In Deutschland liegt eine klare Orientierung der öffentlichen Rechnungslegung am HGB vor.

750 Vgl. Adam, B. (2004), S. 225; Benito, B. et al. (2007), S. 293-317. Hamburg hat bei Erstellung der Eröffnungsbilanz neben HGB, GoB und IDW ERS ÖFA 1 auch die IPSAS beachtet; vgl. Freie und Hansestadt

die internationale Harmonisierungsfunktion dürfte die Anschub- und Referenzfunktion der IPSAS für die beabsichtigten und angelaufenen Reformen des öffentlichen Rechnungswesens und der Rechnungslegung sein"[751], da allein durch die Existenz der IPSAS die Diskussion der Reformnotwendigkeit positiv beeinflusst wird.[752]

5.2 Organisation und Aufgaben des IPSASB

Die Vorgängerorganisation des IPSASB war das Public Sector Committee (PSC). Frühzeitig rückten die Belange des öffentlichen Sektors in den Fokus der IFAC, so dass bereits Ende 1986 das PSC als ständiger Fachausschuss der IFAC zu Fragen der Rechnungslegung und Prüfung der öffentlichen Hand gegründet wurde, um Studien und andere Verlautbarungen zur Rechnungslegung, Prüfung und Corporate Governance im öffentlichen Sektor zu erarbeiten.[753] Treibende Kraft für die Gründung des PSC war hierbei die Weiterentwicklung der öffentlichen Rechnungslegung, um diese nicht nur zum Soll-Ist-Abgleich des erteilten Haushaltsplans zu nutzen, sondern vielmehr auch die Transparenz und die Rechenschaft gegenüber den Abschlussadressaten und die Bereitstellung entscheidungsrelevanter Informationen zu stärken, da erkannt wurde, dass *„improved financial reporting by governments is an important step towards improving transparency, strengthening governance arrangements, and ultimately contributing to higher standards of living"*[754].

Hierzu war ursprünglich die Standardsetzung noch nicht Aufgabe und Zielsetzung des PSC, sondern bildet erst seit Ende 1996 einen verstärkten Tätigkeitsschwerpunkt und mündete letztendlich in diversen Standardsetzungsprojekten. Anlässe zur Aufnahme der Standardisierungstätigkeit waren u.a. nationale Entwicklungen zur Übertragung des kaufmännischen Rechnungswesens auf das öffentliche Rechnungswesen (z.B. in Australien und Neuseeland), eine Umstellung des internationalen Systems der Volkswirtschaftlichen Gesamtrechnung (System of National Accounts (SNA 1993); Europäisches System Volkswirtschaftliche Gesamtrechnung (ESVG 1995))[755] von der Zahlungsorientierung auf die Ressourcenverbrauchsorientierung sowie eine ähnliche Umstellung des internationalen Finanzstatistiksystems

Hamburg (2006), S. 30. Die durch das HGrGMoG vorzunehmende Entwicklung der Grundsätze staatlicher Doppik ist ausschließlich an das HGB anzulehnen, die IPSAS sind nicht zu beachten, auch wenn sie hierfür eine geeignete Ausgangsbasis darstellen würden; vgl. Lehleiter, R./Riedl, A. (2010), S. 202; Lüder, K. (2005), S. 45; Lüder, K. (2009), S. 569-571. Siehe auch Kapitel 4.3.2.

751 Lüder, K. (2005), S. 43.

752 In der jetzigen Ausgestaltung sind die IPSAS – um ihre Akzeptanz zu fördern – mit vielen Wahlrechten ausgestaltet, so dass damit keine Standardisierung, sondern eher die angestrebte Harmonisierung des öffentlichen Rechnungswesens erreicht werden kann; vgl. Jones, R. (2007), S. 104; Lüder, K. (2002), S. 163; Lüder, K. (2008a), S. 239.

753 Vgl. Mackintosh, I. (2004), S. S3; Vogelpoth, N./Dörschell, A. (2001), S. 754.

754 IFAC-PSC (2000) zitiert nach Lüder, K. (2002), S. 152.

755 Vgl. hierzu z.B. Brümmerhoff, D. (2007); Cordes, U. (1996).

(Government Finance Statistics; GFS).[756] Das Interesse internationaler Finanzinstitutionen (Asian Development Bank (ADB), Internationaler Währungsfonds (IWF), United Nations Development Programme (UNDP) und Weltbank) an den Möglichkeiten einer Abbildung der wirtschaftlichen Leistungsfähigkeit einer Gebietskörperschaft und der Bereitschaft, das PSC finanziell zu unterstützen, begründeten den Standardsetzungsprozess des PSC.[757] Diese neue Schwerpunktsetzung führte im Jahre 2004 zur Umbenennung des PSC in International Public Sector Accounting Standards Board (IPSASB).

Das IPSASB ist ein eigenständiger und unabhängiger Standardsetter für den öffentlichen Sektor, der unter der Schirmherrschaft der IFAC zur Erarbeitung der IPSAS, zu deren Verbreitung und zur internationalen Harmonisierung des öffentlichen Rechnungswesens durch Anwendung der IPSAS geführt wird. Des Weiteren werden Unterlagen und Dokumente als Anhaltspunkte und zu Erfahrungsberichten (= nationale Entwicklungen werden für die internationale Anwendung aufbereitet) für spezielle Belange der Berichterstattung im öffentlichen Bereich erarbeitet.[758]

Das IPSASB setzt sich aus 18 ehrenamtlichen Mitgliedern zusammen, die vom *Nominating Committee* vorgeschlagen und dem *IFAC Board* zur Ernennung vorgelegt werden.[759] Die Auswahl der Mitglieder beruht dabei auf deren expliziten Fachkenntnissen und Fähigkeiten im Bereich der Rechnungslegung und Prüfung im öffentlichen Sektor. 15 dieser Mitglieder (*members*) werden von den Mitgliedsorganisationen der IFAC entsandt, drei dieser Mitglieder (*public members*) vertreten die breite Öffentlichkeit und können von jedem Individuum oder jeder Organisation vorgeschlagen werden.[760] 2012 waren die folgenden Länder Mitglied des IPSASB: USA (Stellvertreter), Australien, China, Deutschland, Frankreich, Großbritannien, Japan, Kanada, Kenia, Marokko, Neuseeland, Pakistan, Rumänien, Südafrika und Uruguay. Die *public members* stammten 2012 aus der Schweiz (Vorsitz), Kanada und Italien. Die Mitglieder verfügen über Berufserfahrung und Fachkenntnis als Wirtschaftsprüfer, Mitglieder nationaler Standardsetter für den öffentlichen Sektor, Mitarbeiter öffentlicher Institutionen oder als Wissenschaftler.[761] Die IPSASB-Mitglieder werden für einen 3-Jahres-Zeitraum berufen, der nur einmal um dieselbe Laufzeit verlängert werden kann, außer das Mitglied übernimmt in der dritten Amtszeit den Vorsitz des IPSASB. Die Berufungen erfolgen jedes Jahr,

756 Vgl. Bergmann, A. (2009), S. 50; Lüder, K. (2002), S. 153; Mackintosh, I. (2004), S. S3-S4.
757 Vgl. Lüder, K. (2002), S. 153; Vogelpoth, N./Dörschell, A. (2001), S. 755.
758 Vgl. IFAC-IPSASB (2012h), Terms of Reference, Tz. 1.2.
759 Siehe hierzu auch Abbildung 11.
760 Vgl. IFAC-IPSASB (2012h), Terms of Reference, Tz. 4.2.
761 Vgl. IFAC-IPSASB (2009b).

um eine alljährliche Rotation von einem Drittel der Mitglieder zu ermöglichen. Bei den Sitzungen des IPSASB wird jedes Mitglied durch einen Fachberater (*technical advisor*) begleitet und unterstützt, der ebenfalls von der jeweiligen Mitgliedsinstitution ausgewählt wird.[762] Bei jeder Sitzung müssen mindestens zwölf Mitglieder des IPSASB persönlich anwesend oder über eine Videokonferenz zugeschaltet sein.[763] Des Weiteren nehmen an den Sitzungen des IPSASB die Organisationen mit Beobachterstatus (*observers*) teil. Im Jahr 2012 waren dies die folgenden Organisationen und Institutionen: Asian Development Bank (ADB), EU-Kommission, Europäische Investitionsbank (EIB), Eurostat, International Accounting Standards Board (IASB), Internationaler Währungsfonds (IWF), International Organization of Supreme Audit Institutions (INTOSAI), Organisation for Economic Co-operation and Development (OECD), United Nations (UN), United Nations Development Programme (UNDP) und Weltbank.[764] Die *technical advisors* und *observers* haben umfangreiche Einsichts- und Mitspracherechte bei den Sitzungen, jedoch keine Stimmrechte. Abstimmungen über alle zu kommentierende Consultation Papers und Exposure Drafts und endgültige Standards des IPSASB müssen mit mindestens zwölf Stimmen der stimmberechtigten IPSASB-Mitglieder getroffen werden, damit sie Verbindlichkeitswirkung erlangen.[765]

Zur Bewältigung des umfangreichen Aufgabenportfolios, wie die Entwicklung der IPSAS, die Erstellung und Durchführung von Studien zur *best practice* im Umgang mit spezifischen Problemen der Rechnungslegung im öffentlichen Sektor und von sonstigen Verlautbarungen und Forschungsberichten zu den neuesten Entwicklungen im öffentlichen Rechnungswesen, kann das IPSASB auf die *Steering Committees*, *Project Advisory Panel* und *Subcommittees* zurückgreifen. Diese ausgelagerten Arbeitseinheiten werden immer unter dem Vorsitz eines IPSASB-Mitgliedes geführt und setzen sich aus Mitarbeitern zusammensetzen, die nicht zwingend Mitglied des IPSASB oder von Mitgliedsorganisationen der IFAC sein müssen. Zusätzlich besteht die *Consultative Group* des IPSASB, die ein Diskussionsforum aus unterschiedlichen Vertretern öffentlicher Institutionen und Adressaten der IPSASB-Veröffentlich-

---

762 Vgl. Vogelpoth, N./Dörschell, A. (2001), S. 754.

763 Vgl. IFAC-IPSASB (2012h), Terms of Reference, Tz. 7.1 und Preface, Tz. 4.

764 Vgl. Müller-Marqués Berger, T. (2012a), S. 7. Einige *members* und *observers* (Kanada, Weltbank und ADB) übernahmen in 2011 auch Teile der Finanzierung des IPSASB. So kostete der Unterhalt des IPSASB im Jahr 2011 \$2.041.452 (2010: \$1.845.757), wovon \$1.408.907 (2010: \$1.086.543) durch die IFAC und \$632.545 (2010: \$759.214) durch externe Geldgeber finanziert wurden; vgl. IFAC (2012), S. 79-80. In 2012 erhielt das IPSASB finanzielle und personelle Unterstützung von: Weltbank, ADB, UN, Kanada, China, Neuseeland und der Schweiz; vgl. IFAC-IPSASB (2012b), S. 2.

765 Vgl. IFAC-IPSASB (2012h), Terms of Reference, Tz. 4.4-4.5 und 7.3. IPSASB-Sitzungen sind ebenfalls für die interessierte Öffentlichkeit zugänglich und Agenda-Papiere und Sitzungsprotokolle sind auf der Homepage des IPSASB (http://www.ifac.org/PublicSector/) einsehbar; vgl. IFAC-IPSASB (2012h), Terms of Reference, Tz. 7.4.

ungen mit entsprechender Fachexpertise darstellt, damit das IPSASB Anregungen und Feedback zu seinem Arbeitsprogramm, Projektprioritäten und -zeitplänen, zu technischen Fragestellungen, zur Standardentwicklung und sonstigen Aktivitäten einholen kann.[766]

Außerdem greift das IPSASB – so weit wie möglich – auch auf Kooperationen mit nationalen Standardsettern bei der Standardentwicklung zurück, um Synergieeffekte zu nutzen, aber auch um schon in einem frühen Zeitpunkt der Standardentwicklung einen Konsens im Verständnis der Problembehandlung und eine Konvergenz der Standards zu erreichen, so dass die Anwendung der IPSAS durch die nationalen Standardsetter unterstützt wird, aber auch ein Dialog mit den Normenanwendern, Praktikern und nationalen Institutionen, wie Finanzministerien und Rechnungshöfen, gefördert wird.[767]

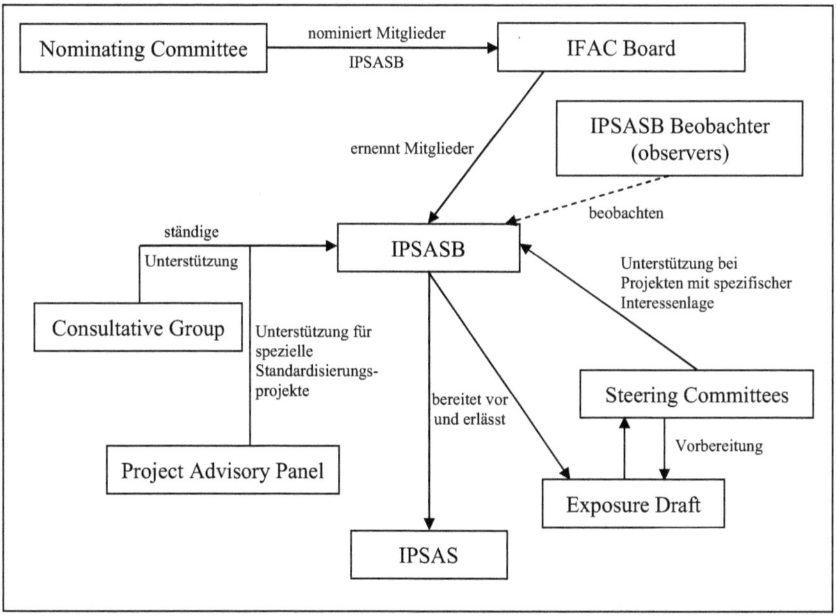

Abbildung 11: Organisation des IPSASB[768]

Damit sich mit einer langfristigen Perspektive das IPSASB noch stärker als Standardsetter etablieren und die Facharbeit mit dem IASB vertiefen kann, wird schrittweise eine strukturelle Änderung des IPSASB angestrebt, wodurch auch die Finanzierung des IPSASB betroffen

766 Vgl. IFAC-IPSASB (2012h), Terms of Reference, Tz. 9.1.

767 Vgl. IFAC-IPSASB (2012h), Terms of Reference, Tz. 8.4. Siehe hierzu auch Kapitel 5.4 zum Entwicklungsprozess der IPSAS.

768 In Anlehnung an: Müller-Marqués Berger, T. (2008), S. 2.

sein wird. Das IPSASB sieht folgende Veränderungsbereiche: So könnte zur stärkeren öffentlichen Akzeptanz und Glaubwürdigkeit eine bereits seit 2004 geforderte Aufsichtsinstanz – andere der IFAC zugeordnete Standardsetter unterliegen der Aufsicht des *Public Interest Oversight Board* – eingeführt und eine noch aktivere *Consultative Group* gefördert werden. Zur Schaffung einer noch höheren Expertise sollten mehr *public members* (die nicht zwingend einer Mitgliedsorganisation der IFAC angehören und die breite Öffentlichkeit vertreten) in das IPSASB aufgenommen werden. Des Weiteren sollten zu einer verbesserten und zeitnahen Standarddiskussion und -entwicklung die drei bestehenden Vier-Tages-Sitzungen pro Jahr um ein weiteres Treffen ergänzt werden; dieses Ziel wurde bereits umgesetzt, da in den Jahren 2011 und 2012 jeweils vier Sitzungen stattfanden. Zur Professionalisierung des IPSASB und Bewältigung des umfangreichen Aufgabenspektrums sollten der Vorsitz des IPSASB als eine hauptamtliche Position ausgestaltet und noch mehr Mitarbeiterstellen geschaffen werden, damit nicht wie bei zuletzt beendeten Projekten auf die Mitarbeiter nationaler Standardsetter zurückgegriffen werden muss, ohne deren Unterstützung die erfolgreiche Standardentwicklung der letzten Jahre nicht möglich gewesen wäre.[769]

5.3 Anwendung der IPSAS

Im Folgenden werden Gründe, aber auch Hemmnisse und Chancen, der IPSAS-Anwendung aufgezeigt und auf den Geltungsbereich der IPSAS und auf den Entwicklungsprozess und -stand dieser Standards eingegangen.

5.3.1 Anwendungsgründe

Durch die Globalisierung der Güter- und Finanzmärkte und eine damit einhergehende Entwicklung zur internationalen Konvergenz sowie Standardisierung der Unternehmensberichterstattung, wie z.B. durch die im Jahr 2002 erlassene IAS-Verordnung[770], die ab dem 01.01.2005 grundsätzlich eine Anwendungspflicht der IFRS im Konzernabschluss von kapitalmarktorientierten Mutterunternehmen mit Sitz in der EU vorschreibt, oder die IFRS-Anerkennung durch die amerikanische Securities and Exchange Commission (SEC) für ausländische Unternehmen, werden die Aktivitäten des IPSASB zur internationalen Harmonisierung des Rechnungswesens im öffentlichen Sektor bestärkt. Gleichzeitig werden für die erwähnten Reformbemühungen zur Einführung eines ressourcenverbrauchsorientierten Haushalts- und Rechnungswesens im öffentlichen Bereich die Entwicklungen im Unternehmensbereich als Referenzmodell für den öffentlichen Sektor betrachtet. Auch dieser Sektor wird we-

[769] Vgl. zu diesen Verbesserungsmaßnahmen IFAC-IPSASB (2010b), S. 6-12.
[770] Vgl. EU-Verordnung Nr. 1606/2002.

sentlich durch internationale Kooperationen, Verflechtungen und Zusammenschlüsse geprägt, die effektive und vergleichbare gesellschaftliche Leistungsmaße und deren Verständnis in einem internationalen Kontext durch internationale Rechnungslegungsnormen erfordern, die die Transparenz des öffentlichen Haushalts- und Rechnungswesens erhöhen.[771] „Zweck dieser internationalen Institutionen und Initiativen ist die Erkenntnis, dass in einer Zeit weltumspannender Herausforderungen das nationalökonomische Ziel der Wohlfahrtsmehrung global zu interpretieren und realisieren ist, was auch international einheitliche Maße der Wohlfahrtsmessung bedingt.“[772]

So gelten zur Sicherung der Stabilität der Europäischen Wirtschafts- und Währungsunion als Beitritts- und Folgekriterien die einzuhaltenden EU-Konvergenzkriterien (= Maastricht-Kriterien), die ihrerseits auch eine Vergleichbarkeit der öffentlichen Haushalte, der Verschuldung und der Finanzlagen der Mitgliedstaaten erfordern.[773] Eine intransparente Verwaltungsführung auf den unterschiedlichen Staatsebenen fördert oft die Ressourcenverschwendung durch Korruption und Missmanagement[774] und belastet die Bedingungen für eine stabile und nachhaltige Entwicklung einer Volkswirtschaft[775]. Eine dadurch bedingte Staatsverschuldung fördert in steigendem Maße die Kapitalmarktabhängigkeit der Staaten – auch durch zwischenstaatliche Kreditvergaben und Zuwendungen internationaler Institutionen, wie z.B. Weltbank und IWF (= IMF) – und den Zwang zu einer qualitativ verbesserten und transparenteren Finanzberichterstattung.[776] Die Verflechtungen im öffentlichen Bereich umfassen regionale wirtschaftliche und politische Zusammenschlüsse von Ländern (wie z.B. die EU[777]) sowie internationale Länderverbunde bzw. -kooperationen wie die UN, die North Atlantic Treaty

771 Vgl. Chan, J. L. (2002), S. 152-153; Lüder, K. (2003a), S. 407-409.

772 Haller, A./Blab, D. (2009), S. 445.

773 Vgl. Bolsenkötter, H. (2005), S. 174-175; Buschor, E. (2000), S. 21. Siehe zu einem Vergleich der Ursachen für die Staatsverschuldung Wagschal, U./Wenzelburger, G. (2008), S. 142-145. Bei den im Rahmen des EU-Stabilitätspakts von den Mitgliedstaaten an Eurostat (Statistisches Amt der Europäischen Union) zu übermittelnden makroökonomischen Daten zur Ermittlung der Defizitkriterien konnten RAUCH ET AL. mithilfe des Benford's Law nachweisen, dass Griechenland unter allen Staaten die größten Auffälligkeiten aufwies; vgl. Rauch, B. et al. (2011), S. 243.

774 Vgl. Sutcliffe, P. (2003), S. 29.

775 Vgl. IMF (2007), S. 1. Des Weiteren zeigen die Auswirkungen der weltweiten Finanzkrise die durch Verflechtungen der öffentlichen Hand und dem Unternehmens- bzw. Bankensektor bedingten hohen finanziellen Belastungen einen gesteigerten Bedarf an öffentlicher Transparenz und Berichterstattung; vgl. IFAC-IPSASB (2010b), S. 3. Zusätzlich sind Steuerungs- und Kontrollaspekte (wie z.B. in der EU) sehr bedeutsam.

776 Vgl. Lüder, K. (2003a), S. 407; Lüder, K./Kampmann, B. (1993), S. 63-66. Vgl. zu kritischen Anmerkungen Nobes, C. (1988), S. 198-206. Ein Vergleich zeigt, dass in Ländern wie Argentinien, Brasilien, Paraguay und Uruguay, die Unterstützungen von Weltbank und IWF erhalten, die Qualität der Finanzberichterstattung noch nicht den Anforderungen der IPSAS genügt; vgl. Caba Pérez, C./López-Hernández, A. M. (2009), S. 180. Siehe zum Nutzen internationaler Standards bei der Einführung des NPM in Entwicklungsländern Navarro Galera, A./Rodríguez Bolívar, M. P. (2007), S. 413-425.

777 Vgl. Lüder, K. (2002), S. 165. Die EU-Kommission erstellt seit 2005 ihre eigenen Abschlüsse unter Beachtung der IPSAS; vgl. Jones, R. (2007), S. 109.

Organization (NATO) oder die OECD. Diese Institutionen der internationalen Zusammenarbeit haben gemein, dass sie die IPSAS als Normen der Rechnungslegung und Berichterstattung eingeführt haben.[778]

Dieselben Argumente für die Entwicklung internationaler Berichterstattungsnormen im privatwirtschaftlichen Unternehmensbereich gelten auch für den öffentlichen Sektor, da auch hier die Globalisierung voranschreitet. International einheitliche Standards erleichtern nicht nur die Vergleichbarkeit der Berichtsinhalte, sondern auch die Erstellung von Konzernabschlüssen, die insbesondere im kommunalen Bereich zwischen der Verwaltungseinheit und öffentlichen Unternehmen (sog. Nettobetriebe, deren Träger dann eine Kommune ist) wichtiger werden („Konzern Kommune"), wenn z.B. eine Stadtwerke AG als ein kapitalmarktorientiertes Mutterunternehmen die IFRS anwenden muss.[779] Zusätzlich geht man auch im öffentlichen Sektor von Vorteilen bei der Kapitalbeschaffung (Fremdfinanzierung und Investorengewinnung)[780] aus, ohne dies eindeutig belegt zu haben.

5.3.2 Geltungsbereich der IPSAS

Das IPSASB definiert den Begriff „öffentlicher Sektor" wie folgt: „*The term public sector refers to national governments, regional (e.g., state, provincial, territorial) governments, local (e.g., city, town) governments and related governmental entities (e.g., agencies, boards, commissions and enterprises)*"[781]. Der Geltungs- und Anwendungsbereich der IPSAS erstreckt sich somit auf alle öffentlichen Einheiten, mit Ausnahme der öffentlichen Erwerbsunternehmen (*government business enterprises*; GBE), denen die Anwendung der IPSAS explizit untersagt ist, da sie aufgrund ihrer gewinnorientierten Ausrichtung (aus der internationalen Perspektive des IPSASB) in den Regelungsbereich der IFRS fallen.[782]

---

778 Vgl. IFAC-IPSASB (2012b), S. 1.

779 Vgl. Haller, A./Blab, D. (2009), S. 445. In solchen Fällen wird in der Literatur immer wieder – ohne Beachtung der Unterschiede im öffentlichen und privatwirtschaftlichen Sektor die Frage aufgeworfen, ob nicht in beiden Sektoren einheitlich die IFRS oder die IPSAS angewendet werden sollten (vgl. Aggestam-Pontoppidan, C. (2011), S. 28-32), oder sogar ein einheitliches Normensystem für beide Sektoren gefordert wird (vgl. Stevenson, K. M. (2010), S. 310). Kritisch hierzu Holder, W. W. (2011), S. 107-110. Siehe auch zur Herausarbeitung der Unterschiede und einer möglichen Angleichung Laughlin, R. (2008), S. 253-254.

780 Vgl. Haller, A./Blab, D. (2009), S. 445. Die englische Kreisverwaltung East Riding wurde in einem Kooperationsprojekt durch die Bertelsmann-Tochter arvato zur Optimierung der Verwaltungsabläufe übernommen; vgl. http://www.arvatogov.de/?action=eastriding.

781 IFAC-IPSASB (2012h), Terms of Reference, Tz. 1.2.

782 Vgl. Bolsenkötter, H. (2007c), S. 16-18; Chan, J. L. (2008), S. 70; IFAC-IPSASB (2012h), Preface, Tz. 3 und 10. Unter GBE ist ein Rechtssubjekt zu verstehen, das die folgenden Kriterien kumulativ erfüllt:

- es besitzt das Recht, im eigenen Namen Verträge zu schließen;
- es ist ermächtigt, finanziell und organisatorisch ein Geschäft zu führen;
- es verkauft im Rahmen der normalen Geschäftstätigkeit Sachgüter und Dienstleistungen gewinnbringend oder kostendeckend an andere Einheiten;

Übertragen auf Deutschland können die IPSAS somit von Gebietskörperschaften (Bund, Länder, Kommunen) bzw. in öffentliche Verwaltungen eingebettete rechtlich unselbständige Betriebe (sog. Bruttobetriebe) grundsätzlich angewendet werden.[783] Für öffentliche Unternehmen (Nettobetriebe (= Eigenbetriebe) und öffentliche privatrechtliche Unternehmen (= Eigengesellschaften)) gelten die IFRS, falls internationale Rechnungslegungsnormen vorgeschrieben werden.[784] Hierbei ist zu beachten, dass keine trennscharfe Abgrenzung nach dem begrifflichen Verständnis in Deutschland möglich ist, da es eine Schnittmenge zwischen dem öffentlichen Sektor und dem Unternehmensbereich gibt, die den öffentlichen Erwerbsunternehmen entspricht, so dass der Begriff „öffentliche Erwerbsunternehmen" enger als „öffentliche Unternehmen" anzusehen ist.[785] Hieraus können sich bei der Übernahme der IPSAS in nationales Recht Anwendungsprobleme ergeben.

5.3.3 Anwendungschancen und -hemmnisse der IPSAS

Obwohl die IPSAS in Deutschland (noch) keine verbindliche Normengrundlage[786] darstellen, können (und sollten) sie aber als Anhaltspunkte bzw. Referenzbasis bei den vielfältigen Umstellungsprozessen auf ein doppisch geführtes Haushalts- und Rechnungswesen auf den verschiedenen Ebenen des öffentlichen Sektors in Deutschland dienen.[787] So orientieren sich

- es ist nicht auf kontinuierliche, öffentliche Finanzhilfen zur Durch- und Fortführung der Geschäftstätigkeit angewiesen, ausgenommen Geschäfte zu marktüblichen Bedingungen; und
- es wird von einer Verwaltungseinheit beherrscht.

Vgl. IFAC-IPSASB (2012h), Glossary (= IPSAS Glossary); IPSAS 1.7; KPMG (2012), Glossar, S. 1656. In früheren Versionen der IPSAS wurden in jedem Standard die entsprechenden Definitionen der verwendeten Begriffe nochmals angeführt. In den neusten Versionen der IPSAS sind die Begrifflichkeiten jeweils nur ein Mal in dem Standard, der chronologisch am frühesten diesen Begriff verwendet, und im IPSAS Glossary definiert. Der Hinweis, „*Terms defined in other IPSASs are used in this Standard with the same meaning as in those Standards, and are reproduced in the Glossary of Defined Terms published separately*", findet sich in jedem Standard unter der Textziffer mit den Definitionen.

783 Vgl. Adam, B. (2004), S, 22; Bolsenkötter, H. (2007c), S. 13; Srocke, I. (2004), S. 57. Zur Abgrenzung der Definitionen von Gebietskörperschaften, öffentlichen Verwaltungen, öffentlichen und privatrechtlichen Unternehmen vgl. Bolsenkötter, H. (2002), Sp. 1589-1591; Eichhorn, P. (2003b), S. 754-757; Eichhorn, P. (2003a), S. 761; Lüder, K. (1989), Sp. 1152; Püttner, G. (1985), S. 25; Srocke, I. (2004), S. 11.

784 Vgl. IFAC-IPSASB (2012h), Preface, Tz. 10. Die deutschen Eigenbetriebe und Eigengesellschaften legen aber mehrheitlich entgegen der Ansicht des IPSASB nach HGB Rechnung; vgl. IDW ERS ÖFA 1, Tz. 6; Vogelpoth, N. (2004), S. S27.

785 Vgl. hierzu im Detail Bolsenkötter, H. (2007c), S. 16-19; Bolsenkötter, H. (2007b), S. 642-648; Mühlenkamp, H. (2006), S. 390-417. Die deutsche Übersetzung der IPSAS von GBE als „öffentliche Unternehmen" (vgl. KPMG (2012), Glossar, S. 1656) ist für den deutschen Rechtsraum als kritisch, da verwechslungsanfällig und nicht eindeutig, anzusehen.

786 Die IPSAS haben weder für die rechnungslegenden Verwaltungseinheiten, noch für den nationalen Gesetzgeber eine Bindungswirkung. Vgl. Kröger, C. W. (2005), S. 632; Vogelpoth, N./Dörschell, A. (2001), S. 752.

787 Forderungen nach der Beachtung der IPSAS finden sich bei Benito, B. et al. (2007), S. 298; Bergmann, A./Gamper, A. (2004), S. 623; Reichard, C./Bals, H. (2002), S. 147; Schedler, K./Knechtenhofer, B. (2003), S. 557; Schedler, K./Knechtenhofer, B. (2007), S. 299. Hierzu kritisch Harringer, R. (2004), S. 625. Als erstes Bundesland stellte Hamburg am 01.01.2006 eine Eröffnungsbilanz nach den Grundsätzen der doppelten Buchführung, unter Beachtung der IPSAS (vgl. Freie und Hansestadt Hamburg (2007), S. 32), auf. Der Konzernabschluss folgte zum 01.01.2007. Eine grundlegende Diskussion dieses Reformprojektes

kontinentaleuropäische Staaten wie Frankreich, Litauen, Österreich, Schweiz und Slowakei bereits an den IPSAS und das IPSASB hat festgestellt, dass das öffentliche Haushalts- und Rechnungswesen in Australien, Kanada, Neuseeland, dem Vereinigten Königreich (UK) und den USA schon weitgehend den IPSAS entspricht.[788]

Wie bereits in Kapitel 4.3.1 beschrieben, sind die Ausgangsbasis und die Rahmenbedingungen zur Reform des öffentlichen Haushalts- und Rechnungswesens in den reformwilligen Ländern und somit die Wege zur Umsetzung und Anwendung der IPSAS sehr unterschiedlich.[789] So kann das Rechnungssystem ressourcenverbrauchs- oder zahlungsorientiert sein und eine Anwendung des Cash Basis IPSAS[790], der Accrual Basis IPSAS[791] und ein vollständiger oder ein schrittweiser Übergang auf die IPSAS angestrebt werden. Die IPSAS können direkt als nationales Recht übernommen werden oder es erfolgt ein Verweis in den nationalen Haushalts- und Rechnungslegungsvorschriften auf die IPSAS. Des Weiteren kann eine Umsetzung der IPSAS von der Ebene des öffentlichen Bereichs abhängig sein, oder die IPSAS werden nur für Sachverhalte umgesetzt, für die keine Regelung nach IFRS oder sonstigen nationalen Rechnungslegungsnormen besteht. Falls keine Übernahme der IPSAS erfolgt, können die IPSAS und die Verlautbarungen des IPSASB als Ideenpool für einen national eigenständigen Reformprozess dienen.[792] Das IPSASB ermutigt nationale öffentliche Institutionen ausdrücklich zur (auch partiellen) Anwendung der IPSAS, um somit eine fortschreitende weltweite Verbesserung und Vergleichbarkeit der öffentlichen Finanzberichterstattung zu erreichen und regelt zur Erleichterung der Umstellung der Rechnungslegungsnormen in den IPSAS entsprechende Übergangsvorschriften mit längeren Umsetzungszeiträumen oder entlastenden Regelungen bei Erstanwendung der IPSAS.[793] Gleichwohl darf ein Abschluss – analog zu IAS 1.16 – nur dann als IPSAS-konform bezeichnet werden, wenn alle anwendbaren IPSAS nach Ablauf der Übergangsvorschriften umgesetzt wurden.[794]

findet sich z.B. mit Kritik in Böcking, H.-J./Dutzi, A. (2008), S. 415-425, eine Erwiderung hierzu in Budäus, D. (2009b), S. 27-35 und eine abschließende Replik in Böcking, H.-J./Dutzi, A. (2009), S. 36-39.

788 Vgl. IFAC-IPSASB (2007), S. 1-4; Müller-Marqués Berger, T. (2008), S. 13-14. Gegenwärtig (Stand: Februar 2010) wenden bereits über 80 Länder die IPSAS an bzw. befinden sich in einem Umstellungsprozess; vgl. Budäus, D./Hilgers, D. (2010b), S. 37; IFAC-IPSASB (2010b), S. 3.

789 Vgl. Bergmann, A. (2009), S. 47-52.

790 Siehe hierzu Kapitel 5.4.

791 Siehe hierzu Kapitel 5.4 und Tabelle 4.

792 Vgl. Bergmann, A. (2009), S. 47-52. „Die IPSAS können auf nationaler Ebene keine unmittelbare Bindungswirkung entfalten, dazu bedarf es einer Übernahme oder eines entsprechenden Verweises durch die nationalen Gesetzgeber“; Schauer, R. (2005c), S. 602.

793 Vgl. IFAC-IPSASB (2012h), Preface, Tz. 17.

794 Vgl. IFAC-IPSASB (2012h), Preface, Tz. 18-19; IPSAS 1.28.

Für deutsche Gebietskörperschaften ließe sich eine verpflichtende Anwendung der IPSAS lediglich im Hinblick auf die bereits vorhandenen IPSAS erreichen (statischer Verweis), eine pauschale Übernahme der sich möglicherweise jeweils noch verändernden und der in Zukunft noch verabschiedeten IPSAS (dynamischer Verweis) ist jedoch nicht möglich, da so die nationalen Gebietskörperschaften ihre legislative Kompetenz aufgeben und sich der Normierung durch eine private Instanz unterwerfen würden.[795] Ebenfalls wäre eine solche dynamische Einbeziehung der IPSAS auf EU-Ebene mit vorgeschriebener Umsetzung in das nationale Kommunal-, Landes- oder Bundesrecht erst möglich, wenn auch für die IPSAS auf EU-Ebene ein zu den IFRS vergleichbarer europäischer Endorsement-Prozess mit noch zu bildenden Beratungsgremien eingerichtet werden würde,[796] um so die IPSAS im Rahmen eines Rechtssetzungsaktes als europäisches Recht anzuerkennen und in die nationale Gesetzgebung durch Bundes-, Landesfinanzministerien und Innenministerien für die Kommunalebene zu adaptieren. Ein solcher Schritt mit entsprechender Einrichtung von Beratungs- und Standardisierungsgremien wird in der Literatur bereits diskutiert.[797] Eine entsprechende Initiative wurde bisher auf EU-Ebene noch nicht gestartet, jedoch führte das HGrGMoG in Deutschland zumindest zur Einrichtung eines Gremiums zur Standardisierung des Rechnungswesens auf Stufe des Bundes und der Länder – jedoch ohne Beachtung der IPSAS.[798]

Ein weiterer Grund, der die Anwendung der IPSAS erschwert, ist der Umstand, dass den IPSAS die Einbindung des Haushaltswesens noch fehlt, da die Bedeutung der Haushaltsplanung erst in dem Projekt zum „*Budget Reporting*“ noch behandelt wird.[799] Ein Teilergebnis diese Projektes ist IPSAS 24 „*Presentation of Budget Information in Financial Statements*“, der zwar nicht den prospektiven Haushaltsplan selbst behandelt, aber die Darstellung von Budgetinformationen im Abschluss und damit einen Abgleich des bewilligten Haushalts mit dem tatsächlichen Haushaltsvollzug aus einer retrospektiven Sichtweise ermöglicht.[800] Nur mit einer Verknüpfung zum Haushaltswesen kann die bestehende vergangenheitsorientierte und deswegen für den Rechenschaftszweck geeignete Rechnungslegung um eine Steuerungs-

795 Vgl. Haller, A./Blab, D. (2009), S. 447; Püttner, G. (2007a), S. 41-42. Siehe für die Schweiz Schedler, K./Knechtenhofer, B. (2003), S. 557.

796 Vgl. zum IFRS-Endorsement-Verfahren und dessen Folgen Buchheim, R. et al. (2008b), S. 337-341; Buchheim, R. et al. (2008a), S. 373-379; Coenenberg, A. G./Haller, A./Schultze, W. (2012), S. 55-58; Lanfermann, G./Röhricht, V. (2008), S. 826-830; Pellens, B. et al. (2011), S. 104-108.

797 Vgl. Adam, B. (2004), S. 215-218; Arbeitskreis „Integrierte Verbundrechnung“ (2005), S. 889; Lüder, K. (2002), S. 164-165; Lüder, K. (2003b), S. 353-354.

798 Vgl. Heiling, J./Wirtz, H. (2009), S. 824. Siehe auch Kapitel 4.3.2.

799 Vgl. Lüder, K. (2003b), S. 354; Schauer, R. (2006), S. 16-17; Vogelpoth, N. (2007a), S. 264; Wolfrum, G. (2010), S. 233.

800 Vgl. Van Schaik, F./Sanderson, I. (2009), S. 138-140; Vogelpoth, N. (2007a), S. 269.

funktion ergänzt werden, die periodische Soll-Ist-Vergleiche ermöglicht.[801] Hierbei muss jedoch beachtet werden, dass – selbst wenn die IPSAS alle Facetten des Planungsbereichs abdecken würden – keine gänzliche Harmonisierung erreicht werden könnte, da das Haushaltsrecht und die Budgetierung mit dem nationalen Recht und der nationalen legislativen Kompetenz verbunden sind und nationale Besonderheiten und Anforderungen an die interne Ausgestaltung des öffentlichen Rechnungswesens gesondert auf nationaler Ebene behandelt werden müssen.[802] Bei Anwendung der IPSAS kann die derzeitige Fokussierung des IPSASB auf die Rechnungslegung zur Folge haben, dass sich die Haushaltsplanung und -rechnung von dem finanziellen Rechnungswesen entkoppeln und die finanzielle Rechnungslegung im politisch-administrativen Entscheidungs- und Kontrollprozess nur noch eine untergeordnete Rolle spielt.[803] Um u.a. dies zu verhindern, hat das IPSASB ein Projekt zur Darstellung der Tragfähigkeit der öffentlichen Finanzen aufgenommen, wodurch eine Langfristperspektive durch Prognose der Entwicklung der öffentlichen Finanz- und Ertragslage und damit auch ein Planungsansatz ermöglicht werden soll; siehe hierzu Kapitel 5.4.3.1.

In der derzeitigen Ausgestaltung eignen sich die IPSAS allein schon durch ihre Existenz für die Diskussion der Reformbedürftigkeit des öffentlichen Rechnungswesens und die Bedeutung der Umstellung auf die Doppik und die periodengerechte Erfolgsermittlung. „Voraussichtlich wird es so etwas wie eine Sogwirkung der Standards geben; wenn sie erst einmal vorhanden [im Sinne von vollständig und mit einem Rahmenkonzept ausgestattet; Anmerkung des Verfassers] sind, können es sich bald kein Staat und keine seiner Gebietskörperschaften mehr leisten, dahinter zurückzubleiben.“[804]

Die Beachtung der IPSAS, die ursprünglich nur in englischer Sprache zugänglich waren, wird ebenfalls dadurch unterstützt, dass zunehmend eine Veröffentlichung auch in anderen Sprachen vorgenommen wird.[805]

---

801 Vgl. Schauer, R. (2005a), S. 19; Schauer, R. (2006), S. 18-19.

802 Vgl. auch Benito, B. et al. (2007), S. 299; Bolsenkötter, H. (2003), S. 177.

803 Vgl. Lüder, K. (2003b), S. 354; Schauer, R. (2006), S. 17.

804 Püttner, G. (2007a), S. 43.

805 Autorisierte Übersetzungen werden in Zusammenarbeit mit nationalen Wirtschaftsprüfungsverbänden oder auch internationalen Wirtschaftsprüfungsgesellschaften erstellt. Die deutsche Übersetzung der IPSAS wird von KPMG AG, Schweiz herausgegeben; vgl. KPMG (2012). Hierbei ist auch die zeitliche Differenz zwischen Originalfassung der IPSAS und der Übersetzung zu beachten, so basiert die aktuelle deutsche Fassung auf den IPSAS mit Stand 2011 (zwischenzeitliche Änderungen bis zu einer Neuauflage können aber auf der Homepage von KPMG AG, Schweiz eingesehen werden). Generell sind Übersetzungen immer kritisch zu sehen, so sind z.B. in der amtlichen deutschen Fassung der IFRS Übersetzungsfehler und sprachliche Unzulänglichkeiten zu finden, die zu möglichen Fehlanwendungen in der Praxis führen können; vgl. Niehus, R. J. (2005), S. 2477. Siehe zur Übersetzungsproblematik der IFRS auch die Studie von Baskerville, R./Evans, L. (2011).

Für Gebietskörperschaften, die bereits ihr Rechnungswesen auf Basis einer eigenständigen Konzeption reformiert haben, wird eine unmittelbare Beachtung der IPSAS nicht mehr möglich sein. Aber auf längere Frist kann ein Übergang auf die IPSAS in Betracht kommen, wobei zuerst geklärt werden muss, ob die bereits umgesetzten Regelungen mit den IPSAS vereinbar sind, wodurch der Umstellungsaufwand abschätzbar wird.[806] Dadurch, dass die IPSAS noch zahlreiche Wahlrechte aufweisen und noch nicht alle Sachverhalte abschließend geregelt sind, ist die Möglichkeit groß, dass beliebige nationale *accrual accounting*-Konzepte einer Gebietskörperschaft als grundsätzlich IPSAS-kompatibel eingeschätzt werden können.[807] Mit den vielen expliziten und verdeckten Wahlrechten der IPSAS soll eine möglichst breite Akzeptanz erreicht werden und diese führen auch dazu, dass selbst bei einer als IPSAS-konform eingestuften Rechnungslegung die angestrebte internationale Vergleichbarkeit der öffentlichen Rechnungslegung nicht vollumfänglich erzielt werden kann.[808]

Des Weiteren ist in kontinentaleuropäischen Ländern das Haushalts- und Rechnungswesen durch einen hohen Grad an detaillierten Gesetzen und Verwaltungsvorschriften geregelt, wodurch eine starke Verbindung zwischen Haushalts- und Rechnungswesen entsteht und dieses System nur sehr schwerfällig an Änderungen angepasst werden kann.[809] Wie bereits oben angesprochen, ist selbst die einfachste Art zur Herstellung einer IPSAS-Kompatibilität durch die Beschränkung der gesetzlichen Regelungen auf eine Generalklausel nicht umsetzbar. Aufgrund der Wahlrechte, der Allgemeinheit, der Regelungslücken und der Änderungshäufigkeit der IPSAS müsste es zumindest auf nationaler – für die EU besser auf europäischer – Ebene eine Standardisierungsinstanz geben, die ergänzende und gegebenenfalls interpretierende Vorgaben zur Anwendung der IPSAS erarbeitet.[810]

Die IPSAS sind trotz der noch bestehenden Schwächen und Unvollkommenheiten ein geeigneter Referenzrahmen für die Reform des öffentlichen Rechnungswesens und ein bereicherndes Element für die weiteren Diskussionen.[811]

Ein wesentlicher Punkt, der die Bedeutung der IPSAS entscheidend beeinflussen könnte, ist die öffentliche (an alle Bürger und interessierten Organisationen und Institutionen gerichtete), im Auftrag der EU-Kommission durchgeführte Konsultation des Statistischen Amtes der Eu-

806 Vgl. Lüder, K. (2005), S. 43.
807 Vgl. Lüder, K. (2005), S. 43-44.
808 Vgl. Lüder, K. (2003b), S. 355-356; Lüder, K. (2005), S. 42; Wirtz, H. (2010), S. 220.
809 Vgl. Lüder, K. (2005), S. 44.
810 Vgl. Adam, B. (2004), S. 215-218; Lüder, K. (2005), S. 44.
811 Vgl. Lüder, K. (2005), S. 45.

ropäischen Union (Eurostat) zur Eignung der IPSAS für die EU-Mitgliedstaaten (Konsultationszeitraum: 17.02.2012 bis 11.05.2012).[812] Der Beweggrund war die europäische Staatsschuldenkrise, die verdeutlichte, dass die Staaten ihre Finanzstabilität zweifelsfrei nachweisen müssen und die Berichterstattung über die öffentlichen Finanzen stringenter und transparenter werden muss. Als Teil zur Reform des Stabilitäts- und Wachstumspaktes hat der Rat der Europäischen Union am 01.11.2011 die „Richtlinie des Rates über die Anforderungen an die haushaltspolitischen Rahmen der Mitgliedstaaten“[813] verschiedet, die die EU-Kommission dazu aufforderte, bis Ende 2012 eine Befragung zur Bewertung der Eignung der IPSAS für die EU-Mitgliedstaaten durchzuführen.[814] In ihrem Bericht kommt die EU-Kommission zu folgendem Schluss: „Einerseits ist es wohl eindeutig, dass die IPSAS in ihrer gegenwärtigen Form nicht ohne weiteres in den EU-Mitgliedstaaten eingeführt werden können. Andererseits stellen die IPSAS unstreitig einen Bezugsrahmen für eine mögliche harmonisierte Rechnungsführung des öffentlichen Sektors in der EU dar“[815] und können deshalb auch als Basis für die Erarbeitung von European Public Sector Accounting Standards (EPSAS) dienen. Die Entwicklung von EPSAS hätte für die EU den Vorteil, dass basierend auf den IPSAS für den individuellen Bedarf zugeschnittene Normen zeitnah entwickelt werden könnten.[816] In diesen Vorschlägen sind Parallelen zu den IFRS zu sehen, die durch das Endorsement-Verfahren in europäisches Recht übernommen bzw. angepasst werden.[817]

5.4 Entwicklung der IPSAS

In den folgenden Unterkapiteln werden der momentane Stand der IPSAS und der Prozess zur Standardentwicklung aufgezeigt. Zusätzlich wird auf ausgewählte, aktuelle Projekte beim IPSASB eingegangen.

5.4.1 Aktueller Stand

Die Entwicklungshistorie der IPSAS im Rahmen des Standardsetzungsprojektes[818] unterteilt sich in drei Phasen.[819] Von 1997 bis 2002 entstanden die grundlegenden, auf die Doppik aus-

812 Siehe zur Dokumentation der Befragung die Eurostat-Homepage (http://epp.eurostat.ec.europa.eu/portal/page/portal/public_consultations/consultations/ipsas; Stand: 20.11.2012).

813 Vgl. Richtlinie 2011/85/EU.

814 Siehe hierzu auch Ellerich, M. (2012), S. 1137; Meinen, J. (2012b), S. 307-312; Radermacher, W. (2012), S. S85-S89.

815 EU-Kommission (2013), S. 10.

816 EU-Kommission (2013), S. 10.

817 Vgl. zum Endorsement-Verfahren Coenenberg, A. G./Haller, A./Schultze, W. (2012), S. 55-58; Pellens, B. et al. (2011), S. 104-108. Siehe hierzu Kapitel 6.2.1. Siehe zur Behandlung von Widersprüchen von in EU-Recht übernommenen IFRS/IFRIC und noch dem Endorsement zu unterziehenden Regelungen Buchheim, R. et al. (2008b), S. 338-341; Buchheim, R. et al. (2008a), S. 373-379.

818 Siehe hierzu Kapitel 5.2.

819 Vgl. Müller-Marqués Berger, T. (2012b), S. S74-S75.

gerichteten 20 IPSAS (IPSAS 1 bis IPSAS 20; *core set*), die auf den für Unternehmen entwickelten International Financial Reporting Standards (IFRS) basieren (*accrual accounting*[820]).[821]

In der seit 2003 bis 2010 gelaufenen zweiten Projektphase wurden Standards für die speziellen Anforderungen der öffentlichen Rechnungslegung erarbeitet (IPSAS 21 bis IPSAS 24) und dabei, wenn möglich, auf die IFRS zurückgegriffen[822], um eine Konvergenz mit den zum 31.12.2008 bestehenden IFRS zu erreichen. Die Ableitung der IPSAS aus den IFRS kann grundsätzlich nicht beanstandet werden,[823] z.B. bei Bewertungssachverhalten. So zielt der Zweck der Verwaltungstätigkeit zwar im Gegensatz zur erwerbs- und eigenwirtschaftlichen Gewinnmaximierung der Unternehmen auf eine bedarfswirtschaftliche Deckung zur Steigerung des Gemeinwohls ab, dennoch ist beiden Bereichen gemein, dass die Leistungserstellung (jeweils mit einer anderen Zielsetzung in Form von Ertrags- und Wertsteigerungszielen im privatwirtschaftlichen Unternehmenssektor und Sachzielen im öffentlichen Bereich) kostenminimierend durchgeführt werden soll und die Bemessung dieser Leistungen das Lösen von Bewertungsfragen bedingt.[824]

Die dritte Phase ist seit 2010 durch die Erarbeitung eines Rahmenkonzeptes und der Fokussierung auf besondere Fragestellungen der öffentlichen Rechnungslegung und der Weiterentwicklung bestehender IPSAS gekennzeichnet.[825]

Die Entwicklung internationaler Rechnungslegungsnormen für den öffentlichen Sektor ist somit ein Prozess, der aus vielen Einzelschritten besteht und wegen stetigen Anpassungen, Weiterentwicklungen und neuen Standards erst nach etlichen Jahren zu einem in sich konsis-

---

820 Das grundlegende Prinzip des *accrual accounting* (*accrual basis*) sieht vor, dass Transaktionen und sonstige Geschäftsvorfälle bei ihrer Entstehung – unabhängig vom Zeitpunkt der Zahlung – erfasst und somit in derjenigen Periode, der sie zuzurechnen sind, gebucht und in dem zugehörigen Periodenabschluss ausgewiesen werden. Die periodengerechte Rechnungslegung erfasst Wertänderungen von Vermögenswerten, Schulden, der Nettoposition, Erträgen und Aufwendungen (vgl. IPSAS 1.7). Beim *cash accounting* (*cash basis*) hingegen werden Transaktionen und sonstige Geschäftsvorfälle in dem Zeitpunkt erfasst, in dem ein Zufluss oder Abfluss von Zahlungsmitteln oder Zahlungsmitteläquivalenten eintritt (vgl. Cash Basis IPSAS 1.2.1).

821 Vgl. Adam, B. (2004), S. 14-16; Lüder, K. (2002), S. 153-154. Grundlage waren die bis zum 31.08.1997 vorhandenen IAS (International Accounting Standards; frühere Bezeichnung der IASB-Standards); vgl. Budäus, D./Hilgers, D. (2010b), S. 37.

822 Vgl. zu grundlegenden Unterschieden in der Rechnungslegung zwischen dem privatwirtschaftlichen Unternehmens- und dem öffentlichen Sektor und die dadurch bedingten Unterschiede in den Rechnungslegungsnormen z.B. Barton, A. D. (1999b), S. 22-31.

823 Dies zeigt sich darin, dass von den auf dem *accrual accounting* basierenden und derzeitig gültigen 32 IPSAS nur drei keine entsprechenden Regelungen in den IFRS bzw. IFRIC aufweisen. Dies sind IPSAS 22, IPSAS 23 und IPSAS 24; vgl. auch Lüder, K. (2008a), S. 238. Siehe Übersicht der IPSAS in Tabelle 4.

824 Vgl. Diemer, R. (1996), S. 61; Haller, A./Blab, D. (2009), S. 449-450.

825 Vgl. Müller-Marqués Berger, T. (2012b), S. S75. Siehe hierzu auch Kapitel 5.4.3.

tenten Normensystem führt.[826] Am 22.11.2011 haben das IFAC und das IASB in einer Presseerklärung[827] bekannt gegeben, dass sie sich in einem *Memorandum of Understanding* auf eine zukünftige Zusammenarbeit bei der Entwicklung von Bilanzierungsstandards für den privatrechtlichen und öffentlichen Sektor verständigt haben. Durch diese Vereinbarung soll eine größere Einheitlichkeit bei den Standardsetzungsaktivitäten beider Boards erreicht werden. Hierzu gibt es Ausführungen, wie der Kommunikations- und Kooperationsprozess verbessert und ausgestaltet werden soll.[828]

Zum jetzigen Zeitpunkt (Stand: April 2013) existieren 32 IPSAS (sog. Accrual Basis IPSAS).[829]

Zusätzlich gibt es noch einen nicht nummerierten Standard, der auf die Kameralistik (*cash accounting*) ausgerichtet ist (sog. Cash Basis IPSAS), die das IPSASB ebenfalls in seinen Aufgabenbereich der internationalen Standardisierung mit einbezieht. Das IPSASB wendet sich somit nicht völlig von der zahlungsorientierten Rechnungslegung ab, behandelt diese aber bewusst nachrangig.[830]

Die Anwendung des Cash Basis IPSAS soll – wie die am Ressourcenverbrauch orientierten IPSAS – die Vergleichbarkeit der zahlungsorientierten Rechnungslegung in öffentlichen Verwaltungen im nationalen und internationalen Umfeld erhöhen.[831] Der Cash Basis IPSAS untergliedert sich in zwei Teile, wobei der erste verbindlicher und der zweite freiwilliger Natur ist. So enthält der zweite Teil Vorschriften für zusätzliche, dem Ressourcenverbrauchsprinzip entsprechende Angaben, die dem Abschlussersteller die Möglichkeit bieten, die Aussage- und Informationskraft des sonst auf Basis des kameralistischen Rechnungslegungssystems erstellten Abschlusses zu erhöhen. Auch kann durch diese zusätzlichen Vorschriften die Umstellungsphase von einer zahlungs- auf eine ressourcenverbrauchsorientierten Rechnungslegungssystematik unterstützt werden.[832] Generell empfiehlt das IPSASB den Übergang auf das *accrual accounting*, „*the Comittee encourages governments to progress to accrual basis of accounting and to harmonize national requirements with the IPSASs prepared for application by entities adopting the accrual basis of accounting*“[833].

826 Vgl. Vogelpoth, N. (2007a), S. 264.
827 Vgl. IASB/IFAC (2011b), S. 1.
828 Vgl. IASB/IFAC (2011a), S. 1-5.
829 Siehe hierzu Tabelle 4.
830 Vgl. Vogelpoth, N. (2007a), S. 264.
831 Vgl. IFAC-IPSASB (2012h), Cash Basis IPSAS, Objective.
832 Vgl. IFAC-IPSASB (2012h), Preface, Tz. 16.
833 Schauer, R. (2005a), S. 19. Siehe hierzu auch IFAC-IPSASB (2011g).

IPSAS	Bezeichnung	Inhalt	Referenz
IPSAS 1	Presentation of Financial Statements	Darstellung des Abschlusses	IAS 1/ IFRS 1
IPSAS 2	Cash Flow Statements	Finanzrechnung (Kapitalflussrechnung)	IAS 7
IPSAS 3	Accounting Policies, Changes in Accounting Estimates and Errors	Bilanzierungs- und Bewertungsmethoden, Änderungen von Schätzungen und Fehler	IAS 8
IPSAS 4	The Effects of Changes in Foreign Exchange Rates	Auswirkungen von Änderungen der Wechselkurse	IAS 21
IPSAS 5	Borrowing Costs	Fremdkapitalkosten	IAS 23
IPSAS 6	Consolidated and Separate Financial Statements	Konzern- und separate Abschlüsse	IAS 27
IPSAS 7	Investments in Associates	Anteile an assoziierten Einheiten	IAS 28
IPSAS 8	Interests in Joint Ventures	Anteile an Joint Ventures	IAS 31
IPSAS 9	Revenue from Exchange Transactions	Erträge aus Transaktionen mit gegenseitiger Leistungsbeziehung	IAS 18
IPSAS 10	Financial Reporting in Hyperinflationary Economies	Rechnungslegung in Hochinflationsländern	IAS 29
IPSAS 11	Construction Contracts	Fertigungsaufträge	IAS 11
IPSAS 12	Inventories	Vorräte	IAS 2
IPSAS 13	Leases	Leasingverhältnisse	IAS 17
IPSAS 14	Events after the Reporting Date	Ereignisse nach dem Bilanzstichtag	IAS 10
IPSAS 15	Financial Instruments: Disclosure and Presentation	Finanzinstrumente: Angaben und Darstellung	IAS 32
IPSAS 16	Investment Property	Als Finanzinvestitionen gehaltene Immobilien	IAS 40
IPSAS 17	Property, Plant, and Equipment	Sachanlagen	IAS 16
IPSAS 18	Segment Reporting	Segmentberichterstattung	IAS 14
IPSAS 19	Provisions, Contingent Liabilities and Contingent Assets	Rückstellungen, Eventualverbindlichkeiten und Eventualforderungen	IAS 37
IPSAS 20	Related Party Disclosures	Angaben über Beziehungen zu nahe stehende Einheiten und Personen	IAS 24
IPSAS 21	Impairment of Non-Cash-Generating Assets	Wertminderung von nicht-zahlungsmittelgenerierenden Vermögenswerten	IAS 36
IPSAS 22	Disclosure of Financial Information about the General Government Sector	Angaben über Finanzinformationen über den allgemeinen staatlichen Sektor	kein direkt korrespondierender IAS/IFRS
IPSAS 23	Revenue from Non-Exchange Transactions (Taxes and Transfers)	Erträge aus Transaktionen ohne gegenseitige Leistungsbeziehung (Steuern und Transferleistungen)	kein direkt korrespondierender IAS/IFRS
IPSAS 24	Presentation of Budget Information in Financial Statements	Darstellung von Haushaltsinformationen in Jahresabschlüssen	kein direkt korrespondierender IAS/IFRS
IPSAS 25	Employee Benefits	Leistungen zugunsten der Angestellten	IAS 19
IPSAS 26	Impairment of Cash-Generating Assets	Wertminderung von zahlungsmittelgenerierenden Vermögenswerten	IAS 36
IPSAS 27	Agriculture	Landwirtschaft	IAS 41

IPSAS	Bezeichnung	Inhalt	Referenz
IPSAS 28	Financial Instruments: Presentation	Finanzinstrumente: Darstellung	IAS 32
IPSAS 29	Financial Instruments: Recognition and Measurement	Finanzinstrumente: Ansatz und Bewertung	IAS 39
IPSAS 30	Financial Instruments: Disclosures	Finanzinstrumente: Angaben	IFRS 7
IPSAS 31	Intangible Assets	Immaterielle Vermögenswerte	IAS 38
IPSAS 32	Service Concession Arrangements: Grantor	Dienstleistungskonzessionen	IFRIC12

Tabelle 4: Accrual Basis IPSAS[834]

Da das IPSASB mit der Intention, global einheitliche Rechnungslegungsstandards für den öffentlichen Sektor zu schaffen, die gleiche Zielsetzung verfolgt, wie das IASB für den privatwirtschaftlichen Sektor[835], ist die vom IPSASB gewählte Vorgehensweise, die IFRS als Grundlage für die Entwicklung der IPSAS heranzuziehen, insbesondere aus Effizienzgründen nahe liegend.[836] Diese Vorgehensweise lenkte jedoch den Fokus der Standardentwicklung zunächst mehr „auf die Gemeinsamkeiten von öffentlichem und privatrechtlichem Bereich als auf die Unterschiede“[837]. Zusätzlich überträgt sie die Schwächen der IFRS-Rechnungslegung aus dem Unternehmensbereich auf den öffentlichen Sektor, die u.a. in der Dominanz des anglo-amerikanischen Rechnungslegungsverständnisses[838] für den öffentlichen Sektor zu sehen sind. Weitere Erschwernisse sind die zu berücksichtigenden Interessen der finanzierenden Institutionen des Standardsetzungsprojektes und die fehlende legislativen Kompetenz des IPSASB.[839]

---

834 In Anlehnung an: Budäus, D./Hilgers, D. (2009), S. 386; Budäus, D./Hilgers, D. (2010b), S. 37; Stand: April 2013.

835 Vgl. IASB-Framework, Preface. Das Framework und somit auch die IFRS gelten ohne Rechtsformbeschränkung für alle berichterstattenden Unternehmen. Vgl. hierzu auch Heiling, J./Wirtz, H. (2009), S. 826.

836 Vgl. Vogelpoth, N. (2007a), S. 269. Aus historischer Sicht lässt sich diese Vorgehensweise dadurch erklären, dass 1986 als das PSC von der IFAC gegründet und 1998 mit der Harmonisierung der Rechnungslegung im öffentlichen Bereich betraut wurde, das IASC und damit auch die IAS noch Teil der IFAC-Organisation waren und somit das PSC und das IASC als „Schwesterinstitutionen“ anzusehen waren; vgl. Haller, A./Blab, D. (2009), S. 446. Eine vergleichbare nationale Vorgehensweise erfolgte durch Ableitung der Grundsätze ordnungsmäßiger öffentlicher Buchführung (GoöB) aus den Grundsätzen ordnungsmäßiger Buchführung (GoB); vgl. zu den GoöB Arbeitskreis „Integrierte Verbundrechnung“ (2005), S. 887-890. Diese Vorgehensweise existiert auch in den USA zwischen dem FASB und dem Governmental Accounting Standards Board (GASB).

837 Lüder, K. (2002), S. 161.

838 Das anglo-amerikanische Rechnungslegungsverständnis, wie es z.B. in Australien, Kanada, Neuseeland und den USA umgesetzt wird, sieht vor, dass die Rechnungslegung einen Einfluss auf die Budgetierung hat, eine Rechenschaftspflicht der Verwaltungsführung gegenüber den Wählern und der allgemeinen Öffentlichkeit besteht und die dominierenden finanziellen Größen nicht die Zahlungsströme, sondern periodengerecht ermittelte Vermögenswerte, Verbindlichkeiten und Rückstellungen sind; vgl. Chan, J. L. (2002), S. 154.

839 Vgl. Bolsenkötter, H. (2007c), S. 24; Chan, J. L. (2002), S. 155, 157-160; Jones, R. (2000), S. 5; Lüder, K. (2002), S. 161; Srocke, I. (2004), S. 57-58.

5.4.2 Entwicklungsprozess

Die Entwicklung neuer Standards wird beim IPSASB anhand des im Folgenden beschriebenen Prozesses vorgenommen.

Zur Vorbereitung der Projektagenda und -zielsetzung werden zunächst mögliche neue Projekte zur Standardentwicklung durch Konsultation, Meinungs- und Erfahrungsaustausch mit der interessierten Fachöffentlichkeit (wie Mitgliedern der IFAC, Wirtschaftsprüfern, Abschlusserstellern und somit potenziellen IPSAS-Anwendern, nationalen Standardsettern und Wissenschaftlern, aber auch der *Consultative Group* des IPSASB) geklärt.

Um die Effizienz zu steigern, greift das IPSASB – wie angesprochen –, so weit wie möglich, auf IFRS und nationale Normen sowie auf Verlautbarungen und Stellungnahmen von nationalen und internationalen Aufsichtsinstitutionen, Rechnungslegungsgremien und sonstigen Organisationen, die sich mit dem öffentlichen Rechnungswesen befassen, zurück.

Die Entwicklung der IPSAS kann in zwei unterschiedliche Vorgehensweisen unterteilt werden, indem

- bilanzielle Sachverhalte aufgegriffen werden,
    - die noch nicht umfassend oder angemessen durch existierende IFRS geregelt werden, oder
    - für die kein zugehöriger IFRS existiert.
- im Rahmen einer konvergenten Standardentwicklung zwischen IPSASB und IASB Bilanzierungsregelungen an die Gegebenheiten des öffentlichen Sektors adaptiert werden.[840]

Zur Entwicklung eigener, auf den öffentlichen Sektor ausgerichteter Verlautbarungen nach einer Durchsicht und Modifizierung von Dokumenten des IASB (wie Discussion Papers, Exposure Drafts und Standards) verfolgt das IPSASB einen Prozess – siehe Abbildung 12 – mit sechs Teilschritten zur Aufnahme und Abschluss eines neuen Projektes.

1. Zunächst wird analysiert, ob die Befolgung der Regelungen des IASB-Papiers ein zu großes Abweichen von der Zielsetzung oder den qualitativen Anforderungen der Berichterstattung im öffentlichen Sektor bedingt[841] oder mit unverhältnismäßig hohen Kosten und Aufwendungen verbunden ist. Hierbei ist die Konsistenz mit den Erkenntnissen aus dem zu entwickelnden IPSASB-Framework, den bestehenden IPSAS und den Anforderungen

840 Vgl. IFAC-IPSASB (2008e), S. 2; IFAC-IPSASB (2012h), Preface, Tz. 13.

841 Vgl. zu den Unterschieden der Berichterstattung im privatrechtlichen und öffentlichen Bereich auch Haller, A./Blab, D. (2009), S. 449-462.

der Finanzstatistik zu beachten.[842] Wenn die gewonnenen Erkenntnisse eine Abweichung rechtfertigen, wird mit Schritt 2 fortgefahren, sonst mit Schritt 4.

2. Nun muss entschieden werden, ob ein eigenes, speziell auf die Anforderungen des öffentlichen Sektors ausgerichtetes Projekt zur Standardentwicklung aufgenommen wird. Dies ist dann der Fall, wenn in einem IASB-Dokument die Gesichtspunkte der öffentlichen Rechnungslegung gar nicht oder nicht in adäquater Weise berücksichtigt werden.[843] So gibt es für spezifische öffentliche Sachverhalte, wie die Bilanzierung von Natur- und Kulturgütern oder von einseitigen Leistungsbeziehungen (z.B. Steuereinnahmen, Transferzahlungen) keine Bestimmungen in den Verlautbarungen des IASB. Wird die Notwendigkeit eines eigenen Standardprojektes gesehen, erfolgt Schritt 5, sonst Schritt 3.
3. Wenn kein eigenständiges Projekt des IPSASB erforderlich erscheint, da eine Anpassung der Regelungen des IASB und somit ein Rückgriff auf die IASB-Dokumente im Rahmen des standardisierten Prozesses zur Standardentwicklung des IPSASB (*due process*) möglich ist, muss der Umfang der Modifizierung der IASB-Dokumente festgelegt werden. Zu modifizierende Bereiche betreffen hierbei Ansatz- und Bewertungsvorschriften, Anpassung oder Ausschluss von Wahlrechten und Anhangangaben oder zusätzliche Erläuterungen und erklärende Beispiele, um auch die Konsistenz mit existierenden IPSAS zu erreichen. Nach Abschluss von Schritt 3 wird mit Schritt 4 fortgefahren.[844]
4. In diesem Zwischenschritt werden die teilweise modifizierten IASB-Dokumente in den Aufbau der IPSAS umformatiert und Formulierungen an die Begrifflichkeiten des öffentlichen Sektors angepasst.[845]
5. Wenn die Entscheidung für ein eigenständiges Projekt zur Behandlung der spezifischen Anforderungen des öffentlichen Sektors getroffen wurde, wird der formalisierte Prozess zur Standardentwicklung (*due process*) fortgeführt.
6. Am Ende dieses Entwicklungsprozesses steht ein die spezifischen Sachverhalte des öffentlichen Rechnungswesens behandelnder Standard des IPSASB.

[842] Vgl. IFAC-IPSASB (2008e), S. 3.
[843] Vgl. IFAC-IPSASB (2008e), S. 4.
[844] Vgl. IFAC-IPSASB (2008e), S. 5.
[845] Vgl. IFAC-IPSASB (2008e), S. 6.

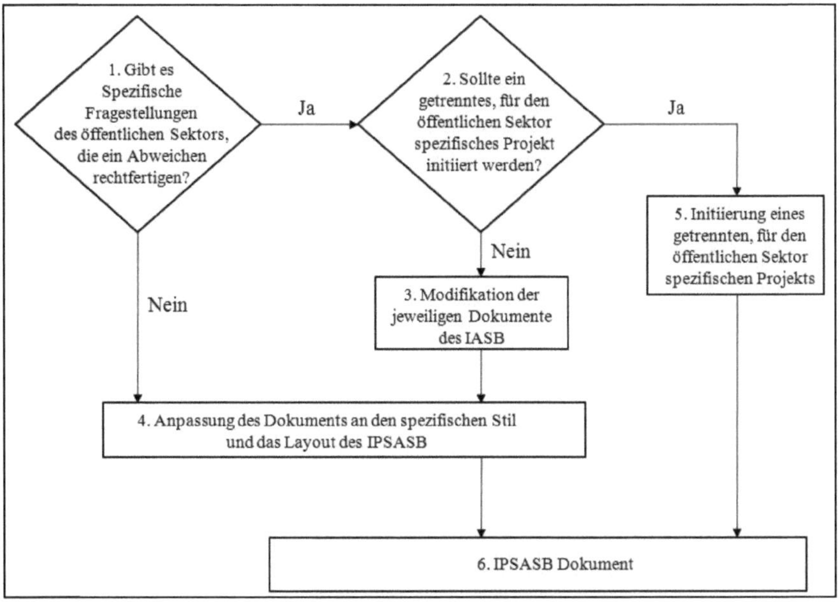

Abbildung 12: Prozess der Durchsicht und des Modifizierens von Dokumenten des IASB[846]

Der Schritt 5 des festgelegten Standardentwicklungsprozesses des IPSASB ist mit dem *due process* des IASB vergleichbar.[847] Zur Erarbeitung weiterer Diskussionsgrundlagen bezieht das IPSASB Lenkungs-, Unterausschüsse und beratende Gremien mit ein, die auch die entsprechenden Vorversionen des zu entwickelnden Standards ausarbeiten. In allen Entwicklungsstufen wird versucht, die (Fach-)Öffentlichkeit und deren Ansichten in der Ausgestaltung zu berücksichtigen. So wird bei Projekten, die nicht nur aus den für den Unternehmensbereich entwickelten IFRS abgeleitet werden können, da sie spezifische Fragestellungen des öffentlichen Sektors betreffen – wie z.B. bei den Projekten „*Heritage Assets*", „*Long-Term Fiscal Sustainability*", „*Social Benefits*" oder „*Public Sector Conceptual Framework*" –[848] ein Consultation Paper mit verschiedenen Sichtweisen und Ausgestaltungsmöglichkeiten und entsprechenden Fragestellungen zur meist viermonatigen Kommentierung verabschiedet. Bei einem vorausgegangenen Consultation Paper wird im folgenden Schritt unter Berücksichtigung der eingegangenen Stellungnahmen (sonst unter Bearbeitung entsprechender IFRS und

846 Quelle: IFAC-IPSASB (2008e), S. 7.

847 Vgl. z.B. zum Standardsetzungsverfahren des IASB Coenenberg, A. G./Haller, A./Schultze, W. (2012), S. 63; Pellens, B. et al. (2011), S. 100-102; Teitler-Feinberg, E. (2008), S. 545-547.

848 Siehe zum Entwicklungsstand der Projekte auch Stein, P. (2009), S. 2-4. Vgl. auch Bergmann, A. (2011), S. I.

sonstiger Verlautbarungen des IASB, wie z.B. bei den Projekten „*Intangible Assets*“ (IAS 38 und SIC-32) und „*Financial Instruments*“ (IAS 32, IAS 39 und IFRS 7)) ein Exposure Draft zur erneuten Beurteilung der Öffentlichkeit bereitgestellt. Unter Beachtung der Stellungnahmen zum Exposure Draft und erneuten Diskussionen wird der finale Standard durch das IPSASB mit einer nötigen Zwölf-Stimmen-Mehrheit verabschiedet.[849] Ein verabschiedeter Standard erlangt seine Gültigkeit als IPSAS ab dem im Standard festgeschriebenen Zeitpunkt seines Inkrafttretens.

Der jeweils formal identische Aufbau eines IPSAS unterscheidet sich nicht wesentlich von einem IFRS. Prinzipiell wird zu Beginn – nach der optionalen Einführung (*introduction*) – das Ziel und der Zweck (*objective*) des Standards erläutert und der Anwendungsbereich (*scope*) festgelegt sowie die grundlegenden Begriffe definiert (*definitions*). Im inhaltlichen Hauptteil – je nach Standard – wird eine Regelung der grundlegenden Fragen nach Ansatz (*recognition*) oder Darstellung, Bewertung (*measurement*) und Ausweis (*disclosure*) getroffen. Am Ende eines Standards erfolgen eine Festlegung der Übergangsvorschriften (*transitional provisions*) und der Zeitpunkt des Inkrafttretens (*effective date*). Zusätzlich kann ein Standard bei Bedarf um einen Anhang (*appendix*) mit erklärenden Beispielen und Abbildungen, um eine *basis for conclusion* (die nicht Bestandteil des betreffenden Standards ist, aber zum besseren Verständnis der Entscheidungen des IPSASB beiträgt) sowie um einen übersichtsartigen Vergleich des IPSAS mit dem möglicherweise zugrunde liegenden IFRS ergänzt werden.[850]

Zusammenfassend können vier Bereiche in den Übereinstimmungen bzw. Unterschieden zwischen den IFRS und den IPSAS wie in Abbildung 13 graphisch dargestellt werden. Die Schnittmenge Δ_1 umfasst den Regelungsbereich der IFRS, der inhaltlich für den öffentlichen Sektor auch gilt und entsprechend in die IPSAS übernommen wird. Dies entspricht im Wesentlichen dem in Kapitel 5.4.1 beschriebenen *core set* der IPSAS-Entwicklung. Der Bereich Δ_2 unterscheidet sich hingegen darin, dass hierbei Sachverhalte im öffentlichen Rechnungswesen einer anderen Regelung bedürfen als im Unternehmensbereich, wie sie vermehrt in der zweiten Phase der IPSAS-Entwicklung aufgegriffen wurden (z.B. Wertminderungstest nach IAS 36 wird in IPSAS 21 (nicht-zahlungsmittelgenerierende Vermögenswerte) und IPSAS 26 (zahlungsmittelgenerierende Vermögenswerte) unterschieden). In den Teilbereich Δ_3 fallen IASB-Regelungen, die für den öffentlichen Sektor keine Bedeutung haben, wie z.B. IFRS 2

[849] Vgl. IFAC-IPSASB (2012h), Terms of Reference, Tz. 8.1-8.5 und Preface, Tz. 4 zum Ablauf des *due process* des IPSASB.

[850] Vgl. Adam, B. (2004), S. 22-23; Müller-Marqués Berger, T. (2008), S. 11-12.

zur Bilanzierung aktienbasierter Vergütungen. Im Gegensatz hierzu deckt der Teilbereich Δ_4 diejenigen Sachverhalte ab, die den Besonderheiten des öffentlichen Sektors geschuldet sind und in den IFRS für den Unternehmensbereich nicht auftreten.[851]

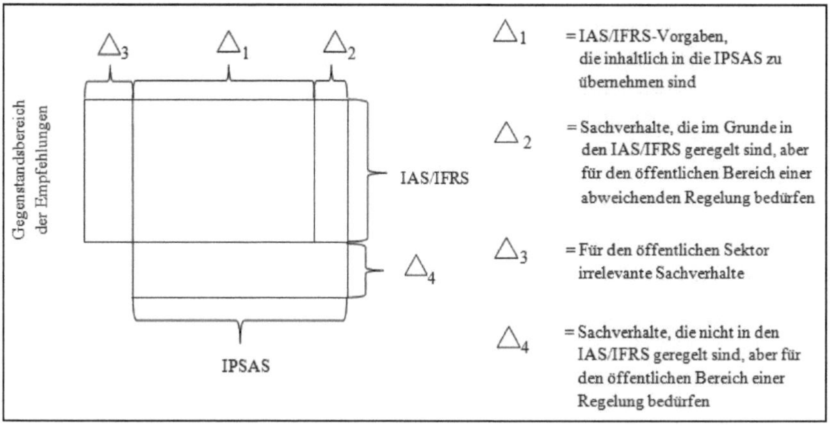

Abbildung 13: Regelungsbereiche der IFRS und der IPSAS[852]

5.4.3 Exemplarisch dargestellte aktuelle Entwicklungsprojekte

Die in den folgenden Kapiteln beschriebenen Projekte befassen sich mit den Besonderheiten des öffentlichen Sektors und bedürfen spezieller Rechnungslegungsregelungen und sind deshalb Beispiele für den Teilbereich Δ_4 in Abbildung 13 (Langfristige Tragfähigkeit öffentlicher Finanzen; Leistungs- und Wirkungsberichterstattung). Des Weiteren werden zwei Beispiele für den Teilbereich Δ_2 in Form des IPSASB-Projektes „*Financial Statement Discussion and Analysis*", das in seiner Intention vergleichbar zur Lageberichterstattung bzw. zum IFRS Practice Statement „*Management Commentary*" ist,[853] und des IPSASB-Framework-Projektes, dass jedoch erst ausführlich in Kapitel 6 thematisiert wird, dargestellt.

5.4.3.1 Langfristige Tragfähigkeit öffentlicher Finanzen

Vor dem Hintergrund der in Kapitel 2.4 dargestellten Herausforderungen der letzten Jahre an die öffentlichen Finanzen und dem zu beachtenden Nachhaltigkeitsprinzip (Kapitel 3.3.2.1.2.2) hat das IPSASB im November 2009 das CP „*Reporting on the Long-Term*

[851] Beispiele sind IPSAS 22-IPSAS 24; siehe Tabelle 4.

[852] Quelle: Bolsenkötter, H. (2003), S. 170; Bolsenkötter, H. (2007c), S. 16. Unter den Bereich IAS/IFRS fallen auch Interpretationen (IFRIC).

[853] Die IPSAS enthalten bis jetzt noch keine Regelungen zur Erstellung eines Lage- bzw. Rechenschaftsberichts. Siehe zum kommunalen Lagebericht die Ausführungen am Ende von Kapitel 3.3.2.1.2.2.2.

Sustainability of Public Sector Finances"[854] veröffentlicht und für die Kommentierung bis zum 30.04.2010 freigegeben. Im Sinne der Nachhaltigkeit der öffentlichen Finanzen – auch als Tragfähigkeit oder *sustainability* bezeichnet – gilt es zu klären, ob die derzeit verfolgte Finanz-, Wirtschafts- und Sozialpolitik (auch im Hinblick auf den demographischen Wandel) auch künftig dazu geeignet ist, die Handlungsfähigkeit des Staates weiterhin aufrecht zu erhalten, oder ob diese durch eine zunehmende Verschuldungspolitik weiter beschnitten wird.[855] Der gegenwärtige Projektfortschritt zur Tragfähigkeit öffentlicher Finanzen basiert auf dem im Oktober 2011 publizierten ED einer Recommended Practice Guideline (RPG) „*Reporting on the Long-Term Sustainability of a Public Sector Entity's Finances*"[856] – die Kommentierungsfrist lief bis zum 29.02.2012. Das Ziel ist eine Entwicklung von Leitlinien für Berichtsinstrumente zur Ergänzung der Finanzberichterstattung, die die Rechenschaft und Entscheidungsunterstützung fördern, indem Informationen zur Nachhaltigkeit der finanziellen Lage der Verwaltungseinheit dargestellt werden.[857] Diese Ergänzung wird durch die inhärenten Defizite der Doppik erforderlich, da mit diesem Rechnungsstil und den zugrunde liegenden Konzepten nur Sachverhalte erfasst werden, die durch ein identifizierbares, vergangenes Ereignis verursacht wurden. Es werden hingegen keine Aktiva für erwartete Ressourcen (*assets*), die in der Zukunft realisiert werden (z.B. künftige Steuereinnahmen) und keine Passiva für erwartete Ressourcenabflüsse (*liabilities*), deren Verursachung in der Zukunft liegt (z.B. Sozialversicherungsleistungen), erfasst.[858] In Abbildung 14 entsprechen die grau schattierten Felder den Bereichen, die durch die Doppik abgebildet werden, die weißen Felder werden hingegen nicht in einer doppisch geführten Vermögensrechnung ausgewiesen.

---

[854] Vgl. IFAC-IPSASB (2009a). Siehe auch Müller-Marqués Berger, T. (2012b), S. S78; Wirtz, H. (2010), S. 152. Dieses Projekt basiert auf den in 2002 begonnenen Vorüberlegungen zur bilanziellen Behandlung von gesellschaftlichen Verpflichtungen, die im Januar 2004 in einem DP „*Invitation to Comment: Accounting for Social Policies in Governments*" (vgl. IFAC-PSC (2004)) mündeten. Aufgrund der Schwierigkeit, den Zeitpunkt der Entstehung einer gesellschaftlichen Verpflichtung zu identifizieren, vertrat das IPSASB die Ansicht, dass die Finanzberichterstattung nicht alle für die Adressaten notwendigen Informationen zur den gesellschaftlichen Verpflichtungen bereitstellen kann und gesondert dargestellt werden müssen. Hierzu folgten im März 2008 ED 34 „*Social Benefits: Disclosure of Cash Transfers to Individuals or Households*" (vgl. IFAC-IPSASB (2008b)), das CP „*Social Benefits: Issues in Recognition and Measurement*" (vgl. IFAC-IPSASB (2008d)) und die Aufnahme des Projekts „*Long-Term Fiscal Sustainability Reporting*" (vgl. IFAC-IPSASB (2008f)). Vgl. IFAC-IPSASB (2011f), Tz. BC1-BC3; Viehweger, C. (2007b), S. 194-197.

[855] Vgl. Müller-Marqués Berger, T. (2012b), S. S78; Wirtz, H. (2010), S. 216.

[856] Vgl. IFAC-IPSASB (2011f). RPG entspricht einer nicht-verbindlichen Verlautbarung; vgl. Müller-Marqués Berger, T. (2012b), S. S78. Das IPSASB möchte zu diesen Themen noch keinen verbindlichen IPSAS vorschreiben, da sich dieser Bereich erst noch weiter entwickeln muss; vgl. IFAC-IPSASB (2011f), Tz. BC6.

[857] Vgl. IFAC-IPSASB (2011f), Tz. 1.

[858] Vgl. IFAC-IPSASB (2009a), Tz. 2.4.1-2.4.4; IFAC-IPSASB (2011f), Tz. BC3; Müller-Marqués Berger, T. (2012b), S. S78.

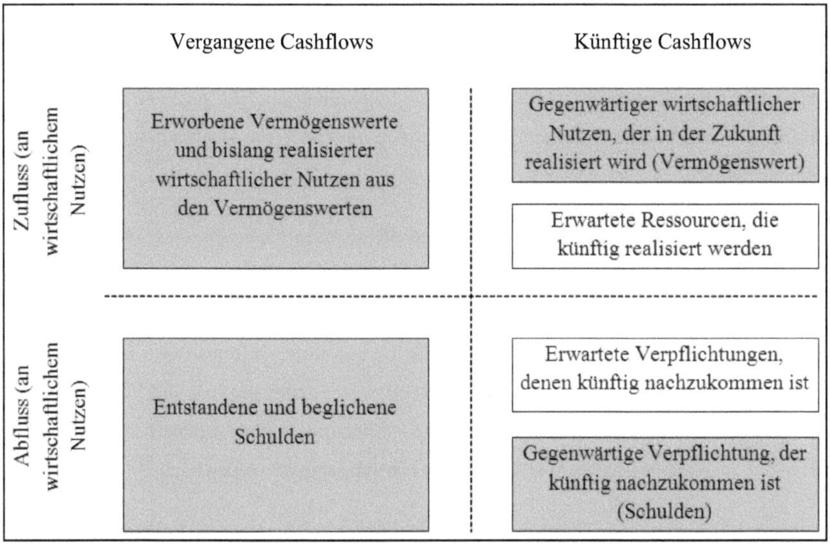

Abbildung 14: Grenzen der doppischen Vermögensrechnung[859]

Aufgrund dessen ist die Finanzberichterstattung (GPFS) der öffentlichen Verwaltungseinheiten um ein weiteres Berichtsinstrument zu ergänzen, das den Adressatennutzen fördert, indem zu den bislang in der Finanzberichterstattung gewährten Informationen zusätzliche Prognosen zur Nachhaltigkeit der Verwaltungstätigkeit und deren Finanzierung dargestellt werden.[860] Wie bereits in Kapitel 5.3.3 ausgeführt, beinhaltet eine IPSAS-konforme Berichterstattung nur bedingt Ausführungen zum Bereich Haushaltsplanung und -rechnung, so dass dieses Defizit u.a. durch das vorliegende Projekt geschlossen werden soll.

Der Kernbestandteil dieses Berichtsformats ist die Bereitstellung einer Prognose der nachhaltigen Finanzlage einer Verwaltungseinheit innerhalb eines bestimmten Zeitraums und die transparente Aufbereitung der dafür getroffenen Annahmen.[861] Auch wenn das Projekt zur Tragfähigkeitsberichterstattung seinen Ursprung in den Überlegungen zur bilanziellen Behandlung von gesellschaftlichen Verpflichtungen hat, sind diese trotz ihrer großen Bedeutung nicht der einzige zu berücksichtigende Sachverhalt, sondern generell sind alle zu prognostizierenden Ressourcenzu- und -abflüsse, die die Finanzlage betreffen, aufzunehmen.[862]

859 Quelle: IFAC-IPSASB (2009a), Tz. 2.4.4; IFAC-IPSASB (2011f), Tz. BC3; Müller-Marqués Berger, T. (2012b), S. S78.

860 Vgl. IFAC-IPSASB (2009a), Tz. 2.4.6; IFAC-IPSASB (2011f), Tz. 1, BC5; Müller-Marqués Berger, T. (2012b), S. S78.

861 Vgl. IFAC-IPSASB (2009a), Tz. 2.4.1; IFAC-IPSASB (2011f), Tz. 1.

862 Vgl. IFAC-IPSASB (2011f), Tz. 3.

Obwohl die RPG nicht die Verbindlichkeit eines IPSAS hat, wird die berichterstattende Verwaltungseinheit zur Einhaltung dieser Verlautbarung ermutigt, da sie sich an der bewährten Verwaltungspraxis orientiert. Zudem sollte die Verwaltungseinheit angeben, ob die unverbindlichen Vorgaben der RPG eingehalten wurden oder ob – mit Begründung – hiervon abgewichen wurde.[863]

Auch wenn diese RPG grundsätzlich von allen öffentlichen Einheiten, ohne die öffentlichen Erwerbsunternehmen, angewendet werden soll, macht die Tragfähigkeitsberichterstattung nur dann Sinn, wenn, wie bei der bisherigen Berichterstattung bereits geschehen, entsprechende Adressaten identifiziert werden können, für die die gewährten Informationen Entscheidungsrelevanz besitzen.[864] Um diese Relevanz zu fördern, ist abzuwägen, wie die Verständlichkeit der Tragfähigkeitsberichte durch tabellarische Auflistungen oder graphische Darstellungen mit unterstützenden verbalen Ausführungen am besten erreicht werden kann.[865]

Zwar vervollständigt die Berücksichtigung eines längeren Betrachtungszeitraums nach dem Abschlussstichtag den Informationsgehalt, riskiert aber auch eine Informationsüberfrachtung und eine damit abnehmende Verständlichkeit für die Berichtsadressaten. Aber zu kurze Abbildungsperioden bergen die Gefahr, dass zukünftige Entwicklungstrends in der Tragfähigkeit öffentlicher Finanzen nicht richtig erkannt und eingeschätzt werden.[866] Um einen passenden Zeithorizont abgrenzen zu können, sind die aus dem Framework-Projekt bekannten qualitativen Anforderungen der Nachprüfbarkeit und glaubwürdigen Darstellung abzuwägen, da die Prognose für einen längeren Betrachtungszeitraum zwar mehr künftige Einflussfaktoren und Ereignisse berücksichtigen kann, aber auch gleichzeitig die Belastbarkeit der Datengrundlage sinkt und die Nachprüfbarkeit erschwert werden kann.[867] Als ein wichtiger Maßstab für den Prognosezeitraum sind die Haushaltsplanung und deren Verbindlichkeit anzusehen, da vorgegebene einzuhaltende Haushaltspläne die Entscheidungsfähigkeit einer Verwaltungseinheit begrenzen können.[868]

Um die Zwecke der Rechenschaft und Entscheidungsunterstützung erreichen zu können, sind unterschiedliche Präsentationsformen aus verbalen Ausführungen und graphischen Darstellungen mit Indikatoren zu kombinieren. Für viele Verwaltungseinheiten stellt dabei die Prog-

863 Vgl. IFAC-IPSASB (2011f), Tz. 2.
864 Vgl. IFAC-IPSASB (2011f), Tz. 14-15.
865 Vgl. IFAC-IPSASB (2011f), Tz. 17-19. Siehe zur Diskussion unterschiedlicher Präsentationsformen für einen Tragfähigkeitsbericht IFAC-IPSASB (2009a), Tz. 3.1.1-3.2.4.
866 Vgl. IFAC-IPSASB (2011f), Tz. 19, 24.
867 Vgl. IFAC-IPSASB (2009a), Tz. 5.4.3; IFAC-IPSASB (2011f), Tz. 24.
868 Vgl. IFAC-IPSASB (2011f), Tz. 25.

nose der Nettoverschuldung (*net debt*) einen zentralen Indikator dar, der um zusätzliche Indikatoren wie z.B. (a) Bruttogesamtschulden (*total gross debt*); (b) Nettovermögen (*net worth*); (c) Nettofinanzvermögen (*net financial worth*); (d) *fiscal gap*; (e) *inter-temporal budget gap*; (f) *net debt/total revenues*; (g) *fiscal dependency* ergänzt werden kann.[869]

Die glaubhafte Darstellung der Nachhaltigkeit öffentlicher Finanzen muss zum einen die Prognosen und deren Grundlagen verständlich erklären, und kann zum anderen dadurch realisiert werden, dass verbale Ausführungen sowohl vergangenheits- als auch zukunftsorientiert zu den drei in Wechselbeziehung stehenden Dimensionen der finanziellen Nachhaltigkeit – *fiscal capacity*, *service capacity* und *vulnerability* – gegeben werden.[870]

Mit der steuerlichen Leistungsfähigkeit (*fiscal capacity*) wird betrachtet, ob die Verwaltungseinheit in der Lage ist, mit dem gegenwärtigen Steueraufkommen in der Betrachtungsperiode – also ohne Steuerhöhungen – den finanziellen Verpflichtungen aus Zinszahlungen für Kredite und zur Begleichung der Verbindlichkeiten nachzukommen oder nicht. Die Nettoverschuldung bietet sich als der geeignetste Indikator an, da so die in Zukunft zu begleichenden Verpflichtungen ersichtlich werden.[871] Wenn Prognosen zur künftigen Entwicklung der Nettoschulden mit dem künftigen Steueraufkommen und somit der steuerlichen Leistungsfähigkeit verknüpft werden, können die Adressaten die Auswirkungen zukünftiger politischer Vorgaben zum Leistungsprogramm der Verwaltungseinheit besser einschätzen und mögliche Steuererhöhungen bzw. Leistungseinschränkungen daraus ableiten.[872]

Die Leistungsfähigkeit (*service capacity*) einer Verwaltungseinheit ist darin zu erkennen, ob sie zum einen den Leistungsumfang, sowohl hinsichtlich der Menge als auch der Qualität, für gegenwärtige Leistungsempfänger am Abschlusstag aufrecht erhalten, und zum anderen auch die Verpflichtungen aus Leistungsansprüchen von gegenwärtigen und zukünftigen Berechtigten erfüllen kann.[873]

Die Anfälligkeit (*vulnerability*) bzw. Beeinflussbarkeit der Tragfähigkeit öffentlicher Finanzen betrifft einerseits den Bereich der finanziellen Abhängigkeit von Finanzierungsquellen, die nicht unter der Kontrolle der Verwaltungseinheit stehen – wie z.B. Ausgleichszahlungen innerhalb des öffentlichen Sektors (z.B. Länderfinanzausgleich in Deutschland) –, und ande-

---

869 Vgl. IFAC-IPSASB (2011f), Tz. 20. Zur genauen Definition dieser Indikatoren siehe IFAC-IPSASB (2011f), Appendix A. Siehe weiterführend zu den Indikatoren auch IFAC-IPSASB (2009a), Tz. 5.2-5.3.

870 Vgl. IFAC-IPSASB (2011f), Tz. 27.

871 Vgl. IFAC-IPSASB (2011f), Tz. 28-29.

872 Vgl. IFAC-IPSASB (2011f), Tz. 29.

873 Vgl. IFAC-IPSASB (2011f), Tz. 31.

rerseits die Fähigkeit der Verwaltungseinheit, das bestehende Steueraufkommen und die sonstigen Erträge zu beeinflussen und neue Finanzierungsquellen in Form veränderter Besteuerungen und sonstiger Erträge zu erschließen.[874]

Außerdem ist zu beachten, dass die *fiscal capacity* und *service capacity* immer unter dem Gesichtspunkt beurteilt wird, dass die gegenwärtige Höhe des Steueraufkommens nicht angepasst wird.[875]

Damit die Prognosen der Tragfähigkeit öffentlicher Finanzen für die Adressaten verständlich und transparent sind, müssen ergänzende Angaben zu den zugrunde liegenden Prinzipien, Annahmen und Methoden gemacht werden. Es ist klarzustellen, zu welchem Zeitpunkt die Prognose verfasst wurde und wann und in welchen Bereichen Aktualisierungen vorgenommen wurden.[876] Wenn für einzelne Leistungsprogramme oder Aktivitäten die künftigen Zahlungsflüsse modelliert werden, sind die dafür getroffenen Annahmen über den Prognosezeitraum konstant zu halten und notwendige Anpassungen sind zu erklären.[877]

Zusätzlich sollten die signifikanten, unterschiedlichen Ressourcenquellen identifiziert und mit ihrer Bedeutung für das Gesamtressourcenaufkommen erläutert werden.[878]

Den Prognosen zugrunde liegende Annahmen zu demographischen (z.B. Geburtenhäufigkeiten, Sterblichkeitsraten, Bevölkerungsab- und -zuwanderungen) und wirtschaftlichen Einflussfaktoren, wie Wachstumsraten und Inflation, sind ebenfalls darzustellen.[879]

Bei altersabhängigen Leistungsvorhaben, deren berechtigte Inanspruchnahme am Alter oder anderen demographischen Faktoren bemessen wird, ist zu Prognosezwecken ein eigenständiges Modell zu entwickeln und deren Parameter sind getrennt von den Hochrechnungen nicht-altersabhängiger Leistungsvorhaben darzustellen, um deren unterschiedliche Einflussfaktoren zu verdeutlichen.[880]

Des Weiteren kann es für die Adressaten von Vorteil sein, wenn auch die Auswirkungen der Gesetzgebung und der Steuer- und Finanzpolitik auf die Nachhaltigkeit öffentlicher Finanzen

874 Vgl. IFAC-IPSASB (2011f), Tz. 34.
875 Vgl. IFAC-IPSASB (2011f), Tz. 37.
876 Vgl. IFAC-IPSASB (2009a), Tz. 7.6; IFAC-IPSASB (2011f), Tz. 39.
877 Vgl. IFAC-IPSASB (2009a), Tz. 6.2; IFAC-IPSASB (2011f), Tz. 40.
878 Vgl. IFAC-IPSASB (2009a), Tz. 6.3; IFAC-IPSASB (2011f), Tz. 43.
879 Vgl. IFAC-IPSASB (2009a), Tz. 6.4; IFAC-IPSASB (2011f), Tz. 44.
880 Vgl. IFAC-IPSASB (2009a), Tz. 6.5; IFAC-IPSASB (2011f), Tz. 45.

veranschaulicht werden und Verbindungen zu anderen Berichten, die nicht Bestandteil des GPFR sind, hergestellt werden.[881]

Zusätzlich ist von der Verwaltungseinheit anzugeben, ob und wie die Inflation berücksichtigt wurde, welche Diskontierungszinssätze angewendet wurden, die Begründung für diese Zinssätze, die Abweichungen dieser Zinssätze im Vergleich zum letzten Bericht und warum sich die Diskontierungssätze verändert haben.[882]

Abschließend ist auf die Unsicherheit in den Annahmen einzugehen und die Verlässlichkeit der Prognosen – eventuell überprüft von externen Wirtschaftsprüfern oder unabhängigen Sachverständigen – sicherzustellen, da diese auf einer angemessenen und realistischen Datenbasis getroffen werden müssen. So ist den Adressaten zu verdeutlichen, dass es sich hierbei nicht um eine exakte Planung handeln kann und die Prognosen im Nachhinein von den tatsächlich erreichten Ergebnissen abweichen können.[883]

Wie letztendlich ein Tragfähigkeitsbericht zur öffentlichen Finanzlage ausgestaltet werden wird, ist abhängig von der weiteren Entwicklung dieses Projektes. Hieran anknüpfend ist auch eine umfangreichere und nicht nur die Finanzen betreffende Nachhaltigkeitsberichterstattung ein vom IPSASB zu diskutierendes Thema. Das IPSASB ist sich bewusst, dass die ökologische Nachhaltigkeit zwar nicht direkt in den Anwendungsbereich des Projektes zur Tragfähigkeit der öffentlichen Finanzen fällt, aber es immer wichtig ist, dass die finanziellen Auswirkungen der Umweltaspekte in der Prognose der langfristigen Nachhaltigkeit der öffentlichen Finanzlage berücksichtigt werden.[884] Auf den Bereich der Nachhaltigkeitsberichterstattung im öffentlichen Sektor wird in Kapitel 3.3.2.1.2.2.2 und im Ausblick (siehe Kapitel 8.2) verwiesen.

5.4.3.2 Leistungs- und Wirkungsberichterstattung

Wie in Kapitel 2.4.4 beschrieben, verfolgt ein Teilbereich der Verwaltungsreform das Ziel, dass sich die Steuerung öffentlicher Verwaltungen stärker am Output und Outcome orientiert und darüber auch Bericht erstattet wird, um die Effizienz und Effektivität des Verwaltungshandels für die Abschlussadressaten besser beurteilbar zu machen.[885]

---

881 Vgl. IFAC-IPSASB (2009a), Tz. 6.6; IFAC-IPSASB (2011f), Tz. 46-47.
882 Vgl. IFAC-IPSASB (2009a), Tz. 7.3; IFAC-IPSASB (2011f), Tz. 48.
883 Vgl. IFAC-IPSASB (2009a), Tz. 7.4-7.5; IFAC-IPSASB (2011f), Tz. 49-51.
884 Vgl. IFAC-IPSASB (2011f), Tz. 4.
885 Vgl. Müller-Marqués Berger, T. (2012b), S. S78.

Hierzu hat das IPSASB im Oktober 2011 ein CP zum Thema „*Reporting Service Performance Information*" veröffentlicht, dass bis zum 15.04.2012 für die öffentliche Kommentierung freigegeben war.[886] Die nachfolgend dargestellten Inhalte des Konsultationspapiers stehen noch am Anfang eines langen Entwicklungsprozesses und es bedarf daher noch einiger ergänzender Schritte, um letztendlich die Ausgestaltung einer zu den IPSAS kompatiblen Leistungsberichterstattung zu formulieren. Das IPSASB ist jedoch davon überzeugt, dass die Darstellung von Informationen zur Leistungserbringung im Rahmen des GPFR erforderlich ist, um die Zielsetzungen der Berichterstattung öffentlicher Einheiten erfüllen zu können.[887]

Auf Basis der Produkte des öffentlichen Leistungserstellungsprozesses soll das Service Performance Reporting Leistungsinformationen zu den vom öffentlichen Sektor erbrachten Güter- und Dienstleistungen darlegen, indem die Kosten der Leistungserstellung zu den bei den Bürgern erzielten Wirkungen in Abgleich gebracht werden.[888] Den Status quo betrachtend, wird die Leistungsberichterstattung teilweise schon vollzogen, da bereits einige öffentliche Einheiten (national und international) parallel zur bekannten Finanzberichterstattung über ihre Leistung in Bezug auf die von ihnen erbrachten Güter- und Dienstleistungen informieren. Allerdings lässt die Praxis des Service Performance Reporting ein sehr unterschiedliches Bild in der Ausgestaltung dieser Berichtsform erkennen, so dass es noch keine allgemein verbreiteten und anerkannten Regelungen zur Ausgestaltung solcher Berichtsformate gibt.[889]

Obwohl die Leistungsberichterstattung in unterschiedlichen Jurisdiktionen aufgrund verschiedener zu erfüllender Aufgaben nie identisch sein wird, gibt es dennoch Gemeinsamkeiten in der Art der Berichterstattung und den darzustellenden Informationen. Deshalb zielt das Konsultationspapier auf die Entwicklung eines prinzipienorientierten Ansatzes ab, der die Erarbeitung eines in sich konsistenten Rahmenwerkes für eine Berichterstattung über die Leistungserstellung des öffentlichen Sektors ermöglicht, wobei die Informationsbedürfnisse der Berichtsadressaten (Leistungsempfänger, Ressourcengeber sowie deren jeweilige Repräsentanten) hierbei vorrangig zu berücksichtigen sind.[890]

---

886 Vgl. IFAC-IPSASB (2011b), S. 2.

887 Vgl. IFAC-IPSASB (2011b), S. 6. Siehe zu den Zielsetzungen Kapitel 6.3.2.

888 Vgl. IFAC-IPSASB (2011b), Tz. 1.3; Müller-Marqués Berger, T. (2012b), S. S78.

889 Vgl. IFAC-IPSASB (2011b), S. 3, 6 und Tz. 1.7. Für die Grundlage des Konsultationspapiers hat das IPSASB die nationalen Standards und Regelungen zur Leistungsberichterstattung in 26 Ländern (darunter auch Deutschland) sowie von UN und OECD verglichen; vgl. IFAC-IPSASB (2011b), Tz. 2.2 und Appendix A, S. 32.

890 Vgl. IFAC-IPSASB (2011b), S. 3, 6.

Mithilfe des Service Performance Reporting soll ebenfalls der Zielsetzung der Berichterstattung, den Berichtsadressaten eine aussagekräftigere Entscheidungsgrundlage zu gewähren und den öffentlichen Verwaltungen die Möglichkeit zur Rechenschaft zu geben, entsprochen werden. Durch die bereitgestellten Informationen sollen die Adressaten in die Lage versetzt werden, zum einen die Einhaltung der gesetzlichen Vorgaben und zum anderen die Effizienz und Effektivität der Leistung der öffentlichen Einheit in Bezug auf die erbrachten Güter und Dienstleistungen sowie die Folgen dieser Leistungserbringung zu beurteilen.[891]

Das IPSASB verfolgt nicht das Ziel, spezifische Leistungsindikatoren zu entwickeln, sondern möchte lediglich ein Rahmenwerk ausgestalten, da weltweit eine sehr hohe Heterogenität zwischen den unterschiedlichen Einheiten des öffentlichen Sektors erkennbar ist.[892]

In dem CP wird zusätzlich zur Diskussion gestellt, ob bzw. inwieweit für Gebietskörperschaften, die die IPSAS einhalten, eine Pflicht zur Anwendung der Service Performance Reporting Richtlinien bestehen soll.[893] Zudem wird thematisiert, ob die zur Berichterstattung benötigten Informationen in das GPFR – aber nicht in die GPFS – integriert, oder in einem eigenen Bericht ausgewiesen, oder ob eine Kombination beider Ausweismöglichkeiten umgesetzt werden soll, da so eine Verbindung der finanziellen Größen mit dem Outcome und den Effektivitätsmaßen erfolgen könnte.[894]

Der Aufbau des CP untergliedert sich insgesamt in sieben Abschnitte, die neben den oben beschriebenen Abgrenzungen des Begriffs, der Zielsetzung und der Ausweismöglichkeiten auf weitere Begriffsdefinitionen, Adressaten und deren Informationsbedürfnisse, Bestandteile und qualitativen Anforderungen des Service Performance Reporting eingehen.

Bislang existiert keine international einheitliche Fachterminologie in Bezug auf den öffentlichen Sektor und Fachausdrücke können in unterschiedlichen Gebietskörperschaften teilweise verschiedene Bedeutungen haben. Aus diesen Gründen wurden diese Begriffe vom IPSASB zunächst einheitlich definiert, da ein Unterziel des CP die Entwicklung einer standardisierten Terminologie der Leistungsberichterstattung ist, damit die Adressaten die Inhalte der Leistungsberichte und die gewährten Informationen zur Leistungserbringung besser verstehen können.[895] Das IPSASB hat hierzu sieben Begriffe bestimmt, die die Kerninhalte und

[891] Vgl. IFAC-IPSASB (2011b), Tz. 1.5-1.6.
[892] Vgl. IFAC-IPSASB (2011b), Tz. 2.3.
[893] Vgl. IFAC-IPSASB (2011b), Tz. 1.8-1.10.
[894] Vgl. IFAC-IPSASB (2011b), Tz. 7.3-7.9. Siehe zu GPFR/GPFS auch Abbildung 19.
[895] Vgl. IFAC-IPSASB (2011b), S. 6 und Tz. 3.1-3.2.

-aussagen des Service Performance Reporting beinhalten.[896] In Abbildung 15 werden die zentralen Begriffe des Service Performance Reporting sowie deren Zusammenhänge verdeutlicht.

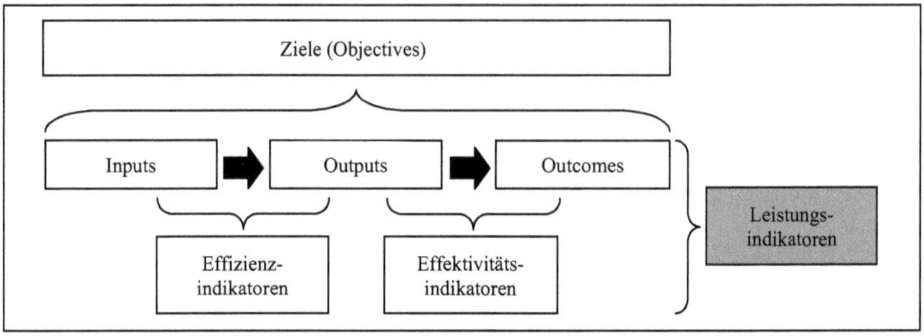

Abbildung 15: Service Performance Reporting – Begriffsbestimmungen[897]

Bei dieser Abbildung wird die Verbindung zum bereits in Kapitel 2.4.3 beschriebenen 3-Ebenen-Konzept und dem dort dargestellten Steuerungskreislauf deutlich. Die dort verwendeten Formulierungen und Definitionen stimmen weitestgehend mit den grundlegenden Begrifflichkeiten des Service Performance Reporting überein.[898] Ausgehend von den durch die Verwaltungseinheit (bzw. den von der Politik) formulierten Zielen (Objectives) werden Ressourcen (Inputs) zur Durchführung geeigneter Maßnahmen eingesetzt, um mit deren Ergebnissen (Outputs) die erwünschten Wirkungen (Outcomes) zu erreichen. Mithilfe der Größen „Inputs", „Outputs" und „Outcomes" und ihren Relationen können Effizienz- und Effektivitätskennzahlen als Leistungsindikatoren zur Bestimmung des Zielerreichungsgrades gebildet werden, die ihrerseits eine Beurteilung des Verwaltungshandelns ermöglichen.

Diese zentralen Elemente des Service Performance Reporting führen zu vier Dimensionen („Warum", „Was", „Wie", „Wann"), die bei der Definition von Indikatoren zu beachten sind, um den Berichtsadressaten ihren Bedürfnissen entsprechende Informationen zur Verfügung zu stellen.[899]

---

896 Vgl. IFAC-IPSASB (2011b), Tz. 3.2.

897 In Anlehnung an: IFAC-IPSASB (2011b), Tz. 3.5.

898 Die einzelnen vom IPSASB erarbeiteten Begriffsdefinitionen sind der Tabelle unter IFAC-IPSASB (2011b), Tz. 3.4 zu entnehmen, wobei der Leistungsbegriff nicht definiert wurde. Aufgrund der internationalen Ausrichtung des IPSASB kann vermutet werden, dass sich bei Ausarbeitung des CP am angloamerikanischen *performance*-Begriff orientiert wurde. Dieser ist mit dem Leistungsverständnis des 3-Ebenen-Konzeptes vergleichbar, so dass auch in Bezug auf die IPSAS von „Leistung" gesprochen wird.

899 Vgl. IFAC-IPSASB (2011b), Tz. 4.5; Müller-Marqués Berger, T. (2012b), S. S78.

In der „Warum"-Dimension ist über die Ziele der öffentlichen Einheit zu berichten. Gleichzeitig soll für die Abschlussadressaten erklärt werden, warum die beschriebenen Leistungen erbracht bzw. Maßnahmen durchgeführt wurden, und inwieweit die tatsächliche Zielerreichung mit der geplanten deckungsgleich ist.[900] Zur weiteren Diskussion wird gestellt, ob auch eine Begründung für die Verfolgung der beschriebenen Ziele dargelegt werden soll. Mit derartigen Informationen könnte die Angemessenheit der vom öffentlichen Sektor angebotenen Leistungsmenge in Bezug auf die bestehende Nachfrage eingeschätzt werden. Es ist noch nicht abschließend geklärt, ob derartige Informationen verfügbar sind bzw. glaubwürdig wären.[901]

Die „Was"-Dimension setzt sich mit den unterschiedlichen Leistungsindikatoren auseinander.[902] Mithilfe der Input-, Output-, Outcomegrößen und den Effizienz- und Effektivitätsindikatoren soll objektiv gezeigt werden, welche Leistungen die öffentlichen Verwaltungen in der zu berichtenden Periode erzielt haben. Da diese Indikatoren finanzielle und nicht-finanziellen Informationen verbinden, kann den Berichtsadressaten verdeutlicht werden, wie die Ressourcen eingesetzt wurden und was mit dem Ressourceneinsatz erreicht wurde.[903] Hierzu wird die gemeinsame Berichterstattung über die Inputs und Outputs empfohlen, da so den Abschlussadressaten eine Bewertung des öffentlichen Finanzmanagements ermöglicht und auch eine bessere Rechenschaftslegung gefördert wird.[904] Um die Qualität der Leistungserbringung beurteilen zu können, sollen auch die Wahrnehmung und die Erfahrungen der Leistungsempfänger dargestellt werden.[905]

Darüber hinaus soll die Berichterstattung in der „Wie"-Dimension einen Vergleich der tatsächlichen Leistung mit den angestrebten Ergebnissen aufnehmen, damit die Berichtsadressaten den Zielerreichungsgrad erkennen und die Leistungsentwicklung der Verwaltungseinheit einschätzen können.[906] Zusätzlich kann zu den Vergleichsdaten eine Erläuterung von internen und externen Faktoren, die die Leistung der öffentlichen Verwaltung beeinflusst haben, gegeben werden. Den Berichterstattern wird dadurch ermöglicht, das Ergebnis des Vergleiches nochmals in relativierter Form darzulegen.[907] Die Herstellung einer Verbindung von die-

900 Vgl. IFAC-IPSASB (2011b), Tz. 4.5, 4.7; Müller-Marqués Berger, T. (2012b), S. S78.
901 Vgl. IFAC-IPSASB (2011b), Tz. 4.8-4.9.
902 Vgl. IFAC-IPSASB (2011b), Tz. 4.5, 4.10-4.12; Müller-Marqués Berger, T. (2012b), S. S78.
903 Vgl. IFAC-IPSASB (2011b), Tz. 4.10.
904 Vgl. IFAC-IPSASB (2011b), Tz. 4.10.
905 Vgl. IFAC-IPSASB (2011b), Tz. 4.11-4.12; Müller-Marqués Berger, T. (2012b), S. S78.
906 Vgl. IFAC-IPSASB (2011b), Tz. 4.5, 4.13; Müller-Marqués Berger, T. (2012b), S. S78.
907 Vgl. IFAC-IPSASB (2011b), Tz. 4.14; Müller-Marqués Berger, T. (2012b), S. S78.

sen ergebnisbeeinflussenden Faktoren zur Leistungserstellung kann problembehaftet sein, da notwendige und identifizierbare Korrelationen fehlen können.[908]

Mit der „Wann"-Dimension sollen zeitbezogene Informationen bereitgestellt werden.[909] Die hierunter zu subsumierenden Zeitreihenvergleiche sollen es den Berichtsadressaten ermöglichen, Aussagen über die Entwicklung der Leistung der öffentlichen Verwaltungseinheiten im Zeitablauf zu treffen und zu beurteilen, ob sich die Leistung verbessert/verschlechtert hat oder gleichgeblieben ist, wobei auch Gegenüberstellungen zu den gesetzten Meilensteinen vorzunehmen sind.[910]

In einem ergänzenden Abschnitt befasst sich das CP damit, wie die oben beschriebenen vier Dimensionen der Informationsbereitstellung in der Berichterstattung umgesetzt werden können.[911] Im Rahmen eines internationalen Vergleichsprojektes zum Thema „*Service Performance Reporting*" konnten vom IPSASB vier verschiedene Berichtskomponenten identifiziert werden, die bei den meisten untersuchten öffentlichen Einheiten in der Leistungsberichterstattung vorzufinden sind: (1) Informationen zum Umfang der Berichterstattung; (2) Informationen zu den Zielen der öffentlichen Verwaltung; (3) Informationen zur Zielerreichung; (4) verbale Diskussion und Ausführungen zur Zielerreichung.[912]

In einem ersten Schritt ist der Umfang der Berichterstattung abzugrenzen, indem die im Bericht aufgenommenen Leistungen und die Gründe, die zum Einbezug dieser Leistungen in die Darstellung führten, dargelegt werden. Nur so wird für die Abschlussadressaten ersichtlich, welche Teilbereiche des Leistungsspektrums in den Bericht aufgenommen wurden und welche Gründe – wie die qualitativen Anforderungen an die Berichtsinformationen und besonders Wesentlichkeit, Risiko und Sensibilität der Daten – zum Ausschluss geführt haben.[913] Zusätzlich sind Angaben zur Abgrenzung der Berichtsperiode, zur Häufigkeit der Berichterstattung, zu den Quellen der Informationen sowie zum Detaillierungsgrad der dargelegten Informationen zu machen. Aufgrund dieser Kenntnis können die Abschlussadressaten beurteilen, wie regelmäßig und zeitnah die Informationen der Leistungsberichterstattung sind, und welchen Einfluss dies auf die Interpretation und Entscheidungsnützlichkeit der Daten hat.[914]

---

908 Vgl. IFAC-IPSASB (2011b), Tz. 4.15.
909 Vgl. IFAC-IPSASB (2011b), Tz. 4.5, 4.16; Müller-Marqués Berger, T. (2012b), S. S78.
910 Vgl. IFAC-IPSASB (2011b), Tz. 4.16-4.18.
911 Vgl. IFAC-IPSASB (2011b), Tz. 5.1.
912 Vgl. IFAC-IPSASB (2011b), Tz. 5.2.
913 Vgl. IFAC-IPSASB (2011b), Tz. 5.3-5.5.
914 Vgl. IFAC-IPSASB (2011b), Tz. 5.3, 5.6-5.7.

Außerdem sind Informationen zu den von der öffentlichen Verwaltung verfolgten Zielen bereitzustellen, wie es bereits aus dem GPFR bekannt ist. Hierbei ist auf die festgelegten Ziele, den Ursprung dieser Ziele sowie die Verbindung zwischen den Zielen und den zur Bestimmung der Zielerreichung eingesetzten Indikatoren einzugehen. So können die Adressaten einschätzen, ob die Ressourcen zielentsprechend eingesetzt wurden.[915] Für den Fall, dass von einer öffentlichen Verwaltungseinheit sowohl die gesamte Verwaltungstätigkeit umfassende Ziele als auch Ziele für einzelne Leistungen bestimmt werden, ist zu erklären, wie und in welchem Umfang die einzelnen Ziele zu den Gesamtzielen der öffentlichen Verwaltungseinheit beitragen.[916]

Zusätzlich zu den vorgenannten Informationsbereichen muss im Service Performance Reporting auf die Erreichung der festgelegten Ziele eingegangen werden. Hierzu sind die Indikatoren zu beschreiben, die die Bewertungsgrundlage bilden, der Grad der Zielerreichung offenzulegen sowie Zeitreihen- und Soll-Ist-Vergleiche durchzuführen.[917] Damit sich die Berichtsadressaten eine Meinung zur Leistung der Verwaltungseinheit bilden können, sind über sämtliche Indikatorenformen (Input-, Output-, Outcome-, Effektivitäts-, Effizienzindikatoren) entsprechende Informationen zu gewähren.[918] Die Berichterstattung muss deshalb alle fünf Indikatorenformen aufweisen, da z.B. der bloße Ausweis von Inputindikatoren den Adressaten keinerlei Aussagen zur Menge der erbrachten Dienstleistungen oder zum Grad der Zielerreichung erlaubt, oder die alleinige Angabe von Outputgrößen nichts über den Ressourceneinsatz erkennen lässt.[919] Auch wenn grundsätzlich alle Arten von Indikatoren für die Leistungsberichterstattung wichtig sind, dürfen die Adressaten nicht mit einer Informationsflut überfordert werden. Vielmehr ist darauf zu achten, dass nur diejenigen Indikatoren dargestellt werden, die den größten Nutzen für die Berichtsadressaten bieten.[920]

Die vierte Berichtskomponente stellt die verbale Diskussion und die Ausführungen zum Zielerreichungsgrad dar. Hierzu sind eine ausgewogene Erläuterung der dargestellten Ergebnisse, eine Beschreibung der Faktoren, die den Zielerreichungsgrad beeinflusst haben und eine Aufführung der indirekten – beabsichtigte und unbeabsichtigte – Konsequenzen der Leistungserstellung zu geben.[921] Die Diskussion hat sich auf die wesentlichen Ergebnisse der Leistungs-

915 Vgl. IFAC-IPSASB (2011b), Tz. 5.8-5.9.
916 Vgl. IFAC-IPSASB (2011b), Tz. 5.8, 5.11.
917 Vgl. IFAC-IPSASB (2011b), Tz. 5.12-5.13.
918 Vgl. IFAC-IPSASB (2011b), Tz. 5.15.
919 Vgl. IFAC-IPSASB (2011b), Tz. 5.16.
920 Vgl. IFAC-IPSASB (2011b), Tz. 5.16.
921 Vgl. IFAC-IPSASB (2011b), Tz. 5.19.

erbringung zu konzentrieren, hat diese kritisch zu reflektieren und muss sowohl positive als auch negative Aspekte der erreichten Ziele aufzeigen.[922] Hierbei soll auch erläutert werden, warum es zu Abweichungen zwischen den tatsächlichen und den geplanten Ergebnissen gekommen ist. Einschränkend muss beachtet werden, dass auch hier ein Mittelweg zwischen angemessenem Detaillierungsgrad und kurzer, präziser Berichterstattung eingehalten wird.[923]

Damit die Leistungsberichterstattung im Sinne der Abschlussadressaten umgesetzt wird und zu deren Nutzen beiträgt, sind folgende Aspekte zu beachten. Die Erwartungshaltung an die eigenen Leistungen ist deutlich zu machen sowie zu erläutern, inwieweit diese Erwartungen erfüllt werden konnten. Zudem müssen die verantwortlichen Stellen für die erzielten Leistungen eindeutig bestimmbar sein und die Beziehungen der verschiedenen Indikatoren zueinander klargestellt werden. Die dargelegten Informationen müssen nachprüfbar sein und unverfälscht sowie verständlich wiedergegeben werden. Letztlich ist auf die möglichen Konsequenzen hinzuweisen, die die im Bericht beschriebenen Leistungsergebnisse für die berichterstattende Einheit nach sich ziehen können.[924]

Um zum Zwecke der Entscheidungsunterstützung und Rechenschaft nützlich zu sein, vertritt das IPSASB im CP vorläufig die Meinung, dass auch im Rahmen der Leistungsberichterstattung die sechs qualitativen Anforderungen – Relevanz, glaubwürdige Darstellung, Verständlichkeit, Zeitnähe, Vergleichbarkeit und Nachprüfbarkeit – zu berücksichtigen sind. Als einschränkende Anforderungen gelten die drei Nebenbedingungen der Wesentlichkeit, eines angemessenen Kosten-Nutzen-Verhältnisses sowie der Ausgewogenheit zwischen den einzelnen qualitativen Anforderungen.[925] Bei diesen qualitativen Anforderungen gilt letztendlich die Entwicklung des IPSASB-Framework als Maßstab, da das IPSASB davon überzeugt ist, das dieselben qualitativen Anforderungen der Finanzberichterstattung auch für die Leistungsberichterstattung anzuwenden sind.[926] Dies müsste aber dann in einem entsprechenden Standard oder einer sonstigen Verlautbarung für die Leistungsberichterstattung enthalten sein, da nicht alle Regelungen und Anleitungen zur Auslegung und Anwendung der qualitativen Charakteristika für im Rahmen des GPFR zu gewährende Informationen im IPSASB-Framework festgelegt werden können.[927]

---

922 Vgl. IFAC-IPSASB (2011b), Tz. 5.20.
923 Vgl. IFAC-IPSASB (2011b), Tz. 5.20-5.23.
924 Vgl. IFAC-IPSASB (2011b), Tz. 5.24.
925 Vgl. IFAC-IPSASB (2011b), Tz. 6.1.
926 Vgl. IFAC-IPSASB (2011b), Tz. 6.1-6.2. Siehe zu den qualitativen Anforderungen, die im Framework-Projekt des IPSASB entwickelt werden, Kapitel 6.5.2.
927 Vgl. IFAC-IPSASB (2013b), CF, Tz. 3.5, BC3.3. „CF“ steht für die finale Version der Phase 1 des IPSASB-Framework; siehe hierzu Kapitel 6.1.2.2.

Zur endgültigen Standardisierung des Service Performance Reporting sind die weiteren Veröffentlichungen des IPSASB abzuwarten.

5.4.3.3 Erläuternde Berichterstattung

Ein weiterer Aspekt der Berichterstattung, der ebenfalls unter das GPFR fällt, wird vom IPSASB seit März 2008 in einem eigenständiges Projekt „*Financial Statement Discussion and Analysis*" (vormals: „*Narrative Reporting*") verfolgt und führte im März 2012 zu Veröffentlichung eines gleichnamigen ED[928], der bis zum 31.07.2012 zur Kommentierung freigegeben war. In diesem Berichtsinstrument beziehen sich die Ausführungen nur auf die Finanzberichte (GPFS) und nicht auf alle Berichtsinstrumente, die unter GPFR fallen können, wodurch eine klare Abgrenzung zur Leistungs- und Wirkungsberichterstattung und der Information über die Langfristperspektive öffentlicher Finanzen erreicht werden soll.[929] Des Weiteren handelt es sich hierbei um ein sektorspezifisches Themengebiet, das kein Konvergenzprojekt – obwohl es einige Anknüpfungspunkte gibt und deshalb der Teilbereich Δ_2 der Abbildung 13 betroffen ist – mit dem IFRS Practice Statement „*Management Commentary*" darstellt; das IPSASB strebt auch kein Konvergenzprojekt an, um die Besonderheiten des öffentlichen Sektors besser berücksichtigen zu können.[930]

Das IPSASB versteht unter dem Begriff „*Financial Statement Discussion and Analysis*" (FSD&A; erläuternde Berichterstattung) eine Erläuterung der wesentlichen Elemente, Sachverhalte und Ereignisse, die in den Finanzberichten (GPFS) abgebildet werden, und zusätzlich deren Entwicklung und der beeinflussenden Faktoren.[931] Dieses IPSASB-Projekt zielt darauf ab, für diese Ergänzungen und Erläuterungen grundlegende Prinzipien zur Struktur und zum Mindestanspruch an Aussagegehalt und Darstellungsweise zu entwickeln.[932] Zwar existieren in vielen Ländern bereits vergleichbare Berichtsinstrumente, wie z.B. ein kommunaler Lagebericht, doch unterliegen diese unterschiedlichen Regelungs- und Anspruchsniveaus und Verbindlichkeitsgraden, so dass eine Vergleichbarkeit und die grundsätzliche Zielsetzung der Berichterstattung nicht erreicht werden.[933]

928 Vgl. ED 47 „*Financial Statement Discussion and Analysis*" (IFAC-IPSASB (2012a)).

929 Vgl. IFAC-IPSASB (2012a), Tz. 2-3, BC1.

930 Vgl. Bergmann, A./Berger, S. (2011), S. 1; IFAC-IPSASB (2012a), Tz. BC2. Siehe zum IFRS Practice Statement Coenenberg, A. G./Haller, A./Schultze, W. (2012), S. 942-944.

931 Vgl. IFAC-IPSASB (2012a), Tz. 8.

932 Vgl. IFAC-IPSASB (2012a), Tz. BC6.

933 Vgl. IFAC-IPSASB (2012a), Tz. BC3-BC5.

Hierzu hat die erläuternde Berichterstattung wie das GPFR die qualitativen Anforderungen des IPSASB-Framework zu erfüllen,[934] der Struktur der zu erklärenden Berichtsinstrumenten zu folgen und auf gegenwärtig bekannten Fakten und soliden Annahmen aufzubauen.[935] Des Weiteren muss die FSD&A zur Erhöhung einer klaren Darstellung eindeutig von den sonstigen Bestandteilen der Finanzberichterstattung zu unterscheiden und abzugrenzen sein und falls die FSD&A im Einklang mit den IPSAS erstellt wurde, ist hierauf auch hinzuweisen.[936] Zur Zweckerfüllung der Rechenschaft und Entscheidungsunterstützung soll der Mindestumfang einer FSD&A im Sinne der IPSAS folgende Bestandteile enthalten, soweit es sich nicht um bloße Wiederholungen zu den bereits in den Finanzberichtsinstrumenten gegebenen Informationen handelt: (a) Überblick zur berichterstattenden Verwaltungseinheit; (b) Informationen zur Zielsetzung und strategischen Ausrichtung der Verwaltungseinheit; (c) Analyse der Finanzberichterstattung der Verwaltungseinheit, inklusive von Veränderungen und Entwicklungstrends; und (d) Informationen zu Risiken und Unsicherheiten der Verwaltungseinheit und deren Risikomanagement.[937]

Ein Überblick zur berichterstattenden Verwaltungseinheit hilft den Adressaten, die Verwaltungseinheit und deren Umfeld und somit auch die Darstellungen in den finanziellen Berichtsinstrumenten besser zu verstehen. Hierbei sollte in den folgenden thematischen Bereichen nicht nur auf gegenwärtige Verhältnisse, sondern auch auf Veränderungen zu früheren Berichtsperioden eingegangen werden. So sind der Zweck, die Struktur (z.B. in Bezug auf legislative, regulatorische und führungstechnische Aspekte) der Verwaltungseinheit und deren Beziehung zu anderen Verwaltungseinheiten (z.B. finanzielle Verflechtungen und Trägerschaften) darzustellen. Des Weiteren ist auf externe Entwicklungen, wie im legislativen, regulatorischen, politischen, sozialen oder makroökonomischen Umfeld, die einen wesentlichen Einfluss auf die Vermögens-, Finanz- und Ertragslage und deren Entwicklung haben, einzugehen. Außerdem ist der Tätigkeitsbereich der Verwaltungseinheit einschließlich der Methoden der Leistungserbringung (z.B. Ausgliederungen, Dienstleistungskonzessionen) aufzuzeigen.[938]

---

934 Vgl. IFAC-IPSASB (2012a), Tz. 9. Aufgrund der Veröffentlichung in 2012 wird hier noch von IPSAS 1, Appendix A und nicht vom IPSASB-Framework (Phase 1 wurde im Januar 2013 veröffentlicht; siehe Abbildung 17) gesprochen. Siehe zu den qualitativen Anforderungen Kapitel 6.5.2.

935 Vgl. IFAC-IPSASB (2012a), Tz. 10.

936 Vgl. IFAC-IPSASB (2012a), Tz. 11-13.

937 Vgl. IFAC-IPSASB (2012a), Tz. 15-16.

938 Vgl. zu diesem Absatz IFAC-IPSASB (2012a), Tz. 18.

Die Angaben zur Zielsetzung und strategischen Ausrichtung der Verwaltungseinheit und deren Veränderungen im Vergleich zu früheren Berichtsperioden sollen die Abschlussadressaten befähigen, die Prioritätensetzung der Verwaltungstätigkeit und das dafür nötige Ressourcenmanagement der Verwaltungseinheit und dessen Auswirkung auf die Finanzberichterstattung zu verstehen.[939]

In der Analyse der Finanzberichterstattung der Verwaltungseinheit sollen die signifikanten Sachverhalte und Ereignisse, die sich in den Berichtsinstrumenten niedergeschlagen haben, diskutiert werden, indem nicht die bereits bekannten Informationen bloß wiederholt werden, sondern die Aussagen der gewährten Informationen jedes Berichtsinstruments und deren Verknüpfungen aufbereitet und klargestellt werden. Zusätzlich ist auch auf wesentliche Verpflichtungen, Eventualitäten und Ereignisse, die nach dem Abschlussstichtag eingetreten sind, hinzuweisen.[940] Außerdem sind auch finanzielle Erfolgsmessgrößen, die nicht in den IPSAS enthalten sind, aber in der FSD&A verwendet werden, zu definieren und zu erklären.[941] Das IPSASB legt nicht fest, dass zukunftsgerichtete Informationen, wie Vorhersagen und Hochrechnungen, in der FSD&A gegeben werden müssen, obwohl die Darstellung von Veränderungen und Entwicklungen der finanziellen Situation einer Verwaltungseinheit und deren Ursachen Teil einer erläuternden Berichterstattung sind und das Verständnis der Abschlussadressaten für die Entwicklung der Finanzlage über einen längeren Zeitraum wesentlich erhöhen.[942] Dass keine zukunftsorientierten Informationen zur finanziellen Lage und Entwicklung der Verwaltungseinheit gegeben werden müssen und somit der Entscheidungsnützlichkeit für die Adressaten nicht entsprochen wird, ist zu kritisieren und wird auch von einem IPSASB-Mitglied als Defizit der derzeitigen Ausgestaltung der FSD&A gesehen.[943] Neben der Darstellung von Veränderungen und Entwicklungstrends ist auch auf Abweichungen, sowohl positive als auch negative, zwischen den geplanten und den tatsächlich erreichten Finanzgrößen einzugehen und ein Vergleich zwischen vergangenen Perioden und der gegenwärtigen Periode zu ziehen.[944]

Die Information über Risiken und Unsicherheiten der Verwaltungseinheit hilft den Abschlussadressaten deren Auswirkung sowohl auf die gegenwärtige Periode (z.B. angegebene Eventualverbindlichkeiten) als auch auf erwartete Outcomes bzw. das zukünftige Leistungs-

939 Vgl. IFAC-IPSASB (2012a), Tz. 19-20.
940 Vgl. IFAC-IPSASB (2012a), Tz. 21.
941 Vgl. IFAC-IPSASB (2012a), Tz. 22.
942 Vgl. IFAC-IPSASB (2012a), Tz. 24, BC17.
943 Vgl. auch IFAC-IPSASB (2012a), Tz. AV1-AV2.
944 Vgl. IFAC-IPSASB (2012a), Tz. 26.

vermögen der Verwaltungseinheit einzuschätzen und sich ein umfassendes Bild der finanziellen Lage und Entwicklung zu machen.[945] Die Darstellung der Risiken umfasst auch eine Zusammenfassung der Anlage- und Investitionspolitik, des Risikomanagements, der Versicherungsabdeckung und des Kontrollsystems zur Sicherstellung und zum Erhalt des Verwaltungsvermögens. Zusätzlich ist auch auf das Risikomanagement durch andere Verwaltungseinheiten und die Regelungen zur Risikoübernahme und Absicherung im Verlustfall durch höhere Staatsinstanzen einzugehen.[946] Hierbei ist auch aufzuzeigen, wie die Verwaltungseinheit die Effektivität ihrer Risikomanagementstrategien erfasst und beurteilt.[947] Zusätzlich können in die FSD&A auch Informationen zu Unsicherheiten und Ereignissen nach dem Abschlussstichtag (siehe hierzu auch IPSAS 14) im Bereich von Umweltaspekten und damit verbundenen Risiken zukünftiger Verpflichtungen oder von Umfeldeinflüssen, wie zu übernehmenden Garantien aufgrund einer zu erwartenden Finanzkrise, dargestellt werden. Grundsätzlich muss bei den gewährten Informationen der FSD&A besonderer Wert darauf gelegt werden, dass diese faktenbasiert und neutral sind. Dies bedeutet, dass die getroffenen Annahmen auf den Bedingungen am Abschlussstichtag und den Sachverhalten, die in der Berichtsperiode eingetreten sind, aufbauen.[948]

Im Vergleich zum FSD&A enthält das IFRS Practice Statement „*Management Commentary*" fünf (unverbindliche) Kernelemente (PS MC.24): (a) Art der Geschäftstätigkeit; (b) Ziele und Strategien; (c) Ressourcen, Risiken und Beziehungen des Unternehmens; (d) Geschäftsergebnis und -aussichten; und (e) Leistungsmaßstäbe und -indikatoren.[949] Die ersten vier Bereiche sind vergleichbar mit denen der FSD&A. In der vorliegenden Arbeit wird der Bereich „Leistungsmaßstäbe und -indikatoren" als ein wesentlicher Unterschied gesehen, da sich dieser im Unternehmensbereich nur auf die Leistung des Unternehmens bezieht. Hierbei handelt es sich um den Output und nicht um den im öffentlichen Sektor relevanten Outcome, der auch die Wirkung der Verwaltungstätigkeit für die Bürger und die Gesellschaft erfasst und somit umfangreicher ist.[950] Wie bereits zu Beginn dieses Kapitels beschrieben, ist dieser Themenbereich in der FSD&A nicht gesondert enthalten, da dieser aufgrund der expliziten Zielsetzung des IPSASB nicht in der FSD&A, sondern in der Leistungs- und Wirkungsberichterstattung aufzunehmen ist und die FSD&A nur als Erläuterung der Finanzberichterstattung auszugestalten ist.

[945] Vgl. IFAC-IPSASB (2012a), Tz. 27, 29.
[946] Vgl. IFAC-IPSASB (2012a), Tz. 28.
[947] Vgl. IFAC-IPSASB (2012a), Tz. 27.
[948] Vgl. IFAC-IPSASB (2012a), Tz. 30.
[949] Vgl. Coenenberg, A. G./Haller, A./Schultze, W. (2012), S. 944.
[950] Siehe zum 3-Ebenen-Konzept Kapitel 2.4.3.

Ein neben der FSD&A zusätzliches Beispiel für den Teilbereich Δ_2 in Abbildung 13 wird im folgenden Kapitel mit einem weiteren Reformprojekt des IPSASB gegeben. Zur Erarbeitung eines „*Public Sector Conceptual Framework*" greift das IPSASB aufgrund einer vergleichbaren Zielsetzung der Berichterstattung zwar die Erfahrungen und Erkenntnisse aus der Entwicklung des IASB-Framework als Referenzrahmen auf, versucht aber auch gleichzeitig ein eigenständiges Rahmenkonzept zu gestalten, um den Besonderheiten des Rechnungswesens im öffentlichen Sektor gerecht werden zu können.

Gerade die parallel stattfindende Framework-Entwicklung bzw. Überarbeitung bei IPSASB und IASB verstärkt die Diskussion eines einzigen Rahmenkonzeptes für den öffentlichen und privatrechtlichen Sektor. Ein einzelner Satz an Standards und somit auch ein einzelnes Framework ist gemäß STEVENSON wünschenswert, so dass „*the hope is that if economic decision-making is a primary objective of financial reporting in both sectors, that the outputs of the two Boards will be largely compatible and that a single set of standards coping, with the variations of each sector's circumstances, can emerge*"[951]. Im Entwicklungsprozess der Standards – wie bereits geschehen, siehe oben – und eines Rahmenkonzeptes können sich sicherlich die Erkenntnisse beider Sektoren und Standardsetter befruchten. Aber dass letztendlich ein gemeinsames Normenset für beide Sektoren erarbeitet wird, erscheint nicht zielführend, da nur auf einer hohen Abstraktionsebene Gemeinsamkeiten in der Rechnungslegung beider Sektoren, wie z.B. die Bereitstellung entscheidungsnützlicher Informationen, bestehen und im Detail Unterschiede, wie z.B. der breitere Adressatenkreis und die damit verbundenen Informationsbedürfnisse im öffentlichen Sektor, zu beachten sind.[952]

[951] Stevenson, K. M. (2010), S. 310.

[952] Vgl. auch Holder, W. W. (2011), S. 107. So bestanden beispielsweise früher in Neuseeland zwar einheitliche Rechnungslegungsnormen für den privatrechtlichen und öffentlichen Sektor, jedoch hat das External Reporting Board (XRB) am 14.09.2011 zwei Konsultationspapiere veröffentlicht, die eine Trennung der Rechnungslegungsnormen vorschlugen; vgl. XRB (2011a); XRB (2011b). Ergebnis dieser Reform ist ein Framework, das sich für beide Sektoren, jeweils unterteilt in vier weitere Stufen (u.a. in Abhängigkeit von Größe und öffentlicher Rechenschaftspflicht), in seiner Grundform eignet, aber deren Unterschiede beachtet und unterschiedliche Rechnungslegungsstandards für den privatrechtlichen und öffentlichen Sektor berücksichtigt; vgl. XRB (2012), Tz. 27-58.

6. Das Framework des IPSASB

Der Anspruch an das Rahmenkonzept des IPSASB ist wegen dessen konzeptionellen Funktionen grundlegender Art. Auch wenn durch die wissenschaftlichen Diskurse und die Formulierung der IPSAS schon ein wesentlicher Schritt für die Internationalisierung der Rechnungslegung im öffentlichen Sektor gemacht wurde, fehlt noch die konzeptionelle Fundierung durch ein Framework. Die Bedeutung der Entwicklung eines Framework im Zusammenhang mit der Verwaltungsmodernisierung kommt dadurch zum Ausdruck, dass nur ein Rahmenkonzept die Basis für ein in sich geschlossenes System zur Entwicklung und Anwendung von Rechnungslegungsnormen im öffentlichen Sektor schaffen kann. Deshalb wird die Ausgestaltung eines IPSASB-Framework in den folgenden Unterkapiteln erarbeitet.

6.1 Grundlegende Ausführungen

Rechnungslegungstheoretische Überlegungen sind die Basis für die Entwicklung eines Rahmenkonzeptes für die Rechnungslegung im öffentlichen Sektor nach IPSAS. *„Accounting theory has been defined as a coherent set of logical principles that: 1. Provides a better understanding of existing practices to practices, investors, managers, and students. 2. Provides a conceptual framework for evaluating accounting practices. 3. Guides the development of new practices and procedures.“*[953] Hierbei können die Entwicklungen zur rechnungslegungstheoretischen Fundierung der Unternehmensberichterstattung aber nicht eins zu eins auf den öffentlichen Bereich aufgrund der sektoralen Unterschiede übertragen werden.[954] Weitere Herausforderungen ergeben sich bei der Umsetzung der theoretischen Überlegungen, da in der Praxis (sowohl im privatwirtschaftlichen als auch im öffentlichen Bereich) mit der Abschlusserstellung mehrere konfligierende Ziele erreicht werden sollen, die Idealvorstellung der „eierlegenden Wollmilchsau“[955] aber nicht möglich ist und somit Kompromisse erforderlich sind. MOXTER formulierte es so: „Wer den Gewinn richtig ermitteln will, muß das Vermögen falsch ermitteln”[956].

Im öffentlichen Rechnungswesen ergibt sich aufgrund des Facettenreichtums der benötigten Informationen ein Abbildungspluralismus.[957] Unter die in Kapitel 3.3 dargestellten Zwecke des öffentlichen Rechnungswesens fällt nicht die Bewertung einer Verwaltungseinheit, son-

---

953 Hendriksen, E. S./van Breda, M. F. (1992). Vgl. auch Vehmanen, P. (2010), S. 4.

954 Vgl. zur Einführung in die Bilanztheorie z.B. Coenenberg, A. G. et al. (2011), S. 115-124; Coenenberg, A. G./Haller, A./Schultze, W. (2012), S. 1239-1334.

955 Fülbier, R. U./Gassen, J. (2008), S. 135.

956 Moxter, A. (1984), S. 6 (im Original alte Rechtschreibung). Siehe auch Schildbach, T. (2011), S. 77.

957 Vgl. Klug, F. (2003), S. 261-262; Schauer, R. (1993), S. 163-164. Siehe auch Goetzke, W. (1979), S. 517-535. Siehe zu einem Konzept eines mehrdimensionalen Jahresabschlusses im Unternehmensbereich Ernstberger, J. (2004), S. 181-192.

dern vielmehr der Nachweis des Erhaltungszustandes der öffentlichen Vermögenswerte in der Vermögensrechnung, so dass sich hier einerseits eine Interpretation im Sinne der statischen Jahresabschlussauffassung ergibt.[958] Andererseits ist auch die Ergebnisrechnung bedeutsam, um unter Beachtung der intergenerativen Gerechtigkeit den Ressourceneinsatz und einen anzustrebenden ausgeglichenen Haushalt nachweisen zu können.[959] So muss die öffentliche Rechnungslegung eine Balance in der Informationsgewährung zwischen einer statischen und einer reproduktiv geprägten Jahresabschlussauffassung beachten, um entscheidungsnützliche Informationen zur Vermögens-, Finanz- und Ertragslage bieten zu können.[960]

6.1.1 Zweck und Struktur eines Framework

Der Zweck und die grundlegende Struktur eines Framework gleichen sich im privatwirtschaftlichen Unternehmensbereich und im öffentlichen Sektor. Da „der Rechnungszweck [...] über das Rechnungsziel den Rechnungsinhalt“[961] bestimmt, muss das gesamte System der Rechnungslegungsregelungen betrachtet werden, um den Zweck und die Struktur eines Rahmenkonzeptes ableiten zu können.[962]

Die Funktion des Rechnungswesens, also warum und wozu dieses umgesetzt wird, leitet sich aus der übergeordneten Zielsetzung des Wirtschaftens, die erwerbs- oder bedarfswirtschaftlich orientiert sein kann und sich somit im privatwirtschaftlichen und öffentlichen Sektor unterscheidet, ab. Aus dieser Zielsetzung ergeben sich im betriebswirtschaftlichen Sinn die Rechnungslegungszwecke, die sich an den unbestimmt formulierten Bedarfswünschen der Adressaten und Empfänger der Rechnungslegungsinformationen orientieren.[963] Da sich ökonomische Transaktionen in den Zahlen des Rechnungswesens niederschlagen, sind die Abschlussinformationen Grundlage des wirtschaftlichen Handelns und der effizienten Ressourcenallokation. Die gewonnenen Abschlussinformationen dienen den Adressaten z.B. zur Analyse der unternehmerischen Leistungskraft, der Managementbeurteilung oder als Indikator möglicher Chancen und Risiken.[964] „*Accounting is the language of business*“[965] und dient

---

958 Vgl. Wirtz, H. (2010), S. 173. Siehe auch Kapitel 6.8.2.

959 Vgl. Wirtz, H. (2010), S. 173.

960 Vgl. Wirtz, H. (2010), S. 173, 176.

961 Schneider, D. (1997), S. 239.

962 Vgl. Kampmann, H./Schwedler, K. (2006), S. 522.

963 Vgl. Pannen, M. (2000), S. 74. Siehe hierzu auch IASB-Framework 2012, Tz. OB1 (= F OB1).

964 Vgl. Hail, L./Meyer, C. (2001), S. 667.

965 Pallot, J. (1992), S. 39 m.w.N. Der Begriff „*Language*“ verdeutlicht die unterschiedlichen Aspekte dieser Sichtweise. Eine Sprache zeichnet sich durch ihre Funktion aus, Ideen oder Informationen mittels Zeichen und Begriffe in einen Kode zu transformieren, die von Personen desselben Kulturkreises verstanden und gedeutet werden können. Kommunikationsprobleme treten dann auf, wenn Personen durch ihre kulturelle Prägung unterschiedliche Informationsinhalte damit assoziieren, obwohl die Kodes richtig benutzt wurden. Um eine effektive Funktion der Sprache als Informationsinstrument zu gewährleisten, ist über den ge-

dazu, die Sachverhalte der berichterstattenden Einheit mithilfe von Rechnungslegungsnormen und -grundsätzen abzubilden und für die Abschlussadressaten aufzubereiten. Hierbei muss man sich jedoch immer bewusst sein, „Accounting ist keine exakte Wissenschaft, sondern in hohem Maß subjektiv geprägt“[966], so dass bestehende Informationsasymmetrien durch entsprechende Angaben in den Berichtsinstrumenten zu beheben und durch Rechnungslegungsnormen und -grundsätze zu begrenzen sind. Um die bestehenden Informationsansprüche decken zu können, müssen diese durch die Definition von Rechnungslegungszielen, die quantifizierbare Größen zur Abbildung der theoretischen Informationswünsche der Adressaten und Empfänger darstellen, konkretisiert werden. Die Rechnungslegungsziele werden ihrerseits und aus einem oder mehreren Rechnungszwecken abgeleitet, da „der Rechnungslegungszweck bzw. das System von Rechnungslegungszwecken maßgebend [...] für die Ausgestaltung der Rechnungslegung“[967] ist. Ein Rechnungslegungssystem ist durch seinen deduktiven Aufbau geprägt. Der grundlegende Zweck eines Framework ist es, eine „Art theoretisches Grundgerüst“[968] für die darauf aufbauenden Rechnungslegungsnormen bereitzustellen.[969]

Rechnungslegungszwecke:
Schutzfunktion und interne Steuerungs- und Entscheidungsunterstützung

⇩

Rechnungslegungsaufgaben:
Information, Kontrolle, Planungsbasis

⇩

Allgemeine Rechnungslegungsgrundsätze

⇩

Konkrete Ansatz-, Bewertungs- und Ausweisregelungen

Abbildung 16: Deduktiver Aufbau des öffentlichen Rechnungslegungssystems[970]

Für den öffentlichen Sektor ergibt sich der in Abbildung 16 dargestellte deduktive Aufbau des Rechnungslegungssystems, das wiederum auch in Verbindung zum Haushaltswesen steht und

brauchten Kode hinaus ein grundsätzliches, vorab bestehendes Verständnis über die Bedeutungen und Inhalte der übermittelten Informationen zu etablieren. Durch Ausbildung und Studium wird dieses Verständnis der Zeichen/Bedeutungs-Relationen in Bezug auf die Sprache der Rechnungslegung erlernt. In diesem Prozess sind drei Dimensionen zu beachten: Wie erfolgt die Kodierung der Sachverhalte in die Sprache der Rechnungslegung?; Wie wird die Kodierung vorgenommen?; Wie entschlüsseln die Adressaten die übermittelten Informationen?. Vgl. zu dieser Fn. Haller, A./Walton, P. (2000), S. 5-7; Haller, A./Walton, P. (2003), S. 1-3.

966 Hail, L./Meyer, C. (2001), S. 667 (im Original teilweise kursiv geschrieben).

967 Baetge, J. (1976), S. 13.

968 Gassen, J. et al. (2008), S. 875.

969 Vgl. Gassen, J. et al. (2008), S. 875; Kampmann, H./Schwedler, K. (2006), S. 522-523.

970 In Anlehnung an: Kampmann, H./Schwedler, K. (2006), S. 523 (Übertragung auf die Rechnungslegung im öffentlichen Sektor).

dadurch zusätzlich beeinflusst wird (siehe zur Verbindung zwischen Rechnungslegungs- und Haushaltsgrundsätzen Kapitel 6.1.2.3).

Die Struktur eines Framework bilden im Wesentlichen dessen Konzeption, Aufbau und Inhalt, wobei für die Finanzberichterstattung die Struktur des von 1978 bis 1985 vom FASB entwickelten Framework als Grundlage für das IASB aber auch für die Framework-Entwicklung in anderen Ländern, wie z.B. Großbritannien, diente.[971] Des Weiteren dient die Struktur des FASB-Framework nicht nur als Referenzrahmen für die Entwicklung eines Rahmenkonzeptes für die Rechnungslegung und Berichterstattung im privatrechtlichen Unternehmensbereich, sondern auch für den öffentlichen Sektor, da bereits das FASB-Framework auch für eine teilweise Verwendung durch das Governmental Accounting Standards Board (GASB) entwickelt wurde.[972]

6.1.2 IPSASB-Framework-Projekt und mögliche Referenzrahmen

Wie bereits im Kapitel 5.4 beschrieben, basieren die IPSAS zum großen Teil auf den IFRS. Zur Entwicklung eines IPSASB-Framework sind wie bei der Standardentwicklung die Besonderheiten des öffentlichen Sektors und die unterschiedlichen Anforderungen im Vergleich zum privatrechtlichen Unternehmensbereich zu beachten, so dass sich zwangsläufig inhaltliche Abweichungen ergeben müssen, da es sich beim Rechnungswesen um „ein Lenkungs- oder Zielerreichungsinstrument"[973] handelt. Deshalb sind die zugrunde gelegten Konzeptionen, die wiederum in einem Rahmenkonzept festgeschrieben werden, und die Ausgestaltung des Rechnungswesens von der gewählten Zielsetzung[974] zu determinieren.[975]

Durch diese ziel- und funktionsbezogene Vorgehensweise des IPSASB bei der Ausgestaltung der IPSAS und des IPSASB-Framework kann das IASB-Framework grundsätzlich als Referenzmodell für das zu entwickelnde IPSASB-Framework dienen.[976] Jedoch bietet es sich wie bei der Entwicklung der IPSAS selbst nicht an, dass die IFRS bzw. das IASB-Framework ohne Anpassungen auf den öffentlichen Sektor übertragen werden, da sich dessen Besonderheiten auch in den Rechnungslegungs- und Berichterstattungsvorschriften widerspiegeln müs-

971 Vgl. Haller, A./Blab, D. (2009), S. 449; Wagenhofer, A. (2009), S. 125.
972 Vgl. Haller, A. (1994), S. 202-203; Haller, A./Blab, D. (2009), S. 449.
973 Chmielewicz, K. (1991), S. 7.
974 Siehe zur Konkretisierung der Zielsetzung von IASB und IPSASB Kapitel 6.3.
975 Vgl. Haller, A./Blab, D. (2009), S. 449.
976 Vgl. auch Haller, A./Blab, D. (2009), S. 449; Vogelpoth, N. (2004), S. S25.

sen. Die öffentliche Rechnungslegung muss an ihren spezifischen Rechnungszwecken ausgerichtet werden.[977]

Da die IPSAS in Ländern mit unterschiedlichen politischen Systemen, Gesetzgebungen, Verwaltungsstrukturen und Formen der öffentlichen Leistungserbringung anzuwenden sein sollten, ist sich das IPSASB bewusst, dass diese Heterogenität auch im zu entwickelnden „*Conceptual Framework for General Purpose Financial Reporting by Public Sector Entities*" (= CF) zu berücksichtigen ist.[978]

Aus diesen genannten Gründen hat das IPSASB im Rahmen des Framework-Projektes entschieden, dass nicht einfach nur die Anwendbarkeit des IASB-Framework im öffentlichen Sektor überprüft wird, und dass kein gemeinsames Rahmenkonzept für den Regelungsbereich des IASB und IPSASB und auch kein Konvergenzprojekt angestrebt wird, sondern dass vielmehr ein eigenständiges Rahmenkonzept mit den den IPSAS zugrunde liegenden Konzeptionen, Definitionen und Prinzipien entwickelt wird.[979] Hierbei sollen zum einen die Ergebnisse und Diskussionen des Gemeinschaftsprojektes von IASB und FASB zur Entwicklung eines Rahmenkonzeptes im Zuge der Konvergenzbestrebung im Unternehmensbereich und zum anderen auch die Rahmenkonzepte nationaler Standardsetter für den öffentlichen Sektor auf ihre Übertragbarkeit auf ein IPSASB-Framework überprüft werden.[980]

Der Vorgehensweise des IPSASB bei seinen Projekten entsprechend, werden in der vorliegenden Arbeit sowohl die Regelungen und Verlautbarungen des IASB als auch nationale Entwicklungen herangezogen; siehe zur Projektentwicklung beim IPSASB und der bezweckten Effizienzsteigerung Kapitel 5.4.2.

Im Folgenden wird auf die Eignung des IASB-Framework als Referenzrahmen für das zu entwickelnde IPSASB-Rahmenkonzept eingegangen. Zusätzlich werden aus einer nationalen Perspektive die vom Arbeitskreis „Integrierte Verbundrechnung"[981] entwickelten Grundsätze ordnungsmäßiger öffentlicher Buchführung (GoöB) aufgezeigt, die ausgehend vom HGB Abweichungen von den GoB des Unternehmensbereichs vornehmen, um Besonderheiten der Berichterstattung des öffentlichen Sektors zu berücksichtigen und richtig zu behandeln.[982] Bei

977 Vgl. auch Kiaman, O./Wielenberg, S. (2010), S. 237-240; Müller-Marqués Berger, T. et al. (2010), S. 962; Wirtz, H. (2010), S. 225.

978 Vgl. IFAC-IPSASB (2013b), CF, Introduction, S. 4.

979 Vgl. IFAC-IPSASB (2008a), S. 4; IFAC-IPSASB (2010a), CF-ED1, S. 4.

980 Vgl. IFAC-IPSASB (2008c), Agenda Paper 2.3, Tz. 1.24.

981 Siehe hierzu Kapitel 4.

982 Vgl. zu den Referenzrahmen des öffentlichen Rechnungswesens Schauer, R. (2012), S. 228-229.

der Erarbeitung der GoöB wurden von dem Arbeitskreis internationale und nationale Entwicklungen beachtet.[983]

6.1.2.1 IASB-Framework

Die Vorgängerinstitution des IASB, das 1973 gegründete International Accounting Standards Committee (IASC), veröffentlichte 1989 sein erstes Rahmenkonzept („*Framework for the Preparation and Presentation of Financial Statements*"), das somit erst 16 Jahre nach Beginn der Standardsetzungsaktivitäten bekannt gegeben wurde.[984] Im Zuge der Konvergenzbestrebungen zwischen IASB und FASB wird seit 2004 (seit Ende 2010 bis Ende 2012 ruhte das Projekt) in einem Gemeinschaftsprojekt von IASB und FASB das Framework umfassend überarbeitet, um Regelungslücken und Inkonsistenzen zu beheben und ein für beide Institutionen gemeinsames Rahmenkonzept, das sog. „*Conceptual Framework for Financial Reporting*", zu etablieren, das bei der Entwicklung und Auslegung von Standards und bei fehlenden Standardregelungen als Deduktionsbasis für zuverlässige Bilanzierungsmethoden dient.[985] Um eine Konsistenz und Harmonisierung der Regelungen des IASB und FASB zu erreichen, wäre es wünschenswert, dass zuerst ein Rahmenkonzept entwickelt wird und im nächsten Schritt darauf basierende Einzelstandards abgeleitet werden; dieser idealtypische Ablauf wurde jedoch bereits bei der Entwicklung des IASB-Framework nicht beachtet und kann auch jetzt im Zuge des Konvergenzprojektes aus Praktikabilitätsüberlegungen (alle Standards der IFRS und der US-GAAP müssten angepasst oder verworfen werden) nicht berücksichtigt werden, obwohl beiden Standardsettern die Problematik bekannt ist.[986] Hierbei besteht die Gefahr, dass zur Vermeidung von Inkonsistenzen zwischen bestehenden Normen und dem Rahmenkonzept „eher die be- und entstehenden Einzelregelungen die [zu] schaffende Deduktionsbasis [...] determinieren, statt umgekehrt"[987].

Das Gemeinschaftsprojekt von IASB und FASB untergliedert sich in acht Phasen[988], wobei das IASB so vorgeht, dass jede abgeschlossene Phase direkt in das bestehende Rahmenkon-

---

983 Vgl. Arbeitskreis „Integrierte Verbundrechnung" (2005), S. 887.

984 Vgl. Camfferman, K./Zeff, S. A. (2007), S. 93, 260; Haller, A./Blab, D. (2009), S. 448; Pellens, B. et al. (2011), S. 116; Wagenhofer, A. (2009), S. 125.

985 Siehe zum Framework-Projekt die Homepage des IASB: http://www.ifrs.org/Current+Projects/IASB+Projects/Conceptual+Framework/Conceptual+Framework.htm; Stand: 12.11.2012.

986 Vgl. auch Dobler, M./Hettich, S. (2007), S. 30.

987 Dobler, M./Hettich, S. (2007), S. 30. Siehe auch Haller, A. (1994), S. 218-230.

988 Phase A „*Objectives and qualitative characteristics*", Phase B „*Definitions of elements, recognition and derecognition*", Phase C „*Measurement*", Phase D „*Reporting entity concept*", Phase E "*Boundaries of financial reporting, and Presentation and Disclosure*", Phase F „*Purpose and status of the framework*", Phase G „*Application of the framework to not-for-profit entities*" und Phase H „*Remaining Issues, if any*"; vgl. http://www.ifrs.org/Current+Projects/IASB+Projects/Conceptual+Framework/Conceptual+Framework.htm; Stand: 12.11.2012. Nur die ersten vier Phasen sind bis jetzt bearbeitet worden.

zept übernommen wird und die entsprechenden Textstellen ersetzt.[989] Dadurch, dass Phase A im September 2010 abgeschlossen wurde, hat sich der Aufbau des IASB-Framework aus dem Jahre 1989 (Framework a.F.) dahingehend verändert, dass die ursprüngliche Bezeichnung der Textziffern, die von 1 bis 110 durchgehend nummeriert waren, jetzt in vier Kapitel untergliedert wird.[990]

Die Kapitel 1 „*The objectives of general purpose financial reporting*" und Kapitel 3 „*Qualitative characteristics of useful financial information*" beinhalten die Ergebnisse der Phase A, der Ausgang von Phase D wird in Kapitel 2 „*The reporting entity*" aufgenommen, und im momentanen Kapitel 4 sind weiterhin die alten Regelungen des Framework a.F. aufgeführt, die noch zu überarbeiten sind, so dass das aktuell gültige Framework nur eine Übergangsversion darstellt und in den nächsten Jahren sukzessive durch die Einfügung überarbeiteter Themenbereiche angepasst wird, wodurch sich momentan eine Mixtur aus alten und neuen Regelungen ergibt.[991] Die Ergebnisse der Phase A sind seit September 2010 gültig, die restlichen Inhalte der noch ausstehenden sieben Phasen werden weiterhin überarbeitet und gelten deswegen noch in ihrer bisherigen Fassung.

Das IASB-Framework, das die Konzeptionen beinhaltet, die der Abschlusserstellung und -darstellung für externe Adressaten zugrunde liegen, hat die folgenden, in F 1 a.F. (= Framework a.F., Tz. 1) festgelegten Aufgaben: Das Framework (a) dient dem IASB bei der Entwicklung künftiger IFRS und Überarbeitung bestehender Standards, (b) unterstützt das IASB bei seiner Bestrebung nach einer weltweiten Harmonisierung der Rechnungslegung, (c) ist nationalen Standardsettern bei der Entwicklung nationaler, IFRS-konformer Standards behilflich, (d) unterstützt Abschlussersteller bei der IFRS-Anwendung und Lösung von noch nicht geregelten Bilanzierungssachverhalten, (e) hilft Abschlussprüfern bei der Beurteilung, ob Abschlüsse IFRS-konform sind, (f) dient Abschlussadressaten bei der Interpretation IFRS-

989 Vgl. Pellens, B. et al. (2011), S. 116. Ursprünglich war geplant, dass nach Abschluss der Einzelphasen das gesamte Rahmenkonzept ersetzt wird; vgl. Kampmann, H./Schwedler, K. (2006), S. 521.

990 Das FASB hat die Ergebnisse von Phase A im September 2010 in SFAC 8 umgesetzt, das die bestehenden FASB Concepts Statements No.1 (*objectives*) and No. 2 (*qualitative characteristices*) ersetzt hat.

991 Vgl. Pellens, B. et al. (2011), S. 116. In Phase A wurde im Mai 2008 der Exposure Draft (ED) „*An improved Conceptual Framework for Financial Reporting: Chapter 1: The Objective of Financial Reporting; Chapter 2: Qualitative Characteristics and Constraints of Decision-useful Financial Reporting Information*" und im September 2010 die finale Version veröffentlicht. In Phase D wurde im Mai 2008 das Discussion Paper (DP) „*Preliminary Views on an improved Conceptual Framework for Financial Reporting – The Reporting Entity*" und im März 2010 der ED „*Conceptual Framework for Financial Reporting – The Reporting Entity*" zur Kommentierung bekannt gegeben.

konformer Abschlüsse, und (g) verdeutlicht die Grundlagen der Standardentwicklung für interessierte Parteien.[992]

Das Framework selbst stellt keinen IFRS dar.[993] Falls es zu Konflikten mit den Regelungen in einzelnen Standards kommt, sind die Standards zu befolgen, da das Framework nicht als *overriding principle* zu den IFRS zu verstehen ist.[994] Um den im Framework ausgeführten Grundsätzen zur IFRS-konformen Rechnungslegung mehr Verbindlichkeit zu verleihen, sind Teilbereiche des Framework a.F. bereits in IAS 1 und anderen IFRS aufgenommen worden.[995] Bzgl. der Stellung des Rahmenkonzeptes ist zu beachten, dass erst in Phase F „*Purpose and status of the framework*" des Framework-Projektes letztendlich der Zweck und Status des neuen Rahmenkonzeptes festgelegt werden und bis dahin noch die Regelungen des F 1 a.F. gültig sind. Diese Vorgehensweise ist zu kritisieren, da erst gegen Ende des Framework-Projektes definiert wird, welche Aufgaben und Stellung dem Rahmenkonzept zukommen, und diese Punkte bei einem logisch aufgebauten Prozessablauf zu Beginn des Projektes zu klären wären.[996]

Interessant ist zu sehen, wie sich die Phase G „*Application of the framework to not-for-profit entities*" entwickeln wird und was darunter zu verstehen ist, da hierbei geklärt werden soll, ob das neue IASB-Rahmenkonzept im gemeinnützigen Sektor und somit eventuell auch im öffentlichen Sektor anwendbar ist.[997]

---

992 Vgl. F 1 a.F. Im selben Wortlaut sind die Ausführungen im Absatz „*Purpose and status*" dem Kapitel 1 des aktuell gültigen Framework vorangestellt. Vgl. hierzu auch Bieg, H./Käufer, A. (2009), S. 3; Pellens, B. et al. (2011), S. 117.

993 Vgl. F, Introduction, S. A25.

994 Vgl. F 2, 3 a.F. Im selben Wortlaut sind die Ausführungen im Absatz „*Purpose and status*" dem Kapitel 1 des aktuell gültigen Framework vorangestellt. Siehe auch Pellens, B. et al. (1996), S. 270.

995 Vgl. Coenenberg, A. G./Haller, A./Schultze, W. (2012), S. 64; Pellens, B. et al. (2011), S. 118.

996 Vgl. auch Gassen, J. et al. (2008), S. 875. Momentan hat ein Rahmenkonzept in den Rechnungslegungssystemen nach IFRS und US-GAAP einen unterschiedlichen Stellenwert; vgl. Wiedmann, H./Schwedler, K. (2007), S. 687-688. Im Gegensatz zum IASB-Framework, das wie oben beschreiben zur Standardentwicklung und Auslegung von Regelungslücken dient, hat das FASB-Rahmenkonzept einen geringeren Stellenwert. Das *Concepts Statement No. 8*, in dem die Ergebnisse der Phase A enthalten sind, ist kein Bestandteil der *FASB Accounting Standards Codification*, die als Quelle der US-GAAP autorisiert und anerkannt sind. *Concepts Statements* haben nur den Stellenwert einer Lehrmeinung von Gewicht. Vgl. zu dieser Fn. Gassen, J. et al. (2008), S. 875; Teitler-Feinberg, E. (2011), S. 5.

997 Vgl. Dobler, M./Hettich, S. (2007), S. 30. Gemäß STEVENSON sollte das IASB, das „*a single set of high quality, understandable, enforceable and globally accepted international financial reporting standards*" (IFRS Foundation/IASB (2011), S. 1) entwickelt hat und weiter bearbeitet, den Zusatz '*for profit-oriented entities only*' geben, um zu verdeutlichen, dass unter den Anwendungsbereich der IFRS nur der Unternehmensbereich zu verstehen ist; vgl. Stevenson, K. M. (2010), S. 310. In F 8 a.F. stand, dass das Rahmenkonzept für die Abschlüsse aller privaten und öffentlichen Handels-, Industrie- und Dienstleistungsunternehmen, die Bericht erstatten, gilt.

Aktuelle Entwicklungen im IASB-Framework-Projekt haben ergeben, dass dieses Projekt seit September 2012 wieder bearbeitet wird, jedoch nur noch vom IASB allein.[998] Hierzu will das IASB für das zweite Quartal 2013 ein DP erarbeiten und das Projekt bis zum Jahr 2015 abschließen.

6.1.2.2 IPSASB-Framework

Momentan existiert für die IPSAS kein eigenständiges Rahmenkonzept, so dass das IASB-Framework zum einen dem IPSASB auch als Deduktionsbasis für seine Standardentwicklung und zum anderen zur Überbrückung von Regelungslücken in den bestehenden Standards dient.

Im Vergleich zu den Arbeitsprojekten beim IASB für den privatwirtschaftlichen Unternehmensbereich hat das IPSASB im Jahr 2006 die Entwicklung eines eigenständigen Framework in den Projektplan aufgenommen, wodurch auch das GPFR, die als Mehrzweckabschluss ausgestaltete Berichterstattung, weiterentwickelt werden soll.[999] Nach der Bildung von thematischen Untergruppen und diversen Beratungen verabschiedete das IPSASB im September 2008 ein erstes Consultation Paper „*Conceptual Framework for General Purpose Financial Reporting by Public Sector Entities: The Objectives of Financial Reporting, The Scope of Financial Reporting, The Qualitative Characteristics of Information Included in General Purpose Financial Reports, The Reporting Entity*“[1000], das bis zum 31.03.2009 zur Kommentierung freigegeben war. Dieses CP ist der ersten der vier Phasen des Framework-Projektes des IPSASB zuzuordnen. In Phase 2 wird die Definition und Erfassung von Abschlussposten, in Phase 3 werden die Bewertungskonzepte der Abschlussposten und in Phase 4 die Darstellung von finanziellen und nicht-finanziellen Informationen in den Berichtsinstrumenten geregelt.[1001]

Im Dezember 2010 wurde jeweils mit einer Kommentierungsfrist bis zum 15.06.2011 zur Phase 1 der Conceptual Framework Exposure Draft 1 (CF-ED1; offizielle Bezeichnung und Abkürzung) „*Conceptual Framework for General Purpose Financial Reporting by Public Sector Entities: Role, Authority and Scope; Objectives and Users; Qualitative Characteristics; and Reporting Entity*“[1002] und zu den Phasen 2 und 3 entsprechende CP „*Conceptual*

[998] Vgl. die Projektseite http://www.ifrs.org/Current-Projects/IASB-Projects/Conceptual-Framework/Pages/Conceptual-Framework-Summary.aspx; Stand: 27.03.2013.
[999] Vgl. IFAC-IPSASB (2011c).
[1000] Vgl. IFAC-IPSASB (2008a). Siehe hierzu auch Vehmanen, P. (2010), S. 1-19.
[1001] Vgl. IFAC-IPSASB (2011h), S. 3.
[1002] Vgl. IFAC-IPSASB (2010a), CF-ED1.

Framework for General Purpose Financial Reporting by Public Sector Entities: Elements and Recognition in Financial Statements“[1003] und „*Conceptual Framework for General Purpose Financial Reporting by Public Sector Entities: Measurement of Assets and Liabilities in Financial Statements*“[1004] veröffentlicht.

Am 11.01.2013 hat das IPSASB als Ergebnis der Phase 1 die finale Fassung der ersten vier Kapitel (*Chapter 1-4*) des Conceptual Framework („*The Conceptual Framework for General Purpose Financial Reporting by Public Sector Entities*“; CF) veröffentlicht.[1005] Siehe hierzu auch Abbildung 17.

Am 07.11.2012 hat das IPSASB zu den Phasen 2 und 3 entsprechende ED zur Kommentierung bis zum 30.04.2013 publiziert: CF-ED2 „*Conceptual Framework for General Purpose Financial Reporting by Public Sector Entities: Elements and Recognition in Financial Statements*“[1006] und CF-ED3 „*Conceptual Framework for General Purpose Financial Reporting by Public Sector Entities: Measurement of Assets and Liabilities in Financial Statements*“[1007].

Zur Phase 4 wurde am 17.04.2013 ein CF-ED4 „*Conceptual Framework for General Purpose Financial Reporting by Public Sector Entities: Presentation in General Purpose Financial Reports*“[1008] (Kommentierungsfrist: 17.08.2013) herausgegeben.

Begleitend zu den Phasen 1 bis 4 des Projektes hat das IPSASB im April 2011 den ED „*Key Characteristics of the Public Sector with Potential Implications for Financial Reporting*“[1009] verabschiedet, wodurch grundlegende Eigenschaften des öffentlichen Sektors explizit zur Diskussion gestellt wurden, die eine Auswirkung auf die Entwicklung des IPSASB-Framework haben könnten.[1010] Themenschwerpunkte sind in diesem ED beispielsweise Transaktionen ohne zurechenbare Gegenleistung, die Bedeutung des Budgets, Unterschiede zum privatrechtlichen Unternehmensbereich und die Beziehung zwischen Rechnungswesen und Finanzstatistik. Die Finanzstatistik dient der Ermittlung nationaler makroökonomischer Daten (international anhand des Government Finance Statistics Manual (GFSM) des IWF; im

---

[1003] Vgl. IFAC-IPSASB (2010c).

[1004] Vgl. IFAC-IPSASB (2010d).

[1005] Vgl. IFAC-IPSASB (2013b), CF. Als Konsequenz muss jetzt z.B. IPSAS 1, Appendix A mit Ausführungen zu den qualitativen Anforderungen im Jahr 2013 überarbeitet werden; vgl. http://www.ifac.org/news-events/2013-01/ipsasb-publishes-first-chapters-public-sector-conceptual-framework; Stand: 11.01.2013.

[1006] Vgl. IFAC-IPSASB (2012d), CF-ED2.

[1007] Vgl. IFAC-IPSASB (2012e), CF-ED3.

[1008] Vgl. IFAC-IPSASB (2013a), CF-ED4.

[1009] Vgl. IFAC-IPSASB (2011h).

[1010] Vgl. IFAC-IPSASB (2011h), S. 3.

europäischen Gesamtkontext der EU mittels des European System of Accounts (ESA)).[1011] Die IPSAS und die Finanzstatistik haben eine unterschiedliche Zielsetzung und einen anderen Betrachtungsgegenstand, so dass eine Angleichung der Datenbasis zwar möglich ist (das IPSASB betreibt hierzu ein eigenständiges Projekt)[1012], aber eine vollständige Konvergenz nicht erreicht werden kann.[1013] Trotzdem sollte – gerade als Konsequenz aus der europäischen Schuldenkrise – eine Integration beider Teilbereiche in ein Gesamtsystem aus Rechnungslegung, Rechnungsprüfung und Finanzstatistik das Ziel sein.[1014]

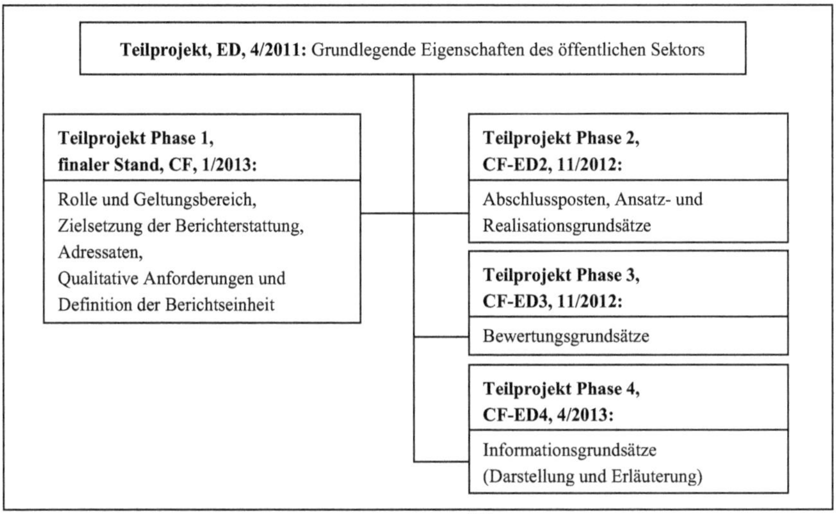

Abbildung 17: Teilprojekte des IPSASB-Framework-Projektes[1015]

6.1.2.3 Nationale Referenzmodelle

Wie bereits in den Kapiteln 5.2 und 5.4 beschrieben, greift das IPSASB auf die Entwicklungen und die damit gewonnenen Erkenntnisse auf nationaler Ebene unterschiedlicher Länder zurück.[1016] So wurde auch zu Beginn des IPSASB-Framework-Projektes eine Befragung der damaligen IPSASB-Mitgliedsländer zur Ausgestaltung der nationalen Rahmenkonzepte vor-

---

1011 Vgl. IFAC-IPSASB (2011h), Tz. 9.1.

1012 Siehe auch zur Verknüpfung zwischen IPSAS und den Anforderungen der Finanzstatistik das im Oktober 2012 erschienene CP „*IPSASs and Government Finance Statistics Reporting Guidelines*“; vgl. IFAC-IPSASB (2012f); Müller-Marqués Berger, T./Wirtz, H. (2013), S. 208-213.

1013 Vgl. IFAC-IPSASB (2011h), Tz. 9.3. Siehe hierzu auch Barton, A. D. (2011), S. 433-434; Blaser, B./Baur, A. (2010), S. 804-809; Lüder, K. (2003a), S. 416-417.

1014 Vgl. Bergmann, A./Rauskala, I. (2012), S. S71.

1015 Quelle: Eigene Darstellung.

1016 Häufig finden sich in den öffentlich zugänglichen Sitzungsunterlagen Aufstellung zu den nationalen Regelungen bestimmter Sachverhalte, auf deren Basis das IPSASB eigene Standards entwickelt.

genommen, um eine Ausgangs- und Diskussionsbasis für die Framework-Entwicklung beim IPSASB zu erhalten.[1017]

In diesem Kapitel wird der deutsche öffentliche Sektor exemplarisch als Referenzmodell herausgegriffen. Hiermit wird verdeutlicht, dass die Verbindung zwischen öffentlichen Haushalts- und Rechnungswesen auch in den zugrunde liegenden Grundsätzen zu berücksichtigen ist, so dass z.B. die GoöB, die sich primär auf die Rechnungslegung beziehen, um Haushaltsgrundsätze zu erweitern sind. Dieser Bereich wird in den IPSAS noch vernachlässigt, wodurch die fehlende Beachtung der Haushaltsplanung ein Anwendungshindernis darstellt.[1018] Durch den Vergleich mit nationalen Grundsätzen können die bereits finalisierten und noch diskutierten Bestandteile des IPSASB-Framework beurteilt und gegebenenfalls verbessert und weiterentwickelt werden.

6.1.2.3.1 Rechnungslegungsgrundsätze

In Deutschland hat die Wissenschaftliche Kommission „Öffentliche Unternehmen und Verwaltungen" bereits im Jahr 1988 gefordert, dass ein leistungsfähiges öffentliches Rechnungswesen sich an Regeln wie z.B. den Grundsätzen ordnungsmäßiger Buchführung (GoB) des privatwirtschaftlichen Unternehmensbereichs zu orientieren hat, um zu einer einheitlichen Rechnungslegungspraxis im öffentlichen Sektor zu führen, und diese Regeln wissenschaftlich fundiert sein und Normcharakter haben müssen.[1019] Hieraus folgt, dass das öffentliche Haushalts- und Rechnungswesen seinen Informations- und Schutzfunktionen entsprechend und auch zur Beurteilung der Entwicklung und zum zeitlichen Vergleich der Vermögens-, Finanz- und Ertragslage innerhalb einer Verwaltungseinheit oder zwischen mehreren Gebietskörperschaften einer Standardisierung bedarf, die durch Grundsätze ordnungsmäßiger öffentlicher Buchführung unter Berücksichtigung der Besonderheiten des öffentlichen Sektors zu erreichen ist.[1020]

Die wissenschaftliche Diskussion in der deutschsprachigen Literatur hin zu den Grundsätzen ordnungsmäßiger öffentlicher Buchführung (GoöB) führte zwischenzeitlich zu den unter-

---

1017 Vgl. zu einer tabellarischen Zusammenfassung der Antworten der damaligen IPSASB-Mitgliedsländer IFAC-IPSASB (2006b), Attachment 1, S. 17. Deutschland wurde damals nicht in die Befragung einbezogen, so dass die exemplarische Darstellung von Deutschland in der vorliegenden Arbeit neue Aspekte hervorbringt.

1018 Siehe hierzu Kapitel 5.3.3.

1019 Vgl. Wissenschaftliche Kommission „Öffentliche Unternehmen und Verwaltungen" (1988), S. 684. „Die konkrete Ausgestaltung des Rechnungswesens erfordert u.a. die Festlegung von Ansatz-, Strukturierungs- und Bewertungsregeln im Rahmen von Grundsätzen ordnungsmäßiger Buchführung und Rechnungslegung für das öffentliche Rechnungswesen"; Streitferdt, L. (1994), S. 875.

1020 Vgl. Arbeitskreis „Integrierte Verbundrechnung" (2005), S. 888; Budäus, D. (2005), S. 616-617.

schiedlichsten Bezeichnungen wie „öffentliche Grundsätze ordnungsmäßiger Buchführung" (öGoB), „German Public Sector Standards" (GPSS) oder auch „Deutsche Öffentliche Rechnungslegungsstandards" (DÖRS).[1021]

Die gesetzliche Normierung einheitlicher Grundsätze für das doppisch geprägte Rechnungswesen der Bundes- und Länderebene erfolgte durch das HGrGMoG, das durch die Neueinführung der §§ 1a, 7a und 49a HGrG vorschreibt, dass das Gremium zur Standardisierung des staatlichen Rechnungswesens (§ 49a Abs. 1 HGrG) Grundsätze der staatlichen Doppik (§ 7a HGrG) zu erarbeiten hat (die aktuell gültigen Grundsätze der staatlichen Doppik wurden am 26./27.10.2011 beschlossen und verabschiedet) und notwendige Konkretisierungen, insbesondere bei der Ausübung handelsrechtlicher Wahlrechte und Abweichungen von den handelsrechtlichen Bestimmungen aufgrund der Besonderheiten der öffentlichen Haushaltswirtschaft, vornehmen soll.[1022]

Den wissenschaftlichen Ansätzen als auch der gesetzlichen Normierung durch das HGrGMoG ist gemein, dass sie auf den handelsrechtlichen GoB des privatwirtschaftlichen Unternehmensbereiches aufbauen und an die speziellen Anforderungen des öffentlichen Rechnungswesens angepasst wurden, wobei sich der wissenschaftliche Ansatz der GoöB von den Standards staatlicher Doppik darin unterscheidet, dass die Standards staatliche Doppik noch vom handelsrechtlichen Vorsichtsprinzip geprägt sind.[1023] Für die IPSAS ist das Vorsichtsprinzip (siehe Kapitel 6.5.2) nur von untergeordneter Bedeutung, so dass in der weiteren Arbeit die Grundsätze der staatlichen Doppik nicht als Referenzrahmen für das IPSASB-Framework verwendet werden.

Die GoB und GoöB entsprechen sich in den formalen Grundsätzen wie Richtigkeit, Vergleichbarkeit, Klarheit und Übersichtlichkeit, Vollständigkeit, Stichtags- und Periodisierungs-

1021 Zur Verwendung des Begriffs GoöB vgl. z.B. Arbeitskreis „Integrierte Verbundrechnung" (2005), S. 888; Bolsenkötter, H. (2007c), S. 15; Lüder, K. (2001), S. 38; Lüder, K. (2006b), S. 607; Lüder, K. (2008b), § 17, Rn. 5-26; Raupach, B./Stangenberg, K. (2009), S. 59; Streitferdt, L. (1994), S. 875, 882; Wirtz, H. (2010), S. 2. Zum Begriff öGoB siehe Bolsenkötter, H. (2003), S. 170; zum Begriff GPSS Srocke, I. (2004), S. 68; zum Begriff DÖRS Gerstenberg, F. (2007), S. 15, 397.

1022 Vgl. Ellerich, M. (2012), S. 1131; Heiling, J./Wirtz, H. (2009), S. 824; Lehleiter, R./Riedl, A. (2010), S. 200; Lüder, K. (2009), S. 568; Meinen, J. (2012a), S. 393; Mühlenkamp, H./Sossong, P. (2011), S. 614. Siehe auch Kapitel 4.3.2.

1023 Ob neben den GoB auch besondere GoöB entwickelt werden müssen wird durch EIBELSHÄUSER eher abgelehnt, da durch eine sinngemäße Auslegung der handelsrechtlichen GoB die Abschlusszwecke einer Verwaltungseinheit erreicht werden könnten; vgl. Eibelshäuser, M. (2006), S. 623; siehe auch Breidert, U./Rüdinger, A. (2008), S. 41; Vogelpoth, N. (2007a), S. 264. Zur Kritik an den Standards staatlicher Doppik vgl. Ellerich, M. (2012), S. 1135-1137; Meinen, J. (2012a), S. 398. Siehe zum Vorsichtsprinzip auch die Kapitel 6.5.2 und 6.8.2. Siehe zur Diskrepanz zwischen IPSAS und den Standards staatlicher Doppik auch Ellerich, M. (2012), S. 1137.

prinzip und Wirtschaftlichkeit, da es sich hierbei um die formale Ausgestaltung der Rechnungslegung handelt und hierbei keine Unterschiede im Rechnungswesen des öffentlichen und privatwirtschaftlichen Sektors bestehen.[1024]

Differenzierter sind die materiellen Grundsätze – unterteilbar in Basis-, Ansatz- und Bewertungsgrundsätze – der GoB und GoöB zu betrachten, da hierbei Sachverhalte zu Ansatz und Bewertung der Vermögens- und Schuldposten der privatwirtschaftlichen Unternehmen und der Verwaltungseinheiten unterschiedlich zu regeln sind, um den verschiedenen Rechnungslegungszwecken gerecht werden zu können.[1025] Zu den Basisgrundsätzen können in den GoöB der (1) Periodisierungsgrundsatz, (2) Grundsatz des Ergebnisausgleichs, (3) Grundsatz der erweiterten Pagatorik, (4) Grundsatz der Transparenz des Schuldendeckungspotentials, (5) Grundsatz der Fortführung der Verwaltungstätigkeit und (6) Grundsatz der Einzelbewertung gezählt werden.[1026]

Der Periodisierungsgrundsatz schreibt die Anwendung des Ressourcenverbrauchskonzeptes im Gegensatz zum früher dominierenden Geldverbrauchskonzept in öffentlichen Verwaltungen vor.[1027] Im Handelsrecht erfolgt über die Abgrenzungsgrundsätze die Periodisierung der Erträge und Aufwendungen und damit verursachter Zahlungen mittels des Realisations- und Imparitätsprinzips in Verbindung mit dem Abgrenzungsgrundsatz der Sache nach und dem Abgrenzungsgrundsatz der Zeit nach.[1028]

Im öffentlichen Sektor besteht keine zwingende Kausalität zwischen den Erträgen und Aufwendungen, da im Gegensatz zum privatwirtschaftlichen Sektor überwiegend kein Austausch von Leistungsverpflichtungen vorliegt und deshalb der Abgrenzungsgrundsatz der Sache nach eine untergeordnete Bedeutung hat.[1029] Aus der intergenerativen Gerechtigkeit folgt das Periodisierungserfordernis, so dass der Abgrenzungsgrundsatz der Zeit eine besondere Betonung erfährt.[1030] Das Realisationsprinzip, das handelsrechtlich einerseits regelt, zu welchem Zeitpunkt ein Ertrag entsteht und andererseits den Wertansatz für noch nicht realisierte Erzeugnis-

---

1024 Vgl. Arbeitskreis „Integrierte Verbundrechnung" (2005), S. 889; Budäus, D. (2005), S. 617; Budäus, D. (2006c), S. 149; Lüder, K. (2006b), S. 607. Unterschiede bestehen z.B. im Bereich der öffentlichen Leistungs- und Wirkungsberichterstattung.

1025 Vgl. Arbeitskreis „Integrierte Verbundrechnung" (2005), S. 888; Budäus, D. (2005), S. 617, 619; Budäus, D. (2006c), S. 149. Siehe zu den öffentlichen Rechnungslegungszwecken Kapitel 3.3.

1026 Vgl. Budäus, D. (2006c), S. 149-150.

1027 Vgl. Arbeitskreis „Integrierte Verbundrechnung" (2005), S. 889; Budäus, D. (2006c), S. 149; Lüder, K. (2006b), S. 607.

1028 Vgl. Coenenberg, A. G./Haller, A./Schultze, W. (2012), S. 41-44.

1029 Vgl. Arbeitskreis „Integrierte Verbundrechnung" (2005), S. 889; Budäus, D. (2006c), S. 149; Lüder, K. (2006b), S. 608.

1030 Vgl. Arbeitskreis „Integrierte Verbundrechnung" (2005), S. 889; Budäus, D. (2006c), S. 149.

se bzw. Leistungen (Anschaffungswertprinzip) bestimmt, unterscheidet sich im öffentlichen Sektor dadurch, dass positive Ergebnisbeiträge, die nicht aus einer Austauschbeziehung resultieren, der Periode zugeordnet werden, in der ein rechtswirksamer Anspruch darauf (z.B. durch Erteilung eines Steuerbescheids) entsteht; dies entspricht in sinngemäßer Anwendung auch den Aufwendungen, die nicht auf einer Austauschbeziehung beruhen.[1031] Negative Ergebnisbeiträge sind auch wie Erträge zu erfassen, wenn sie realisiert oder im Falle von veräußerbaren Vermögensgegenständen realisierbar sind. Die aus dem handelsrechtlichen Imparitätsprinzip resultierende Berücksichtigung von zukünftigen Aufwendungen, die wahrscheinlich, aber noch nicht realisiert sind, und die im Sinne der Kapitalerhaltung und des Gläubigerschutzes mit dem Imparitätsprinzip verfolgte Verhinderung der Ausschüttung von Gewinnen, ist für den öffentlichen Sektor nicht relevant, da dieser weder Gewinne ausschüttet noch insolvenzfähig ist.[1032]

Der Grundsatz des Ergebnisausgleichs beruht auf der geforderten intergenerativen Gerechtigkeit und ist dann erfüllt, wenn in jeder Periode der Ressourcenverbrauch grundsätzlich durch das Ressourcenaufkommen gedeckt ist.[1033]

Der handelsrechtliche Grundsatz der Pagatorik, Vermögen nur mit auf tatsächlichen bzw. zukünftigen Zahlungen basierenden Rechengrößen zu bewerten, muss für den öffentlichen Sektor erweitert werden, da auch unentgeltlich erworbenes und nicht zur Veräußerung vorgesehenes Vermögen, das sich im Eigentum der Verwaltungseinheit befindet, anzusetzen ist, da diese Vermögensart im öffentlichen Sektor eine erhebliche Rolle spielen kann.[1034]

Die geforderte transparente Darstellung der Vermögens-, Finanz- und Ertragslage einer Verwaltungseinheit in Kombination mit der intergenerativen Gerechtigkeit führt zum Grundsatz der Transparenz des Schuldendeckungspotenzials. Hieraus leitet sich ab, dass das Vermögen in zur Wahrnehmung der Verwaltungstätigkeit benötigtes Vermögens und in veräußerbares Vermögen, das das Schuldendeckungspotenzial charakterisiert, zu unterteilen ist.[1035]

1031 Vgl. Arbeitskreis „Integrierte Verbundrechnung“ (2005), S. 889; Budäus, D. (2006c), S. 149; Lüder, K. (2006b), S. 607-608.

1032 Vgl. Arbeitskreis „Integrierte Verbundrechnung“ (2005), S. 889; Budäus, D. (2006c), S. 149-150; Lüder, K. (2006b), S. 608. Anderer Ansicht ist EIBELSHÄUSER, der die Bedeutung des Imparitätsprinzips auch im öffentlichen Sektor bekräftigt; vgl. Eibelshäuser, M. (2006), S. 623.

1033 Vgl. Arbeitskreis „Integrierte Verbundrechnung“ (2005), S. 890; Budäus, D. (2006c), S. 150.

1034 Vgl. Arbeitskreis „Integrierte Verbundrechnung“ (2005), S. 890; Budäus, D. (2006c), S. 150; Lüder, K. (2006b), S. 608. Siehe auch Baetge, J. et al. (2009), S. 124.

1035 Vgl. Arbeitskreis „Integrierte Verbundrechnung“ (2005), S. 890; Budäus, D. (2006c), S. 150; Lüder, K. (2006b), S. 609.

Wie im privatwirtschaftlichen Unternehmensbereich ist gemäß dem Grundsatz der Fortführung der Verwaltungstätigkeit davon auszugehen, dass die öffentliche Rechnungslegung auch dem *going concern*-Prinzip unterliegt.[1036]

Dem privatwirtschaftlichen Grundsatz der Einzelbewertung entsprechend, sind auch die Vermögensgegenstände und Schulden einer Gebietskörperschaft einzeln zu bewerten; Bewertungsvereinfachungsverfahren sind in bestimmten Fällen zulässig.[1037]

Neben diesen Basisgrundsätzen enthalten die GoöB auch Ansatz- und Bewertungsgrundsätze. Aufgrund des Aktivierungsgrundsatzes sind alle selbständig verwertbaren und bewertbaren Güter in der Vermögensrechnung anzusetzen, wenn sie mindestens im wirtschaftlichen Eigentum der Verwaltungseinheit stehen.[1038] Der Passivierungsgrundsatz besagt, dass alle rechtlichen oder wirtschaftlichen Verpflichtungen, die eine wirtschaftliche Belastung darstellen und quantifizierbar sind, als Verbindlichkeiten und Rückstellungen zu passivieren sind.[1039]

Die Bewertungsgrundsätze besagen, dass das der Wahrnehmung von Verwaltungsaufgaben gewidmete Vermögen mit den Anschaffungs- oder Herstellungskosten anzusetzen ist und gegebenenfalls um den Wert verbrauchter Nutzenpotenziale abzuschreiben ist. Das realisierbare Vermögen ist mit dem Zeitwert am Abschlussstichtag (z.B. Verkehrswert, Kurswert, Marktwert) zu bewerten.[1040] Als Maßstab für die Erst- und Folgebewertung bei Verbindlichkeiten sind deren Rückzahlungs- bzw. Auszahlungswerte (bei Transferleistungen) heranzuziehen, für Rückstellungen hingegen der bestmögliche Schätzwert der bis zum Abschlussstichtag zu verrechnenden Aufwendungen.[1041]

6.1.2.3.2 Haushaltsgrundsätze

Da eine Verwaltungseinheit nicht nur über die abgelaufene Periode Rechnung legt, sondern mittels des Haushaltsplans auch für zukünftige Rechnungsperioden, sind zusätzlich zu den

---

1036 Vgl. Arbeitskreis „Integrierte Verbundrechnung“ (2005), S. 890; Breidert, U./Rüdinger, A. (2008), S. 33; Budäus, D. (2006c), S. 150; Lüder, K. (2006b), S. 609. Die Bedeutung ist jedoch geringer, da die Insolvenzfähigkeit im öffentlichen Sektor meistens auszuschließen ist; vgl. Mühlenkamp, H./Glöckner, A. (2010b), S. 486.

1037 Vgl. Arbeitskreis „Integrierte Verbundrechnung“ (2005), S. 890; Budäus, D. (2006c), S. 150; Lüder, K. (2006b), S. 608.

1038 Vgl. Arbeitskreis „Integrierte Verbundrechnung“ (2005), S. 890; Budäus, D. (2006c), S. 150; Lüder, K. (2006b), S. 608.

1039 Vgl. Arbeitskreis „Integrierte Verbundrechnung“ (2005), S. 890; Budäus, D. (2006c), S. 150; Lüder, K. (2006b), S. 609.

1040 Vgl. Arbeitskreis „Integrierte Verbundrechnung“ (2005), S. 890; Lüder, K. (2006b), S. 609.

1041 Vgl. Arbeitskreis „Integrierte Verbundrechnung“ (2005), S. 890; Budäus, D. (2006c), S. 151; Lüder, K. (2006b), S. 609.

dargestellten Grundsätzen für die Rechnungslegung öffentlicher Verwaltungen auch entsprechende Haushalts-/Budgetierungsgrundsätze anzuwenden.[1042]

Durch die Reform des öffentlichen Haushalts- und Rechnungswesens hin zu einem integrierten Verbundsystem werden die Berichtsinstrumente der Planungsebene (in Form von Ergebnis- und Finanzhaushalt und gegebenenfalls einer Planvermögensrechnung) mit den korrespondierenden Äquivalenten der Dokumentations- und Kontrollebene (in Form von Vermögens-, Finanz- und Ergebnisrechnung) verknüpft, und müssen aufeinander abgestimmt werden.[1043]

Hieraus folgt, dass die für das finanzielle Rechnungswesen geltenden GoöB auch weitestgehend auf das Haushaltswesen übertragbar sind. Die Haushaltsgrundsätze sind wie die GoöB in formale und materielle zu unterteilen.[1044]

Zu den formalen Haushaltsgrundsätzen zählen die im GG i.V.m. HGrG kodifizierten Grundsätze der Vollständigkeit (alle Einnahmen und Ausgaben sind in den Haushaltsplan aufzunehmen), Jährlichkeit (der Haushaltsplan wird nach Jahren getrennt aufgestellt), Vorherigkeit (der Haushaltsplan wird vor Beginn der Rechnungsperiode festgestellt), Gesetzmäßigkeit (Einhaltung des Haushaltsgesetzes bei Erstellung des Haushaltsplans), Beachtung des gesamtwirtschaftlichen Gleichgewichts, des Haushaltsausgleichs und Beachtung von Wirtschaftlichkeit und Sparsamkeit sowie die nicht kodifizierten Grundsätze der Haushaltsklarheit und -wahrheit.[1045]

Die materiellen Haushaltsgrundsätze entsprechen mit dem Periodisierungsgrundsatz und dem Grundsatz des Ergebnisausgleichs den GoöB und beinhalten zusätzlich den Grundsatz der Nettobudgetierung und den Grundsatz der Outputbudgetierung.[1046] Der Grundsatz der Nettobudgetierung ermöglicht eine erhöhte Flexibilität und dezentrale Ressourcenverantwortung und weicht von den früher und heute nur noch vereinzelt geltenden Haushaltsgrundsätzen der Spezialität (Haushaltsermächtigung nur für einen festgelegten Zweck) und Bruttoveranschlagung ab, da Erträge und Aufwendungen summiert und saldiert werden und nur der Gesamtsaldo als Budget veranschlagt wird.[1047] Der Grundsatz der Outputbudgetierung soll eine Beur-

---

1042 Vgl. Lüder, K. (2006b), S. 607.

1043 Vgl. Budäus, D. (2006c), S. 151; Lüder, K. (2006b), S. 609-611. Siehe Kapitel 4.2.2.

1044 Vgl. hierzu Lüder, K. (2006b), S. 609-611.

1045 Vgl. Lüder, K. (2006b), S. 609-611. Siehe auch Dickertmann, D. (2003a), S. 473-474; Lüder, K. (1997), S. 422-425.

1046 Vgl. Budäus, D. (2006c), S. 151; Lüder, K. (2006b), S. 610.

1047 Vgl. Budäus, D. (2006c), S. 151; Lüder, K. (2006b), S. 610.

teilung der Effektivität und Effizienz der eingesetzten Ressourcen und der angestrebten Leistungen ermöglichen, indem neben den im Ergebnishaushalt geplanten Erträgen und Aufwendungen auch die nicht monetär erfassbaren Leistungen darzustellen sind.[1048]

Eine Verbindung der Planungs- und Kontrollaufgaben des öffentlichen Haushalts- und Rechnungswesens und der damit verbundenen Grundsätze erfolgt bei BUDÄUS, der die GoöB als Teilmenge der öffentlichen Rechnungslegungsstandards (ÖRS) und später der Grundsätze des öffentlichen Haushalts- und Rechnungswesens (GöHR) verwendet.[1049]

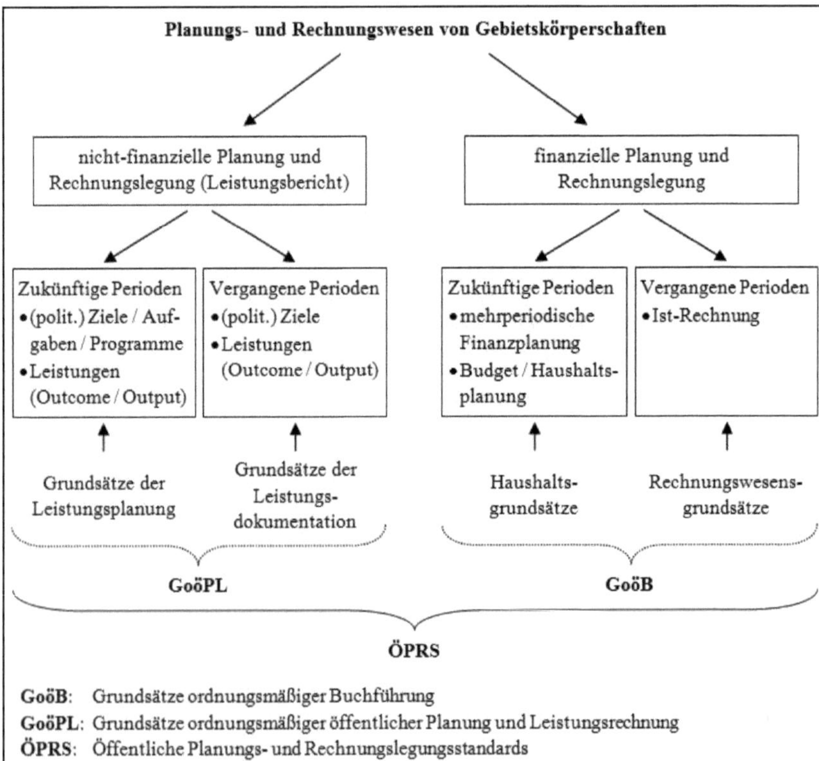

Abbildung 18: Grundsätze des öffentlichen Haushalts- und Rechnungswesens[1050]

Als Weiterentwicklung der ÖRS/GöHR sprechen BUDÄUS/HILGERS von den Öffentlichen Planungs- und Rechnungslegungsstandards (ÖPRS), die sich in die GoöB und die Grundsätze

[1048] Vgl. Budäus, D. (2006c), S. 151; Lüder, K. (2006b), S. 610-611.

[1049] Vgl. zu ÖRS Budäus, D. (2006c), S. 139; Budäus, D. (2007), S. 50 und zu GöHR Budäus, D. (2009a), S. 34. Siehe hierzu auch die Ausführungen zur integrierten Verbundrechnung in Kapitel 4.2.2.

[1050] Quelle: Budäus, D./Hilgers, D. (2010d), S. 506.

ordnungsmäßiger öffentlicher Planung und Leistungsrechnung (GoöPL) unterteilen.[1051] Hierbei erfolgt eine Differenzierung in den finanziellen und den nicht-finanziellen Bereich, die jeweils sowohl zukünftige Perioden durch Planungsrechnungen als auch mit Ist-Rechnungen vergangene Perioden abdecken. Siehe hierzu Abbildung 18.

Die GoöB befassen sich mit der finanziellen Planung und Rechnungslegung und lassen sich in die Rechnungswesensgrundsätze zur Dokumentation vergangener Perioden und in Haushaltsgrundsätze zur Budgetierung und Haushaltsplanung zukünftiger Perioden aufteilen.

Die nicht-finanzielle Planung und Rechnungslegung kann möglicherweise durch die noch genauer zu entwickelnden Leistungsberichte wahrgenommen werden. Die nicht-finanzielle Rechnungslegung beschränkt sich in Deutschland meistens auf das wenig systematisierte Produktkonzept und damit verbundene Produktberichte und Kennzahlen. Zur Systematisierung des nicht-finanziellen Rechnungswesens müssen zum einen Grundsätze der Leistungsdokumentation für die politischen Ziele und den erreichten Output und Outcome vergangener Perioden und zum anderen korrespondierende Grundsätze der Leistungsplanung für zukünftige Perioden entwickelt werden.[1052]

Diese Grundsätze ordnungsmäßiger öffentlicher Planung und Leistungsrechnung werden im zu entwickelnden IPSASB-Framework nicht direkt berücksichtigt, da nach Ansicht des IPSASB Regelungen und Anleitungen zur Auslegung und Anwendung der qualitativen Charakteristika für Informationen, die über die ursprüngliche Finanzberichterstattung hinausgehen (wie Planungs-/Budget- und Leistungssachverhalte), nach ihrer Art und Weise auf Standardebene berücksichtigt werden.[1053] Da sich die bisherigen IPSAS im Wesentlichen nur auf das finanzielle Rechnungswesen beziehen (darüber hinausgehende Projekte sind beim IPSASB in Arbeit, vgl. Kapitel 5.4.3) und sich schwerpunktmäßig mit der Ist-Rechnung beschäftigen, da u.a. die Haushaltsplanung und das damit verbundene Budgetrecht der nationalen Kompetenz unterliegen,[1054] existieren entsprechende IPSAS-Regelungen nicht und können zu Abstimmungsproblemen zwischen einer an den IPSAS orientierten Rechnungslegung und dem Haushaltswesen führen.[1055]

1051 Vgl. Budäus, D./Hilgers, D. (2010d), S. 506-507.

1052 Vgl. Budäus, D./Hilgers, D. (2010d), S. 506-507.

1053 Vgl. IFAC-IPSASB (2013b), CF, Tz. 3.5, BC3.3. Erste Entwicklungen in diese Richtung sind z.B. IPSAS 24 und das IPSASB-Projekt *„Reporting Service Performance Information"*. Siehe auch Kapitel 5.4.3.2.

1054 Siehe zum Budgetrecht Kapitel 3.1.

1055 Vgl. Budäus, D. (2006c), S. 148-149; Vogelpoth, N. (2007a), S. 267.

In den folgenden Kapiteln werden die Bestandteile und Regelungsbereiche des IASB-Framework und des geplanten IPSASB-Rahmenkonzeptes dargestellt und miteinander verglichen.

6.2 Anwendungsbereich

Der Anwendungsbereich (*scope*) umfasst die im Rahmenkonzept geregelten Sachverhalte.

6.2.1 IASB

Der Anwendungsbereich des aktuell gültigen IASB-Framework, der auch dem des Framework a.F. entspricht, teilt sich in vier Punkte auf. So behandelt das IASB-Framework die Zielsetzung der Abschlüsse, die qualitativen Anforderungen an die Abschlussinformationen, die Definition, den Ansatz und die Bewertung der im Abschluss enthaltenen Posten und letztlich auch Kapital- und Kapitalerhaltungskonzepte.[1056]

Auf welche Rechtsformen der berichterstattenden privaten und öffentlichen Handels-, Industrie- und Dienstleistungsunternehmen[1057] die IFRS anzuwenden sind, wird hingegen nicht durch das IASB geregelt, da dieses als privatrechtliche Organisation keine legislative Kompetenz besitzt.[1058]

6.2.2 IPSASB

Das zu erarbeitende Conceptual Framework des IPSASB dient öffentlichen Verwaltungseinheiten[1059], die auf Basis des *accrual accounting* Rechnung legen, als konzeptionelle Grundla-

---

1056 Vgl. F, Introduction, S. A25.

1057 Vgl. F 8 a.F. Wurde in dieser Formulierung nicht bzw. noch nicht in das aktuelle Framework übernommen.

1058 Für die EU-Mitgliedstaaten wurde zur Harmonisierung der EU-Rechnungslegung die sog. IAS-Verordnung am 27.05.2002 durch das Europäische Parlament beschlossen und am 06.06.2002 vom EU-Ministerrat verabschiedet. Hierdurch sind kapitalmarktorientierte Mutterunternehmen, die dem Rechtssystem eines Mitgliedstaates unterliegen, verpflichtet, ihre Konzernabschlüsse für die ab den 01.01.2005 beginnenden Geschäftsjahre unter Anwendung der IFRS zu erstellen. Neben dieser verpflichtenden Regelung enthält die IAS-Verordnung in Art. 5 auch Wahlrechte, die es den Mitgliedstaaten ermöglichen, die IFRS-Anwendung auch im Konzernabschluss nicht-kapitalmarktorientierter Mutterunternehmen und des Weiteren im Einzelabschluss, sowohl kapitalmarktorientierter als auch nicht-kapitalmarktorientierter Unternehmen, zu gestatten oder vorzuschreiben; vgl. Coenenberg, A. G./Haller, A./Schultze, W. (2012), S. 54-55; Pellens, B. et al. (2011), S. 51-52. Die IAS-Verordnung regelt nur die Anwendung der IFRS, die Übernahme jedes einzelnen IFRS in europäisches Recht erfolgt durch ein vereinfachtes Gesetzgebungsverfahren (sog. Komitologieverfahren), das die IFRS als anzuwendende Rechnungslegungsgrundlage auf EU-Ebene legitimiert; vgl. Coenenberg, A. G./Haller, A./Schultze, W. (2012), S. 55; Pellens, B. et al. (2011), S. 107. Der gesamte Anerkennungsprozess der IFRS und der IFRIC wird als Endorsement-Verfahren bezeichnet. Vgl. zum Endorsement-Verfahren Coenenberg, A. G./Haller, A./Schultze, W. (2012), S. 55-58; Pellens, B. et al. (2011), S. 104-108. Siehe zur Behandlung von Widersprüchen von in EU-Recht übernommenen IFRS/IFRIC und noch dem Endorsement zu unterziehenden Regelungen Buchheim, R. et al. (2008b), S. 338-341; Buchheim, R. et al. (2008a), S. 373-379.

1059 Vgl. IFAC-IPSASB (2013b), CF, Tz. 1.8. Öffentliche Erwerbsunternehmen (*government business enterprises*; GBE) sind explizit von der Anwendung des Framework und der IPSAS ausgeschlossen; vgl. IFAC-IPSASB (2012h), Preface, Tz. 3 und 10. Dennoch können *government business enterprises* im Rahmen eige für die Berichterstattung, die an allgemeinen und die Informationsbedürfnisse eines weiten Adressatenkreises berücksichtigenden Zwecken (*general purpose financial reporting*; GPFR; Mehrzweckabschluss) auszurichten ist.[1060] Dies entspricht auch dem Anwendungsbereich nach den Vorschriften des IASB.[1061]

Aufgrund der wie beim IASB nicht bestehenden legislativen Kompetenz des IPSASB wird das Rahmenkonzept keine rechtsverbindlichen Vorschriften an die Rechnungslegung öffentlicher Verwaltungen, die die IPSAS übernommen haben, stellen. Hieraus folgt, dass für die IPSAS und das IPSASB-Framework auch ein Anerkennungsverfahren – vergleichbar zum Endorsement – eingerichtet werden müsste, um die IPSAS als europäisches und dann auch nationales Recht etablieren zu können, falls nicht bereits schon früher eine Anwendung der IPSAS auf nationaler Ebene erfolgte.[1062]

Des Weiteren wird bei Regelungskonflikten zwischen dem Rahmenkonzept und einzelnen IPSAS jeweils den Standardvorschriften zu folgen sein, so dass das IPSASB-Framework besonders bei Regelungslücken und neu zu erarbeitenden Standards heranzuziehen ist.[1063]

Begrenzt wird der Anwendungsbereich des IPSASB-Framework durch folgenden, einschränkenden Aspekt des GPFR. Die Ausrichtung am GPFR dient dazu, mit einer transparenten Berichterstattung öffentlicher Verwaltungseinheiten die Informationsbedürfnisse eines weiten Kreises an Abschlussadressaten zu erfüllen. Diese sind auf die Berichte angewiesen, da sie sonst keine Möglichkeit haben, ihren speziellen Anforderungen entsprechende Informationen zu erhalten.[1064] Auch wenn Adressaten, die in der Lage sind, speziell an ihren Ansprüchen ausgerichtete Informationen zu erhalten, die durch das GPFR bereitgestellten Information für

ner öffentlichen *group reporting entity* erfasst werden; vgl. IFAC-IPSASB (2013b), CF, Tz. BC4.8. Siehe zu GBE auch Kapitel 5.3.1.

1060 Vgl. zur *role* IFAC-IPSASB (2013b), CF, Tz. 1.1.

1061 In F 6 a.F. wurde noch auf Abschlüsse für allgemeine Zwecke (*general purpose financial statements*; GPFS) Bezug genommen. Durch die begriffliche Änderung im aktuellen IASB-Framework zu „*general purpose financial reporting*" wird ersichtlich, dass die Berichterstattung über die bekannten Abschlussbestandteile Vermögensrechnung/Bilanz, Ergebnisrechnung/Erfolgsrechnung, Finanzrechnung/Kapitalflussrechnung, Eigenkapitalveränderungsrechnung, Segmentberichterstattung und Anhang hinaus gehen, und somit der Darstellung der Unternehmenssituation auch im Hinblick auf nicht-finanzielle Daten eine größer werdende Bedeutung zugebilligt wird. Vgl. Dobler, M./Hettich, S. (2007), S. 31; Haller, A./Blab, D. (2009), S. 455; IASB (2006), Tz. OB16, OB17; IASB (2008a), Tz. OB3, OB4.

1062 Hierbei besteht die Gefahr, dass sich „EU-IPSAS" herausbilden können, falls nicht die ursprüngliche Standardversion des IPSASB anerkannt wird.

1063 Vgl. zur *authority* IFAC-IPSASB (2013b), CF, Tz. 1.2-1.3.

1064 Vgl. IFAC-IPSASB (2013b), CF, Tz. 1.4.

ihre Zwecke als nützlich ansehen, weist das IPSASB darauf hin, dass GPFR nicht darauf ausgerichtet ist, diesen speziellen Informationsbedürfnissen nachzukommen.[1065]

Die Berichterstattung orientiert sich unter Berücksichtigung der Besonderheiten öffentlicher Verwaltungseinheiten an den in den folgenden Kapiteln beschriebenen Informationsbedürfnissen der Adressaten und der verfolgten Zielsetzung, die dem GPFR entsprechen. Unter GPFR fallen neben dem Jahresabschluss (Vermögens-, Finanz- und Ergebnisrechnung) inklusive Anhang auch weitere Berichte über vergangene, gegenwärtige und zukünftige Entwicklungen, die als finanzielle und nicht-finanzielle Informationen in einer quantitativen und qualitativen Art und Weise dargestellt werden können.[1066] Mögliche Beispiele sind Berichte, die neben den finanziellen Posten auch über erbrachte Leistungen und damit verbundene Ressourcen und in Zukunft für die Leistungserstellung benötigte Ressourcen informieren.[1067] Siehe hierzu die Unterteilung in Abbildung 19.

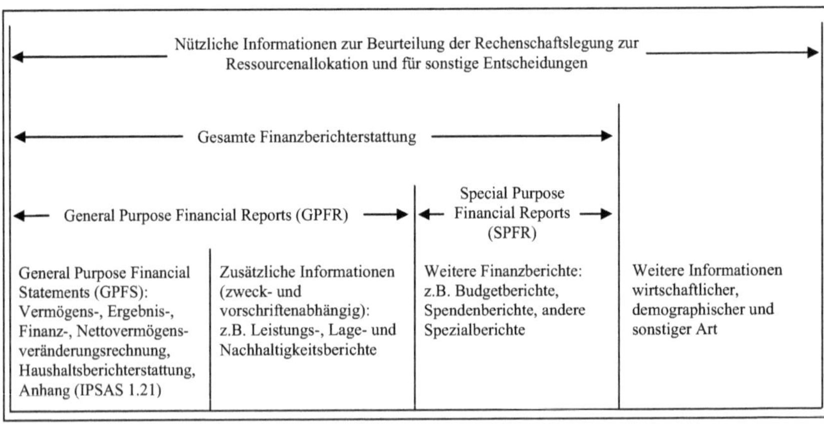

Abbildung 19: Informationsbedürfnisse, Berichtsformate und Anwendungsbereich des IPSASB-Framework[1068]

[1065] Vgl. IFAC-IPSASB (2013b), CF, Tz. 1.5. Gesondert angefertigte Berichte – *special purpose financial reports*; SPFR – erfüllen die speziellen Informationsansprüche von mit einem entsprechenden Anspruchsrecht ausgestatteten Adressaten, wie z.B. Rechnungshöfe. Die IPSAS können sich in der Erstellung von SPFR als effektiv und nützlich erweisen; vgl. IFAC-IPSASB (2013b), CF, Tz. BC1.3.

[1066] Vgl. IFAC-IPSASB (2013b), CF, Tz. 1.6-1.7. Zusätzliche Informationen können, müssen aber nicht in jedem erstellen GPFR enthalten sein.

[1067] Vgl. IFAC-IPSASB (2010a), CF-ED1, Tz. 1.6, BC1.5. Zum Bereich der Leistungsberichterstattung betreibt das IPSASB seit 2008 ein eigenständiges Projekt „*Reporting Service Performance Information*". Ebenfalls bearbeitet das IPSASB seit 2008 das Projekt „*Financial Statement Discussion and Analysis*" (früher: „*Narrative Reporting*"), dessen Ergebnis mit einem Lagebericht vergleichbar sein, aber dennoch sektorspezifisch bearbeitet wird und kein Konvergenzprojekt zum IFRS Practice Statement „*Management Commentary*" darstellt; vgl. Bergmann, A./Berger, S. (2011), S. 1.

[1068] Quelle: Haller, A./Blab, D. (2009), S. 457.

Obwohl durch diese Unterteilung deutlich wird, dass das IPSASB sich der Bedeutung nicht-finanzieller Informationen in der Berichterstattung des öffentlichen Sektors bewusst ist, ist zu kritisieren, dass das IPSASB keinen breiteren Begriff verwendet und die von IASB/FASB geprägt Formulierung *„general purpose financial reporting"* übernimmt.[1069]

Da der Anwendungsbereich der Berichterstattung öffentlicher Verwaltungen und die somit geforderten Berichtsinstrumente in verschiedenen Nationen differenzierter und umfangreicher sein können, ist es für das IPSASB nicht möglich, alle denkbaren Ausprägungen der Berichterstattung im öffentlichen Sektor abzudecken. Das IPSASB wird sich deshalb auf wesentliche, an den Informationsbedürfnissen der Adressaten ausgerichtete Regelungsbereiche beschränken und in weiteren Projekten – auch in neuen IPSAS – behandeln.[1070]

Abschließend kann festgehalten werden, dass der Regelungsbereich des zu entwickelnden IPSASB-Framework, der grundsätzlich mit dem Anwendungsbereich des IASB-Framework vergleichbar ist, sich mit den Definitionen, dem Ansatz und der Bewertung der Abschlussposten und der Form der Darstellung der Informationen, die unter GPFR fallen, befassen wird.[1071]

Zur Systematisierung der Unterschiede zwischen dem Anwendungsbereich des IASB-Framework und des zu entwickelnden IPSASB-Framework sind die Ausführungen im CP zum IPSASB-Rahmenkonzept hilfreich. Der Anwendungsbereich der Berichterstattung im öffentlichen Sektor mittels finanziellen und nicht-finanziellen Informationen enthält fünf Bereiche, von denen die ersten beiden auch in der Unternehmensberichterstattung nach den Vorschriften des IASB vorzufinden sind: (1) Darstellung des Vermögens und der damit verbundenen Schulden (Bilanz/Vermögensrechnung); (2) Abbildung der Auswirkungen von Transaktionen und sonstigen Geschäftsvorfällen und Aktivitäten auf das Vermögen und die Schulden (Gewinn- und Verlustrechnung/Ergebnisrechnung; Kapitalflussrechnung/Finanzrechnung). Und zusätzlich (3) Einhaltung der gesetzlichen Vorgaben und des für die Verwaltungseinheit zugeteilten Budgets und Rechenschaft über den Ressourceneinsatz der durch die Steuerzahler und anderer Ressourcengeber bereitgestellten Mittel; (4) Darstellung der er-

[1069] Vgl. auch Haller, A./Blab, D. (2009), S. 457.

[1070] Vgl. IFAC-IPSASB (2013b), CF, Tz. BC1.4. Wie eine Umfrage aus dem Jahr 2006 unter den IPSASB-Mitgliedstaaten ergeben hat, sind die nationalen Rahmenkonzepte in Bezug auf Anwendungsbereich, Erscheinungsform und Inhalt grundsätzlich mit dem IASB-Framework vergleichbar; vgl. IFAC-IPSASB (2006b), Attachment 1, S. 17; IFAC-IPSASB (2008c), Agenda Paper 2.3, Tz. 1.23. Siehe auch Kapitel 6.1.2.3.

[1071] Vgl. IFAC-IPSASB (2013b), CF, Tz. 1.3, 1.7, 2.29-2.30, BC1.4.

brachten Leistungen und des damit verbundenen Zielerreichungsgrades; und (5) Ausblick auf die zukünftige Leistungserbringung und die damit verbundenen notwendigen Ressourcen.[1072]

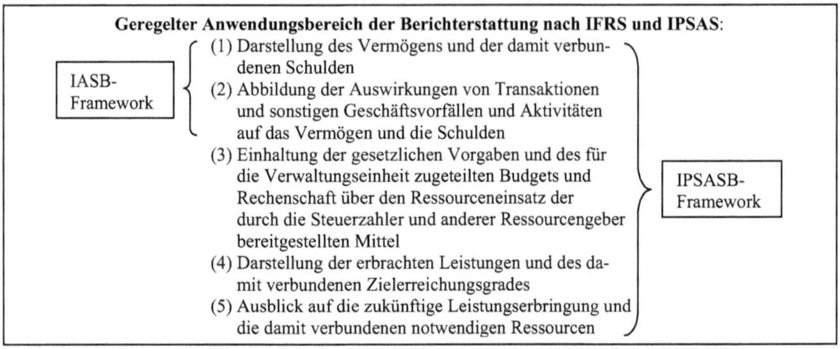

Abbildung 20: Anwendungsbereich des IASB- und IPSASB-Framework[1073]

Durch die drei letztgenannten Bereiche ist der Anwendungsbereich des Rahmenkonzeptes im öffentlichen Bereich größer als der des IASB-Framework, was auch zusätzlich durch den im öffentlichen Sektor weiteren Adressatenkreis widergespiegelt wird.[1074] Die Bedeutung der Haushaltsplanung und Budgetierung hat das IPSASB auch im ED „*Key Characteristics of the Public Sector with Potential Implications for Financial Reporting*“ festgehalten und auf deren Beachtung bei der Ableitung des Anwendungsbereichs der Berichterstattung und der Informationsbedürfnisse der Adressaten hingewiesen.[1075] Durch den weiteren Adressatenkreis gibt es wiederum Auswirkungen auf die Zielsetzung der Berichterstattung, die ihrerseits Einfluss auf die Ausgestaltung der Regelungen zu Ansatz, Bewertung und Ausweis der Abschlussposten und zu den sonstigen Berichtsinstrumenten hat.[1076]

Die sich aus den Anwendungsbereichen ergebenden Unterschiede zwischen einem Rahmenkonzept für die Berichterstattung im privatwirtschaftlichen Unternehmensbereich und der im öffentlichen Sektor werden in den nächsten Kapiteln dargestellt.

6.3 Zielsetzung der Berichterstattung, Adressaten und Informationsbedürfnisse

Die Zielsetzung (*objective*) der Berichterstattung steht in einem engen Zusammenhang zu den Abschlussadressaten und deren Informationsansprüchen.

1072 Vgl. IFAC-IPSASB (2008a), Tz. 3.5-3.16. Siehe auch Abbildung 20 und Vehmanen, P. (2010), S. 2-3.
1073 Quelle: Eigene Darstellung.
1074 Vgl. Vehmanen, P. (2010), S. 3. Siehe hierzu Abbildung 13.
1075 Vgl. IFAC-IPSASB (2011h), Tz. 3.1-3.3.
1076 Vgl. Haller, A./Blab, D. (2009), S. 455; Vehmanen, P. (2010), S. 3, 8.

6.3.1 IASB

Die Basis des IASB-Rahmenkonzeptes bildet die Zielsetzung der Berichterstattung. Weitere Aspekte des Framework, wie das Konzept der berichterstattenden Einheit, qualitative Anforderungen an entscheidungsnützliche Informationen, Ansatz, Bewertung und Ausweis der Abschlussposten, lassen sich in einer logischen Weise aus der Zielsetzung der Berichterstattung ableiten.[1077]

Durch die Berichterstattung sollen Informationen über die Vermögens-, Finanz- und Ertragslage des berichterstattenden Unternehmens vermittelt werden, die für bestehende und potenzielle Eigenkapitalgeber, Fremdkapitalgeber und andere Gläubiger (primäre Adressaten) entscheidungsrelevant in Bezug auf ihre finanziellen und sonstigen Beziehungen mit dem Unternehmen sind.[1078] Hierunter fallen das Kaufen, Verkaufen und Halten von Eigenkapital- und Fremdkapitalpapieren und auch das Bereitstellen und Begleichen von Darlehen und sonstigen Krediten.[1079] Die Vermittlung entscheidungsrelevanter Informationen für die Kapitalgeber als primäre Adressaten orientiert sich verstärkt an der Abbildung von künftigen Netto-Zahlungszuflüssen (*future net cash inflows*), da diese besonders für Investitions- und Desinvestitionsentscheidungen hilfreich sind, so dass die Entscheidungsnützlichkeit als Bewertungsnützlichkeit für die Höhe, den zeitlichen Anfall und den Unsicherheitsgrad zukünftiger Cashflows angesehen werden kann.[1080] Es ist kritisch zu sehen, dass aufgrund der Einseitigkeit in der Fokussierung auf künftige Netto-Zahlungszuflüsse keine konsequente Umsetzung der für allgemeine Zwecke nützlichen IFRS-Rechnungslegung in Form des *general purpose financial reporting*, das dem IASB-Framework zugrunde liegt, erreicht wurde.[1081]

Neben der Funktion der Bereitstellung entscheidungsnützlicher Informationen (*decision usefulness*) dient die IFRS-Rechnungslegung der Beurteilung der Managementleistung

[1077] Vgl. F OB1. Diese deduktive Vorgehensweise entspricht auch den eigenen Ansprüchen von IASB und FASB an die Framework-Entwicklung; vgl. Pelger, C. (2011), S. 909. Siehe hierzu auch Kapitel 6.1.1.

[1078] Die als Mehrzweckabschluss ausgestaltete Berichterstattung (GPFR) kann aber nicht alle für den Adressaten entscheidungsrelevante Informationen bereitstellen, so dass z.B. für die allgemeine wirtschaftliche Entwicklung und Aussichten oder das politische Klima weitere Quellen von den Adressaten heranzuziehen sind; vgl. F OB6. Da viele Informationen auf subjektiven Einschätzungen, Erwartungen oder Modellen und nicht auf exakten Darstellungen beruhen, sind im IASB-Framework hierfür grundlegende Konzepte zu hinterlegen und weiterhin zu erarbeiten; vgl. F OB11.

[1079] Vgl. F OB2. In F 9 a.F. wurde keine primäre Adressatengruppe festgelegt, sondern es wurden als Abschlussadressaten derzeitige und potenzielle Investoren, Arbeitnehmer, Kreditgeber, Lieferanten und weitere Kreditoren, Kunden, Regierungen sowie deren Institutionen und die Öffentlichkeit aufgelistet.

[1080] Vgl. F OB3; Pelger, C. (2011), S. 910; Pellens, B. et al. (2011), S. 121. Da es eine Illusion ist, mit einer Bilanz den tatsächlichen Marktwert eines Unternehmens ermitteln zu wollen (vgl. Schruff, W. (2011), S. 860), ist auch das GPFR nicht so ausgestaltet, dass dadurch der Unternehmenswert bestimmt werden kann. Es können nur für die Unternehmensbewertung hilfreiche Informationen bereitgestellt werden; vgl. F OB7.

[1081] Vgl. auch Pellens, B. et al. (2011), S. 121.

(*stewardship*) in der Berichtsperiode und ermöglicht dem Management Rechenschaft über die Verwendung der anvertrauten Unternehmensressourcen abzulegen. In F 14 a.F. wurde die *stewardship*-Funktion der IFRS-Abschlüsse noch separat angeführt, in F OB4 wird sie nicht mehr explizit genannt, sondern nur noch umschrieben, so dass diese Rechenschaftsfunktion gegenüber der Informationsfunktion nach der Intention des IASB offensichtlich als nachrangig einzustufen ist.[1082] Die Bereitstellung entscheidungsnützlicher Informationen kann auch der Rechenschaft des Managements dienen, da Investitions- und Desinvestitionsentscheidungen auf erwarteten, zukünftigen Zahlungsmittelzuflüssen und auch auf der Beurteilung der Managementleistung und dessen verantwortungsvollen Umgang mit den Unternehmensressourcen beruhen bzw. die zu treffenden Entscheidungen beeinflussen können.[1083] Nichtsdestotrotz scheint das IASB die Vermittlung von Unternehmensinformationen in erster Linie darauf auszurichten, zukünftige Cashflows abschätzen zu können.

Diese Art der Fokussierung auf eine zukunftsorientierte Darstellung wird von CORMIER/ MAGNAN als „*forecounting*" bezeichnet.[1084] Die Bevorzugung von Schätzungen und zukunftsorientierten Werten gegenüber verlässlichen Vergangenheitswerten spiegelt sich in der angesprochenen Abwertung des Rechenschaftszwecks wider.[1085]

Der Vorstoß des IASB kann einerseits dadurch verständlich werden, dass beide Zwecke – *decision usefulness* und *stewardship* – darauf abzielen, den internen Informationsvorsprung des Managements gegenüber den Adressaten zu verringern.[1086]

Andererseits muss man sich immer bewusst sein und kritisch sehen, dass diese beiden Rechnungszwecke nicht völlig deckungsgleich sind, und damit unterschiedliche Anforderungen an die zu gewährenden Informationen stellen und trotz der Überschneidungen eine grundsätzliche Disharmonie zwischen beiden Zwecken und Informationsanforderungen besteht.[1087]

1082 Vgl. F BC1.27, BC1.28. Siehe Coenenberg, A. G./Straub, B. (2008), S. 24; Henry, E./Holzmann, O. J. (2011), S. 92; Pellens, B. et al. (2011), S. 121. Im DP zum IASB-Framework wurde die *stewardship*-Funktion als eigenständige Zielsetzung der Rechnungslegung gestrichen, da die Orientierung an der *decision usefulness* mit der Darstellung von zur Rechenschaft benötigten Informationen einhergehe; vgl. IASB (2006), Tz. OB27-OB28. Im ED zum IASB-Framework wird die Rechenschaft unter die Entscheidungsnützlichkeit subsumiert; vgl. IASB (2008a), Tz. OB12. In der finalen Fassung hat das IASB wieder die grundsätzliche Sichtweise des DP eingenommen, obwohl es eine deutliche Ablehnung in der Kommentarmeinung zum DP gab. Die Erkenntnisse des *due process* wurden somit vom IASB nicht berücksichtigt. Zur Darstellung der Entwicklung der Zielsetzung des IASB-Framework von der Fassung im DP bis zum finalen Stand vgl. Pelger, C. (2011), S. 910-912, 916.

1083 Vgl. F BC1.24-BC1.27.

1084 Vgl. Cormier, D./Magnan, M. L. (2005), S. 243.

1085 Vgl. Coenenberg, A. G./Straub, B. (2008), S. 24; O'Brien, P. C. (2009), S. 267-268, 273.

1086 Vgl. auch Coenenberg, A. G./Straub, B. (2008), S. 22.

1087 Vgl. auch Coenenberg, A. G./Straub, B. (2008), S. 22. Siehe zum Spannungsfeld zwischen der *fair value*-Bewertung und der *stewardship*-Beurteilung auch Abdel-Khalik, A. R. (2011), S. 253-269.

„Aufgrund der stärker prospektiven Ausrichtung sind gemäß der *decision usefulness* relevante Informationen damit automatisch weniger verlässlich als die eher retrospektiv bezogenen Rechenschaftsdaten."[1088] Um das sich daraus ergebende Spannungsfeld zwischen Objektivität und ökonomischer Verwendbarkeit, also zwischen Relevanz und Verlässlichkeit,[1089] lösen und um beiden Zwecken entsprechen zu können, müssten eigentlich zwei unterschiedliche Unternehmensrechnungen erstellt werden;[1090] ein Kompromiss in den Ansatz-, Bewertungs- und Ausweisregelungen ist die entsprechende Alternative.[1091]

Das IASB hat sich gemäß F OB2-OB3 auf eine primäre Adressatengruppe (bestehende und potenzielle Investoren, Kreditgeber und andere Gläubiger) festgelegt, da die z.T. divergierenden Informationsbedürfnisse aller potenziellen Abschlussadressaten nicht vollumfänglich erfüllt werden können.[1092] Hierbei ist das IASB davon überzeugt, dass die gewünschten Informationen der gewählten primären Adressatengruppe auch für weitere Nutzer hilfreich sein können.[1093] Viele der primären Adressaten sind auf die als Mehrzweckabschluss ausgestaltete Berichterstattung angewiesen, da sie nicht in der Lage sind, auf sie zugeschnittene Informationen direkt von dem berichterstattenden Unternehmen einzufordern.[1094]

Das Unternehmensmanagement ist zwar auch an den Informationen der Berichterstattung interessiert, auf diese aber nicht angewiesen, da es auf anderem Wege die benötigten Informationen bekommt. Das Management ist deshalb kein primärer Adressat der IFRS-Abschlüsse.[1095]

Die mit den Abschlüssen zu deckenden Informationsbedürfnisse werden den meisten Adressaten gerecht, da ihnen gemein ist, dass sie ökonomische Entscheidungen zu treffen haben,

---

1088 Coenenberg, A. G./Straub, B. (2008), S. 22. Siehe auch Küting, K./Lauer, P. (2011), S. 1988.

1089 Vgl. hierzu z.B. Baetge, J. (1970), S. 169; Schruff, W. (2011), S. 857.

1090 STÜTZEL schreibt, dass es nicht die eine richtige Bilanz gibt, sondern „jedem Zweck [entspricht] seine eigene Bewertung, jedem Bilanzzweck seine eigene Bilanz"; Stützel, W. (1967), S. 320. Vgl. Küting, K./Lauer, P. (2011), S. 1988.

1091 Vgl. auch Coenenberg, A. G./Straub, B. (2008), S. 22-23.

1092 Vgl. auch Pellens, B. et al. (2011), S. 119. Innerhalb der Gruppe der primären Adressaten gibt es keine Hierarchie, da GPFR allgemein nützliche Informationen bereitstellt und keine besonderen Partialinteressen berücksichtigt und somit nicht alle Informationsansprüche befriedigt werden können. Dennoch wird versucht, der Nachfrage einer maximalen Anzahl an primären Adressaten, die nach Kosten-Nutzen-Abwägungen gerechtfertigt ist, zu entsprechen; vgl. F OB8, BC1.18.

1093 Vgl. F OB10, BC1.16c.

1094 Vgl. F OB5.

1095 Vgl. F OB9, BC1.19. Die Nichtberücksichtigung des Managements im primären Adressatenkreis ist besonders im Hinblick auf die verstärkte Beachtung interner Steuerungsinformationen beachtlich, da das Management so auf die Funktion der Abschlusserstellung beschränkt wird; vgl. auch Küting, K./Lauer, P. (2011), S. 1988. Gemäß F 11 a.F. zeigte sich das Management sowohl verantwortlich für die Abschlusserstellung als auch interessiert an den Abschlussinformationen; vgl. Pelger, C. (2009), S. 161. Siehe zum Nutzen der Abschlussinformationen für das Management Eierle, B./Schultze, W. (2009), S. 35-36.

wie z.B. wann ein Kapitalanteil zu kaufen, zu halten oder zu verkaufen ist; die Beurteilung der Managemententscheidungen; die Beurteilung der Fähigkeit des Unternehmens, die Arbeitnehmer weiterhin zu entlohnen; die Einschätzung der Sicherheit für dem Unternehmen geliehene Gelder; die Festlegung der Steuerpolitik; die Bestimmung ausschüttbarer Gewinne und Dividenden; das Ausstellen und Nutzen von Statistiken über das Volkseinkommen; und die Reglementierung von Unternehmenstätigkeiten.[1096] Das *general purpose financial reporting* gewährt Einblicke in die Vermögens-, Finanz- und Ertragslage[1097] sowie die Cashflows eines Unternehmens, wodurch die Vermögens- und Finanzkraft beurteilt werden kann und gleichzeitig auch finanzielle Belastungen ersichtlich werden.[1098]

6.3.2 IPSASB

In Kapitel 3.3 wurden die Zielsetzung und Zwecke des öffentlichen Haushalts- und Rechnungswesens dargestellt. Dem entsprechend sieht das IPSASB als Zielsetzung der Berichterstattung öffentlicher Verwaltungen die Informationsbereitstellung zur Entscheidungsfindung (*decision-making purposes*) und Rechenschaft (*accountability purposes*) an und behandelt diese Ziele im Gegensatz zum IASB für den öffentlichen Sektor in richtiger Weise als gleichwertig.[1099]

Hierbei muss kritisiert werden, dass das IPSASB unter „*decision-making purposes*" primär nur die Schutzfunktion des Rechnungswesens (durch Information und Kontrolle) versteht und unberücksichtigt lässt, dass eine Trennung in internes und externes Rechnungswesen, wie es im Unternehmensbereich oft vorzufinden ist, im öffentlichen Sektor nicht besteht. Vielmehr ergibt sich aus der Verbindung zwischen Haushalts- und Rechungswesen als Anforderung an die Berichterstattung eine interne Steuerungs- und Entscheidungsunterstützungsfunktion für Planungszwecke.[1100] Die unter den IPSASB-Regelungen fehlende Haushaltsplanung wurde

---

1096 Vgl. F, Introduction, S. A24.

1097 Die Generalnorm, die Vermittlung eines den tatsächlichen Verhältnissen entsprechenden Bildes der Vermögens, Finanz- und Ertragslage wird auch im HGB (§ 264 Abs. 2 HGB) geregelt. Zur Definition der Vermögens-, Finanz- und Ertragslage siehe Beck'scher Bilanzkommentar (2012), § 264 Tz. 37.

1098 Vgl. F OB12.

1099 Vgl. auch IFAC-IPSASB (2013b), CF, Tz. 2.1. Das IASB spricht bei Rechenschaft von „*stewardship*" und das IPSASB von „*accountability*". Um die Ausgestaltung eines Rechenwerks vornehmen zu können, hat LEFFSON gerade den Zweck der Rechenschaft des Kaufmanns vor sich selbst und im Besonderen vor den berechtigten Adressaten als Ausgangsbasis für seine Untersuchungen herangezogen; vgl. Leffson, U. (1987), S. 63-90; Schruff, W. (2011), S. 857. Die im CF genannte Zielsetzung deckt sich mit der in IPSAS 1.15, „*the objectives of general purpose financial reporting in the public sector should be to provide information useful for decision making, and to demonstrate the accountability of the entity for the resources entrusted to it*". Kritisch zur Erreichbarkeit dieser beiden Ziele – „*the ‚one or two objectives' problem*" – Laughlin, R. (2008), S. 250; Laughlin, R. (2012), S. 45-46. VEHMANEN sieht die Erfüllung beider Zielsetzungen der öffentlichen Berichterstattung auch als nicht möglich an und plädiert für eine Rangfolge der Ziele; vgl. Vehmanen, P. (2010), S. 16-17.

1100 Siehe hierzu Kapitel 3.3.2.2.

bereits in Kapitel 5.3.3 als Anwendungshindernis aufgezeigt. Siehe zur Bedeutung der Verknüpfung von Haushalts- und Rechnungslegungsgrundsätzen auch die Ausführungen zu den nationalen Regelungen in Kapitel 6.1.2.3. Ein weiterer Kritikpunkt am IPSASB-Framework ergibt sich daraus, dass als Zielsetzung die intergenerative bzw. interperiodische Gerechtigkeit nicht explizit verfolgt wird;[1101] Konsequenzen ergeben sich hieraus für die Kapital- und Kapitalerhaltungskonzeption in Kapitel 6.8.2.

Die Berichterstattung ist kein Selbstzweck, sondern hat sich an den Bedürfnissen der Adressaten des *general purpose financial reporting* auszurichten.[1102] Für das IPSASB sind die primären Adressaten der Berichterstattung öffentlicher Verwaltungen die Leistungsempfänger inklusive deren Repräsentanten und die Ressourcengeber einschließlich deren Interessenvertreter.[1103] Im CF wird explizit darauf hingewiesen, dass die Legislative und die Mitglieder des Parlaments oder sonstiger Ausschüsse in ihrer Funktion als Interessenvertretung der Wähler, die sowohl Ressourcengeber als auch Leistungsempfänger sein können, als primäre Adressaten der IPSAS-konformen Berichterstattung öffentlicher Verwaltungen anzusehen sind.[1104] Durch das GPFR werden auch für weitere Adressaten, wie z.B. Statistiker, Analysten, Medien, die allgemeine Öffentlichkeit und Lobbyisten, und auch für Institutionen, die die Möglichkeit besitzen, individuell aufbereitete Berichte zu erhalten, wie z.B. Aufsichtsbehörden und Rechnungshöfe, informative Daten dargestellt. Diese können zwar die Abschlussinformationen nutzen, sind aber keine primären Adressaten, so dass sich das GPFR nicht an ihren spezifischen Informationsansprüchen orientiert.[1105]

Die durch das IPSASB vorgenommene Einteilung der Adressaten ist mit der in der vorliegenden Arbeit in Kapitel 3.2.4 beschriebenen Unterteilung vergleichbar, unterscheidet sich aber in dem Punkt, dass im Gegensatz zum IPSASB anhand der Sanktionsmöglichkeiten eines Fehlverhaltens der Politik (in Regierungsverantwortung) und Verwaltung eine deutliche Hierarchisierung mittels der Unterteilung in drei Adressatengruppen vorgenommen wird. Gleichzeitig wird mit der vorgeschlagenen Unterteilung berücksichtigt, welche Gruppe tatsächlich

1101 Vgl. auch Streim, H. (2007), S. 295. Siehe zur Verbindung zwischen Rechenschaft und der intergenerativen Gerechtigkeit Kapitel 3.3.2.1.2.2.

1102 Vgl. IFAC-IPSASB (2013b), CF, Tz. 2.2.

1103 Vgl. IFAC-IPSASB (2013b), CF, Tz. 2.4, BC2.2.-BC2.4. Auf Basis des im Jahre 2008 veröffentlichten CP zum IPSASB-Framework identifizierte das IPSASB noch keine primäre Adressatengruppe. Erst die Kommentierungen führten zu dieser, im ED und in der finalen Version (CF) vertretenen Ansicht; vgl. IFAC-IPSASB (2008a), S. 8, Preliminary View 3. Vgl. zu den Adressaten als Ressourcengeber und Ressourcennehmer Kapitel 3.2.4.

1104 Vgl. IFAC-IPSASB (2013b), CF, Tz. 2.4, BC2.10.

1105 Vgl. IFAC-IPSASB (2013b), CF, Tz. 2.6, BC2.12-BC2.13.

Entscheidungen auf Basis der Rechnungslegung trifft.[1106] Der primäre Adressatenkreis ist die Gruppe „Verwaltungsnahe und -interne Adressaten, Aufsichtsgremien“ als Interessenvertretung auf der obersten Stufe, dem die Gruppen „Ressourcenbereitsteller“ und „Ressourcenempfänger“ untergeordnet sind.[1107] Dies deckt sich auch damit, dass die Legislative und vergleichbare Instanzen „*one of the most engaged users of GPFRs*“[1108] sind. Siehe zur Zusammenfassung Abbildung 21.

Die Informationsbedürfnisse der vom IPSASB gesehenen Adressaten und der in dieser Arbeit vorgenommenen gestuften Adressatengruppierung entsprechen sich im Wesentlichen, da grundsätzlich dieselben Adressatengruppen betroffen sind.[1109] Aufgrund der bestehenden Auswirkung der Definition des Adressatenkreises auf die zu berücksichtigenden Informationsbedürfnisse (je heterogener die Informationsansprüche der Adressaten sind, desto divergierender sind die darzustellenden Informationen), ist ebenfalls eine Hierarchisierung der Adressatengruppen sinnvoll.[1110]

Die finale Version der Phase 1 des IPSASB-Framework unterteilt die Informationsbedürfnisse der primären Adressatengruppe in fünf Bereiche. Der erste Bereich „*Financial Position, Financial Performance and Cash Flows*“ befasst sich einerseits mit der Darstellung der Vermögens- und Finanzlage der Verwaltungseinheit, damit die Adressaten z.B. einschätzen können, ob die Verwaltungsführung verantwortungsvoll den Erhalt und Umgang mit den zur Verfügung stehenden Ressourcen vollzogen hat, ob die Ressourcen zur Deckung zukünftiger Leistungsvorhaben genügen und ob die Liquidität ausreicht, um künftig zu erbringende Güter und Dienstleistungen zu bezahlen und Verbindlichkeiten zu bedienen, so dass die Nachhaltigkeit der Finanzierung der Verwaltungstätigkeit beurteilt werden kann.[1111] Durch Einsicht in die Ertragslage erfahren die Abschlussadressaten beispielsweise, zu welchem Zweck die finanziellen Mittel eingesetzt wurden und welche Aufwendungen für die Leistungserstellung ent-

---

1106 Für Bürger ist die Rechnungslegung nur eine Informationsquelle unter vielen; vgl. Kapitel 3.3.2.1.2.1.

1107 Siehe hierzu Abbildung 6.

1108 FEE (2011), Tz. 9. Siehe auch IFAC-IPSASB (2011i), Tz. 42.

1109 Siehe zur Verbindung zwischen den Prinzipal-Agenten-Beziehungen im öffentlichen Sektor und den sich daraus ergebenden Informationsbedürfnissen Kapitel 3.2.3 und im Detail Kapitel 3.3.

1110 Allein aus der Tatsache, dass es im öffentlichen Sektor einen breiten Adressatenkreis gibt, kann nicht abgeleitet werden, dass auch die zu gewährenden Informationen heterogener sein müssen, da für unterschiedliche Adressaten auch dieselben Informationen entscheidungsnützlich sein können; vgl. Vehmanen, P. (2010), S. 6.

1111 Vgl. IFAC-IPSASB (2013b), CF, Tz. 2.14. Siehe hierzu das IPSASB-Projekt „*Reporting on the Long-Term Sustainability of Public Finances*“, den 2008 zur Kommentierung freigegebene ED (vgl. IFAC-IPSASB (2008b)) und das 2009 veröffentlichte CP (vgl. IFAC-IPSASB (2009a)). Aktueller Stand ist der im Oktober 2011 publizierte ED einer Recommended Practice Guideline (RPG) „*Reporting on the Long-Term Sustainability of a Public Sector Entity's Finances*“; vgl. IFAC-IPSASB (2011f). Siehe hierzu Kapitel 5.4.3.1.

standen sind.[1112] Eine Kapitalflussrechnung gibt einen Überblick, wie sich die Zahlungsmittel der Verwaltungseinheit durch Zu- und Abflüsse verändert haben, und wie die Verwaltungstätigkeit finanziert wurde, z.B. durch Steuer- und Gebühreneinnahmen, Neuverschuldungen oder Transferzahlungen anderer Verwaltungseinheiten, und in welchen Bereichen Investitionen vorgenommen wurden.[1113] Ein dem nationalen Haushaltsrecht entsprechender Haushaltsplan regelt die bewilligten und den geplanten Maßnahmen zugeordneten Budgets.

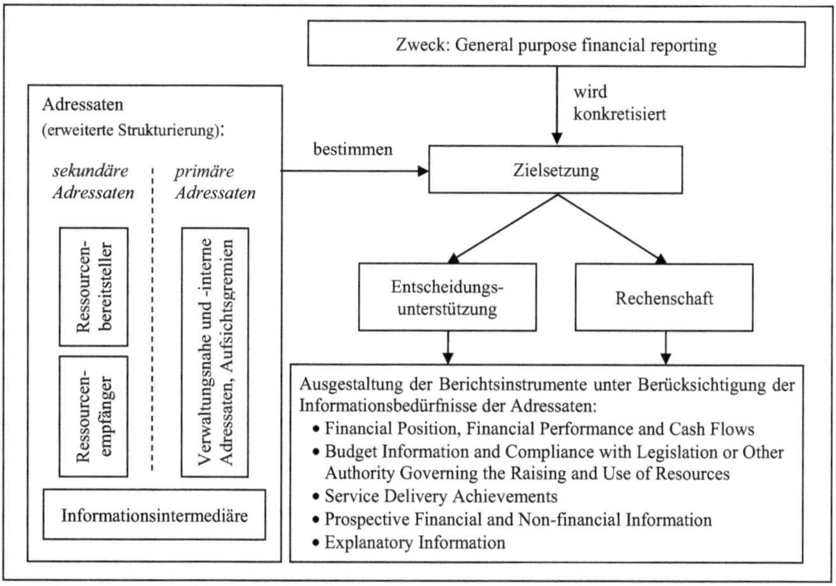

Abbildung 21: Zielsetzung, Informationsbedürfnisse und Adressaten der IPSAS-Berichterstattung[1114]

Im zweiten Bereich „*Budget Information and Compliance with Legislation or Other Authority Governing the Raising and Use of Resources*“ wird die damit verbundene rechtmäßige Mittelerhebung und -verwendung veranschaulicht, um den Adressaten eine Planungs- und Kontrollgrundlage zu bieten.[1115]

Da die Bereitstellung von Gütern und Dienstleistungen im Sinne des Gemeinwohls der wesentliche Teil der Verwaltungsaufgabe ist und über die Leistungserbringung Rechenschaft abgelegt werden muss, befasst sich der dritte Bereich „*Service Delivery Achievements*“ mit den Informationsinteressen der Abschlussadressaten an finanziellen und nicht-finanziellen

1112 Vgl. IFAC-IPSASB (2013b), CF, Tz. 2.15.
1113 Vgl. IFAC-IPSASB (2013b), CF, Tz. 2.16.
1114 Quelle: Eigene Darstellung.
1115 Vgl. IFAC-IPSASB (2013b), CF, Tz. 2.18-2.21.

Daten zur Beurteilung der Wirtschaftlichkeit, Effizienz und Effektivität der Verwaltungstätigkeit.[1116] Hierauf bezieht sich u.a. das IPSASB-Projekt zur Leistungs- und Wirkungsberichterstattung[1117] zur Erfüllung der Forderung, dass die IPSAS stärker die „Darstellung von Sachzielen, von erbrachten Leistungen und von Leistungswirkungen"[1118] ermöglichen müssen.

Zukunftsgerichtete Ausführungen finanzieller und nicht-finanzieller Art, wie künftig geplante Maßnahmen und Leistungen und deren Finanzierung ermöglichen es den Abschlussadressaten abzuschätzen, wie weit sie hiervon betroffen sind, sei es als Leistungsempfänger, der mit höheren oder auch geringeren Zuwendungen rechnen kann, oder als Ressourcengeber, den z.B. die zu erwartende Besteuerung interessiert. Hierdurch wird im vierten Bereich „*Prospective Financial and Non-financial Information*" der Informationsbedürfnisse zur Planungssicherheit für zu treffende Entscheidungen und auch zum Transparenz- und Rechenschaftsanspruch entsprochen.[1119]

Im letzten und fünften Bereich „*Explanatory Information*" soll den Besonderheiten öffentlicher Verwaltungen Rechnung getragen werden, indem eine zusätzliche erläuternde Berichterstattung den Bezug zwischen Verwaltungseinheit und Gesellschaft herstellt und die Sichtweise der Verwaltungsführung zu vergangenen, gegenwärtigen und zukünftigen Entwicklungen verdeutlicht.[1120] Zu dieser Art der Berichterstattung, die ebenfalls unter das GPFR fällt, betreibt das IPSASB seit März 2008 ein eigenständiges Projekt „*Financial Statement Discussion and Analysis*" (vormals: „*Narrative Reporting*"), in dem die Erläuterungen auf die Finanzberichterstattung beschränkt sind und so eine klare Abgrenzung zur Leistungs- und Wirkungsberichterstattung und der Langfristperspektiven öffentlicher Finanzen erreicht werden soll.[1121] Des Weiteren handelt es sich hierbei um ein sektorspezifisches Themengebiet, das kein Konvergenzprojekt mit dem IFRS Practice Statement „*Management Commentary*" darstellt.[1122]

Diesen hier genannten Informationsbedürfnissen der primären Abschlussadressaten sollte durch das GPFR entsprochen werden, dennoch können auch weitere Berichtsinstrumente entscheidungsnützliche und für die Rechenschaft dienliche Informationen bieten, wie z.B. Einschätzungen zur gegenwärtigen und zukünftigen wirtschaftlichen Entwicklung, Hochrech-

1116 Vgl. IFAC-IPSASB (2013b), CF, Tz. 2.22-2.24.
1117 Siehe hierzu Kapitel 5.4.3.2.
1118 Schauer, R. (2005c), S. 609. Dies kann aber nur in Ergänzung zu den aus dem doppischen Rechnungswesen abgeleiteten Informationen erreicht werden.
1119 Vgl. IFAC-IPSASB (2013b), CF, Tz. 2.25-2.27. Siehe hierzu auch das IPSASB-Projekt zur Tragfähigkeit öffentlicher Finanzen in Kapitel 5.4.3.1.
1120 Vgl. Bergmann, A./Berger, S. (2011), S. 1-2; IFAC-IPSASB (2013b), CF, Tz. 2.28.
1121 Siehe hierzu Kapitel 5.4.3.3.
1122 Vgl. Bergmann, A./Berger, S. (2011), S. 1; IFAC-IPSASB (2012a), Tz. BC2.

nungen oder Berichte zu politischen Initiativen und Vorhaben, die nicht im GPFR enthalten sind.[1123]

6.4 Berichterstattende Einheit

Die berichterstattende Einheit (*reporting entity*) erstellt für ihre Adressaten die Abschlüsse und wird anhand der im Folgenden beschriebenen Kriterien abgegrenzt.

6.4.1 IASB

Im IASB-Framework a.F. wird ein berichterstattendes Unternehmen (*reporting enterprise*) als ein Unternehmen beschrieben, „dass Adressaten hat, die sich auf die Abschlüsse als wichtigste Quelle für Finanzinformationen über das Unternehmen verlassen“[1124]. Eine genaue Abgrenzung des Begriffs und ein explizites Konzept der berichterstattenden Einheit fehlen im bisherigen Framework des IASB.[1125] Der Ausdruck „*reporting entity*“ ist nicht definiert, obwohl IAS 1 und IFRS 3 diesen Begriff verwenden.[1126]

Aufgrund dieser Defizite betreibt das IASB gemeinsam mit dem FASB die Phase D des Conceptual Framework-Projektes, dessen endgültige Ergebnisse sollen unter Punkt 2 im aktuellen IASB-Framework mit „RE“ angeführten Textziffern aufgenommen werden. Zu diesem Projektteilbereich veröffentlichte das IASB im Mai 2008 das DP „*Preliminary Views on an improved Conceptual Framework for Financial Reporting: The Reporting Entity*“[1127] und im März 2010 den ED „*Conceptual Framework for Financial Reporting: The Reporting Entity*“[1128]. Dieser ED umfasst nur 18 Seiten und gibt neben den Teilbereichen *Invitation to Comment*, *Preface*, *Summary* und *Basis for Conclusion* in zwölf Paragraphen die vorgeschlagenen Normen zur *reporting entity* wieder.

Der ED definiert eine berichterstattende Einheit anhand von drei Charakteristika: (1) ein Unternehmen ist, war oder wird in Zukunft wirtschaftlich tätig; (2) diese wirtschaftlichen Tätigkeiten können von denen anderer Unternehmen und auch vom wirtschaftlichen Umfeld des Unternehmens objektiv abgegrenzt werden; (3) die Finanzinformationen über die wirtschaftlichen Tätigkeiten des Unternehmens sind potenziell dazu geeignet, Entscheidungen der In-

---

[1123] Vgl. IFAC-IPSASB (2013b), CF, Tz. 2.31.

[1124] F 8 a.F. Im Folgenden werden die Begriffe „berichterstattende Einheit“ und „rechnungslegende Einheit“ synonym verwendet.

[1125] Vgl. Gassen, J. et al. (2008), S. 879. SÜRKEN zeigt unterschiedliche Ansätze zur Abgrenzung der wirtschaftlichen Einheit auf; vgl. Sürken, S. (1999), S. 77-131.

[1126] Vgl. Teitler-Feinberg, E. (2011), S. 4. Siehe z.B. IAS 1.51 und IFRS 3.1. Im Glossar wird der Begriff „*reporting entity*“ zur Beschreibung anderer Fachbezeichnungen verwendet, aber selbst nicht definiert.

[1127] Vgl. IASB (2008b). Vgl. zum Stand des DP z.B. Gassen, J. et al. (2008), S. 879-882; Kirsch, H. (2008), S. 254-258; Krimpmann, A. (2008), S. 8-9.

[1128] Vgl. IASB (2010b).

und Desinvestition, der Ressourcenbereitstellung und zur Beurteilung der Managementleistung zu unterstützen.[1129] Hierbei ist zu beachten, dass diese Eigenschaften zwar notwendig, aber nicht immer ausreichend sind, um eine berichterstattende Einheit zu identifizieren.[1130]

Des Weiteren wird eine *reporting entity* nicht dadurch definiert, dass sie eine eigenständige juristische Person ist. Vielmehr gilt der Grundsatz der *substance over form*, der zur Definition der berichterstattenden Einheit die wirtschaftlichen Ausprägungen über die rechtlichen stellt.[1131] Obwohl die meisten Rechtseinheiten auch dazu geeignet sind, eine berichterstattende Einheit zu sein, kann es dennoch Fälle geben, in denen eine rechtliche Einheit nicht einer *reporting entity* entspricht, da z.B. zwei separate Rechtspersönlichkeiten wirtschaftlich so stark verstrickt sind, dass eine objektive Abgrenzung der Aktivitäten nicht möglich ist und gleichzeitig auch kein Konzernverbund vorliegt.[1132] Außerdem können auch nur Teilaktivitäten einer juristischen Person die Anforderungen an eine *reporting entity* erfüllen, wenn die Teilaktivitäten von den restlichen Aktivitäten objektiv getrennt werden können und ein Interesse an Abschlussinformationen über diese Teilaktivitäten besteht (z.B. möchte ein Investor diesen Teilbereich erwerben und benötigt einen Teilabschluss).[1133]

Neben dieser Abgrenzung einer *reporting entity* sollen auch die Grundlagen der Konzernabschlusserstellung in das IASB-Framework aufgenommen werden. Eine konsolidierte Berichterstattung hat dann zu erfolgen, wenn eine Einheit auf eine andere *control* ausüben kann und sie deswegen die Verfügungsmacht besitzt, die Aktivitäten der beherrschten Einheit im eigenen Interesse durch die Erzielung von positiven Rückflüssen oder durch die Begrenzung negativer Ergebnisbeiträge zu bestimmen.[1134] „Kontrolle setzt somit voraus, dass die beiden

[1129] Vgl. IASB (2010b), Tz. RE2-RE3. Siehe auch Fischer, D. T. (2010), S. 112; Teitler-Feinberg, E. (2011), S. 4. Siehe zum primären Adressatenkreis (bestehende und potenzielle Eigenkapitalgeber, Fremdkapitalgeber und andere Gläubiger) Kapitel 6.3.1.

[1130] Vgl. IASB (2010b), Tz. RE3. Siehe auch Teitler-Feinberg, E. (2011), S. 4.

[1131] Vgl. IASB (2010b), Tz. RE4. Siehe auch Teitler-Feinberg, E. (2011), S. 4.

[1132] Vgl. IASB (2010b), Tz. RE5. Siehe auch Fischer, D. T. (2010), S. 113.

[1133] Vgl. IASB (2010b), Tz. RE6.

[1134] Vgl. IASB (2010b), Tz. RE7. Durch die Vorschläge des ED zur Erneuerung des IASB-Framework ergibt sich auch eine Änderung des *control*-Prinzips. Nach den vormals anzuwendenden Vorschriften des IAS 27 i.V.m. SIC-12 mussten dann Unternehmen im Konzernabschluss als Tochterunternehmen konsolidiert werden, wenn deren Finanz- und Geschäftspolitik beherrscht werden und ein Nutzen aus der Tätigkeit des beherrschten Unternehmens gezogen werden konnte (IAS 27.4). Bei Zweckgesellschaften (*special purpose entities*; SPE) wurde durch vertragliche Gestaltungen – bei strikter Auslegung der Regelungen lag keine Beherrschung vor – eine Konsolidierungspflicht umgangen. Nach Inkrafttreten des SIC-12 wurde versucht, diese Regelungslücke bei SPE durch eine vorgeschriebene wirtschaftliche Gesamtbetrachtung (*risk and rewards approach*) zu lösen. SIC-12.10 enthielt Sachverhalte, die in Ergänzung zu IAS 27.13 auf ein *control*-Verhältnis hinweisen. Vgl. hierzu Coenenberg, A. G./Haller, A./Schultze, W. (2012), S. 617-618; Pellens, B. et al. (2011), S. 155-159. Durch das neu definierte *control*-Prinzip des ED, das auch in IFRS 10, der IAS 27 teilweise abgelöst hat, aufgenommen wurde (IFRS 10.5 ff.), ist es jetzt eindeutig geregelt, dass auch Zweckgesellschaften zu konsolidieren sind. Vgl. hierzu auch Gassen, J. et al. (2010), S. 807.

Kriterien ‚Möglichkeit zur Bestimmung der wirtschaftlichen Aktivitäten' (*power*-Kriterium) und ‚Möglichkeit zur Erzielung eines wirtschaftlichen Nutzens' (*benefit*-Kriterium) kumulativ erfüllt sind."[1135] Wenn ein oder mehrere Unternehmen von einem anderen Unternehmen beherrscht werden, kann ein Konzernabschluss nach Ansicht des IASB die Informationsbedürfnisse der Abschlussadressaten am besten erfüllen.[1136] Wenn sich zwei oder mehr Unternehmen die Verfügungsmacht über ein anderes oder mehrere andere Unternehmen teilen, liegt kein Konzernverbund vor, da das *control*-Prinzip nicht erfüllt ist.[1137] Dasselbe gilt für ein Unternehmen, das keine direkte Verfügungsmacht besitzt und nur einen signifikanten Einfluss auf die Geschäftstätigkeit eines anderen Unternehmens ausüben kann.[1138]

Die sonstigen, im ED angesprochenen Abschlussinstrumente sind *parent-only financial statements* und *combined financial statements*. Bei einer gemeinsamen Offenlegung und in Ergänzung zum Konzernabschluss würden *parent-only financial statements*, ein Holding-Abschluss oder Abschluss eines operativen Mutterunternehmens, Informationen über die Investitionen des Mutterunternehmens in die beherrschten Unternehmen und daraus resultierende Ergebnisrückflüsse bereitstellen.[1139] Ein kombinierter Abschluss kann von Unternehmen, die selbst keinen Abschluss offenlegen (müssen) (z.B. ein Individuum oder eine Gruppe an Individuen), aber zwei oder mehr Unternehmen beherrschen, erstellt werden. Dieser kombinierte Abschluss umfasst nicht das kontrollierende Unternehmen, sondern nur Informationen über die Unternehmen und Berichtseinheiten, die über das kontrollierende Unternehmen verbunden sind.[1140] Detailregelungen zur Konsolidierung, Erfassung von Gemeinschaftsunternehmen und assoziierten Unternehmen und entsprechende Anhangangaben werden auf der Ebene der Standards ausgeführt.[1141]

1135 Gassen, J. et al. (2010), S. 808 (im Original teilweise nicht kursiv).

1136 Vgl. IASB (2010b), Tz. RE8.

1137 Vgl. IASB (2010b), Tz. RE9.

1138 Vgl. IASB (2010b), Tz. RE10. Siehe auch Fischer, D. T. (2010), S. 113.

1139 Vgl. IASB (2010b), Tz. RE11. Siehe auch Fischer, D. T. (2010), S. 113; Teitler-Feinberg, E. (2011), S. 4. Siehe auch IFRS for SMEs 9.24-9.27.

1140 Vgl. IASB (2010b), Tz. RE12, BC25. Siehe auch Fischer, D. T. (2010), S. 113; Teitler-Feinberg, E. (2011), S. 4-5. Ein Bedarf für solche Abschlüsse kann z.B. dann vorliegen, wenn ein Kreditgeber auf Basis der Einzelabschlüsse keine fundierten Entscheidungen treffen kann. Siehe auch IFRS for SMEs 9.28-9.30.

1141 IAS 27 „*Consolidated and Separate Financial Statements*" enthält die grundlegenden Regelungen für einen Konzernabschluss nach IFRS. IAS 31 „*Interests in Joint Ventures*" befasst sich mit der Bilanzierung von Gemeinschaftsunternehmen und IAS 28 „*Investments in Associates*" mit assoziierten Unternehmen. Für Geschäftsjahre, die nach dem 01.01.2014 beginnen – eine frühere Anwendung ist möglich –, sind folgende Standards (IFRS 10, IFRS 11, IFRS 12) umzusetzen; ein Endorsement dieser Standards erfolgte im Dezember 2012. IFRS 10 „*Consolidated Financial Statements*" wird IAS 27 und SIC-12 ersetzen, wobei IAS 27 (amended 2011) „*Separate Financial Statements*" sich mit dem Einzelabschluss beim Mutterunternehmen befassen wird. Gleichzeitig werden entsprechende Anhangangaben durch IFRS 12 „*Disclosure of Interests in Other Entities*". Des Weiteren wird IAS 31 und SIC-13 durch IFRS 11 „*Joint Arrangements*" ersetzt. Da IFRS 11 zur Konsolidierung der Gemeinschaftsunternehmen nur noch die *Equity*-Methode – das

6.4.2 IPSASB

Im Sinne des IPSASB ist eine berichterstattende Einheit (*reporting entity*) eine Verwaltungseinheit oder sonstige Organisation des öffentlichen Sektors, ein Programm oder eine identifizierbare Aktivität, die GPFR erstellt.[1142] Hierzu besitzt sie Abschlussadressaten, die das GPFR als Informationsgrundlage über ihre Aktivitäten für Rechenschaftszwecke und zur Entscheidungsfindung benötigen.[1143]

Wie bereits in Kapitel 4.1.2 dargestellt, ist ein wesentlicher Bereich des NPM die Doppikeinführung im öffentlichen Sektor, deren Notwendigkeit auch mit der Möglichkeit zur Erstellung eines Konzernabschlusses begründet wird. Der sich hieraus ergebende Bedarf zur Thematisierung einer zusammengefassten berichterstattenden Einheit wird das IPSASB in seinem Framework gerecht. So können auch zwei oder mehrere berichterstattende Verwaltungseinheiten, die ihr GPFR so darstellen, als wären sie eine einzelne berichterstattende Einheit, zu einer zusammengefassten berichterstattenden Einheit (*group reporting entity*) konsolidiert werden, um deren Abschlussadressaten ein Gesamtbild über diese *group reporting entity* zur Rechenschaft und Entscheidungsunterstützung zu geben.[1144]

Mögliche Anzeichen für die Existenz von auf das GPFR einer Verwaltungseinheit angewiesene Abschlussadressaten sind, dass die Verwaltungseinheit verantwortlich oder befähigt ist, öffentliche Abgaben zu erheben oder entsprechende Mittel einzusetzen, das öffentliche Vermögen zu verwalten, Schulden zu begehen oder öffentliche Güter und Dienstleistungen zu erbringen.[1145]

Wie beim IASB, wo der Grundsatz der *substance over form* gilt, ist es auch für das IPSASB unerheblich, ob die berichterstattende Einheit eine eigenständige Rechtspersönlichkeit, wie

---

Wahlrecht zur Quotenkonsolidierung wird gestrichen – zulässt, erfolgt in IFRS 11.24 ein Verweis auf die in IAS 28 geregelte *Equity*-Methode. Aufgrund dieser Änderungen wird IAS 28 (amended 2011) in „*Investments in Associates and Joint Ventures*" umbenannt. IFRS 3 „*Business Combinations*" befasst sich mit Unternehmenszusammenschlüssen und der Behandlung des daraus entstehenden *goodwill/badwill*.

1142 Vgl. IFAC-IPSASB (2013b), CF, Tz. 4.1. Zu beachten ist, dass es für statistische Zwecke erforderlich sein kann, eine berichterstattende Verwaltungseinheit anders zu definieren als für Bilanzierungszwecke; vgl. Engels, D./Eibelshäuser, M. (2010), S. 145; IFAC-IPSASB (2006b), S. 9.

1143 Vgl. IFAC-IPSASB (2013b), CF, Tz. 4.3, 4.5.

1144 Vgl. IFAC-IPSASB (2013b), CF, Tz. 4.2. Die Begriffe „*administrative entity*", „*financial entity*", „*financial reporting entity*", „*consolidated entity*" und „*group*" (gilt auch gemäß IPSAS 1.9) können synonym verwendet werden, um eine *group reporting entity* zu beschreiben; vgl. IFAC-IPSASB (2010a), CF-ED1, Tz. BC4.6. IPSAS 1.8 verwendet hier den Begriff „*economic entity*" (wirtschaftliche Einheit). In eine *group reporting entity* können auch *government business enterprises* einbezogen werden; vgl. IFAC-IPSASB (2010a), CF-ED1, Tz. BC4.11; IFAC-IPSASB (2013b), CF, Tz. BC4.8.

1145 Vgl. IFAC-IPSASB (2013b), CF, Tz. 4.3, 4.7. Je größer die Ressourcenerhebung, der Mitteleinsatz, das verwaltete Vermögen, die Verschuldung oder die Auswirkung der Verwaltungstätigkeit sind, desto eher wird es Abschlussadressaten geben, die auf die GPFR als Informationsbasis angewiesen sind; vgl. IFAC-IPSASB (2013b), CF, Tz. 4.7.

z.B. Bundes-, Länder- und Kommunalregierungen oder Behörden, besitzt oder wie Regierungsprogramme und -abteilungen über keine eigene Rechtsstellung verfügt.[1146]

Das IPSASB ist der Ansicht, dass es nicht die Aufgabe des Framework sei, eine genaue definitorische Abgrenzung einer berichterstattenden Einheit zu geben.[1147] Vielmehr sollen nur die oben angesprochenen Hauptcharakteristika in das zu erarbeitende Rahmenkonzept aufgenommen werden und jedem nationalen Standardsetter die präzise Definition überlassen werden, da diese über die notwendigen Kenntnisse der nationalen Besonderheiten, die sich z.B. auch aus einer zentralen oder föderalistischen Staatsstruktur ergeben können, verfügen.[1148] Dies wird in der vorliegenden Arbeit begrüßt, da es der heterogenen Struktur des öffentlichen Sektors gerecht wird und gleichzeitig hilft, durch Abgrenzungsprobleme entstandene Anwendungsschwierigkeiten zu verhindern.[1149]

Zur Bestimmung einer *group reporting entity*[1150] greift das IPSASB nicht auf das *control*-Prinzip zurück, das bereits in IPSAS 6.7 i.V.m. 6.15 verwendet wird,[1151] sondern nimmt eine eigenständige Umschreibung vor.[1152] So soll man zum einen den Besonderheiten des öffentlichen Sektors besser gerecht werden können und zum anderen sollen so Unklarheiten in der Begriffsauslegung vermieden werden, da dieser bereits bestehende Ausdruck in verschiedenen Ländern eine im Detail abweichende Bedeutung hat und so unterschiedlich verstanden werden kann.[1153] Diese Ansicht deckt sich auch mit den Anwendungsschwierigkeiten und den negativen Erfahrungen in der Schweiz mit dem Kriterium „*to control*“.[1154]

1146 Vgl. IFAC-IPSASB (2013b), CF, Tz. 4.11. Siehe auch Haller, A./Blab, D. (2009), S. 453.

1147 Es liegt immer im Ermessen der Ersteller anhand der vom IPSASB beispielhaft angeführten Anzeichen für bestehende Abschlussadressaten und deren Bedarf an GPFR zu beurteilen, ob eine signifikante berichterstattende Einheit vorliegt und deshalb GPFR zu erstellen hat oder nicht. Diese Beurteilung ist wichtig, da die Erstellung des GPFR mit Kosten verbunden ist. In vielen Fällen regeln die Gesetzgebung oder sonstige Instanzen, ob eine Verwaltungseinheit, ein Programm oder eine identifizierbare Aktivität zur Berichterstattung verpflichtet ist oder dies freiwillig tun kann. Vgl. hierzu IFAC-IPSASB (2013b), CF, Tz. 4.8-4.10.

1148 Vgl. IFAC-IPSASB (2013b), CF, Tz. BC4.3-BC4.4, BC4.6-BC4.7. Siehe hierzu auch Haller, A./Blab, D. (2009), S. 453-454.

1149 Siehe z.B. zu Anwendungsschwierigkeiten den Begriff „*government business enterprises*“, der in Deutschland nicht trennschaft übersetzt und umgesetzt werden kann; vgl. zu dieser Problematik Kapitel 5.3.2.

1150 In der finalen Version (CF) zur Projektphase 1 des IPSASB-Framework werden die Ausführungen zur *group reporting entity*, die im ED noch im regulären Text enthalten waren, in die *Basis for Conclusions* ausgelagert. Aufgrund der Komplexität der Kriterien zur Definition und Abgrenzung einer *group reporting entity* kann keine befriedigende Kurzfassung in ein Framework aufgenommen werden, sondern muss detailliert auf Standardebene geregelt werden; vgl. IFAC-IPSASB (2013b), CF, Tz. BC4.9-BC4.10.

1151 IPSAS 6 heißt „*Consolidated and Separate Financial Statements*“. Gemäß IPSAS 6.7 und dem Glossar der IPSAS gilt: „*Control is the power to govern the financial and operating policies of another entity so as to benefit from its activities.*“ IPSAS 6 basiert auf IAS 27 und verwendet deshalb dieselbe *control*-Definition wie IAS 27; vgl. auch Srocke, I. (2004), S. 87.

1152 Vgl. IFAC-IPSASB (2013b), CF, Tz. 4.2 i.V.m. Tz. BC4.8.

1153 Vgl. IFAC-IPSASB (2010a), CF-ED1, Tz. BC4.9-BC4.10. Siehe auch Haller, A./Blab, D. (2009), S. 453-454.

1154 Vgl. Schedler, K./Knechtenhofer, B. (2007), S. 305.

Eine *group reporting entity* hat die Befugnis und die Fähigkeit, den Aufgabenbereich einer anderen Einheit zu bestimmen (*the authority and capacity to direct the activities of another entity*) und aus diesen Tätigkeiten zu profitieren. Der Nutzen aus dieser beherrschten Einheit kann sowohl finanzieller Natur sein, z.B. durch Gewinnabführungsverträge bei öffentlichen Unternehmen oder durch geringere, zu erwartende finanzielle Belastungen, als auch aus der erzielten Leistungserbringung resultieren, beispielsweise wenn politische Programme und Maßnahmen in untergeordneten Behörden umgesetzt werden.[1155] Genauso kann eine *group reporting entity*, die die Geschäftspolitik einer anderen Verwaltungseinheit oder eines öffentlichen Unternehmens diktieren kann, auch dazu verpflichtet sein, finanzielle und sonstige Lasten und Verluste zu tragen, die aus der Tätigkeit der anderen Einheit resultieren.[1156] Diese Belastungen können sich z.B. aus einer Verpflichtung zum Ausgleich finanzieller Defizite oder zur Übernahme von Verbindlichkeiten ergeben. Ebenfalls ist denkbar, dass bei einem Nichterreichen des Umfangs der geplanten und erforderlichen Güter- und Dienstleistungen die übergeordnete Verwaltungseinheit diese Leistungsausfälle zu kompensieren hat.[1157]

Wenn die Befugnis und Fähigkeit zur Bestimmung der Aktivitäten einer anderen Verwaltungseinheit oder eines anderen öffentlichen Unternehmens besteht, muss diese Möglichkeit nicht tatsächlich ausgeübt werden, um als eine *group reporting entity* zu gelten.[1158]

Falls das Vorliegen und der Umfang einer *group reporting entity* strittig sind, kann im Einzelfall der Rat eines Experten notwendig sein, um die Befugnisse und Fähigkeiten zur Bestimmung der Aktivitäten einer anderen Verwaltungseinheit oder eines öffentlichen Unternehmens festzustellen.[1159]

Durch die Berichterstattung einer *group reporting entity* soll, wie bei der Konzernrechnungslegung im Unternehmensbereich, diese gesamte Einheit mit ihren unterschiedlichen Verwaltungseinheiten, deren Aktivitäten durch die Befugnisse und Fähigkeiten der übergeordneten Einheit direkt oder indirekt bestimmt und als eine Einheit abgebildet werden, um so zum Zwecke der Rechenschaft und Entscheidungsfindung eine transparente Darstellung der Verflechtungen und Bestände an Vermögenswerten und Schulden und auch der Leistungserbringung und sonstiger Aktivitäten zu ermöglichen.[1160] Das IPSASB-Framework regelt, wie oben

1155 Vgl. IFAC-IPSASB (2013b), CF, Tz. BC4.8.
1156 Vgl. IFAC-IPSASB (2013b), CF, Tz. BC4.8.
1157 Diese und die folgenden detaillierteren Ausführungen finden sich nur noch im CF-ED1 und nicht im CF; vgl. IFAC-IPSASB (2010a), CF-ED1, Tz. 4.8.
1158 Vgl. IFAC-IPSASB (2010a), CF-ED1, Tz. 4.11.
1159 Vgl. IFAC-IPSASB (2010a), CF-ED1, Tz. 4.11-4.12.
1160 Vgl. IFAC-IPSASB (2010a), CF-ED1, Tz. 4.9-4.10.

angesprochen, nur die Hauptkriterien für das Vorliegen einer *group reporting entity*. Wenn die einzelnen Verwaltungseinheiten zu einer *group reporting entity* zusammengeführt und entsprechende Konsolidierungsmaßnahmen durchgeführt werden, wäre es denkbar, dass z.B. ein Gesamtabschluss für die EU erstellt wird. Hierzu müssten die auf den unterschiedlichen Verwaltungsebenen erstellten Abschlüsse (z.B. Kommunen und Länder) unter Einbezug der öffentlichen Unternehmen und Beteiligungen auf der nächsthöheren Verwaltungsebene konsolidiert werden, so dass man im vorletzten Schritt jeweils einen Gesamtabschluss auf oberster Staatsebene erhält. Diese Abschlüsse der einzelnen Staaten könnten dann zu einem Gesamtabschluss der EU konsolidiert werden. Hieraus würden sich Vorteile bei der Steuerung und Kontrolle der Länder innerhalb der EU ergeben (z.B. im Hinblick auf Subventionen und der Rechenschaft über die Mittelverwendung) und es würde auch die Gesamtlage des Vermögens, der Schulden und der Erträge und Aufwendungen transparenter werden.

Ob und in welchem Umfang eine Berichterstattung zu erfolgen hat, und welche Konsolidierungsmaßnahmen vorzunehmen sind, wird im Detail erst auf der Ebene der Standards (insbesondere IPSAS 6, 7 und 8) behandelt.[1161] Die Komplexität der Gesamtbetrachtung einer Gebietskörperschaft ergibt sich aus der Heterogenität öffentlicher Konzerne, die sich in den einzubeziehenden Organisations- bzw. Rechtsformen, den Beteiligungsstrukturen, den Rechnungssystemen und Rechnungslegungskonzepten, den Softwaresystemen, den Aufgaben und den Zielen widerspiegelt und im Zuge der Konsolidierung hinsichtlich Ansatz, Bewertung und Ausweis vereinheitlicht werden muss.[1162]

Abschließend werden die Kriterien des IPSASB für eine berichterstattende Einheit in der folgenden Abbildung 22 zusammengefasst.

[1161] Vgl. IFAC-IPSASB (2013b), CF, Tz. BC4.10. IPSAS 7 „*Investments in Associates*" befasst sich mit assoziierten Einheiten und IPSAS 8 „*Interests in Joint Ventures*" mit Gemeinschaftseinheiten. Vgl. hierzu auch grundlegend Adam, B. (2004), S. 63-77; Srocke, I. (2004). Des Weiteren enthält IPSAS 31 „*Intangible Assets*" jeweils keine Vorschriften für die Behandlung eines aus dem Zusammenschluss zweier Verwaltungseinheiten entstehenden Geschäfts- oder Firmenwertes bzw. für die Behandlung von vor dem Zusammenschluss nicht aktivierbaren immateriellen Vermögenswerten wie nach IAS 38.33. Hierzu führt das IPSASB ein eigenes Projekt „*Entity Combinations*" durch, das auf IFRS 3 aufbaut, und veröffentlichte im Mai 2009 einen ED „*Entity Combinations from Exchange Transactions*"; vgl. IFAC-IPSASB (2009c). Eine Verfeinerung dieses Projektes erfolgte durch das im Juni 2012 veröffentlichte CP „*Public Sector Combinations*"; vgl. IFAC-IPSASB (2012c); siehe zum CP auch Müller-Marqués Berger, T./Wirtz, H. (2012), S. 1025-1028.

[1162] Vgl. Srocke, I. (2004), S. 16; Srocke, I. (2007), S. 252-253. Siehe zur Abgrenzung des Konsolidierungskreises und zu Konsolidierungsregelungen neben IPSAS 6, 7 und 8 auch Schauer, R. (2005a), S. 23; Schauer, R. (2005c), S. 606; Schedler, K./Knechtenhofer, B. (2003), S. 551-552;

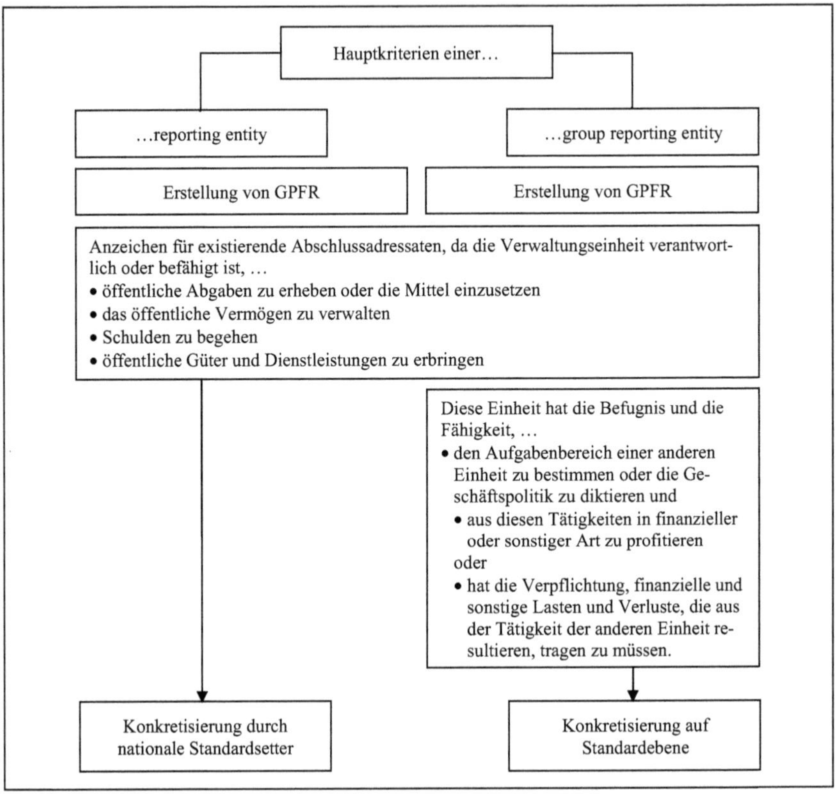

Abbildung 22: Berichterstattende Einheit im IPSASB-Framework[1163]

6.5 Qualitative Anforderungen

Damit die Zielsetzung der Berichterstattung, die Bereitstellung entscheidungsnützlicher Informationen für die Abschlussadressaten, erfüllt werden kann, ist es unabdingbar, dass durch die dargestellten Informationen die Vermögens-, Finanz- und Ertragslage der rechnungslegenden Einheit den tatsächlichen Verhältnissen entsprechend abgebildet wird.[1164] Hierfür werden qualitative Anforderungen (*qualitative characteristics*) benötigt.

6.5.1 IASB

Im Framework werden qualitative Anforderungen formuliert, um durch die Berichterstattung den primären Adressaten entscheidungsnützliche Informationen zu gewähren und die als

1163 Quelle: Eigene Darstellung.
1164 Vgl. Haller, A./Blab, D. (2009), S. 459.

Grundlage zur Berichterstattung dienenden gegenwärtigen und zukünftigen Standards daran messen zu können.[1165] Im Rahmen der Überarbeitung des Framework hat das IASB auf dem Weg zur aktuell gültigen Fassung ein DP[1166] im Juli 2006 und einen ED[1167] im Mai 2008 veröffentlicht, um die qualitativen Anforderungen zu konkretisieren und Widersprüche zu beseitigen.[1168]

Das IASB nimmt im Framework eine Unterscheidung in fundamentale und unterstützende Eigenschaften vor.[1169] In F QC4 werden als fundamentale Eigenschaften Relevanz (*relevance*) und glaubwürdige Darstellung (*faithful representation*) angeführt, die durch Vergleichbarkeit (*comparability*), Nachprüfbarkeit (*verifiability*), Zeitnähe (*timeliness*) und Verständlichkeit (*understandability*) unterstützt werden.[1170]

Eine Information ist dann als relevant anzusehen, wenn sie (potenziell) dazu geeignet ist, Entscheidungen zu beeinflussen.[1171] Dies ist immer dann gegeben, wenn die gewährte Information frühere Einschätzungen bestätigt bzw. revidiert (*confirmatory value*; Bestätigungswert), die Schätzung künftiger Wertentwicklungen begünstigt (*predictive value*; Vorhersagewert) oder beide Wertausprägungen verbindet.[1172] Zur Eigenschaft der Relevanz zählt auch die Wesentlichkeit (*materiality*), wodurch eine Information dann als wesentlich gilt, wenn deren Weglassen zu einer anderen Entscheidung führen würde.[1173] Zur Einschätzung der Wesentlichkeit kann das IASB keine Schwellenwerte angeben, da die Sachverhalte und Informationen immer im Zusammenhang und unternehmensindividuell beurteilt werden müssen.[1174]

Für entscheidungsnützliche Informationen gilt als fundamentale Anforderung neben Relevanz auch eine glaubwürdige Darstellung, die dann erfüllt ist, wenn die Berichtsinformationen

---

1165 Vgl. F QC1, BC3.4-BC3.6; Pelger, C. (2011), S. 914.

1166 Vgl. IASB (2006). Siehe hierzu z.B. Dobler, M./Hettich, S. (2007), S. 33-36; Kampmann, H./Schwedler, K. (2006), S. 526-530; Whittington, G. (2008), S. 145-149; Zülch, H./Gebhardt, R. (2006), S. 204.

1167 Vgl. IASB (2008a). Siehe hierzu z.B. Zülch, H./Nellessen, T. (2008), S. 271-272.

1168 Vgl. Zülch, H./Gebhardt, R. (2006), S. 204.

1169 Vgl. F BC3.8.

1170 Vgl. auch F QC5, QC19.

1171 Vgl. F QC6, BC3.11.

1172 Vgl. F QC7-QC10, BC3.14.

1173 Vgl. F QC11. Im DP und ED wurde die Wesentlichkeit wie die Kosten (direkte Kosten der Informationsgewährung und Auswertung und indirekte Kosten, z.B. aus Wettbewerbsdruck wegen verbessertem Informationsstand eines Konkurrenten) noch als einschränkender Faktor betrachtet; vgl. Dobler, M./Hettich, S. (2007), S. 33; Pellens, B. et al. (2011), S. 127; Zülch, H./Nellessen, T. (2008), S. 272. In der finalen Fassung des Framework fällt die Wesentlichkeit unter Relevanz, da unwesentliche Informationen die Entscheidungen der Adressaten nicht beeinflussen. Des Weiteren hat die Wesentlichkeit keinen Einfluss auf die Standardentwicklung, da sie unternehmensspezifisch berücksichtigt werden muss. Vgl. hierzu F BC3.18.

1174 Vgl. F QC11.

vollständig, neutral und frei von Fehlern sind.[1175] Unter Vollständigkeit (*completeness*) ist zu verstehen, dass alle Informationen, die für eine glaubwürdige Darstellung der im Abschluss enthaltenen Sachverhalte notwendig sind, auch gewährt werden.[1176] Neutralität (*neutrality*) bedeutet, dass es keine Beeinflussung durch Dritte in der Auswahl oder Darstellung der finanziellen Sachverhalte gibt, die das Verhalten der Adressaten in einer beabsichtigten Art und Weise leiten könnte.[1177] Das aktuell gültige IASB-Framework enthält das Charakteristikum der Vorsicht (*prudence*) nicht mehr als qualitative Anforderung, da diese Eigenschaft gegen die geforderte Neutralität verstoße.[1178] Durch die konservative und vorsichtige Bilanzierung werden Vermögenswerte unter- und Schulden überbewertet, wodurch die tatsächliche Entwicklung zunächst unter- und in folgenden Perioden überzeichnet wird, was nicht im Sinne der Neutralität sein kann.[1179] Die Eigenschaft „frei von Fehlern" (*free from error*) zielt darauf ab, dass Sachverhalte in den Abschlüssen oder im zugrunde liegenden Ermittlungsprozess korrekt dargestellt und nicht weggelassen werden.[1180] Die Fehlerfreiheit darf aber nicht mit einer geforderten Korrektheit und Präzision in allen Punkten gleichgesetzt werden. So ist eine Schätzung als frei von Fehlern anzusehen, wenn eindeutig dargestellt wird, dass es sich um eine Schätzung handelt, deren Eigenart und die Grenzen bzw. Annahmen des Schätzprozesses erläutert werden und keine Fehler in der Wahl und Durchführung des Prozesses auftreten.[1181] Unter die Definition der glaubwürdigen Darstellung fällt ebenfalls der Grundsatz der wirtschaftlichen Betrachtungsweise.[1182]

Die Entscheidungsnützlichkeit der Abschlussinformationen kann nach Ansicht des IASB nur erreicht werden, wenn die beiden fundamentalen Eigenschaften – Relevanz und glaubwürdige Darstellung – zusammen erfüllt werden. Abschlussadressaten können weder auf Basis einer glaubwürdigen Darstellung nicht relevanter ökonomischer Aktivitäten, noch anhand einer nicht glaubwürdigen Darlegung eines relevanten Geschäftsvorfalls ihre Entscheidungen treffen, so dass die Erfüllung nur eines Kriteriums nicht ausreicht.[1183] Hierbei ist als hierarchische Einteilung zu beachten, dass Relevanz als primärer Faktor für entscheidungsnützliche Infor-

[1175] Vgl. F QC12.

[1176] Vgl. F QC13.

[1177] Vgl. F QC14. Neutralität widerspricht aber nicht der Entscheidungsnützlichkeit von relevanten Informationen, die die Entscheidungen der Adressaten beeinflussen.

[1178] Vgl. F BC3.27. F 37 a.F. enthielt *prudence* als Unterkategorie von Verlässlichkeit (*reliability*), die ebenfalls als qualitative Anforderung gestrichen wurde. *Reliability* wurde aufgrund unterschiedlichster Auslegungen und Übersetzungen durch *faithful representation* ersetzt. Vgl. F BC3.19, BC3.20; siehe hierzu auch Henry, E./Holzmann, O. J. (2011), S. 93.

[1179] Vgl. F BC3.28; Pelger, C. (2011), S. 914.

[1180] Vgl. F QC15.

[1181] Vgl. F QC15; Pelger, C. (2011), S. 914.

[1182] Vgl. F BC3.26; Pelger, C. (2011), S. 914.

[1183] Vgl. F QC17.

mationen anzusehen ist, da hierdurch die Auswahl der in die Berichterstattung aufzunehmenden Informationen vorgenommen wird. Im zweiten Schritt sind die relevanten Informationen auf die Möglichkeit einer glaubwürdigen Darstellung im Abschluss zu untersuchen.[1184]

Zusätzlich zu den fundamentalen Eigenschaften gibt es eine Anzahl an unterstützenden qualitativen Anforderungen (hierzu zählen Vergleichbarkeit (*comparability*), Nachprüfbarkeit (*verifiability*), Zeitnähe (*timeliness*) und Verständlichkeit (*understandability*)) ohne hierarchische Ordnung, die zwar nicht grundlegend für die Entscheidungsnützlichkeit sind, aber z.B. bei der Abwägung zwischen zwei Möglichkeiten zur glaubwürdigen Darstellung eines relevanten Sachverhaltes hilfreich sind.[1185]

Mittels der Vergleichbarkeit der Rechnungslegungsinformationen sind die Abschlussadressaten in der Lage, Gemeinsamkeiten und Unterschiede in den abgebildeten Sachverhalten zu identifizieren und zu verstehen, indem sie sowohl einen zeitlichen Vergleich eines Unternehmens als auch einen Vergleich zwischen mehreren Unternehmen vornehmen können.[1186] Durch die Stetigkeit wird das Ziel der Vergleichbarkeit innerhalb einer berichterstattenden Einheit und über unterschiedliche Perioden hinweg möglich.[1187] Vergleichbarkeit unterscheidet sich von Einheitlichkeit. Damit Informationen vergleichbar sind, müssen gleiche Sachverhalte gleich und unterschiedliche Sachverhalte unterschiedlich behandelt werden. Ein verschärftes Bestreben nach Einheitlichkeit führt dazu, dass unterschiedliche Sachverhalte gleich dargestellt werden und somit die Vergleichbarkeit beschränkt wird.[1188] Der Vergleichbarkeit der Rechnungslegungsinformationen wird durch möglichst wenige Bilanzierungs- und Bewertungswahlrechte entsprochen.[1189]

Die Nachprüfbarkeit der Abschlussinformationen ist gegeben, wenn mehrere unabhängige und sachverständige Dritte bei der Beurteilung der glaubwürdigen Darstellung eines Sachverhaltes einen Konsens erreichen können.[1190] Um zukunftsorientierte Schätzungen nachprüfen zu können, sind die zugrunde liegenden Annahmen, die verwendeten Methoden und sonstige

[1184] Vgl. F QC18.
[1185] Vgl. F QC19.
[1186] Vgl. F QC21, BC3.33.
[1187] Vgl. F QC22.
[1188] Vgl. F QC23.
[1189] Vgl. F QC25.
[1190] Vgl. F QC26. Kritisch ist hierbei zu sehen, dass die Nachprüfbarkeit, die im Framework a.F. implizit in *reliability* enthalten war, durch die Herabstufung zu einer unterstützenden Eigenschaft an Gewicht verliert und damit z.B. Bewertungsverfahren mit einer hohen Bandbreite an unterschiedlichen Wertausprägungen zulässig sind und die Objektivität der Abschlussinformationen zu Lasten der höheren Relevanz zurückgedrängt wird; vgl. auch Kirsch, H.-J. et al. (2012), S. 771; Schruff, W. (2011), S. 858.

relevante Fakten und Umstände anzugeben; Schätzungen können auch in der Angabe als Bandbreite nachprüfbar sein.[1191]

Zur Einhaltung der Zeitnähe sind die Informationen mit einem geringen zeitlichen Abstand bereitzustellen, damit der Nutzen beim Adressaten gewahrt bleibt.[1192]

Die Verständlichkeit der Rechnungslegungsinformationen zeichnet sich durch eine klare und präzise Darstellungsweise aus, wobei ein angemessenes Verständnis wirtschaftlicher Zusammenhänge beim Adressaten vorausgesetzt wird.[1193] Komplexe Sachverhalte dürfen aber nicht mit einem Hinweis auf deren schwere Verständlichkeit im Abschluss weggelassen werden, vielmehr müssen diese Sachverhalte so klar wie möglich dargestellt und erklärt werden.[1194]

Die unterstützenden qualitativen Anforderungen sollen so weit wie möglich erfüllt werden. Aber selbst wenn alle ergänzenden Eigenschaften kumulativ erfüllt sind, kann eine Information nicht entscheidungsnützlich sein, solange sie irrelevant ist oder nicht glaubwürdig dargestellt werden kann.[1195] Für die unterstützenden Eigenschaften gibt es keine hierarchische Ordnung, sie sollen vielmehr in einem iterativen Prozess gegeneinander abgewogen werden, um die Entscheidungsnützlichkeit zu erhöhen.[1196]

Die entstehenden Kosten der Rechnungslegung stellen eine grundsätzliche Beschränkung der Informationsgewährung durch die externe Rechnungslegung dar.[1197] Hierunter sind sowohl die Kosten der Erstellung auf Seiten der Bilanzierenden als auch die Kosten der Informationsverarbeitung und zusätzlichen Informationsbeschaffung (sofern die erforderlichen Informationen nicht durch die Rechnungslegung vermittelt werden) durch die Abschlussadressaten zu erfassen.[1198] Des Weiteren hat eine Kosten-Nutzen-Abwägung zu erfolgen, wobei der Nutzen aufgrund der besseren Entscheidungsunterstützung der Abschlussadressaten z.B. in effizi-

---

1191 Vgl. F QC26, QC28. In Kommentierungen zum DP wurde angemerkt, dass das Kriterium der Verifizierung nicht immer ohne weiteres eingehalten werden kann, wodurch Informationen nicht glaubwürdig dargestellt werden könnten und aus dem Abschluss ausgeschlossen werden müssten. Als Beispiel wurden zukunftsgerichtete Einschätzungen, wie erwartete Cashflows und Nutzungsdauern, genannt. Ohne diese Schätzungen wäre ein Abschluss aber weniger nützlich, so dass das IASB die Nachprüfbarkeit als erstrebenswert, aber nicht als zwangsläufig vorgeschrieben charakterisiert. Vgl. hierzu F BC3.36. SCHRUFF formuliert hier die Wertung und Einordnung der Nachprüfbarkeit im Sinne des IASB als „*nice to have*"; Schruff, W. (2011), S. 859.

1192 Vgl. F QC29. Eine zeitnahe Berichterstattung ist nur nützlich, wenn sie relevant ist und glaubwürdig dargestellt wird. Hingegen relevante und glaubwürdig dargestellte Informationen können auch später noch nützlich sein, weswegen Zeitnähe nur als unterstützende Eigenschaft eingestuft wird. Vgl. F BC3.39.

1193 Vgl. F QC30, QC32.

1194 Vgl. F QC31, BC3.42.

1195 Vgl. F QC33.

1196 Vgl. F QC34.

1197 Vgl. F QC35.

1198 Vgl. F QC36.

enteren Kapitalmärkten und sinkenden Kapitalkosten zu sehen ist.[1199] Zusätzlich berücksichtigt das IASB bereits bei der Standardentwicklung den durch die Normenänderung entstehenden Nutzen und die zu erwartenden Kosten, die z.B. durch Feldtests und Fragebögen ermittelt werden können.[1200]

6.5.2 IPSASB

Gegenwärtig sind die qualitativen Anforderungen an die Rechnungslegung nach IPSAS in Appendix A[1201] des IPSAS 1 geregelt, die jedoch bedingt aus der historisch gewachsenen Ableitung der IPSAS aus den IFRS im Wesentlichen mit dem IASB-Framework a.F. identisch und deswegen an die Gegebenheiten und Erfordernisse des öffentlichen Sektors anzupassen sind. Hierzu verfolgt das IPSASB die Framework-Neuentwicklung beim IASB und erhält so Anregungen für das eigene Framework-Projekt.[1202] Das IPSASB hat seine Ansichten zu den qualitativen Anforderungen der Abschlussinformationen in einem CP[1203] im September 2008 und CF-ED1[1204] im Dezember 2010 formuliert und in einer finalen Version (= CF[1205]; Conceptual Framework) der Phase 1 des Framework-Projektes am 11.01.2013 veröffentlicht. Eine tabellarische Gegenüberstellung der qualitativen Anforderungen gemäß dem IASB-Framework und den IPSASB-Regelungen (CF und IPSAS 1, Appendix A) enthält Tabelle 5 am Ende dieses Gliederungspunktes.

Die Erfüllung dieser Eigenschaften ist dafür ausschlaggebend, dass die Zwecke der Berichterstattung in Form der Entscheidungsunterstützung und Rechenschaft erreicht werden können.[1206] Vergleichbar zum IASB sieht das IPSASB Relevanz (*relevance*), glaubwürdige Darstellung (*faithful representation*), Verständlichkeit (*understandability*), Zeitnähe (*timeliness*), Vergleichbarkeit (*comparability*) und Nachprüfbarkeit (*verifiability*) als die qualitativen Anforderungen des GPFR an, die aber im Gegensatz zum IASB-Framework ohne Unterscheidung in fundamentale und unterstützende Eigenschaften genannt werden.[1207] Ebenfalls wie

1199 Vgl. F QC37-QC39.
1200 Vgl. F BC3.47, BC3.48.
1201 Appendix A ist ein wesentlicher, zu beachtender Bestandteil des IPSAS 1.
1202 Vgl. Haller, A./Blab, D. (2009), S. 459.
1203 Vgl. IFAC-IPSASB (2008a).
1204 Vgl. IFAC-IPSASB (2010a), CF-ED1.
1205 Vgl. IFAC-IPSASB (2013b), CF. Diese finale Fassung bedingt eine Anpassung der Ausführungen in IPSAS 1, Appendix A, die im Jahr 2013 abgeschlossen werden soll.
1206 Vgl. IFAC-IPSASB (2013b), CF, Tz. 3.1. Anhangangaben und zusätzliche Anforderungen an die Berichterstattung werden nur dann in die IPSAS aufgenommen, wenn die daraus gewonnenen Informationen die Qualitätskriterien erfüllen und den Kosten-Nutzen-Abwägungen standhalten können; vgl. IFAC-IPSASB (2013b), CF, Tz. BC3.1.
1207 Vgl. IFAC-IPSASB (2013b), CF, Tz. 3.2.

beim IASB wird die qualitative Anforderung einer glaubwürdigen Darstellung[1208] durch eine Darstellungsweise erreicht, die vollständig, neutral und frei von wesentlichen Fehlern ist.[1209] Alle genannten Kriterien fördern die Zielerreichung der Rechnungslegung, wobei in der Praxis nicht immer alle vollständig erfüllt werden können und gegebenenfalls gegeneinander aufgerechnet werden müssen.[1210] Richtigerweise übernimmt das IPSASB die Terminologie des IASB, um so Anwendungs-, Auslegungs- und Übersetzungsprobleme zu vermeiden.

Im Gegensatz zum IASB werden beim IPSASB diese Anforderungen nicht nur durch das Kosten-Kriterium beschränkt, sondern durch Wesentlichkeit (*materiality*)[1211], Kosten-Nutzen-Abwägung (*cost-benefit*) und Abwägung der qualitativen Anforderungen (*balance between the qualitative characteristics*).[1212]

Im Unterschied zum IASB-Framework, in dem das Kriterium der Wesentlichkeit als Unterpunkt und damit als begrenzender Faktor des fundamentalen Kriteriums der Relevanz angesehen wird, ist die Wesentlichkeit im CF des IPSASB eine einschränkende Anforderung.[1213] Dadurch, dass es keine Hierarchie in den qualitativen Anforderungen nach der Ansicht des IPSASB und keine Unterteilung in fundamentale und unterstützende Anforderungen gibt, ist es notwendig, dass Wesentlichkeit in Bezug auf alle anderen qualitativen Anforderungen als begrenzende Größe der Informationspolitik und -gewährung, zusammen mit der Kosten-Nutzen-Abwägung, existiert.[1214]

Wie im Unternehmensbereich wird bei der Kostenbemessung nicht nur die Seite der rechnungslegenden Verwaltungseinheit, sondern auch die Seite der Abschlussadressaten betrachtet. Auch wenn die Abschlussersteller den größten Anteil an den Kosten des GPFR tragen, ist zu beachten, dass letztendlich die Leistungsempfänger und Ressourcenbereitsteller durch ihre

---

1208 Im IPSAS 1, Appendix A wird in diesem Zusammenhang von Verlässlichkeit (*reliability*) gesprochen, die grundsätzlich mit der glaubwürdigen Darstellung übereinstimmt. Unterschiede ergeben sich dadurch, dass in der Beschreibung der glaubwürdigen Darstellung die wirtschaftliche Betrachtungsweise (*substance over form*) und Vorsicht (*prudence*) nicht explizit genannt werden, da sie nach dem Verständnis des IPSASB bereits in einer glaubwürdigen Darstellung enthalten sind. Vgl. IFAC-IPSASB (2013b), CF, Tz. BC3.10, BC3.17.

1209 Vgl. IFAC-IPSASB (2013b), CF, Tz. 3.10, BC3.9. In der Praxis kann nicht abgeschätzt werden, ob diese Anforderungen vollkommen erreicht wurden, so dass diese Kriterien so gut wie unmöglich zu erfüllen sind; vgl. IFAC-IPSASB (2013b), CF, Tz. 3.11.

1210 Vgl. IFAC-IPSASB (2013b), CF, Tz. 3.4.

1211 Vgl. IFAC-IPSASB (2013b), CF, Tz. 3.32-3.34. Im CF und IPSAS 1, Appendix A stimmen die Ansichten zur Eigenschaft „*materiality*" überein, wobei im Appendix die Wesentlichkeit nur als beschränkender Faktor für die Relevanz der Informationen gilt; vgl. IFAC-IPSASB (2013b), CF, Tz. BC3.29.

1212 Vgl. IFAC-IPSASB (2013b), CF, Tz. 3.3. Siehe zur weiteren Diskussion des Merkmals „*materiality*" Gårseth-Nesbakk, L./Mellemvik, F. (2011), S. 212-214.

1213 Vgl. F QC11; IFAC-IPSASB (2013b), CF, Tz. 3.32-3.34.

1214 Vgl. IFAC-IPSASB (2013b), CF, Tz. 3.34, BC3.31.

Abgaben die Finanzierung übernehmen und somit ihren Anspruch auf Rechenschaft und auf eine den qualitativen Anforderungen entsprechende Berichterstattung, die ihren Informationsbedürfnissen gerecht wird und selbst auch einem treuhänderischen Ressourceneinsatz der Verwaltungsführung unterliegt, rechtfertigen.[1215]

Als letzte Beschränkung der Informationsgewährung sieht das IPSASB eine einzuhaltende Balance zwischen den qualitativen Anforderungen, die aufgrund der fehlenden Hierarchie notwendig ist. Dies geschieht durch eine der Zielsetzung der Berichterstattung entsprechende Abwägung und gegenseitige Aufrechnung der Qualitätskriterien, da in manchen Fällen nicht alle Kriterien einhaltbar sind.[1216]

Eine zusammenfassende Gegenüberstellung der qualitativen Anforderung nach IASB und IPSASB findet sich in Tabelle 5.

Die Unterschiede bei IASB und IPSASB in den qualitativen Anforderungen sind nachvollziehbar. Eine grundlegende Abweichung ist, dass das IPSASB im Gegensatz zum IASB keine hierarchische Unterteilung der Anforderungskriterien in fundamentale und unterstützende Eigenschaften vorsieht, da alle qualitativen Anforderungen zu zieladäquaten Informationen, die der Entscheidungsunterstützung und Rechenschaft dienen, führen können, aber nicht gleichzeitig erfüllt sein müssen und gegeneinander abgewogen werden können.[1217] Auch wenn es durchaus sinnvoll erscheint, die Kriterienhierarchie des IASB auf den öffentlichen Sektor zu übertragen, wie es auch von Kommentierenden angeregt wurde,[1218] vertritt das IPSASB folgende Ansicht. Falls eine Unterscheidung in fundamentale und ergänzende Kriterien vorgenommen würde, könnte dies zu unerwünschten Entscheidungen führen, da fundamentale Kriterien als wichtiger eingestuft werden könnten als unterstützende, obwohl alle Kriterien gleichwertig sind.[1219] Da alle Kriterien wichtig seien, könne nur durch eine kompetente Beurteilung entschieden werden, welche Informationen in die Berichterstattung aufzunehmen sind.[1220] Aufgrund des weiten Anwendungskreises und der unter GPFR zu subsumie-

---

1215 Vgl. IFAC-IPSASB (2013b), CF, Tz. 3.35-3.37. Die Verwaltungsführung kann ebenfalls für ihre interne Steuerung von den gewonnenen Informationen der Berichterstattung und die damit erzielte Transparenz profitieren; vgl. IFAC-IPSASB (2013b), CF, Tz. 3.38. In der Standardentwicklung wird das IPSASB jegliche Anregungen von Abschlusserstellern, Abschlussadressaten, Wissenschaftlern und sonstigen Interessierten berücksichtigen, um eine Balance zwischen dem Nutzen und den Kosten der Standardregelungen zu gewährleisten; vgl. IFAC-IPSASB (2013b), CF, Tz. 3.40.

1216 Vgl. IFAC-IPSASB (2013b), CF, Tz. 3.41-3.42.

1217 Vgl. IFAC-IPSASB (2013b), CF, Tz. 3.4.

1218 Vgl. IFAC-IPSASB (2013b), CF, Tz. BC3.27. Siehe hierzu auch Haller, A./Blab, D. (2009), S. 460. Für weitere Kritikpunkte siehe Vehmanen, P. (2010), S. 3-4; 9-16.

1219 Vgl. IFAC-IPSASB (2013b), CF, Tz. BC3.28.

1220 Vgl. IFAC-IPSASB (2013b), CF, Tz. BC3.28.

renden Berichtsformen, die auch retro- und prospektive Informationen zur finanziellen Lage und Zielerreichung der öffentlichen Leistungserbringung über mehrere Perioden hinweg enthalten können, seien diese Informationen zur Trendabschätzung unabdingbar und genauso wichtig wie eine glaubwürdige Darstellung und können deshalb von dieser nicht getrennt werden.[1221]

Die weniger strikte Auslegung der qualitativen Anforderungen des IPSASB ist als angemessen zu werten und lässt sich aufgrund der heterogenen Zwecke, Einsatzbereiche und Adressaten im öffentlichen Sektor nachvollziehen.[1222] Diese gewünschte Flexibilität deckt sich auch damit, dass – wie in Kapitel 6.4.2 beschrieben – für die berichterstattende Einheit nur Hauptcharakteristika vorgegeben werden.

Qualitative Anforderungen		
IPSAS 1, Appendix A (entspricht IASB-Framework a.F.)	**IASB-Framework**	**CF des IPSASB**
(ohne Hierarchie; *trade-off*, vgl. F 45 a.F.) • Verständlichkeit • Relevanz - Wesentlichkeit • Verlässlichkeit - glaubwürdige Darstellung - wirtschaftliche Betrachtungsweise - Neutralität - Vorsicht - Vollständigkeit • Vergleichbarkeit - Stetigkeit	Fundamentale: (mit Hierarchie) 1. Relevanz - Wesentlichkeit 2. glaubwürdige Darstellung - Vollständigkeit - Neutralität - Fehlerfreiheit Unterstützende: (ohne Hierarchie) • Vergleichbarkeit • Nachprüfbarkeit • Zeitnähe • Verständlichkeit	(ohne Hierarchie) • Relevanz • glaubwürdige Darstellung - Vollständigkeit - Neutralität - Fehlerfreiheit • Verständlichkeit • Zeitnähe • Vergleichbarkeit • Nachprüfbarkeit
Einschränkende Anforderungen		
Zeitnähe, Abwägung von Kosten und Nutzen, Abwägung der qualitativen Anforderungen	Kosten	Wesentlichkeit, Kosten, Abwägung der qualitativen Anforderungen

Tabelle 5: Vergleich der qualitativen Anforderungen[1223]

Weniger verständlich ist im Hinblick auf die intergenerative Gerechtigkeit, dass das IPSASB wie das IASB das Kriterium „Vorsicht" (*prudence*) nicht mehr explizit verwendet.[1224] Das

[1221] Vgl. IFAC-IPSASB (2013b), CF, Tz. BC3.28.
[1222] Vgl. auch Haller, A./Blab, D. (2009), S. 461.
[1223] In Anlehnung an: Haller, A./Blab, D. (2009), S. 460.
[1224] Vgl. auch Haller, A./Blab, D. (2009), S. 461. „Weniger verständlich ist der Wegfall des Kriteriums der Vorsicht, das aufgrund des umfangreichen Stellenwertes der Rechenschaftslegung und der Zielsetzung der Generationengerechtigkeit im öffentlichen Sektor nach wie vor große Bedeutung haben sollte"; Haller, A./Blab, D. (2009), S. 461. Siehe auch Breidert, U./Rüdinger, A. (2008), S. 34; Köhrmann, H. (2009), S. 172; Streim, H. (2007), S. 297.

IPSASB begründet aber diesen Verzicht ebenfalls damit, dass *prudence* teilweise in der Erklärung von *neutrality* bereits enthalten und somit auch unter die *faithful representation* zu subsumieren sei. Dieser Verzicht entspricht den nationalen GoöB (die u.a. in diesem Punkt von den GoB und HGB-Regelungen abweichen), da im öffentlichen Sektor grundsätzlich kein Insolvenzrisiko besteht und der Gläubigerschutz in den Hintergrund tritt.[1225]

Durch die enge Verbindung des Haushalts- und Rechnungswesens im öffentlichen Sektor müssen die in Tabelle 5 genannten qualitativen Anforderungen an die Rechnungslegung auch für das Haushaltswesen gelten; siehe hierzu die Ausführungen zum nationalen Referenzmodell in Kapitel 6.1.2.3.

6.6 Abschlussposten und Ansatz

In den betrachteten Rahmenkonzepten werden auch die Abschlussposten (*elements*) und deren Ansatzkriterien (*recognition criteria*) definiert.

6.6.1 IASB

Die Definitionen und Beschreibungen im aktuell gültigen IASB-Framework zu den Abschlussposten sind im vierten Kapitel des Rahmenkonzeptes enthalten und entsprechen den Ausführungen im IASB-Framework a.F., da die Projektergebnisse zu diesen Themenbereichen noch nicht vorliegen und die Überarbeitungen noch nicht abgeschlossen sind.

Um die Wirkungen der Geschäftstätigkeit auf die Vermögens-, Finanz- und Ertragslage richtig darstellen zu können, definiert das Framework (F 4.2 ff.) die wichtigsten Elemente des Abschlusses (Vermögenswerte, Schulden, Eigenkapital, Erträge und Aufwendungen) und grenzt diese voneinander ab. In der Bilanz werden Vermögenswerte (*assets*), Schulden (*liabilities*) und Eigenkapital (*equity*) ausgewiesen. Zusätzlich ist nach IFRS zwischen einer abstrakten und konkreten Bilanzierungsfähigkeit zu differenzieren, wodurch die Erfassung von Vermögenswerten und Schulden als Elemente der Bilanz in einem zweistufigen Entscheidungsprozess abläuft.[1226]

Im ersten Schritt müssen die eventuell zu bilanzierenden Posten die vorgeschriebenen Definitionskriterien für *assets* oder *liabilities* erfüllen. Wenn dies der Fall ist, liegt eine abstrakte Bilanzierungsfähigkeit vor.[1227] Ein *asset* ist gegeben, wenn es sich um eine in der Verfü-

[1225] Siehe hierzu Kapitel 6.1.2.3.1.
[1226] Vgl. Coenenberg, A. G./Haller, A./Schultze, W. (2012), S. 84-85.
[1227] Vgl. Coenenberg, A. G./Haller, A./Schultze, W. (2012), S. 84.

gungsmacht des Unternehmens stehende Ressource handelt, die aus vergangenen Ereignissen resultiert und ein Zufluss an ökonomischem Nutzen für das Unternehmen zu erwarten ist.[1228] Zusätzlich ist die konkrete Bilanzierungsfähigkeit erfüllt, wenn gemäß der Definition aus F 4.4(a) ein *asset* vorliegt und es für diesen wahrscheinlich (*probable*) ist, dass ein mit ihm in Verbindung stehender wirtschaftlicher Nutzen dem Unternehmen zufließen wird und die Anschaffungs- oder Herstellungskosten oder der Wert verlässlich (*with reliability*) ermittelt werden können und damit die Ansatzkriterien (*recognition criteria*) des F 4.38 i.V.m. F 4.44 eingehalten werden.[1229] Bei der Beurteilung, ob die Definitionskriterien für einen Vermögenswert und somit die Verfügungsmacht des bilanzierenden Unternehmens vorliegen, muss von einer wirtschaftlichen Betrachtung des Sachverhaltes ausgegangen werden, die auch von den rechtlichen Gegebenheiten abweichen kann, wie es z.B. bei der Zuordnung von Leasingobjekten nach wirtschaftlichen Gesichtspunkten der Fall ist.[1230]

Unter die *asset*-Definition fallen gemäß F 4.11 sowohl materielle als auch immaterielle Vermögenswerte. Ein *asset* resultiert aus vergangenen Geschäftsvorfällen, da die Erwartung über den Eintritt eines zukünftigen Geschäftsvorfalls noch keinen Vermögenswert begründen kann, wie z.B. ein beabsichtigter Kauf von Waren.[1231] Ein zentraler Punkt der *asset*-Definition ist das Nutzenpotenzial, das direkt oder indirekt zum Zufluss an liquiden Mitteln oder Zahlungsmitteläquivalenten führt. Dieser Nutzenbeitrag kann beispielsweise in der Einsatzmöglichkeit als Produktionsfaktor, im Tausch mit anderen Vermögenswerten, in der Tilgung von Verbindlichkeiten oder in der Ausschüttung an Anteilseigner liegen.[1232]

Bei diesen Definitionskriterien muss beachtet werden, dass die Regelungen in einzelnen IFRS immer Vorrang vor den Ausführungen im IASB-Framework haben, wodurch die angeführten *asset*-Merkmale weder eine notwendige noch eine hinreichende Bedingung für den Bilanzansatz darstellen.[1233] Das Rahmenkonzept enthält darüber hinaus keine Regelungen für eine Bewertungseinheit,[1234] vielmehr existiert nach IFRS nur mit IAS 39 ein Standard mit detaillierten Bilanzierungsregelungen zur Abbildung von Sicherungsbeziehungen (*hedge*

1228 Vgl. F 4.4(a). Siehe auch Bieg, H./Käufer, A. (2009), S. 10; Pellens, B. et al. (2011), S. 128-129.

1229 Vgl. Coenenberg, A. G./Haller, A./Schultze, W. (2012), S. 85; Pellens, B. et al. (2011), S. 132. Für alle Abschlussposten gilt, dass bei Nichterfüllung der konkreten Bilanzierungsfähigkeit gegen den Grundsatz der glaubwürdigen Darstellung verstoßen wird und deswegen kein Ansatz erfolgen darf. Wenn dieser Geschäftsvorfall aber eine wesentliche Bedeutung für die Beurteilung der Vermögens-, Finanz- und Ertragslage hat, dann sind hierzu entsprechende Anhangangaben zu machen; vgl. F 4.43; Bieg, H./Käufer, A. (2009), S. 14.

1230 Vgl. F 4.6; Pellens, B. et al. (2011), S. 128.

1231 Vgl. F 4.13.

1232 Vgl. F 4.10.

1233 Vgl. F 4.7; Pellens, B. et al. (2011), S. 129. Diese Einschränkung gilt auch für Schulden.

1234 Vgl. Wiedmann, H./Schwedler, K. (2007), S. 692.

accounting). Des Weiteren werden im IASB-Framework zwar die Ansatzkriterien der Abschlussposten geregelt, es gibt aber keine Ausführungen, wie eine Ausbuchung und der Abgang der Abschlussposten (*derecognition*) zu behandeln sind.[1235]

Zudem wird im Rahmenkonzept eine Schuld als Abschlussposten definiert, der vorliegt, wenn eine gegenwärtige Verpflichtung des Unternehmens gegenüber Dritten besteht, die Ergebnis von Ereignissen der Vergangenheit ist und aus diesen ein Abfluss an künftigen wirtschaftlichen Nutzen für das Unternehmen zu erwarten ist.[1236] Die Erfüllung dieser Kriterien für eine *liability* führt zur abstrakten Bilanzierungsfähigkeit. Erst die Einhaltung der auch für Vermögenswerte geltenden Ansatzkriterien entspricht der konkreten Bilanzierungsfähigkeit, wodurch beim Vorliegen einer *liability* der Nutzenabfluss wahrscheinlich sein muss und der Sachverhalt zuverlässig bewertet werden kann.[1237] Der zukünftige negative Nutzen kann z.B. durch den Abfluss liquider Mittel oder sonstiger Vermögenswerte, die Erbringung einer Leistung, den Ersatz der Verpflichtung durch eine andere Verpflichtung oder Eigenkapital eintreten.[1238]

Durch das Kriterium, das einen wahrscheinlichen Ressourcenabfluss vorschreibt, fallen unter die Schuld-Definition des IASB-Framework nicht nur Verbindlichkeiten, sondern auch Rückstellungen, die in ihrem Eintritt und/oder ihrer Höhe noch ungewiss, aber wahrscheinlich sind und somit geschätzt werden müssen.[1239] Die *liabilities* umfassen nicht nur rechtliche Verpflichtungen gegenüber Dritten, sondern auch wirtschaftliche, wie z.B. Kulanzrückstellungen.[1240] Wichtig ist hierbei immer die Außenverpflichtung, wodurch die Bildung von Aufwandsrückstellungen (Innenverpflichtung) nach IFRS nicht möglich ist.[1241] Obwohl die Bildung von Aufwandsrückstellungen der periodengerechten Erfolgsermittlung dienen würde, sieht IAS 1.28 eine Periodenabgrenzung nur für Passivposten vor, die unter die Schuld-Definition subsumiert werden können.[1242]

1235 Vgl. Wiedmann, H./Schwedler, K. (2007), S. 692.

1236 Vgl. F 4.4(b). Siehe auch Bieg, H./Käufer, A. (2009), S. 11; Pellens, B. et al. (2011), S. 129-130.

1237 Vgl. F 4.38 i.V.m. F 4.46.

1238 Vgl. F 4.17.

1239 Vgl. F 4.19. Siehe auch Coenenberg, A. G./Haller, A./Schultze, W. (2012), S. 86; Pellens, B. et al. (2011), S. 129-130. In Abhängigkeit vom Wahrscheinlichkeitsgrad sind Rückstellungen (*provisions*) von abgegrenzten Schulden (*accruals*) und Eventualverbindlichkeiten (*contingent liabilities*) zu unterscheiden; vgl. IAS 37.10-.13.

1240 Vgl. F 4.15.

1241 Vgl. F 4.16.

1242 Vgl. Pellens, B. et al. (2011), S, 130.

Als dritter, im IASB-Framework definierter Abschlussposten ergibt sich das Eigenkapital als Residualgröße aus der Differenz zwischen Vermögenswerten und Schulden.[1243] Die Höhe des Eigenkapitals ist direkt abhängig von dem Ansatz und der Bewertung der Vermögenswerte und Schulden.[1244] Um die Entscheidungsnützlichkeit für die Abschlussadressaten zu erhöhen, ist das Eigenkapital beispielsweise in gezeichnetes Kapital, Kapital-, Gewinn- und Satzungsrücklagen und sonstige Rücklagen zu unterteilen.[1245] Hierdurch soll verdeutlicht werden, welchen rechtlichen Restriktionen das Eigenkapital unterliegt. Des Weiteren sind die besonderen Anforderungen der Rechtsform des Unternehmens bei der Unterteilung des Eigenkapitals zu beachten.[1246]

Im IASB-Rahmenkonzept werden neben diesen Bestandsgrößen aus der Bilanz auch Stromgrößen der Gesamtergebnisrechnung definiert, die zur Veränderung des Eigenkapitals in der Rechnungsperiode führen. Grundsätzlich gibt es zwei Ansätze der Gewinnkonzeption, den *revenue and expense approach* und den *asset and liability approach*. Der *revenue and expense approach*, dessen wichtigsten Vertreter PATON/LITTLETON[1247] sind, sieht die primäre Aufgabe der Rechnungslegung in einer periodengerechten Gewinnermittlung und diese ist somit stromgrößenorientiert und ordnet der Gewinn- und Verlustrechnung die größte Bedeutung zu; dies entspricht der dynamischen Bilanztheorie. Erträge werden durch das Realisationsprinzip definiert und ihnen zuzuordnende Aufwendungen werden durch das *matching principle* ermittelt und somit sachlich abgegrenzt. Die Bilanz spiegelt mit den ausgewiesenen Vermögenswerten deren Leistungspotenzial wider, das diesen durch die Bewertung zu historischen Kosten zugerechnet wird.[1248] Im Gegensatz zum *revenue and expense approach* steht bei dem *asset and liability approach*, deren prominentesten Vertreter SPROUSE/MOONITZ[1249] sind, die Vermögensermittlung mit den Bestandsgrößen Vermögenswerte und Schulden im Vordergrund. Vermögenswerte verkörpern als Ressourcen zukünftige Nutzenzuflüsse und Schulden stellen als Verpflichtungen in Zukunft eintretende Nutzenabflüsse dar, so dass als Bewertungsmaßstab Marktpreise herangezogen werden.[1250] Das IASB-Rahmenkonzept nimmt zwar die letztgenannte Bilanzorientierung als Grundlage zur Ertrags- und Aufwandsdefinition, dennoch besteht im Framework eine Mischung von Konzepten. Die Erfassung von

1243 Vgl. F 4.4(c). Siehe auch Bieg, H./Käufer, A. (2009), S. 11; Pellens, B. et al. (2011), S. 130.
1244 Vgl. F 4.22.
1245 Vgl. F 4.20.
1246 Vgl. F 4.23.
1247 Vgl. Paton, W./Littleton, A. (1940). Siehe hierzu z.B. Haller, A. (1994), S. 125-136.
1248 Vgl. Antonakopoulos, N. (2007), S. 18-20; Haller, A. (1994), S. 132-133; Zülch, H. et al. (2006), S. 6.
1249 Vgl. Sprouse, R. T./Moonitz, M. (1962).
1250 Vgl. Sprouse, R. T./Moonitz, M. (1962), S. 23.

Erträgen und Aufwendungen ist essentiell, um den Gewinn einer Periode bzw. das Gesamtergebnis ermitteln und die Ertragslage des Unternehmens einschätzen zu können. Das der Bilanzierung zugrunde liegende Realisationsprinzip und das angewendete Kapitalerhaltungskonzept für den Ansatz und die Bewertung von Vermögenswerten und Schulden haben eine unmittelbare Auswirkung auf den Ansatz und die Höhe der Erträge und Aufwendungen.[1251]

Erträge (*income*) entsprechen einer Zunahme des wirtschaftlichen Nutzens in der Berichtsperiode durch eine Zunahme von Vermögenswerten oder einer Abnahme von Schulden, die zu einer Eigenkapitalerhöhung führen, die nicht auf eine Einlage der Anteilseigner zurückzuführen ist.[1252] Die Erträge sind in die im Rahmen der gewöhnlichen Geschäftstätigkeit anfallenden Erlöse (*revenues)* und die „anderen Erträge" (*gains*) zu unterteilen und getrennt auszuweisen.[1253] Unter den Erlösen sind beispielsweise Umsatzerlöse, Leistungsentgelte, Zinsen, Dividenden, Mieten und Lizenzerträge zu erfassen.[1254] Die „anderen Erträge" stellen wie die Erlöse eine Erhöhung des wirtschaftlichen Nutzens dar, sind aber im Regelfall kein Ergebnis der gewöhnlichen Geschäftstätigkeit, sondern sie entstehen aus sonstigen Sachverhalten bzw. Unternehmensaktivitäten, wie z.B. durch die Wertsteigerung von Vermögenswerten des Sachanlagevermögens oder bei immateriellen Vermögenswerten, falls diese jeweils zum *fair value* neu bewertet werden.[1255]

Aufwendungen (*expenses*) stellen im Gegensatz zu den Erträgen eine Abnahme des wirtschaftlichen Nutzens in der Berichtsperiode durch abgegangene oder verminderte Vermögenswerte oder eine Erhöhung von Schulden dar, die zu einer Reduzierung des Eigenkapitals führen, die nicht auf Transaktionen mit Anteilseignern basiert.[1256] Wie bei den Erträgen beschrieben, werden auch Aufwendungen in die der gewöhnlichen Geschäftstätigkeit zuzurechnenden Aufwendungen (*expenses*) und in die „anderen Aufwendungen" (*losses*) unterschieden.[1257] Unter den im Rahmen der operativen Tätigkeit entstandenen *expenses* sind z.B. Umsatzkosten, Löhne und Gehälter sowie Abschreibungen zu verstehen. Die „anderen Aufwendungen" erfüllen auch die *liability*-Definition, stehen aber in der Regel nicht im direkten Zusammenhang mit der gewöhnlichen Geschäftstätigkeit, sondern sind auf sonstige Sachverhalte bzw. Unternehmensaktivitäten zurückzuführen, wie z.B. außerplanmäßige Abschreibungen,

---

[1251] Vgl. F 4.24. Siehe hierzu auch Kapitel 6.8.1.
[1252] Vgl. F 4.25(a).
[1253] Vgl. F 4.29, .31. Siehe Coenenberg, A. G./Haller, A./Schultze, W. (2012), S. 509.
[1254] Vgl. F 4.29; Pellens, B. et al. (2011), S. 130.
[1255] Vgl. F 4.30. Siehe Coenenberg, A. G./Haller, A./Schultze, W. (2012), S. 509.
[1256] Vgl. F 4.25(b).
[1257] Vgl. F 4.33.

Verluste aus Vermögensabgängen des Anlagevermögens oder Aufwendungen für Schäden aus Naturkatastrophen.[1258] „Andere Erträge" können mit den entsprechenden „anderen Aufwendungen" gemäß F 4.31, .35 saldiert ausgewiesen werden.

Da mit der Berichterstattung auch eine periodengerechte Erfolgsermittlung erreicht werden soll, sind Erträge und Aufwendungen zuverlässig zu bewerten und zwar immer in der Periode, in der die den Erträgen bzw. Aufwendungen entsprechende Zunahme bzw. Abnahme des wirtschaftlichen Nutzens realisiert wird.[1259] Für Erträge und Aufwendungen gilt eine Unterscheidung in realisierte und unrealisierte Erträge und Aufwendungen, wobei hier das Realisationsprinzip weit gefasst wird, da sämtliche, nicht auf Transaktionen mit Eigenkapitalgebern beruhende Eigenkapitaländerungen enthalten sind. Erst im Ausweis der Gesamtergebnisrechnung erfolgt eine Unterscheidung – ohne erkennbare einheitliche Konzeption – in GuV-wirksam oder GuV-neutral im *other comprehensive income* zu erfassende Erträge und Aufwendungen, wobei in Abhängigkeit von den Regelungen der einzelnen IFRS auch ein sog. *recycling*, die GuV-wirksame Auflösung vormals GuV-neutral erfasster Sachverhalte, möglich bzw. notwendig sein kann.[1260]

6.6.2 IPSASB

Im Dezember 2010 hat das IPSASB ein Consultation Paper „*Conceptual Framework for General Purpose Financial Reporting by Public Sector Entities: Elements and Recognition in Financial Statements*"[1261] zur Kommentierung veröffentlicht, um grundsätzliche Aspekte der in das zu erarbeitende Framework aufzunehmenden Abschlussposten und Ansatzkriterien zu thematisieren.[1262] Nach Auswertung und Diskussion der Stellungnahmen zum CP hat das IPSASB im November 2012 den CF-ED2 „*Conceptual Framework for General Purpose Financial Reporting by Public Sector Entities: Elements and Recognition in Financial Statements*"[1263] veröffentlicht. Hierin wurden acht für den öffentlichen Sektor relevante Abschlussposten identifiziert: Vermögenswerte (*assets*), Schulden (*liabilities*), Erträge (*revenue*), Aufwendungen (*expenses*), aufgeschobene Zuflüsse (*deferred inflows*), aufgeschobene Ab-

[1258] Vgl. F 4.35. Siehe Coenenberg, A. G./Haller, A./Schultze, W. (2012), S. 509.

[1259] Vgl. F 4.47, .49.

[1260] Vgl. Coenenberg, A. G./Haller, A./Schultze, W. (2012), S. 586.

[1261] Vgl. IFAC-IPSASB (2010c).

[1262] Das CP und der CF-ED2 beziehen sich bei den zu definierenden Abschlussposten nur auf die enger zu fassenden Berichtsinstrumente – hier Vermögens- und Ergebnisrechnung – (*general purpose financial statements*) und nicht auf das GPFR, das darüber hinaus gehende Informationen bereitstellen kann; vgl. IFAC-IPSASB (2010c), Tz. 1.1-1.9.

[1263] Vgl. IFAC-IPSASB (2012d), CF-ED2.

flüsse (*deferred outflows*), Eigentümerbeiträge (*ownership contributions*), Eigentümerentnahmen (*ownership distributions*).[1264]

Ein Vermögenswert wird vom IPSASB vergleichbar zum IASB definiert, aber aufgrund der im öffentlichen Sektor auftretenden nicht-finanziellen Leistungen erweitert. Im CF-ED2 definiert das IPSASB wie folgt: „*An asset is resource, with the ability to provide an inflow of service potential or economic benefits that an entity presently controls, and which arises from a past event*"[1265] (abstrakte Bilanzierungsfähigkeit). Vermögenswerte verkörpern somit Ressourcen, die in der gegenwärtigen Verfügungsmacht der Verwaltungseinheit liegen, aus vergangenen Ereignissen resultieren und dazu geeignet sind, zu einem zukünftigen wirtschaftlichen Nutzen oder Leistungspotenzial zu führen.[1266] Durch die Aufnahme des Kriteriums „Leistungspotenzial" wird der Besonderheit des öffentlichen Sektors Rechnung getragen, indem nicht nur auf den Nettozahlungsmittelzufluss (*net cash inflow*) fokussiert wird, sondern auch die Möglichkeit der Erfüllung öffentlicher Aufgaben[1267], wie gemeinnützige (z.B. Gesundheits- und Bildungswesen), hoheitliche (z.B. Sicherheit und Verteidigung) und versorgungstechnische Tätigkeiten (z.B. Infrastruktur) berücksichtigt werden.[1268]

Die konkrete Bilanzierungsfähigkeit (Ansatz; *recognition*) lehnt sich auch am IASB-Framework an, indem zum einen für alle Abschlussposten (neben *assets* auch die im Folgenden angesprochenen) beurteilt werden muss, wie wahrscheinlich sie sind und wie verlässlich sie bewertet werden können.[1269] Eine Konkretisierung der Merkmale der wahrscheinlichen Existenz und der Bewertungsverlässlichkeit wird hingegen für die einzelnen Abschlussposten auf Standardebene vorgenommen.[1270]

Als ein weiterer Abschlussposten wird im CF-ED2 eine Schuld (*liability*) wie folgt definiert: „*A liability is a present obligation that arises from a past event where there is little or no re-*

1264 Vgl. IFAC-IPSASB (2012d), CF-ED2, Tz. 1.4.

1265 Vgl. IFAC-IPSASB (2012d), CF-ED2, Tz. 2.1; Müller-Marqués Berger, T. (2012b), S. S77. Diese Definition gleicht der momentan gültigen in IPSAS 1. Gemäß IPSAS 1.7 sind Vermögenswerte (*assets*) „*resources controlled by an entity as a result of past events and from which future economic benefits or service potential are expected to flow to the entity*".

1266 Vgl. KPMG (2012), IPSAS 1.7; Müller-Marqués Berger, T. (2008), S. 21.

1267 Siehe zu den öffentlichen Aufgaben auch Kapitel 2.3.

1268 Vgl. Vogelpoth, N. et al. (2002), S. 1362; Wirtz, H. (2010), S. 127.

1269 Vgl. IFAC-IPSASB (2012d), CF-ED2, Tz. 7.1-7.6. Für die *derecognition* sind dieselben Punkte zu beurteilen; vgl. IFAC-IPSASB (2012d), CF-ED2, Tz. 7.7.

1270 Eine Konkretisierung für die *assets* wird für das Sachanlagevermögen in IPSAS 17.14, für *investment property* in IPSAS 16.20 und immaterielle Vermögenswerte in IPSAS 31.28 geregelt. Vergleichbare Regelungen werden für Leasinggegenstände in IPSAS 13, für das Vorratsvermögen in IPSAS 12, für Bau- und Fertigungsaufträge in IPSAS 11 und für biologische Vermögenswerte in IPSAS 27 behandelt. Die Bilanzierung von Finanzinstrumenten wird in IPSAS 29 geregelt.

alistic alternative to avoid an outflow of service potential or economic benefits from the entity"[1271]. Schulden sind gegenwärtige Verpflichtungen der Verwaltungseinheit, die aus vergangenen Ereignissen resultieren, und für die nur eine kleine oder keine realistische Möglichkeit besteht, dass Ressourcen der Verwaltungseinheit, die wirtschaftlichen Nutzen oder ein Leistungspotenzial darstellen, nicht abfließen werden.[1272]

Diese Definition ist mit der des IASB grundsätzlich vergleichbar, unterscheidet sich aber in dem Punkt, was unter „Verpflichtung (*obligation*)" zu subsumieren ist. Eine *liability* des IASB entsteht aufgrund einer Außenverpflichtung, die rechtlicher (Vertrag oder Gesetz, z.B. Gewährleistung) oder faktischer (übliches Geschäftsgebaren, Ankündigungen, z.B. freiwillige Zusage einer erweiterten Garantie).[1273] Das IPSASB versteht im CF-ED2 eine gegenwärtige Verpflichtung, die aus rechtlich bindenden (d.h. gerichtlich durchsetzbar) oder nicht-rechtlich bindenden Ansprüchen mit und auch ohne Gegenleistung resultiert, als grundsätzliche Voraussetzung für eine Schuld.[1274] Eine Verpflichtung kann hierbei aber nur gegenüber Dritten auftreten (keine Aufwandsrückstellungen möglich), auch dann, wenn der Dritte im Einzelnen noch unbekannt ist, wie z.B. allgemeine Hilfszusagen bei einer Flutkatastrophe.[1275] Unter den nicht-rechtlich bindenden Ansprüchen sind Verpflichtungen zu verstehen, die zwar nicht von einem Dritten gesetzlich eingeklagt werden können, aber deren Ressourcenabfluss nur mit einer geringen oder unrealistischen Chance vermieden werden kann, da sie z.B. auf politischen Versprechen und Zugeständnissen basieren, und schon eine feste Erwartungshaltung bei den Leistungsempfängern verursacht haben, wie z.B. zugesicherte soziale Unterstützungen, so dass bei diesen Verpflichtungen immer auch eine soziale und moralische Komponente durch die Gemeinwohlorientierung des öffentlichen Sektors deutlich wird.

Weitere Unterschiede zwischen dem IASB- und dem zu entwickelnden IPSASB-Rahmenkonzept ergeben sich für die Definitionen der Erträge und Aufwendungen der öffentlichen Hand, da das IPSASB im CF-ED2 den *revenue and expense approach* zugrunde legt.[1276]

1271 Vgl. IFAC-IPSASB (2012d), CF-ED2, Tz. 3.1; Müller-Marqués Berger, T. (2012b), S. S77. Die momentan gültige Definition für Schulden lautet gemäß IPSAS 1.7: „*Liabilities are present obligations of the entity arising from past events, the settlement of which is expected to result in an outflow from the entity of resources embodying economic benefits or service potential*".

1272 Vgl. KPMG (2012), IPSAS 1.7; Müller-Marqués Berger, T. (2008), S. 21.

1273 Vgl. F 4.15. Damit diese faktische Verpflichtung aber von einem Dritten in Anspruch genommen werden kann, muss wiederum eine vertragliche Geschäftsbeziehung bestanden haben (z.B. hat ein Kunde nur dann Anspruch auf eine Garantieverlängerung, wenn er auch ein Produkt des Unternehmens gekauft hat).

1274 Vgl. IFAC-IPSASB (2012d), CF-ED2, Tz. 3.4. Zu den Indikatoren für nicht-rechtlich bindende Ansprüche (z.B. soziale oder moralische Verpflichtungen zur Katastrophenhilfe) und den Zeitpunkten, wann diese zu einer Verpflichtung werden, vgl. IFAC-IPSASB (2012d), CF-ED2, Tz. 3.10-3-12.

1275 Vgl. IFAC-IPSASB (2012d), CF-ED2, Tz. 3.4.

1276 Siehe hierzu Kapitel 6.6.1.

Die Vorteile des *revenue and expense approach* werden gemäß dem CP des IPSASB aufgrund der im öffentlichen Sektor starken Verbindung zwischen Haushalts- und Rechnungswesen darin gesehen, dass ein besonderer Fokus auf die Ergebnisrechnung zur periodengerechten Erfolgsermittlung gelegt und dadurch die Rechenschaft mit dem Planungs- und Steuerungswesen besser verknüpft werden kann.[1277] Des Weiteren wird durch die Gegenüberstellung der Erträge und Aufwendungen der Periode die finanzielle Entwicklung der Verwaltungseinheit z.B. durch einen ausgeglichenen Haushalt und die daraus abzuleitende Managementleistung der Verwaltungsführung ersichtlich und beurteilbar.[1278] Die beim *revenue and expense approach* verfolgte periodengerechte Erfolgsermittlung führt zu einer Abgrenzung der Erträge des Steuer- und Abgabenaufkommens und der Aufwendungen für die öffentlichen Güter und Dienstleistungen und verhindert eine Volatilität in der Darstellung der Ertragslage und ermöglicht den Abschlussadressaten eine bessere Beurteilung der betrachteten Periode.[1279]

Das IPSASB spricht bei Erträgen von *revenue* und nicht wie das IASB von *income*, da für das IPSASB eine weitere Unterteilung (und damit eine unterschiedliche Erfolgswirkung der Bewertungsergebnisse)[1280] wie beim IASB-Rahmenkonzept (*income* unterteilt in *revenue* und *gains*; *expenses* unterteilt in *expenses* und *losses*) nicht notwendig ist.[1281]

Im CF-ED2 definiert das IPSASB Erträge (*revenue*) wie folgt: „*Revenue is: (a) Inflows during the current reporting period, which increase the net assets of an entity, other than: (i) Ownership contributions; and (ii) Increases in deferred inflows; and (b) Inflows during the current reporting period that result from decreases in deferred inflows*"[1282]. Erträge sind Zuflüsse in der betrachteten Periode, die einerseits die Nettovermögensposition der Verwaltungseinheit erhöhen, aber nicht auf Eigentümerbeiträgen (*ownership contributions*) und einem Anstieg der „aufgeschobenen Zuflüsse" (*deferred inflows*) beruhen; andererseits können diese Zuflüsse in der betrachteten Periode aus der Abnahme von „aufgeschobenen Zuflüssen" resultieren.

1277 PATON /LITTLETON haben sich auch deshalb für die Bewertung zu historischen Kosten (Anschaffungs- oder Herstellungskosten) ausgesprochen, da hierdurch die Möglichkeit gegeben ist, die in einem *Stewardship*-Verhältnis notwendige Kontrolle über die zur Verfügung gestellten Ressourcen durchzuführen; vgl. Paton, W./Littleton, A. (1940), S. 62. Siehe auch Haller, A. (1994), S. 133.

1278 Vgl. IFAC-IPSASB (2010c), Tz. 4.20-4.22.

1279 Vgl. IFAC-IPSASB (2010c), Tz. 4.23.

1280 Vgl. hierzu Coenenberg, A. G./Haller, A./Schultze, W. (2012), S. 509-510.

1281 Vgl. F 4.25, .29, .33-.34; IFAC-IPSASB (2012d), CF-ED2, Tz. 4.1-4.2, BC38.

1282 IFAC-IPSASB (2012d), CF-ED2, Tz. 4.1. Vgl. Müller-Marqués Berger, T. (2012b), S. S77. Die momentan gültige Definition ist in IPSAS 1.7 wie folgt beschrieben: „*Revenue is the gross inflow of economic benefits or service potential during the reporting period when those inflows result in an increase in net assets/equity, other than increases relating to contributions from owners*".

Das IPSASB führt die neuen Begriffe „aufgeschobene Zuflüsse“ und „aufgeschobene Abflüsse“ (*deferred outflows*) – die keinem der anderen Abschlussposten entsprechen – ein, um zum einen der Bedeutung von Transaktionen ohne Gegenleistung, insbesondere Steuern und Zuwendungen, im öffentlichen Sektor gerecht werden zu können.[1283] Zum anderen soll so die Möglichkeit geschaffen werden, Zu- und Abflüsse, die sich auf bestimmte zukünftige Perioden beziehen, separat darstellen zu können.[1284]

Diese Entscheidung ist für die vorliegende Arbeit im Zusammenhang mit den Überlegungen zum Projekt der Nachhaltigkeit öffentlicher Finanzen nachvollziehbar und wird positiv gesehen, da hierin eine Prognose der Tragfähigkeit der Finanz- und Ertragslage und deren Beeinflussbarkeit durch die Verwaltungseinheit und auch die Auswirkung auf die Leistungsfähigkeit der Verwaltungseinheit angestrebt wird.[1285]

Es gilt folgende Definition: „*A deferred inflow is an inflow of service potential or economic benefits provided to the entity for use in a specified future reporting period that results from a non-exchange transaction and increases net assets*“[1286]. Ein „aufgeschobener Zufluss“ ist ein Zufluss für die Verwaltungseinheit an wirtschaftlichem Nutzen oder Leistungspotenzial, der in einer oder mehreren bestimmten zukünftigen Perioden eingesetzt werden muss, und aus einer Transaktion ohne Gegenleistung resultiert und zur Erhöhung des Nettovermögens führt.[1287] *Deferred inflows* und auch *deferred outflows* sind erfolgsneutral zu erfassen und periodengerecht abzugrenzen, da diese Zu- bzw. Abflüsse Vermögensmehrungen bzw. Vermögensminderungen darstellen, die einer zukünftigen Periode zuzurechnen sind.[1288] Ein Beispiel für einen „aufgeschobenen Zufluss“ ist eine Vermögenssteuer, die bereits erhoben und eingetrieben wurde, aber die per Gesetz in einer bestimmten zukünftigen Periode ausgegeben werden muss.[1289] Wenn die zukünftige Periode eintritt, sind die vormals „aufgeschobenen Zuflüsse“ zunächst als Erträge (hier als Steueraufkommen) erfolgswirksam zu erfassen und den vorgegebenen, Zweck entsprechenden Aufwendungen gegenüberzustellen.[1290] Mit diesem eigenen Posten kann verdeutlicht werden, über welche Ressourcen die Verwaltungseinheit

---

1283 Vgl. IFAC-IPSASB (2012d), CF-ED2, Tz. BC45. *Deferred inflows* und *deferred outflows* können nur aus Transaktionen ohne Gegenleistung entstehen; vgl. IFAC-IPSASB (2012d), CF-ED2, Tz. 5.6.

1284 Vgl. IFAC-IPSASB (2012d), CF-ED2, Tz. BC40.

1285 Siehe hierzu Kapitel 5.4.3.1.

1286 IFAC-IPSASB (2012d), CF-ED2, Tz. 5.1.

1287 Vgl. IFAC-IPSASB (2012d), CF-ED2, Tz. 5.3.

1288 Vgl. IFAC-IPSASB (2012d), CF-ED2, Tz. 5.3-5.5; Müller-Marqués Berger, T. (2012b), S. S77.

1289 Vgl. IFAC-IPSASB (2012d), CF-ED2, Tz. BC45.

1290 Vgl. IFAC-IPSASB (2012d), CF-ED2, Tz. 5.5.

tatsächlich selbst verfügen kann und welche Ressourcen externen Restriktionen (hier im Beispiel der Gesetzesbeschluss) unterliegen.[1291]

Die oben angesprochenen Eigentümerbeiträge (*ownership contributions*) werden vom IPSASB wie folgt definiert: „*Ownership contributions are inflows of resources to an entity, contributed by external parties that establish or increase an interest in the net assets of the entity*"[1292]. Eigentümerbeiträge stellen einen Ressourcenzufluss für eine Verwaltungseinheit von externen Dritten dar, die einen Anspruch auf das Nettovermögen der Verwaltungseinheit begründen oder erhöhen. Das IPSASB hat die Eigentümertransaktionen als eigene Abschlussposten definiert, da es auch im öffentlichen Sektor sein kann, dass Anteile an einer Verwaltungseinheit erworben werden können, wenn z.B. eine andere Verwaltungseinheit Vermögenswerte in die betrachtete Verwaltungseinheit zur Bereitstellung öffentlicher Leistungen einbringt (= Sacheinlage im Unternehmensbereich).[1293]

Spiegelbildlich zur Ertragsseite werden Aufwendungen (*expenses*) im CF-ED2 folgendermaßen definiert: „*Expenses are: (a) Outflows during the current reporting period which decrease the net assets of an entity, other than: (i) Ownership distributions; and (ii) Increases in deferred outflows; and (b) Outflows during the current reporting period that result from decreases in deferred outflows*"[1294]. Aufwendungen sind Abflüsse in der betrachteten Periode, die einerseits die Nettovermögensposition der Verwaltungseinheit verringern, aber nicht auf Eigentümerentnahmen (*ownership distributions*) und einem Anstieg der „aufgeschobenen Abflüsse" (*deferred outflows*) beruhen; andererseits können die Abflüsse in der betrachteten Periode aus der Abnahme von „aufgeschobenen Abflüssen" resultieren.

Ein „aufgeschobener Abfluss" ist ein Abfluss für die Verwaltungseinheit an wirtschaftlichem Nutzen oder Leistungspotenzial, der einer oder mehreren bestimmten zukünftigen Perioden zuzurechnen ist, und aus einer Transaktion ohne Gegenleistung resultiert und zur Minderung des Nettovermögens führt. „*A deferred outflow is an outflow of service potential or economic benefits provided to another entity or party for use in a specified future reporting period that results from a non-exchange transaction and decreases net assets.*"[1295]

[1291] Vgl. IFAC-IPSASB (2012d), CF-ED2, Tz. BC46.

[1292] Vgl. IFAC-IPSASB (2012d), CF-ED2, Tz. 6.3.

[1293] Vgl. IFAC-IPSASB (2012d), CF-ED2, Tz. 6.6, BC50.

[1294] IFAC-IPSASB (2012d), CF-ED2, Tz. 4.2. Vgl. Müller-Marqués Berger, T. (2012b), S. S77. Die momentan gültige Definition lautet in IPSAS 1.7: „*Expenses are decreases in economic benefits or service potential during the reporting period in the form of outflows or consumption of assets or incurrences of liabilities that result in decreases in net assets/equity, other than those relating to distributions to owners*".

[1295] IFAC-IPSASB (2012d), CF-ED2, Tz. 5.2.

Eigentümerentnahmen sind im CF-ED2 entsprechend definiert: „*Ownership distributions are outflows of resources from the entity, distributed to external parties that return or reduce an interest in the net assets of the entity*“[1296]. Eigentümerentnahmen stellen einen Ressourcenabfluss für eine Verwaltungseinheit an externe Dritten dar, die einen Anspruch auf das Nettovermögen der Verwaltungseinheit begleichen oder vermindern.

Dadurch, dass das IPSASB mit den *deferred inflows* und *deferred outflows* zwei neue Abschlussposten definiert hat, ergeben sich Auswirkungen für die Nettoposition der Verwaltungseinheit. Das Nettovermögen (*net assets*) ergibt sich aus der bekannten Differenz: *assets – liabilities*.[1297] Die Nettofinanzposition (*net financial position*) wird wie folgt berechnet: *assets + deferred outflows – (liabilities + deferred inflows)*.[1298] Eine positive *net financial position* einer Verwaltungseinheit signalisiert, dass die Ressourcen ausreichen, um in Zukunft die erforderlichen Güter und Dienstleistungen erbringen zu können. Bei einer negativen *net financial position* ist dies nicht gegeben, so dass über eine Erhöhung der Erträge, eine Aufwandsbeschränkung oder eine Kombination aus beidem nachzudenken ist.[1299]

Eine Zusammenfassung der Abschlussposten bei IASB und IPSASB in Tabelle 6 ersichtlich. Unterschiede entstehen bei Vermögenswerten im öffentlichen Sektor durch das zukünftige Leistungspotenzial und bei öffentlichen Schulden durch den weiteren Bereich der rechtlich bindenden und nicht-rechtlich bindenden (z.B. soziale und moralische) Verpflichtungen. Die größten Unterschiede ergeben sich im Zusammenhang mit Erträgen und Aufwendungen und dem Eigenkapital/der Nettoposition, da hier der Bedeutung von Transaktionen ohne Gegenverpflichtung, z.B. Steuern, im öffentlichen Sektor Rechnung getragen wird.

Definierte Abschlussposten	
IASB-Rahmenkonzept	**CF-ED2 des IPSASB**
Ein **Vermögenswert** (*asset*) ist dann gegeben, wenn es sich um eine in der Verfügungsmacht des Unternehmens stehende Ressource handelt, die aus vergangenen Ereignissen resultiert und ein Zufluss an ökonomischem Nutzen für das Unternehmen zu erwarten ist.	Ein **Vermögenswert** (*asset*) verkörpert eine Ressource, die in der gegenwärtigen Verfügungsmacht der Verwaltungseinheit liegt, aus vergangenen Ereignissen resultiert und dazu geeignet ist, zu einem zukünftigen wirtschaftlichen Nutzen oder Leistungspotenzial zu führen.
Eine **Schuld** (*liability*) liegt vor, wenn eine gegenwärtige Verpflichtung des Unternehmens gegenüber Dritten besteht, die Ergebnis von Ereignissen der Vergangenheit ist und aus diesen ein Abfluss an künftigen wirtschaftlichen Nutzen für das Unternehmen zu erwarten ist.	Eine **Schuld** (*liability*) ist gegenwärtige Verpflichtung der Verwaltungseinheit, die aus vergangenen Ereignissen resultieren, und für die nur eine kleine oder keine realistische Möglichkeit besteht, dass Ressourcen der Verwaltungseinheit, die wirtschaftlichen Nutzen oder ein Leistungspotenzial darstellen, nicht abfließen werden.

1296 IFAC-IPSASB (2012d), CF-ED2, Tz. 6.4.
1297 Vgl. IFAC-IPSASB (2012d), CF-ED2, Tz. 1.5.
1298 Vgl. IFAC-IPSASB (2012d), CF-ED2, Tz. 1.6-1.7. Zusätzlich gilt: *net assets + deferred outflows – deferred inflows = net financial position.*
1299 Vgl. IFAC-IPSASB (2012d), CF-ED2, Tz. BC47.

IASB-Rahmenkonzept	CF-ED2 des IPSASB
Erträge (*income*) entsprechen einer Zunahme des wirtschaftlichen Nutzens in der Berichtsperiode durch eine Zunahme von Vermögenswerten oder einer Abnahme von Schulden, die zu einer Eigenkapitalerhöhung führen, die nicht auf eine Einlage der Anteilseigner zurückzuführen ist.	**Erträge** (*revenue*) sind Zuflüsse in der betrachteten Periode, die einerseits die Nettovermögensposition der Verwaltungseinheit erhöhen, aber nicht auf Eigentümerbeiträgen (*ownership contributions*) und einem Anstieg der „aufgeschobenen Zuflüsse" (*deferred inflows*) beruhen; andererseits können diese Zuflüsse in der betrachteten Periode aus der Abnahme von „aufgeschobenen Zuflüssen" resultieren.
Aufwendungen (*expenses*) stellen eine Abnahme des wirtschaftlichen Nutzens in der Berichtsperiode durch abgegangene oder verminderte Vermögenswerte oder eine Erhöhung von Schulden dar, die zu einer Reduzierung des Eigenkapitals führen, die nicht auf Transaktionen mit Anteilseignern basiert.	**Aufwendungen** (*expenses*) sind Abflüsse in der betrachteten Periode, die einerseits die Nettovermögensposition der Verwaltungseinheit verringern, aber nicht auf Eigentümerentnahmen (*ownership distributions*) und einem Anstieg der „aufgeschobenen Abflüsse" (*deferred outflows*) beruhen; andererseits können die Abflüsse in der betrachteten Periode aus der Abnahme von „aufgeschobenen Abflüssen" resultieren.
Das **Eigenkapital** (*equity*) ist die Residualgröße aus der Differenz zwischen den Vermögenswerten und Schulden des Unternehmens.	Ein „**aufgeschobener Zufluss**" (*deferred inflow*) ist ein Zufluss für die Verwaltungseinheit an wirtschaftlichen Nutzen oder Leistungspotenzial, der in einer oder mehreren bestimmten zukünftigen Perioden eingesetzt werden muss, und aus einer Transaktion ohne Gegenleistung resultiert und zur Erhöhung des Nettovermögens führt.
	Ein „**aufgeschobener Abfluss**" (*deferred outflow*) ist ein Abfluss für die Verwaltungseinheit an wirtschaftlichen Nutzen oder Leistungspotenzial, der einer oder mehreren bestimmten zukünftigen Perioden zuzurechnen ist, und aus einer Transaktion ohne Gegenleistung resultiert und zur Minderung des Nettovermögens führt.
	Eigentümerbeiträge (*ownership contributions*) stellen einen Ressourcenzufluss für eine Verwaltungseinheit von externen Dritten dar, die einen Anspruch auf das Nettovermögen der Verwaltungseinheit begründen oder erhöhen.
	Eigentümerentnahmen (*ownership distributions*) stellen einen Ressourcenabfluss für eine Verwaltungseinheit an externe Dritten dar, die einen Anspruch auf das Nettovermögen der Verwaltungseinheit begleichen oder vermindern.
	Eigentümeranteile werden nicht definiert.
	Nettovermögen (*net assets*) = *assets – liabilities*
	Nettofinanzposition (*net financial position*) = *assets + deferred outflows – (liabilities + deferred inflows)*

Tabelle 6: Definierte Abschlussposten der Rahmenkonzepte von IASB und IPSASB[1300]

6.7 Bewertung

Die Rahmenkonzepte definieren auch zentrale Bewertungsmaßstäbe (*measurement*) zur Festlegung der Höhe, in der die Abschlussposten abgebildet werden.

6.7.1 IASB

Gemäß dem IASB-Framework gilt für die Abschlusserstellung die Grundannahme (*underlying assumption*) der Unternehmensfortführung (*going concern*), d.h. dass die Geschäftstä-

[1300] Quelle: Eigene Darstellung.

tigkeit auch in absehbarer Zukunft aufrecht erhalten wird.[1301] Diese Annahme ist z.B. dann erfüllt, wenn sich für das Unternehmen nicht die Notwendigkeit einer Liquidation oder einer wesentlichen Einschränkung der Unternehmenstätigkeit abzeichnet. Falls die *going concern*-Prämisse nicht mehr erfüllt sein sollte, muss die Bewertung der Vermögenswerte und Schulden im Abschluss möglicherweise auf einer geänderten Bewertungsbasis (z.B. Liquidationswerte) erfolgen. In diesem Zusammenhang sind auch Gründe für die erheblichen Zweifel an der Fähigkeit zur Unternehmensfortführung und die Sachverhalte anzugeben, die dazu geführt haben, dass letztendlich nicht mehr von einer Fortführung des Unternehmens auszugehen ist.[1302] Bei Beurteilung der Angemessenheit der *going concern*-Annahme sind mindestens, aber nicht abschließend alle zugänglichen Informationen zu berücksichtigen, die sich auf einen Zeitraum von zwölf Monaten nach dem Bilanzstichtag beziehen.[1303]

Diese Grundannahme ist bei Bewertungsfragen (*measurement*), die auch im IASB-Framework thematisiert werden, zu beachten. Da das IASB-Rahmenkonzept des Weiteren die Deduktionsbasis für die Regelungen in den Standards darstellt, werden hier lediglich allgemeine Bewertungsmaßstäbe definiert, deren konkrete Umsetzung und Anwendbarkeit durch die einzelnen IFRS geregelt werden.[1304]

Das Framework nennt als vier Wertmaßstäbe die historischen Anschaffungs- oder Herstellungskosten (*historical cost*), den Tageswert (*current cost*), den Veräußerungswert/Erfüllungsbetrag (*realisable/settlement value*) und den Barwert (*present value*), die in der Unternehmensrechnungslegung in unterschiedlichem Maße und in unterschiedlichen Kombinationen eingesetzt werden.[1305] Das IASB-Rahmenkonzept unterscheidet nicht nach Zugangs- und Folgebewertung. Diese im Framework dargestellten Bewertungsgrundlagen sind nicht als abschließende Bewertungskonzeption zu betrachten, da in den einzelnen IFRS noch zahlreiche zusätzliche Bewertungsmaßstäbe verwendet werden.[1306]

1301 Vgl. F 4.1.
1302 Vgl. F 4.1, IAS 1.25. Siehe auch Coenenberg, A. G./Haller, A./Schultze, W. (2012), S. 67-68.
1303 Vgl. IAS 1.26.
1304 Vgl. Bieg, H./Käufer, A. (2009), S. 14.
1305 Vgl. F 4.55.
1306 Vgl. Coenenberg, A. G./Haller, A./Schultze, W. (2012), S. 107-108. Zusätzliche Wertmaßstäbe, welche im Rahmen der Zugangs- bzw. Folgebewertung zur Anwendung kommen, sind z.B. der beizulegende Zeitwert (*fair value*; IAS 16.6 u.a.), erzielbare Betrag (*recoverable amount*; IAS 36.6), der im *impairment*-Test den höheren Wert aus Nutzungswert (*value in use*; IAS 36.6) und beizulegender Zeitwert abzüglich Verkaufskosten (Nettoveräußerungserlös; *fair value less costs to sell*; IAS 36.6) darstellt. Des Weiteren gibt es auch u.a. den Nettoveräußerungswert (*net relisable value*; IAS 2.9), die Wiederbeschaffungskosten (*replacement cost*; IAS 16.35 (a) i.V.m. IFRS 13.62, .B8) und den Neubewertungsbetrag (*revalued amount*; IAS 16.31). Vgl. Coenenberg, A. G./Haller, A./Schultze, W. (2012), S. 108.

Die historischen Anschaffungs- oder Herstellungskosten umfassen alle erbrachten Gegenleistungen, die für den zu bewertenden Sachverhalt im Erwerbszeitpunkt getauscht wurden. Bei Vermögenswerten sind dies alle entrichteten Zahlungsmittel oder Zahlungsmitteläquivalente oder getauschten Gegenwerte. Bei Schulden hat das bilanzierende Unternehmen den Wert anzusetzen, den es im Austausch für die eingegangene Verpflichtung erhalten hat, oder den Betrag, der zur Tilgung der Schuld voraussichtlich aufzubringen ist.[1307]

Der Tageswert – auch als Wiederbeschaffungskosten bezeichnet – entspricht bei Vermögenswerten dem Betrag, der zum gegenwärtigen Zeitpunkt für dessen Erwerb bezahlt werden müsste. Bei Schulden ist es der nicht diskontierte Betrag an Zahlungsmitteln oder Zahlungsmitteläquivalenten, die zum Stichtag für die Begleichung der Schuld eingesetzt werden müssten.[1308]

Mit dem Veräußerungswert angesetzte Vermögenswerte werden in Höhe des Betrages bilanziert, der durch dessen Verkauf im gegenwärtigen Zeitpunkt erzielt werden könnte. Der Erfüllungsbetrag findet bei Schulden Anwendung, um diese mit dem nicht diskontierten Betrag der zur Tilgung erwartungsgemäß notwendigen Zahlungen zu bewerten.[1309]

Der Barwert eines Vermögenswertes entspricht den diskontierten Nettozahlungsmittelzuflüssen, die dieser im Rahmen der normalen Geschäftstätigkeit erwartungsgemäß erwirtschaften wird. Bei Schulden ist der Barwert mit dem diskontierten, künftigen Nettoabfluss an Zahlungsmitteln, die zur Tilgung im Zuge des normalen Geschäftsverlaufs aufzubringen sind, gleichzusetzen.[1310] In der Unternehmenspraxis werden die historischen Anschaffungs- oder Herstellungskosten am häufigsten angewendet, wobei sie gewöhnlich mit anderen Bewertungsmaßstäben kombiniert werden, je nachdem, welcher IFRS für den zu bilanzierenden Sachverhalt Anwendung findet.[1311]

An den im aktuell gültigen Framework genannten Bewertungsmaßstäben ist zu bemängeln, dass der immer stärker diskutierte und in den IFRS geregelte beizulegende Zeitwert (*fair value*) keine Beachtung findet. Hierzu hat das IASB, unter Rückgriff auf die Arbeit des

---

1307 Vgl. zu den historischen Anschaffungs- oder Herstellungskosten F 4.55(a). Siehe auch Coenenberg, A. G./Haller, A./Schultze, W. (2012), S. 107-108; Pellens, B. et al. (2011), S. 134.

1308 Vgl. zum Tageswert F 4.55(b). Siehe auch Coenenberg, A. G./Haller, A./Schultze, W. (2012), S. 108; Pellens, B. et al. (2011), S. 134-135.

1309 Vgl. zum Veräußerungswert/Erfüllungsbetrag F 4.55(c). Siehe auch Coenenberg, A. G./Haller, A./Schultze, W. (2012), S. 108; Pellens, B. et al. (2011), S. 135.

1310 Vgl. zum Barwert F 4.55(d). Siehe auch Coenenberg, A. G./Haller, A./Schultze, W. (2012), S. 108; Pellens, B. et al. (2011), S. 135.

1311 Vgl. F 4.56.

Canadian Accounting Standards Board (AcSB), im November 2005 ein Diskussionspapier „*Measurement Bases for Financial Accounting – Measurement on Initial Recognition*“[1312] als Teil der Phase C des Gemeinschaftsprojektes von IASB und FASB zur Erarbeitung und Erneuerung des Framework veröffentlicht.

Das DP untergliedert sich in zwei Hauptteile, wobei der erste Teil allgemein das Bewertungsprojekt beschreibt, dann die im IASB-Framework und in den Rahmenkonzepten anderer Standardsetter geregelten qualitativen Beurteilungskriterien für entscheidungsnützliche Informationen diskutiert und erst im zweiten Teil auf die zu behandelnden Bewertungsthemen eingeht. Hierzu befasst sich das DP mit grundlegenden Bewertungsfragen im Zeitpunkt des erstmaligen Ansatzes, so dass auch der Bewertungszeitpunkt thematisiert und eine Unterscheidung zwischen Zugangs- und Folgebewertung vorgenommen wird. Des Weiteren werden Bewertungsmaßstäbe wie historische Kosten (*historical cost*), Tageswert (*current cost*), Nettoveräußerungswert (*net realizable value*), Nutzungswert (*value in use*), beizulegender Zeitwert (*fair value*) und der aus einem Bewertungsmodell abzuleitende und schwer übersetzbare Abgangswert „*deprival value*“ thematisiert.[1313]

Bei der Beurteilung, ob marktbezogene oder unternehmensspezifische Bewertungsmaßstäbe die Bewertungsziele besser erfüllen, vertritt das DP die Ansicht, dass die Marktverhältnisse eher dazu geeignet sind, eine einheitliche und objektive Bewertungsgrundlage für Vermögenswerte und Schulden zu bieten.[1314] Diese Orientierung am Markt führt zu einer Konzentrierung auf den *fair value*, der nach Ansicht des DP der Wertmaßstab mit der höchsten Relevanz ist.[1315]

Um eine Abwägung zwischen den qualitativen Anforderungen der Relevanz und Verlässlichkeit der Abschlussinformationen zu erhalten, schlägt das DP eine vierstufige Bewertungshierarchie vor.[1316] Auf der ersten Stufe wird der *fair value* aus beobachtbaren Marktpreisen am erstmaligen Bewertungszeitpunkt abgeleitet. Falls kein beobachtbarer Marktpreis erkennbar ist, wird auf der nächsten Stufe mit bewährten Bewertungstechniken eine Schätzung des

---

[1312] Vgl. IASB (2005). Dem IASB ist bewusst, dass die Bewertungsmaßstäbe des existierenden Framework unvollständig und veraltet sind; vgl. IASB (2005), Tz. 2.

[1313] Vgl. Schmidt, M. (2006), S. 66. Gemäß IASB (2005), Tz. 94 wird der *deprival value* wie folgt definiert: „*The loss that an entity would suffer if it were deprived of an asset. It is the lower of replacement cost and recoverable amount on the measurement date, with recoverable amount being the higher of value in use and net realizable value*“. Siehe zu diesem Wertmaßstab auch Macve, R. (2010), S. 111-119.

[1314] Vgl. IASB (2005), Tz. 99-130; Zülch, H./Fischer, D. T. (2006), S. 153.

[1315] Vgl. Zülch, H./Fischer, D. T. (2006), S. 154.

[1316] Vgl. zur Bewertungshierarchie IASB (2005), Tz. 422-440. Siehe auch Schmidt, M. (2006), S. 74-75; Zülch, H./Fischer, D. T. (2006), S. 154.

Marktpreises vorgenommen. Sind die Voraussetzungen der ersten und zweiten Stufe nicht erfüllt, kann kein *fair value* aus den Marktpreisen abgeleitet werden, so dass auf der dritten Stufe ersatzweise die Wiederbeschaffungskosten (im Zeitpunkt der erstmaligen Erfassung stellen die historischen Kosten einen geeigneten Schätzer für die Wiederbeschaffungskosten dar) anzusetzen sind. Wenn die erste bis dritte Stufe zu keinen verlässlichen Bewertungen führt, sind auf der vierten Stufe unternehmensinterne Informationen und Einschätzungen heranzuziehen. Falls hierdurch kein verlässlicher Wert ermittelt werden kann, ist die konkrete Bilanzierungsfähigkeit nicht erfüllt und ein Vermögenswert oder eine Schuld dürfen in der Bilanz nicht angesetzt werden.[1317]

Um der Bedeutung des *fair value* gerecht zu werden, hat das IASB im Mai 2011 den IFRS 13 „*Fair Value Measurement*" veröffentlicht, der für Geschäftsjahre ab dem 01.01.2013 oder freiwillig früher anzuwenden ist; im Zuge des Endorsement wurde IFRS 13 im Dezember 2012 in EU-Recht übernommen.[1318] IFRS 13 definiert den Begriff des beizulegenden Zeitwerts, stellt den Rahmen zur Bemessung des beizulegenden Zeitwerts in einem einzigen Standard dar und schreibt die Angaben zur Bemessung des beizulegenden Zeitwerts vor.[1319] Gemäß IFRS 13.9 wird der *fair value* als der Preis definiert, den Marktteilnehmer am Bewertungstag im Rahmen einer gewöhnlichen Transaktion bei Verkauf eines Vermögenswertes erhalten oder bei Übertragung einer Schuld bezahlen würden.[1320] Zur Ermittlung des *fair value* sind als Bewertungsmethoden der *market approach* (Marktwerte identischer oder vergleichbarer Vermögenswerte; IFRS 13.B5), der *cost appproach* (Wiederbeschaffungskosten; IFRS 13.B8) oder der *income approach* (diskontierte Zahlungsmittelflüsse; IFRS 13.B10) gemäß IFRS 13.24, .62 vorgegeben, wobei sich aus der Qualität der Inputfaktoren dieser Bewertungsmethoden eine Hierarchie des *fair value* in Bezug auf Konsistenz und Vergleichbarkeit der Ermittlungsmethoden ergibt (IFRS 13.72-.90).[1321] Hieraus resultiert eine dreistufige *fair value*-Hierarchie, die auf der niedrigsten Stufe die höchste Güte der *fair value*-Ermittlung darstellt. Level 1 beinhaltet den tatsächlich ermittelbaren Marktpreis. Bei Level 2 muss auf Marktpreise ähnlicher Vermögenswerte und Schulden zurückgegriffen werden. Auf Level 3

[1317] Vgl. IASB (2005), Tz. 440.

[1318] Durch IFRS 13 ergibt sich ein Abstimmungsbedarf im Hinblick auf die Ausführungen zum *fair value* im zu erarbeitenden IASB-Framework.

[1319] Vgl. IFRS 13.1.

[1320] Vgl. Große, J.-V. (2011), S. 287. IFRS 13.9 „*defines fair value as the price that would be received to sell an asset or paid to transfer a liability in an orderly transaction between market participants at the measurement date*". Siehe zu IFRS 13 z.B. auch Fischer, D. T. (2011), S. 235-238; Haaker, A./Freiberg, J. (2011), S. 47-48; Hitz, J.-M./Zachow, J. (2011), S. 964-972; Olbrich, M. (2011), S. 393-394. Kritisch Schildbach, T. (2011), S. 71-77.

[1321] Vgl. Coenenberg, A. G./Haller, A./Schultze, W. (2012), S. 113-114.

werden nicht auf Märkten beobachtbare Parameter zur Bewertung herangezogen und es wird mithilfe von mathematischen Bewertungsmodellen, wie einschlägige, etablierte Preisbildungsmodelle, eine Wertermittlung vorgenommen.

Die in IFRS dominierende Stellung der Informationsfunktion drückt sich u.a. in dem *management approach* der Segmentberichterstattung nach IFRS 8 und in der stärkeren Betonung der *fair value*-Bewertung durch den IFRS 13 aus.[1322] Dies steht auch im Zusammenhang mit der im Framework geforderten Vermittlung entscheidungsrelevanter Informationen für die Kapitalgeber als primäre Adressaten, wodurch verstärkt die Abbildung von künftigen Netto-Zahlungszuflüssen (*future net cash inflows*) gefordert wird.[1323] Zu dieser Informationsvermittlung sind jedoch Konzepte notwendig, die den Abschlussadressaten die Schätzung zukünftiger Cashflows ermöglichen, ob hierfür die *fair value*-Bewertung geeignet ist, wird in der Literatur auch kritisch gesehen.[1324]

6.7.2 IPSASB

Das IPSASB hat wie oben bereits erwähnt im Dezember 2010 das Consultation Paper „*Conceptual Framework for General Purpose Financial Reporting by Public Sector Entities: Measurement of Assets and Liabilities in Financial Statements*"[1325] zur Kommentierung veröffentlicht, um grundsätzliche, in das zu erarbeitende Framework aufzunehmende Bewertungsmaßstäbe der Vermögenswerte und Schulden im öffentlichen Sektor zu thematisieren.[1326] Gegenwärtig existiert seit dem 07.11.2012 der CF-ED3 zu den Bewertungsfragen des IPSASB-Framework.[1327] Im IPSASB-Framework werden nur allgemein zulässige Bewertungsmaßstäbe aufgeführt, die Einzelfallregelung erfolgt auf der Standardebene. Allgemein können die Bewertungsmaßstäbe danach unterschieden werden, ob sie historisch (*historical*) oder aktuell (*current*) sind, auf den Erwerbs- oder Veräußerungszeitpunkt (*entry* oder *exit value*) abzielen oder aus der Markt- bzw. Verwaltungseinheitenperspektive (*market* oder

1322 Vgl. Kirsch, H.-J. et al. (2012), S. 771; siehe auch Kapitel 6.3.1. Die *stewardship*-Funktion und damit vergangenheitsorientierte Bewertungsmaßstäbe verlieren dadurch an Bedeutung in einem IFRS-Abschluss. Neben dem *fair value* existieren auch weiterhin andere Bewertungsmaßstäbe.

1323 Vgl. F OB3; Pelger, C. (2011), S. 910; Pellens, B. et al. (2011), S. 121.

1324 Vgl. Nissim, D./Penman, S. (2008), S. 42; Schildbach, T. (2012), S. 534. Siehe zur grundsätzlichen Würdigung und Kritik an der *fair value*-Bewertung z.B. Bieker, M. (2006), S. 217-218; Hitz, J.-M. (2005), S. 323-331; Schildbach, T. (2011), S. 71-77.

1325 Vgl. IFAC-IPSASB (2010d).

1326 Das CP und der CF-ED3 beziehen sich bei den Bewertungsmaßstäben nur auf die enger zu fassenden Berichtsinstrumente – hier Vermögens- und Ergebnisrechnung – (*general purpose financial statements*) und berücksichtigen auch die Vorgaben der Finanzstatistik (Government Finance Statistics Manual 2001). Vgl. IFAC-IPSASB (2010d), Tz. 1.1-1.3; IFAC-IPSASB (2012e), CF-ED3, Tz. 1.1.

1327 Vgl. IFAC-IPSASB (2012e), CF-ED3.

entity-specific perspective) abgeleitet werden.[1328] Im CF-ED3 werden historische Kosten (*historical cost*), Marktwerte (*market values*), Wiederbeschaffungskosten (*replacement cost*)[1329] und das *deprival value model*[1330] (unter Verwendung des *recoverable amount*, der als höherer Wert aus Nettoveräußerungspreis (*net selling price*)[1331] und Nutzungswert (*value in use*)[1332] ermittelt wird) für *assets* im Zusammenhang mit der Zielsetzung der Berichterstattung und den qualitativen Anforderungen diskutiert.[1333] Für *liabilities* werden zusätzlich als Bewertungsmaßstäbe die Ablösungskosten (*cost of release*)[1334], der Übernahmewert (*assumption price*)[1335] und der Erfüllungsbetrag (*cost of fulfillment*)[1336] thematisiert.

[1328] Vgl. IFAC-IPSASB (2012e), CF-ED3, Tz. 3.2. Des Weiteren kann auch unterschieden werden, welches Kapitalerhaltungskonzept zugrunde gelegt wird.

[1329] Wiederbeschaffungskosten sind ein aktueller und verwaltungseinheitenspezifischer Bewertungsmaßstab, da z.B. bei einem Fuhrpark der Wert für ein Fahrzeug in Abhängigkeit von der Größe und den zu erzielenden Mengenrabatten unterschiedlich hoch sein kann. Von den Wiederbeschaffungskosten abzugrenzen sind *reproduction cost*, die für die Wiederherstellung eines identischen Vermögenswertes anfallen würden. In den meisten Fällen werden die Wiederherstellungskosten die Wiederbeschaffungskosten darstellen, wenn das Alter und der verminderte Nutzen durch entsprechende Wertanpassungen berücksichtigt werden. Vgl. IFAC-IPSASB (2010d), Tz. 4.4-4.9. Als Beispiel für Unterschiede kann die Schule einer Gemeinde für 500 Schüler dienen. Da aufgrund der rückläufigen Geburtenzahlen die Gemeinde mit einer Schule für 100 Schüler auskommen kann, sind die *replacement costs* für eine 100 Schüler fassende Schule zu bestimmen und nicht die *reproduction costs* für eine 500 Schüler fassende Schule; vgl. IFAC-IPSASB (2012e), CF-ED3, Tz. 3.21.

[1330] Zur diagrammmäßigen Darstellung vgl. IFAC-IPSASB (2012e), CF-ED3, Tz. 4.9. Für Schulden ist dieses Modell vergleichbar und nur mit anderen Begrifflichkeiten anzuwenden. Im sog. *relief value model* ist der höhere Wert aus *assumption price* (Übernahmepreis) und *settlement amount*, der sich als niedrigerer Wert aus *cost of fulfillment* (Erfüllungsbetrag) und *cost of release* (Ablösungskosten) ergibt. Vgl. hierzu IFAC-IPSASB (2010d), Tz. 5.22-5.50; IFAC-IPSASB (2012e), CF-ED3, Tz. 5.7-5.25.

[1331] Der *net selling price* entspricht dem *fair value less costs to sell*, der z.B. im IPSAS 26 verwendet wird; vgl. IFAC-IPSASB (2012e), CF-ED3, Tz. 3.32. Der Nettoveräußerungspreis entspricht dem Betrag, den eine Verwaltungseinheit für einen Vermögenswert bei Verkauf am Abschlussstichtag unter Abzug der Veräußerungskosten erzielen könnte; vgl. IFAC-IPSASB (2012e), CF-ED3, Tz. 3.32. Im Gegensatz zum *market value* ist der *net selling price* aufgrund der zu berücksichtigenden Veräußerungskosten verwaltungsspezifisch; vgl. IFAC-IPSASB (2012e), CF-ED3, Tz. 4.8.

[1332] Siehe hierzu IFAC-IPSASB (2012e), CF-ED3, Tz. 3.41-3.51. Der Nutzungswert entspricht dem Barwert des künftig aus dem Vermögenswert zu ziehenden Nutzens in Form der öffentlichen Leistungserbringung oder des wirtschaftlichen Beitrags und dem zu erzielenden Wert bei Abgang des Vermögenswertes am Ende seiner Nutzungsdauer; vgl. IFAC-IPSASB (2012e), CF-ED3, Tz. 3.41.

[1333] Vgl. IFAC-IPSASB (2010d), Tz. 1.15-1.18; IFAC-IPSASB (2012e), CF-ED3, Tz. 1.8. Momentan in den IPSAS verwendete Bewertungsmaßstäbe, welche im Rahmen der Zugangs- bzw. Folgebewertung zur Anwendung kommen, sind z.B. Anschaffungs- oder Herstellungskosten (*cost*; IPSAS 16.7 u.a.), der beizulegende Zeitwert (*fair value*; IPSAS 9.11 u.a.), der erzielbare Betrag (*recoverable amount/service amount*; IPSAS 17.13 u.a.), der im *impairment*-Test den höheren Wert aus Nutzungswert (*value in use*; IPSAS 26.13 u.a.) und beizulegender Zeitwert abzüglich Verkaufskosten (Nettoveräußerungserlös; *fair value less costs to sell*; IPSAS 26.38 u.a.) darstellt. Des Weiteren gibt es auch u.a. den Nettoveräußerungswert (*net realizable value*; IPSAS 12.9), die Wiederbeschaffungskosten (*replacement cost*; IPSAS 17.47) und den Neubewertungsbetrag (*revalued amount* = *fair value* abzgl. kumulierter Abschreibungen und Wertminderungen; IPSAS 17.44).

[1334] Die Ablösungskosten einer Verbindlichkeit entsprechen dem Betrag, den die rechnungslegende Einheit entrichten muss, damit sie sich mit sofortiger Wirkung der Verpflichtung entledigen kann; vgl. IFAC-IPSASB (2012e), CF-ED3, Tz. 5.7; Müller-Marqués Berger, T./Paulitschek, P. (2013), S. 363.

[1335] Der Übernahmewert stellt den Betrag dar, den die rechnungslegende Einheit gegen die von einem Dritten zu übernehmende (hypothetische) Verbindlichkeit eintauschen würde; vgl. IFAC-IPSASB (2012e), CF-ED3, Tz. 5.12; Müller-Marqués Berger, T./Paulitschek, P. (2013), S. 363.

Siehe zu einer Zusammenfassung der Wertmaßstäbe des IPSASB Tabelle 7. Hierbei werden auch die Wertmaßstäbe hinsichtlich der Unterscheidungskriterien (1) historische oder aktuelle Wertmaßstäbe, (2) ermittelbar im Erwerbs- oder Veräußerungszeitpunkt als Zugangs- oder Abgangswert, und (3) Ableitung aus der Markt- bzw. Verwaltungseinheitenperspektive, unterteilt.

Die für den privatwirtschaftlichen Unternehmensbereich in den IFRS enthaltene *going concern*-Prämisse ist mit den gleichen Konsequenzen auf den öffentlichen Sektor als Grundsatz der Verwaltungsfortführung zu übertragen, da – abgesehen von landesspezifischen Besonderheiten – die fortlaufende Existenz einer Verwaltungseinheit aufgrund der ihr obliegenden und unerlässlichen Wahrnehmung öffentlicher Aufgaben grundsätzlich anzunehmen ist.[1337]

Assets	**Liabilities**			
		Historische Wertmaßstäbe		
Historische Kosten (*historical cost*)	Historische Kosten (*historical cost*)	Zugangswert	beobachtbar im Erwerbszeitpunkt	spezifisch für Verwaltungseinheit
		Aktuelle Wertmaßstäbe		
Marktwert (*market value*) eines offenen, aktiven und geregelten Marktes	Marktwert (*market value*) eines offenen, aktiven und geregelten Marktes	Zugangswert und Abgangswert identisch	beobachtbar	Marktperspektive
Marktwert (*market value*) eines inaktiven Marktes	Marktwert (*market value*) eines inaktiven Marktes	Abgangswert	abhängig von Bewertungsmethoden	Marktperspektive
Wiederbeschaffungskosten (*replacement cost*)	Übernahmewert (*assumption price*)	Zugangswert	beobachtbar	spezifisch für Verwaltungseinheit
Nettoveräußerungspreis (*net selling price*)	Ablösungskosten (*cost of release*)	Abgangswert	beobachtbar	spezifisch für Verwaltungseinheit
Nutzungswert (*value in use*)	Erfüllungsbetrag (*cost of fulfillment*)	Abgangswert	nicht beobachtbar	spezifisch für Verwaltungseinheit

Tabelle 7: Wertmaßstäbe des IPSASB-Framework für assets and liabilities[1338]

Die im CF-ED3 diskutierten Wertmaßstäbe sind mit denen des IASB grundsätzlich vergleichbar. Ein wesentlicher Unterschied ergibt sich bei den Marktwerten (*market values*). Das IPSASB möchte nicht den aus den IFRS bekannten Begriff „*fair value*“ verwenden, da dieser

1336 Unter dem Erfüllungsbetrag wird derjenige Betrag verstanden, der zur Begleichung der aus einer Verbindlichkeit resultierenden Verpflichtung aufgebracht werden muss; vgl. IFAC-IPSASB (2012e), CF-ED3, Tz. 5.18; Müller-Marqués Berger, T./Paulitschek, P. (2013), S. 363.

1337 Vgl. Arbeitskreis „Integrierte Verbundrechnung“ (2005), S. 890; Breidert, U./Rüdinger, A. (2008), S. 33; Budäus, D. (2007), S. 61; Lüder, K. (2006a), S. 644; Mühlenkamp, H./Glöckner, A. (2010b), S. 486.

1338 Quelle: Eigene Darstellung. Vgl. zusätzlich IFAC-IPSASB (2012e), CF-ED3, Tz. 3.2, Table 1, 5.2, Table 2.

gemäß IFRS 13.9 explizit als *exit value* (ergibt sich aus dem Verkauf eines Vermögenswertes oder der Übertragung einer Schuld) definiert ist und deshalb Unterschiede zum *market value* (Zugangs- und Abgangswert; siehe Tabelle 7) bestehen.[1339] Falls der Begriff „*market value*" in das finale IPSASB-Framework übernommen wird, ergibt sich ein Anpassungsbedarf für die IPSAS, da in diesen der Begriff „*fair value*" verwendet wird. In der vorliegenden Arbeit werden die Begrifflichkeiten der IPSAS verwendet, so dass weiterhin von *fair value* gesprochen wird, wenn dieser den Standards zugrunde liegt.

Als weitere, denkbare Bewertungsgrundlage wird das *deprival value model* – wie auch beim IASB – thematisiert, das nicht einfach nur einen Bewertungsmaßstab vorschreibt, sondern eine Entscheidungsbasis für den am besten geeigneten und relevantesten Bewertungsansatz bei bestimmten Umständen bietet.[1340] Mit diesem Modell wird der für die Verwaltungseinheit entstandene Schaden, z.B. aus einer eingeschränkten Leistungsfähigkeit, ermittelt, den die Verwaltungseinheit bei dem Verlust bzw. Abgang eines Vermögenswertes kompensieren müsste. Hierzu wird der niedrigere Wert aus Wiederbeschaffungskosten (*replacement cost*) und erzielbaren Betrag (*recoverable amount*) herangezogen, wobei sich letzterer als höherer Wert aus Nettoveräußerungspreis (*net selling price*) und Nutzungswert (*value in use*) ergibt.[1341] Wenn eine Verwaltungseinheit den Nutzen eines Vermögenswertes einbüßt, kann sein Wert nicht höher als die Wiederbeschaffungskosten desselben Nutzenpotenzials und nicht niedriger als der erzielbare Betrag sein, da bei weiterem Verbleib die Verwaltungseinheit mindestens den Nutzen des Vermögenswertes oder dessen Verkaufspreis abzüglich noch anfallender Kosten erhalten hätte können.[1342] Hieraus ergeben sich bei Anwendung des *deprival value model* gegenwärtige und verwaltungseinheitenspezifische Bewertungsmaßstäbe.[1343]

In Tabelle 8 ist eine zusammenfassende Gegenüberstellung der Wertmaßstäbe des IASB und des IPSASB aufgeführt.

1339 Vgl. IFAC-IPSASB (2012e), CF-ED3, Tz. 4.7, BC23-BC27. Eine differenziertere Betrachtung der *fair value*-Anwendbarkeit im öffentlichen Sektor findet sich bei Rodríguez Bolívar, M. P./Navarro Galera, A. (2012), S. 368-371.

1340 Vgl. IFAC-IPSASB (2010d), Tz. 5.2; IFAC-IPSASB (2012e), CF-ED3, Tz. 4.9; Müller-Marqués Berger, T. (2012b), S. S77.

1341 Vgl. IFAC-IPSASB (2010d), Tz. 5.17; IFAC-IPSASB (2012e), CF-ED3, Tz. 4.9.

1342 Vgl. IFAC-IPSASB (2010d), Tz. 5.4-5.16; IFAC-IPSASB (2012e), CF-ED3, Tz. 4.10.

1343 Vgl. IFAC-IPSASB (2010d), Tz. 5.18-5.20.

<table>
<tr><th colspan="3">Wertmaßstäbe</th></tr>
<tr><th>Gültiges IASB-Framework</th><th>IASB-DP, 11/2005</th><th>IPSASB, CF-ED3</th></tr>
<tr><td>historische Kosten (historical cost)</td><td>historische Kosten (historical cost)</td><td>historische Kosten (historical cost)</td></tr>
<tr><td>Tageswert (current cost)</td><td>Tageswert (current cost)</td><td>Wiederbeschaffungskosten (replacement cost)/ Übernahmewert (assumption price)</td></tr>
<tr><td rowspan="2">Veräußerungswert (realisable value)</td><td>Nettoveräußerungswert (net realizable value)</td><td>Nettoveräußerungspreis (net selling price)/ Ablösungskosten (cost of release)</td></tr>
<tr><td>beizulegender Zeitwert (fair value)</td><td>Marktwert (market value)</td></tr>
<tr><td>Erfüllungsbetrag (settlement value)</td><td rowspan="2">Nutzungswert (value in use)</td><td rowspan="2">Nutzungswert (value in use)/ Erfüllungsbetrag (cost of fulfillment)</td></tr>
<tr><td>Barwert (present value)</td></tr>
</table>

Tabelle 8: Wertmaßstäbe des IASB und IPSASB[1344]

6.8 Kapital- und Kapitalerhaltungskonzepte

Da die Ansatz- und Bewertungsregelungen für Vermögenswerte und Schulden in Verbindung mit dem zugrunde liegenden Realisationskonzept Auswirkungen auf den Gewinn haben, ist mithilfe eines grundlegenden Kapitalerhaltungskonzepts der Gewinnbegriff zu definieren, Kriterien für die Gewinnermittlung bereitzustellen und die anzuwendenden Bewertungskonzepte darzulegen (*concepts of capital and capital maintenance*).[1345] Das Kapitalerhaltungskonzept stellt durch die Regelung der Gewinnbemessung die Verbindung zwischen den Kapitalkonzepten und den Erfolgskonzepten her.

6.8.1 IASB

Das IASB-Framework enthält sowohl das Konzept der finanzwirtschaftlichen Kapitalerhaltung als auch das Konzept der leistungswirtschaftlichen Kapitalerhaltung.[1346] Jedoch legt sich das IASB auf kein Kapitalerhaltungskonzept fest, was grundsätzlich als kritisch anzusehen ist.[1347] Das IASB präferiert keines der beiden Konzepte, da das geeignete Kapitalerhaltungskonzept durch das bilanzierende Unternehmen anhand der Bedürfnisse der Abschlussadressaten ausgewählt werden muss.[1348] Das finanzwirtschaftliche Kapitalerhaltungskonzept (= Geld-

1344 Quelle: Eigene Darstellung.

1345 Vgl. Bieg, H./Käufer, A. (2009), S. 15. Siehe zu Bilanztheorien z.B. Coenenberg, A. G. et al. (2011), S. 115-124.

1346 Vgl. F 4.59. Das Rahmenkonzept enthält hierzu aber weder weiterführende Erklärungen noch geht es auf das Konzept der Erfolgskapitalerhaltung ein, so dass die Entwicklungen der Bilanztheorien nur rudimentär behandelt werden. Vgl. hierzu auch Wagenhofer, A. (2009), S. 137.

1347 Vgl. auch Pellens, B. et al. (2011), S. 136; Sohlmann, J. H. (2011), S. 292.

1348 Vgl. F 4.58, .65. Die Auswahl kann z.B. durch eine entsprechende Ausübung von Bewertungswahlrechten erfolgen.

kapitalerhaltung) ist dann anzuwenden, wenn die Abschlussadressaten hauptsächlich Wert auf die nominale oder reale Erhaltung des investierten Kapitals legen.[1349] Wenn die Abschlussadressaten in erster Linie an der Erhaltung der betrieblichen Leistungsfähigkeit des Unternehmens interessiert sind, ist das leistungswirtschaftliche Kapitalerhaltungskonzept (= Sachkapitalerhaltung) umzusetzen.

Das Konzept der finanzwirtschaftlichen Kapitalerhaltung verfolgt gemäß F 4.59(a) die Zielsetzung, das investierte Kapital der Unternehmenseigner zu bewahren. Im Rahmen der Gewinnermittlung wird nur der Betrag als Gewinn bezeichnet, der über die zur Erhaltung der ursprünglichen Einlagen benötigten Erträge hinaus erwirtschaftet wird und somit die finanzielle Leistungsfähigkeit des Unternehmens erhöht.[1350] Da dem Geldkapitalerhaltungskonzept ein geldmäßiger Gewinnbegriff zugrunde liegt, basiert es auf dem Anschaffungswertprinzip, wobei beachtet werden muss, dass dieses Konzept als nominale oder reale Kapitalerhaltung ausgestaltet sein kann.[1351]

Nach F 4.59(b) ist im Verständnis der leistungswirtschaftlichen Kapitalerhaltung der Gewinn der Betrag, der über die notwendigen Erträge zur Erhaltung der physischen Produktionskapazität oder der wirtschaftlichen Leistungsfähigkeit des Unternehmens hinaus geht.[1352] Der Sachkapitalerhaltung liegt ein gütermäßiger Gewinnbegriff zugrunde und die Bewertung erfolgt auf Basis von Tageswerten.[1353]

Laut ANTONAKOPOULOS sei abzusehen, dass sich das IASB in Zukunft auf das finanzwirtschaftliche Kapitalerhaltungskonzept ausrichten werde, da das mit dem FASB gemeinsam durchzuführende Framework-Projekt ein einheitliches Kapitalerhaltungskonzept erfordert und die US-GAAP bereits einerseits das finanzwirtschaftliche Kapitalerhaltungskonzept unterstützen und andererseits das leistungswirtschaftliche als unzulässig einordnen.[1354] Diese Aussage muss kritisch gesehen werden, da die verstärkte Zulassung einer *fair value*-Bilanzierung durch die IFRS-Regelungen, wie z.B. bei Anwendung des *revaluation model* nach IAS 16.31 und IAS 38.75, und eines eigenen Standards (IFRS 13) dagegen spricht.

1349 Die reale Kapitalerhaltung berücksichtigt den Aspekt der Geldwertstabilität und scheint bei großer Geldentwertung besonders sinnvoll; vgl. Wirtz, H. (2010), S. 49.
1350 Vgl. Pellens, B. et al. (2011), S. 135.
1351 Vgl. F 4.55(a), .61. Siehe auch Coenenberg, A. G./Haller, A./Schultze, W. (2012), S. 1262-1263.
1352 Vgl. Pellens, B. et al. (2011), S. 135.
1353 Vgl. F 4.55(b), .61. Siehe auch Coenenberg, A. G./Haller, A./Schultze, W. (2012), S. 1263.
1354 Vgl. Antonakopoulos, N. (2007), S. 14.

6.8.2 IPSASB

Es ist zu kritisieren, dass es in den aktuellen IPSAS-Regelungen bzw. in den Arbeitspapieren zum IPSASB-Framework noch keine Ausführungen zu einem Kapitalerhaltungskonzept und wie beim IASB keine Festlegung auf ein Kapitalerhaltungskonzept gibt, und mit diesem im Einklang stehende Bewertungsmaßstäbe somit nicht abgeleitet werden können.[1355] Eine Begründung kann sein, dass eine grundlegende Intention des IPSASB noch darin besteht, mit dem *mixed measurement model* (unterschiedliche Bewertungsmaßstäbe sind zulässig) und den zahlreichen expliziten und verdeckten Wahlrechten die Akzeptanz der IPSAS und eine Harmonisierung der Rechnungslegung im öffentlichen Sektor zu erleichtern.[1356]

Die Zielsetzung der Berichterstattung hat einen wesentlichen Einfluss auf die Ausgestaltung der Kapitalerhaltungskonzeption und damit auf die Gewinnermittlung. Dadurch, dass mit der öffentlichen Abschlusserstellung zwei konfligierende Ziele – die eher prospektiv ausgerichtete Informationsbereitstellung für Zwecke der Entscheidungsfindung und die retrospektive Rechenschaft[1357] – verfolgt werden und, wie hier in der Arbeit vertreten wird, zusätzlich auch die intergenerative Gerechtigkeit beachtet werden sollte,[1358] sind Kompromisse in der Informationsgewährung und auch in den Bewertungsmaßstäben erforderlich.

Die intergenerative bzw. interperiodische Gerechtigkeit erfordert einen Erhalt der Ressourcen der Verwaltungseinheit für künftige Generationen und basiert deshalb auf einem leistungswirtschaftlichen Kapitalerhaltungsansatz, der durch eine Bewertung zu Tageswerten erreicht wird. Auch wenn die IPSAS in ihrer derzeitigen Ausrichtung nicht explizit die intergenerative bzw. interperiodische Gerechtigkeit, da z.B. auch keine direkte Verbindung zum Haushaltswesen besteht, verfolgen, könnten die durch die IPSAS-Bilanzierung gewonnenen Informationen dennoch unbeabsichtigt hierzu beitragen.[1359]

Das vom IPSASB verfolgte *mixed measurement model* äußert sich nicht nur in den Bewertungsmaßstäben des Framework, sondern auch in den IPSAS-Regelungen selbst, die anhand ihrer Informationsgewährung zur Erreichung der unterschiedlichen Zielsetzungen der Be-

[1355] Vgl. auch Wirtz, H. (2010), S. 221. Nur im CP „*Measurement of Assets and Liabilities in Financial Statements*" wird kurz auf die Bedeutung des Zusammenhangs zwischen den Bewertungsmaßstäben und den Kapitalerhaltungskonzepten eingegangen und das IPSASB hat nach der Auswertung der Stellungnahmen beschlossen, auch die Zielsetzung der Bewertung und damit verbundene Kapitalerhaltungsgrundsätze verstärkt in der weiteren Projektbearbeitung zu berücksichtigen und nicht nur Bewertungsansätze zu beschreiben; vgl. IFAC-IPSASB (2010d), Tz. 1.7-1.8.

[1356] Vgl. auch Lüder, K. (2003b), S. 355-356; Lüder, K. (2005), S. 42; Wirtz, H. (2010), S. 220.

[1357] Siehe hierzu Kapitel 6.3.2.

[1358] Die intergenerative Gerechtigkeit wird nicht explizit als Zielsetzung der IPSAS-Berichterstattung genannt; siehe hierzu Kapitel 6.3.2.

[1359] Vgl. Streim, H. (2007), S. 295.

richterstattung kurz charakterisiert werden[1360] und deutlich machen, dass kein klares Kapitalerhaltungskonzept verfolgt wird.

Für die Erstbewertung von Vermögenswerten sind grundsätzlich Anschaffungs- oder Herstellungskosten zu verwenden; Schulden bzw. Rückstellungen sind mit dem Rückzahlungs- bzw. Erfüllungsbetrag anzusetzen, der bei Wesentlichkeit abzuzinsen ist.[1361]

Die Relevanz historischer Kosten, die durch ihre Vergangenheitsorientierung geprägt sind, zeigt sich besonders bei der Ermittlung der Kosten der Leistungserbringung, z.B. durch die Abschreibungen und den damit erfassten Ressourcenverbrauch. Zur Abschätzung der zukünftigen finanziellen Belastung durch die öffentliche Aufgabenwahrnehmung sind die historischen Kosten nur durch einen Inflationsausgleich eine mögliche Entscheidungshilfe.[1362] Da historische Kosten nicht den Wert eines Vermögenswertes zum Zeitpunkt seines Konsums widerspiegeln, ist es bei starken Preisschwankungen nicht möglich, auf der Basis von historischen Kosten einen wirtschaftlichen und effizienten Ressourceneinsatz zu beurteilen und auch die Gegenüberstellung mit gegenwärtigen Steuereinnahmen und sonstigen Ergebnisbeiträgen ist aufgrund der unterschiedlichen zeitlichen Bezugspunkte der Bewertung nicht zielführend.[1363] Des Weiteren ist es auf Grundlage der historischen Kosten nicht möglich, die Fähigkeit der Verwaltungseinheit zur Erbringung zukünftiger öffentlicher Leistungen und Deckung öffentlicher Aufgaben einzuschätzen, da durch diesen retrospektiven Bewertungsmaßstab das gegenwärtige Leistungspotenzial der öffentlichen Einheit nicht hinreichend quantifiziert wird, wenn nur Abschreibungen und keine Wertsteigerungen (was zur Bildung von stillen Reserven führt) berücksichtigt werden.[1364] Zusätzlich ist die Bewertung des Vermögens zu historischen Kosten für die Einschätzung des finanziellen Leistungsvermögens und der finanziellen Flexibilität ungeeignet, da mit historischen Kosten nicht der gegenwärtige Wert des Vermögens und dessen Schuldendeckungspotenzial – falls veräußerbar – angezeigt werden.[1365]

Die Anwendung von Anschaffungs- und Herstellungskosten entspricht der nominellen Kapitalerhaltung und dient vor allem der Rechenschaft, die sich im Rahmen des Haushaltsvollzugs

---

[1360] Siehe hierzu die Darstellung der IPSAS zur Bilanzierung des Sachanlagevermögens in Kapitel 7.3.2.

[1361] Vgl. z.B. IPSAS 12.15 für Vorräte, IPSAS 16.26 für als Finanzinvestition gehaltene Immobilien, IPSAS 17.26 für das Sachanlagevermögen, IPSAS 31.31 für immaterielle Vermögenswerte. Vgl. für Rückstellungen IPSAS 19.44, .53 und für Schulden IPSAS 29.45.

[1362] Vgl. auch IFAC-IPSASB (2012e), CF-ED3, Tz. 2.5.

[1363] Vgl. auch IFAC-IPSASB (2012e), CF-ED3, Tz. 2.4-2.5.

[1364] Vgl. auch IFAC-IPSASB (2012e), CF-ED3, Tz. 2.6.

[1365] Vgl. auch IFAC-IPSASB (2012e), CF-ED3, Tz. 2.7.

auf finanzielle Größen bezieht und hierfür objektiver Bewertungsmaßstäbe bedarf.[1366] Dies lässt sich mit der engen Verbindung des öffentlichen Haushalts- und Rechnungswesens, des darauf aufbauenden Haushaltskreislaufs und den Schutzfunktionen des Rechnungswesens begründen.[1367]

Zur Folgebewertung bietet das IPSASB Wahlmöglichkeiten, so dass im Sinne der leistungsorientierten Kapitalerhaltung Tageswerte verwendet werden können. So sind sowohl fortgeführte Anschaffungskosten (z.B. beim *cost model* (Anschaffungskostenmodell) gemäß IPSAS 16.65, IPSAS 17.43 und IPSAS 31.73) als auch der *fair value* – in den Standards wird noch nicht von „*market value*" gesprochen[1368] – (z.B. beim *revaluation model* (Neubewertungsmodell) gemäß IPSAS 17.44 und IPSAS 31.74 und beim *fair value model* gemäß IPSAS 16.42) zulässig. Letztere Ansätze sind im Sinne der leistungswirtschaftlichen Kapitalerhaltung und der intergenerativen bzw. interperiodischen Kapitalerhaltung zu bevorzugen.

Der beizulegende Zeitwert (*fair value* bzw. *market value*) führt für die Abschlussadressaten zu relevanten Informationen, da dieser Bewertungsmaßstab ziemlich genau den Wert des Vermögens der Verwaltungseinheit widerspiegelt.[1369] Falls der Vermögenswert veräußerbar ist, kann dieser nicht weniger wert sein als der Betrag, den die Verwaltungseinheit aus einem Verkauf erzielen würde, und auch nicht mehr wert sein als der entsprechende Nutzen, der aus einem gekauften Vermögenswert generiert werden könnte.[1370] Der gegenwärtige Marktwert stellt für Vermögenswerte, die der öffentlichen Leistungserbringung dienen, einen relevanten Bewertungsmaßstab da, wenn deren Verbrauch als Ressourceneinsatz den aktuell erhaltenen Steuer- und sonstigen Einnahmen gegenübergestellt wird, um die Wirtschaftlichkeit der Leistungserbringung zu beurteilen.[1371] Solange ein Vermögenswert noch nicht verkauft wird, sind Wertsteigerungen auf den gegenwärtigen Marktwert unrealisierte Gewinne, die separat (z.B. in einer Neubewertungsrücklage wie bei IPSAS 17.45) auszuweisen sind, um die Aussagekraft der Abschlussdaten nicht zu verfälschen.

1366 Vgl. Kröger, C. W. (2005), S. 633-634; Mühlenkamp, H./Glöckner, A. (2010b), S. 495; Wirtz, H. (2010), S. 90.

1367 Eine Trennung in interne und externe Berichtsinstrumente ist im öffentlichen Sektor aufgrund von Legitimationsproblemen nicht umsetzbar. „Bilanzpolitik zur Manipulation der externen Adressaten […] und eine zweite, ausschließlich interne Informationsquelle als Grundlage der Entscheidungen sind mit der Verpflichtung zur Rechenschaftslegung öffentlicher Einheiten wohl nicht vereinbar"; Srocke, I. (2003), S. 696.

1368 Siehe hierzu Kapitel 6.7.2.

1369 Vgl. auch Navarro Galera, A./Rodríguez Bolívar, M. P. (2010), S. 383.

1370 Vgl. IFAC-IPSASB (2012e), CF-ED3, Tz. 3.7-3.8.

1371 Vgl. IFAC-IPSASB (2012e), CF-ED3, Tz. 3.9-3.12.

Bei der Beurteilung der Fähigkeit der Verwaltungseinheit zur Erbringung zukünftiger öffentlicher Leistungen sind aktuelle Marktwerte der zur Erfüllung öffentlicher Aufgaben benötigten Vermögenswerte hilfreicher als historische Kosten, da sie eine zeitnahe Entscheidungsbasis darstellen.[1372] Des Weiteren ist die Einschätzung des finanziellen Leistungsvermögens und der finanziellen Flexibilität auf Basis eines mit aktuellen Marktwerten angesetzten Vermögens, wenn dieses veräußerbar ist, möglich, da so das gegenwärtige Schuldendeckungspotenzial des veräußerbaren Verwaltungsvermögens ersichtlich wird.[1373]

Hierbei ist zu beachten, dass gerade im öffentlichen Sektor viele Vermögenswerte nicht veräußerbar sind und auch die Leistungserbringung nicht den Marktkräften ausgesetzt wird, so dass mit der Marktwertbewertung im Zusammenhang stehende Erträge und Aufwendungen in ihrer Aussagekraft anzuzweifeln sind.[1374] Nachteile und Grenzen der Bewertung zu Marktpreisen ergeben sich bei einzigartigen oder seltenen Vermögenswerten, da für diese kein aktiver Markt besteht und nur aus Schätzungen Marktwerte abgeleitet werden können. Diese geschätzten Werte reduzieren die Vergleichbarkeit, Nachprüfbarkeit und Verständlichkeit der Berichtsinformationen, da sie immer durch eine subjektive Beurteilung beeinflusst werden.[1375] Des Weiteren stellen Marktwerte von zur Erfüllung der öffentlichen Aufgaben benötigten Vermögenswerten keinen relevanten Wert für deren ökonomischen Nutzen dar, da diese Vermögenswerte nicht veräußerbar sind und nur für die öffentliche Aufgabenerfüllung einen Nutzen haben, der bei einem Verkauf an Verwaltungsexterne wesentlich geringer ausfallen wird.[1376]

Die intergenerative bzw. interperiodische Gerechtigkeit bedarf auch einer eher „vorsichtigen" Ergebnisermittlung,[1377] wie z.B. die Berücksichtigung von Wertsteigerungen in einer Neubewertungsrücklage, die nicht in das ordentliche Ergebnis und zum Haushaltsausgleich einfließen darf, wobei zu kritisieren ist, dass das Vorsichtskriterium keine explizite qualitative Anforderung ist.[1378]

1372 Vgl. auch IFAC-IPSASB (2012e), CF-ED3, Tz. 3.13.

1373 Vgl. auch Arbeitskreis „Integrierte Verbundrechnung" (2005), S. 890; Budäus, D. (2007), S. 61; IFAC-IPSASB (2012e), CF-ED3, Tz. 3.14; Lüder, K. (1999), S. 44; Lüder, K. (2006b), S. 609; Lüder, K. (2008b), § 17, Rn. 26.

1374 Vgl. auch IFAC-IPSASB (2012e), CF-ED3, Tz. 3.12.

1375 Vgl. auch IFAC-IPSASB (2010d), Tz. 3.9-3.11; IFAC-IPSASB (2012e), CF-ED3, Tz. 3.10-3.12.

1376 Vgl. auch IFAC-IPSASB (2010d), Tz. 3.12; IFAC-IPSASB (2012e), CF-ED3, Tz. 3.12. So stellt ein Gefängnis zur Wahrung der Sicherheit einen Nutzen der öffentlichen Hand dar, aber nicht für den Privatsektor, wenn es verkauft werden würde, da hier erst durch Umbauten eine Nutzenumwidmung vollzogen werden kann.

1377 Vgl. auch Streim, H. (2007), S. 297.

1378 Siehe hierzu auch Kapitel 6.5.2.

Zusammenfassend kann festgestellt werden, dass das IPSASB kein klares Kapitalerhaltungskonzept verfolgt und auch nicht verfolgen kann, da zur Erfüllung der Zielsetzungen der Berichterstattung teilweise sich widersprechende Informationen benötigt werden und nur durch einen Kompromiss in der Informationsbereitstellung, wie z.B. mit den Bewertungsmaßstäben, den Zielen größtenteils entsprochen werden kann. So wird die Informationsgewährung für Entscheidungszwecke, die Rechenschaft und auch die intergenerative bzw. interperiodische Gerechtigkeit grundsätzlich erreicht. Es ist jedoch zu beachten, dass eine Kapitalerhaltungskonzeption und die damit einhergehende Gewinnermittlung nur zum Schutz künftiger Generationen ausreichen, wenn sie auch mit entsprechenden rechtlich verbindlichen Ergebnisverwendungs- und Verlustausgleichsregelungen verbunden sind.[1379]

6.9 Ausweis

Es liegt nahe, in einem Rahmenkonzept auch auf Ausweis- und Darstellungsgesichtspunkte einzugehen, da diese für eine funktionserfüllende Rechnungslegung nicht unerheblich sind.

6.9.1 IASB

Im momentan gültigen IASB-Framework gibt es keine gesonderten Regelungen für Ausweis- und Darstellungsfragen. Vielmehr hat sich das IASB erst in der bereits teilweise begonnenen Phase E des Framework-Projektes mit Fragen zur Darstellung (*presentation*) und zu Angabepflichten (*disclosure*) und deren Grenzen beschäftigt. Gegenwärtig werden Ausweis- und Angabepflichten nur auf Ebene der einzelnen Standards geregelt.

Im Gegensatz zu den nationalen, handelsrechtlichen Vorschriften enthalten die IFRS, die aufgrund der anglo-amerikanischen Prägung die Informationsfunktion des Abschlusses betonen, keine umfangreichen Gliederungsschemata für die Abschlussbestandteile, da hierdurch möglicherweise die entscheidungsrelevante Information der Abschlussadressaten für die erstellenden Unternehmen erschwert werden könnte und eine an den unternehmensspezifischen Gegebenheiten orientierte Darstellung unter Umständen nicht möglich wäre.[1380] Die IFRS geben kein verbindliches Gliederungsschema (es besteht in der Bilanz die Möglichkeit zur Gliederung nach der Fristigkeit oder bei relevanteren Informationen nach der Liquidierbarkeit) vor, vielmehr gibt es eine Auflistung von Posten, die mindestens in der Bilanz (IAS 1.54), Gesamtergebnisrechnung (IAS 1.82) und Gewinn- und Verlustrechnung (IAS 1.102 zum Gesamtkostenverfahren; IAS 1.103 zum Umsatzkostenverfahren) zwingend auszuweisen

1379 Vgl. auch Streim, H. (2007), S. 297. Siehe hierzu auch Kapitel 3.3.2.1.2.2.
1380 Vgl. Wagenhofer, A. (2009), S. 449.

sind.[1381] Die Gesamtergebnisrechnung und die Gewinn- und Verlustrechnung können in Form des *single statement approach* oder des *two-statement approach* erstellt werden (IAS 1.10A). Vorgaben zu den Angaben der Eigenkapitalveränderungsrechnung stehen in IAS 1.106 und IAS 1.111 verweist zur Ausgestaltung einer Kapitalflussrechnung im Detail auf IAS 7. Genauso werden die Anhangangaben und die Ausgestaltung des Anhangs in IAS 1.112-.136 thematisiert und auf Standardebene für die einzelnen Sachverhalte nochmals explizit geregelt. Der Anhang nach IFRS nimmt dabei eine Interpretations-, Entlastungs- und Ergänzungsfunktion ein.[1382]

Im Zusammenhang mit den Entwicklungen zum IASB-Framework Phase E steht ein weiteres IASB-Projekt. Eine grundlegende Änderung im Aufbau der Berichtsinstrumente und auch im Ausweis wird eintreten, wenn die Ideen der Phase B des *Financial Statement Presentation Project*, das aufgrund der Konvergenzbestrebungen von IASB und FASB gemeinsam durchgeführt wird, in der Unternehmenspraxis umzusetzen sind. Die geplanten Veränderungen des dritten Teilbereichs der Phase B „*Phase B – Replacement of IAS 1 and IAS 7*“ sind aus dem seit Oktober 2008 bestehenden DP „*Preliminary Views on Financial Statement Presentation*“[1383] und dem am 01.07.2010 veröffentlichten Staff Draft[1384], der in einem ED münden soll, ersichtlich.[1385]

Durch die drei im DP aufgenommenen Leitprinzipien[1386] sollen die Abschlussadressaten in der Beurteilung der wirtschaftlichen Unternehmenslage unterstützt werden, da diese Prinzipien die existierenden Inkonsistenzen und Schwachpunkte in der Darstellung der Abschlussinformationen beheben sollten. Allerdings ist durch die vom IASB beabsichtigten Veränderungen der Abschlussdarstellung auf Seiten der Abschlussersteller mit erheblichen System- und Prozessanpassungen zu rechnen.[1387]

1381 Vgl. zur Verbindlichkeit des Mindestgliederungsschemas der Bilanz auch Lüdenbach, N./Hoffmann, W.-D. (2004), S. 90-92.

1382 Vgl. Coenenberg, A. G./Haller, A./Schultze, W. (2012), S. 866.

1383 Vgl. IASB (2008c). Siehe zu den Vorüberlegungen zum DP Antonakopoulos, N. (2007), S. 213-220; Zülch, H./Fischer, D. T. (2007), S. 1768-1769; Zülch, H./Pronobis, P. (2008), S. 302-303. Für weiterführende Diskussionen des DP vgl. Kirsch, H. (2009a), S. 66-71; Kirsch, H. (2009b), S. 96-102; Kirsch, H. (2009c), S. 201-209; Scherr, E. et al. (2010), S. 597-607; Zülch, H./Pronobis, P. (2009), S. 557-565.

1384 Vgl. IASB (2010a). Siehe hierzu auch Pawelzik, K. U. (2011), S. 1119-1123.

1385 Vgl. Coenenberg, A. G./Haller, A./Schultze, W. (2012), S. 517; Pellens, B. et al. (2011), S. 201-204.

1386 Vgl. IASB (2008c), Tz. 2.5-2.13. Siehe auch Fischer, D. T./Pronobis, P. (2009), S. 274; Fülbier, R. U. et al. (2009), S. 406-407.

1387 Vgl. Coenenberg, A. G./Haller, A./Schultze, W. (2012), S. 517; Heintges, S./Wulbrand, H. (2011), S. 6.

Durch das erste „Prinzip der Kohäsion" (*cohesiveness*) sollen Informationen über die unterschiedlichen Abschlussinstrumente Bilanz, Gesamtergebnisrechnung und Kapitalflussrechnung hinweg zusammenhängend und nachvollziehbar dargestellt werden.[1388]

Hiermit in Verbindung stehend ist das zweite „Prinzip der Disaggregation" (*disaggregation*), das zur Erhöhung der Prognosefähigkeit der Abschlussdaten eine Trennung unterschiedlicher bzw. eine Zusammenfassung gleicher Sachverhalte anhand ihrer ökonomischen Dimension vorsieht.[1389]

Das dritte Prinzip zur Liquiditäts- und Flexibilitätsbeurteilung (*liquidity and financial flexibility*), das im Staff Draft bereits wieder gestrichen wurde, sollte die Informationsvermittlung zur Tilgungs- und Investitionsfähigkeit des Unternehmens in Bezug auf finanzielle Verpflichtungen und sich bietende Gelegenheiten und damit die finanzielle Flexibilität verbessern.[1390]

Der Kern dieses Projektes ist die konsistente, einheitliche und prinzipienorientierte Gliederungsstruktur aller Abschlussbestandteile durch deren Unterteilung nach den Vorgaben des DP in die Abschnitte Geschäftstätigkeit (*business*), Finanzierungstätigkeit (*financing*), Ertragsteuern (*income taxes*), aufgegebene Geschäftsbereiche (*discontinued operations*) und Eigenkapital (*equity*).[1391] Im Staff Draft wird *equity* als eine Unterkategorie von *financing* geführt und zusätzlich wird ein Abschnitt *multi-category transaction* als eine Art „Sammelbecken" für Sachverhalte, die einzelnen Kategorien nicht zugeordnet werden können, aufgenommen.[1392]

Eine Folge dieser abschnittsweisen Darstellung ist dann beispielsweise zu erkennen, wenn die Bilanz nicht mehr die bekannte Unterteilung in Aktiv- und Passivseite, sondern eine Staffelform aufweist. Durch diese gleichförmige Struktur sollen die Auswirkungen eines zu erfassenden Sachverhaltes und dessen übergreifende Abbildung in der Bilanz, Gesamtergebnisrechnung und Kapitalflussrechnung besser ersichtlich und die Verknüpfung der Abschlussinstrumente verdeutlicht werden.[1393]

1388 Vgl. IASB (2008c), Tz. 2.5-2.6; IASB (2010a), Tz. 57-61.

1389 Vgl. IASB (2008c), Tz. 2.7-2.11; IASB (2010a), Tz. 46-56.

1390 Vgl. IASB (2008c), Tz. 2.12-2.13; IASB (2010a), Tz. 44. Dieses Prinzip wurde im Staff Draft wieder gestrichen, da dieser Aspekt bereits durch das Framework-Projekt abgedeckt sei; vgl. IASB (2010a), Tz. BC72-73. Siehe auch Heintges, S./Wulbrand, H. (2011), S. 8.

1391 Vgl. Coenenberg, A. G./Haller, A./Schultze, W. (2012), S. 518.

1392 Vgl. IASB (2010a), Tz. 62, 100-102.

1393 Vgl. Coenenberg, A. G./Haller, A./Schultze, W. (2012), S. 518.

6.9.2 IPSASB

Gegenwärtig sind die Regelungen des IPSASB zur Darstellungsform der Abschlussbestandteile, wie in den IFRS, nicht im Framework geregelt, sondern nur auf Standardebene und auch dort nur in einem sehr geringen Umfang.[1394] So wird nur ein Mindestgliederungsschema in IPSAS 1.88 für die Vermögensrechnung und in IPSAS 1.102 für die Ergebnisrechnung vorgegeben, das durch zusätzliche Posten, Überschriften und Zwischensummen ergänzt werden kann, falls dies für die Darstellung der Lage der Verwaltungseinheit relevant ist.[1395] Des Weiteren enthalten IPSAS 1.118-.119 Vorgaben für die Bestandteile einer Veränderungsrechnung des Nettovermögens und IPSAS 2.18-.26 für die Erstellung einer Finanzrechnung und der darin aufzunehmenden Posten.

Das IPSASB hat sich bereits in seinen Sitzungen mit den Bestandteilen des Framework zum Thema „*Presentation*" befasst und ein diesbezügliches CP[1396] erarbeitet, am 31.01.2012 veröffentlicht und zur Kommentierung freigegeben. In diesem CP wird ebenfalls die Zielsetzung der öffentlichen Rechnungslegung und Berichterstattung, entscheidungsrelevante Informationen durch eine als Mehrzweckabschluss ausgestaltete Berichterstattung (*general purpose financial reporting*; GPFR) bereitzustellen, auch auf die zu erarbeitenden Darstellungsgrundsätze übertragen, wodurch diese nicht nur auf die enger zu fassenden Instrumente der Finanzberichterstattung (GPFS) beschränkt wären.[1397] Als Weiterentwicklung wurde am 17.04.2013 der CF-ED4 „*Conceptual Framework for General Purpose Financial Reporting by Public Sector Entities: Presentation in General Purpose Financial Reports*"[1398] zur Kommentierung bis zum 17.08.2013 freigegeben.

Zunächst wird im CF-ED4 eine Abgrenzung der Begriffe „*presentation*", „*display*" und „*disclosure*" vorgenommen und deren Beziehungen zueinander dargestellt. *Presentation* als Oberbegriff zur Informationsgewährung bedeutet die Sammlung, Platzierung und Organisation der Informationen, die im Zusammenhang mit GPFR dargestellt und ausgewiesen werden, um der Zielsetzung der Berichterstattung, den Adressatenbedürfnissen und den qualitativen Anforderungen zu entsprechen.[1399] Hierzu zählen auch Aspekte der Darstellung (*display*) und der Angabepflichten im Anhang zur Finanzberichterstattung bzw. in ergänzenden Berichts-

1394 Vgl. Dressler, S./Northoff, T. (2006), S. 24; Wirtz, H. (2010), S. 138.
1395 Vgl. IPSAS 1.89, .104. Beispiele zur Darstellung der Vermögens- und Ergebnisrechnung befinden sich in der Implementation Guidance zu IPSAS 1.
1396 Vgl. IFAC-IPSASB (2012g).
1397 Vgl. IFAC-IPSASB (2012g), Tz. 1.1.
1398 Vgl. IFAC-IPSASB (2013a), CF-ED4.
1399 Vgl. IFAC-IPSASB (2013a), CF-ED4, Tz. 1.2.

formaten des GPFR (*disclosure*), um den Nutzen der dargestellten Informationen zu erhöhen.[1400]

Wie bereits im CP verfolgt das IPSASB mit dem CF-ED4 den Ansatz, dass im Rahmenkonzept allgemeingültige Regelungen zur Informationsgewährung sowohl in der Finanzberichterstattung (GPFS) als auch in den weiteren Berichtsinstrumenten des GPFR formuliert werden (*overall approach*);[1401] eine weitere Detaillierung erfolgt auf Standardebene, z.B. zu Anhangangaben. Der CF-ED4 unterteilt die Ausführungen jeweils für GPFR und GPFS in unterschiedliche Absätze der Abschnitte zu den drei Hauptbereichen, mit denen die Informationsgewährung verbunden ist: (1) Auswahl der Informationen (*information selection*); (2) Präsentationplatz der Informationen (*information location*); und (3) Organisation der Informationen (*information organization*).[1402]

In die Überlegungen zur Informationsgewährung sind immer die Bedürfnisse der im IPSASB-Framework festgelegten Abschlussadressaten einzubeziehen, gleichzeitig ist der Zielsetzung der Berichterstattung zu entsprechen und die qualitativen Anforderungen müssen beachtet werden.[1403] Die Tragweite der Entscheidungen zur Informationsdarstellung kann sowohl sehr weit sein (indem z.B. Berichtsformate neu erstellt, umgeordnet oder vermischt werden) oder sehr kurz greifen und sich auf Detailfragen innerhalb eines Berichtsformats beziehen.[1404]

Bei der Auswahl der zu präsentierenden Informationen ist zu überlegen, für welche Sachverhalte eine Darstellung entscheidungsnützlich ist, mit welchen Informationen der Zielsetzung der Berichterstattung und den qualitativen Anforderungen entsprochen werden kann, und welche Informationen bereits im GPFR zu finden sind.[1405] Mit der Informationsauswahl in den GPFS sind die Abschlussadressaten über die Vermögens-, Finanz- und Ertragslage der Verwaltungseinheit zu unterrichten und um weitere Informationen in den zusätzlichen Berichtsinstrumenten des GPFR zu ergänzen.[1406] Hierbei ist eine Informationsüberflutung zu verhindern, was durch zu beachtende Relevanz- und Wesentlichkeitsgesichtspunkte und Kos-

---

1400 Vgl. IFAC-IPSASB (2013a), CF-ED4, Tz. 1.3-1.4. Im Gegensatz zu den in den „IFRS verwendeten Begriffen ‚Presentation' (Darstellung in den Financial Statements) und ‚Disclosure' (Darstellung in den Notes) werden nunmehr die Begriffe ‚Presentation' (Oberbegriff für die Vermittlung von Informationen), ‚Display' (Darstellung von ‚Core Information' in den Statements) und ‚Disclosure' (Darstellung von ‚Supporting Information' in den Erläuterungen zu einem GPFR) diskutiert"; Müller-Marqués Berger, T. (2012b), S. S77 (im Original werden englische Begriffe nicht kursiv und auch nicht kleingeschrieben).

1401 Vgl. IFAC-IPSASB (2013a), CF-ED4, Tz. 1.1, 1.6, BC19.

1402 Vgl. IFAC-IPSASB (2013a), CF-ED4, Tz. 1.7.

1403 Vgl. IFAC-IPSASB (2013a), CF-ED4, Tz. 1.8. Siehe zu den Ausführungen zum IPSASB-Framework die Kapitel 6.3.2 und 6.5.2.

1404 Vgl. IFAC-IPSASB (2013a), CF-ED4, Tz. 1.10.

1405 Vgl. IFAC-IPSASB (2013a), CF-ED4, Tz. 2.1.

1406 Vgl. IFAC-IPSASB (2013a), CF-ED4, Tz. 2.3-2.5.

ten-Nutzen-Überlegungen erreicht werden kann. Gleichzeitig ist eine ausreichende Zeitnähe zu berücksichtigen.[1407]

Die Bestimmung des Präsentationsplatzes der Informationen konzentriert sich darauf, wo die Informationen darzustellen sind, damit dem Nutzen der Abschlussadressaten entsprochen werden kann. Hierbei ist die relative Bedeutung der Informationen (die Wichtigkeit einer Information kann durch eine prominente Positionierung in den Berichtsformaten unterstrichen werden, wie z.B. eigener Berichtsbestandteil oder nur Anhangangaben), deren Natur (z.B. qualitativ oder quantitativ, historisch oder zukunftsorientiert etc.) und auch die Verbindung zwischen unterschiedlichen Informationen zu beachten und auch unter dem Aspekt der Vergleichbarkeit zu beurteilen.[1408]

Zu dem Bereich der Organisation der Informationen zählen Entscheidungen (1) zum Einsatz von Tabellen, unterschiedlichen Diagramm- und Graphentypen, Überschriften und Nummerierungen, (2) zur Gestaltung und Anordnung der Informationen innerhalb eine Berichtsformats, sowie (3) Klarstellung der Verbindungen zwischen einzelnen Informationen, z.B. mittels einheitlicher Überschriften, Darstellungsformen, Reihenfolgen oder anderen Maßnahmen.[1409] Die Beziehungen zwischen einzelnen Informationen können u.a. durch eine gegenseitige Förderung und Unterstützung (*enhancement*) (z.B. prospektive Budgetinformationen zur Ergänzung der retrospektiven Finanzberichte), durch eine ähnliche Aussagekraft (*similarity*) und damit Abstimmbarkeit (z.B. Darstellung der Kosten der Leistungserbringung einerseits in der Leistungsberichterstattung und andererseits der damit verbundenen Aufwendungen in der Ergebnisrechnung) und ein gemeinsamer Zweck (*shared purpose*) (z.B. in unterschiedlichen Berichtsinstrumenten Rechenschaft über die Leistungserbringung durch Auflistung der dafür geplanten und tatsächlichen Kosten, der dafür eingesetzten finanziellen und nicht-finanziellen Ressourcen und verbale Ausführungen zur zukünftigen Leistungsfähigkeit).[1410]

Das Framework des IASB und das geplante IPSASB-Rahmenkonzept sehen keine konkreten Regelungen für den Ausweis vor, sondern werden eher allgemein gehaltene Ausführungen und Grenzen zum Ausweis und den Angabepflichten beinhalten. Dies wird damit begründet, dass erst auf Standardebene detaillierte Regelungen entwickelt werden bzw. schon bestehen. Dies deckt sich mit der Vorgehensweise des IPSASB in Bezug auf die *group reporting entity*

[1407] Vgl. IFAC-IPSASB (2013a), CF-ED4, Tz. 2.6-2.10.
[1408] Vgl. IFAC-IPSASB (2013a), CF-ED4, Tz. 3.1-3.3.
[1409] Vgl. IFAC-IPSASB (2013a), CF-ED4, Tz. 4.1-4.3.
[1410] Vgl. IFAC-IPSASB (2013a), CF-ED4, Tz. 4.4-4.7.

oder die Auslegung und Anwendung der qualitativen Charakteristika auf Informationen, die über die ursprüngliche Finanzberichterstattung hinausgehen (wie Planungs-/Budget- und Leistungssachverhalte), die nach ihrer Art und Weise erst auf Standardebene berücksichtigt werden.[1411]

Vermögensrechnung	
Aktiva	Passiva

Verwaltungsvermögen
- Immaterielles Vermögen
- Sachvermögen
  - Gewöhnliches Sachanlagevermögen
  - Sachanlagen im Gemeingebrauch
    - Infrastrukturvermögen
    - Natur- und Kulturgüter
- …
 	
Realisierbares Vermögen
- Immaterielles Vermögen
- Sachvermögen
- Finanzvermögen
  - Forderungen
  - Liquide Mittel
  - …
 	
…
	Nettoposition
	- Basis-Reinvermögen
	- Rücklagen
	  - …
	
	Rückstellungen
	- …
	
	Verbindlichkeiten
	- …
	
	…

Abbildung 23: Gliederung der Vermögensrechnung[1412]

Ein Punkt, der z.B. eine Besonderheit des öffentlichen Sektors in Bezug auf den Ausweis darstellt, ist die Unterteilung der Vermögensseite, die aber nicht wie im Unternehmensbereich üblich in Anlage- und Umlaufvermögen bzw. lang- und kurzfristiges Vermögen vorgenommen wird. LÜDER schlägt in seinem sog. „Speyerer Verfahren"[1413], das in einem Modellprojekt mit der Stadt Wiesloch entwickelt wurde, vor, die Vermögenswerte nach ihrer finanziellen Realisierbarkeit zu unterteilen. Die Aktivseite ist hierzu in das Verwaltungsvermögen, das zur Erfüllung der öffentlichen Aufgaben unabdingbar ist und in das realisierbare Vermögen, das ohne Beeinträchtigung der öffentlichen Aufgabenwahrnehmung zumindest abstrakt veräußert und in finanzielle Ressourcen überführt werden kann, zu gliedern. Diese Gliederung zeigt gleichzeitig das Schuldendeckungspotenzial der Verwaltungseinheit, das sich im realisierbaren Vermögen widerspiegelt, auf.[1414] Des Weiteren ist durch diese Trennung auch die Nettogesamtverschuldung (Gesamtschulden – realisierbares Vermögen) der Verwaltungsein-

1411 Vgl. IFAC-IPSASB (2013b), CF, Tz. 3.5, BC3.3, BC4.9-BC4.10.

1412 In Anlehnung an: Lüder, K. (1999), S. 18; Lüder, K. (2007), S. 6.

1413 Vgl. zum „Speyerer Verfahren" Lüder, K. (1999).

1414 Vgl. Lüder, K. (1999), S. 19; Lüder, K. (2001), S. 49-51; Lüder, K. (2007), S. 6-7. Siehe hierzu auch Budäus, D. (2007), S. 60-61; Mahnkopf, R. (2008), § 14, Rn. 30. Probleme einer objektiven Vermögenstrennung sehen z.B. Bolsenkötter, H. (2000), S. 42-43; Diemer, R. (1996), S. 246.

heit, die den Umfang der Kreditfinanzierung des Verwaltungsvermögens verdeutlicht, ersichtlich.[1415] Unter dem realisierbaren Vermögen würden auch die als Finanzinvestition gehaltenen Immobilien nach IPSAS 16.7 zu erfassen sein.[1416] Das zum Verwaltungsvermögen zu zählende Sachanlagevermögen besteht aus dem gewöhnlichen Sachanlagevermögen und dem Sachanlagevermögen im Gemeingebrauch. Das gewöhnliche Sachanlagevermögen umfasst alle Vermögenswerte, die ausschließlich von der Verwaltung selbst zur Leistungserbringung genutzt werden.[1417] Das Sachanlagevermögen im Gemeingebrauch hingegen steht dem Nutzen der Allgemeinheit zur Verfügung und kann weiter in zwei Kategorien unterteilt werden: (1) Infrastrukturvermögen, wie Straßen, Parks, Brücken, Kanalisationssysteme, und (2) Kultur- und Naturgüter, wie Denkmäler, Kunstsammlungen, historische Gebäude und Naturparks.[1418]

Diese von LÜDER vorgeschlagene Vermögenstrennung unterscheidet sich von der Bilanzgliederung in IPSAS 1.70, da diese auf der Aktivseite eine Unterteilung in *current assets* und *non-current assets* vorsieht. Bezogen auf den Adressatennutzen „erscheint die im Speyerer [Verfahren] [...] vorgeschlagene Bilanzgliederung informativer und für öffentliche Verwaltungen passender als die Gliederungsempfehlung des IPSAS 1“[1419]. Dies ist auch damit zu begründen, dass im Sinne der intergenerativen Gerechtigkeit die finanzielle Lage der Verwaltungseinheit den Tatsachen entsprechend darzustellen und auch das hierzu gehörige und durch die obige Vermögensunterteilung verdeutlichte Schuldendeckungspotenzial aufzuzeigen ist.[1420] Um dies erfüllen zu können, ist das realisierbare Vermögen mit aktuellen Zeitwerten zu bewerten. Durch diese Vermögenstrennung und den Informationen zum Umfang und dem Wert des veräußerbaren Vermögens könnten auch politische Entscheidungen dahingehend begünstigt werden, dass z.B. die Frage geklärt wird, in welchem Ausmaß eine Verwaltungseinheit nicht zur Erfüllung der öffentlichen (Pflicht-)Aufgaben benötigtes Vermögen halten sollte.[1421]

Diese Vorschläge sind nicht zu verwechseln mit IFRS 5, da bei den IFRS eine Verkaufsentscheidung getroffen worden sein muss, um als Vermögenswert unter die Regelungen des

1415 Vgl. Lüder, K. (1999), S. 19; Lüder, K. (2007), S. 8.

1416 Siehe zu den diesbezüglichen Anpassungen bei der Übertragung der IPSAS auf die Gegebenheiten in der Schweiz Schedler, K./Knechtenhofer, B. (2003), S. 555-556. Eine Vermögenstrennung findet in den IPSAS in zwei Standards dadurch statt, dass sich IPSAS 17 mit *property, plant & equipment* befasst und IPSAS 16 mit *investment property*; vgl. Lüder, K. (2007), S. 9.

1417 Vgl. Lüder, K. (1999), S. 19-20.

1418 Vgl. Lüder, K. (1999), S. 20. Siehe hierzu auch Abbildung 23.

1419 Schauer, R. (2005a), S. 21. Für die kommunale Rechnungslegung in Niedersachsen besteht ein Ausweiswahlrecht (§ 54 Abs. 3 NI-GemHKVO). Diese Vermögensaufspaltung wird aber bisher von Politik und Verwaltungspraxis überwiegend abgelehnt; vgl. Budäus, D./Hilgers, D. (2010d), S. 508.

1420 Vgl. Arbeitskreis „Integrierte Verbundrechnung“ (2005), S. 890; Lüder, K. (2006b), S. 609.

1421 Vgl. Mühlenkamp, H./Glöckner, A. (2010b), S. 496-497.

IFRS 5 zu fallen.[1422] Im öffentlichen Sektor wird hingegen nach dem Kriterium unterschieden, ob ein Vermögenswert grundsätzlich veräußerbar ist oder nicht, eine Verkaufsentscheidung wäre somit nicht ausschlaggebend für den Ausweis.

6.10 Zusammenfassung zum IPSASB-Framework

Die Ausführungen in Kapitel 6 haben gezeigt, dass die vorgeschlagenen Frameworks des IASB und IPSASB unterschiedlich sind. Ein gemeinsames Rahmenkonzept, wie u.a. neben einem einzelnen Satz an Standards von STEVENSON gefordert wird,[1423] ist für den Regelungsbereich des IASB und IPSASB aufgrund bestehender Unterschiede nicht möglich oder könnte nur auf einer sehr hohen Abstraktionsebene (mit entsprechenden Anwendungsproblemen in der Auslegung oder notwendigen weiterführenden Untergliederungen, wie in Neuseeland) erreicht werden.[1424]

Erste Unterschiede ergeben sich im Anwendungsbereich, der im IPSASB-Framework nicht wie im IASB-Framework nur die Darstellung des Vermögens und der Schulden und die Abbildung der Auswirkungen darauf durch die vorgefallenen Transaktionen umfasst, sondern umfangreicher ist und zusätzlich die gesetzlichen Vorschriften zur Budgeteinhaltung und Rechenschaft, die Dokumentation der Leistungsfähigkeit und des Zielerreichungsgrades und eine Abschätzung der zukünftigen Leistungserbringung und der dafür benötigten Ressourcen beinhaltet.[1425]

Im Sinne des IPSASB umfasst der Zweck der als Mehrzweckabschluss ausgestalteten Berichterstattung (GPFR) öffentlicher Verwaltungen die Informationsbereitstellung zur Entscheidungsfindung (*decision-making purposes*) und Rechenschaft (*accountability purposes*). Beide Ziele sind im IPSASB-Framework im Gegensatz zum IASB-Rahmenkonzept gleichwertig. Die Zielsetzung der Berichterstattung unterscheidet sich auch deshalb, da der Adressatenkreis im öffentlichen Sektor weiter gefasst ist (Leistungsempfänger inklusive deren Repräsentanten und Ressourcengeber einschließlich deren Interessenvertreter; vgl. zur in dieser Arbeit vorgeschlagenen, weiter gehenden Kategorisierung Kapitel 6.3.2) und somit auch ein größeres Spektrum an Informationsbedürfnissen abgedeckt werden muss. Die Informationsbedürfnisse erstrecken sich auf die Darstellung der Vermögens-, Finanz- und Ertragslage der Verwaltungseinheit, auf die Einhaltung des Budgets und die damit verbundene rechtmäßi-

1422 IFRS 5.38 schreibt vor, dass langfristige Vermögenswerte, deren Verkauf bevorsteht (*assets held for sale*), gesondert in der Bilanz auszuweisen sind.
1423 Vgl. Stevenson, K. M. (2010), S. 310. Siehe auch die Überleitung am Ende von Kapitel 5.4.3.3.
1424 Vgl. auch Holder, W. W. (2011), S. 108. Vgl. zu den Regelungen in Neuseeland XRB (2012), Tz. 27-58.
1425 Siehe Kapitel 6.2.2.

ge Mittelerhebung und -verwendung, auf die Rechenschaft über die Leistungserbringung und die Möglichkeit zur Beurteilung der Wirtschaftlichkeit, Effizienz und Effektivität der Verwaltungstätigkeit, auf zukunftsgerichtete Ausführungen finanzieller und nicht-finanzieller Art zur Erhöhung der Planungssicherheit und auf eine zusätzliche Veranschaulichung der Sichtweise der Verwaltungsführung zu vergangenen, gegenwärtigen und zukünftigen Entwicklungen.[1426]

Das IPSASB gibt aufgrund nationaler Besonderheiten nur Hauptkriterien für eine berichterstattende Einheit (*reporting entity*) vor, die durch nationale Standardsetter konkretisiert werden sollen. Im Sinne des IPSASB ist eine berichterstattende Einheit (*reporting entity*) eine Verwaltungseinheit oder sonstige Organisation des öffentlichen Sektors, ein Programm oder eine identifizierbare Aktivität, die ein GPFR für ihre Abschlussadressaten erstellt. Anzeichen für existierende Abschlussadressaten (und damit die Notwendigkeit zur Erstellung von GPFR) liegen vor, wenn die Verwaltungseinheit verantwortlich oder befähigt ist, öffentliche Abgaben zu erheben oder die Mittel einzusetzen, das öffentliche Vermögen zu verwalten, Schulden zu begehen und öffentliche Güter und Dienstleistungen zu erbringen. Für eine *group reporting entity* gilt ebenfalls als Grundvoraussetzung die Erstellung des GPFR und zusätzlich muss eine Beherrschung vorliegen (das *control*-Kriterium wird bewusst nicht verwendet), indem diese Einheit die Befugnis und die Fähigkeit hat, den Aufgabenbereich einer anderen Einheit zu bestimmen oder die Geschäftspolitik zu diktieren und aus diesen Tätigkeiten in finanzieller oder sonstiger Art zu profitieren oder sie hat die Verpflichtung, finanzielle und sonstige Lasten und Verluste, die aus der Tätigkeit der anderen Einheit resultieren, zu tragen. Detailliertere Regelungen finden sich zusätzlich in den IPSAS.[1427]

Die qualitativen Anforderungen (*qualitative characteristics*) des IASB und IPSASB an die Berichterstattung (Relevanz (*relevance*), glaubwürdige Darstellung (*faithful representation*), Verständlichkeit (*understandability*), Zeitnähe (*timelineness*), Vergleichbarkeit (*comparability*) und Nachprüfbarkeit (*verifiability*)) entsprechen sich zum größten Teil und das IPSASB übernimmt richtigerweise die Terminologie des IASB, um so Anwendungs-, Auslegungs- und Übersetzungsprobleme zu vermeiden. Unterschiede liegen in der fehlenden Hierarchie der qualitativen Anforderungen im IPSASB-Framework, die mit einer gewünschten Flexibilität und weniger strikten Auslegung der qualitativen Anforderungen aufgrund der heterogenen Zwecke, Einsatzbereiche und Adressaten im öffentlichen Sektor zu begründen sind. Aufgrund der fehlenden Hierarchie werden im Gegensatz zum IASB die qualitativen Anforderungen des

[1426] Siehe Kapitel 6.3.2.
[1427] Siehe Kapitel 6.4.2.

IPSASB nicht nur durch das Kosten-Kriterium (*cost-benefit*) beschränkt, sondern auch durch Wesentlichkeit (*materiality*) und Abwägung der qualitativen Anforderungen (*balance between the qualitative characteristics*).[1428]

Unterschiede gibt es des Weiteren bei den Abschlussposten (*elements*) und deren Definitionen. Im IASB-Framework werden die in der Bilanz zu erfassenden Vermögenswerte (*assets*), Schulden (*liabilities*) und das Eigenkapital (*equity*) und als Ergebnisbestandteile Erträge (*income*) und Aufwendungen (*expenses*) abgegrenzt. Für den öffentlichen Sektor werden darüber hinaus folgende, relevante und spezifische Abschlussposten identifiziert: aufgeschobene Zuflüsse (*deferred inflows*), aufgeschobene Abflüsse (*deferred outflows*), Eigentümerbeiträge (*ownership contributions*), Eigentümerentnahmen (*ownership distributions*). Bei den Definitions- und Ansatzkriterien gibt es im Detail Unterschiede, so dass z.B. für *assets* bei der abstrakten Bilanzierungsfähigkeit nicht nur auf den zukünftigen wirtschaftlichen Nutzen, sondern auch auf ein zukünftiges Leistungspotenzial abgestellt wird, um die besonders im öffentlichen Sektor auftretenden nicht-finanziellen Leistungen zu berücksichtigen. Die konkrete Bilanzierungsfähigkeit (*recognition*) lehnt sich hingegen stark am IASB-Framework an.[1429]

Die im IPSASB-Framework behandelten Wertmaßstäbe (*measurement*) sind mit denen des hierfür in 2005 veröffentlichten DP des IASB grundsätzlich vergleichbar. So sprechen das IASB bzw. das IPSASB von historischen Kosten (*historical cost*), vom Tageswert (*current cost*) bzw. von Wiederbeschaffungskosten (*replacement cost*), vom Nettoveräußerungswert (*net realizable value*) bzw. vom Nettoveräußerungspreis (*net selling price*), vom beizulegenden Zeitwert (*fair value*) bzw. vom Marktwert (*market value*) und vom Nutzungswert (*value in use*). Für *liabilities* verwendet das IPSASB zusätzlich die Ablösungskosten (*cost of release*), den Übernahmewert (*assumption price*) und den Erfüllungsbetrag (*cost of fulfillment*). Eine wesentliche Differenz ergibt sich beim Marktwert. Das IPSASB möchte nicht den aus den IFRS bekannten Begriff „*fair value*“ verwenden, da dieser gemäß IFRS 13.9 explizit als *exit value* (ergibt sich aus dem Verkauf eines Vermögenswertes oder der Übertragung einer Schuld) definiert ist und das IPSASB als *market value* sowohl den Zugangs- als auch den Abgangswert betrachtet.[1430]

Das IASB-Framework legt sich in seinen Ausführungen auf kein Kapitalerhaltungskonzept (*concepts of capital and capital maintenance*) fest, da das geeignete Kapitalerhaltungskonzept

[1428] Siehe Kapitel 6.5.2.
[1429] Siehe Kapitel 6.6.2.
[1430] Siehe Kapitel 6.7.2.

durch das bilanzierende Unternehmen anhand der Bedürfnisse der Abschlussadressaten ausgewählt werden muss. Deshalb werden sowohl das Konzept der finanzwirtschaftlichen Kapitalerhaltung als auch das Konzept der leistungswirtschaftlichen Kapitalerhaltung im IASB-Framework ausgeführt. Das IPSASB-Framework enthält noch kein Kapital- und Kapitalerhaltungskonzept. Für den öffentlichen Sektor erfordert die intergenerative bzw. interperiodische Gerechtigkeit den Erhalt der Ressourcen der Verwaltungseinheit für künftige Generationen, was für die Verwendung eines leistungswirtschaftlichen Kapitalerhaltungsansatzes spricht. In der vorliegenden Arbeit konnte jedoch gezeigt werden, dass das IPSASB mit seinen bisherigen Regelungen zwar kein klares Kapitalerhaltungskonzept verfolgt und auch nicht verfolgen kann, da zur Erfüllung der Zielsetzungen der Berichterstattung teilweise sich widersprechende Informationen benötigt werden und nur durch einen Kompromiss in der Informationsbereitstellung, wie z.B. mit den Bewertungsmaßstäben, den Berichterstattungszielen größtenteils entsprochen werden kann. Allerdings kann trotz eines fehlenden Kapitalerhaltungskonzeptes die Informationsgewährung für Entscheidungszwecke, die Rechenschaft und auch die intergenerative bzw. interperiodische Gerechtigkeit grundsätzlich erreicht werden.[1431]

Fragen des Ausweises und der Präsentation (*presentation*) der Informationen werden im IASB-Framework nicht diskutiert und im IPSASB-Framework erfolgen nur grundsätzliche Überlegungen dazu, wie die darzustellenden Informationen auszuwählen (*information selection*), an welchem Ort die Informationen zu präsentieren (*information location*) und wie die Informationen zu organisieren (*information organization*) sind.[1432]

[1431] Siehe Kapitel 6.8.2.
[1432] Siehe Kapitel 6.9.2.

7. Erfassung von Natur- und Kulturgütern in der Abschlusserstellung von Verwaltungseinheiten

Aus der dem öffentlichen Verwaltungshandeln zugrunde liegenden intergenerativen Gerechtigkeit ist die besondere Bedeutung der Nachhaltigkeit im öffentlichen Sektor abzuleiten.[1433] Ein Aspekt, der unter die Nachhaltigkeit und damit die Verantwortung für zukünftige Generationen zu subsumieren ist, ist die Erhaltung von Natur- und Kulturgüter (sog. *heritage assets*)[1434], die aufgrund ihrer Eigenart einen besonderen Wert für vergangene, gegenwärtige und zukünftige Generationen darstellen und deshalb zu bewahren sind.

Die Gruppe der Natur- und Kulturgüter ist sehr heterogen, da hierunter z.B. Bauwerke, Baudenkmäler, Kunstwerke, historische Schriften/Geräte (Museumsbestände), Sammlungen, Ausgrabungen, Naturschutzgebiete (Landschaften und Küstengebiete), aber auch immaterielle Vermögenswerte, wie z.B. der Mitschnitt historischer Ereignisse oder das Recht zur Nutzung des Konterfeis historisch bedeutsamer Persönlichkeiten u.a. für Briefmarken und Sammlermünzen,[1435] zu verstehen sind. Die Heterogenität der Natur- und Kulturgüter und deren Besonderheiten werden zum einen in der hierzu geführten wissenschaftlichen Diskussion und zum anderen darin deutlich, dass es bis heute keine allgemeingültige Definition von *heritage assets* existiert, auch nicht in den IPSAS. Ein Grund dafür ist, dass u.a. in vielen Nationen bzw. für verschiedene Institutionen aus dem Bereich des Rechnungswesens öffentlicher Verwaltungen die Natur- und Kulturgüter eine Untergruppe des Sachanlagevermögens darstellen und deshalb auf eine eigenständige Definition verzichtet wird.[1436] Die Regelungslücken der IPSAS zur Definition und Bilanzierung der *heritage assets* werden durch die Ausführungen in den folgenden Unterkapiteln geschlossen. Es ist zu beachten, dass auch keine Anleihen aus den IFRS möglich sind.

7.1 Entwicklung des Diskurses zu Natur- und Kulturgütern

Durch das New Public Management und die dadurch ausgelöste Verwaltungsmodernisierung sollte – wie in Kapitel 2.4.1 beschrieben – auf Basis der Doppik eine periodengerechte Erfolgsermittlung vorgenommen und ein den Tatsachen entsprechendes Bild der Vermögens-, Finanz- und Ertragslage der Verwaltungseinheit dargelegt werden, um die Transparenz des Verwaltungshandelns zu erhöhen. Die dadurch bedingte vollständige Vermögenserfassung zur Erstellung einer Eröffnungsbilanz, die die Grundlage für die Fortschreibung des Vermö-

---

1433 Siehe hierzu Kapitel 3.3.2.1.2.2.
1434 Im Folgenden werden die Begriffe „Natur- und Kulturgüter“ und „*heritage assets*“ synonym verwendet.
1435 Vgl. IPSAS 31.12.
1436 Vgl. Sayce, S. et al. (2009), S. 8.

gens und der Schulden in den Folgeperioden darstellt, bedarf einer Inventur, um eine vollständige Übersicht der Vermögenswerte und Schulden zu erlangen.

Natur- und Kulturgüter, die einen großen Teil des öffentlichen Vermögens darstellen können, sind dabei auch in geeigneter Weise in die Vermögensrechnung aufzunehmen. So sind im Zuge der Bilanzierung Fragen des Ansatzes, der Bewertung und des Ausweises der Vermögenswerte und Schulden unter Beachtung der Eigenschaften von Natur- und Kulturgüter zu klären[1437] und bei Anwendung der IPSAS mit dem in Kapitel 6 diskutierten Rahmenkonzept abzustimmen. Eine unterschiedliche Behandlung und Problematik ergibt sich u.a. daraus, dass Natur- und Kulturgüter als Gruppe sehr heterogen sind, zum Teil einzigartig sind und somit nicht reproduziert werden können, oft eine jahrhundertelange Nutzungsdauer haben und deren Abschreibungsaufwand deshalb nur schwer zu ermitteln ist. Auch ist zu klären, ob Abschreibungen in die Ermittlung des Haushaltsausgleichs im Sinne der interperiodischen Gerechtigkeit einzubeziehen sind oder nicht und generell muss die Entscheidungsrelevanz der Informationen zu Natur- und Kulturgütern beurteilt werden.[1438]

Die wissenschaftliche Diskussion zu Natur- und Kulturgütern entwickelte sich in den 1980er Jahren in Ländern, wie Australien und Neuseeland,[1439] die als erstes die Umsetzung der Ideen des NPM begonnen haben.[1440] Das Hauptproblem liegt darin, zu klären, ob und wenn ja, in welcher Weise Natur- und Kulturgüter in die Vermögensrechnungen oder in weitere Berichtsinstrumente aufzunehmen sind und wie deren Wert, der primär z.B. gesellschaftlicher, historischer, wissenschaftlicher oder künstlerischer Art ist, in einer finanziellen Größe zur Bewertung in der Vermögensrechnung ausgedrückt werden kann.[1441]

In einem der ersten Beiträge zu diesem Themenbereich vertritt MAUTZ die Meinung, dass Natur- und Kulturgüter als Schulden in die Vermögensrechnung aufgenommen werden sollten.[1442] Begründet wird es damit, dass *heritage assets* im überwiegenden Maße keine positi-

---

1437 Vgl. Buch Goméz, E. J./Cabaleiro Casal, R. (2008), S. 2-5; Glazer, A. S./Jaenicke, H. R. (1991), S. 31-32.

1438 Vgl. Aiken, M. (1994), S. 20-22; Buch Goméz, E. J./Cabaleiro Casal, R. (2008), S. 3; Pallot, J. (1990), S. 83.

1439 Siehe hierzu Kapitel 7.2. Die entsprechenden Rechnungslegungsnormen in Australien und Neuseeland enthalten keine explizite Definition von *heritage assets* und subsumieren diese nur unter das Sachanlagevermögen.

1440 Vgl. Stafford, A. (2010), S. 2.

1441 CARNEGIE/WOLNIZER bezeichnen die finanzielle Bewertung von Natur- und Kulturgütern, hier im Besonderen von Museumssammlungen, als „*accounting fiction*"; Carnegie, G. D./Wolnizer, P. W. (1997b), S. 165. Vgl. hierzu auch Carnegie, G. D./Wolnizer, P. W. (1997a), S. 44; Carnegie, G. D./Wolnizer, P. W. (1999), S. 17.

1442 Vgl. Mautz, R. K. (1988), S. 123. MAUTZ bezieht sich hierbei auf seine im Jahr 1981 angestoßene Diskussion, dass im Bereich der Rechnungslegung des öffentlichen Sektors zuerst sorgfältig geprüft werden muss, ob die beabsichtigte Übertragung der im Unternehmensbereich bewährten Konzepte möglich ist oder eine

ven Zahlungsmittelflüsse generieren können. Vielmehr stellen sie zwar einen Wert und Nutzen für die Allgemeinheit dar, aber keinen finanziellen Wert für die haltende Verwaltungseinheit, der sich in einem wirtschaftlichen Nutzen durch einen möglichen zukünftigen Verkauf – der durch rechtliche oder gesellschaftliche Rahmenbedingungen oft auszuschließen ist – widerspiegeln würde.[1443] Dieselbe Auffassung wie MAUTZ vertreten auch CARNEGIE/WOLNIZER, da *heritage assets* zwar einen Wert darstellen, der sich aber nicht in positiven finanziellen Ergebnisbeiträgen niederschlägt, da Erträge gleich null oder sehr niedrig sind und von den Aufwendungen für Unterhalt, Wartung und Instandsetzung bei weitem überschritten werden, so dass nur negative Cashflows erzielt werden.[1444]

In der vorliegenden Arbeit wird diese Argumentationsweise kritisch gesehen, denn es muss auch beachtet werden, dass sich der öffentliche Sektor gerade durch seine fehlende Kausalität zwischen erhaltenen Ressourcen und dem Ressourcenaufwand zur Bereitstellung von Gütern und Dienstleistungen auszeichnet und es in den Verantwortungsbereich einer Verwaltungseinheit fällt, eine treuhänderische Ressourcenallokation im Sinne der Gemeinwohlorientierung vorzunehmen. Der Unternehmensbereich unterscheidet sich dadurch, dass eine direkte Verbindung zwischen Einnahmen aus dem Verkauf der produzierten Produkte oder erbrachten Leistungen und den damit verbundenen Herstellungskosten der Produkte und Leistungen besteht. Hieraus resultiert, dass die reine Betrachtung der Leistungserbringung immer mit negativen Ressourcenabflüssen verbunden ist, daraus aber nicht der Schluss gezogen werden darf, dass *heritage assets* als Schulden anzusehen sind.[1445]

Die von MAUTZ provozierte Diskussion über die Eigenschaften und bilanzielle Abbildung von Natur- und Kulturgütern wurde dahingehend weiterentwickelt, dass MAUTZ weiterhin auf die gesonderte Behandlung von *heritage assets* und ein eigenes Konzept für *heritage assets* besteht, aber nicht mehr den Ansatz und Ausweis als Schulden vorsieht, sondern eine Klassifizierung und einen gesonderten Ausweis als *facilities* vorschlägt.[1446] „*Facilities are properties essential to the purpose of a not-for-profit organization that are acquired to facilitate the*

ganz neue Sichtweise aufgrund der Eigenarten des öffentlichen Sektors eingenommen werden muss. Er kommt somit zu dem Schluss, dass aufgrund der dominierenden Zahlungsmittelabflüsse *assets* nicht als *assets*, sondern als *liabilities* anzusehen sind; vgl. Mautz, R. K. (1981), S. 53-54.

1443 Vgl. Stafford, A. (2010), S. 6.

1444 Vgl. Carnegie, G. D./Wolnizer, P. W. (1997b), S. 174-177.

1445 Vgl. auch Pallot, J. (1990), S. 79-80.

1446 Vgl. Mautz, R. K. (1988), S. 125-126.

transfer of resources outward."[1447] Im Vergleich zu den anderen Vermögenswerten hat die gesonderte Klassifizierung nichts damit zu tun, dass *facilities* sehr spezialisiert und einzigartig in der Leistungserbringung oder auch veräußerbar (dies ist aber nicht der Grund, warum sie beschafft wurden) sein können, da diese Charakteristika ebenfalls bei den anderen *assets* auftreten können. Wenn die Verkaufsentscheidung für einen ursprünglich als *facility* klassifizierten Vermögenswert getroffen wird, muss dieser ab diesem Zeitpunkt wie die anderen *assets* behandelt und ausgewiesen werden.[1448]

Die Besonderheit der *facilities* ergibt sich aus der gesellschaftlichen Verantwortung der Verwaltungseinheit, da aufgrund der Gemeinwohlorientierung als oberster Staatszweck die Legitimation und Rechtfertigung des Verwaltungshandels gewährleistet werden sollte.[1449] Diese gesellschaftliche Verantwortung der Verwaltungseinheit rechtfertigt den Erhalt der Natur- und Kulturgüter durch den Einsatz finanzieller Ressourcen und fördert auch die gesellschaftliche Akzeptanz des Mittelabflusses, da so z.B. ein ökologischer, sozialer oder gesellschaftlicher Wert und Nutzen für die Allgemeinheit geschaffen wird. Aus diesem Grund rückte MAUTZ von seiner ursprünglichen Klassifizierung der *heritage assets* als Schulden ab, da der Ansatz von Schulden eine rechtliche Verpflichtung bzw. zumindest eine faktische Verpflichtung für Zahlungen an Dritte bedarf.[1450] Da *facilities* als *assets* zu erfassen sind, liegt auch keine rechtliche Verpflichtung zugrunde, die den Ressourcenabfluss begründet, vielmehr sorgt die wahrgenommene gesellschaftliche Verantwortung und Gemeinwohlorientierung für die gesellschaftliche Akzeptanz der Mittelaufwendung zum Erhalt dieser Natur- und Kulturgüter.[1451]

Im Rückgriff auf die Theorie der öffentlichen Güter schlägt PALLOT ebenfalls einen gesonderten Ausweis und eine differenzierte Behandlung von Natur- und Kulturgütern als *community assets* vor.[1452] Bei einer Wirtschafts- und Gesellschaftsordnung, die auf Privateigentum und die Macht des Marktes vertraut, ist eine Intervention der Institutionen des öffentlichen Sektors

---

1447 Mautz, R. K. (1988), S. 125. *Facilities* ermöglichen der öffentlichen Verwaltungseinheit eine ihrer Zwecksetzung entsprechende Leistungserbringung, die mit Ressourcenabflüssen an Verwaltungsdritte verbunden ist.

1448 Vgl. Mautz, R. K. (1988), S. 125. Denkbar ist z.B. ein gesonderter Ausweis, Bilanzierung und Bewertung als *assets held for sale*.

1449 Vgl. Schuppert, G. F. (2003), S. 215-217.

1450 Mögliche Aufwandsrückstellungen, die sich aus Innenschuldverhältnissen ergeben und nach nationalen Rechnungslegungsstandards zulässig sind, sind hierbei nicht berücksichtigt.

1451 Vgl. Mautz, R. K. (1988), S. 125-126.

1452 Vgl. Pallot, J. (1990), S. 80. PALLOT greift hier die bereits durch die *New Zealand Society of Accountants* verwendete Bezeichnung auf.

dann angebracht, wenn aufgrund eines Marktversagens gesellschaftlich nicht gewünschte allokative Effekte auftreten, wie es bei öffentlichen Gütern der Fall ist.[1453]

Öffentliche Güter werden durch zwei wesentliche Eigenschaften charakterisiert: Zum einen greift das Ausschlussprinzip nicht, da es technisch unmöglich oder auch zu kostspielig wäre, jemanden von der Nutzung dieses Gutes auszuschließen, was aber im Umkehrschluss auch bedeutet, dass sich keiner der Nutzung entziehen kann (wie z.B. bei einer Hochwasserschutzanlage). Die Nutzung der öffentlichen Güter ist unabhängig davon, ob man zu deren Finanzierung einen Kostenbeitrag entrichtet, einen Preis zahlt oder nicht.[1454] Die Bereitstellung der öffentlichen Güter kann deshalb nicht über den Markt geregelt werden, da das Prinzip, einen Ausschluss von der Nutzung bei Nichtbezahlung vorzunehmen, nicht umgesetzt werden kann und somit eine Nichtanwendbarkeit des Ausschlussprinzips zum Marktversagen führt.[1455] Hierbei ist zu beachten, dass nicht die Eigenschaften des Gutes zu einem Marktversagen und einer suboptimalen Allokation führen, sondern die Ausgestaltung der gesellschaftlichen Institutionen wie z.B. der Eigentumsrechte.[1456] Zum anderen zeichnen sich öffentliche Güter durch die Nicht-Rivalität im Konsum aus, so dass der Konsum des Gutes durch ein Individuum den Konsum desselben Gutes der anderen Individuen physisch nicht beeinträchtigt.[1457] Dies bedeutet, dass ein zusätzlicher Konsument des Gutes nur unerhebliche oder keine Grenzkosten verursacht.[1458]

PALLOT fasst unter *community assets* (als einen Oberbegriff) sowohl Infrastrukturvermögen (z.B. Straßen, Brücken, Kanalisationssysteme, Beleuchtungsanlagen) als auch Natur- und Kulturgüter zusammen.[1459] In Rückgriff auf die zwei charakterisierenden Dimensionen von *assets*, zum einen dienen sie der Ressourcenbereitstellung und -nutzung und zum anderen bestehen Eigentumsrechte an ihnen, kann eine Abgrenzung zwischen *community assets* und den sonstigen Vermögenswerten der Verwaltungseinheit vorgenommen werden.

Im öffentlichen Sektor stellen die Vermögenswerte ein Leistungspotenzial dar, da die Gewinnorientierung hinter der Gemeinwohlmaximierung zurücktritt und daraus ein nicht-

---

1453 Vgl. Nowotny, E./Zagler, M. (2009), S. 59. Siehe auch Blankart, C. B. (2008), S. 53-70; Fritsch, M. et al. (1999), S. 85-88, 344-346; Musgrave, R. A. et al. (1994), S. 67-76; Zimmermann, H. et al. (2009), S. 49-54.

1454 Vereinzelt werden Gebühren erhoben, die jedoch nicht kostendeckend sind, wie z.B. die LKW-Maut für deutsche Autobahnen.

1455 Vgl. Blankart, C. B. (2008), S. 53; Musgrave, R. A. et al. (1994), S. 70-71; Nowotny, E./Zagler, M. (2009), S. 63.

1456 Vgl. Fritsch, M. et al. (1999), S. 345.

1457 Vgl. Blankart, C. B. (2008), S. 53; Nowotny, E./Zagler, M. (2009), S. 63.

1458 Vgl. Fritsch, M. et al. (1999), S. 345; Zimmermann, H. et al. (2009), S. 53.

1459 Vgl. Pallot, J. (1990), S. 80.

finanzieller Nutzen resultiert. Diesen erzielten Nutzen nehmen bei *community assets* direkt die Bürger in Anspruch (wie z.B. das Befahren von Straßen, der Aufenthalt in Parks), bei den anderen Vermögenswerten der Verwaltungseinheit nutzt die Verwaltung diese Vermögenswerte selbst, um ihre Aufgaben erfüllen zu können (wie z.B. die Verwaltungsgebäude, der Fuhrpark oder die Büroausstattung).[1460] Hierbei kann auf die bereits beim Steuerungsmodell/3-Ebenen-Konzept im Kapitel 2.4.3 vorgenommene begriffliche Abgrenzung zwischen Ressourceneinsatz (Input) und den damit erzielten Leistungen (Output) und deren Wirkung bei den Bürgern (Outcome) zurückgegriffen werden, wobei im Bereich der Natur- und Kulturgüter eher auf die Outcomes zur Beurteilung der Verwaltungsleistung und -tätigkeit abzustellen ist.[1461]

Die Abgrenzung der Eigentumsrechte an den *assets* im öffentlichen Sektor bedarf einer gesonderten Betrachtung und Einordnung. Im Unternehmensbereich resultiert aus dem Eigentum an einem Vermögenswert das Recht, über diesen zu verfügen, den Nutzen aus diesem Vermögenswert zu ziehen, anderen die Nutzung zu verwehren und den Vermögenswert zu veräußern oder auch zu zerstören.[1462] Öffentliche Verwaltungseinheiten haben ebenfalls Eigentumsrechte an ihrem Vermögen und profitieren an deren Nutzung und tragen deren Verpflichtungen (wie z.B. der Unterhalt des öffentlichen Infrastruktursystems oder öffentlicher Parks und Kulturdenkmäler), doch kann es gerade bei öffentlichen Gütern, die dem Allgemeinwohl dienen, trotz des Eigentumsrechts, rechtliche, politische oder gesellschaftliche Einschränkungen geben, die einen Verkauf untersagen. Darüber hinaus darf auch die Allgemeinheit nicht von der Nutzung ausgeschlossen werden, auch wenn der Einzelne keinen direkten Beitrag zur Finanzierung leistet.[1463] Diese Vermögenswerte dienen und „gehören" der Gesellschaft und werden nur im Sinne der Bürger durch die Verwaltungseinheit verwaltet und erhalten. PALLOT sieht somit *community assets* dadurch charakterisiert, dass sie nicht primär zur Generierung von Cashflows eingesetzt werden und somit eher einen sozialen als kommerziellen Zweck verfolgen. Zusätzlich sind sie für die breite Allgemeinheit zugänglich und nutzbar, was sie von direkt für die Verwaltungstätigkeit notwendigen Vermögenswerten, wie z.B. Verwaltungsgebäude oder Fuhrpark, unterscheidet. Des Weiteren sind *community assets* nicht veräußerbar, da kein Markt existiert bzw. die Verwaltungsführung die *community assets* im Interesse der Gesellschaft nicht veräußern darf.[1464]

1460 Vgl. zu diesen Ausführungen Pallot, J. (1990), S. 81.
1461 Vgl. Pallot, J. (1990), S. 81.
1462 Siehe zur abstrakten und konkreten Bilanzierungsfähigkeit Kapitel 6.6.1.
1463 Vgl. Pallot, J. (1990), S. 84.
1464 Vgl. hierzu Pallot, J. (1990), S. 83.

Diese von PALLOT vorgenommene Abgrenzung von *community assets* von den restlichen *assets* einer Verwaltungseinheit liegt auch dem differenzierten Ausweis in der Vermögensrechnung nach LÜDER zugrunde, der wie in Abbildung 23 dargestellt die Aktivseite in das Verwaltungsvermögen, das zur Erfüllung der öffentlichen Aufgaben unabdingbar ist und in das realisierbare Vermögen, das ohne Beeinträchtigung der öffentlichen Aufgabenwahrnehmung zumindest abstrakt veräußert und in finanzielle Ressourcen überführt werden kann, untergliedert.[1465]

Die Entwicklung der wissenschaftlichen Diskussion zeigt, dass Natur- und Kulturgüter grundsätzlich als Vermögenswerte der betrachteten Verwaltungseinheit anzusehen sind, ohne jedoch eine konkrete Definition der *heritage assets* bereitzustellen.

7.2 Definition von Natur- und Kulturgütern

Wenn man sich mit Natur- und Kulturgütern beschäftigt und nach einer international gültigen Definition sucht, gilt als die bekannteste die der UNESCO-Welterbekonvention.[1466] Am 16.11.1972 hat die UNESCO das international anerkannte „Übereinkommen zum Schutz des Kultur- und Naturerbes der Welt"[1467] verabschiedet, um eine auf neuesten wissenschaftlichen Erkenntnissen und Methoden basierende Einrichtung zu schaffen, der die Etablierung „eines wirksamen Systems des gemeinschaftlichen Schutzes des Kultur- und Naturerbes von außergewöhnlichem universellem Wert"[1468] obliegt. Gemäß Art. 1 der UNESCO-Welterbekonvention fallen unter „Kulturerbe" Denkmäler, Ensembles und Stätten, die einen außergewöhnlichen universellen Wert darstellen.[1469] Als „Naturerbe" werden Naturgebilde, geologische und

1465 Vgl. Lüder, K. (1999), S. 19; Lüder, K. (2007), S. 6-7. Siehe hierzu Kapitel 6.9.2.

1466 Siehe u.a. Glanz, S. (2011), S. 39. UNESCO steht für United Nations Educational, Scientific and Cultural Organization

1467 Siehe UNESCO (1972).

1468 UNESCO (1972), Einleitung. Eine besondere Bedeutung kommt dieser Vereinbarung zu, da durch einen gesellschaftlichen und wirtschaftlichen Wandel zunehmend Kultur- und Naturgüter beschädigt oder unwiederbringlich zerstört werden und ein unschätzbarer Verlust für alle Völker entsteht, da oft die nationalen finanziellen, wissenschaftlichen und technischen Ressourcen zum Erhalt und Schutz nur unzureichend sind und es nur durch eine länderübergreifende Kooperation und einen Erfahrungsaustausch der internationalen Gemeinschaft als Gesamtheit gelingen kann, diese Herausforderung zu meistern und das Kultur- oder Naturerbe von außergewöhnlicher Bedeutung als Bestandteil des Welterbes der ganzen Menschheit zu erhalten; vgl. UNESCO (1972), Einleitung.

1469 Kulturerbe gemäß Art. 1 der UNESCO-Welterbekonvention: „Denkmäler: Werke der Architektur, Großplastik und Monumentalmalerei, Objekte oder Überreste archäologischer Art, Inschriften, Höhlen und Verbindungen solcher Erscheinungsformen, die aus geschichtlichen, künstlerischen oder wissenschaftlichen Gründen von außergewöhnlichem universellem Wert sind;
Ensembles: Gruppen einzelner oder miteinander verbundener Gebäude, die wegen ihrer Architektur, ihrer Geschlossenheit oder ihrer Stellung in der Landschaft aus geschichtlichen, künstlerischen oder wissenschaftlichen Gründen von außergewöhnlichem universellem Wert sind;
Stätten: Werke von Menschenhand oder gemeinsame Werke von Natur und Mensch sowie Gebiete einschließlich archäologischer Stätten, die aus geschichtlichen, ästhetischen, ethnologischen oder anthropologischen Gründen von außergewöhnlichem universellem Wert sind."

physiographische Erscheinungsformen und Naturstätten bezeichnet, wenn sie ebenfalls durch einen außergewöhnlichen universellen Wert charakterisiert sind.[1470]

Die Definitionen der UNESCO-Welterbekonvention können nicht als Definition für die in der vorliegenden Arbeit behandelten Natur- und Kulturgüter dienen, da sie auf bedrohte Natur- und Kulturgüter durch den dominierenden Schutzgedanken beschränkt sind und aufgrund der Forderung des außergewöhnlichen universellen Wertes nur eine Teilmenge der hier betrachteten *heritage assets* beinhalten und hierunter z.B. viele mobile Kulturgüter, wie Gemälde und Sammlungen, nicht zu verstehen sind.[1471]

Wenn man das Schutzbedürfnis zur Definition von Natur- und Kulturgütern heranzieht, sind der Denkmalschutz und seine Regelungen einschlägig. Gemäß der Definition des 1965 in Warschau gegründeten Internationalen Rats für Denkmalpflege (International Council on Monuments and Sites; ICOMOS), der sich weltweit für Schutz und Pflege von Denkmälern und die Bewahrung des historischen Kulturerbes einsetzt und das UNESCO-Welterbekomitee unterstützt, haben Denkmäler ästhetische, historische, wissenschaftliche oder gesellschaftliche Werte für vergangene, gegenwärtige oder zukünftige Generationen.[1472] Aufgabe des Denkmalschutzes ist es, „die Kulturgüter als Zeugnisse der Geschichte zu erhalten und zu pflegen und damit für künftige Generationen zu bewahren“[1473], wobei der Denkmalschutz im Gegensatz zur Denkmalpflege ein hoheitlicher Verwaltungsakt ist.[1474]

Aufgrund der Fokussierung auf das Schutzbedürfnis, das im Zusammenhang mit dem jeweils unterschiedlichen nationalen Denkmalschutzvorschriften, die ebenfalls so vielfältig sind wie die Natur- und Kulturgüter selbst,[1475] zu sehen ist, sind die Vermögenswerte, die als Denkmäler gelten, von einer rechtlichen Definition abhängig, so dass wiederum nicht alle hier zu be-

---

1470 Art. 2 der UNESCO-Welterbekonvention zu Naturerbe: „Naturgebilde, die aus physikalischen und biologischen Erscheinungsformen oder -gruppen bestehen, welche aus ästhetischen oder wissenschaftlichen Gründen von außergewöhnlichem universellem Wert sind;
geologische und physiographische Erscheinungsformen und genau abgegrenzte Gebiete, die den Lebensraum für bedrohte Pflanzen- und Tierarten bilden, welche aus wissenschaftlichen Gründen oder ihrer Erhaltung wegen von außergewöhnlichem universellem Wert sind;
Naturstätten oder genau abgegrenzte Naturgebiete, die aus wissenschaftlichen Gründen oder ihrer Erhaltung oder natürlichen Schönheit wegen von außergewöhnlichem universellem Wert sind.“

1471 Vgl. auch Glanz, S. (2011), S. 39.

1472 Vgl. ICOMOS (1999), Art. 1. Die ursprüngliche Version der Charta von Burra entstand 1979, kleinere Änderungen erfolgten 1981 und 1988.

1473 Kleeberg, R./Eberl, W. (2001), Tz. 1.

1474 Vgl. Kleeberg, R./Eberl, W. (2001), Tz. 12 mit weiteren Nennungen. Siehe zur Entwicklung der Denkmalpflege z.B. Schmidt, L. (2008), S. 7-15.

1475 Vgl. Kleeberg, R./Eberl, W. (2001), Tz. 5. Beispielsweise enthält Kleeberg, R./Eberl, W. (2001), Tz. 16 eine Übersicht der 16 Ländervorschriften zum Denkmalschutz in Deutschland.

trachtenden Natur- und Kulturgüter unter die Definition der Denkmalpflege und des Denkmalschutzes fallen.

Definitionen von *heritage assets* durch rechnungslegungsaffine nationale und internationalen Institutionen existieren entweder gar nicht, sind eine bloße Aufzählung von möglichen Eigenschaften von oder Beispielen für Natur- und Kulturgüter oder werden aufgrund der bereits angesprochenen Heterogenität der Natur- und Kulturgüter sehr allgemein gefasst.

Beispielsweise hat das Canadian Institute of Chartered Accountants (CICA) in Public Sector Accounting Board (PSAB) Handbook Section PS 3150 „*Tangible Capital Assets*“ keine allgemeine Definition von *heritage assets*, es werden lediglich *work of arts* und *historical treasures* kurz umschrieben.[1476]

In Frankreich enthalten die Central Government Accounting Standards in Standard 6 „*Tangible Assets*“ keine eigenständige Begriffsbestimmung für *heritage assets*, so dass beispielsweise in Standard 6, Tz. 5.2.2 nur von „*assets of a purely historical or cultural natur*“ gesprochen wird.

Die IPSAS enthalten weder in IPSAS 17 „*Property, Plant and Equipment*“ noch in IPSAS 31 „*Intangible Assets*“ eine Definition von *heritage assets*. Lediglich IPSAS 17.10 und IPSAS 31.12 listen mögliche Eigenschaften von Natur- und Kulturgütern, wie schwere monetäre Bewertbarkeit, Einzigartigkeit, Unveräußerlichkeit und unendliche Nutzungsdauer, auf.[1477]

Selbst in Ländern, die eine Aktivierung von Natur- und Kulturgütern in der Vermögensrechnung einer Verwaltungseinheit vorschreiben, wie z.B. in Australien und Neuseeland, enthalten die entsprechenden Rechnungslegungsnormen keine explizite Definition von *heritage assets*. Gemäß AASB 116.Aus6.2 fallen unter *property, plant & equipment* auch *cultural and heritage assets*, so dass diese wie das Sachanlagevermögen zu bilanzieren sind.[1478] In Neuseeland, wo das neuseeländische Treasury Accounting Policy Team im November 1992 erstmalig eine Bilanzierungsvorschrift für Natur- und Kulturgüter im öffentlichen Sektor verab-

1476 Vgl. hierzu IFAC-IPSASB (2006a), CP – Appendix 1, S. 55. In Ergänzung zu PSAB Handbook Section PS 3150 sieht Treasury Board Accounting Standard 3.1, Tz. 6d keine Bilanzierung von nicht für die operative Verwaltungstätigkeit genutzte *heritage assets* im kanadischen öffentlichen Sektor vor.

1477 Siehe Kapitel 7.3.2.

1478 Siehe Tabelle 9. Die Standards des Australian Accounting Standards Board (AASB) entsprechen den IFRS, werden aber durch nationale Einfügungen ergänzt, die mit dem Präfix „Aus” gekennzeichnet sind.

schiedet hat,[1479] enthält Financial Reporting Standard (FRS) 3 „*Accounting for Property, Plant and Equipment*" zwar keine Definition von *heritage assets*, aber es wird immer wieder der Bezug hergestellt, wie z.B. in Tz. 4.38, dass „*some resources are described as 'heritage assets' because of their cultural or historical significance*".

Das US-amerikanische Governmental Accounting Standards Board (GASB), dessen Geltungsbereich Gliedstaaten und Kommunen umfasst, bezieht sich lediglich im Statement No. 34 (GASBS 34) auf *works of art and historical treasures*, gibt aber keine Definition von *heritage assets*.[1480]

Das FASAB (Federal Accounting Standards Advisory Board/USA), das Rechnungslegungsnormen in den USA für die Bundesebene festlegt, gibt in SFFAS 29.15 die folgende Definition: „*Heritage assets are property, plant and equipment (PP&E) that are unique for one or more of the following reasons: historical or natural significance; cultural, educational, or artistic (e.g., aesthetic) importance; or significant architectural characteristics.*"

Das britische Accounting Standards Board (ASB) definiert *heritage assets* wie folgt: „*Heritage assets are assets with historic, artistic, scientific, technological, geophysical or environmental qualities that are held and maintained principally for their contribution to knowledge and culture and this purpose is central to the objectives of the entity holding them. As well as museum collections such as those of art, antiquities and books the term 'heritage assets' includes assets such as landscape and coastline, historic buildings and archaeological sites.*"[1481]

Die in dieser Arbeit verwendete Definition von *heritage assets* greift die Definition des IPSASB bei seinem Projekt[1482] zur Bilanzierung von Natur- und Kulturgütern auf, stellt die Bedeutung der Natur- und Kulturgüter für den Nutzen der Allgemeinheit in den Vordergrund und ergänzt die Definition des IPSASB[1483] um den Zusatz, dass unter *heritage assets* materielle und ausdrücklich auch immaterielle Natur- und Kulturgüter zu verstehen sind. Natur- und Kulturgüter dienen grundsätzlich nicht der Verwaltungseinheit selbst für deren Verwaltungs-

1479 Vgl. Vogelpoth, N./Meinen, J. (2008), S. 977.

1480 Vgl. GASBS 34.19.

1481 Accounting Standards Board (2006), DP – Preface, Tz. 4. Diese Definition ist weitestgehend deckungsgleich mit der folgenden, im 2009 verabschiedeten FRS 30.2: „*A tangible asset with historical, artistic, scientific, technological, geophysical or environmental qualities that is held and maintained principally for its contribution to knowledge and culture*". In dieser Definition sind immaterielle *heritage assets* nicht enthalten.

1482 Siehe zur Projektbeschreibung Kapitel 7.3.1.

1483 „*An asset with historic, artistic, religious, cultural, scientific, technological, geophysical or environmental qualities that is held and maintained principally for the public benefit*"; IFAC-IPSASB (2006c), S. 13.5.

tätigkeit, sondern stiften im Sinne der Gemeinwohlorientierung in erster Linie einen Nutzen für alle Bürger und unterliegen grundsätzlich als öffentliche Güter nicht der Rivalität und Ausschließbarkeit.[1484]

Demnach gilt für die vorliegende Arbeit: Natur- und Kulturgüter (*heritage assets*) sind materielle und immaterielle Güter mit historischen, künstlerischen, religiösen, kulturellen, wissenschaftlichen, technischen, geophysikalischen oder für die Natur bedeutsamen Eigenschaften, die von der öffentlichen Hand oder einer anderen kulturfördernden Einrichtung hauptsächlich im öffentlichen Interesse gehalten und erhalten werden.

7.3 Derzeitiger Stand der Bilanzierung von Natur- und Kulturgütern nach IPSAS

In den folgenden Unterkapiteln wird zum einen die Regelungslücke von Natur- und Kulturgütern nach IPSAS thematisiert und zum anderen werden grundsätzlich für Natur- und Kulturgüter relevante, bestehende IPSAS beschrieben. Anschließend wird anhand einer eigenständigen Kategorisierung ein Vorschlag zur Bilanzierung der *heritage assets* entwickelt.

7.3.1 Das Projekt „Heritage Assets" des IPSASB

In den aktuell gültigen IPSAS besteht eine Regelungslücke bzw. bestehen keine detaillierten Bilanzierungsvorschriften für *heritage assets*, obwohl diese eine große Anzahl und Bedeutung als Besonderheit öffentlicher Verwaltungen erreichen können. Deren Bedeutung hat bereits die Vorgängerinstitution des IPSASB, das Public Sector Committee, erkannt und diese als Vermögenswerte beschrieben, die aufgrund ihrer einzigartigen historischen, geographischen, kulturellen oder ökologischen Beschaffenheit durch den öffentlichen Sektor erhalten und bereitgestellt werden.[1485]

Zu dem Zeitpunkt im Jahre 2001 als IPSAS 17 „*Property, Plant and Equipment*" verabschiedet wurde, war sich das IPSASB darüber im Klaren, dass das Themengebiet der Natur- und Kulturgüter einer weiterführenden Bearbeitung bedarf.[1486] Im November 2004 hat sich das IPSASB erstmalig in einem eigenen Projekt[1487] (das Projekt ruht allerdings seit Mai 2007) mit der Bilanzierung von *heritage assets* auseinandergesetzt und aufgrund begrenzter Mitarbeiterressourcen in den folgenden Jahren auf Arbeiten des Standardsetters des Vereinigten Königreichs und Irlands, das britische Accounting Standards Board (ASB), zurückgegriffen, um das

1484 Vgl. Barton, A. D. (1999b), S. 223-24; Barton, A. D. (1999a), S. 209-211; Barton, A. D. (2005), S. 435; Pallot, J. (1990), S. 80.

1485 Vgl. IFAC-PSC (2000), Appendix 1, S. 200.

1486 Vgl. IFAC-IPSASB (2006a), CP – S. 4.

1487 Vgl. zur Projekt-Homepage des IPSASB http://www.ifac.org/public-sector/projects/heritage-assets; Stand: 20.03.2013.

Projekt „*Heritage Assets*“ zur Entwicklung von Bilanzierungs- und Erläuterungsvorschriften für Natur- und Kulturgüter voranzutreiben. Im Februar 2006 veröffentlichte das IPSASB ein bis zum 30.06.2006 zu kommentierendes Consultation Paper (CP) „*Accounting for Heritage Assets under the Accrual Basis of Accounting*“[1488], das als Diskussionsgrundlage zu verstehen ist und im Kern mit dem im Januar 2006 vom britischen ASB veröffentlichten Discussion Paper (DP) „*Heritage Assets: Can Accounting do better?*“[1489] identisch ist.

Das DP des ASB wurde hauptsächlich für die Sammlungen von Museen und Galerien mit der Zielsetzung entwickelt, eine Bilanzierungsvorschrift für Einheiten zu schaffen, deren „unternehmerischer“ Hauptzweck das eigenständige Managen dieser *heritage assets* ist, so dass diese Vermögenswerte in den meisten Fällen den Hauptbestandteil des Sachanlagevermögens ausmachen und entsprechend in der Bilanz zu erfassen sind.[1490] Ergänzend zu Museen und Galerien erhalten und verwalten öffentliche Verwaltungen die Natur- und Kulturgüter im Sinne einer intergenerativ gerechten und auf Nachhaltigkeit ausgerichteten Gemeinwohlorientierung, die jeglichem Verwaltungshandeln zugrunde liegt. Die Notwendigkeit zur Regelung der Bilanzierung von Natur- und Kulturgütern ergab sich für das ASB daraus, dass sich eine uneinheitliche Bilanzierungspraxis in Großbritannien etabliert hat. Der FRS 15 „*Tangible Fixed Assets*“ schreibt eine Aktivierung aller materiellen Sachanlagen in der Bilanz vor. Ein im Oktober 2000 speziell für den Wohltätigkeitsbereich und den Verwaltungsbereich veröffentlichter und ab 2001 gültiger SORP setzte FRS 15 für diesen Sektor um, ermöglichte aber, dass aus Kosten-Nutzen-Abwägungen in früheren Perioden erworbene *heritage assets* nicht aktiviert werden mussten.[1491] Als Konsequenz ergab sich eine unter Museen und Galerien uneinheitliche Bilanzierungspraxis, da oft nur in 2001 oder späteren Jahren erworbene *heritage assets* in der Bilanz aktiviert wurden und wesentliche Bestandteile des Vermögens in der Bilanz nicht ausgewiesen wurden. Einige Bilanzersteller haben versucht, dies durch Anhang-

1488 Vgl. hierzu IFAC-IPSASB (2006a).

1489 Vgl. hierzu Accounting Standards Board (2006). Zu beachten ist, dass das ASB Rechnungslegungsnormen sowohl für den privatrechtlichen als auch für den öffentlichen Sektor entwickelt. Um die Besonderheiten den öffentlichen Sektors besser berücksichtigen zu können, wird das ASB in seiner Arbeit durch das Committee on Accounting for Public-benefit Entities (CAPE) unterstützt, worunter auch die Erarbeitung von Statements of Recommended Practice (SORP) fällt. Das CAPE ging 2005 aus dem Public Sector and Not-for-profit Committee hervor, welches seinerseits auf dem Public Sector Liaison Committee basierte. Vgl. hierzu http://www.frc.org.uk/asb/; Stand: 20.03.2013.

1490 Vgl. Accounting Standards Board (2006), DP – Preface, Tz. 7. Siehe hierzu Buch Goméz, E. J./Cabaleiro Casal, R. (2008), S. 5. Zu einer Übersicht der unterschiedlichen nationalen Bilanzierungspraxis in Museen und Galerien zum Ende der 1990er Jahre vgl. Carnegie, G. D./Wolnizer, P. W. (1997b), S. 165-170.

1491 Vgl. Accounting Standards Board (2006), DP – Preface, Tz. 5; Glanz, S. (2011), S. 40. Siehe Wild, S. (2010), S. 5.

angaben zu kompensieren, aber aufgrund der von Bilanzersteller zu Bilanzersteller uneinheitlichen Qualität war eine Nützlichkeit, z.B. für Vergleiche, nicht gegeben.[1492]

Thematisch besteht das CP[1493] aus sieben Sektionen: Definition von *heritage assets*, generelle qualitative Anforderungen an die Berichterstattung, Ansätze für die Bilanzierung von *heritage assets*, praktische Überlegungen, weitere Ausweispflichten, durch den Bilanzersteller selbst genutztes historisches Vermögen und Gebrauchskunst.[1494] In den Anhängen findet sich eine Auflistung von bei anderen Institutionen gebräuchlichen Definitionen für *heritage assets*, eine Auswahl nationaler Regelungen zur bilanziellen Abbildung von Natur- und Kulturgütern und eine beispielhafte Gestaltung der Erfassung von *heritage assets* in den Berichtsinstrumenten.

Das CP ist nur ein erster Schritt zur Lösung der Bilanzierungsfragen für *heritage assets*, da in dem durchzuführenden Projekt des IPSASB z.B. noch folgende Themen zu klären sind:[1495]

- Ist eine Änderung der IPSAS 17 und IPSAS 31 oder ein eigenständiger IPSAS für *heritage assets* die beste Lösung?
- Wie sind Natur- und Kulturgüter zu definieren?
- Ist wie im CP diskutiert eine Bilanzierung entsprechend IPSAS 17 und 31, eine teilweise Bilanzierung mit Unterscheidung in Altbestand und Neuerwerb oder keine Bilanzierung vorzunehmen?
- Welche Bewertungsmethoden sind im Falle der Bilanzierung heranzuziehen?
- Wie sind Abschreibungen und Wertminderungen zu behandeln?
- Welche Anhangangaben sind zu erstellen?
- Wie kann die Bilanzierung von Natur- und Kulturgütern den Funktionen der Rechnungslegung entsprechen? Sind weiterführende Berichtsinstrumente notwendig?

7.3.2 Gegenwärtige relevante IPSASB-Regelungen

Das IPSASB hat bis heute noch keine konkreten Bilanzierungsvorschriften für *heritage assets* aus dem oben beschriebenen Projekt abgeleitet, so dass im Folgenden dargestellt wird, wie momentan mit Natur- und Kulturgütern in einem IPSAS-konformen Abschluss umzugehen ist.

1492 Vgl. hierzu Accounting Standards Board (2006), DP – Preface, Tz. 6-8. Der seit 2009 gültige FRS 30 schreibt eine Aktivierung von *heritage assets* vor, sofern Informationen zu den Kosten oder dem aktuellen Wert verfügbar sind, und damit eine Behandlung analog zu den anderen Sachanlagen; vgl. Glanz, S. (2011), S. 40-41.

1493 Im Folgenden wird das CP des IPSASB zitiert, ohne auf das DP des ASB weiterhin einzugehen, da die Entwicklung beim IPSASB aufgezeigt werden soll und beide Paper inhaltlich identisch sind.

1494 Vgl. IFAC-IPSASB (2006a), CP – S. 8-9.

1495 Die Fragestellungen sind nicht abschließender Natur. Vgl. hierzu Vogelpoth, N./Meinen, J. (2008), S. 974.

Gegenwärtig enthalten nur IPSAS 17 zur Bilanzierung des Sachanlagevermögens und IPSAS 31 zur Bilanzierung immaterieller Vermögenswerte (bis zur Klärung der Bilanzierungsfragen von *heritage assets* in einem separaten IPSAS oder ergänzenden Ausführungen in bestehenden IPSAS) einen kurzen Absatz zu Natur- und Kulturgütern, schließen diese aber grundsätzlich gemäß IPSAS 17.2 (b) und IPSAS 31.3 (k) aus ihrem Anwendungsbereich aus. Falls eine berichterstattende Verwaltungseinheit dennoch Natur- und Kulturgüter in ihrer Vermögensrechnung ansetzt, gibt es keine weiterführenden Bilanzierungsregelungen nach IPSAS, außer dass die Angabepflichten gemäß IPSAS 17.88, .89 und .92 bzw. IPSAS 31.115-.127 anzuwenden sind.[1496] Die Bewertungsvorschriften nach IPSAS 17 bzw. IPSAS 31 können, aber müssen nicht, beim Ansatz von *heritage assets* angewendet werden, so dass unterschiedlichste Wertansätze denkbar und zulässig sind.[1497] In den gegenwärtig anzuwendenden IPSAS gibt es keine Definition von *heritage assets*,[1498] sondern es werden nur die folgenden, häufig bei *heritage assets* auftretenden Merkmale erwähnt:[1499]

- Der Wert der *heritage assets* kann im Hinblick auf kulturelle, ökologische, pädagogische und historische Gesichtspunkte nur selten in seiner Gesamtheit durch einen finanziellen Wert, der sich aus einem Marktwert ableitet, erfasst werden.
- Häufig verhindern oder beschränken gesetzliche Vorschriften oder andere Verpflichtungen den Verkauf von *heritage assets*.
- *Heritage assets* sind oft nicht ersetzbar und ihr Wert kann sich mit der Zeit erhöhen, unabhängig von der Veränderung des physischen Zustandes.
- Die Einschätzung der Nutzungsdauer kann sich schwierig gestalten, da Natur- und Kulturgüter teilweise über mehrere Jahrhunderte Bestand haben.

Des Weiteren lässt sich oftmals nicht mehr genau nachvollziehen, wie (z.B. durch Kauf, Schenkung, Vermächtnis, Pfändung oder Enteignung) und zu welchem Zeitpunkt eine Verwaltungseinheit in den Besitz der *heritage assets* gekommen ist. Auch dienen die Natur- und

---

1496 Vgl. IPSAS 17.2 (b) und IPSAS 31.3 (k). Jedoch sind z.B. Bibliotheksbestände gemäß IPSAS 17.18 als *assets* im Sinne des IPSAS 17 anzusehen und zu behandeln.

1497 Vgl. IPSAS 17.9 und IPSAS 31.11. Aufgrund der fehlenden Regelungen können z.B. im Rahmen der Folgebewertung als Wertansätze für die Natur- und Kulturgüter die fortgeführten Anschaffungs- oder Herstellungskosten, *fair values*, die sich an einem Marktwert, Versicherungswert oder den Wiederbeschaffungs- oder Wiederherstellungskosten orientieren, verwendet werden. Ebenfalls ist auch ein Ansatz zu Erinnerungswerten denkbar; vgl. IFAC-PSC (2000), Tz. 390; Vogelpoth, N. et al. (2002), S. 1369. Darüber hinaus kann sich ein Wertansatz auch an dem diskontierten Wert der erwarteten künftigen Erhaltungsaufwendungen orientieren; vgl. IDW ERS ÖFA 1, Tz. 34; Vogelpoth, N. et al. (2002), S. 1369.

1498 Siehe Kapitel 7.2.

1499 Vgl. IPSAS 17.10 (a)-(d). Diese Merkmale gelten auch für immaterielle *heritage assets*, wie z.B. der Mitschnitt historischer Ereignisse oder das Recht zur Nutzung des Konterfeis historisch bedeutsamer Persönlichkeiten u.a. für Briefmarken und Sammlermünzen; vgl. IPSAS 31.12.

Kulturgüter oft nicht dem Zweck der Generierung von Zahlungsmittelzuflüssen, da dies aufgrund rechtlicher oder sozialer Hintergründe untersagt sein kann.[1500]

Aus diesen Merkmalen wird ersichtlich, dass für *heritage assets* die Regelungen der IPSAS 17 und IPSAS 31 nicht ausreichen, um grundlegende Ansatz-, Bewertungs- und Ausweisfragen zu klären, da allein die Ermittlung der historischen Anschaffungs- oder Herstellungskosten oder des beizulegenden Zeitwertes problematisch sein kann.[1501]

Zunächst werden in dieser Arbeit in einem ersten Schritt die Standards des IPSASB dargestellt, die auch für Natur- und Kulturgüter grundsätzlich geeignet sind, und in einem zweiten Schritt werden entsprechende Anpassungen und weitere Unterteilungen vorgenommen, um Richtlinien für die Bilanzierung von *heritage assets* nach IPSAS zu entwickeln.

7.3.2.1 Ansatz und Zugangsbewertung des materiellen und immateriellen Sachanlagevermögens

Aufgrund der in dieser Arbeit verwendeten Definition[1502] von Natur- und Kulturgütern sind diese als materielle bzw. immaterielle Bestandteile des Sachanlagevermögens einer Verwaltungseinheit anzusehen und dementsprechend sind IPSAS 17 und IPSAS 31 i.V.m. mit IPSAS 21 und IPSAS 26 für außerplanmäßige Abschreibungen für die hier vorzunehmenden Ausführungen relevant.[1503]

IPSAS 12 zur Bilanzierung des Vorratsvermögens ist nicht zu beachten, da Natur- und Kulturgüter nachhaltig zu erhalten sind und durch diesen Erhaltungsauftrag eine Langfristorientierung impliziert wird. Des Weiteren ist IPSAS 16 (Bilanzierung von als Finanzinvestition gehaltenen Immobilien) für die hier betrachteten *heritage assets* nicht relevant, da diese nicht primär zur Erzielung von Mieteinnahmen und/oder zum Zweck der Wertsteigerung,[1504] sondern wegen ihres Nutzens für die Allgemeinheit gehalten und im öffentlichen Interesse erhalten werden.[1505] Selbst wenn zusätzlich zur Erfüllung des öffentlichen Erhaltungsauftrags Mieterträge mit historischen Gebäuden erzielt werden können, werden sie in den meisten Fällen die notwendigen Unterhalts- und Instandhaltungskosten nicht decken können, so dass es zu einer insgesamt negativen Rendite kommt, was der Definition von Finanzinvestitionen

1500 Vgl. IPSAS 17.10; IPSAS 31.13.
1501 Vgl. Vogelpoth, N. et al. (2002), S. 1369.
1502 Siehe Kapitel 7.2.
1503 Siehe zur Diskussion des Ansatzes von Natur- und Kulturgütern als *assets* Kapitel 7.4.2.
1504 Vgl. IPSAS 16.7.
1505 Vgl. zu den Ermessensspielräumen bei der Einordnung der Vermögenswerte nach IPSAS 16 bzw. IPSAS 17 Köhrmann, H. (2009), S. 181. Siehe auch IPSAS 16.18.

aufgrund des primären öffentlichen Interesses und nicht der Renditeorientierung widerspricht. Genauso ist IPSAS 27 (Landwirtschaft) nicht zu beachten, da sich dieser gemäß IPSAS 27.2 nur auf mit einer landwirtschaftlichen Tätigkeit im Zusammenhang stehende biologische Vermögenswerte und landwirtschaftliche Erzeugnisse zum Zeitpunkt der Ernte bezieht, aber die hier betrachteten Naturgüter (z.B. ein unter Naturschutz stehender Wald) erhalten und eben nicht geerntet oder biologisch transformiert (Prozesse des Wachstums, des Rückgangs der Fruchtbringung und der Vermehrung) werden sollen, um z.B. verkauft werden zu können.[1506]

Wie oben bereits ausgeführt, schreiben IPSAS 17 und IPSAS 31 den Ansatz von *heritage assets* in der Vermögensrechnung einer Verwaltungseinheit nicht vor, selbst dann nicht, wenn die *heritage assets* die Ansatz- und Bewertungskriterien für Vermögenswerte des Sachanlagevermögens bzw. für immaterielles Vermögen gemäß IPSAS 17 bzw. IPSAS 31 erfüllen würden, eine freiwillige Anwendung ist jedoch möglich.[1507]

Wie in den Regelungen des IPSASB-Framework[1508] definiert IPSAS 1.7 einen Vermögenswert (*asset*) als „eine in der Verfügungsmacht einer öffentlichen Einheit stehende Ressource, die ein Ergebnis von Ereignissen der Vergangenheit darstellt und von der erwartet wird, dass der öffentlichen Einheit aus ihr künftiger wirtschaftlicher Nutzen oder Leistungspotenzial zufließt“[1509]. Entsprechend IPSAS 17.13 sind Sachanlagen materielle Vermögenswerte, die zur Herstellung oder Lieferung von Gütern und Dienstleistungen, zur Vermietung an Dritte oder für Verwaltungszwecke gehalten und erwartungsgemäß länger als eine Berichtsperiode genutzt werden. Entsprechend der im IPSASB-Framework geregelten konkreten Bilanzierungsfähigkeit sind Sachanlagen gemäß IPSAS 17.14 nur dann als Vermögenswerte anzusetzen, wenn

(a) es wahrscheinlich ist, dass sich für die Verwaltungseinheit aus dem Vermögenswert ein künftiger wirtschaftlicher Nutzen oder ein Leistungspotenzial ergibt, und
(b) die Anschaffungs- oder Herstellungskosten oder der beizulegende Zeitwert der Sachanlage verlässlich ermittelt werden können.

Für als Vermögenswerte anzusetzende Sachanlagen gelten gemäß IPSAS 17.26 bei ihrem erstmaligen Ansatz die Anschaffungs- oder Herstellungskosten (*at cost*) als zu beachtende

1506 Vgl. IPSAS 27.9.
1507 Vgl. IPSAS 17.9 und IPSAS 31.11.
1508 Siehe Kapitel 6.6.2.
1509 Müller-Marqués Berger, T. (2008), S. 21.

Bewertungsmaßstäbe.[1510] Zum Umfang der Anschaffungskosten- oder Herstellungskosten zählen (a) der Kaufpreis einschließlich der Einfuhrzölle und nicht erstattungsfähiger Umsatzsteuern nach Abzug von Rabatten, Boni und Skonti, (b) alle direkt zurechenbaren Kosten, die entstehen, um den Vermögenswert zu dem Standort oder in einen betriebsbereiten Zustand zu bringen sowie (c) die erstmalig geschätzten Kosten für den Abbruch und das Abräumen des Vermögenswertes und die Wiederherstellung des Standortes.[1511]

Wenn der Zugang eines Vermögenswertes aus einer Transaktion ohne Gegenleistung (z.B. Schenkung) resultiert, dann bestimmen sich dessen Anschaffungskosten gemäß IPSAS 17.27 aus dem beizulegenden Zeitwert (*fair value*) zum Zeitpunkt des Erwerbs. Des Weiteren sind Sachanlagen, die durch einen Tausch (mit nicht-monetären Vermögenswerten oder einer Kombination aus nicht-monetären und monetären Vermögenswerten) erworben wurden, mit dem beizulegenden Zeitwert des dahingegebenen Vermögenswertes zu bewerten, sofern es dem Tauschgeschäft nicht an einem wirtschaftlichen Gehalt fehlt oder der beizulegende Zeitwert des erhaltenen oder des eingetauschten Vermögenswertes nicht verlässlich ermittelt werden kann.[1512]

Falls eine Verwaltungseinheit erstmalig die periodengerechte Erfolgsermittlung auf Basis der IPSAS eingeführt hat, sind die Sachanlagen mit den fortgeführten Anschaffungs- oder Herstellungskosten oder dem beizulegenden Zeitwert zum Umstellungszeitpunkt anzusetzen. Für Sachlagen, die kostenlos oder zu einem symbolischen Preis erworben wurden, ergibt sich der Bewertungsmaßstab aus dem beizulegenden Zeitwert zum Erwerbszeitpunkt.[1513] Der aus der erstmaligen Erfassung der Sachanlagen resultierende Effekt ist durch Anpassung der Eröffnungswerte der kumulierten Gewinne und Verluste der Berichtsperiode, in der die Sachanlagen zum ersten Mal angesetzt werden, zu erfassen.[1514] Diese Übergangsvorschrift ist notwendig, da nicht alle Sachanlagen bei der erstmaligen Umsetzung des *accrual accounting* anzusetzen sind, sondern zur vollständigen Erfassung aller Sachanlagen eine fünfjährige Umstel-

[1510] Siehe zur Definition der Anschaffungs- oder Herstellungskosten bzw. zu den historischen Kosten die Kapitel 6.7.1 und 6.7.2.

[1511] Vgl. IPSAS 17.30 und .36. Siehe Müller-Marqués Berger, T. (2008), S. 90; Müller-Marqués Berger, T. (2012a), S. 126-127.

[1512] Vgl. IPSAS 17.38. Siehe Müller-Marqués Berger, T. (2008), S. 90; Müller-Marqués Berger, T. (2012a), S. 127.

[1513] Vgl. IPSAS 17.96. Siehe Müller-Marqués Berger, T. (2012a), S. 127.

[1514] Vgl. IPSAS 17.97. Siehe Müller-Marqués Berger, T. (2012a), S. 127-128.

lungsfrist nach der erstmaligen Anwendung des *accrual accounting* unter Beachtung weiterer Angabepflichten in Anspruch genommen werden kann.[1515]

Gemäß IPSAS 31.16 sind immaterielle Vermögenswerte identifizierbar, nicht-monetär und ohne physische Substanz. Ein immaterieller Vermögenswert ist entsprechend IPSAS 31.19 dann identifizierbar, wenn

(a) er separierbar ist, d.h. er kann von der öffentlichen Einheit getrennt und somit verkauft, übertragen, lizensiert, vermietet oder getauscht werden. Unabhängig davon, ob die öffentliche Einheit dies vorhat, kann es einzeln oder in Verbindung mit einem Vertrag, einem identifizierbaren Vermögenswert oder einer Schuld erfolgen; oder

(b) er aus rechtsverbindlichen Abmachungen resultiert (einschließlich vertraglicher oder anderer gesetzlichen Rechte), unabhängig davon, ob diese Rechte von der öffentlichen Einheit oder von anderen Rechten und Verpflichtungen übertragbar oder separierbar sind.

Die Ansatzkriterien für immaterielle Vermögenswerte entsprechen denen für das Sachanlagevermögen (IPSAS 31.28-.30), so dass auch nach IPSAS 31 ein zweistufiger Prüfungsprozess zur Beurteilung der Ansetzbarkeit immaterieller Vermögenswerte und der sich daraus ergebenden Ansatzpflicht zu beachten ist.

Im Rahmen der abstrakten Bilanzierungsfähigkeit zeichnen sich immaterielle Vermögenswerte durch drei Eigenschaften aus: Identifizierbarkeit (*identifiability*), Kontrolle durch die rechnungslegende Verwaltungseinheit (*control*) und künftiger Zufluss an wirtschaftlichem Nutzen oder Leistungspotenzial (*future economic benefits or service potential*).[1516] Neben der bereits oben angesprochenen Identifizierbarkeit hat eine Verwaltungseinheit die Kontrolle über ein *asset*, wenn es die Macht besitzt, den zukünftigen wirtschaftlichen Nutzen oder das Leistungspotenzial aus der zugrunde liegenden Ressource zu ziehen und Dritte von dessen Nutzung und dem Leistungspotenzial auszuschließen.[1517] Eine hinreichende, aber keine notwen-

---

1515 Vgl. IPSAS 17.95, .104. Das IPSASB hat zu diesem Themenbereich im Juni 2011 ein eigenständiges Projekt „*First-Time Adoption of IPSASs*" (vgl. IFAC-IPSASB (2011a); siehe auch IFAC-IPSASB (2011g)) aufgenommen, und es kann IFRS 1 nicht ohne Anpassungen auf den öffentlichen Sektor übertragen werden, da in IFRS 1 nicht der Fall einer Umstellung des zahlungsmittelorientierten Rechnungswesens auf das ressourcenverbrauchsorientierte geregelt wird; vgl. Müller-Marqués Berger, T. (2012b), S. S77. Die Erstanwendung bezieht sich sowohl auf die Umstellung einer doppischen Rechnungslegung auf die doppische Rechnungslegung nach IPSAS als auch auf die Umstellung von der Kameralistik oder einer Zwischenform auf die ressourcenverbrauchsorientierte Rechnungslegung nach IPSAS; vgl. IFAC-IPSASB (2011a), Tz. 3.1. In dem Projekt geht es nicht nur um Erleichterungen bei der erstmaligen Anwendung einer doppisch geprägten Rechnungslegung nach IPSAS, sondern es ist auch zu klären, wie die Anforderungen der Finanzstatistik in den IPSAS berücksichtigt werden sollen; vgl. Müller-Marqués Berger, T. (2012b), S. S77; siehe hierzu auch Kapitel 6.1.2.2.

1516 Vgl. IPSAS 31.18.

1517 Vgl. IPSAS 31.21. Siehe Müller-Marqués Berger, T. (2012a), S. 201.

dige Bedingung für dic Kontrolle ist ein gerichtlich durchsetzbares Recht, da die Verwaltungseinheit auch auf einem anderen Weg in der Lage sein kann, die Beherrschung auszuüben.[1518] Der künftige wirtschaftliche Nutzen oder das Leistungspotenzial können sich aus einem Verkauf der Güter und Dienstleistungen, Kosteneinsparungen oder aus dem Nutzen innerhalb der Verwaltungseinheit und zur Erfüllung öffentlicher Aufgaben ergeben.[1519]

Neben diesen Kriterien der abstrakten Bilanzierungsfähigkeit muss auch die konkrete Bilanzierungsfähigkeit durch einen wahrscheinlichen künftigen Zufluss an wirtschaftlichem Nutzen oder Leistungspotenzial und eine verlässliche Bewertbarkeit mit Anschaffungs- oder Herstellungskosten oder dem beizulegenden Zeitwert erfüllt sein, um einen aktivierungspflichtigen immateriellen Vermögenswert zu erhalten.[1520]

Für selbstgeschaffene immaterielle Vermögenswerte ist wie für den privatwirtschaftlichen Unternehmensbereich nach IAS 38 in die Forschungs- und Entwicklungsphase zu unterscheiden, wobei die Forschungskosten als Aufwand der Periode zu erfassen sind und die Entwicklungskosten nur bei Erfüllung von sechs Ansatzkriterien als Vermögenswert zu aktivieren sind.[1521] Ein selbstgeschaffener Goodwill darf gemäß IPSAS 31.46 nicht als Vermögenswert angesetzt werden. Vergleichbar zu IAS 38.63 besteht für selbstgeschaffene Markennamen, Drucktitel, Verlagsrechte, Listen der Leistungsempfänger sowie vergleichbare Posten ebenfalls ein Ansatzverbot als immaterieller Vermögenswert.[1522]

Bei erstmaliger Erfassung ist ein immaterieller Vermögenswert entsprechend IPSAS 31.31 mit seinen Anschaffungs- oder Herstellungskosten zu bewerten. Die Anschaffungs- oder Herstellungskosten für den gesondert erworbenen immateriellen Vermögenswerte umfassen (a) den Kaufpreis einschließlich der Einfuhrzölle und den nicht erstattungsfähigen Umsatzsteuern nach Abzug von Rabatten und Skonti und (b) alle direkt zurechenbaren Kosten, um den Vermögenswert in die beabsichtigte Nutzung zu bringen.[1523] Für den Fall, dass ein immaterieller Vermögenswert durch eine Transaktion ohne direkt zurechenbare Gegenleistung erworben wurde, ist die Bewertung mit dem beizulegenden Zeitwert zum Erwerbszeitpunkt vorzunehmen.[1524] Falls eine Verwaltungseinheit erstmalig die periodengerechte Erfolgsermittlung auf

---

[1518] Vgl. IPSAS 31.21. Siehe Müller-Marqués Berger, T. (2012a), S. 201.
[1519] Vgl. IPSAS 31.25. Siehe Müller-Marqués Berger, T. (2012a), S. 201.
[1520] Vgl. IPSAS 31.26, .28. Siehe Müller-Marqués Berger, T. (2012a), S. 201.
[1521] Vgl. IAS 38.54 ff.; IPSAS 31.52, .55. Siehe Coenenberg, A. G./Haller, A./Schultze, W. (2012), S. 185-186; Müller-Marqués Berger, T. (2012a), S. 201.
[1522] Vgl. IPSAS 31.61.
[1523] Vgl. IPSAS 31.34. Siehe Müller-Marqués Berger, T. (2012a), S. 203.
[1524] Vgl. IPSAS 31.31. Siehe Müller-Marqués Berger, T. (2012a), S. 203.

Basis der IPSAS eingeführt hat, sind die immateriellen Vermögenswerte mit den (fortgeführten) Anschaffungs- oder Herstellungskosten oder dem beizulegenden Zeitwert zum Umstellungszeitpunkt anzusetzen.[1525]

7.3.2.2 Folgebewertung des materiellen und immateriellen Sachanlagevermögens

Für Zwecke der Folgebewertung gewähren IPSAS 17.42 (Sachanlagen) und IPSAS 31.71 (immaterielle Vermögenswerte) ein Wahlrecht zwischen zwei Bilanzierungsmodellen, dem Anschaffungskostenmodell (*cost model*) und dem Neubewertungsmodell (*revaluation model*).[1526] Das gewählte Modell muss gemäß IPSAS 17.42 für eine gesamte Klasse an Sachanlagen einheitlich ausgeübt werden. Sofern ein immaterieller Vermögenswert mithilfe des Neubewertungsmodells bewertet wird, sind alle anderen Vermögenswerte dieser Klasse ebenfalls nach dem *revaluation model* zu bilanzieren, außer es existiert für diese Vermögenswerte kein aktiver Markt.[1527] Eine Klasse an Vermögenswerten zeichnet sich durch deren ähnliche Art oder ähnliche Verwendung in einer Verwaltungseinheit aus.[1528]

Das IPSASB gibt keine Regelungen mehr vor, wann welche der beiden Methoden anzuwenden ist, es ist lediglich von einer stetigen Anwendung einer gewählten Methode auszugehen.[1529]

7.3.2.2.1 Anschaffungskostenmodell

Bei Anwendung des Anschaffungskostenmodells wird der Vermögenswert des Sachanlagevermögens mit den Anschaffungs- oder Herstellungskosten abzüglich kumulierter planmäßiger Abschreibungen und kumulierter außerplanmäßiger Aufwendungen für Wertminderungen[1530] bilanziert.[1531]

Bei Ermittlung der planmäßigen Abschreibungsbeträge (*depreciation*) ist zu beachten, dass die Anschaffungs- oder Herstellungskosten der Sachanlagen gemäß IPSAS 17.66 systematisch über die Nutzungsdauer verteilt werden. Die Abschreibungsmethode ist so zu wählen,

---

1525 Vgl. IPSAS 31.130-.131.

1526 Siehe zu den vergleichbaren Regelungen für den privatwirtschaftlichen Bereich IAS 16.29 bzw. IAS 38.72 und Coenenberg, A. G./Haller, A./Schultze, W. (2012), S. 170-172, 188.

1527 Vgl. IPSAS 31.71. Siehe Müller-Marqués Berger, T. (2012a), S. 204. Der Einsatz der Neubewertungsmethode wird in der Praxis auf seltene Einzelfälle beschränkt sein; vgl. IPSAS 31.74. Siehe auch Coenenberg, A. G./Haller, A./Schultze, W. (2012), S. 188.

1528 Siehe für unterschiedliche Klassen des Sachanlagevermögens IPSAS 17.52 und der immateriellen Vermögenswerte IPSAS 31.118.

1529 Vgl. Adam, B. (2004), S. 199; Köhrmann, H. (2009), S. 184; Vogelpoth, N. et al. (2002), S. 1367-1368.

1530 Siehe zu den außerplanmäßigen Abschreibungen Kapitel 7.3.2.2.3.

1531 Vgl. IPSAS 17.43. Siehe Müller-Marqués Berger, T. (2008), S. 91; Müller-Marqués Berger, T. (2012a), S. 128.

dass sie dem erwarteten Abnutzungsverlauf des Vermögenswertes entspricht.[1532] Für die planmäßige Abschreibung kommen die lineare, degressive sowie die leistungsabhängige Abschreibungsmethode in Frage und deren Eignung ist zumindest einmal jährlich am Ende der Berichtsperiode zu überprüfen.[1533] Zur Schätzung der Nutzungsdauer sind gemäß IPSAS 17.72 die erwartete Nutzung, der physische Verschleiß, die technische oder wirtschaftliche Überalterung sowie rechtliche oder ähnliche Nutzungsbeschränkungen einzubeziehen. Die einmal im Jahr zu beachtende Überprüfungsfrist gilt auch für den Restwert und die Nutzungsdauer des Vermögenswertes und falls die jetzigen Erwartungen von früheren Einschätzungen abweichen, sind die sich ergebenden Anpassungen entsprechend IPSAS 3 „*Accounting Policies, Changes in Accounting Estimates and Errors*" abzubilden.[1534]

Die Abschreibungsbeträge sind erfolgswirksam in der Ergebnisrechnung der Verwaltungseinheit zu erfassen, sofern sie nicht in die Buchwerte anderer Vermögenswerte einzurechnen sind, wie z.B. bei der Abschreibung von technischen Maschinen, die in die Herstellungskosten von produzierten Vorräten einfließen.[1535]

Gemäß dem in den IFRS bekannten Komponentenansatz (IAS 16.43 ff.) sind auch in den IPSAS Teile des Sachanlagevermögens, auch wenn sie zusammen erworben wurden, getrennt als separate Vermögenswerte zu bilanzieren und abzuschreiben, falls die Komponenten wesentliche Anschaffungskosten im Verhältnis zu dem gesamten Wert der Anschaffung haben (z.B. zusammen erworbene Grundstücke und Gebäude).[1536] Grundstücke haben grundsätzlich eine unbegrenzte Nutzungsdauer (Ausnahmen sind z.B. Steinbrüche und Mülldeponien) und werden deshalb nicht planmäßig abgeschrieben. Gebäude hingegen sind in ihrer Nutzung zeitlich begrenzt und fallen deswegen unter die planmäßig abzuschreibenden Vermögenswerte.[1537]

Wenn eine Wertminderung einen außerplanmäßigen Abschreibungsbedarf aufzeigt, sind zusätzlich die Regelungen von IPSAS 21 (Wertminderungen von nicht-zahlungsmittelgenerie-

---

1532 Vgl. IPSAS 17.76. Siehe Müller-Marqués Berger, T. (2008), S. 92; Müller-Marqués Berger, T. (2012a), S. 129-130.

1533 Vgl. IPSAS 17.77-.78.

1534 Vgl. IPSAS 17.67. Siehe Müller-Marqués Berger, T. (2008), S. 92; Müller-Marqués Berger, T. (2012a), S. 130.

1535 Vgl. IPSAS 17.64-.65. Siehe Müller-Marqués Berger, T. (2008), S. 92; Müller-Marqués Berger, T. (2012a), S. 129-130.

1536 Vgl. IPSAS 17.59, .74. Siehe Müller-Marqués Berger, T. (2008), S. 92; Müller-Marqués Berger, T. (2012a), S. 130. Ein weiteres Beispiel ist das öffentliche Straßennetz, wobei Straßenunterbau, Kanalisation, Fußwege, Brücken und Signalanlagen getrennt abzuschreiben sind; vgl. IPSAS 17.60.

1537 Vgl. IPSAS 17.74. Siehe Müller-Marqués Berger, T. (2008), S. 92; Müller-Marqués Berger, T. (2012a), S. 130.

renden Vermögenswerten) und IPSAS 26 (Wertminderungen von zahlungsmittelgenerierenden Vermögenswerten) anzuwenden.[1538]

Bei Abgang und Ausbuchung einer Sachanlage sind gemäß IPSAS 17.83 die entstehenden Gewinne oder Verluste erfolgswirksam im Zeitpunkt der Ausbuchung zu erfassen.

Die Anwendungsvorschriften des Anschaffungskostenmodells für immaterielle Vermögenswerte entsprechen grundsätzlich den beschriebenen Regelungen des IPSAS 17.[1539] Für immaterielle Vermögenswerte ist auch zu ermitteln, ob sie eine begrenzte oder unbegrenzte Nutzungsdauer aufweisen. Falls die rechnungslegende Verwaltungseinheit für einen immateriellen Vermögenswert trotz Beachtung aller relevanten Faktoren (zu Beispielen siehe IPSAS 31.89) die Nutzungsdauer nicht bestimmen kann, ist diese als unbegrenzt anzusehen.[1540] Für einen immateriellen Vermögenswert mit begrenzter Nutzungsdauer ist das Abschreibungsvolumen planmäßig (*amortization*) über die Nutzungsdauer zu verteilen. Die gewählte Abschreibungsmethode muss die erwartete Abnutzung des Vermögenswertes widerspiegeln. Falls der Verbrauchsverlauf nicht verlässlich bestimmt werden kann, ist die lineare Abschreibungsmethode anzuwenden.[1541]

Ein immaterieller Vermögenswert mit unbegrenzter Nutzungsdauer darf gemäß IPSAS 31.106 nicht planmäßig abgeschrieben werden. Es ist jedoch in jeder Berichtsperiode zu überprüfen, ob die Voraussetzungen für eine unbegrenzte Nutzungsdauer noch Bestand haben, gegebenenfalls ist die Begrenzung der Nutzungsdauer unter Beachtung von IPSAS 3 umzusetzen.[1542]

Bei Wertminderungsanzeichen und einer damit notwendigen außerplanmäßigen Abschreibung wird wie in IPSAS 17 auf die Regelungen von IPSAS 21 bzw. IPSAS 26 verwiesen.[1543]

Eine Ausbuchung und die daraus entstehenden Gewinne oder Verluste sind wie in IPSAS 17 auch erfolgswirksam zu erfassen.[1544]

7.3.2.2.2 Neubewertungsmodell

Das Neubewertungsmodell sieht bei Anwendung auf materielle Vermögenswerte des Sachanlagevermögens vor, dass nach dem erstmaligen Ansatz eine Sachanlage, deren beizulegender

---

1538 Vgl. IPSAS 17.79. Siehe zur Vorgehensweise bei Wertminderungen Kapitel 7.3.2.2.3.1 und 7.3.2.2.3.2.
1539 Vgl. IPSAS 31.73. Siehe Müller-Marqués Berger, T. (2012a), S. 204. Siehe auch IPSAS 31.96, .103.
1540 Vgl. IPSAS 31.87.
1541 Vgl. IPSAS 31.96.
1542 Vgl. IPSAS 31.108.
1543 Vgl. IPSAS 31.110. Siehe zur Vorgehensweise bei Wertminderungen Kapitel 7.3.2.2.3.1 und 7.3.2.2.3.2.
1544 Vgl. IPSAS 31.112.

Zeitwert verlässlich bestimmt werden kann, mit einem Neubewertungsbetrag (*revalued amount*) zu bilanzieren ist, der dem beizulegenden Zeitwert (*fair value*) der Sachanlage am Tag der Neubewertung abzüglich nachfolgender kumulierter planmäßiger Abschreibungen und nachfolgender kumulierter Wertminderungen entspricht.[1545] Der beizulegende Zeitwert stimmt mit dem Betrag überein, zu dem ein Vermögenswert zwischen sachverständigen, vertragswilligen und voneinander unabhängigen Geschäftspartnern getauscht werden könnte.[1546]

Die Neubewertung ist gemäß IPSAS 17.44 in angemessenen, regelmäßigen Abständen vorzunehmen, damit der Buchwert nicht zu stark von dem am Abschlussstichtag ermittelbaren Neubewertungsbetrag differiert, wodurch sonst die glaubwürdige Darstellung der Vermögenslage der Verwaltungseinheit eingeschränkt werden würde.[1547]

Die Ermittlung des beizulegenden Wertes für Sachanlagen, wie Gebäude und Grundstücke, erfolgt in der Regel anhand von marktbasierten Daten.[1548] Hingegen für technische Anlagen und Betriebs- und Geschäftsausstattungen stellen meistens durch Schätzungen ermittelte Marktwerte die *fair values* dar. Die Häufigkeit der Neubewertung hängt von der Schwankungsstärke des Neubewertungsbetrags ab, so dass eine Neubewertung jährlich oder nur alle drei oder fünf Jahre notwendig ist.[1549]

Für einige Vermögenswerte des öffentlichen Sachanlagevermögens kann es jedoch schwierig sein, einen Marktwert zu bestimmen, da diese nicht auf einem Markt gehandelt werden,[1550] so dass in IPSAS 17.47-.48 folgende Vorgehensweise aufgezeigt wird. Falls kein aktiver Markt für eine neuzubewertende Sachanlage vorliegt, kann der *fair value* anhand anderer Vermögenswerte mit vergleichbaren Eigenschaften, in vergleichbaren Umständen und an einem vergleichbaren Standort bestimmt werden.[1551] Sollte jedoch keine marktpreisorientierte Ermittlung des *fair value* möglich sein, ist der beizulegende Zeitwert für dieses Sachanlagevermögen gemäß IPSAS 17.47-.48 mittels des *depreciated replacement cost approach*, des *restoration cost approach* oder des *service units approach* zu schätzen. Diese drei genannten Methoden berücksichtigen die Besonderheit des öffentlichen Sektors, um ertragsloses Vermögen

1545 Vgl. IPSAS 17.44. Siehe Müller-Marqués Berger, T. (2008), S. 91; Müller-Marqués Berger, T. (2012a), S. 128.
1546 Vgl. IPSAS Glossary.
1547 Vgl. IPSAS 17.49.
1548 Vgl. IPSAS 17.45.
1549 Vgl. IPSAS 17.45. Schätzungen sind in der Regel durch anerkannte und geschulte Gutachter vorzunehmen.
1550 Vgl. IPSAS 17.46.
1551 Vgl. IPSAS 17.47.

bewerten zu können. Diese Ansätze werden in IPSAS 21 „*Impairment of Non-Cash-Generating Assets*“ (siehe Kapitel 7.3.2.2.3.2) näher beschrieben.[1552]

Wenn eine Sachanlage neu zu bewerten ist, ist dies auch für die gesamte Sachanlagenklasse durchzuführen, der der neubewertete Vermögenswert zugeordnet ist, da so verhindert werden kann, dass innerhalb einer Gruppe des Sachanlagevermögens unterschiedliche Wertmaßstäbe angewendet werden.[1553] Gleichzeitig kann auch so unterbunden werden, dass nur für bestimmte Vermögenswerte eine Neubewertung, z.B. aus Gründen der Bilanzpolitik, vorgenommen wird.[1554]

Gemäß IPSAS 17.54 erfolgt die Erfassung der Wertänderung durch eine Neubewertung wie nach IAS 16.39-.40 grundsätzlich erfolgsneutral in einer Neubewertungsrücklage. Eine Ausnahme hiervon besteht bei einem Wertzuwachs, wenn ein in der Vergangenheit eingetretener Abschreibungsbedarf erfolgswirksam vorgenommen wurde und die mit der Neubewertung erreichte Erhöhung des aktuellen Buchwerts zunächst zum Ausgleich der vormaligen Abwertung erfolgswirksam erfasst und der Restbetrag der Werterhöhung in die Neubewertungsrücklage eingestellt wird.[1555] Innerhalb einer Klasse des Sachanlagevermögens sind die Werterhöhungen und -verminderungen aus der Neubewertung miteinander zu saldieren, aber nicht bei Vermögenswerten unterschiedlicher Klassen.[1556] Ein neubewerteter abnutzbarer Vermögenswert des Sachanlagevermögens wird in den Folgeperioden planmäßig über die Restnutzungsdauer abgeschrieben.[1557]

Bei Abgang und Ausbuchung eines Vermögenswertes ist die bestehende Neubewertungsrücklage gemäß IPSAS 17.57 erfolgsneutral direkt mit den Ergebnisbestandteilen der Verwaltungseinheit zu verrechnen.

Für immaterielle Vermögenswerte ist gemäß IPSAS 31.84-.86 die Neubewertungsmethode wie oben anhand von IPSAS 17 beschrieben vorzunehmen. Als Ausnahme der einheitlichen Neubewertung für alle Vermögenswerte einer Klasse ist ein immaterieller Vermögenswert mit

---

1552 Hierbei ist zu beachten, dass IPSAS 17 zwar auf die Wertmaßstäbe des IPSAS 21 verweist, aber sonst bei Anwendung des Neubewertungsmodells kein zusätzlicher *impairment*-Test nach IPSAS 21 (bzw. IPSAS 26) vorzunehmen ist und somit die Vorschriften in IPSAS 21 – außer bei den Wertmaßstäben – (bzw. IPSAS 26) nicht anzuwenden sind; siehe Kapitel 7.3.2.2.3.

1553 Vgl. IPSAS 17.51; Vogelpoth, N. et al. (2002), S. 1368. Für unterschiedliche Gruppen sind wie nach IAS 16 auch verschiedene Bewertungsverfahren möglich.

1554 Vgl. auch Adam, B. (2004), S. 97; Köhrmann, H. (2009), S. 186-187; Vogelpoth, N. et al. (2002), S. 1368.

1555 Vgl. IPSAS 17.55. Siehe Müller-Marqués Berger, T. (2008), S. 92; Müller-Marqués Berger, T. (2012a), S. 129.

1556 Vgl. IPSAS 17.56. Siehe Müller-Marqués Berger, T. (2008), S. 92; Müller-Marqués Berger, T. (2012a), S. 129.

1557 Siehe zur planmäßigen Abschreibung Kapitel 7.3.2.2.1.

seinen Anschaffungs- oder Herstellungskosten abzüglich aller kumulierten planmäßigen Abschreibungen und Wertminderungen anzusetzen, falls nur für diesen immateriellen Vermögenswert kein aktiver Markt besteht.[1558] Der gleiche Bewertungsmaßstab ist gemäß IPSAS 31.81 für immaterielle Vermögenswerte heranzuziehen, wenn ein aktiver Markt nicht länger besteht. Falls jedoch zu einem späteren Zeitpunkt der *fair value* wieder auf einem aktiven Markt bestimmt werden kann, ist das Neubewertungsmodell dann erneut anzuwenden.[1559]

Bei der Behandlung von Neubewertungsrücklagen nach IPSAS und deren Interpretation muss Folgendes in Bezug auf den national zu regelnden Haushaltsausgleich beachtet werden.[1560] Da in der Neubewertungsrücklage unrealisierte Wertsteigerungen eines Vermögenswertes erfasst werden, ist sicherzustellen, dass eine bestehende Neubewertungsrücklage nicht zum Haushaltsausgleich verwendet wird, da sonst die Ertragslage der Verwaltungseinheit zu positiv dargestellt werden würde.[1561] Eine reine erfolgswirksame Erfassung dieser Bewertungserfolge würde die Ertragslage der Verwaltungseinheit zu positiv darstellen, da noch nicht realisierte und damit nicht werthaltige Erträge dargestellt werden würden, und gleichzeitig auch die Gefahr einer ergebnis- bzw. nettopositionserhöhenden Bilanzpolitik verstärken. So würde sich eine „Aufblähung“ der Bewertung der Vermögenswerte auf der Aktivseite in einem Anstieg der Nettoposition auf der Passivseite der Vermögensrechnung niederschlagen. Besonders vor Wahlen besteht für die politischen Verantwortlichen der Anreiz, die Lage der Verwaltungseinheit besonders positiv darzustellen, um eine Wiederwahl zu sichern. Kommt es zu einem Wechsel in der politischen Führung, dann kann die neugewählte politische Leitung durch eine die Ertragslage verschlechternde Bilanzpolitik die vorherige Leitung belasten und sich selbst in den Folgeperioden durch eine erfolgsverbessernde Bilanzpolitik eine gute Arbeit bescheinigen.[1562] Einhergehend mit der Gefahr, dass politische und administrative Verantwortungsträger zu hohen Wertansätzen tendieren und die Missbrauchsmöglichkeiten durch die Bilanzierung zu Zeitwerten in einem höheren Ergebnis- oder Nettopositionsausweis ausschöpfen, ist davon auszugehen, dass diese Missstände von den Abschlussadressaten, die in weiten Teilen nicht mit der Interpretation von Bilanzwerten betraut sind, nicht erkannt und im Rahmen

[1558] Vgl. IPSAS 31.80.

[1559] Vgl. IPSAS 31.83.

[1560] Siehe zu der auf nationaler Ebene geregelten Haushaltsplanung und dem Haushaltsausgleich als Anwendungshindernisse der IPSAS Kapitel 5.3.3.

[1561] Vgl. Vogelpoth, N./Meinen, J. (2008), S. 976. Siehe hierzu auch LÜDER, der in seinem doppischen Pilotprojekt das Bewertungsergebnis zum außerordentlichen Ergebnis zählt, welches seinerseits als noch nicht realisiert gilt und nicht zum Haushaltsausgleich herangezogen wird; vgl. Lüder, K. (1995), Anlage I.

[1562] Vgl. Hennies, M. (2005), S. 16; Peemöller, V. H. (2003), S. 178. Einschränkend ist zu beachten, dass die Rechnungslegung nur eins von mehreren Informationsinstrumenten für Wahlentscheidungen ist.

des Möglichen sanktioniert werden.[1563] Hierdurch wird die Verantwortung der Finanzkontrolle offensichtlich.[1564]

7.3.2.2.3 Außerplanmäßige Abschreibungen

Bei Wertminderungen sind die Vorschriften gemäß IPSAS 21 „*Impairment of Non-Cash-Generating Assets*" und IPSAS 26 „*Impairment of Cash-Generating Assets*" zu beachten, die sich an IAS 36 (*impairment of assets*) orientieren. Die IPSASB-Regelungen sehen deshalb für die Wertminderungen zwei Standards vor, da nach der Art des wertgeminderten Vermögenswertes wie folgt zu unterscheiden ist: IPSAS 21 befasst sich mit Wertminderungen von nicht-zahlungsmittelgenerierenden Vermögenswerten und IPSAS 26 mit Wertminderungen von zahlungsmittelgenerierenden Vermögenswerten. Hiermit wird der Besonderheit des öffentlichen Sektors Rechnung getragen, dass es sowohl erwerbswirtschaftlich orientierte als auch sachzielorientierte Vermögenswerte geben kann.[1565] Zahlungsmittelgenerierende Vermögenswerte sind solche *assets*, die mit der primären Absicht gehalten werden, eine wirtschaftliche Rendite (*commercial return*) zu erzielen.[1566] In Abgrenzung hierzu werden nicht-zahlungsmittelgenerierende Vermögenswerte als *assets* definiert, die nicht mit der Absicht gehalten werden, eine wirtschaftliche Rendite zu erzielen.[1567] Falls ein Vermögenswert sowohl erwerbswirtschaftlich als auch sachzielorientiert genutzt wird, ist er anhand seiner schwerpunktmäßig verfolgten Nutzung einzuordnen.[1568]

Eine zusätzliche Besonderheit besteht darin, dass IPSAS 21 und IPSAS 26 nicht für einen Wertminderungstest (*impairment*) zur Ermittlung eines außerplanmäßigen Abschreibungsbedarfs (wie im privatwirtschaftlichen Unternehmensbereich bei Anzeichen nach IAS 36 vorgeschrieben) in Kombination mit dem *revaluation model* (Sachanlagen und immaterielle Vermögenswerte) anzuwenden sind, da dies explizit sowohl für Wertminderungen bei primär erwerbswirtschaftlich genutzten Vermögenswerten (IPSAS 26.2 (e)) als auch bei nicht-zahlungsmittelgenerierenden Vermögenswerten (IPSAS 21.2 (e)) ausgeschlossen wird. Diese Regelung wird vom IPSASB damit begründet, dass bei Anwendung der Neubewertungsme-

1563 Vgl. auch Mühlenkamp, H./Glöckner, A. (2010b), S. 495.

1564 Vgl. auch Ellerich, M./Radde, J. (2010), S. 529; Glöckner, A./Mühlenkamp, H. (2009), S. 397-420. Auch im Zuge der Reform des öffentlichen Haushalts- und Rechnungswesens „verlagert sich der Schwerpunkt der Rechnungsprüfung von der Rechtmäßigkeit auf die Richtigkeit im Sinne des Informationszwecks"; Lüder, K. (2000), S. 842.

1565 Vgl. Köhrmann, H. (2009), S. 181; Vogelpoth, N. et al. (2007), S. 1003.

1566 Vgl. IPSAS 21.14; IPSAS Glossary.

1567 Vgl. IPSAS 21.14; IPSAS Glossary.

1568 Vgl. IPSAS 21.16-.21; IPSAS 26.14-.18.

thode ohnehin in regelmäßigen Abständen eine Neubewertung zu erfolgen hat und deshalb kein zusätzlicher *impairment*-Test vorgeschrieben wird.[1569]

Der sich hierbei ergebende Unterschied in den IASB- und den IPSASB-Regelungen führt dazu, dass im öffentlichen Sektor eine Neubewertung nicht mit einer zusätzlichen Wertminderung kombiniert wird. Im privatwirtschaftlichen Unternehmensbereich kann es trotz Neubewertung (Bewertung zum *fair value*) notwendig sein, eine zusätzliche Wertminderung[1570] vorzunehmen (Bewertung zum *recoverable amount* als höherer Wert aus *fair value less costs to sell* und *value in use*, wenn der *recoverable amount* unter dem Buchwert liegt), da aufgrund des Wertminderungsbedarfs der durch die Neubewertung ermittelte neue Buchwert in Höhe des *fair value* auf den *fair value less costs to sell* zu vermindern ist, sofern der *recoverable amount* dem *fair value less costs to sell* entspricht.

7.3.2.2.3.1 Wertminderungen von zahlungsmittelgenerierenden Vermögenswerten

Bei erwerbswirtschaftlich eingesetzten Vermögenswerten ist die Verwaltungseinheit an jedem Abschlussstichtag verpflichtet, anhand IPSAS 26 zu überprüfen, ob es Anzeichen für einen Wertminderungsbedarf gibt.[1571] Mögliche externe und interne Indikatoren beinhaltet IPSAS 26.25, wobei die Auflistung nicht abschließend ist.[1572] Wenn konkrete Anhaltspunkte für eine Wertminderung des betrachteten Vermögenswertes vorliegen, muss die rechnungslegende öffentliche Einheit gemäß IPSAS 26.22 einen *impairment*-Test durchführen und den erzielbaren Betrag (*recoverable amount*) für den betreffenden Vermögenswert ermitteln.

Der erzielbare Betrag ist der höhere Wert aus Nettoveräußerungspreis (*fair value less costs to sell*) und Nutzungswert (*value in use*).[1573] Gemäß IPSAS 26.38 gilt als bester Maßstab für den Nettoveräußerungspreis ein bindender Verkaufsvertrag zwischen unabhängigen Geschäftspartnern. Als zweitbeste Alternative ist der Marktpreis abzüglich noch anfallender Veräußerungskosten heranzuziehen, wenn der Vermögenswert auf einem aktiven Markt (wie oben angesprochen, ist dieser für die meisten immateriellen Vermögenswerte nicht gegeben) gehandelt wird.[1574] Falls kein aktiver Markt existiert, ist der Nettoveräußerungspreis entsprechend IPSAS 26.40 anhand von kürzlich getätigten Transaktionen vergleichbarer Vermö-

[1569] Für kritische Anmerkungen zu dieser Regelung siehe Viehweger, C. (2007a), S. 247-248; Vogelpoth, N. et al. (2007), S. 1005. Vgl. Köhrmann, H. (2009), S. 182.

[1570] Vgl. zum *impairment*-Test IAS 36.59. Siehe Coenenberg, A. G./Haller, A./Schultze, W. (2012), S. 124-125.

[1571] Vgl. IPSAS 26.22.

[1572] Vgl. IPSAS 26.26. Die aufgelisteten Anzeichen sind sehr stark an die des IAS 36 angelehnt; vgl. Viehweger, C. (2007a), S. 247; Vogelpoth, N. et al. (2007), S. 1004.

[1573] Vgl. IPSAS 26.31.

[1574] Vgl. IPSAS 26.39.

genswerte unter Beachtung noch anfallender Veräußerungskosten zu schätzen. Der Nutzungswert ist der Barwert der geschätzten künftigen Cashflows, die der Verwaltungseinheit aus der fortgesetzten Nutzung des Vermögenswertes und dessen Verkauf am Ende der Nutzung zufließen werden.[1575] Falls der Nettoveräußerungspreis nicht ermittelt werden kann, ist der erzielbare Betrag mit dem Nutzungswert gleichzusetzen.[1576]

Mit dem durchzuführenden *impairment*-Test ergibt sich eine Wertminderung, die dann direkt in der Ergebnisrechnung zu erfassen ist, wenn der ermittelte erzielbare Betrag geringer ist als der gegenwärtige Buchwert des betrachteten Vermögenswertes.[1577] Der niedrigere erzielbare Betrag entspricht dann dem neuen Buchwert, der (wenn planmäßige Abschreibungen vorgenommen werden) auf die Restnutzungsdauer zu verteilen ist.[1578]

Wenn Hinweise auf einen Wertminderungsbedarf bestehen, ist er grundsätzlich einzelnen Vermögenswerten zuzuordnen. Falls für einen einzelnen Vermögenswert der erzielbare Betrag nicht verlässlich bestimmt werden kann, ist dieser für die zahlungsmittelgenerierende Einheit (*cash-generating unit*; CGU) zu bestimmen, der der zu betrachtende Vermögenswert angehört.[1579] Zur Vorgehensweise bei der Erfassung einer Wertminderung für eine CGU siehe IPSAS 26.77-.97 und für die Behandlung eines Wertaufholungsbedarfs bei einer CGU IPSAS 26.110-.111.

7.3.2.2.3.2 Wertminderungen von nicht-zahlungsmittelgenerierenden Vermögenswerten

Bei Wertminderungen von nicht-zahlungsmittelgenerierenden Vermögenswerte ist IPSAS 21 heranzuziehen, wobei die Vorgehensweise zwar grundsätzlich vergleichbar zu IPSAS 26 ist, sich aber in Details unterscheidet.

Auch gemäß IPSAS 21.26 hat die rechnungslegende Verwaltungseinheit an jedem Abschlussstichtag zu überprüfen, ob es Anzeichen für einen Wertminderungsbedarf der nicht-zahlungsmittelgenerierenden Vermögenswerte gibt. Die Anzeichen unterscheiden sich hierbei von denen des IPSAS 26.25, da z.B. als externe Informationsquellen nicht wie in IPSAS 26 gesunkene Marktpreise oder gestiegene Marktzinsen genannt werden, sondern stattdessen die

---

[1575] Vgl. IPSAS 26.13. Detaillierte Regelungen hierzu enthält IPSAS 26.43. Ergänzende Hinweise zur Bestimmung der Cashflows enthalten IPSAS 26.46-.67 und die Ermittlung des Diskontierungszinssatzes wird in IPSAS 26.68-.70 thematisiert.

[1576] Vgl. IPSAS 26.33.

[1577] Vgl. IPSAS 26.72-.73.

[1578] Vgl. IPSAS 26.75.

[1579] Vgl. IPSAS 26.77. Siehe auch Vogelpoth, N. et al. (2007), S. 1005.

Einstellung oder der fast vollständige Rückgang einer Nachfrage für Dienstleistungen, die mit dem Vermögenswert erbracht werden.[1580]

Falls solche Anzeichen erkennbar sind, hat die Verwaltungseinheit im Zuge des *impairment*-Tests den Buchwert mit dem *recoverable service amount* (erzielbarer Leistungsbetrag oder erzielbarer Nutzungswert)[1581] zu vergleichen, und wenn der *recoverable service amount* niedriger ist, ist eine außerplanmäßige Abschreibung auf diesen Wert vorzunehmen und der Wertminderungsaufwand ist in der Ergebnisrechnung zu erfassen.[1582] Der erzielbare Leistungsbetrag ist gemäß IPSAS 21.14 als der höhere Wert aus Nettoveräußerungspreis (*fair value less costs to sell*) und Nutzungswert (*value in use*) definiert.

Der Nettoveräußerungswert ist der Betrag, den eine Verwaltungseinheit bei Verkauf des betrachteten Vermögenswertes unter den Bedingungen zwischen sachverständigen und vertragswilligen Parteien abzüglich der Veräußerungskosten erzielen könnte.[1583] Der bestmögliche Hinweis ist der Verkaufspreis aus einem bindenden Vertrag, falls keiner vorliegt, ist ein Marktpreis auf einem aktiven Markt bzw. der einer vergleichbaren Transaktion heranzuziehen.[1584] Sollte der Nettoveräußerungswert oder dessen verlässliche Schätzung nicht ermittelbar sein, bietet IPSAS 21.37 die Möglichkeit, den erzielbaren Leistungsbetrag mit dem Nutzungswert (*value in use*) gleichzusetzen. Der Nutzungswert ist bei nicht-zahlungsmittelgenerierenden Vermögenswerten der Barwert des verbleibenden Leistungspotenzials des zu betrachtenden Vermögenswertes, der aufgrund der fehlenden zukünftigen Cashflows nicht wie in IPSAS 26, sondern mithilfe von drei Verfahren ermittelt werden kann: (1) *depreciated replacement cost approach*; (2) *restoration cost approach*; (3) *service units approach*.[1585] Die Wahl zwischen dem abgeschriebenen Wiederbeschaffungswert-, dem Instandsetzungskosten- und dem Serviceeinheitenansatz als angemessene Methode zur Ableitung des *value in use* ist von der Datenverfügbarkeit und der Art der außerplanmäßigen Abschreibung abhängig.[1586]

Der *depreciated replacement cost approach* (unterschiedlich übersetzt mit abgeschriebener Wiederbeschaffungswert-Ansatz[1587] oder Ersatzkostenansatz[1588]) sieht gemäß IPSAS 21.45 vor, dass der Barwert des verbleibenden Leistungspotenzials eines Vermögenswertes den ab-

[1580] Vgl. IPSAS 21.27.
[1581] Vgl. KPMG (2012), IPSAS 21.14; Müller-Marqués Berger, T. (2008), S. 106.
[1582] Vgl. IPSAS 21.52.
[1583] Vgl. IPSAS 21.14.
[1584] Vgl. IPSAS 21.40-41.
[1585] Vgl. IPSAS 21.14, .44.
[1586] Vgl. IPSAS 21.50.
[1587] Vgl. KPMG (2012), IPSAS 21.45.
[1588] Vgl. Müller-Marqués Berger, T. (2008), S. 109.

geschriebenen Wiederbeschaffungskosten des Vermögenswertes entspricht.[1589] Die Wiederbeschaffungskosten stimmen mit den Anschaffungs- oder Herstellungskosten zum Ersatz desselben Bruttoleistungspotenzials überein, wobei die Anschaffungs- oder Herstellungskosten abgeschrieben werden, um den bereits eingetretenen technischen, physischen und/oder wirtschaftlichen Verbrauch des Vermögenswertes zu berücksichtigen. Der Ersatz eines Vermögenswertes kann hierbei entweder durch die Reproduktion (Nachbildung) des betrachteten Vermögenswertes oder durch die Wiederbeschaffung seines Bruttoleistungspotenzials erfolgen. Der abgeschriebene Wiederbeschaffungswert entspricht dem niedrigeren Wert aus Wiederherstellungskosten und Wiederbeschaffungskosten, abzüglich der auf dieser Grundlage berechneten kumulierten Abschreibungen, die notwendig sind, um das bereits verbrauchte oder verringerte Leistungspotenzial zu reflektieren.[1590] Dieser Ansatz eignet sich grundsätzlich bei Wertminderungen, die durch einen Wandel im technologischen, rechtlichen oder politischen Umfeld hervorgerufen werden oder aus Nutzungsänderungen resultieren oder durch eine physische Beschädigung verursacht wurden.[1591] Diese Methode ist mit dem *revaluation model* nach IPSAS 17.44 vergleichbar, indem auf eine Wiederbeschaffung oder einen Ersatz Bezug genommen wird und gleichzeitig auch fiktive planmäßige Abschreibungen berücksichtigt werden.[1592]

Der *restoration cost approach* (unterschiedlich übersetzt mit Instandsetzungskostenansatz[1593] oder Restaurierungskostenansatz[1594]) basiert auf den Instandsetzungskosten, die im Falle einer Beeinträchtigung des Vermögenswertes aufzubringen sind, um das Leistungspotenzial vor der Wertminderung wieder zu erreichen.[1595] Der Barwert des verbleibenden Leistungspotenzials wird so ermittelt, dass von den Kosten zum Ersatz des verbleibenden Leistungspotenzials des Vermögenswertes vor der Wertminderung die geschätzten Instandsetzungskosten für diese Beeinträchtigung subtrahiert werden. Die Ersatzkosten vor der Wertminderung stellen den niedrigeren Wert aus abgeschriebenen Wiederbeschaffungskosten von nicht beeinträchtigten

1589 Vgl. Köhrmann, H. (2009), S. 198; KPMG (2012), IPSAS 21.45; Müller-Marqués Berger, T. (2008), S. 109. Siehe zu dieser Methode auch Andrew, A./Pitt, M. (2000), S. 627-636.

1590 Vgl. IPSAS 21.45. Siehe zum Abschnitt KPMG (2012), IPSAS 21.45; Müller-Marqués Berger, T. (2008), S. 109.

1591 Vgl. IPSAS 21.50. Siehe KPMG (2012), IPSAS 21.50.

1592 Vgl. Wirtz, H. (2010), S. 147.

1593 Vgl. KPMG (2012), IPSAS 21.48.

1594 Vgl. Müller-Marqués Berger, T. (2008), S. 109.

1595 Vgl. IPSAS 21.48. Siehe Köhrmann, H. (2009), S. 198; KPMG (2012), IPSAS 21.48; Müller-Marqués Berger, T. (2008), S. 109-110; Wirtz, H. (2010), S. 147.

Vermögenswerten dar.[1596] Der *restoration cost approach* findet seine Anwendung vor allem bei Wertminderungen aufgrund von physischen Schäden.[1597]

Der *service units approach* (unterschiedlich übersetzt mit leistungsorientierter Ansatz[1598] oder Serviceeinheitenansatz[1599]) bezieht sich in der Wertbemessung auf die konkrete Verwendbarkeit des Vermögenswertes. Dieser Ansatz hat mit dem *restoration cost approach* gemein, dass die um Abschreibungen gekürzten Wiederbeschaffungskosten des Vermögenswertes vor Wertminderung den Ausgangspunkt markieren. Diese sind zusätzlich um die durch die Wertminderung verringerten Serviceeinheiten zu kürzen, um als Ergebnis den Vermögenswert mit der reduzierten Anzahl an Serviceeinheiten nach der Wertminderung darzustellen.[1600] Ein Vermögenswert ist dann im Wert gemindert, wenn er nicht mehr so häufig verwendet wird oder verwendet werden kann, wie dies ursprünglich beim Zugang geplant war.[1601] Bei Wertminderungen, die durch Veränderungen im technologischen, rechtlichen oder politischen Umfeld hervorgerufen werden oder aus Nutzungsänderungen resultieren, ist der *service units approach* grundsätzlich umsetzbar.[1602]

Im Gegensatz zu IAS 36 und IPSAS 26, die die Bildung einer *cash-generating unit* vorsehen, wenn für einen einzelnen Vermögenswert der erzielbare Betrag nicht verlässlich ermittelt werden kann, besteht eine vergleichbare Regelung in IPSAS 21 nicht.[1603] Das IPSASB hat zwar in Erwägung gezogen, in Analogie zur CGU eine sog. *service-generating unit* für nichtzahlungsmittelgenerierende Vermögenswerte einzuführen. Aber letztendlich stellte das IPSASB fest, dass solch ein Konzept nicht erforderlich sei, da es einerseits aufgrund der oben beschriebenen Regelungen grundsätzlich möglich ist, das Leistungspotenzial für einen einzelnen Vermögenswert zu ermitteln und andererseits eine erhöhte Komplexität im *impairment* der *non-cash-generating assets* vermieden werden soll.[1604]

1596 Vgl. IPSAS 21.48. Siehe Köhrmann, H. (2009), S. 198; KPMG (2012), IPSAS 21.48; Müller-Marqués Berger, T. (2008), S. 109-110; Wirtz, H. (2010), S. 147.

1597 Vgl. IPSAS 21.50. Siehe Köhrmann, H. (2009), S. 198; KPMG (2012), IPSAS 21.50; Wirtz, H. (2010), S. 147-148.

1598 Vgl. KPMG (2012), IPSAS 21.49.

1599 Vgl. Müller-Marqués Berger, T. (2008), S. 110.

1600 Vgl. IPSAS 21.49. Siehe Köhrmann, H. (2009), S. 198; KPMG (2012), IPSAS 21.49; Müller-Marqués Berger, T. (2008), S. 110; Wirtz, H. (2010), S. 147.

1601 Vgl. Wirtz, H. (2010), S. 147.

1602 Vgl. IPSAS 21.50. Siehe Köhrmann, H. (2009), S. 198; KPMG (2012), IPSAS 21.50; Wirtz, H. (2010), S. 147-148.

1603 Vgl. IPSAS 21.BC15. Siehe Köhrmann, H. (2009), S. 199.

1604 Vgl. IPSAS 21.BC15. Siehe Köhrmann, H. (2009), S. 199.

7.3.2.2.4 Wertaufholungen

Für die hier betrachteten Vermögenswerte sind nicht nur Anzeichen für eine Wertminderung an jedem Abschlussstichtag zu überprüfen, sondern auch Hinweise auf eine Wertaufholung gemäß IPSAS 21.59 bzw. IPSAS 26.99, um erkennen zu können, ob die Gründe für eine in Vorperioden vorgenommene Wertminderung vollständig oder teilweise nicht mehr vorliegen. Die in IPSAS 21.60 bzw. IPSAS 26.100 hierfür aufgelisteten Indikatoren sind nicht abschließend, aber wenn solch ein Anzeichen erkennbar ist, dann ist (wie bei der außerplanmäßigen Abschreibung) der erzielbare Leistungsbetrag bzw. der erzielbare Betrag zu bestimmen.[1605] Wenn dieser höher als der Buchwert ist, muss gemäß IPSAS 21.69 bzw. IPSAS 26.108 in der Ergebnisrechnung eine Wertaufholung in Form einer Zuschreibung des bestehenden Buchwerts auf den erzielbaren Leistungsbetrag bzw. erzielbaren Betrag erfolgen. Als Obergrenze der Wertaufholung sind die fortgeführten Anschaffungs- oder Herstellungskosten zu beachten.[1606]

7.4 Einfluss der entwickelten Framework-Kriterien auf die Bilanzierung von Natur- und Kulturgütern nach IPSAS

In Kapitel 7.3.2 wurde beschrieben, dass es keine verbindlichen Regelungen in den IPSAS gibt, wie die Bilanzierung von Natur- und Kulturgütern vorzunehmen ist. Doch gerade diese Vermögenswerte stellen auch eine Besonderheit des öffentlichen Sektors dar und können einen wesentlichen Teil des Vermögens einer Verwaltungseinheit ausmachen.[1607] Gleichzeitig wird durch die öffentliche Aufgabe, die *heritage assets* zu erhalten, der intergenerative Aspekt dieser Vermögenswerte deutlich, der sich auch in der Berichterstattung niederschlagen sollte.[1608]

Die bestehende Regelungslücke wird basierend auf den Erkenntnissen zum IPSASB-Framework aus Kapitel 6 in den folgenden Ausführungen geschlossen. In einem ersten Schritt wird für die vorliegende Arbeit eine Kategorisierung der Natur- und Kulturgüter vorgenommen, um trotz deren Heterogenität gemeinsame Kriterien zur Lösung der Bilanzierungsfragen zu erhalten. In den darauf folgenden Schritten werden zunächst die aus dem IPSASB-Framework und den oben thematisieren IPSAS zu beachtenden Ansatzkriterien auf die *heritage assets* übertragen, und anschließend werden die Bewertungsmaßstäbe, die einerseits im IPSASB-Framework und in den oben ausgeführten IPSAS zulässig sind und die anderer-

1605 Vgl. IPSAS 26.103.
1606 Vgl. IPSAS 21.68; IPSAS 26.106.
1607 Vgl. IFAC-IPSASB (2011h), Tz. 5.1-5.2. Siehe zu den *key characteristics* des öffentlichen Sektors auch Warren, K. (2012), S. 40.
1608 Vgl. auch IFAC-IPSASB (2011h), Tz. 5.2.

seits in der Literatur für Natur- und Kulturgüter diskutiert werden, auf ihre Anwendbarkeit bei *heritage assets* diskutiert. In einem abschließenden Schritt wird anhand der vorgeschlagenen Kategorisierung eine Bilanzierung der Natur- und Kulturgüter unter Beachtung der bestehenden IPSAS dargestellt, um die Regelungslücken der IPSAS zu schließen.

7.4.1 Kategorisierung der Natur- und Kulturgüter

In dieser Arbeit gilt die in Kapitel 7.2 erwähnte Definition für Natur- und Kulturgüter. Hieraus ergeben sich folgende grundlegende Kriterien für materielle und immaterielle Natur- und Kulturgüter:

- Diese Güter müssen aufgrund ihrer Eigenschaften eine besondere Bedeutung haben, die sich aus historischen, künstlerischen, religiösen, kulturellen, wissenschaftlichen, technischen, geophysikalischen oder für die Natur wichtigen Gesichtspunkten ergibt.
- Diese Güter werden von der öffentlichen Hand oder einer anderen kulturfördernden Einrichtung gehalten.
- Der primäre Zweck, warum diese Güter gehalten werden, ist deren Erhaltung und Bewahrung im öffentlichen Interesse.

Diese Güter sind oft einzigartig und haben deshalb eine große Bedeutung für das nationale und lokale Erbe für zukünftige Generationen, so dass der öffentlichen Hand eine besondere Verantwortung zum Schutz und Erhalt dieser Güter zukommt.[1609] Da es sich hierbei oft um öffentliche Güter handelt, muss deren Erhalt als öffentlicher Auftrag zum Nutzen der Allgemeinheit verstanden werden.[1610]

Diese Güter werden von der öffentlichen Hand oder einer anderen kulturfördernden Einrichtung gehalten und stehen in deren Verfügungsmacht. Dennoch kann das öffentliche Interesse zur Erhaltung und zum Halten im öffentlichen Bestand größer sein, so dass eine uneingeschränkte Verfügungsmacht der haltenden Einheit und damit auch eine Verkaufsmöglichkeit der *heritage assets* häufig durch gesetzliche Vorschriften oder andere Verpflichtungen verboten oder beschränkt wird.[1611] Diese möglicherweise eingeschränkte Verfügungsmacht ist mit der Erfüllung der öffentlichen Aufgabe zu rechtfertigen und steht dieser nicht entgegen.

[1609] Vgl. IFAC-IPSASB (2011h), Tz. 5.1-5.2.
[1610] Siehe zur Problematik der öffentlichen Güter Kapitel 7.1.
[1611] Vgl. IPSAS 17.10 (b); IPSAS 31.12 (b).

Der primäre Zweck ist die Erhaltung, so dass Natur- und Kulturgüter in vielen Fällen nicht dem Zweck der Generierung von Zahlungsmittelzuflüssen dienen, da dies wegen rechtlicher oder sozialer Hintergründe untersagt sein kann.[1612]

Trotz des angesprochenen Hauptzwecks kann es besonders bei historischen Gebäuden möglich sein, dass diese neben dem Nutzen im öffentlichen Interesse und somit für die Allgemeinheit auch für die Verwaltungseinheit an sich einen zusätzlichen, wirtschaftlichen Nutzen erbringen, wenn z.B. Verwaltungsabteilungen in den historischen Gemäuern untergebracht und Mietaufwendungen eingespart werden oder durch Vermietung an Dritte Erträge erwirtschaftet werden können.[1613]

Es gibt viele alte und interessante Besitztümer, attraktive Landschaften und geophysikalische Formationen, dennoch erscheint es als unzweckmäßig, sie deswegen alle als Natur- und Kulturgüter zu bezeichnen.[1614] Entsprechende Abgrenzungskriterien für *heritage assets* sind notwendig und werden in den folgenden Absätzen aufgezeigt.

Anhaltspunkte für die Bedeutung und das öffentlichen Interesse am Erhalt der betrachteten Güter sind für Naturgüter, wie z.B. Naturparks, Landschaften mit seltenen Beständen an Flora und Fauna, Küstenstreifen, Felsformationen, die Einordnung als Naturschutzgebiete und Naturdenkmäler.[1615] Naturschutz wird auf nationaler und internationaler (z.B. UNESCO-Naturerbe; siehe Kapitel 7.2) Ebene geregelt und verfolgt u.a. gemäß des nationalen Gesetzes über Naturschutz und Landschaftspflege (BNatSchG) folgende Ziele: „Natur und Landschaft sind auf Grund ihres eigenen Wertes und als Grundlage für Leben und Gesundheit des Menschen auch in Verantwortung für die künftigen Generationen im besiedelten und unbesiedelten Bereich […] so zu schützen, dass (1) die biologische Vielfalt, (2) die Leistungs- und Funktionsfähigkeit des Naturhaushalts einschließlich der Regenerationsfähigkeit und nachhaltigen Nutzungsfähigkeit der Naturgüter sowie (3) die Vielfalt, Eigenart und Schönheit sowie der Erholungswert von Natur und Landschaft auf Dauer gesichert sind; der Schutz umfasst auch die Pflege, die Entwicklung und, soweit erforderlich, die Wiederherstellung von Natur und Landschaft“ (§ 1 BNatSchG). Für die vorliegende Arbeit fallen unter den Begriff „Naturgüter“ (als Teilmenge der *heritage assets*) von der Verwaltungseinheit gehaltene Vermögenswerte, die durch den nationalen (Einteilung erfolgt durch die für das Landesrecht für Na-

1612 Vgl. IPSAS 17.10; IPSAS 31.13.
1613 Vgl. IPSAS 17.11.
1614 Vgl. auch Sayce, S. et al. (2009), S. 10.
1615 Vgl. zur Definition von Naturschutzgebieten und Naturdenkmälern §§ 23, 28 BNatSchG (Nationales Gesetz über Naturschutz und Landschaftspflege).

turschutz und Landschaftspflege zuständigen Behörden oder durch das Bundesamt für Naturschutz) oder internationalen Naturschutz (wie z.B. UNESCO-Naturerbe, Ramsar-Konvention (1971; Übereinkommen über Feuchtgebiete von internationaler Bedeutung, insbesondere als Lebensraum für Watt- und Wasservögel), Helsinki-Konvention (1974; Übereinkommen zum Schutz der Meeresumwelt und der Ostseegebiete), Berner Konvention (1979; Europäisches Artenschutzübereinkommen) erfasst sind und besondere Schutzrechte, wie bei Naturschutzgebieten und Naturdenkmälern, erfahren.

In Abgrenzung hierzu sind gewöhnliche Grünflächen, Parks und ähnliches Infrastrukturvermögen angesichts der fehlenden, besonderen biologischen oder geologischen Bedeutung und Erhaltens- bzw. Schutzwürdigkeit nicht unter den hier betrachteten Naturgütern zu subsumieren, sondern werden als Bestandteile des Sachanlagevermögen nach den Regelungen des IPSAS 17 bilanziert.[1616] Auch ist das erwerbswirtschaftlich genutzte Waldvermögen, das mit einer landwirtschaftlichen Tätigkeit verbunden ist und mit einer Gewinnerzielungsabsicht gehalten wird, nicht im hier verwendeten Verständnis als Naturgut anzusehen.[1617] Dasselbe gilt für Nutztiere. Erwerbswirtschaftlich genutztes Waldvermögen und Nutztiere fallen unter die in IPSAS 27.6 genannten biologischen Vermögenswerte, die bei der Ernte (gemäß IPSAS 27.9 Abtrennung des Erzeugnisses von dem biologischen Vermögenswert oder das Lebensende eines biologischen Vermögenswertes) zu landwirtschaftlichen Erzeugnissen (wie z.B. gefällte Bäume, Wolle, Milch, Fleisch) führen. In Naturschutzgebieten darf hingegen kein Holzbestand geschlagen und verkauft werden, auch die Tierbestände sind grundsätzlich einer Selbstregulation überlassen. „Alle Handlungen, die zu einer Zerstörung, Beschädigung oder Veränderung des Naturschutzgebiets oder seiner Bestandteile oder zu einer nachhaltigen Störung führen können, sind nach Maßgabe näherer Bestimmungen verboten. Soweit es der Schutzzweck erlaubt, können Naturschutzgebiete der Allgemeinheit zugänglich gemacht werden" (§ 23 BNatSchG).[1618]

1616 Siehe zur Bilanzierung nach IPSAS 17 Kapitel 7.3.2.

1617 Vgl. Sayce, S. et al. (2009), S. 18. Wie im Unternehmensbereich müssen auch im öffentlichen Sektor bei veräußerbarem Waldvermögen unterschiedliche Standards beachtet werden. Zum einen ist der Baumbestand und der Grund und Boden gemäß IAS 41.2 (a)/IPSAS 27.3 (a) getrennt zu bilanzieren, der Grund und Bund fällt je nach Verwendungsabsicht unter IAS 16/IPSAS 17, IAS 40/IPSAS 16 oder falls der Verkauf feststeht unter IFRS 5/keine gesonderte Regelung nach IPSAS. Der Waldbestand – gilt grundsätzlich im übertragenen Sinne auch für Nutztiere – ist in drei Phasen zu unterteilen: (1) Beginn der landwirtschaftlichen Tätigkeit: biologischer Vermögenswert (Anwendung von IAS 41/IPSAS 27); (2) Zeitpunkt der Ernte, Lebend-Kriterium gemäß IAS 41.5/IPSAS 27.9 nicht mehr erfüllt, wird zu landwirtschaftlichen Erzeugnis; (3) nach der Ernte (Anwendung von IAS 2/IPSAS 12. Siehe hierzu und zu den unterschiedlichen Bewertungsverfahren des Waldvermögens Forst, C./Müller, S. (2009), S. 441-448; zu IAS 41 z.B. Haller, A./Egger, F. (2006), S. 281-290.

1618 Für Naturgüter hat der Schutz oberste Priorität und nicht der wirtschaftliche Nutzen. In Abhängigkeit von der Ausgestaltung des Schutzumfanges können unter strengen Auflagen eine natur- und landschaftsverträg-

Für historische Gebäude, Bauwerke und Monumente sind die Regelungen des Denkmalschutzes als Anzeichen für Kulturgüter als Teil der *heritage assets* zu beachten. Das Denkmalrecht wird auf nationaler Ebene ausgestaltet und z.B. in Deutschland ist der Denkmalschutz auf Landesebene geregelt. Gemäß Art. 1 DSchG (Denkmalschutzgesetz, Bayern) sind Denkmäler von Menschen geschaffene Sachen oder Teile davon aus vergangener Zeit, deren Erhaltung wegen ihrer geschichtlichen, künstlerischen, städtebaulichen, wissenschaftlichen oder volkskundlichen Bedeutung im Interesse der Allgemeinheit liegt. Sog. Denkmallisten, als Verzeichnis der Bau-, Kunst- und Bodendenkmäler, sind auf nationaler Ebene bei den Landesämtern für Denkmalpflege öffentlich einsehbar.[1619] Darüber hinaus gibt es internationale Vereinbarungen wie die in Kapitel 7.2 beschriebene UNESCO-Welterbekonvention zu „Kulturerbe“. Für Kunstwerke oder auch Sammlungen[1620] in Museen bietet die übertragene Anwendung der folgenden drei Fragen der Waverley-Kriterien[1621] erste Anhaltspunkte für erhaltenswerte Kulturgüter von besonderer Bedeutung (als Teilmenge der *heritage assets*): (1) Ist dieses Objekt so sehr mit der Geschichte oder der Nation verbunden, dass sein Abgang (hier: Vernichtung) einen herben Verlust darstellen würde?; (2) Ist es von herausstechender ästhetischer Bedeutung?; (3) Ist es von außerordentlicher Bedeutung für die Studien bestimmter Teilgebiete der Kunst, Wissenschaft oder Geschichte?.[1622] Bezugnehmend auf die nationale (Steuer-)Rechtsprechung wird zwischen Werken anerkannter Meister und sog. Gebrauchskunst unterschieden. Ein anerkannter Meister ist ein Künstler, dessen gesamtes Werk von Sachverständigen und der kunstbeflissenen und -interessierten Öffentlichkeit als auf lange Sicht künstlerisch bedeutsam eingeschätzt wird, so dass wichtige Hinweise für die Bedeutung eines Künstlers Auszeichnungen, Kunstpreise, Aufnahmen in prestigeträchtige Kunstausstellungen und der Ankauf der Werke durch international bedeutende Museen sind.[1623]

Unter die hier betrachteten *heritage assets* fallen die Werke anerkannter Meister, aber keine Gebrauchskunst (wie z.B. moderne Kunstdrucke, Skulpturen oder ausleihbare Bibliotheksbestände), da diese nur zu Dekorationszwecken, zur Wissensvermittlung bzw. Unterhaltung er-

---

liche Land-, Forst- und Fischereiwirtschaft zulässig sein, sofern sie nicht dem Naturschutz und der Landschaftspflege entgegenstehen; vgl. § 5 BNatSchG. Diese gilt z.B. für Naturparks (§ 27 BNatSchG).

1619 Siehe z.B. für Bayern http://www.denkmal.bayern.de/; Stand: 30.04.2013.

1620 Bei Sammlungen muss auch berücksichtigt werden, dass diese nicht nur aus den Ausstellungsstücken bestehen, sondern auch nicht gezeigte Exponate im Lager, Ausleihungen, Duplikate und Kopien enthalten; vgl. Sayce, S. et al. (2009), S. 16.

1621 Die Waverley-Kriterien wurden 1952 in UK erlassen, um die Bedeutung von Kunstwerken und Objekten von kulturellem Interesse, die ins Ausland verkauft werden sollen, einschätzen zu können und gegebenenfalls den Export zu verbieten oder zu verzögern, damit eine nationale Stelle diese Objekte erwerben kann. Vgl. Sayce, S. et al. (2009), S. 10.

1622 Vgl. Sayce, S. et al. (2009), S. 10.

1623 Vgl. Müller-Katzenburg, A./Hofmann, A. (2000), S. 2564-2565; Raupach, B./Stangenberg, K. (2009), S. 113.

worben und gehalten werden und nicht aufgrund ihrer besonderen Bedeutung (die Einzigartigkeit ist auszuschließen).[1624] Gebrauchskunst umfasst die handwerkliche, maschinelle oder industrielle Fertigung von Kunstgegenständen in größeren Stückzahlen, die als Gebrauchsgegenstände eingesetzt werden. Die Gebrauchskunst entspricht immer dem jeweiligen Zeitgeschmack und verliert damit im Laufe der Zeit an Wert.[1625] Um diesen Wertverlust zu berücksichtigen, wird sie im Gegensatz zu den Werken anerkannter Meister, die in der Regel relativ wertbeständig sind und eher im Wert steigen als abnehmen,[1626] entsprechend über die Nutzungsdauer abgeschrieben[1627] und wie das Sachanlagevermögen nach IPSAS 17 behandelt.

Anhand der oben genannten und ausgeführten Kriterien sind Natur- und Kulturgüter einer Verwaltungseinheit zu identifizieren. Um Ansatz-, Bewertungs- und Ausweisfragen nach IPSAS für *heritage assets* lösen zu können, sind die Natur- und Kulturgüter noch weiter zu unterteilen.

Zunächst werden die Natur- und Kulturgüter der Verwaltungseinheit bestimmt und in einem nächsten Schritt ist zu klären, ob auch die *asset*-Voraussetzungen und die Ansatzkriterien der IPSAS erfüllt sind (siehe hierzu die Ausführungen in Kapitel 7.4.2). Zur Lösung der Bewertungs- und Ausweisfragen schließt sich hieran eine weitere Unterteilung der *heritage assets* an, zum einen in materielle und immaterielle Natur- und Kulturgüter, und zum anderen danach, welche Bewertungsmaßstäbe, die in Kapitel 7.4.3 diskutiert werden, angesichts der vorhandenen Informationen, z.B. setzen Marktwerte einen aktiven Markt voraus, angewendet werden können. Wegen der inhärenten Bewertungsproblematik der Natur- und Kulturgüter (allein die Ermittlung der historischen Anschaffungs- oder Herstellungskosten oder des beizulegenden Zeitwertes kann schon problematisch sein)[1628] werden diese zum Zweck der Bilanzierung und speziell der Bewertung und weiteren Behandlung in den Abschlussinstrumenten einer Verwaltungseinheit in dieser Arbeit wie folgt unterteilt:[1629]

[1624] Vgl. IFAC-IPSASB (2006a), CP – Tz. 7.2; Raupach, B./Stangenberg, K. (2009), S. 113; Wirtz, H. (2010), S. 210-211.

[1625] Vgl. Müller-Katzenburg, A./Hofmann, A. (2000), S. 2565.

[1626] Vgl. Müller-Katzenburg, A./Hofmann, A. (2000), S. 2564.

[1627] Hierbei kann sich z.B. an das nationale Steuerrecht mit seinen Afa-Tabellen (Afa: Absetzung für Abnutzung) angelehnt werden, in denen für Kunstwerke (ohne Werke anerkannter Künstler) eine Nutzungsdauer von 15 Jahren angegeben wird; vgl. Afa-Tabelle „AV", 6.19.5 i.V.m. § 7 Abs. 1 Satz 2 EStG.

[1628] Vgl. Vogelpoth, N. et al. (2002), S. 1369.

[1629] Vgl. zu möglichen Unterteilungen der *heritage assets* z.B. Bergmann, A./Fausch, R. (2007), S. 3; Sayce, S. et al. (2009), S. 8-10. Siehe Abbildung 24. Aufgrund der breit gefächerten Eigenschaften von *heritage assets* ist eine weitere Unterteilung und Systematisierung für Bilanzierungszwecke notwendig; vgl. Sayce, S. et al. (2009), S. 12.

- Materielle Natur- und Kulturgüter, die veräußerbar sind;
- Materielle Natur- und Kulturgüter, die nicht veräußerbar sind, aber zusätzlich einen wirtschaftlichen Nutzen bieten;
- Immaterielle Natur- und Kulturgüter
  - mit verlässlicher Bewertbarkeit;
  - ohne verlässliche Bewertbarkeit (konkrete Bilanzierungsfähigkeit nicht erfüllt);
- Materielle Natur- und Kulturgüter ohne verlässliche Bewertbarkeit.

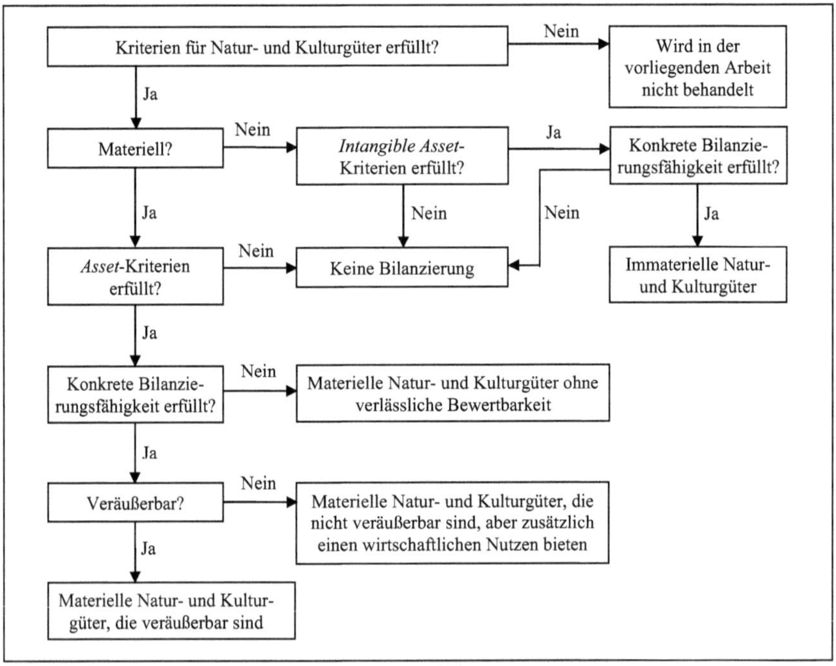

Abbildung 24: Kategorisierung der Natur- und Kulturgüter[1630]

Wie in Kapitel 6.8.2 gezeigt wurde, erfordert die intergenerative bzw. interperiodische Gerechtigkeit einen Erhalt der Ressourcen der Verwaltungseinheit für künftige Generationen und stützt sich auf den in der vorliegenden Arbeit vorgeschlagenen leistungswirtschaftlichen Kapitalerhaltungsansatz, der durch eine Bewertung zu Tageswerten erreicht wird. Ein Marktwert (*market value* bzw. *fair value*) setzt einen aktiven Markt voraus, der für viele Natur- und Kulturgüter wegen ihrer Einzigartigkeit nicht gegeben ist, oder ein Marktwert ist nicht ermittelbar, da die Veräußerbarkeit durch Gesetze, Statuten oder sonstige Regelungen ausgeschlossen

[1630] Quelle: Eigene Darstellung.

ist. Des Weiteren kann auch die Verwaltungsführung entscheiden, dass bestimmte Vermögenswerte nicht veräußerbar sind. Die Veräußerbarkeit wird als ein Unterscheidungskriterium herangezogen. Obwohl Natur- und Kulturgüter primär im öffentlichen Interesse und für den Nutzen der Allgemeinheit gehalten und erhalten werden, können sie auch einen zusätzlichen, wirtschaftlichen Nutzen für die Verwaltungseinheit an sich erbringen und sind dann gemäß IPSAS 17.11 wie das Sachanlagevermögen zu bilanzieren, woraus sich ein weiteres Unterscheidungsmerkmal ableiten lässt. Die konkrete Bilanzierungsfähigkeit ist in dieser Untergliederung bei *assets* und *intangible assets* durch eine verlässliche Bewertung aufgrund der Veräußerbarkeit oder eines wirtschaftlichen Nutzens gegeben. Eine detaillierte Darlegung der Bilanzierung und Behandlung der Natur- und Kulturgüter in den einzelnen Kategorien erfolgt in Kapitel 7.5.

7.4.2 Ansatz von Natur- und Kulturgütern

Für eine effiziente Verwaltungsführung steht es außer Frage, dass die Bestände der Vermögenswerte regelmäßig inventarisiert werden und über deren Veränderungen Buch geführt wird, um den Rechenschaftspflichten nachkommen zu können. Wie hingegen *heritage assets* zu behandeln sind, muss noch geklärt werden: Aktivierung ja oder nein?[1631]

International gibt es keine einheitliche Regelung, ob und wie *heritage assets* zu erfassen und zu bewerten sind.[1632] Dies könnte damit erklärt werden, dass sich die öffentliche Rechnungslegung in verschiedenen Jurisdiktionen in eine andere Richtung entwickelt hat, die sich aus unterschiedlichen Rechnungslegungskonzeptionen und mit der Rechnungslegung verfolgten Zielen ergeben hat, und heute in einer uneinheitlichen und nicht vergleichbaren Vorgehensweise in der Behandlung von *heritage assets* mündet.[1633] Selbst in Ländern, die durch das angelsächsische Rechnungslegungsverständnis geprägt sind, gibt es keine einheitliche und vergleichbare Bilanzierung von bzw. Berichterstattung über Natur- und Kulturgüter. Tabelle 9 zeigt neben den Ansatzregelungen auch die anderen Bilanzierungsvorschriften für *heritage assets* in angelsächsischen Ländern.

1631 Vgl. Glanz, S. (2011), S. 41.

1632 Vgl. Glanz, S. (2011), S. 41; Martí, C. (2006), S. 58-59; Rowles, T. R. (1992), S. 19-22; Sayce, S. et al. (2009), S. 6-7.

1633 Vgl. auch Rowles, T. R. (1992), S. 77.

	UK FRS 30	**USA** SFFAS 29	**USA** GASBS 34	**Australien** AASB 116	**Neuseeland** FRS 3 (wo nicht NZ IAS 16 gilt)
Geltungsbereich	Staat und Private	Staat (Bundesebene)	Gliedstaaten und Kommunen	Staat und Private	Staat und Private
Anwendungsbereich	Alle *heritage assets* (gemeint Kultur- und Naturgüter, die ausschließlich in ihrer Eigenschaft als *heritage assets* gehalten werden)	*Heritage assets* (Kultur- und Naturgüter) außer solchen, die nicht primär in ihrer Eigenschaft als *heritage assets* gehalten werden	*Works of art, historical treasures, or similar assets* (gemeint Kulturgüter)	Alle *heritage assets* (gemeint Kulturgüter)	Alle *heritage assets* (gemeint Kulturgüter)
Aktivierung	Ja, soweit Informationen über die Kosten oder den aktuellen Wert erhältlich; dann wie andere Sachanlagen	Nein. Erfassung der Anschaffungskosten in der Erfolgsrechnung	Ja. Bei Sammlungen, die dem Gemeinwohl dienen, besteht das Wahlrecht, sie nicht zu aktivieren, sondern ihre historischen Kosten in der Erfolgsrechnung zu erfassen.	Wie andere Sachanlagen	Wie andere Sachanlagen
Folgebewertung	Wahlrecht zwischen historischen Kosten und Neubewertung zum aktuellen Wert (wie andere Sachanlagen, aber mit Erleichterungen). Planmäßige Abschreibung und *impairment* in Ausnahmefällen	(Entfällt)	Historische Kosten. Planmäßige Abschreibung in Ausnahmefällen	Neubewertung zum *fair value* für staatliche Rechtsträger zwingend. Planmäßige Abschreibung und *impairment* in Ausnahmefällen	Wahlrecht zwischen historischen Kosten und Neubewertung zum *fair value* (wie andere Sachanlagen, aber Neubewertung von *heritage assets* empfohlen). Planmäßige Abschreibung und *impairment* in Ausnahmefällen
Behandlung von Schenkungen	Erfolgswirksame Aktivierung zum aktuellen Wert (soweit praktikabel)	Keine Erfassung als Bestandteil der Anschaffungskosten	Erfolgswirksame Aktivierung zum *fair value*. Bei obigen nicht aktivierten Sammlungen Erfassung eines gleich hohen Aufwands	Erfolgswirksame Aktivierung zum *fair value*	Erfolgswirksame Aktivierung zum *fair value*
Erstanwendung	Wie andere Sachanlagen	(Entfällt)	Zuvor aktivierte Sammlungen bleiben aktiviert	Wie andere Sachanlagen	Wie andere Sachanlagen
Darstellung	Separater Ausweis in der Bilanz	(Entfällt)	Nicht geregelt	Kein separater Ausweis in der Bilanz	Kein separater Ausweis in der Bilanz
Offenlegung	Umfangreiche, auch nicht-finanzielle Anhanginformationen	Umfangreiche, auch nicht-finanzielle Anhanginformationen	Auch nicht-finanzielle Anhanginformationen	Wie andere Sachanlagen	Wie andere Sachanlagen

Tabelle 9: Heritage assets in angelsächsischen Rechenwerken[1634]

1634 Quelle: Glanz, S. (2011), S. 41. Siehe auch IFAC-IPSASB (2006a), Appendix 2, S. 58-63 (Stand: 31.05.2012).

Um eine glaubwürdige Darstellung zu erreichen, wird durch das Vollständigkeitskriterium im zu entwickelnden IPSASB-Framework die grundsätzliche Erfassung aller Vermögenswerte vorgeschrieben, wobei als beschränkende Faktoren immer die Wesentlichkeit und der daraus resultierende Nutzen und die damit verbundenen Kosten betrachtet werden müssen.[1635] Da der Rechnungszweck in einer glaubwürdigen Darstellung der Vermögens-, Finanz- und Ertragslage einer Verwaltungseinheit liegt und als Dokumentationsbasis für den Ressourceneinsatz der treuhänderisch zur Verfügung stehenden öffentlichen Mitteln dient, gebührt – überspitzt formuliert – selbst dem konservierten Frosch einer zoologischen Sammlung ein Platz in der öffentlichen Vermögensrechnung.[1636] Hohe Kosten können gerade in Verwaltungseinheiten auftreten, die über eine unvollständige Inventarisierung der Bestände an Natur- und Kulturgütern, eine schwere Kategorisierbarkeit dieser Güter oder verwaltungsintern nur über wenige Erfahrungswerte mit der Bilanzierung von *heritage assets* verfügen.[1637] Für den Ansatz von Natur- und Kulturgütern sprechen dennoch verschiedene Gründe[1638]:

- Eine inkonsistente Behandlung der unterschiedlichen Komponenten des Sachanlagevermögens (wie z.B. im UK die früheren Regelungen des FRS 15 zur Bilanzierung der *heritage assets* bei Museen und Galerien in Abhängigkeit vom Zugangszeitpunkt) ist bei Beeinträchtigung des Adressatennutzens zu vermeiden.
- Die externen und internen Abschlussadressaten können sich nur dann ein richtiges Bild über die Leistung und Leistungsentwicklung der Verwaltungseinheit machen, wenn die Vermögenswerte in der Vermögensrechnung erfasst und zusätzliche erklärende Informationen offengelegt werden. Hierdurch kann ein effizientes und effektives Performance Management unterstützt werden.
- Um diese Natur- und Kulturgüter bilanzieren zu können, müssen umfangreiche Inventarisierungsmaßnahmen durchgeführt werden, die ihrerseits wertvoll für die Erfassung und Erstellung einer umfassenden und transparenten Übersicht der Besitzverhältnisse und

1635 Vgl. IFAC-IPSASB (2013b), CF, Tz. 3,3, 3.10-3.12; IPSAS 1, Appendix A.

1636 Vgl. Brede, H. (2003b), S. 75; Wirtz, H. (2010), S. 210.

1637 Vgl. Sayce, S. et al. (2009), S. 16; Smith, P. (2007), S. 23-24. Hierbei ist bei den entstehenden Kosten zu unterscheiden, ob erstens bereits ein doppisch geprägtes Rechnungslegungssystem (z.B. basierend auf nationalen öffentlichen Rechnungslegungsnormen) in der Verwaltung zum Einsatz kommt und nur eine Umstellung auf die IPSAS erfolgt und diese zum ersten Mal angewendet werden, aber bereits Bewertungen der *heritage assets* früher vorgenommen wurden und die IPSAS darauf aufbauen können. Zur Erstanwendung der IPSAS besteht ebenfalls ein Entwicklungsprojekt namens „*First-Time Adoption of Accrual IPSASs*“ seit Juni 2011. Zweitens ist zu unterscheiden, ob von einem kameralistisch geprägten nationalen System oder der Anwendung des Cash Basis IPSAS auf die IPSAS (*accrual based*) umgestellt wird. Und drittens, ob die Natur- und Kulturgüter der Verwaltungseinheit erst zugegangen sind und deshalb zum ersten Mal anzusetzen sind und keine früheren Bewertungsmaßnahmen durchgeführt wurden.

1638 Vgl. zu dieser Aufzählung Sayce, S. et al. (2009), S. 14.

verwalteten Vermögenswerte sind, und zur Vervollständigung des Inventars beitragen. Dies entspricht u.a. der Rechenschaftsfunktion.

- Umfangreiche Informationen über Natur- und Kulturgüter und deren Besitzverhältnisse ermöglichen eine aktive Vermögensbewirtschaftung und stellen gleichzeitig eine positive Referenz und Entscheidungsgrundlage für mögliche zukünftige Stifter dar.
- Auf Basis eines umfangreichen Datenpools und mit einer aktiven Vermögensbewirtschaftung kann die Notwendigkeit von Konservierungs- und Restaurationsmaßnahmen leichter ermittelt werden.
- Aus den gesammelten Daten kann erkennbar werden, wie sehr die Natur- und Kulturgüter mit Aufwendungen, Zahlungsmittelabflüssen und Wertminderungen behaftet sind. Dies kann als Rechtfertigung, aber auch als Bemessungsgrundlage für notwendige Zuschüsse oder auch künftige Spenden und Stiftungsgelder dienen.

Zusammengefasst kann auf Basis der Inventarisierung von Natur- und Kulturgütern ein Bewusstsein für deren Existenz geschaffen werden und gleichzeitig wird der größte Nutzen der Überprüfung und systematischen Erfassung der Natur- und Kulturgüter als Vermögenswerte in deren erstmaliger Bewertung (Folgebewertungen können auf der erstmaligen Bewertung und deren Daten aufbauen) gesehen, da hierfür weitreichende Daten gesammelt werden müssen, die ihrerseits für eine darauf basierende Vermögensbewirtschaftung gewinnbringend – „*good data is always useful*" – genutzt werden können.[1639]

Zusätzlich spricht für die vollständige Erfassung der Bestände an Natur- und Kulturgütern in den unterschiedlich möglichen Bestandteilen des Abschlusses, dass nur so der Ressourceneinsatz, die Ergebnisse der Verwaltungstätigkeit und deren Leistungsfähigkeit dokumentiert werden können und nicht nur der Eindruck in der Gesellschaft erweckt wird, dass Ausgaben im öffentlichen Sektor als Zahlungen *à fonds perdu* anzusehen sind.[1640] Außerdem ist zu beachten, dass zahlreiche *heritage assets* einer Verwaltungseinheit nicht veräußerbar sind, aber gerade bei Sammlungen durch die Möglichkeit des Tausches, Bestandslücken geschlossen werden können und zugleich erhebliche Wertsteigerungen im ideellen und materiellen Sinn erzielt werden können.[1641] Ein zusätzlicher Punkt fördert die vollständige Erfassung und Be-

[1639] Vgl. zum Absatz und zum Zitat Sayce, S. et al. (2009), S. 14. Siehe zu einer Studie zum Asset Management des Infrastrukturvermögens auf doppischer Basis im öffentlichen Sektor in Australien Molland, A./Clift, R. (2008), S. 105-106.

[1640] Vgl. Brede, H. (2003b), S. 71; Rowles, T. R. (1992), S. 69. „Wo keine Gewinne erwirtschaftet werden können, ist das Eigenkapital, kaufmännisch gesehen, von vornherein als verloren anzusehen"; Oettle, K. (1983), S. 771.

[1641] Vgl. Brede, H. (2003b), S. 72.

wertung der öffentlichen Vermögenswerte, da z.B. bei Straßen und Plätzen, die vormals als Verwaltungsvermögen erfasst wurden, wie Erfahrungswerte zeigen, auch in das realisierbare Vermögen umgewandelt werden können, wenn z.B. die Straßen und Plätze aufgelassen und die Grundstücke veräußert werden.[1642]

Für Verwaltungseinheiten sind die Abschlüsse unvermeidlich und müssen dem Prinzip der Vollständigkeit entsprechen, und gleichzeitig ist die geforderte Vollständigkeit um den Aspekt der Einheitlichkeit zu ergänzen.[1643] Da die Reform des öffentlichen Rechnungswesens mit der Doppikeinführung eine transparente Darstellung der Gesamtlage einer Gebietskörperschaft (bestehend aus Kernverwaltung und den sowohl rechtlich selbständigen als auch unselbständigen öffentlichen Unternehmen) erreichen möchte, ist zu beachten, dass eine Einheitlichkeit der Abschlüsse von den rechtlich selbständigen öffentlichen Unternehmen, die die Rechnungslegungsnormen des privatwirtschaftlichen Unternehmensbereichs zu beachten haben, und den Verwaltungseinheiten aufgrund unterschiedlicher Rechnungslegungsnormen zwar nicht voll erreicht werden kann, jedoch anzustreben ist.[1644]

Um diesen Vollständigkeitsanspruch erfüllen zu können, ist, nachdem von der Verwaltungsführung festgelegt wurde, dass es sich bei den betrachteten Gütern um *heritage assets* handelt,[1645] zu prüfen, ob die Vermögenswertdefinition gemäß den IPSAS (*asset* bzw. *intangible asset*) erfüllt ist und ob eine Bilanzierung in Form eines Ansatzes in der Vermögensrechnung der kontrollierenden Verwaltungseinheit in Frage kommt oder nicht. Wie in den IFRS muss hierbei zwischen einer abstrakten und konkreten Bilanzierungsfähigkeit in Form eines zweistufigen Entscheidungsprozesses unterschieden werden.[1646] Wenn die zu beurteilenden Posten der Natur- und Kulturgüter als *assets* bzw. *intangible assets* erfasst werden sollen, müssen die in Kapitel 7.3.2.1 beschriebenen Definitionskriterien (vergleichbar zur *asset*-Definition im IPSASB-Framework; siehe Kapitel 6.6.2) erfüllt sein, um der abstrakten Bilanzierungsfähigkeit zu entsprechen. Zu beachten ist, dass der Vermögenswert in der gegenwärtigen – „[...] *an entity presently controls*“[1647] – Verfügungsmacht der Verwaltungseinheit stehen muss. Bei dieser *asset*-Definition werden die Besonderheiten des öffentlichen Sektors berücksichtigt, die

1642 Vgl. Brede, H. (2003b), S. 71; Bolsenkötter, H. (2000), S. 42-43; Leue, R. (2001), S. 88; Rowles, T. R. (1992), S. 70-71.

1643 Vgl. Brede, H. (2003b), S. 74.

1644 Vgl. Brede, H. (2003b), S. 75-76.

1645 Vgl. zur Einordnung als *heritage asset* Kapitel 7.4.1.

1646 Vgl. zu Bilanzierungsfähigkeit nach IFRS z.B. Coenenberg, A. G./Haller, A./Schultze, W. (2012), S. 84-85.

1647 IFAC-IPSASB (2012d), CF-ED2, Tz. 2.1. So sind z.B. Kirchen oder Klöster, die sich noch im Eigentum der Kirche befinden, nicht in der Vermögensrechnung einer Stadt auszuweisen, obwohl sie vielleicht einen wesentlichen Anteil am Stadtimage und an der touristischen Attraktivität ausmachen.

auch im Speziellen bei Natur- und Kulturgütern greifen. Diese zeichnen sich nicht primär dadurch aus, dass sie einen wirtschaftlichen Nutzen in Form von Zahlungsmittelzuflüssen für die Verwaltungseinheit darstellen können (tritt als Nebenzweck bei Natur- und Kulturgüter, die veräußerbar sind und durch den möglichen Verkauf zu Zahlungsmittelzuflüssen und Erträgen führen können, oder z.B. auch Eintrittsgelder bei Sehenswürdigkeiten), aber vielmehr ein Leistungspotenzial besitzen. Entsprechend der Definition der *heritage assets* werden diese gehalten und im öffentlichen Interesse erhalten, woraus sich immer das Leistungspotenzial und der Nutzen für die Allgemeinheit ergeben.

Dieses Leistungspotenzial der Natur- und Kulturgüter ist einerseits als Bereicherung des Gemeinwohls anzusehen, andererseits kann es die rechnungslegende Verwaltungseinheit vor besondere Herausforderungen und Probleme stellen. Da die Posten der Vermögensrechnung in monetären Werten anzugeben sind, muss für Bilanzierungszwecke den Natur- und Kulturgütern ein Geldwert zugeordnet werden können.[1648] Bei Natur- und Kulturgütern ist dieser monetäre Ansatz oft schwer zu erfassen, da sie aufgrund ihrer besonderen Eigenschaften und deren Beitrag zum Gemeinwohl gehalten und erhalten werden und der Beitrag nur bedingt in finanziellen Größen ausgedrückt werden kann.[1649]

Wenn die abstrakte Bilanzierungsfähigkeit und damit die *asset*-Definition erfüllt sind, ist für einen Ansatz der *heritage assets* in der Vermögensrechnung einer öffentlichen Einheit die konkrete Bilanzierungsfähigkeit nach IPSAS zu prüfen. Gemäß den erarbeiteten Framework-Kriterien, die z.B. für das Sachanlagevermögen gemäß IPSAS 17.14 und für das immaterielle Vermögen gemäß IPSAS 31.28 und auch in dem IASB-Rahmenkonzept (F 4.38, F 4.44) entsprechend geregelt sind, müssen für eine Aktivierung eines *heritage asset* folgende Voraussetzungen erfüllt sein: (1) Der künftige Zufluss an wirtschaftlichem Nutzen oder Leistungspotenzial für die Verwaltungseinheit muss wahrscheinlich (*probable*) sein, und (2) die Kosten oder der Wert dieses *heritage asset* müssen/muss verlässlich (*reliably*) ermittelbar sein.[1650]

Der erforderliche Wahrscheinlichkeitsgrad (*probable*) wird für Zwecke eines Ansatzes in der Vermögensrechnung nicht weiter konkretisiert, man kann jedoch in Anlehnung an die Auslegung der Regelungen im IASB-Framework mithilfe des anglo-amerikanischen Sprachgebrauchs davon ausgehen, dass der künftige Zufluss an wirtschaftlichem Nutzen oder Leistungspotenzial eher wahrscheinlicher als unwahrscheinlicher sein muss, wodurch eine Wahr-

1648 Vgl. Glanz, S. (2011), S. 41. Siehe hierzu die folgenden Ausführungen zur konkreten Bilanzierungsfähigkeit.

1649 Siehe zu den Bewertungsfragen Kapitel 7.4.3.

1650 Siehe Kapitel 6.6.2.

scheinlichkeit größer als 50% erreicht werden muss, was jedoch sehr subjektiv zu beurteilen ist.[1651] Das IPSASB lehnt deshalb im zu erarbeitenden Framework die Nennung von konkreten Schwellenwerten ab und fordert eine neutrale Beurteilung des jeweiligen Sachverhalts unter Einbezug der verfügbaren Anhaltspunkte.[1652] Die vorgeschriebene Neutralität führt zu einer verzerrungsfreien und für den Adressaten relevanten Berichterstattung, wenn die Auswahl und Darstellung der finanziellen und nicht-finanziellen Informationen ohne Intention einer bewussten Beeinflussung des Adressatenverhaltens in eine bestimmte Richtung erfolgt und somit wertfrei und objektiv ist.[1653]

Bei der Beurteilung der konkreten Bilanzierungsfähigkeit sind weitere qualitative Anforderungen an die gewährten Abschlussinformationen zu erfüllen und zwar in Form einer verlässlichen Wertermittlung. Die Verlässlichkeit ist, wie nach dem IASB-Framework, dann erfüllt, wenn durch die Abschlussinformationen eine glaubwürdige Darstellung (*faithful representation*) der Vermögens-, Finanz- und Ertragslage der Verwaltungseinheit für die Abschlussadressaten erfolgt.[1654] Damit die Lage der Verwaltungseinheit vollständig dargestellt wird und *heritage assets* in der Vermögensrechnung aufgenommen werden können, muss deren Leistungspotenzial in finanziellen Größen ausgedrückt werden können und genau über diese Bewertungsfrage besteht im wissenschaftlichen Diskurs der größte Dissens, in welchem Rahmen ein monetärer Wert gefunden werden kann, der in seiner Aussagekraft für die Abschlussadressaten relevant ist.[1655] Hieraus ergibt sich das Spannungsfeld aus Relevanz und Verlässlichkeit der Abschlussinformationen. Es muss versucht werden, dieses durch entsprechende Alternativen in den Ansatz-, Bewertungs- und Ausweisregelungen zu lösen und in einen Ausgleich zu bringen und dies immer aus Sicht der verfolgten Rechnungslegungsziele zu beurteilen.[1656] Wie auch in der privatwirtschaftlichen Unternehmensrechnungslegung entwickelt sich im öffentlichen Rechnungswesen dieser Konflikt daraus, dass zum einen über die vergangene Verwaltungstätigkeit Rechenschaft abgelegt werden soll und zum anderen auch eine prospektive Sichtweise auf die zukünftige Entwicklung der Leistungsfähigkeit und des damit verbundenen Ressourcenaufkommens ermöglicht werden soll.

[1651] Vgl. Coenenberg, A. G./Haller, A./Schultze, W. (2012), S. 85. Wenn der künftige Zufluss an wirtschaftlichem Nutzen oder Leistungspotenzial eines *asset* nicht wahrscheinlich (*improbable*) ist, sind die für diesen *asset* angefallenen Ausgaben als Aufwendungen in der Ertragsrechnung zu erfassen.

[1652] Vgl. IFAC-IPSASB (2011d), Tz. 104; IFAC-IPSASB (2011e), S. 7.

[1653] Vgl. IFAC-IPSASB (2013b), CF, Tz. 3.13-3.14.

[1654] Vgl. Dobler, M./Hettich, S. (2007), S. 34; Gassen, J. et al. (2008), S. 878; Henry, E./Holzmann, O. J. (2011), S. 93; Kirsch, H.-J. et al. (2012), S. 762-763; Zülch, H./Nellessen, T. (2008), S. 271. Siehe Kapitel 6.5.2.

[1655] Vgl. Glanz, S. (2011), S. 42; Glazer, A. S./Jaenicke, H. R. (1991), S. 43; Kiaman, O./Wielenberg, S. (2010), S. 242-243; Sayce, S. et al. (2009), S. 16.

[1656] Vgl. Naumann, K.-P. (2006), S. 43-50; Schruff, W. (2011), S. 857

Zusammenfassend lässt sich zum Ansatz der Natur- und Kulturgüter sagen, dass diese immer die abstrakte Bilanzierungsfähigkeit erfüllen, wenn sie als *heritage assets* charakterisiert wurden. So ist die Verfügungsgewalt erfüllt und das geforderte Leistungspotenzial resultiert aus dem Erhalt der Natur- und Kulturgüter im öffentlichen Interesse, wodurch ein Nutzen für die Allgemeinheit geschaffen wird. Die konkrete Bilanzierungsfähigkeit kann hingegen nicht für alle Natur- und Kulturgüter erfüllt werden, da zwar der Nutzenzufluss wahrscheinlich ist, aber eine verlässliche Bewertung unmöglich sein kann.

7.4.3 Bewertung von Natur- und Kulturgütern

Die Herausforderungen eines Ansatzes von Natur- und Kulturgüter sind im Wesentlichen mit deren Bewertung verbunden, da die Wertfindung sehr aufwendig und kostspielig sein kann. Zusätzlich muss immer auch die Aussagekraft der ermittelten Werte hinterfragt werden, um eine Kosten-Nutzen-Abwägung berücksichtigen zu können.[1657]

Für viele *heritage assets* ist ein Marktwert nicht vorhanden oder ist vielleicht nicht als ein angemessener Maßstab für den Wert anzusehen, den sie für die Gesellschaft oder die Verwaltungseinheit darstellen.[1658] Die Bewertungsfragen sind ein signifikanter Punkt bei der Bilanzierung von *heritage assets*: „*I think we have to be realistic about this. We think that heritage assets are assets and should be reported at current value in the balance sheet, full stop. But at the end of the day, you have to recognize the unique nature of some of these assets and the fact that you are not going to be able to obtain valuations that will provide useful and relevant information*"[1659].

Da aus der Literatur nur wenige Hinweise zu erkennen sind, wie *heritage assets* zu bewerten sind,[1660] werden in den folgenden Kapiteln die im IPSASB-Framework, in IPSAS 17, IPSAS 21, IPSAS 26 und IPSAS 31 gewährten Bewertungsmaßstäbe und Vergleichswerte und weitere Bewertungsmethoden, die im Bereich der Bewertung bzw. Präferenz- und Nutzenerfassung von Natur- und Kulturgüter in der Literatur diskutiert werden, auf ihre Eignung zur Bewertung der *heritage assets* im Rahmen der Abschlusserstellung überprüft und beur-

1657 Vgl. Held, B. (2011), S. 11-12; Hopper, K. et al. (2005), S. 428; Sayce, S. et al. (2009), S. 15; Smith, P. (2007), S. 25. Für Sammlungen sind Möglichkeiten der Gruppenbewertung zu beachten.

1658 Vgl. Sayce, S. et al. (2009), S. 18.

1659 O'Connor, Alan (*ASB's project director*) zitiert nach Smith, P. (2007), S. 24.

1660 Selbst die International Valuation Standards (IVS) – hier in Form von International Valuation Guidance Note No. 15 (GN 15) – enthalten nur rudimentäre Bewertungsvorschriften; vgl. GN 15, Tz. 5.1.5.5.

teilt.[1661] Abbildung 25 strukturiert die für *heritage assets* vorzufindenden und denkbaren Bewertungsmaßstäbe.

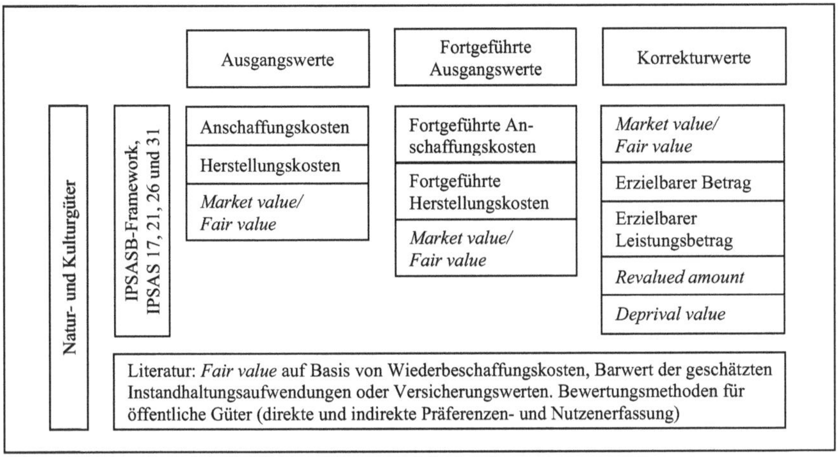

Abbildung 25: Diskutierte Bewertungsmaßstäbe für Natur- und Kulturgüter[1662]

7.4.3.1 Anschaffungs- oder Herstellungskosten

Wie bereits in IPSAS 16.7 – für *investment properties* – definiert, sind die Anschaffungs- oder Herstellungskosten der zum Erwerb oder zur Herstellung eines Vermögenswertes entrichtete Betrag an Zahlungsmitteln oder Zahlungsmitteläquivalenten oder der tatsächliche Wert (= beizulegender Zeitwert) einer anderen Entgeltform zum Erwerbs- oder Herstellungszeitpunkt.[1663] Die IPSAS unterscheiden hierbei nicht zwischen Anschaffungs- oder Herstellungskosten, sondern sprechen allgemein von *cost*. Grundsätzlich gilt, dass Anschaffungs- oder Herstellungskosten ein historischer Wertmaßstab sind, sie können aber auch aktuell sein, wenn der Zugangszeitpunkt mit dem Abschlussstichtag identisch ist.[1664] Wird ein Vermögenswert durch Schenkung oder eine andere Transaktion ohne Gegenleistung (z.B. Enteignung, abhängig von den jeweiligen nationalen Gegebenheiten) erworben, sind dessen Anschaffungskosten mit dem beizulegenden Zeitwert am Erwerbszeitpunkt gleichzusetzen.[1665]

[1661] In einer ähnlichen Weise geht Porter, S. (2004), S. 72-80 vor, die sich hierbei auf die Arbeit von Gibson, K. (1996) beruft. Siehe auch Glanz, S. (2011), S. 42-44; Rowles, T. R. (1992), S. 64-66; Stein, B./Franke, R. (2005), S. 272-273.

[1662] Quelle: Eigene Darstellung.

[1663] Vgl. zur deutschen Übersetzung KPMG (2012), IPSAS 16.7; Müller-Marqués Berger, T. (2008), S. 17. Siehe auch Kapitel 6.7.2.

[1664] Als aktueller Bewertungsmaßstab sind die Anschaffungs- oder Herstellungskosten aufgrund der Besonderheiten von Natur- und Kulturgüter eher auszuschließen.

[1665] Vgl. IPSAS 17.27-.29; Müller-Marqués Berger, T. (2008), S. 17.

Für die vorliegende Arbeit gibt es im Hinblick auf die Bewertung von Natur- und Kulturgütern mit den historischen Anschaffungs- oder Herstellungskosten wesentliche, zu beachtende Punkte.[1666] Ein Problem kann sein, dass für viele *heritage assets* keine Kosten mit dem „Erwerb“ verbunden sind, oder dass keine Kosten dokumentiert wurden, da die *heritage assets* entweder schon sehr alt sind und lange im Eigentum der Verwaltungseinheit stehen oder dass keine Dokumentation wegen des kameralistischen Rechnungsstils vollzogen wurde.[1667] Ein weiterer Punkt betrifft das hohe Alter mancher *heritage assets*. Selbst wenn die Anschaffungs- oder Herstellungskosten dokumentiert sein sollten, kann deren Aussagekraft durch das möglicherweise mehrere Jahrhunderte lange Bestehen der *heritage assets* und der in der Zwischenzeit eingetretenen Währungsumstellungen und Inflation oder das Wachstum bei Naturgütern sehr eingeschränkt sein.[1668] Zusätzlich ist zu beachten, dass Natur- und Kulturgüter in den meisten Fällen eine unbestimmte Nutzungsdauer haben und somit keine planmäßige Abschreibung vorgenommen werden kann. Dadurch, dass möglicherweise keine oder keine relevanten Informationen, da veraltet und verfälscht, zu den Anschaffungs- oder Herstellungskosten der Natur- und Kulturgüter vorliegen, wird die sonst bei historischen Kosten gewährleistete Verlässlichkeit (bzw. nach IFRS/IPSAS als glaubwürdige Darstellung bezeichnet) eingeschränkt.[1669]

7.4.3.2 Beizulegende Zeitwerte und weitere Wertmaßstäbe

Wie bereits im Kapitel 6.7.2 beschrieben, spricht das IPSASB bei beizulegenden Zeitwerten im Rahmen des Framework-Projektes von *market values*. Zusätzlich vermeidet das IPSASB-Framework – im Gegensatz zu den aktuell gültigen IPSAS – die Verwendung des Begriffs „*fair value*“, da sonst eine Verwechslung mit der Definition aus IFRS 13.9, die auch für alle anderen IFRS gilt, denkbar wäre und die Unterschiede im „*fair value*“ des öffentlichen und privatrechtlichen Sektors unberücksichtigt blieben.[1670] Des Weiteren kommt das IPSASB zu dem Schluss, dass die Relevanz des IFRS 13 deshalb für den öffentlichen Sektor eher gering sei, da zum einen im öffentlichen Sektor Vermögenswerte gehalten werden, deren Marktwerte nicht das in ihnen steckende Leistungspotenzial widerspiegeln können und zum anderen auch

1666 Vgl. auch Porter, S. (2004), S. 73.

1667 Vgl. auch Pallot, J. (1997), S. 234; Porter, S. (2004), S. 73; Rahe, C. (2005), S. 227.

1668 Vgl. auch Hope, D. (1999), S. 58; Keys, R. (1998), S. 56; Pallot, J. (1997), S. 234; Porter, S. (2004), S. 73; Rowles, T. R. (1992), S. 64; Stein, B./Franke, R. (2005), S. 271.

1669 Vgl. auch Pallot, J. (1997), S. 234-235.

1670 Vgl. IFAC-IPSASB (2012e), CF-ED3, Tz. BC16, BC23-BC27. Das IPSASB sieht den IFRS 13 als unpassend an, da hierbei für die Definition des *fair value* – „*this IFRS defines fair value as the price that would be received to sell an asset*“ (IFRS 13.9) – durch den Verkauf explizit von einem *exit value* ausgegangen wird und der Preis durch die Transaktion mit anderen Marktteilnehmern – „*in an orderly transaction between market participants*“ (IFRS 13.9) – zustande kommt; vgl. IFAC-IPSASB (2012e), CF-ED3, Tz. 4.7, BC24.

die durch den Marktwert repräsentierte finanzielle Rendite im öffentlichen Sektor grundsätzlich nur für Vermögenswerte relevant ist, die zum Verkauf bzw. zur Renditeerzielung gehalten werden und dies sind die wenigsten, da die Gemeinwohlorientierung und nicht die Gewinnerzielung im Vordergrund steht.[1671] In der vorliegenden Arbeit wird im Bereich der Kulturgüter am ehesten für Kunstwerke, die auf einem Markt gehandelt werden, z.B. bei Kunstauktionen, oder bei historischen, unter Denkmalschutz stehenden Häusern, die verkauft werden können, ein beizulegender Zeitwert als ermittelbar eingeschätzt.

Aufgrund der unterschiedlichen Marktorientierung im privatwirtschaftlichen und im öffentlichen Sektor ist z.B. für Letzteren bei der Neubewertungsmethode des Sachanlagevermögens die entsprechende *fair value*-Ermittlung nach IPSAS 17.47-.48 so geregelt, dass im Falle eines nicht vorhandenen aktiven und liquiden Marktes keine Marktwerte abgeleitet werden können und dementsprechend auf andere Wertmaßstäbe, wie Marktwerte vergleichbarer Vermögenswerte (im Bereich der *heritage assets* z.B. für Sammlungen mit archäologischen Funden wie Münzen, Tongefäßen etc. denkbar) oder Wiederbeschaffungskosten (für *heritage assets* eher ungeeignet)[1672] zurückgegriffen werden muss. Letztendlich sind entsprechende Zeitwerte dann zu bestimmen, wenn z.B. die Ermittlung von Anschaffungs- oder Herstellungskosten nicht möglich ist, wie z.B. beim Zugang von unentgeltlich erworbenen Natur- und Kulturgütern. Ebenso dienen Zeitwerte in Form von Korrekturwerten als Vergleichsmaßstab in der Folgebewertung von Natur- und Kulturgütern.[1673] Es muss jedoch auch beachtet werden, dass gerade für kleine und mittelgroße Gemeinden eine Zeitwertermittlung problematisch und aufwendig sein kann, da z.B. geschultes Personal fehlt oder keine Erfahrungen mit vergleichbaren Vermögenswerten bestehen. Als mögliche Zeitwerte für Natur- und Kulturgüter werden im Folgenden denkbare Wertmaßstäbe diskutiert.

7.4.3.2.1 Wiederbeschaffungskosten

Ein in der Unternehmenspraxis verwendeter Zeitwert sind Wiederbeschaffungskosten (*replacement cost*; z.B. IAS 16.35 (a) i.V.m. IFRS 13.62, .B8), die z.B. im Rahmen des Neubewertungsmodells nach IAS 16.31 zur Ermittlung des *fair value* herangezogen werden. Im öffentlichen Sektor werden die Wiederbeschaffungskosten ebenfalls für das Sachanlagever-

---

1671 Vgl. IFAC-IPSASB (2012e), CF-ED3, Tz. BC25-BC26. Zahlungsmittelgenerierende Vermögenswerte (*cash-generating assets*) sind Vermögenswerte, die mit dem primären Ziel der Generierung von wirtschaftlichen Renditen gehalten; vgl. KPMG (2012), IPSAS 21.14; IPSAS Glossary.

1672 Siehe hierzu Kapitel 7.4.3.2.1.

1673 Vgl. Wirtz, H. (2010), S. 211. Siehe Abbildung 25.

mögen im Zuge des Neubewertungsmodells (IPSAS 17.47-.48) und beim Wertminderungstest von nicht-zahlungsmittelgenerierenden Vermögenswerten (IPSAS 21.45) verwendet.[1674]

Die Wiederbeschaffungskosten können grundsätzlich auf folgende Arten ermittelt werden. Sie können auf einem aktiven und liquiden Markt aus dem Marktpreis eines vergleichbaren Vermögenswertes mit demselben Leistungspotenzial (bei neuwertigen Vergleichsgütern ist ein entsprechender alterungs- und nutzungsabhängiger Abschlag vorzunehmen) oder aus den Wiederherstellungskosten des Vermögenswertes oder des Leistungspotenzials des zu bewertenden Vermögenswertes abgeleitet werden.[1675] Wenn Natur- und Kulturgüter zerstört werden, gehen sie unwiederbringlich verloren.

Natur- und Kulturgüter erhalten oft wegen ihrer Einzigartigkeit ihren besonderen Wert, so dass sich Wiederbeschaffung- oder Wiederherstellungskosten in solchen Fällen nicht als Bewertungsmaßstab eignen, für die vorliegende Arbeit kritisch gesehen und deshalb alternative Ansätze benötigt werden.[1676]

7.4.3.2.2 Barwert der geschätzten zukünftigen Instandhaltungsaufwendungen

Ein anderer Wertmaßstab, der auch diesen Erhaltungsgedanken aufgreift und nicht eines aktiven Marktes bedarf, ist z.B. die Bewertung mit dem Barwert der geschätzten zukünftigen Instandhaltungsaufwendungen. Gerade bei Natur- und Kulturgütern, für die keine Marktwerte ermittelbar sind, und auch keine Verwendung für operative Verwaltungsaufgaben vorgesehen ist, wird der Ansatz zu Erinnerungswerten diskutiert.[1677] Hierbei sind auch die laufenden Instandhaltungsaufwendungen zu berücksichtigen, so dass ein Ansatz oberhalb des Erinnerungswertes angebracht erscheint und hierzu könnte der Barwert der Instandhaltungsaufwendungen als Bewertungsgrundlage herangezogen werden.[1678] Auf Basis dieses Wertmaßstabes

---

1674 Siehe hierzu Kapitel 7.3.2.2.2 und Kapitel 7.3.2.2.3.2.

1675 Vgl. IPSAS 17.47, 21.45; Stein, B./Franke, R. (2005), S. 273. In vielen Fällen werden sich diese Ansätze wertmäßig entsprechen. Zu einem Beispiel mit unterschiedlichen Werten bei *replacement cost* und *reproduction cost* vgl. Kapitel 6.7.2.

1676 Vgl. auch Barton, A. D. (2005), S. 437; Glanz, S. (2011), S. 43; Heuer, C.-H. (1995), S. 442; Stein, B./Franke, R. (2005), S. 273; Wirtz, H. (2010), S. 211. Besonders als *heritage assets* gehaltene Gebäude und Monumente können, z.B. bei einer Zerstörung, nachgebildet werden, wobei sich hier dann die Frage stellt, ob das Replikat tatsächlich den besonderen Wert des ursprünglichen Vermögenswertes wieder erlangen kann oder nicht; vgl. Rowles, T. R. (1992), S. 68.

1677 Vgl. Glanz, S. (2011), S. 44; Stein, B./Franke, R. (2005), S. 272; Raupach, B./Stangenberg, K. (2009), S. 112; Wirtz, H. (2010), S. 212-213.

1678 Vgl. Bolsenkötter, H. et al. (2002), S. 81; Raupach, B./Stangenberg, K. (2009), S. 112. Der Ansatz zu Erinnerungswerten ist aufgrund der geringen Aussagekraft nicht nutzenstiftend und widerspricht der im Framework geforderten Relevanz und glaubwürdigen Darstellung; vgl. Glanz, S. (2011), S. 44; Stein, B./Franke, R. (2005), S. 274.

leiten STEIN/FRANKE einen konzeptionellen Ansatz zur Bilanzierung von Kulturgütern ab.[1679] Folgende Überlegungen liegen hierbei zugrunde: Da die Verwaltungseinheit langfristig ihren öffentlichen Aufgaben nachkommen muss, ist das Vermögen zu erhalten und dies soll durch die Vermögensrechnung dokumentiert werden, indem auf der Aktivseite das Vermögen erhalten bleibt und auf der Passivseite die Nettoposition nicht aufgebraucht wird. Wenn Kulturgüter aktiviert werden und aufgrund ihrer Langlebigkeit nicht planmäßig abgeschrieben werden, ist in der Vermögensrechnung der Vermögenserhalt zwar dokumentiert, aber gleichzeitig wird die Lage der Verwaltungseinheit zu positiv dargestellt, da die mit den Kulturgütern verbundenen Verpflichtungen zu deren Erhalt und daraus resultierende finanzielle Belastungen nicht berücksichtigt und offengelegt werden.[1680] Dieser Ansatz von STEIN/FRANKE sieht vor, dass zum einen die Kulturgüter und zum anderen eine Rückstellung für die Erhaltungsverpflichtungen in Höhe der als ewige Rente diskontierten mittleren Instandsetzungs- und Erhaltungsaufwendungen pro Jahr angesetzt werden. „In den Jahren, in denen größere Maßnahmen durchgeführt werden, wird die Rückstellung teilweise aufgelöst und dann wieder mit der durchschnittlichen Jahresrate [...] angespart. Gelingt es der [...][Verwaltungseinheit; Einfügung durch Verfasser] über einen größeren Zeitraum nicht, die Rückstellung wieder aufzufüllen, ist dies ein Indikator, dass der Substanzerhalt nicht möglich ist“[1681].

Gemäß IPSAS 19.22 ist eine Rückstellung zu bilden, wenn (a) einer Verwaltungseinheit aus einem vergangenen Ereignis eine gegenwärtige Verpflichtung (rechtlich oder faktisch) entstanden ist; (b) ein Ressourcenabfluss mit wirtschaftlichen Nutzen oder Leistungspotenzial wahrscheinlich ist; und (c) die Höhe der Verpflichtung verlässlich geschätzt werden kann.[1682] Für die vorliegende Arbeit wird der Ansatz von STEIN/FRANKE als nicht auf die IPSAS übertragbar angesehen, da wie nach IFRS grundsätzlich keine Rückstellungen für Innenverpflichtungen aufgrund der Instandhaltung gebildet werden dürfen.[1683] Des Weiteren greift auch nicht die Einordnung als faktische Verpflichtung zur Erhaltung der *heritage assets*, der sich die Verwaltungseinheit nicht entziehen kann, da die Verwaltungseinheit zwar den öffentlichen Erhaltungsauftrag hat, aber selbst entscheiden kann, ob die vorhandenen Mittel (gerade in

[1679] Vgl. Stein, B./Franke, R. (2005), S. 273-274. Weiterentwicklung durch HELD (vormals STEIN) in Held, B. (2009), S. 13-21; Held, B. (2010), S. 12-33.

[1680] Vgl. Held, B. (2009), S. 14; Stein, B./Franke, R. (2005), S. 273. Man könnte dies umgehen, „wenn man diese [Kultur]güter doch angemessen ‚abschreibt‘, im Gegenzug dann die Substanzerhaltungsrücklage in Höhe einer kalkulatorischen Abschreibung bildet. Dies geht aber nur mit einer sog. ‚Schattenbuchhaltung‘ und hat demzufolge den Nachteil, nicht im doppischen Rechnungswesen integriert zu sein“; Held, B. (2009), S. 14.

[1681] Held, B. (2009), S. 16-17; Stein, B./Franke, R. (2005), S. 274.

[1682] Vgl. KPMG (2012), IPSAS 19.22.

[1683] Vgl. auch Glanz, S. (2011), S. 45; IPSAS 19.22. Siehe auch Kapitel 6.6.2.

Zeiten einer angespannten finanziellen Haushaltslage) z.B. für Sozialleistungen oder eben für die Restaurierung der Kulturgüter eingesetzt werden oder nicht, so dass keine gegenwärtige Verpflichtung besteht. Genauso kann die Verwaltungseinheit durch ihr zukünftiges Handeln die zukünftigen Ausgaben vermeiden, indem das Kulturgut z.B. verkauft wird. Hierbei wird für die vorliegende Arbeit der Argumentation im Anwendungsbeispiel IPSAS 19.IG18 (Sanierungskosten mit gesetzlicher Vorschrift) gefolgt.

Dennoch ist es denkbar, dass ein Kulturgut mit dem Barwert der geschätzten Instandhaltungsaufwendungen angesetzt und bei Anzeichen für eine Wertveränderung zu- bzw. abgeschrieben wird. Hierbei wäre keine Rückstellungsbildung notwendig, aber es würde auch dem von STEIN/FRANKE verfolgten Ansatz widersprechen, dass eine „Neutralisierung" des Ausweises in der Vermögensrechnung der mit den Kulturgütern verwundenen Posten erreicht wird, indem die Kulturgüter als Vermögenswerte auf der Aktivseite den Rückstellungen auf der Passivseite wertmäßig entsprechen. Mit diesem Ansatz wird der Informationsfunktion über die Vermögenslage entsprochen und gleichzeitig werden die Verpflichtungen gegenüber zukünftigen Generationen zum Erhalt der Kulturgüter abgebildet.[1684] Falls die Kulturgüter nur als Vermögenswert mit dem Barwert der geschätzten Instandhaltungsaufwendungen angesetzt werden, besteht die Gefahr, dass die Vermögenslage der Verwaltungseinheit zu positiv dargestellt wird.[1685]

7.4.3.2.3 Versicherungswerte

Wenn man über die Erhaltungsverpflichtung diskutiert, ist es naheliegend auch auf Versicherungswerte und deren Relevanz als Bewertungsmaßstab einzugehen, da ein Versicherungswert ein Ersatzwert ist, der sich an der Wiederbeschaffung orientiert.[1686] Bei Versicherungswerten ist zu beachten, dass diese größtenteils nur für Kunstgegenstände, die ausgestellt werden und besonders wertvoll sind, ermittelt werden und z.B. Sammlungsstücke im Archiv nicht berücksichtigt werden.[1687] Die Aussagekraft eines Ansatzes mit Versicherungswerten wird auch dadurch eingeschränkt, dass die zu versichernden Kunstgegenstände meistens Unikate und damit nicht ersetzbar sind, und sich der Versicherungswert nur aus einer Selbsteinschätzung des Versicherungsnehmers – plausibilisiert durch die Versicherung – ergibt, welchen Wert er dem Kunstgegenstand zuordnet, um im Schadensfall ein vergleichbares Kunstwerk

1684 Vgl. Stein, B./Franke, R. (2005), S. 274.
1685 Vgl. auch Stein, B./Franke, R. (2005), S. 273.
1686 Vgl. Glazer, A. S./Jaenicke, H. R. (1991), S. 29; Heuer, C.-H. (2008), S. 693; Sayce, S. et al. (2009), S. 24.
1687 Vgl. Marettek, C. et al. (2006), S. 213; Wirtz, H. (2010), S. 211.

am Markt nachfragen zu können.[1688] Aufgrund der Selbsteinschätzung und einem Eigeninteresse der Versicherungen an der Prämienbemessung auf Basis einer möglichst hohen Versicherungssumme wird dieser subjektive Wertansatz in der vorliegenden Arbeit für Bilanzierungszwecke als eher ungeeignet eingeschätzt.[1689] Für Kunstwerke ziehen Gutachter unterschiedliche wertbeeinflussende Faktoren in Betracht, die jedoch von den einzelnen Gutachtern oder auch Auktionshäusern unterschiedlich berücksichtigt werden. Die Faktoren sind: (1) Echtheit, (2) Erhaltungszustand, (3) Signatur, (4) Provenienz, (5) Marktfrische, (6) Qualität, (7) Marktgängigkeit, Sujet und Format, (8) Marktgerechtes Angebot, (9) Nationaler und internationaler Markt, (10) Mode.[1690] Die Probleme in der Kunstbewertung ergeben sich daraus, dass klassische Methoden, wie Ertrags- (zukünftig erwartete Renditen) und Substanzwertverfahren (benötigte Aufwendungen zur Herstellung vergleichbarer Güter) nicht angewendet werden können, da keine laufenden Renditen erwirtschaftet werden, und die Aufwendungen nicht den ideellen Wert abbilden können. Nur Vergleichswertverfahren können Anhaltspunkte liefern, werden aber ebenfalls durch die Einzigartigkeit der Kunstwerke erschwert.[1691]

7.4.3.3 Wertmaßstäbe des Wertminderungstests und des deprival value model

Im *deprival value model* entspricht der relevante Bewertungsmaßstab dem Betrag, den die rechnungslegende Verwaltungseinheit als Schadensersatz im Verlustfall des Vermögenswertes benötigen würde. Bei Anwendung des *deprival value model* wird der zu ermittelnde Wert als niedrigerer Wert aus Wiederbeschaffungskosten (*replacement cost*) und erzielbarem Betrag (*recoverable amount*) festgelegt. Das *deprival value model* wird nur im IPSASB-Framework genannt und ist in keinem IPSAS anzuwenden. Für *heritage assets* sind, wie oben bereits ausgeführt, Wiederbeschaffungskosten eher ungeeignet, so dass das *deprival value model* keine Relevanz hat.

Im Unterschied zum *deprival value model* ist im Wertminderungstest (*impairment test*) nach IPSAS 21 und IPSAS 26 zur Ermittlung eines außerplanmäßigen Abschreibungsbedarfs ausschlaggebend, ob der Buchwert (*carrying amount*) höher als der *recoverable amount/ recoverable service amount* – entspricht dem höheren Wert aus *fair value less costs to sell/net selling price* und *value in use* – ist und damit eine Wertminderung vorliegt.[1692]

1688 Vgl. Carnegie, G. D./Wolnizer, P. W. (1997b), S. 173-174; Jaenicke, H. R./Glazer, A. S. (1991), S. 62; Heuer, C.-H. (2008), S. 693.

1689 Vgl. auch Glanz, S. (2011), S. 44; Heuer, C.-H. (2008), S. 693; Wirtz, H. (2010), S. 211. Anderer Ansicht Stein, B./Franke, R. (2005), S. 273.

1690 Vgl. im Detail Heuer, C.-H. (2008), S. 693-696.

1691 Vgl. Heuer, C.-H. (2008), S. 696.

1692 Vgl. IPSAS 21.25, 26.21. Siehe Kapitel 7.3.2.2.3.1 und 7.3.2.2.3.2.

7.4.3.3.1 Recoverable amount bzw. recoverable service amount

Das *deprival value model* zieht als Vergleichswert den niedrigeren Wert aus Wiederbeschaffungskosten (*replacement cost*) und erzielbaren Betrag (*recoverable amount; recoverable service amount*)[1693] heran, wobei sich letzterer als höherer Wert aus Nettoveräußerungspreis (*net selling price*) und Nutzungswert (*value in use*) ergibt.[1694] Wenn eine Verwaltungseinheit den Nutzen eines Vermögenswertes verliert, kann dessen Wert nicht höher als die Wiederbeschaffungskosten desselben Nutzenpotenzials und nicht niedriger als der erzielbare Betrag sein, da bei weiterem Bestand die Verwaltungseinheit mindestens den Nutzen des Vermögenswertes oder dessen Verkaufspreis abzüglich noch anfallender Kosten erhalten hätte können.[1695] Im Unternehmensbereich wird im Rahmen des *impairment*-Tests gemäß IAS 36.59 der erzielbare Betrag (*recoverable amount*) als Korrekturwert für den Buchwert (*carrying amount*) herangezogen und ist der höhere Wert aus internem Nutzungswert (*value in use*) und dem am Markt erzielbaren Nettoveräußerungserlös (*fair value less costs to sell*).[1696]

Die Besonderheiten des öffentlichen Sektors und die damit verbundenen Herausforderungen bei der Ermittlung des *recoverable amount/recoverable service amount* werden beim Wertminderungstest berücksichtigt, da IPSAS 21 den *impairment*-Bedarf bei nicht-zahlungsmittelgenerierenden Vermögenswerten und IPSAS 26 bei zahlungsmittelgenerierenden Vermögenswerten regeln.[1697] IPSAS 26 ist in Bezug auf *heritage assets* nur in besonderen Fällen relevant, da diese aufgrund ihrer Definition nicht mit dem Hauptziel der Generierung wirtschaftlicher Erlöse gehalten werden und grundsätzlich keine *cash-generating assets* sind und nur als einen Nebenzweck Cashflows generieren können.[1698]

Der *recoverable amount* ist nur bedingt als Wertmaßstab für Natur- und Kulturgüter geeignet, da für viele öffentliche Güter kein Markt existiert und auch ein Verkauf ausgeschlossen sein kann, so dass keine verlässlichen Marktwerte ermittelt werden können. Zusätzlich wird auch so argumentiert, dass diese Methode nicht den intrinsischen oder sozialen Wert, der mit *heritage assets* verbunden ist, berücksichtige.[1699] Geeigneter für *heritage assets* erscheint des-

---

1693 Der *recoverable amount* wird für den öffentlichen Sektor in IPSAS 21 zum *recoverable service amount* und als erzielbarer Leistungsbetrag (vgl. Müller-Marqués Berger, T. (2008), S. 106) oder als erzielbarer Nutzungswert (vgl. KPMG (2012), IPSAS 21.14) übersetzt.

1694 Vgl. IFAC-IPSASB (2010d), Tz. 5.17; zur diagrammmäßigen Darstellung vgl. IFAC-IPSASB (2012e), CF-ED3, Tz. 4.9; Müller-Marqués Berger, T. (2012b), S. S77. Siehe hierzu Kapitel 6.7.2.

1695 Vgl. IFAC-IPSASB (2010d), Tz. 5.4-5.16; IFAC-IPSASB (2012e), CF-ED3, Tz. 4.10.

1696 Vgl. Coenenberg, A. G./Haller, A./Schultze, W. (2012), S. 122-124.

1697 Siehe zur Ermittlung des *recoverable amount* IPSAS 21.35-.39 und IPSAS 26.31-.36.

1698 Vgl. IPSAS Glossary. Siehe zu zahlungsmittelgenerierenden Vermögenswerten Viehweger, C. (2007a), S. 245-248.

1699 Vgl. auch Porter, S. (2004), S. 73.

halb in der vorliegenden Arbeit der erzielbare Leistungsbetrag (*recoverable service amount*) gemäß IPSAS 21.

Auf die Anwendung des Wertminderungstests wird in den Kapitel 7.3.2.2.3.1 und 7.3.2.2.3.2 näher eingegangen. Im Folgenden werden nur die dazu benötigten Wertmaßstäbe im Hinblick auf Natur- und Kulturgüter beurteilt.

7.4.3.3.2 Net selling price

Der Nettoveräußerungspreis (*net selling price*, entspricht dem *fair value less costs to sell*)[1700] wird in den internationalen Rechnungslegungsstandards für den öffentlichen Sektor u.a. in IPSAS 21 geregelt und stellt den Betrag dar, der durch den Verkauf eines Vermögenswertes in einer marktkonformen Transaktion zwischen sachverständigen, vertragswilligen Parteien unter Abzug der Veräußerungskosten erreicht werden kann.[1701] Somit gilt als bester Indikator für den Nettoveräußerungspreis eines zu bewertenden Vermögenswertes der Preis, der in einem bindenden Verkaufsvertrag zwischen unabhängigen Geschäftspartnern festgelegt wurde.[1702] Für den Fall, dass kein bindender Verkaufsvertrag existiert, der Vermögenswert aber auf einem aktiven Markt gehandelt wird, ist der Marktpreis abzüglich der Veräußerungskosten heranzuziehen.[1703]

Für *heritage assets* ist in den meisten Fällen zum einen ein Verkauf ausgeschlossen und zum anderen gibt es keinen aktiven Markt mit homogenen Gütern, wenn es sich bei den Natur- und Kulturgütern um Unikate handelt. Auch können die Marktwerte sehr volatil sein, wie z.B. auf dem Kunstmarkt, so dass deren Verlässlichkeit eingeschränkt ist und sie schnell veraltet sein können.[1704] Für diese Fälle (kein bindender Verkaufsvertrag und kein aktiver Markt) bietet IPSAS 21.42 mögliche alternative Ansätze. So sollen die bestmöglichen Informationen herangezogen werden, um den Nettoveräußerungspreis ableiten zu können, wie z.B. das Ergebnis der jüngsten Transaktion für ähnliche Vermögenswerte.[1705] Für Natur- und Kulturgüter wird es oft keine vergleichbaren Transaktionen geben.[1706] Wenn es keine Grundlage für eine verlässliche Schätzung des Nettoveräußerungspreises gibt, wird im Zuge des Wertminderungstests der *recoverable service amount* mit dem *value in use* gleichgesetzt.[1707]

1700 Siehe hierzu Kapitel 6.7.2.
1701 Vgl. IPSAS 21.14. Siehe auch KPMG (2012), IPSAS 21.14.
1702 Vgl. IPSAS 21.40. Siehe auch KPMG (2012), IPSAS 21.40.
1703 Vgl. IPSAS 21.41. Siehe auch KPMG (2012), IPSAS 21.41.
1704 Vgl. auch Sayce, S. et al. (2009), S. 15.
1705 Vgl. IPSAS 21.42. Siehe auch KPMG (2012), IPSAS 21.42; Müller-Marqués Berger, T. (2008), S. 109.
1706 Vgl. auch Porter, S. (2004), S. 75.
1707 Vgl. IPSAS 21.37. Siehe auch KPMG (2012), IPSAS 21.37; Müller-Marqués Berger, T. (2008), S. 109.

7.4.3.3.3 Value in use

In den IFRS für den Unternehmensbereich ist der *value in use* der Barwert der künftigen Zahlungsströme, die durch die unternehmensinterne, beständige Nutzung eines *asset* bzw. durch dessen Ausscheiden (*disposal*) am Ende der Nutzungsdauer erwartet werden (IAS 36.6), so dass der *value in use* unternehmensspezifische Verhältnisse widerspiegelt, während der *fair value* nur durch objektive Bewertungsparameter ermittelt wird.[1708]

Für *cash-generating assets* einer Verwaltungseinheit ergibt sich nach IPSAS 26.13 der *value in use* ebenfalls aus dem Barwert zukünftiger Cashflows aus der Nutzung und dem Abgang des Vermögenswertes. Da es sich bei den Natur- und Kulturgütern nicht um *cash-generating assets* handelt und keine Zahlungsmittelzuflüsse als Hauptziel erwirtschaftet werden,[1709] ist der *value in use* auf eine andere Weise zu ermitteln. IPSAS 21.44-.50 bieten hierzu die drei in Kapitel 7.3.2.2.3.2 beschriebenen Möglichkeiten: (1) *depreciated replacement cost approach*; (2) *restoration cost approach*; (3) *service units approach*.

Alle drei Ansätze werden für *heritage assets* in der vorliegenden Arbeit als grundsätzlich geeignet angesehen, da z.B. bei Wertminderungen durch einen Wandel im technologischen, rechtlichen oder politischen Umfeld (z.B. Änderungen im Recht für Denkmal- oder Naturschutz) der *depreciated replacement cost approach* und der *service units approach* angewendet werden können. Bei physischen Schäden, die der häufigste Grund für Wertminderungen bei Natur- und Kulturgütern (z.B. Waldbrände, Stürme, Überschwemmungen, Hausbrände) sein werden, kann man auf den *restoration cost approach* und den *depreciated replacement cost approach* zurückgreifen, wobei anschließende Restaurierungen und Instandsetzungsmaßnahmen durch Wertzuschreibungen erfasst werden müssen. Wertminderungen aufgrund von Nutzungsänderungen (Anwendung des *depreciated replacement cost approach* und des *service units approach*) sind bei *heritage assets* eng mit den physischen Schäden verbunden. Für Naturgüter sind z.B. Waldbrände oder Ölkatastrophen oder für Kulturgüter sind z.B. Brände, Wasserschäden, Kriegsschäden etc. Gründe für Wertminderungen, da aufgrund der weitreichenden Zerstörung (physische Schäden) der Erhalt der Natur- und Kulturgüter und damit der Nutzen für die Allgemeinheit nur noch in Teilen oder gar nicht mehr möglich sind. Gleiches gilt für *heritage assets*, z.B. historische Immobilien, die neben ihrer Erhaltungswürdigkeit für die Allgemeinheit auch einen zusätzlichen, wirtschaftlichen Nutzen, wie durch die Unterbrin-

1708 Vgl. Coenenberg, A. G./Haller, A./Schultze, W. (2012), S. 113, 122. Für *heritage assets* stellt der *value in use* ebenfalls einen subjektiven Wertmaßstab dar; vgl. Carnegie, G. D./Wolnizer, P. W. (1997b), S. 173.

1709 *„The value-in-use of public heritage assets lies in the intrinsic, usually unique, cultural or natural appeal that they have to the supporting community"*; Rowles, T. R. (1992), S. 68.

gung von Verwaltungsabteilungen, erbringen, da Wertminderungen aufgrund von Nutzungsänderungen (Teile eines alten Gebäudes können z.B. ohne Sanierung nicht mehr genutzt werden) eintreten können.

7.4.3.4 Bewertungsmethoden für öffentliche Güter

Im Gegensatz zum *value in use*, bei dem es um den Nutzen geht, der aus Sicht der Gebietskörperschaft aus dem zu bewertenden Vermögenswert für die Gebietskörperschaft bzw. für die Allgemeinheit zu ziehen ist, versuchen die im Folgenden genannten Verfahren den Nutzen und die Präferenzen zu messen, die die Bürger und die Gesellschaft einem Vermögenswert, insbesondere einem öffentlich Gut, zuschreiben.[1710] Die bekanntesten Ansätze werden jeweils kurz in den folgenden Kapiteln beschrieben und zusammen in Kapitel 7.4.3.5 auf ihre Anwendbarkeit zur Bilanzierung von Natur- und Kulturgütern gewürdigt.

In Kapitel 6.7.2 wurde bereits thematisiert, dass die Bewertungsmaßstäbe für Bilanzierungszwecke traditionell auf Basis von Kosten im weitesten Sinne (Anschaffungs- oder Herstellungskosten, Wiederbeschaffungskosten etc.) oder Marktwerte bestimmt werden, wobei die wissenschaftliche Diskussion auch immer wieder von diesen Größen im Sinne von „zu bezahlenden bzw. bezahlten Preisen“ abweicht und gerade im Kontext mit Natur- und Kulturgütern ein weiter gefasstes Wertverständnis aufgreift und nicht von Kosten (*cost*), sondern Wert (*value*) spricht.[1711] Der Umfang der Kosten kann durch die Fokussierung der Rechnungsleger auf monetäre Größen objektiver abgegrenzt werden, was hingegen unter dem erweiterten Wertebegriff zu verstehen ist, wird in der Literatur kontrovers diskutiert und als „*controversial concept*“[1712] bezeichnet, da dies immer vom individuellen Standpunkt und dem zu bewertenden Sachverhalt abhängt.[1713] Wenn man z.B. die Erhaltenswürdigkeit von Natur- und Kulturgüter zu beurteilen hat, reicht es nicht aus, nur finanzielle Größen zu betrachten, da diese auch

---

1710 Vgl. zu einer weiteren Unterteilung der Ansätze zur Bewertung von *heritage assets* Throsby, D. (2007), S. 1-8. In diesem Kapitel wird nicht auf Ansätze eingegangen, wie z.B. Landschaften/Landschaftstypen im Rahmen der Bauleitplanung zu bewerten sind, da hierbei nicht die monetäre Wertermittlung im Vordergrund steht. Vielmehr soll dem Naturschutz mittels der Eingriffs-Ausgleichs-Bilanzierung Rechnung getragen (§§ 14 und 15 BNatSchG) und sichergestellt werden, dass durch die Bebauung einer vorher nicht versiegelten Fläche eine Verschlechterung von Natur und Landschaft verhindert wird, indem gleichwertige Ausgleichsflächen geschaffen (z.B. durch Bepflanzung) werden müssen. Mittels unterschiedlicher Verfahren wird eine Bewertung des Eingriffs in die vorher nicht bebaute Landschaft vorgenommen, die je nach Biotoptyp, vorhandener Vegetation etc. unterschiedlich hoch/niedrig ausfällt.

1711 Vgl. Pallot, J. (1997), S. 234; Porter, S. (2004), S. 71.

1712 Vgl. Peace, R. (1997), S. 3; Porter, S. (2004), S. 71.

1713 Vgl. Peace, R. (1997), S. 3-4; Porter, S. (2004), S. 71.

um soziale und ökologische Faktoren erweitert werden müssen, um den Gesamtwert dieser *heritage assets* zu erhalten.[1714]

Gegensätzlich zum oben dargestellten Nutzen aus Sicht der Gebietskörperschaft werden in diesem Kapitel nur Bewertungsverfahren angesprochen, die sich aus den Präferenzen der „Endverbraucher“ von Natur- und Kulturgütern ableiten und denen subjektive Werteinschätzungen zugrunde liegen.[1715] Um eine monetäre Größe für die Bewertung der Natur- und Kulturgüter ableiten zu können, kann zusätzlich auf die Bewertungsmethoden von öffentlichen Gütern zurückgegriffen werden,[1716] die grundsätzlich in die direkten und indirekten Methoden zur Erfassung der Präferenzen der „Endverbraucher“ als Probanden der durchzuführenden Befragungen unterteilt werden können.

7.4.3.4.1 Direkte Methode – Der kontingente Bewertungsansatz

Die direkten Verfahren zeichnen sich bei der Datenerhebung durch eine unmittelbare Befragung der Individuen nach deren Präferenzen aus. So werden die individuellen Wertschätzungen für öffentliche Güter aufgezeigt, da die Probanden auf einem hypothetischen Markt in eine Bewertungssituation versetzt und dazu bewogen werden, ihre Zahlungsbereitschaften zu äußern.[1717]

Die wichtigste direkte Methode zur Bewertung öffentlicher Güter ist der kontingente Bewertungsansatz (*contingent valuation method*; CVM), der auf der Modellierung hypothetischer Entscheidungssituationen bzw. der Simulation von experimentellen Marktbeziehungen basiert, in denen öffentliche Güter von den zu befragenden Probanden unter der Voraussetzung zu handeln sind, dass den Marktpartizipanten eine bewusst vollzogene Korrektur in der Verfügbarkeit des zu bewertenden Gutes vorgegeben wird.[1718] Zweck der Befragung ist die Ermittlung monetär ausgedrückter Präferenzen, die einen auf ökonomisch geprägten Überlegungen basierenden Maßstab zur Bewertung öffentlicher Güter darstellen. Diese Präferenzen bzw. das beabsichtigte Verhalten der Individuen in den vorgegebenen Entscheidungssituationen können durch zwei Herangehensweisen ermittelt werden: (1) Erhebung der maximalen

---

1714 Vgl. Hone, P. (1997), S. 42; Peace, R. (1997), S. 4; Porter, S. (2004), S. 71. Kritisch Carnegie, G. D./ Wolnizer, P. W. (1997a), S. 49.

1715 Vgl. Gronemann, S./Hampicke, U. (1997), S. 178.

1716 Siehe zur Einordnung der Natur- und Kulturgüter als öffentliche Güter Kapitel 7.1.

1717 Vgl. Gronemann, S./Hampicke, U. (1997), S. 178; Klauer, B. (1998), S. 97, 102; Mühlenkamp, H. (1993), S. 2-3.

1718 Vgl. Bateman, I. J./Turner, R. K. (1993), S. 122; Gronemann, S./Hampicke, U. (1997), S. 178, 187. Siehe hierzu ausführlich z.B. Cummings, R. G. et al. (1986); Mitchell, R. C./Carson, R. T. (1989). Diese Methode wurde 1947 von CIRIACY-WANTRUP entwickelt und 1963 von DAVIS erstmals in der Praxis angewendet; vgl. Marggraf, R./Streb, S. (1997), S. 209.

Zahlungsbereitschaft (*willingness to pay*) für die qualitative oder quantitative Verbesserung bzw. für die Vermeidung einer Verschlechterung des öffentlichen Gutes (z.B. Einrichtung eines Naturparks, Schutz einer Tierart, Erhalt eines Denkmals); (2) Abfrage der Kompensationsforderung (*willingness to accept*), die für das Individuum zur Akzeptanz einer qualitativen oder quantitativen Verschlechterung eines öffentlichen Gutes (z.B. in Form der Zerstörung eines Naturschutzgebietes oder Kulturgutes) notwendig ist, bzw. bei der die Bereitschaft auf die geplante Verbesserung des öffentlichen Gutes zu verzichten, erreicht wird.[1719]

7.4.3.4.2 Indirekte Methoden

Im Unterschied zur Modellierung einer hypothetischen Marktsituation bei den direkten Methode wird bei indirekten Verfahren von dem beobachtbaren Verhalten der Teilnehmer und Geschehnissen auf real existierenden Märkten auf die nicht beobachtbare Wertschätzung für das öffentliche Gut geschlossen, wobei eine klare Verbindung zwischen der Nachfrage nach einem privaten und der nach einem öffentlichen Gut durch eine Substitutions- oder Komplementaritätsbeziehung gewährleistet werden muss.[1720] In den folgenden Unterkapiteln werden die Methode der hedonischen Preise sowie die Aufwandsmethode (Reisekostenmethode und Vermeidungskostenansatz) als indirekte Methoden kurz dargestellt, da diese Verfahren die höchste praktische Relevanz aufweisen.[1721]

7.4.3.4.2.1 Hedonischer Preisansatz

Das Hauptmerkmal der indirekten Methode der hedonischen Preise (hedonischer Preisansatz; auch Marktpreismethode; *hedonic-price-method*)[1722] ist, dass durch beobachtbare Marktpreise von privaten Gütern eine Bewertung von öffentlichen Gütern vorgenommen wird, wobei sich diese Güter zwar regional unterscheiden, aber dennoch in einer komplementären Beziehung zueinander stehen. Hierbei ist von besonderer Bedeutung, dass sich die verschiedenen Qualitätsniveaus der Eigenschaften eines privaten Gutes in dessen Marktpreis niederschlagen.[1723] Als explizites Beispiel wird in der Literatur der Immobilienmarkt erwähnt, der aufgrund der

---

1719 Vgl. Bateman, I. J./Turner, R. K. (1993), S. 124; Cansier, D. (1996), S. 112; Hackl, F. (1994), S. 79; Hackl, F./Pruckner, G. J. (1994), S. 95. Vgl. zu einer weiteren Unterteilung Feess, E. (2007), S. 334-337; Pearce, D. W./Markandya, A. (1989), S. 14.

1720 Vgl. Gronemann, S./Hampicke, U. (1997), S. 178; Klauer, B. (1998), S. 97, 102; Mühlenkamp, H. (1993), S. 2-3.

1721 Vgl. Gronemann, S./Hampicke, U. (1997), S. 178. Ein Überblick an weiteren Möglichkeiten, die Wertschätzung für öffentliche Güter zu erfassen, findet sich bei Pommerehne, W. W./Römer, A. U. (1992), S. 172-173.

1722 Die Methode des hedonischen Preisansatzes geht auf Griliches, Z. (1971) und Rosen, S. (1974), S. 34-55 zurück; vgl. Gronemann, S./Hampicke, U. (1997), S. 183.

1723 Vgl. Gronemann, S./Hampicke, U. (1997), S. 183-185; Hackl, F. (1994), S. 77; Pommerehne, W. W. (1987), S. 45-46; Pommerehne, W. W./Römer, A. U. (1992), S. 179; Schläpfer, F./Zweifel, P. (2008), S. 213.

Modellvoraussetzungen durch eine vollständige Konkurrenz geprägt ist und sich im Gleichgewicht befindet.[1724] Zudem unterscheiden sich die auf diesem Markt gehandelten privaten Güter in Form von Häusern u.a. in der Anzahl der Räume, dem Alter, der Entfernung von Einkaufs- und Kulturzentren sowie vom Arbeitsplatz, der Luftqualität, der Nähe zu einem unberührten Naturgebiet, dem Meer- oder auch Domblick und dem Lärmpegel. Hieraus wird ersichtlich, dass ein öffentliches Gut, wie z.B. regional unterschiedliche Luftqualitäten, eine Auswirkung auf die Eigenschaft eines privaten Gutes haben können und die Entscheidungsfindung der Individuen und damit auch den Preis des privaten Gutes (wie z.B. Kauf- oder Mietpreis) beeinflussen. Aus dem Zusammenhang, dass sich bei der Veränderung einer Produkteigenschaften auch der Preis für das jeweilige private Gut anpasst, kann gefolgert werden, dass sich die Wertschätzung für ein öffentliches Gut aus der Preisänderung eines privaten Gutes ablesen lässt, wenn der Qualitätswechsel in der Produkteigenschaft des privaten Gutes ein öffentliches Gut darstellt. Wenn sich z.B. für ein Appartement mit Meerblick ein höherer Preis (Kaufpreis oder Miete) erzielen lässt als für ein anderes Appartement ohne Meerblick im selben Haus, dann verdeutlicht diese Preisdifferenz die Zahlungsbereitschaft des Käufers für einen solchen Meerblick.[1725] Damit die durch öffentliche Güter hervorgerufenen Wertminderungen oder Wertsteigerungen privater Güter ermittelt werden können, ist eine sog. hedonische Preisfunktion empirisch zu schätzen, indem der Preis eines privaten Gutes die Funktion seiner nachfragerelevanten Eigenschaften wiedergibt.[1726] Die Wertschätzung für das öffentliche Gut ist der implizite marginale Preis einer Produkteigenschaft, der durch die partielle Ableitung der hedonischen Preisfunktion nach dem jeweiligen Charakteristikum bestimmt werden kann.[1727] Durch die berechneten Preise kann die Nachfragefunktion nach öffentlichen Gütern ermittelt werden und die ökonomische Bewertung öffentlicher Güter ergibt sich aus der Messung der Fläche unter der Nachfragefunktion.[1728]

1724 Vgl. Cansier, D. (1996), S. 106-107. Die Annahme eines Marktes mit vollständiger Konkurrenz ist deshalb bedeutsam, da sich so die Wertbeimessung verschiedener Umweltqualitäten vollständig in den Preisabstufungen abbilden lassen; vgl. Cansier, D. (1996), S. 107. Weiterhin wird der hedonische Entlohnungsansatz in der Literatur häufig als Beispiel genannt, mit dem aus regional unterschiedlichen Lohnsätzen Rückschlüsse auf die Lebensqualität bzw. Umweltcharakteristika von Städten und Regionen gezogen werden; vgl. hierzu Pommerehne, W. W./Römer, A. U. (1992), S. 184.

1725 Vgl. Cansier, D. (1996), S. 106-108; Hackl, F. (1994), S. 77; Mühlenkamp, H. (1993), S. 4-6.

1726 Vgl. Mühlenkamp, H. (1993), S. 5-6. Eine formale Darstellung der hedonischen Preisfunktion und ihrer partiellen Ableitungen (inklusive eines ausführlichen Beispiels) findet sich bei Pommerehne, W. W./Römer, A. U. (1992), S. 179-183.

1727 Vgl. Pommerehne, W. W./Römer, A. U. (1992), S. 180. Die partielle Ableitung der hedonischen Preisfunktion nach den Charakteristika (den öffentlichen Gütern) ist der Wert, um den sich der Preis des privaten Gutes ändert, wenn sich die Qualität des öffentlichen Gutes um eine marginale Einheit ändert; vgl. Klauer, B. (1998), S. 106).

1728 Vgl. Hackl, F. (1997), S. 87.

7.4.3.4.2.2 Aufwandsmethode

Die Aufwandsmethode verfolgt wie die Methode der hedonischen Preise den indirekten Weg zur Bewertung öffentlicher Güter und bedient sich hierzu dem beobachtbaren Verhalten der Wirtschaftssubjekte auf realen Märkten. Die Bewertung eines öffentlichen Gutes wird mit den Aufwendungen, die entweder durch den Konsum eines öffentlichen Gutes oder durch die Vermeidung eines öffentlichen Ungutes (z.B. Lärm, Luftverschmutzung oder allgemein Umweltschäden) entstanden sind, vorgenommen. Dies bedeutet, dass zwischen einer komplementären und einer substitutiven Beziehung zwischen dem öffentlichen Gut bzw. Ungut und den privaten Aufwendungen zu unterscheiden ist. Der Begriff der Aufwandsmethode umfasst sowohl die Reisekostenmethode, die auf einer Komplementaritätsbeziehung basiert, als auch den in der Literatur wenig diskutierten Vermeidungskostenansatz, der eine Substitutionsbeziehung zugrunde legt.[1729]

Der Vermeidungskostenansatz basiert darauf, dass Individuen versuchen sich gegen Umweltbelastungen zu schützen oder bereits eingetretene Schäden zu beheben und die dazu notwendigen, mit Aufwendungen verbundenen Maßnahmen können mit ihren Marktpreisen monetär bewertet werden, da z.B. die Ausgaben für den Einbau von Schallschutzfenstern anstelle einer veränderten Verkehrsführung vorgenommen werden. Diese Abwehr-, Ausweich- bzw. Reparaturkosten sind ein Indikator für den Nutzen umweltpolitischer Maßnahmen.[1730] SCHLÄPFER/ ZWEIFEL stellen klar, dass der Vermeidungskostenansatz „keine Bewertungsmethode im eigentlichen Sinne“[1731] ist, da mit ihr nur der Mindestwert eines öffentlichen Gutes ermittelt werden kann. Da es bei der hier betrachteten Rechnungslegung öffentlicher Verwaltungen nicht auf eine Bewertung von öffentlichen Maßnahmen (z.B. zur Verbesserung der Luftqualität oder zur Lärmreduzierung) ankommt, wird diese Methode nicht weiter berücksichtigt.

Die Anwendung der Reisekostenmethode (*travel-cost-method*) eignet sich besonders zur Bewertung von räumlich begrenzten, öffentlichen Freizeit- und Erholungseinrichtungen, wie Naturparks und Badeseen, aber z.B. auch für Ruinen oder archäologische Ausgrabungsstät-

1729 Vgl. Mühlenkamp, H. (1993), S. 16; Pommerehne, W. W./Römer, A. U. (1992), S. 172-174, 177-178. In der Literatur wird nicht immer konsequent zwischen der Aufwandsmethode und der Reisekostenmethode unterschieden, so dass die Aufwandsmethode begrifflich mit der Reisekostenmethode gleichgesetzt wird; als Beispiel siehe Klauer, B. (1998), S. 102.

1730 Vgl. Cansier, D. (1996), S. 96; Hackl, F./Pruckner, G. J. (1994), S. 90-91; Pommerehne, W. W./Römer, A. U. (1992), S. 177-178.

1731 Schläpfer, F./Zweifel, P. (2008), S. 214. Zu ähnlichen Erkenntnissen siehe Cansier, D. (1996), S. 96-98; Hackl, F./Pruckner, G. J. (1994), S. 91.

ten.[1732] Die Grundüberlegung dabei ist, dass bei der Nutzung von öffentlichen Gütern komplementäre Aufwendungen für die Konsumenten erwachsen und diese als Wertschätzung des kostenlos in Anspruch genommenen öffentlichen Gutes interpretiert werden können.[1733] Die Komplementäraufwendungen umfassen einerseits die unmittelbaren, monetären Reisekosten in Form von Ausgaben für Benzin oder Fahrkarten, und andererseits auch die nicht monetären Reisekosten in Form von Fahrt- und Besuchszeiten, die als Opportunitätskosten zur Reise- und Besuchszeit anzusetzen sind. Zusätzlich sind z.B. die Kosten für den Verschleiß und die Wertminderung des Transportmittels sowie die Verpflegungskosten zu berücksichtigen.[1734] Der unmittelbare Zusammenhang zwischen der Höhe der Reisekosten bzw. Komplementäraufwendungen und der Entfernung des Konsumenten von dem zu bewertenden öffentlichen Gut ist dadurch zu erkennen, dass die Reisekosten eines Wirtschaftssubjektes umso höher sind, je größer die Entfernung zum Erholungsgebiet ist.[1735] Damit für Individuen z.B. der Besuch eines Naturparks attraktiv ist, muss der empfundene Nutzen durch den Besuch mindestens so hoch sein wie die damit verbundenen privaten Aufwendungen in zeitlicher und finanzieller Form.[1736] Für Besucher mit verschieden langen Anfahrtswegen sind diese Aufwendungen unterschiedlich hoch, so dass die Nachfragefunktion auf Basis von Entfernungsklassen für die Strecke zwischen Wohnort und Erholungseinrichtung berechnet wird.[1737] Besucher mit derselben Entfernung zu dem zu bewertenden öffentlichen Gut werden in diesen Entfernungsklassen bzw. -zonen gebündelt, die in konzentrischen Kreisen um das zu bewertende Objekt liegen. Im Anschluss werden für die Bewohner dieser Zonen die Reisekosten sowie die Anzahl der von dieser Zone aus erfolgten Besuche innerhalb eines gegebenen Zeitraums

1732 Vgl. Faucheux, S./Noel, J.-F. (2001), S. 333; Mühlenkamp, H. (1993), S. 21. Die Reisekostenmethode, welche auch Transportkostenansatz genannt wird, geht auf Hotelling, H. (1947) zurück; vgl. Gronemann, S./Hampicke, U. (1997), S. 180; Pommerehne, W. W./Römer, A. U. (1992), S. 174.

1733 Vgl. Elsasser, P. (1996), S. 28-30; Hackl, F./Pruckner, G. J. (1994), S. 91; Pommerehne, W. W./Römer, A. U. (1992), S. 174. Da ein Individuum nur zur Zahlung für eine öffentliches Gut bereit ist, wenn es auch über das private Komplementärgut verfügt, wird bei der Reisekostenmethode realistischerweise von einer schwachen Komplementaritätsbeziehung zwischen öffentlichem Gut und privaten Aufwendungen ausgegangen; vgl. Faber, M. (1986), S. 43-54. Ein Individuum, welches kein Fahrrad besitzt, wird die finanzielle Beteiligung am Ausbau eines Radwanderweges ablehnen.

1734 Vgl. Elsasser, P. (1996), S. 30-32; Mühlenkamp, H. (1993), S. 21. Monetäre Aufenthaltskosten durch reisebedingte, zusätzliche Ausgaben für Verpflegung und Unterkunft im besuchten Gebiet, die für alle Entfernungszonen identisch sind, können vernachlässigt werden.

1735 Vgl. Hackl, F. (1994), S. 75; Klaphake, A./Meyerhoff, J. (2003), S. 116. Im Folgenden gilt die Rationalitätsannahme, dass der Anstieg der Reisekosten dieselben Reaktionen bei einem Wirtschaftssubjekt hervorruft wie der Anstieg von Eintrittspreisen; vgl. Elsasser, P. (1996), S. 28.

1736 Vgl. Cansier, D. (1996), S. 102; Hackl, F. (1997), S. 82.

1737 Vgl. Pommerehne, W. W./Römer, A. U. (1992), S. 174; Hackl, F. (1994), S. 75. Die Ausprägung der Reisekostenmethode kann grundsätzlich als „zonale" oder „individuelle" Methode sein. Der Unterschied besteht darin, ob Besuchsraten (Besuchszahlen aus einer geographischen Zone, bezogen auf die Einwohnerzahl dieser Zone) oder Besuchshäufigkeiten einzelner Individuen untersucht werden; vgl. Elsasser, P. (1996), S. 28. In der vorliegenden Arbeit wird die in der Literatur häufiger diskutierte zonale Reisekostenmethode thematisiert.

erhoben, um auf Basis der Einwohnerzahlen Zonendurchschnittswerte zu ermitteln. Mit diesen Informationen lässt sich der Zusammenhang zwischen Reisekosten und durchschnittlichen Besuchsraten je Zone in Form von Reaktions- bzw. hypothetischen Nachfragefunktionen verdeutlichen, die anschließend zu einer Gesamtnachfragefunktion horizontal zusammengefasst werden können.[1738] Der zu ermittelnde Bewertungsmaßstab entspricht dann dem Integral unter der Gesamtnachfragefunktion.[1739]

7.4.3.5 Zusammenfassung

Die in Kapitel 7.4.3.4 erfassten Methoden zur Bewertung öffentlicher Güter anhand des Nutzens und der Präferenzen der Bürger finden weder in Deutschland noch im internationalen Vergleich eine praktizierte Berücksichtigung bei der Ermittlung von Wertansätzen für die Vermögensrechnung öffentlicher Verwaltungen.[1740] Dennoch kann die finanzielle Berichterstattung um die mit diesen Methoden gewonnenen Informationen ergänzt werden, da so die darauf basierenden politischen Entscheidungen, die sich an dem Willen der Bürger orientieren und deshalb auch aus Sicht der Entscheidungsträger in Politik und Verwaltung sinnvoll sind, erklärt werden können. Mit diesen Methoden kann versucht werden, die durch das Haushaltsrecht und die Rechnungslegungsvorschriften begrenzte Sichtweise zu erweitern und auf einen ökonomischen Gesamtwert abzustellen, der sämtliche für die Gesellschaft bedeutsamen Wertkomponenten berücksichtigt. Durch diesen erweiterten Blick wird die Verbindung zum in Kapitel 3.3.2.1.2.2.2 genannten *public value* hergestellt.

Zwar werden zur Diskussion der Bilanzierung von *heritage assets* diese speziellen Bewertungsmethoden immer wieder angeführt, doch bei der konkreten Anwendbarkeit für Rechnungslegungszwecke wird nur auf mögliche künftige Forschungsfelder verwiesen.[1741] Lediglich PORTER stellt die Behauptung auf, dass sowohl die Reisekostenmethode als auch der kontingente Bewertungsansatz verlässliche Informationen bieten würden und für die Bewertung im Rahmen der Abschlusserstellung anwendbar seien.[1742] PORTER findet, dass gerade im Hinblick auf die langfristige ökonomische Nachhaltigkeit der rechnungslegenden Verwaltungs-

[1738] Vgl. Elsasser, P. (1996), S. 28-29; Hackl, F. (1994), S. 75; Mühlenkamp, H. (1993), S. 25. Da die Anzahl der Einwohner je Zone nicht identisch ist, muss eine Standardisierung der Besuchszahlen auf eine bestimmte Einwohnerzahl erfolgen; vgl. Elsasser, P. (1996), S. 28-29. Die Reaktionsfunktion gibt an, in welchem Umfang Besuchsraten mit steigenden Reisekosten abnehmen; vgl. Elsasser, P. (1996), S. 29.

[1739] Vgl. Elsasser, P. (1996), S. 29; Hackl, F. (1994), S. 76. Für eine formale Darstellung der Reisekostenmethode siehe Faucheux, S./Noel, J.-F. (2001), S. 333-334.

[1740] Vgl. Porter, S. (2004), S. 87; Sayce, S. et al. (2009), S. 24; Throsby, D. (2007), S. 4.

[1741] Vgl. Porter, S. (2004), S. 87; Sayce, S. et al. (2009), S. 24, 26; Throsby, D. (2007), S. 4.

[1742] Vgl. Porter, S. (2004), S. 87.

einheit *heritage assets* mit dem ökonomischen Gesamtwert angesetzt werden sollten, um den Abschlussadressaten entscheidungsrelevante Informationen zur Verfügung zu stellen.[1743]

Diese Aussage zur Anwendbarkeit bei der Bewertung öffentlicher Güter im Rahmen der Doppik muss zu den Informations- und Schutzfunktionen des öffentlichen Haushalts- und Rechnungswesens in Bezug gesetzt werden.[1744] Ein Aspekt ist hierbei die intergenerative Gerechtigkeit, die sich auch in der Erhaltung von Natur- und Kulturgütern äußert und damit im Sinne der Nachhaltigkeit zu interpretieren ist. Deshalb kann es sinnvoll sein (gerade bei beschränkten öffentlichen Mitteln und der Abwägung öffentlicher Aufgaben), zu wissen, welche künftige Nachfrage und welche Wertbeimessungen die Individuen haben. Zur Ermittlung solcher Vermächtniswerte (Wert des Erhalts von Natur- und Kulturgütern) ist der kontingente Bewertungsansatz einsetzbar. Problematisch ist, dass einerseits die Schätzung der Bedürfnisse und Ansprüche zukünftiger Generationen mit großen Unsicherheiten behaftet ist und andererseits die Ansätze auch methodische Schwachstellen[1745] haben. Obwohl in der Bewertung Unsicherheiten auftreten, darf der Vermächtniswert als wesentliche Wertkomponente nicht vernachlässigt werden. Zudem können methodische Probleme des kontingenten Bewertungsansatzes ausgeglichen werden, wenn man für ein Objekt direkte und indirekte Bewertungsansätze verwendet. Der Wert eines historisch gewachsenen Schlossparks kann z.B. sowohl mit der Reisekostenmethode als auch mit dem kontingenten Bewertungsansatz ermittelt werden.[1746] Wenn es jedoch ein Schlosspark ohne überregionale Bedeutung ist, lässt sich dessen Wert nur anhand des kontingenten Bewertungsansatzes ableiten.[1747] Hier liegt es nahe, dass in Abhängigkeit von dem zu bewertenden Objekt die jeweils passende Bewertungsmethode verwendet werden sollte. Dies hat jedoch negative Auswirkungen auf die Nachprüfbarkeit der Wertermittlung und bietet zudem großen Manipulationsspielraum in der Vermögensbewertung.[1748] Außerdem weisen MÜHLENKAMP/GLÖCKNER darauf hin, dass „Vermögensrechnungen in denen unterschiedliche Bewertungskonzeptionen angewandt werden […] kaum Aussagekraft"

[1743] Vgl. Porter, S. (2004), S. 87.

[1744] Siehe zu den Zwecken des öffentlichen Haushalts- und Rechnungswesens Kapitel 3.3.

[1745] Z.B. hat die direkte Methoden den Nachteil, dass die Probanden das Untersuchungsergebnis bewusst durch strategisches Verhalten oder unbewusst aufgrund hypothetischer Entscheidungssituationen beeinflussen können; beim hedonischen Preisansatz ist es schwierig, die einzelnen Einflussfaktoren, d.h. einzelne Produktcharakteristika des privaten Gutes, aus den gesamten Grundstückswerten oder Häuserpreisen herauszufiltern; der Reisekostenansatz kann nur für Wirtschaftssubjekte angewendet werden, bei denen Aufwendungen angefallen sind und damit nur Erlebniswerte und keine Nicht-Nutzungswerte, so dass der ökonomische Gesamtwert nur eingeschränkt ermittelt werden kann.

[1746] Vgl. Matz, K. (2006), S. 17.

[1747] Die Anwendung des hedonischen Preisansatzes wird aufgrund starker Marktregulierungen in Deutschland ebenso wenig wie der Reisekostenansatz (bei innerstädtischen Parks entstehen kaum adäquate, den Wert widerspiegelnde Reisekosten) zu einem in der Vermögensrechnung erfassbaren Wert führen; vgl. Klaphake, A./Meyerhoff, J. (2003), S. 109, 116; Matz, K. (2006), S. 15-16.

[1748] Vgl. Mühlenkamp, H./Glöckner, A. (2010a), Kapitel 1, S. 27.

haben, da „nur ‚Bilanzexperten' noch die Informationen in der Vermögensrechnung verstehen" können.[1749] Aus diesen Gründen ist eine „konsistente[n] und nachvollziehbare[n] Bewertungspraxis"[1750] für die Rechnungslegung anzuwenden, um verlässliche und objektiv nachprüfbare Abschlussinformationen als Entscheidungsgrundlage und für Rechenschaftszwecke zu erhalten, und von Bewertungsmethoden für öffentliche Güter im Rahmen der Vermögensrechnung abzusehen.

Bezogen auf die hier behandelten Natur- und Kulturgüter ist zusammenfassend festzustellen, dass als wesentliches Ansatzkriterium eine verlässliche Wertermittlung möglich sein muss. Bei den Anschaffungs- oder Herstellungskosten von Natur- und Kulturgütern ist diese Verlässlichkeit aufgrund fehlender oder nicht relevanter Informationen, da veraltet und verfälscht, nur eingeschränkt und in den meisten Fällen nicht gegeben. Ein beizulegender Zeitwert liegt im Bereich der *heritage assets* am ehesten für Kunstwerke vor, die auf einem Markt gehandelt werden, z.B. bei Kunstauktionen, oder bei historischen, unter Denkmalschutz stehenden Häusern bzw. unter Naturschutz stehenden Gebieten, die (unter Auflagen) verkauft werden können. Natur- und Kulturgüter erhalten oft aufgrund ihrer Einzigartigkeit ihren besonderen Wert, so dass sich Wiederbeschaffung- oder Wiederherstellungskosten in solchen Fällen nicht als Bewertungsmaßstab eignen. Auch der Ansatz von STEIN/FRANKE, die Erhaltung der *heritage assets* durch eine Aktivierung in der Vermögensrechnung mit einer gleichzeitigen Rückstellungsbildung in Höhe des Barwerts der Instandhaltungsaufwendungen ist aufgrund der Voraussetzungen zur Rückstellungsbildung nach IPSAS 19 für die hier behandelten Fälle nicht anwendbar. Versicherungswerte sind für Bilanzierungszwecke nicht geeignet, da sie aufgrund der Selbsteinschätzung des Versicherungsnehmers und der Eigeninteressen der Versicherungen sehr subjektiv geprägt sind, und auch größtenteils nur für Kunstgegenstände, die ausgestellt werden und besonders wertvoll sind, ermittelt werden können.[1751] Für im Zusammenhang mit dem Wertminderungstest stehende Wertmaßstäbe, wie den erzielbaren Betrag, ist für *heritage assets* festzuhalten, dass diese im Wesentlichen nicht zu künftigen Zahlungsmittelzuflüssen führen werden und deshalb ist der erzielbare Leistungsbetrag gemäß IPSAS 21 als geeigneter anzusehen. Der hierbei zu betrachtende Nettoveräußerungspreis ist für die meisten *heritage assets* aufgrund des fehlenden aktiven Marktes nicht verlässlich schätzbar, so dass im Zuge des Wertminderungstests der erzielbare Leistungsbetrag mit dem Nutzungswert gleichgesetzt wird. Für nicht-zahlungsmittelgenerierende *heritage assets* lässt

[1749] Beide direkten Zitate aus Mühlenkamp, H./Glöckner, A. (2010a), Kapitel 1, S. 19.
[1750] Mühlenkamp, H./Glöckner, A. (2010a), Kapitel 1, S. 19.
[1751] Gegen diese Ansicht spricht, dass z.B. auf der nationalen kommunalen Ebene teilweise Versicherungswerte als Bewertungsalternative zulässig sind; vgl. Tabelle 10.

sich der Nutzungswert grundsätzlich mittels der drei in IPSAS 21.44-.50 genannten Möglichkeiten (*depreciated replacement cost approach*; *restoration cost approach*; *service units approach*)[1752] ermitteln.

Es kann resümiert werden, dass zur Bewertung von Natur- und Kulturgütern keine pauschale und allgemein gültige Aussage getroffen werden kann, da die Verlässlichkeit der Bewertung nicht in jedem Fall gegeben ist. Aus diesem Grund wird in der vorliegenden Arbeit ein eigener Vorschlag zur Kategorisierung und eine damit verbundene Bilanzierung und Behandlung von Natur- und Kulturgütern im Abschluss einer öffentlichen Verwaltungseinheit erarbeitet und dargestellt.[1753]

7.4.4 Ausweis von Natur- und Kulturgütern

Aus Tabelle 9 wird ersichtlich, dass es auch zum Ausweis von Natur- und Kulturgütern keine international einheitliche und damit vergleichbare Vorgehensweise gibt, da grundsätzlich die Natur- und Kulturgüter unter dem Sachanlagevermögen oder von diesem getrennt ausgewiesen werden können.

Wie bereits in Kapitel 6.9.1 erläutert wurde, verfolgt das IASB mit einem seiner Projekte eine vollständige Umstrukturierung der Abschlussinstrumente, um die Auswirkungen eines zu erfassenden Sachverhaltes und dessen übergreifende Abbildung in der Bilanz, Gesamtergebnisrechnung und Kapitalflussrechnung besser ersichtlich machen und die Verknüpfung der Abschlussinstrumente verdeutlichen zu können.

Wenn dieser Ansatz auch auf den öffentlichen Sektor (und hier im Speziellen auf die Natur- und Kulturgüter) übertragen werden sollte, müsste eine eigene Kategorie eingeführt werden, in der alle Sachverhalte, die Natur- und Kulturgüter betreffen, in der Vermögens-, Finanz- und Ergebnisrechnung erfasst werden. Analog zur Unternehmensberichterstattung würde diese Umstrukturierung auch im öffentlichen Sektor den Aufbau und die Darstellung der Berichtsinstrumente erheblich verändern und die Analyse der Abschlussinformationen vor neue Herausforderungen stellen. Aus diesen Gründen wird dieser Ansatz hier in der Arbeit nicht weiter verfolgt.

Die in Kapitel 6.9.2 beschriebene und im „Speyerer Verfahren“[1754] vorgenommene Unterteilung der Vermögensseite nach ihrer finanziellen Realisierbarkeit kann auch auf die Bilanzie-

---

1752 Siehe Kapitel 7.3.2.2.3.2.
1753 Siehe Kapitel 7.5 ff.
1754 Vgl. zum „Speyerer Verfahren“ Lüder, K. (1999).

rung der Natur- und Kulturgüter übertragen werden. Dieses Verfahren sieht vor, dass die Vermögenswerte in das Verwaltungsvermögen, das zur Erfüllung der öffentlichen Aufgaben unabdingbar ist und in das realisierbare Vermögen, das ohne Beeinträchtigung der öffentlichen Aufgabenwahrnehmung zumindest abstrakt veräußert und in finanzielle Ressourcen überführt werden kann, untergliedert werden.[1755] Wie noch in den folgenden Kapiteln 7.5 ff. gezeigt wird, ist es zwingend notwendig, dass die Natur- und Kulturgüter nicht als eine einzige Sachanlagengruppe ausgewiesen werden. Ihren Eigenschaften entsprechend, müssen sie noch weiter unterteilt werden, da gemäß IPSAS 17.42 und IPSAS 31.71 für die Folgebewertung innerhalb einer Gruppe ein Bewertungsverfahren einheitlich für die Vermögenswerte dieser Gruppe anzuwenden ist und aus diesem Grund die Besonderheiten der Natur- und Kulturgüter nicht mit unterschiedlichen Bewertungsverfahren berücksichtigt werden können.

7.4.5 Anhangangaben

Damit die Berichterstattung im öffentlichen Sektor relevante und verlässliche Informationen zur Beurteilung der Verwaltungsführung und Entscheidungsunterstützung bereitstellen kann, sind den gewährten Informationen zusätzliche Anhangangaben hinzuzufügen. Die Abschlussadressaten sind nämlich nicht nur an grundlegenden finanziellen Informationen interessiert, sondern auch an detaillierten Abschlussinformationen, wie HAY/ANTONIO mittels einer Umfrage zur Nützlichkeit der Anhangangaben zeigen konnten.[1756] Der Nutzen einer Bewertung von Natur- und Kulturgütern kann strittig sein, aber nicht der hohe Nutzen der Anhangangaben, so dass diese auch bei nicht in der Vermögensrechnung anzusetzenden *heritage assets* entscheidungsrelevant sind.[1757] So fördern die Anhangangaben zu Natur- und Kulturgütern auch die bezweckte Rechenschaft und Informationsgewährung,[1758] wenn sie sich z.B. auf die Bewirtschaftung der Natur- und Kulturgüter und Maßnahmen zu deren Schutz, Bewahrung und Erhalt für zukünftige Generationen beziehen.[1759]

Falls *heritage assets* bilanziert werden, sind nach den derzeit gültigen IPSAS 17.12 bzw. IPSAS 31.15 (abgesehen von den detaillierten Vorschriften zu den Anhangangaben in IPSAS 17.88-.94 bzw. IPSAS 31.117-.124) folgende Informationen im Anhang aufzuführen: (1) die angewendeten Bewertungsgrundlagen; (2) falls vorgenommen, die praktizierte Abschreibungsmethode; (3) den Bruttobuchwert; (4) falls vorgenommen, die kumulierten Abschrei-

1755 Vgl. Lüder, K. (1999), S. 19; Lüder, K. (2007), S. 6-7.
1756 Vgl. Hay, L. E./Antonio, J. F. (1990), S. 92.
1757 Vgl. Smith, P. (2007), S. 25.
1758 Vgl. Mack, J./Ryan, C. (2006), S. 603-604;
1759 Vgl. Barker, P. (2006), S. 49; Buch Goméz, E. J./Cabaleiro Casal, R. (2008), S. 11; Micallef, F./Peirson, G. (1997), S. 34.

bungen am Ende des Berichtszeitraums; (5) eine Überleitung zwischen dem Eröffnungs- und Schlussbuchwert, unter der gesonderten Angabe besonderer Bestandteile.

Darüber hinausgehende Anhangangaben, wie sie bereits in dem CP des IPSASB zur Bilanzierung der Natur- und Kulturgüter vorgeschlagen wurden, werden im Folgenden dargestellt und sind als ein Mindestmaß für *heritage assets* zu gewähren, so dass auch detailliertere Informationen möglich und häufig angebracht sind.[1760]

Zunächst ist eine Beschreibung und die Anzahl der von einer Verwaltungseinheit gehaltenen *heritage assets* anzugeben und es ist auch deutlich zu machen, welche und in welchem Umfang die Natur- und Kulturgüter von der Allgemeinheit genutzt werden können. So kann der Anteil der Natur- und Kulturgüter am Gesamtvermögen (auch unter Berücksichtigung der nicht bilanzierten *heritage assets*) von den Adressaten besser eingeschätzt und die Erfüllung der öffentlichen Aufgaben zum Erhalt dieser Werte beurteilt werden. Falls die *heritage assets* in Sammlungen zusammengefasst werden, sind die geforderten Informationen in aggregierter Form für jede Sammlung anzugeben, um die Zusammenstellung und gesellschaftliche Wirkung einer Sammlung ermessen zu können.[1761] Damit für die Adressaten entscheidungsrelevante Informationen bereitgestellt werden, ist für diese in einer logischen und nachvollziehbaren Weise darzustellen, nach welchen Richtlinien die Vermögenswerte als Natur- und Kulturgüter klassifiziert werden und welcher Bilanzierungsansatz der Erfassung von Natur- und Kulturgütern zugrunde liegt.[1762] Speziell bei nicht bilanzierten Natur- und Kulturgütern ist dies relevant, um auch einen Bezug zum Ressourceneinsatz (z.B. zum Unterhalt der Kulturgüter) herstellen zu können. Zusätzlich hat eine Verwaltungseinheit auch offenzulegen, welche Pläne sie zum Erhalt der Natur- und Kulturgüter verfolgt, wie die Kulturgüter erhalten werden sollen (z.B. ob nur der gegenwärtige Zustand erhalten werden soll, oder ob durch Restaurierungsmaßnahmen der Urzustand wieder erreicht werden soll), welche und in welchem Rahmen Restaurierungsarbeiten geplant sind und in welchem Umfang geplante Maßnahmen bereits realisiert wurden. Hierbei ist immer eine Beschreibung der Maßnahmen und der in früheren Perioden entstandenen, in der Berichtsperiode angefallenen bzw. für zukünftige Jahre geschätzten Restaurations- und Erhaltungskosten vorzunehmen.[1763] Ergänzend sind für signifi-

[1760] Vgl. IFAC-IPSASB (2006a), CP – Tz. 5.6-5.7. In Appendix 3 des CP wird ein Vergleich nationaler Vorschriften zur Berichterstattung im öffentlichen Sektor inklusive der Anhangangaben gegeben. Siehe auch Buch Goméz, E. J./Cabaleiro Casal, R. (2008), S. 11.

[1761] Vgl. IFAC-IPSASB (2006a), CP – Tz. 5.8.

[1762] Vgl. IFAC-IPSASB (2006a), CP – Tz. 5.9-5.10. Siehe hierzu für die vorgeschlagene Kategorisierung und Bilanzierung von *heritage assets* nach IPSAS auch die Kapitel 7.5 ff.

[1763] Vgl. IFAC-IPSASB (2006a), CP – Tz. 5.11.

kante Natur- und Kulturgüter, z.B. gemessen an ihrem Wert bzw. ihrer kulturellen Relevanz, Zu- und Abgänge und damit verbundene Zahlungsmittelab- bzw. -zuflüsse in der Berichtsperiode anzugeben. Um auch die Finanzierungsart der Natur- und Kulturgüter beurteilen zu können, ist genau aufzuzeigen, welche Zugänge an Natur- und Kulturgütern aus Schenkungen bzw. Stiftungen resultieren und welcher Wert damit verbunden ist.[1764] Generell ist die Mittelherkunft zur Finanzierung von Natur- und Kulturgütern aufgeschlüsselt darzustellen, damit für die Adressaten ersichtlich ist, ob z.B. finanzielle Ressourcen der Verwaltungseinheit, spezielle Fördergelder oder private Spenden verwendet wurden.[1765] Da Käufe und Verkäufe bzw. Schenkungen nicht regelmäßig erfolgen und finanzielle Zuschüsse zum Kauf von *heritage assets* von bereits erhaltenen Zuwendungen abhängig sein können, ist es wichtig, dass die Berichtsperiode in Vergleich zu den – im CP vorgeschlagenen vier – Vorperioden gesetzt wird. Für den Vergleichszeitraum sind auch Angaben zu den Zugängen an Natur- und Kulturgütern, deren Finanzierung, den Erträgen aus dem Verkauf von *heritage assets* und umfangreicheren Restaurationsmaßnahmen und -kosten zu machen.[1766] Zusätzlich können auch Leistungsindikatoren für den Bereich der Natur- und Kulturgüter in die Berichterstattung aufgenommen werden, um den Rechenschaftspflichten über den Ressourceneinsatz und den erreichten Zielen der Verwaltungstätigkeit nachkommen zu können.[1767] Die Anhangangaben müssen jedoch auch immer unter einer Kosten-Nutzen-Abwägung erfolgen.

Es wird deshalb in der vorliegenden Arbeit vorgeschlagen, die Anhangangaben nach IPSAS zu den Natur- und Kulturgütern auszuweiten, da die weiteren Berichtsinstrumente, die ebenfalls relevante Informationen zu den Natur- und Kulturgütern enthalten können, wie Leistungs- und Wirkungsberichte oder die erläuternde Berichterstattung und die Nachhaltigkeitsberichterstattung gemäß den IPSAS (siehe Kapitel 5.4.3 ff.), noch nicht abschließend geregelt sind. Bei diesen Berichtsinstrumenten ist im Zusammenhang mit *heritage assets* auch eine Kosten-Nutzen-Abwägung vorzunehmen. Dem Verfasser ist bewusst, dass sich bei diesen Berichtsinstrumenten und der Behandlung von *heritage assets* Synergien ergeben können, worauf im Ausblick kurz eingegangen wird (siehe hierzu Kapitel 8.2).

Beispielhaft werden Angaben und Indikatoren zu Natur- und Kulturgütern in der folgenden Abbildung 26 zusammengefasst.

1764 Vgl. IFAC-IPSASB (2006a), CP – Tz. 5.12. Siehe auch Buch Goméz, E. J./Cabaleiro Casal, R. (2008), S. 11.

1765 Vgl. IFAC-IPSASB (2006a), CP – Tz. 5.13.

1766 Vgl. IFAC-IPSASB (2006a), CP – Tz. 5.14. Siehe auch Buch Goméz, E. J./Cabaleiro Casal, R. (2008), S. 11.

1767 Siehe zur Leistungs- und Wirkungsberichterstattung nach IPSAS Kapitel 5.4.3.2.

Angaben gemäß IPSAS 17.12 bzw. IPSAS 31.15:
(1) angewendete Bewertungsgrundlagen;
(2) falls vorgenommen, die praktizierte Abschreibungsmethode;
(3) Bruttobuchwert;
(4) falls vorgenommen, die kumulierten Abschreibungen am Ende des Berichtszeitraums;
(5) Überleitung zwischen dem Eröffnungs- und Schlussbuchwert, unter der gesonderten Angabe besonderer Bestandteile.

Weitere, spezifische Angaben:
- Beschreibung, welche und in welchem Umfang *heritage assets* gehalten werden;
- Richtlinien zur Klassifizierung der *heritage assets*;
- Erhaltungspläne, Erhaltungsmaßnahmen (realisierte und geplante), damit verbundene Kosten (angefallene und geplante);
- Zahlungsmittelzu- und -abflüsse (z.B. Eintrittsgelder, Unterhaltskosten);
- Finanzierungsart und -herkunft;
- Zu- und Abgänge an *heritage assets*, auch aufgetretene Beschädigungen;
- Vergleichswerte aus Vorperioden
- Leistungsindikatoren.

Indikatoren für Naturgüter (beispielhaft):
- Anzahl geschützter Tiere/Pflanzen;
- Besucheranzahl;
- Besucherzufriedenheitsindex (Befragung);
- Veranstaltungen, Reportagen, Berichte etc.;
- Eventuelle Forschungsprojekte;
- Anteil der Unterhaltskosten am Gesamtbudget für Naturgüter.

Indikatoren für Kulturgüter (beispielhaft):
- Besucheranzahl;
- Besucherzufriedenheitsindex (Befragung);
- Anzahl der Führungen;
- Durchgeführte Veranstaltungen, Ausstellungen und deren Themenschwerpunkte;
- Reportagen, Berichte etc.:
- Anteil der Restaurationsausgaben am Gesamtbudget für Restaurierungen;
- Eventuelle Forschungsprojekte.

Abbildung 26: Ergänzende Anhangangaben für Natur- und Kulturgüter[1768]

7.5 Vorschläge zur Ausgestaltung der Bilanzierung von heritage assets nach IPSAS

Die in den vorherigen Kapiteln vorgenommenen Ausführungen zu Ansatz-, Bewertungs- und Ausweisfragen von Natur- und Kulturgütern werden in den folgenden Kapitel auf die einzelnen Kategorien der Natur- und Kulturgüter, wie sie in Kapitel 7.4.1 ausgeführt wurden, übertragen.

Diese Differenzierung erlaubt es auf die bestehenden IPSAS Bezug zu nehmen und diese, soweit wie möglich, auf die *heritage assets* anzuwenden. Gleichzeitig kann so erreicht werden, dass die Regelungen für die *heritage assets*, die bereits jetzt in IPSAS 17 und IPSAS 31 enthalten sind, ergänzt und somit Redundanzen zu IPSAS 17 und IPSAS 31 vermieden werden, die sich zwangsläufig durch einen eigenständigen IPSAS für *heritage assets* ergeben würden.

[1768] Quelle: Eigene Darstellung.

Das IPSASB sieht in dem CP zur Bilanzierung der Natur- und Kulturgüter ebenfalls vor, diese als separate Kategorie des Sachanlagevermögens zu erfassen. Des Weiteren spricht sich das IPSASB für eine Anpassung des IPSAS 17 (und IPSAS 31) aus und vertritt folgende Auffassung: Falls *heritage assets* nur als Unterkategorie des Sachanlagevermögens angesehen werden und deren Ansatz, Bewertung und Ausweis größtenteils mit den sonstigen Vermögenswerten des Sachanlagevermögens vergleichbar ist, ist die Entwicklung eines separaten Standards nicht gerechtfertigt, da sich viele Wiederholungen und Überschneidungen mit IPSAS 17 (und IPSAS 31) ergeben würden.[1769]

7.5.1 Materielle Natur- und Kulturgüter, die veräußerbar sind

Entsprechend der Kategorisierung in Kapitel 7.4.1 handelt es sich hierbei um materielle Natur- und Kulturgüter, die zwar auch zu erhalten sind, aber deren Verkauf nicht ausgeschlossen wird und für die ein aktiver Markt existiert.

7.5.1.1 Ansatz

In diese Kategorie fallen Natur- und Kulturgüter, die sich gemäß der Definition von *heritage assets* durch ihre Bedeutung im historischen, künstlerischen, religiösen, kulturellen, wissenschaftlichen, technischen, geophysikalischen oder Naturschutz-Sinn von der öffentlichen Hand oder einer anderen kulturfördernden Einrichtung hauptsächlich wegen ihres Nutzens für die Allgemeinheit gehalten und erhalten werden.[1770] Die Halteabsicht besteht damit langfristig und nicht nur aus Spekulationsgründen. Wesentlich ist des Weiteren – wie oben genannt –, dass die Veräußerbarkeit dieser Natur- und Kulturgüter nicht durch rechtliche, soziale, gesellschaftliche oder andere zwingende Gründe ausgeschlossen ist. Zusätzlich setzt eine Veräußerbarkeit einen Markt voraus, auf dem die Verkehrswerte ermittelt werden können.

Als Beispiele für diese Kategorie können insbesondere Kunstwerke (z.B. Verkauf an ein anderes öffentliches Museum, wodurch der Erhalt im öffentlichen Interesse erfüllt wird), aber auch Sammlungsgegenstände (z.B. Fossilien) und Naturgüter (z.B. Verkauf von unter Naturschutz stehenden Flächen, wobei die Naturschutzauflagen weiterhin gewahrt werden müssen) genannt werden.[1771] Die Veräußerbarkeit kann z.B. bei Sammlungsstücken sinnvoll sein, wenn sie mehrmals vorhanden sind (z.B. alte römische Münzen) und durch den Verkauf die-

---

[1769] Vgl. IFAC-IPSASB (2006c), S. 13.12-13.13.

[1770] Siehe hierzu Kapitel 7.2.

[1771] Selbst für Kunstwerke mag es zwar einen aktiven Markt geben, doch können auch hier Bewertungsprobleme aufgrund der Seltenheit der Vermögenswerte auftreten; vgl. Smith, P. (2007), S. 25.

ser Exponate der Kauf anderer Gegenstände finanziert und die Sammlung vervollständigt werden kann.

Die Ansatzvoraussetzungen, und damit auch die *asset*-Definition, sind für diese Kategorie der Natur- und Kulturgüter erfüllt. Zum einen erfordert die abstrakte Bilanzierungsfähigkeit den wahrscheinlichen künftigen Zufluss an wirtschaftlichem Nutzen oder Leistungspotenzial für die Verwaltungseinheit, der durch die Erfüllung der konkreten Bilanzierungsfähigkeit gegeben ist, da einerseits der Verwaltungseinheit das Leistungspotenzial durch den Verbleib des *heritage asset* zur Verfügung steht und andererseits beim Verkauf ein wirtschaftlicher Nutzen durch den erzielten Veräußerungspreis zufließen würde. Zum anderen müssen die Kosten oder der Wert für dieses *heritage asset* verlässlich ermittelbar sein, was über die Ableitung eines Marktwertes auf einem aktiven Markt, wie Kunstauktionen oder Sammlerbörsen etc., i.d.R. erreicht wird.[1772]

7.5.1.2 Bewertung

Grundsätzlich ist ein Vermögenswert bei erstmaliger Erfassung gemäß IPSAS 17.26 mit den Anschaffungs- oder Herstellungskosten zu bewerten. Wie bereits im Kapitel 7.4.3.1 ausgeführt, kann sich deren Ermittlung im Bereich der Natur- und Kulturgüter als schwierig erweisen. Falls sie aber vorhanden sind, sind sie auch für Natur- und Kulturgüter zu verwenden. Zusätzlich kann es Probleme aufwerfen, wenn eine Umstellung vom kameralistischen Rechnungsstil erfolgte und erstmalig eine Vermögensrechnung nach doppischen Gesichtspunkten erstellt wird bzw. wenn erstmalig die IPSAS angewendet werden, da im kameralistischen Rechnungswesen nur eine rudimentäre Vermögenserfassung stattgefunden hat. Unter Berücksichtigung der in Kapitel 7.3.2.1 beschriebenen Übergangsregelungen auf das *accrual accounting* ist das Sachanlagevermögen beim erstmaligen Ansatz mit den Anschaffungs- oder Herstellungskosten oder dem beizulegenden Zeitwert (dieser ist bei *heritage assets* ohne ermittelbare historische Anschaffungs- oder Herstellungskosten zu verwenden)[1773] zu bewerten.[1774] Falls die Verwaltungseinheit das Sachanlagevermögen ohne Kostenaufwand oder zu einem symbolischen Preis (wie es bei Natur- und Kulturgüter z.B. durch Schenkung oder Ent-

[1772] Siehe zur *asset*-Definition Kapitel 6.6.2.

[1773] Hierzu ist auf die Ermittlungsmöglichkeiten des *fair value* beim Neubewertungsmodell zu verweisen (siehe Kapitel 7.3.2.2.2), wobei der Marktwert auf einem aktiven Markt, der *fair value* anhand anderer Vermögenswerte mit vergleichbaren Eigenschaften, in vergleichbaren Umständen und an einem vergleichbaren Standort bestimmt werden kann oder falls keine marktpreisorientierte Ermittlung des *fair value* möglich ist, dann erfolgt eine Schätzung gemäß IPSAS 17.47-.48 mittels des *depreciated replacement cost approach*, des *restoration cost approach* oder des *service units approach.*

[1774] Vgl. IPSAS 17.96.

eignung möglich ist) erhalten hat, ist der *fair value* zum Zeitpunkt der Beschaffung anzusetzen.[1775]

Grundsätzlich bietet IPSAS 17.42 für die Folgebewertung die Anschaffungskostenmethode (*cost model*) und Neubewertungsmethode (*revaluation model*), die einheitlich für eine Gruppe[1776] des Sachanlagevermögens, wie z.B. die Natur- und Kulturgüter, die veräußerbar sind, anzuwenden ist. Entsprechend der Darstellung in den Kapiteln 6.7.2 und 6.8.2 führt die Bewertung des veräußerbaren Vermögens zu Marktwerten zu relevanten, glaubwürdigen, verständlichen, zeitnahen, vergleich- und überprüfbaren Informationen für die Abschlussadressaten, da so der Wert, den die Verwaltungseinheit durch einen Verkauf erzielen könnte, verdeutlicht und das Schuldendeckungspotenzial aufgezeigt wird. Deshalb wird vorgeschlagen, für Natur- und Kulturgüter, die veräußerbar sind, zur Folgebewertung die Neubewertungsmethode, wie in Kapitel 7.3.2.2.2 beschrieben, anzuwenden. Hierzu ist grundsätzlich am Bewertungsstichtag der *fair value* zu ermitteln, der um nachfolgende kumulierte planmäßige Abschreibungen und nachfolgende kumulierte Wertminderungen zu kürzen ist.[1777] Da Natur- und Kulturgüter definitionsgemäß eine unbegrenzte Nutzungsdauer haben, werden diese wie Grundstücke gemäß IPSAS 17.74 nicht planmäßig abgeschrieben. Im Fall von Natur- und Kulturgütern ist der langfristige Erhalt dieser Vermögenswerte Aufgabe der Verwaltungseinheit und es kann sich sogar im Laufe des Alterungsprozesses der *heritage assets* eine Wertsteigerung entwickeln.[1778] Gemäß IPSAS 17.44 ist die Neubewertung in angemessenen, regelmäßigen Abständen vorzunehmen, damit der Buchwert nicht zu stark von dem am Abschlussstichtag ermittelbaren Neubewertungsbetrag differiert und damit die glaubwürdige Darstellung der Vermögenslage der Verwaltungseinheit eingeschränkt wird.[1779]

1775 Vgl. IPSAS 17.96, .98. Die Auswirkungen aus dem erstmaligen Ansatz von Teilen des Sachanlagevermögens sind gemäß IPSAS 17.97 in der Eröffnungsbilanz mit den Rücklagen bzw. einem bestehenden Fehlbetrag zu verrechnen. Wenn eine Verwaltungseinheit einen Vermögenswert durch Schenkung erhält, wird auch in IPSAS 23 „*Revenue from Non-Exchange Transactions*" der erstmalige Ansatz mit dem *fair value* am Erwerbszeitpunkt vorgeschrieben; vgl. IPSAS 23.42.

1776 Eine Gruppe des Sachanlagevermögens (*class of property, plant and equipment*) umfasst alle Vermögenswerte, die eine ähnliche Art und eine ähnliche Verwendung für die Verwaltungseinheit aufweisen; vgl. IPSAS 17.13; Müller-Marqués Berger, T. (2008), S. 91.

1777 Vgl. IPSAS 17.44, .66. Sollte sich der *fair value* nicht aus Marktwerten ableiten lassen, kann er durch Schätzung eines Sachverständigen oder durch die Wertmaßstäbe des IPSAS 21 in Form der abgeschriebenen Wiederbeschaffungskosten, der Instandsetzungskosten oder des leistungsorientierten Ansatzes (vgl. hierzu Kapitel 7.3.2.2.3.2) ermittelt werden; vgl. IPSAS 17.45-.48.

1778 Vgl. Glanz, S. (2011), S. 44; Vogelpoth, N./Meinen, J. (2008), S. 976.

1779 Die Häufigkeit der Neubewertung hängt von der Änderungsgeschwindigkeit des Neubewertungsbetrags ab, so dass eine Neubewertung jährlich oder nur alle drei oder fünf Jahre notwendig ist; vgl. IPSAS 17.49. Auf dem Kunstmarkt ist eine hohe Volatilität zu beachten, da die gehandelten Kunstwerke und deren Preise immer vom sich wandelnden Zeitgeist und Geschmack abhängig sein können; vgl. Sayce, S. et al. (2009), S. 15.

7.5.1.3 Ausweis und Anhangangaben

Entgegen der in IPSAS 1.70 geforderten Untergliederung der Vermögensrechnung in kurz- und langfristige Vermögenswerte sollte (wie bereits in Kapitel 6.9.2 beschrieben) zur Verbesserung der Aussagekraft der Vermögensrechnung einer öffentlichen Verwaltungseinheit eine Unterteilung der Vermögenswerte nach ihrer finanziellen Realisierbarkeit erfolgen. Die Aktivseite ist hierzu in das Verwaltungsvermögen, das zur Erfüllung der öffentlichen Aufgaben unabdingbar ist und in das realisierbare Vermögen, das ohne Beeinträchtigung der öffentlichen Aufgabenwahrnehmung, zumindest abstrakt, veräußert und in finanzielle Ressourcen überführt werden kann, zu gliedern. Die hier betrachtete Kategorie der Natur- und Kulturgüter ist dann dem realisierbaren Vermögen zuzuordnen und hat den Vorteil, dass das Schuldendeckungspotenzial der Verwaltungseinheit, das sich im realisierbaren Vermögen widerspiegelt, aufgezeigt wird. Zusätzlich ermöglicht die weitere Unterteilung des realisierbaren Verwaltungsvermögens in unterschiedliche Gruppen (hier eine eigene Gruppe für Natur- und Kulturgüter, die veräußerbar sind), dass für jede Gruppe einheitlich eine andere Bewertungsmethode für die Folgebewertung gemäß IPSAS 17.42 angewendet werden kann.[1780]

Ein gesonderter Ausweis von Vermögenswerten, die veräußert werden sollen, wird für den Unternehmensbereich in IFRS 5 geregelt. Für die IPSAS besteht keine vergleichbare Regelung, so dass auch Natur- und Kulturgüter, für die die Verkaufsentscheidung getroffen wurde, nicht separat auszuweisen sind, obwohl dies im Hinblick auf den Adressatennutzen sinnvoll wäre und deshalb in der vorliegenden Arbeit vorgeschlagen wird.

Falls *heritage assets* bilanziert werden, sind nach IPSAS 17.12 (abgesehen von den detaillierten Vorschriften zu den Anhangangaben in IPSAS 17.88-.94) die angewendeten Bewertungsgrundlagen und eine Überleitung zwischen dem Eröffnungs- und Schlussbuchwert, unter der gesonderten Angabe besonderer Bestandteile, bereitzustellen. Siehe zu weiteren, spezifischen Anhangangaben für Natur- und Kulturgüter auch Kapitel 7.4.5.

7.5.2 Materielle Natur- und Kulturgüter, die nicht veräußerbar sind, aber zusätzlich einen wirtschaftlichen Nutzen bieten

Die in dieser Kategorie[1781] betrachteten *heritage assets* sind zu erhalten, durch Gesetze, Statuten oder sonstige Regelungen ist eine Veräußerung ausgeschlossen und es besteht für sie auch kein aktiver Markt. Neben dem Hauptzweck zur Erhaltung im öffentlichen Interesse kann sich zusätzlich für die Verwaltungseinheit an sich ein wirtschaftlicher Nutzen ergeben. So können

[1780] Siehe hierzu auch Kapitel 7.5.1.2.
[1781] Vgl. Kapitel 7.4.1.

z.B. historische Gebäude nicht nur einen gesellschaftlichen Wert, der sich im Leistungspotenzial der Verwaltungseinheit unter kulturellen oder touristischen Gesichtspunkten widerspiegelt, darstellen, sondern auch für die öffentliche Verwaltung einen wirtschaftlichen Nutzen stiften, da das historische Baudenkmal z.B. als Verwaltungsgebäude genutzt werden kann, und somit Mietaufwendungen entfallen. In diesem Fall schlägt IPSAS 17.11 gegenwärtig die Behandlung des historischen Bauwerks als „reguläres" Sachanlagevermögen vor.

7.5.2.1 Ansatz

In diese Kategorie von Natur- und Kulturgütern werden alle *heritage assets* aufgenommen, die die geforderte *asset*-Definiton nach IPSAS in Form der abstrakten und konkreten Bilanzierungsfähigkeit erfüllen, da sie für einen Zufluss an wirtschaftlichem Nutzen bzw. bei Natur- und Kulturgütern an Leistungspotenzial für die Verwaltungseinheit sorgen, der wahrscheinlich ist und in seiner Höhe verlässlich bewertet werden kann. Zudem unterscheiden sich die hier betrachteten *heritage assets* von denen aus Kapitel 7.5.1 darin, dass sie nicht veräußerbar sind und für die operative Verwaltungstätigkeit eingesetzt werden oder einen anderen wirtschaftlichen Nutzen bringen. Die Nutzung des Leistungspotenzials liegt in der Kontrolle der Verwaltungseinheit und beschränkt sich nicht nur auf die hervorgehobene Bedeutung für die Allgemeinheit im historischen, künstlerischen, religiösen, kulturellen, wissenschaftlichen, technischen, geophysikalischen oder Naturschutz-Sinne und durch deren Erhaltung in der Wahrnehmung öffentlicher Aufgaben, sondern äußert sich auch in einem direkten Nutzen für die öffentliche Hand, da diese *heritage assets* für die operative Verwaltungstätigkeit eingesetzt werden können oder einen anderen wirtschaftlichen Nutzen für die Verwaltungseinheit erbringen.

Als Beispiele sind historische Gebäude anzuführen, die für Verwaltungszwecke (z.B. zur Unterbringung von Büroräumen) genutzt werden. Es ist hierbei zu klären, ob der als *heritage asset* gehaltene Vermögenswert primär wissenschaftlichen, bildenden oder kulturellen Zwecken dient oder der operativen Verwaltungstätigkeit, so dass z.B. eine Universität in historischen Gebäuden zwar dem übergeordneten Bildungsauftrag erfüllt, aber dieser letztlich auch im selben Umfang in einem nicht geschichtsträchtigen Gebäude wahrgenommen werden könnte.[1782] In diesen Fällen ist das *heritage asset* gemäß IPSAS 17.11 wie das zur Erfüllung der Verwaltungsaufgaben benötigte Vermögen zu behandeln, da neben dem primären Erhaltungszweck auch zusätzlich der Einsatz zur Erfüllung der Verwaltungsaufgaben angestrebt

[1782] Vgl. Sayce, S. et al. (2009), S. 9.

wird.[1783] Zusätzlich ist es auch möglich, dass durch Vermietung oder Eintrittsgelder finanzielle Mittel erwirtschaftet werden, die aber bei Natur- und Kulturgütern in den meisten Fällen nicht kostendeckend für die Unterhalts-, Instandhaltungs- und Restaurierungsmaßnahmen sein werden.

7.5.2.2 Bewertung

Für diese *heritage assets* sind aktuelle Marktwerte nachrangig und die damit verbundene Aufdeckung des Schuldendeckungspotenzials, da sie von einem Verkauf ausgeschlossen sind und somit nicht realisiert werden können. Vielmehr ist ihr Einsatz zur Unterstützung der operativen Verwaltungstätigkeit unabdingbar und rechtfertigt eine Behandlung wie das sonstige Sachanlagevermögen der Verwaltungseinheit. Grundsätzlich hat der Erstansatz zu Anschaffungs- oder Herstellungskosten zu erfolgen, nur in Ausnahmefällen (Erstanwendung des *accrual accounting*) ist der beizulegende Zeitwert heranziehbar.[1784]

Zur Folgebewertung bietet IPSAS 17.42 grundsätzlich das Wahlrecht zwischen dem Anschaffungskosten- und dem Neubewertungsmodell. Für die Natur- und Kulturgüter in der hier betrachteten Kategorie ist das *cost model* nach IPSAS 17.43 anzuwenden, da der für das Neubewertungsmodell benötigte *fair value* aufgrund des fehlenden aktiven Marktes (die Veräußerbarkeit ist ausgeschlossen) für diese Kategorie an *heritage assets* nicht ermittelbar ist oder nur über Hilfsgrößen mit entsprechenden Kosten, die nicht im Verhältnis zum Nutzen stehen. Da die Natur- und Kulturgüter dieser Kategorie nicht zur Schuldendeckung kapitalisiert werden können, ist die Ermittlung des Schuldendeckungspotenzials über Marktwerte auch nicht notwendig.

Für das Anschaffungskostenmodell ist der Vermögenswert mit den Anschaffungs- oder Herstellungskosten abzüglich planmäßiger und außerplanmäßiger Abschreibungen anzusetzen.[1785] Die fortgeführten Anschaffungs- oder Herstellungskosten bilden bei diesem Modell die Wertobergrenze der Bewertung.[1786] Natur- und Kulturgüter haben definitionsgemäß eine unbegrenzte Nutzungsdauer und sind deshalb wie Grundstücke gemäß IPSAS 17.74 nicht planmäßig abzuschreiben. Selbst die Nutzung in Rahmen der operativen Tätigkeit rechtfertigt keine planmäßige Abschreibung, da der langfristige Erhalt der Natur- und Kulturgüter durch entsprechende Instandhaltungsmaßnahmen Aufgabe der Verwaltungseinheit ist. Zusätzlich

[1783] Falls ein Natur- oder Kulturgut seinen Status als *heritage asset* verlieren sollte und weiterhin für die Verwaltungstätigkeit eingesetzt wird, ist es wie das Verwaltungsvermögen nach IPSAS 17 zu behandeln.
[1784] Siehe hierzu die Ausführungen in Kapitel 7.5.1.2.
[1785] Vgl. Müller-Marqués Berger, T. (2008), S. 91.
[1786] Vgl. Köhrmann, H. (2009), S. 185.

kann sich der Wert eines *heritage asset* aufgrund der besonderen Bedeutung sogar noch erhöhen, wobei diese Werterhöhungen nicht abzubilden sind, da sich die „Aufblähung“ der Bewertung der Vermögenswerte auf der Aktivseite in einem Anstieg der Nettoposition auf der Passivseite der Vermögensrechnung niederschlägt und so die Vermögenslage verfälscht dargestellt wird, da diese höheren Werte nicht realisiert werden können und somit ohne Aussagekraft sind. In öffentlichen Sektor kommt es nicht auf die Höhe der Nettoposition an, sondern auf deren Veränderung am Ende einer Periode im Vergleich zum Periodenanfang.[1787]

Nichtsdestotrotz ist bei Anzeichen für Wertminderungen ein *impairment*-Test nach den Regelungen von IPSAS 21 vorzunehmen,[1788] da es sich bei *heritage assets*, die zusätzlich für die operative Verwaltungstätigkeit genutzt werden können, um nicht-zahlungsmittelgenerierende Vermögenswerte handelt, deren Zwecksetzung – wie bei den meisten öffentlichen Vermögenswerten – nicht in der Erwirtschaftung von Erträgen, sondern in der Sachzielorientierung liegt.[1789] Der erzielbare Leistungsbetrag ist gemäß IPSAS 21.37 für diese *heritage assets* mit dem Nutzungswert gleichzusetzen, da wegen der Unveräußerbarkeit ein aktiver Markt und auch Vergleichstransaktionen zur Ermittlung des Nettoveräußerungspreises fehlen. Der Nutzungswert ist mit dem abgeschriebenen Wiederbeschaffungswert-Ansatz, dem Instandsetzungskostenansatz oder dem Serviceeinheitenansatz zu bestimmen.

Für Natur- und Kulturgüter, die nicht veräußerbar sind, aber zusätzlich einen wirtschaftlichen Nutzen in Form von Zahlungsmittelzuflüssen bieten, wie z.B. durch Mieteinnahmen bei historischen Gebäuden, oder durch Eintrittsgelder, kann der *impairment*-Test mittels IPSAS 26 vorgenommen werden.[1790] Hierzu entspricht gemäß IPSAS 26.33 der erzielbare Betrag aufgrund des fehlenden Nettoveräußerungspreises dem Nutzungswert. Der Nutzungswert kann mittels des *discounted cash flow* (DCF)-Verfahrens auf Basis zukünftiger Mieteinnahmen oder Eintrittsgelder bestimmt werden.

7.5.2.3 Ausweis und Anhangangaben

Die Kategorie der Natur- und Kulturgüter, die nicht veräußerbar sind, aber einen zusätzlichen wirtschaftlichen Nutzen bieten, sollte – wie bereits in Kapitel 6.9.2 dargestellt – im Verwaltungsvermögen, das zur Wahrnehmung der öffentlichen Aufgaben unabdingbar ist, und somit getrennt vom realisierbaren Vermögen ausgewiesen werden. Durch diese Trennung des Vermögensausweises anhand der finanziellen Realisierbarkeit kann eine Verbesserung der Aus-

1787 Siehe zur Bedeutung der Nettoposition Kapitel 4.1.
1788 Siehe zum Wertminderungstest nach IPSAS 21 Kapitel 7.3.2.2.3.2.
1789 Vgl. Bolsenkötter, H. (2007a), S. 110; Viehweger, C. (2007a), S. 246-247.
1790 Siehe zum Wertminderungstest nach IPSAS 26 Kapitel 7.3.2.2.3.1.

sagekraft der Vermögensrechnung erzielt werden, da unmittelbar ersichtlich wird, dass das nicht veräußerbare Verwaltungsvermögen und die darin enthaltenen Natur- und Kulturgüter kein Schuldendeckungspotenzial aufweisen. Innerhalb des Verwaltungsvermögens ist eine eigene Klasse für diese Natur- und Kulturgüter zu bilden.

Zu den vorgeschriebenen Anhangangaben für *heritage assets* des Sachanlagevermögens gemäß IPSAS 17.12 vergleiche Kapitel 7.5.1.3. Siehe zu spezifischen Anhangangaben für Natur- und Kulturgüter auch Kapitel 7.4.5.

7.5.3 Immaterielle Natur- und Kulturgüter

Ein Teilbereich der *heritage assets*, der in der Literatur – wenn überhaupt – nur am Rande diskutiert wird, sind immaterielle *heritage assets*.[1791] IPSAS 31.12 führt hierzu als Beispiele den Mitschnitt historischer Ereignisse oder das Recht zur Nutzung des Konterfeis historisch bedeutsamer Persönlichkeiten u.a. für Briefmarken und Sammlermünzen an.

7.5.3.1 Ansatz

Immaterielle Vermögenswerte (*intangible assets*) sind identifizierbare nicht-finanzielle Vermögenswerte, die keine physische Substanz haben.[1792] Wie bereits in Kapitel 7.3.2 beschrieben, regelt IPSAS 31 nicht im Detail, wie immaterielle *heritage assets* zu bilanzieren sind, sondern bietet die nicht verbindliche, da freiwillige Beachtung des IPSAS 31 auch für *heritage assets* und legt aber bei einem Ansatz von immateriellen *heritage assets* fest, dass zwar die Anhangangaben dieses Standards zu befolgen sind, aber nicht die Bewertungsvorschriften, wodurch die verschiedensten Bewertungsmaßstäbe momentan möglich sind.[1793] Wie in Kapitel 7.3.2.1 ausgeführt, zeichnen sich immaterielle Vermögenswerte im Rahmen der abstrakten Bilanzierungsfähigkeit durch drei Eigenschaften aus: Identifizierbarkeit (*identifiability*), Kontrolle durch die rechnungslegende Verwaltungseinheit (*control*) und künftiger Zufluss an wirtschaftlichem Nutzen oder Leistungspotenzial (*future economic benefits or service potential*).[1794] Neben diesen Kriterien muss auch die konkrete Bilanzierungsfähigkeit durch einen wahrscheinlichen künftigen Zufluss an wirtschaftlichem Nutzen oder Leistungspotenzial und eine verlässliche Bewertbarkeit mit Anschaffungs- oder Herstel-

---

1791 Vgl. Bostedt, G./Lundgren, T. (2010), S. 652; Craig, R. et al. (2012), S. 1029.

1792 Vgl. IPSAS 31.16. In den vorliegenden Ausführungen werden nur immaterielle Vermögenswerte betrachtet, die langfristig in der Verwaltungseinheit verbleiben. Es wird nicht auf das Vorratsvermögen abgestellt, wie es bei Software, die für Kunden hergestellt wird, der Fall wäre.

1793 Vgl. IPSAS 31.11. Siehe zu den Bewertungsmöglichkeiten Kapitel 7.3.2.

1794 Vgl. IPSAS 31.18.

lungskosten oder dem *fair value* erfüllt sein, um einen aktivierungspflichtigen immateriellen Vermögenswert zu erhalten.[1795]

Anzusetzende immaterielle Natur- und Kulturgüter (z.B. Verwertungs- und Nutzungsrechte eines UNESCO-Natur- oder Kulturerbes für Münzen, Briefmarken etc.) erfüllen nicht nur die Ansatzkriterien für *intangible assets*, sondern zeichnen sich auch durch ihre Bedeutung im historischen, künstlerischen, religiösen, kulturellen, wissenschaftlichen, technischen, geophysikalischen oder Naturschutz-Sinn aus und werden deshalb durch die öffentliche Hand im öffentlichen Interesse gehalten.

Wieder im Hinblick auf die Entscheidungsrelevanz der präsentierten Abschlussinformationen wird in dieser Arbeit vorgeschlagen, die immateriellen *heritage assets* danach zu unterscheiden und unterschiedlich zu behandeln, ob sie zu einem Zufluss an finanziellen Mitteln führen oder nicht, und damit Auswirkung auf die Finanz- und Ertragslage der Verwaltungseinheit haben.[1796] Diese Unterscheidung greift im Wesentlichen die verlässliche Bewertbarkeit auf, die durch eine in der Zukunft eintretende, monetär messbare Ressourcenzunahme erreicht werden kann. Aus diesem Grund sind immaterielle *heritage assets* in zwei Bereiche zu unterteilen: (1) immaterielle *heritage assets* mit verlässlicher Bewertbarkeit; und (2) immaterielle *heritage assets* ohne verlässliche Bewertbarkeit (keine Bilanzierung).

Unter den ersten Teilbereich fallen z.B. Aufnahmen von historischen Ereignissen, die gegen Gebühren verliehen werden können oder die Vergabe von kostenpflichtigen Lizenzen, die z.B. das Recht einräumen, das Konterfei einer historisch bedeutsamen Person zur Prägung von Gedenkmünzen zu verwenden.[1797]

Für die dem zweiten Teilbereich zuzuordnenden immateriellen *heritage assets* ist ihr Nutzenbeitrag auf ihre besondere Bedeutung, weshalb sie als *heritage asset* gehalten werden, beschränkt, und dieser ist grundsätzlich nicht verlässlich bewertbar, so dass die Ansatzkriterien nicht erfüllt werden, für diese *heritage assets* keine Bilanzierung erfolgt und auch keine weiteren Anhangangaben notwendig sind.[1798] So kann eine Parallele zwischen selbstgeschaffenen Marken im Unternehmensbereich, für die die Kriterien immaterieller Vermögenswerte besonders schwer ermittelbar sind, und z.B. der Auszeichnung einer Stadt als UNESCO-

---

[1795] Vgl. IPSAS 31.26, .28.

[1796] Ähnliche Hinweise finden sich auch in IPSAS 31.14, aber ohne weitere Ausführungen.

[1797] Hierbei handelt es sich um *cash-generating assets*, da die erwerbswirtschaftliche Ausrichtung im Vordergrund steht; vgl. IPSAS 26.14.

[1798] Vgl. IPSAS 31.14-.15.

Weltkulturerbe gezogen werden. Für selbstgeschaffene Marken besteht im privatwirtschaftlichen Unternehmensbereich ein Ansatzverbot (IAS 38.63), da das Kriterium der Identifizierbarkeit und damit die Abgrenzung vom Goodwill und eine eigenständige Bewertung nicht möglich sind.[1799] Für den Titel als UNESCO-Weltkulturerbe ist eine eigenständige Verwertbarkeit (*separability*) und damit eine Identifizierbarkeit nicht gegeben, da dieser Titel nicht an eine andere Stadt veräußert und auch nicht verlässlich bewertet werden kann, so dass ebenfalls ein Ansatzverbot (IPSAS 31.61-.62) greift.[1800]

7.5.3.2 Bewertung

Für die immateriellen *heritage assets*, die gemäß obiger Einteilung verlässlich bewertbar sind (z.B. liegen Anschaffungs- oder Herstellungskosten vor), sind neben den Ansatzkriterien auch die Bewertungsvorschriften für zahlungsmittelgenerierende immaterielle Vermögenswerte (*cash-generating intangible assets*) zu beachten.[1801] Grundsätzlich ist die Zugangsbewertung mit den Anschaffungs- oder Herstellungskosten vorzunehmen. Falls der immaterielle Vermögenswert durch eine Transaktion ohne Gegenleistung, z.B. durch Schenkung, Enteignung etc., erworben wurde, ist er mit dem *fair value* zum Erwerbszeitpunkt anzusetzen.[1802] Falls eine Verwaltungseinheit erstmalig die periodengerechte Erfolgsermittlung auf Basis der IPSAS eingeführt hat, sind die immateriellen Vermögenswerte mit den (fortgeführten) Anschaffungs- oder Herstellungskosten oder dem beizulegenden Zeitwert zum Umstellungszeitpunkt anzusetzen.[1803]

Wie in Kapitel 7.3.2.2 ausgeführt, bietet IPSAS 31.71 für die Folgebewertung immaterieller Vermögenswerte, wie für das Sachanlagevermögen, grundsätzlich ein Wahlrecht zwischen dem *cost model* und dem *revaluation model*, für dessen Inanspruchnahme ein aktiver Markt zwingend vorausgesetzt wird.[1804] Gerade immaterielle *heritage assets* sind durch ihre Einzigartigkeit geprägt, und deshalb kann i.d.R. kein aktiver Markt mit homogenen Gütern vorliegen. Aus diesem Grund wird in der vorliegenden Arbeit vorgeschlagen, für die immateriellen *heritage assets* immer das *cost model* gemäß IPSAS 31.73 anzuwenden. Für das *cost model* muss festgelegt werden, ob der immaterielle Vermögenswert eine bestimmte oder eine unbe-

---

1799 Vgl. Coenenberg, A. G./Haller, A./Schultze, W. (2012), S. 184-185.

1800 Vgl. Coenenberg, A. G./Haller, A./Schultze, W. (2012), S. 185. In diesem Beispiel gilt es zu bedenken, ob nicht auch durch die Vermarktung des UNESCO-Weltkulturerbe-Titels weitere immaterielle Vermögenswerte entstehen können.

1801 Vgl. IPSAS 31.14.

1802 Vgl. IPSAS 31.31.

1803 Vgl. IPSAS 31.130-.131.

1804 Vgl. IPSAS 31.74.

stimmte Nutzungsdauer hat.[1805] Bei einer bestimmten Nutzungsdauer sind planmäßige Abschreibungen (*amortization*) und bei Anzeichen ein Wertminderungstest (*impairment*) nach IPSAS 21/IPSAS 26 vorzunehmen; bei einer unbestimmten Nutzungsdauer gibt es keine planmäßigen Abschreibungen, aber einen jährlichen Wertminderungstest nach IPSAS 21/ IPSAS 26.[1806] Zum *impairment*-Test der hier betrachteten immateriellen *heritage assets* wird auf die Ausführungen zu IPSAS 21 bei nicht-zahlungsmittelgenerierenden Vermögenswerten (siehe Kapitel 7.3.2.2.3.2) und IPSAS 26 bei zahlungsmittelgenerierenden Vermögenswerten (siehe Kapitel 7.3.2.2.3.1) verwiesen.

7.5.3.3 Ausweis und Anhangangaben

Aus der bereits bei den vorherigen Kategorien für Natur- und Kulturgüter vorgenommen Unterteilung der *heritage assets* nach ihrer finanziellen Realisierbarkeit und der damit verbundenen Abgrenzungslogik ergibt sich folgende Regelung. Die immateriellen *heritage assets*, die verlässlich bewertbar sind, sind unter dem realisierbaren Vermögen, das ohne Beeinträchtigung der öffentlichen Aufgabenwahrnehmung zumindest abstrakt veräußert und in finanzielle Ressourcen überführt werden kann, zu erfassen. Ein gesonderter Ausweis von Vermögenswerten, die verkauft werden sollen, wird für den Unternehmensbereich in IFRS 5 geregelt. Für die IPSAS besteht keine vergleichbare Regelung, so dass auch immaterielle *heritage assets*, für die die Verkaufsentscheidung getroffen wurde, nicht separat auszuweisen sind, obwohl dies wünschenswert wäre und deshalb in der vorliegenden Arbeit vorgeschlagen wird. Zu den gemäß IPSAS 31.15 vorgeschriebenen Anhangangaben für immaterielle *heritage assets* vergleiche Kapitel 7.5.1.3. Siehe zu spezifischen Anhangangaben für immaterielle Natur- und Kulturgüter auch Kapitel 7.4.5.

7.5.4 Materielle Natur- und Kulturgüter ohne verlässliche Bewertbarkeit

Andere Natur- und Kulturgüter, die nicht den drei zuvor angesprochenen Kategorien zuzurechnen sind, werden in dieser letzten Gruppe erfasst. Für diese Natur- und Kulturgüter ist ihre Einzigartigkeit die ausschlaggebende Eigenschaft, die sie im historischen, künstlerischen, religiösen, kulturellen, wissenschaftlichen, technischen, geophysikalischen oder Naturschutz-Sinn so bedeutend macht und weshalb die öffentliche Aufgabe der Verwaltungseinheit in deren Unterhalt und Erhaltung für die Allgemeinheit zu sehen ist. SAYCE ET AL. sprechen hierbei auch von „*national treasures*“[1807]. Beispiele sind einzigartige Denkmäler, Monumente oder Naturformationen. Für diese Güter ist eine Wiederbeschaffung unmöglich und aufgrund der

[1805] Vgl. IPSAS 31.87.
[1806] Vgl. IPSAS 31.96, .106-.107.
[1807] Sayce, S. et al. (2009), S. 12.

Einzigartigkeit und individuellen Beschaffenheit fehlen vergleichbare Vermögenswerte und funktionierende Märkte.[1808]

Für die *asset*-Definition ist die abstrakte Bilanzierungsfähigkeit durch den Zufluss des Leistungspotenzials der Natur- und Kulturgüter für die Verwaltungseinheit erfüllt, da die Erhaltung dieser *heritage assets* aufgrund ihrer besonderen Bedeutung im öffentlichen Interesse liegt und somit ein Nutzen für die Allgemeinheit durch die bloße Bewahrung dieser Güter entsteht.

Die konkrete Bilanzierungsfähigkeit kann jedoch nur zum Teil erreicht werden, da zwar der Zufluss des Leistungspotenzials wahrscheinlich ist, die Bewertung hingegen kann aufgrund der Einzigartigkeit nicht verlässlich bestimmt werden und verstößt damit gegen die qualitativen Anforderungen der Rechnungslegung.[1809] Eine Bilanzierung würde die glaubwürdige Darstellung der Vermögenslage der Verwaltungseinheit verhindern und auch keine relevanten Informationen für die Abschlussadressaten bereitstellen. Für diese nicht veräußerbaren und nicht für die operative Verwaltungstätigkeit genutzten bzw. ohne wirtschaftlichen Nutzen gehaltenen Natur- und Kulturgüter ist kein Ansatz in der Vermögensrechnung vorzunehmen und es wird lediglich ein Ausweis im Anhang vorgeschlagen.[1810] Hierbei ist nochmals zu betonen, dass der Ausweis im Anhang mit einer Erweiterung der Anhangangaben nach IPSAS zu den Natur- und Kulturgütern ohne verlässliche Bewertung deshalb in der vorliegenden Arbeit vorgeschlagen wird, da die weiteren Berichtsinstrumente, wie Leistungs- und Wirkungsberichte oder die erläuternde Berichterstattung und die Nachhaltigkeitsberichterstattung gemäß den IPSAS, noch nicht abschließend geregelt sind. Dem Verfasser ist bewusst, dass sich bei diesen Berichtsinstrumenten und der grundsätzlichen Behandlung von allen *heritage assets* – unabhängig von deren Bewertbarkeit – Synergien ergeben können, worauf im Ausblick kurz eingegangen wird (siehe hierzu Kapitel 8.2).

Wie schon SMITH bemerkte, kann für *heritage assets* die Bewertung problematisch, ohne Aussagekraft und dann mit einem fraglichen Nutzen für die Abschlussadressaten verbunden sein, aber an dem hohen Nutzen der Anhangangaben besteht kein Zweifel.[1811] GLAZER/ JAENICKE weisen nochmals darauf hin, dass im Gegensatz zum erwerbswirtschaftlich geprägten Unternehmensbereich im öffentlichen Sektor das im Vermögen gebundene Kapital nicht zur Renditeerzielung eingesetzt wird und deshalb auch keine Rechenschaft über die „Invest-

[1808] Vgl. Sayce, S. et al. (2009), S. 12.
[1809] Siehe hierzu Kapitel 6.5.2.
[1810] Vgl. auch Bergmann, A./Fausch, R. (2007), S. 3.
[1811] Vgl. Smith, P. (2007), S. 25. Siehe auch Kapitel 7.4.5.

ments“ abgelegt werden muss. Die erzielte „Rendite“ (z.B. der Erhalt von Natur- und Kulturgütern als öffentliche Leistung) ist mit den anzuwendenden Rechnungslegungsmethoden nicht oder nur schwer monetär messbar[1812], so dass keine Notwendigkeit besteht, das „Investment“ in den zugrunde liegenden Vermögenswerten zu bewerten und anzusetzen, da hieraus keine relevanten und verlässlichen Informationen gewonnen werden können.[1813]

Anders sieht es bzgl. der Berücksichtigung der Natur- und Kulturgüter in den ergänzenden Berichtsinstrumenten aus, wie Anhang oder Leistungsbericht. Für *heritage assets* gilt: „*Their care, use and condition ought to be reported on for management and accountability purposes outside the government's own financial statements*“[1814]. Durch eine ergänzende Berichterstattung kann über die Unterhalts- und Instandhaltungsaufwendungen für die hier betrachteten Natur- und Kulturgüter Rechenschaft abgelegt und der damit verbundene Ressourceneinsatz gerechtfertigt werden. Das Rechnungswesen und die darauf aufbauende Berichterstattung müssen im öffentlichen Sektor die reine Fokussierung auf monetäre Größen verlassen, um den Rechenschaftspflichten und den Anforderungen der internen Steuerungs- und Entscheidungsunterstützung entsprechen zu können; hierbei ist besonders an den Bereich der Leistungsindikatoren zu denken, mit denen die Outcomes und die Zielerreichung dargestellt werden können.[1815]

Gerade bei den Natur- und Kulturgütern, die nicht bewertbar sind und somit nicht in der Vermögensrechnung einer Verwaltungseinheit angesetzt werden, sind für die Vermögens-, Finanz- und Ergebnisrechnung ergänzende Anhangangaben notwendig. Hierzu ist eine Übersicht aller gehaltenen Natur- und Kulturgüter, auch der nicht bilanzierten, zu geben, um Informationen für die Verwaltung und das Management der Natur- und Kulturgüter (z.B. Anzahl und Zustand der Vermögenswerte, deren Nutzen für die Allgemeinheit, gegenwärtige und geplante Restaurationsvorhaben etc.) bereitzustellen und um auch die Aufwendungen für Natur- und Kulturgüter rechtfertigen zu können. Siehe zu spezifischen Anhangangaben für Natur- und Kulturgüter auch Kapitel 7.4.5.

1812 Siehe zur monetären Messung des Nutzens und der Präferenzen Kapitel 7.4.3.4. Die Methoden werden für Rechnungslegungszwecke abgelehnt; vgl. Carnegie, G. D./Wolnizer, P. W. (1997a), S. 47-49. Siehe auch die Debatte zwischen Micallef, F./Peirson, G. (1997), S. 31-37 und Carnegie, G. D./Wolnizer, P. W. (1999), S. 19.

1813 Vgl. Glazer, A. S./Jaenicke, H. R. (1991), S. 43.

1814 Barton, A. D. (2000), S. 234. Vgl. auch Barton, A. D. (2005), S. 438.

1815 Vgl. Carnegie, G. D./West, B. P. (2005), S. 914-918, 924; Stanton, P. J./Stanton, P. A. (1997), S. 1003; Walker, R. G. (2002), S. 53. Siehe hierzu Kapitel 5.4.3.2 zur Leistungs- und Wirkungsberichterstattung nach IPSAS.

7.5.5 Abschließender Überblick

Die Ergebnisse zur Bilanzierung von Natur- und Kulturgütern werden in dem folgenden Kapitel zusammengefasst und exemplarisch auf ihre Übertragbarkeit auf die nationale kommunale Ebene überprüft.

7.5.5.1 Zusammenfassung

Basierend auf der in Kapitel 7.4.1 vorgestellten Kategorisierung der materiellen und immateriellen Natur- und Kulturgüter wird in der folgenden Abbildung 27 die vorgeschlagene Bilanzierung der *heritage assets* auf Basis der IPSAS zusammengefasst. Diese Kategorisierung ermöglicht es, dass die Vorschriften der IPSAS so weit wie möglich auf die Bilanzierung der Natur- und Kulturgüter angewendet werden.

Die hierbei betrachteten Natur- und Kulturgüter erfüllen jeweils die Anforderungen an die abstrakte Bilanzierungsfähigkeit, da sie in der Verfügungsmacht der öffentlichen Einheit stehen, aus vergangenen Ereignissen resultieren und zu einem künftigen Zufluss an wirtschaftlichen Nutzen oder Leistungspotenzial führen. Zumindest das Leistungspotenzial ist für Natur- und Kulturgüter immer gegeben, da diese gemäß der Definition der *heritage assets* von der Verwaltungseinheit gehalten und im öffentlichen Interesse erhalten werden, woraus sich immer ein Nutzen für die Allgemeinheit ergibt und dem öffentlichen Erhaltungsauftrag entsprochen werden kann. Die konkrete Bilanzierungsfähigkeit ist aufgrund der Bewertungsproblematik nicht für alle Natur- und Kulturgüter gegeben und wird entsprechend in der Kategorisierung berücksichtigt.

Die erarbeiteten Vorschläge zur Kategorisierung und Bilanzierung der Natur- und Kulturgüter können – wie oben gezeigt wurde – in das bestehende System der IPSAS integriert werden, so dass kein eigener Standard zur Behandlung der *heritage assets* notwendig ist und Redundanzen vermieden werden können. Zusätzlich sind die gemachten Empfehlungen auch als Anregungen zur bilanziellen Beachtung und Abbildung der Natur- und Kulturgüter in anderen nationalen Normensystemen für die Rechnungslegung im öffentlichen Sektor geeignet.

Die Vorteile der vorgeschlagenen Bilanzierungsvorschriften für Natur- und Kulturgüter liegen u.a. darin, dass durch die vorgenommene Kategorisierung die Natur- und Kulturgüter anhand von Gemeinsamkeiten unterteilt werden, die Heterogenität der *heritage assets*, die bei der Erfassung in einer Gesamtgruppe „*Heritage assets*“ auftritt, somit gelöst wird, da eine Unterteilung in „homogenere“ Teilgruppen erfolgt, und für jede Teilgruppe unterschiedliche Bewertungsmaßstäbe berücksichtigt werden können, die zu einer verlässlichen und relevanten Darstellung der Vermögenslage der Verwaltungseinheit beitragen.

Materielle Natur- und Kulturgüter, die veräußerbar sind

Erstbewertung:
- Anschaffungs- oder Herstellungskosten (alternativ: beizulegender Zeitwert)

Folgebewertung:
- Neubewertungsmethode, ohne planmäßige Abschreibungen (Marktwerte, Vergleichswerte, Sachverständigenschätzungen oder Wertmaßstäbe des IPSAS 21 (abgeschriebene Wiederbeschaffungskosten-, Instandsetzungskosten- oder Serviceeinheitenansatz)
- Kein Wertminderungstest gemäß IPSAS 26.2 (e)

Anhangangaben

Materielle Natur- und Kulturgüter, die nicht veräußerbar sind, aber zusätzlich einen wirtschaftlichen Nutzen bieten

Erstbewertung:
- Anschaffungs- oder Herstellungskosten (alternativ: beizulegender Zeitwert)

Folgebewertung:
- Anschaffungskostenmethode, ohne planmäßige Abschreibungen
- Wertminderungstest gemäß IPSAS 21 oder IPSAS 26

Anhangangaben

Immaterielle Natur- und Kulturgüter

Erstbewertung:
- Anschaffungs- oder Herstellungskosten (alternativ: beizulegender Zeitwert)

Folgebewertung:
- Anschaffungskostenmethode
- Wertminderungstest gemäß IPSAS 21 oder IPSAS 26

Anhangangaben

Materielle Natur- und Kulturgüter ohne verlässliche Bewertbarkeit

Kein Ansatz
Anhangangaben zu Rechenschafts- und Informationszwecken

Abbildung 27: Vorgeschlagene Bilanzierung von Natur- und Kulturgütern nach IPSAS[1816]

So wird eine Unterteilung in materielle und immaterielle Natur- und Kulturgüter vorgenommen, wie es bereits durch die Hinweise des IPSASB in IPSAS 17.9-.12 und IPSAS 31.11-.15 zwar angeregt, aber noch nicht detailliert geregelt wurde. Zusätzlich werden die relevanten IPSAS so weit wie möglich in den einzelnen Gruppen der *heritage assets* beachtet und an den vorhandenen Bewertungsmaßstäben ausgerichtet. So wird u.a. durch die Bewertung mit beizulegenden Zeitwerten dem in Kapitel 6.8.2 vorgeschlagenen leistungswirtschaftlichen Kapitalerhaltungsansatz entsprochen und die Möglichkeiten des vom IPSASB gewährten *mixed measurement model* werden sinnvoll genutzt.

[1816] Quelle: Eigene Darstellung.

Gleichzeitig wird auch die vorgeschlagene Vermögensunterteilung (Kapitel 6.9.2 und 7.4.4) in Verwaltungs- und realisierbares Vermögen aufgegriffen, um entscheidungsrelevante Informationen u.a. im Hinblick auf das Schuldendeckungspotenzial bereitzustellen.

Abschließend werden auch umfangreiche Anhangangaben für Natur- und Kulturgüter dargestellt, die die Rechenschaft und Informationsbedürfnisse der Adressaten über den Ressourceneinsatz für *heritage assets* erfüllen und gleichzeitig auch eine Möglichkeit bieten, die Leistungen und den Nutzen der Natur- und Kulturgüter für die Allgemeinheit zu verdeutlichen. Hierbei ist aber auch eine Kosten-Nutzen-Abwägung[1817] vorzunehmen, um den qualitativen Anforderungen an die Berichterstattung und den Informationsbedürfnissen der Adressaten zu entsprechen.

7.5.5.2 Übertragbarkeit auf nationale Gegebenheiten

Wie in Kapitel 5.3.3 beschrieben, können die IPSAS-Regelungen als Ideenpool für die nationale öffentliche Rechnungslegung dienen und zu einer Harmonisierung beitragen. In Tabelle 10 werden die Regelungen zur Bilanzierung der Natur- und Kulturgüter auf der nationalen Kommunalebene mit den Vorschlägen zur Behandlung der *heritage assets* im Rahmen der IPSAS verglichen und es wird gezeigt, ob die erarbeiteten Vorschläge auf die jeweilige kommunale Rechnungslegung übertragen werden können oder nicht. Die Anwendbarkeit der Kategorisierungs- und Bilanzierungsvorschläge nach IPSAS ist dann gegeben, wenn vergleichbare Regelungen und Bewertungsvorschläge für die jeweilige kommunale Rechnungslegung vorliegen bzw. wenn teilweise die anzuwendenden Bewertungsmaßstäbe zwischen den kommunalen Vorschriften und den erarbeiteten Vorschlägen für die IPSAS-Rechnungslegung übereinstimmen. Zum Vergleich werden die kommunalen Bewertungsvorschriften bzw. die Haushaltsverordnungen auf Basis der Doppik verwendet.

Bundesland	**Bilanzierung von materiellen Natur- und Kulturgütern**	**Bilanzierung von immateriellen Natur- und Kulturgütern** (Rückgriff auf die Regelungen für immaterielle Werte, da immaterielle *heritage assets* nicht explizit geregelt)	**Anwendbarkeit** der erarbeiteten Kategorisierungs- und Bilanzierungsvorschläge	
			materiell	**immateriell**
Baden-Württemberg	EB: AHK (alternativ: Versicherungs-, Schätz- oder Erinnerungswerte) FB: keine planmäßige Abschreibung, aber Wertminderung (BW-Leitfaden (2011), Pkt. 3.2.8)	EB: AHK FB: Abschreibung + Wertminderung (BW-Leitfaden (2011), Pkt. 3.1)	#	+

[1817] Siehe Kapitel 6.5.2.

Bundesland	Bilanzierung von materiellen Natur- und Kulturgütern	Bilanzierung von immateriellen Natur- und Kulturgütern (Rückgriff auf die Regelungen für immaterielle Werte, da immaterielle *heritage assets* nicht explizit geregelt)	**Anwendbarkeit** der erarbeiteten Kategorisierungs- und Bilanzierungsvorschläge	
			materiell	**immateriell**
Bayern	EB: AHK (alternativ: Versicherungs-, Vergleichs- oder Erinnerungswerte) FB: keine planmäßige Abschreibung, aber Wertminderung (BY-BewertR (2008), Tz. 7.2.6)	EB: AHK FB: Abschreibung + Wertminderung (BY-BewertR (2008), Tz. 7.2.1)	#	+
Brandenburg	EB: grundsätzlich Erinnerungswerte (AHK, falls bekannt) FB: grundsätzlich keine Abschreibung (BewertL-BB (2009), Tz. 5.11)	EB: AHK (alternativ: Zeitwert) FB: Abschreibung + Wertminderung (BewertL-BB (2009), Tz. 3.1.1, 5.7)	– (#, falls AHK)	+
Hessen	EB: AHK (alternativ: Versicherungs- oder Schätzwerte) FB: keine planmäßige Abschreibung, aber Wertminderung (§§ 41, 43 HE-GemHVO; Hinweise zu § 59 HE-GemHVO, Tz. 9.3)	EB: AHK FB: Abschreibung + Wertminderung (§ 41, 43 HE-GemHVO)	#	+
Mecklenburg-Vorpommern	EB: AHK (alternativ: Versicherungswerte; Erinnerungswerte + Aktivierung angefallener Sanierungskosten nach dem 01.07.1990) FB: grundsätzlich keine Abschreibung, aber Wertminderung (NKHR-MV (2008a), Tz. 7.2.5; NKHR-MV (2008b), Tz. 6)	EB: AHK FB: Abschreibung + Wertminderung (NKHR-MV (2008a), Tz. 7.2.1)	#	+
Niedersachsen	Keine gesonderten Regelungen. EB: Wenn Trennung in realisierbares und Verwaltungsvermögen, Veräußerungswerte und AHK FB: keine planmäßige Abschreibung, aber Wertminderung (§ 45, 47 NI-GemHKVO)	EB: AHK FB: Abschreibung + Wertminderung (§ 45, 47 NI-GemHKVO)	+	+
Nordrhein-Westfalen	EB: Versicherungs- oder Erinnerungswerte FB: Wertminderung (§§ 33, 55 GemHVO NRW)	EB: AHK FB: Abschreibung + Wertminderung (§§ 33, 35, 43 GemHVO NRW)	–	+
Rheinland-Pfalz	EB: AHK, Vergleichs-, Erfahrungs-, Versicherungs- oder Erinnerungswerte FB: keine planmäßige Abschreibung, aber Wertminderung (§§ 34-35 RP-GemHVO; § 3 GemEBilBewVO)	EB: AHK FB: Abschreibung + Wertminderung (§§ 34-35 RP-GemHVO; § 2 GemEBilBewVO)	#	+

Bundesland	Bilanzierung von materiellen Natur- und Kulturgütern	Bilanzierung von immateriellen Natur- und Kulturgütern (Rückgriff auf die Regelungen für immaterielle Werte, da immaterielle *heritage assets* nicht explizit geregelt)	Anwendbarkeit der erarbeiteten Kategorisierungs- und Bilanzierungsvorschläge	
			materiell	**immateriell**
Saarland	EB: AHK (alternativ: Vergleichs-, Erfahrungs-, oder Versicherungswerte) FB: keine planmäßige Abschreibung, aber Wertminderung (§§ 35-36 KommHVO; § 8 EröffBilSoRL)	EB: AHK FB: Abschreibung + Wertminderung (§§ 35-36 KommHVO)	#	+
Sachsen	EB: AHK (alternativ: Vergleichs-, Erfahrungs-, Versicherungswerte; Erinnerungswerte + Aktivierung angefallener Sanierungskosten nach dem 01.07.1990) FB: grundsätzlich keine Abschreibung, aber Wertminderung (§§ 38, 44 SächsKomHVO-Doppik; SN-BewertR (2008), Tz. 6.2.6)	EB: AHK FB: Abschreibung + Wertminderung (§§ 38, 44 SächsKomHVO-Doppik; SN-BewertR (2008), Tz. 6.2.1)	#	+
Sachsen-Anhalt	EB: AHK (alternativ: Versicherungs- oder Erinnerungswerte) FB: grundsätzlich keine Abschreibung, aber Wertminderung (§§ 38, 40 ST-GemHVO Doppik; ST-BewertRL (2012), Tz. 5.7)	EB: AHK FB: Abschreibung + Wertminderung (§§ 38, 40 ST-GemHVO Doppik; ST-BewertRL (2012), Tz. 4.1, 5.1)	#	+
Schleswig-Holstein	Keine gesonderten Regelungen. EB: AHK FB: grundsätzlich keine Abschreibung, aber Wertminderung (§§ 41, 43 SH-GemHVO-Doppik)	EB: AHK FB: Abschreibung + Wertminderung (§§ 41, 43 SH-GemHVO-Doppik)	#	+
Thüringen	EB: AHK, Vergleichs-, Versicherungs- oder Erinnerungswerte FB: grundsätzlich keine Abschreibung, aber Wertminderung (§§ 36-37 ThürGemHV-Doppik; §§ 13-14 ThürGemBV)	EB: AHK FB: Abschreibung + Wertminderung (§§ 36-37 ThürGemHV-Doppik; § 4 ThürGemBV)	#	+
EB = Erstbewertung, FB = Folgebewertung, + = ja, – = nein, # = teilweise				

Tabelle 10: Bilanzierungsregeln zu heritage assets auf der kommunalen Ebene in Deutschland[1818]

Die Übertragbarkeit der für die IPSAS vorgeschlagenen bilanziellen Behandlung der Natur- und Kulturgüter ist auf die nationalen Kommunen nur teilweise gegeben, da in der kommunalen Rechnungslegung in Deutschland kein Ansatz zu Zeitwerten möglich ist, wie es die

1818 Quelle: Eigene Darstellung.

IPSAS im Zuge der Neubewertungsmethode zulassen. Für die kommunale Rechnungslegung in Niedersachsen sind die Vorschläge bei entsprechender Ausgestaltung anwendbar, da Zeitwerte (Veräußerungswerte) zulässig sind und auch ein getrennter Ausweis von Verwaltungsvermögen und realisierbarem Vermögen in der Vermögensrechnung vorgenommen werden kann (§ 54 Abs. 3 NI-GemHKVO).

8. Schlussbetrachtung

Die Arbeit schließt mit einer Zusammenfassung der Ergebnisse und einem Ausblick auf aktuelle Entwicklungsbereiche des öffentlichen Haushalts- und Rechnungswesens.

8.1 Zusammenfassung

Die Ende der 1970er Jahre einsetzende New Public Management-Bewegung (NPM) löste den bis dahin in westlichen Industriestaaten vorherrschenden Bürokratismus ab. Gründe hierfür sind, dass die durch den Ölpreisschock hervorgerufene Wirtschaftskrise zu steigenden Arbeitslosenzahlen, sinkenden Steuereinnahmen sowie erhöhten Sozialausgaben führte, die zusammen die Staatsfinanzierung auf das Äußerste belasteten und ein Umdenken im Umgang mit den knapper werdenden Ressourcen erforderten. Zusätzlich zu dieser ökonomischen Krise verstärkte die Globalisierung den Standortwettbewerb der Staaten, setzte bei den Bürgern eine Bürokratie- und Politikverdrossenheit ein und die Gesellschaft wandelte sich zum Individualismus.

Gründe für die offensichtlich werdenden Ineffizienzen im öffentlichen Sektor sind die starren Strukturen des Bürokratismus (starke Reglementierung und Standardisierung der vorgeschriebenen und strikt budgetierten Leistungserbringung i.V.m. Rechtsvollzug und einheitlicher Rechtsanwendung), die ohne regulierende Marktkräfte bereitgestellten öffentlichen Güter, der fehlende kausale Zusammenhang zwischen Nutzer und Zahler öffentlicher Leistungen, die vielen Einflussfaktoren (wie Wähler, Parteien, Politiker, Verwaltungs- und Kontrollorgane und Lobbygruppen) auf die Bestimmung des Leistungsprogramms und dessen Finanzierung, und die mangelnde Eignung des kameralistischen Rechnungsstils.

Das NPM ist ein genereller Leitbegriff für die Reform von Staat und Verwaltung, unter dem eine Vielzahl an Reformbereichen und Entwicklungstendenzen subsumiert werden kann. Diese zeichnen sich allesamt durch eine ökonomische Denkweise unter Berücksichtigung der Wirkungsweise des Wettbewerbs und die Übertragung privatwirtschaftlicher Managementmethoden auf den öffentlichen Sektor aus, um das Verwaltungshandeln effizienter und effektiver ausgestalten zu können.

Ein Teilbereich des NPM ist die Ablösung des kameralistischen Rechnungsstils durch die doppelte Buchführung in Konten (Doppik), die sich im Unternehmensbereich bewährt hat und den benötigten Transparenzanforderungen entspricht. Hierbei gilt, dass die durch die Doppik gewonnenen Informationen als Datenbasis angesehen werden können und als Grundlage einer integrierten Verbundrechnung aus Vermögens-, Finanz- und Ergebnisrechnung i.V.m. einer

Kosten- und Leistungsrechnung zur Darstellung finanz-, erfolgs- und leistungswirtschaftlicher Zielgrößen (zur Beurteilung von Liquidität, Effizienz und (Kosten-)Wirtschaftlichkeit) dienen. Um die im Steuerungskreislauf des 3-Ebenen-Konzepts ebenfalls betrachtete Effektivität des Verwaltungshandelns und den damit verbundenen Zielerreichungsgrad ermitteln zu können und eine Rückkopplung auf die politische Zielsetzung und das sich daraus ergebende Aufgabenprogramm der Verwaltungen zu erhalten, sind zusätzlich eine Leistungsberichterstattung und Wirkungsrechnung und hiermit verbundene Steuerungsinstrumente zu etablieren. Die Globalisierung hat über das NPM nicht nur Auswirkung auf die Reform des Rechnungsstils, sondern auch auf die Internationalisierungsbestrebungen der Rechnungslegungsnormen im Unternehmensbereich (z.B. durch die IAS-Verordnung) und im öffentlichen Sektor. Wie der Privatsektor ist auch der öffentliche Bereich durch internationale Länderverbünde und -kooperationen (wie UN, NATO oder die OECD) und regionale wirtschaftliche und politische Zusammenschlüsse von Ländern (wie z.B. die EU) geprägt, die international vergleichbare gesellschaftliche Leistungsmaße benötigen. Hierbei spielt das International Public Sector Accounting Standards Board (IPSASB) eine wichtige Rolle, da es sich zur Aufgabe gemacht hat, qualitativ hochwertige Rechnungslegungsstandards für den öffentlichen Sektor (International Public Sector Accounting Standards; IPSAS) zu entwickeln, durch deren Akzeptanz die Konvergenz internationaler und nationaler Standards erleichtert und somit eine weltweit vereinheitlichte Berichterstattung im öffentlichen Sektor ermöglicht werden soll. Des Weiteren erlangen die IPSAS an Bedeutung, da z.B. Entwicklungsländer nur dann von der Weltbank und dem Internationalen Währungsfonds finanziell unterstützt werden, wenn diese Staaten ihre eigene Rechnungslegung auf Basis der IPSAS erstellen und damit eine transparente Rechenschaft über die Mittelverwendung ablegen können.

Die IPSAS basieren, soweit wie möglich, auf den vom IASB für den privatwirtschaftlichen Unternehmensbereich entwickelten IFRS und werden, falls nötig, an die Besonderheiten des öffentlichen Sektors angepasst. Zusätzlich sind eigenständige IPSAS für Sachverhalte zu entwickeln, die im Unternehmensbereich nicht auftreten und deshalb auch nicht durch die IFRS geregelt sind (z.B. erhobene Steuern, soziale Leistungsverpflichtungen). Für neu zu konzipierende IPSAS und auch bestehende Regelungslücken bedarf es eines noch zu erarbeitenden, eigenständigen und auf die öffentlichen Zwecke ausgerichteten Rahmenkonzeptes (momentan ist für die IPSAS noch auf das IASB-Framework zurückzugreifen), das die grundlegenden Konzepte und Prinzipien der IPSAS enthält. Hierzu hat das IPSASB im Jahr 2006 die Entwicklung eines eigenständigen Framework in den Projektplan unter dem Namen „*Public Sector Conceptual Framework*“ aufgenommen und sieht vor, diese Projekt bis März 2014 abzuschließen. Das IPSASB-Framework-Projekt ist in vier Phasen unterteilt: Phase 1 (Rolle, Geltungs- und Anwendungsbereich; Zielsetzung und Adressaten; qualitative Anforderungen; berichterstattende Einheit) wurde bereits finalisiert, zur Phase 2 (Abschlussposten, Ansatz- und Realisationsgrundsätze), Phase 3 (Bewertungsgrundsätze) und Phase 4 (Ausweis) wurden Exposure Drafts veröffentlicht.

Ein gemeinsames Rahmenkonzept ist für den Regelungsbereich des IASB und IPSASB aufgrund bestehender Unterschiede nicht möglich oder kann nur auf einer sehr hohen Abstraktionsebene (mit entsprechenden Anwendungsproblemen in der Auslegung oder notwendigen weiterführenden Untergliederungen) erreicht werden. Da sich der Zweck und die grundlegende Struktur eines Framework im privatwirtschaftlichen Unternehmensbereich als auch im öffentlichen Sektor gleichen, ergeben sich im Aufbau und bei den Bestandteilen eines Rahmenkonzeptes Gemeinsamkeiten. Es bestehen jedoch notwendigerweise Unterschiede im Detail, die durch die Besonderheiten des öffentlichen Sektors zu erklären sind.

Erste Unterschiede treten im Anwendungsbereich (*scope*) auf, der im IPSASB-Framework neben der Vermögens- und Schuldendarstellung, der Erfassung der vorgefallenen Transaktionen und deren Auswirkungen auf die Vermögens-, Finanz- und Ertragslage (wie auch im IASB-Framework) zusätzlich die Einhaltung der gesetzlichen Vorschriften zu den Budgetvorgaben und zur Rechenschaft, die Dokumentation der Leistungsfähigkeit der öffentlichen Einheit und des Zielerreichungsgrades zur Beurteilung der (Kosten-)Wirtschaftlichkeit, Effizienz und Effektivität des Verwaltungshandelns und eine Abschätzung der zukünftigen Leistungserbringung und der dafür benötigten Ressourcen beinhaltet.

Die Zielsetzung (*objective*) der als Mehrzweckabschluss ausgestalteten Berichterstattung (GPFR) öffentlicher Verwaltungen umfasst die Informationsbereitstellung zur Entscheidungsfindung (*decision-making purposes*) und Rechenschaft (*accountability purposes*) (beide Ziele sind gleichwertig). Begründet wird dies durch den im öffentlichen Sektor weiter gefassten Adressatenkreis (Leistungsempfänger inklusive deren Repräsentanten und Ressourcengeber einschließlich deren Interessenvertreter) und den damit verbundenen umfangreicheren Informationsbedürfnissen.

Im Sinne des IPSASB ist eine berichterstattende Einheit (*reporting entity*) eine Verwaltungseinheit oder sonstige Organisation des öffentlichen Sektors, ein Programm oder eine identifizierbare Aktivität, die ein GPFR für ihre Abschlussadressaten erstellt (wegen nationaler Spezifika werden nur Hauptkriterien genannt, die auf nationaler Ebene zu konkretisieren sind).

Hinweise auf existierende Abschlussadressaten und damit auf die Notwendigkeit zur Erstellung von GPFR liegen vor, wenn die Verwaltungseinheit verantwortlich oder befähigt ist, öffentliche Abgaben zu erheben oder die Mittel einzusetzen, das öffentliche Vermögen zu verwalten, Schulden zu begehen und öffentliche Güter und Dienstleistungen zu erbringen. Das IPSASB berücksichtigt im Rahmenkonzept ebenfalls Kriterien für eine *group reporting entity*, die sich durch die Erstellung des GPFR und eine zusätzliche Beherrschung (das *control*-Kriterium wird bewusst nicht verwendet, um Übersetzungsprobleme zu verhindern) auszeichnet, indem diese Einheit die Befugnis und die Fähigkeit hat, den Aufgabenbereich einer anderen Einheit zu bestimmen oder die Geschäftspolitik zu diktieren und aus diesen Tätigkeiten in finanzieller oder sonstiger Art zu profitieren, oder sie hat die Verpflichtung, finanzielle und sonstige Lasten und Verluste, die aus der Tätigkeit der anderen Einheit resultieren, zu tragen. Zusätzlich erfolgt auf der Standardebene der IPSAS die detailliertere Regelung zu Konsolidierungssachverhalten.

Damit die Zielsetzung der Berichterstattung erreicht werden kann, müssen die gewährten Informationen qualitative Anforderungen (*qualitative characteristics*) erfüllen, die sich im IASB- und IPSASB-Framework (Relevanz (*relevance*), glaubwürdige Darstellung (*faithful representation*), Verständlichkeit (*understandability*), Zeitnähe (*timeliness*), Vergleichbarkeit (*comparability*) und Nachprüfbarkeit (*verifiability*)) größtenteils entsprechen. Unterschiede ergeben sich aus der fehlenden Hierarchie der qualitativen Anforderungen im IPSASB-Framework, weshalb als Beschränkungen nicht nur durch das Kosten-Kriterium (*cost-benefit*), sondern auch die Wesentlichkeit (*materiality*) und die Abwägung der qualitativen Anforderungen (*balance between the qualitative characteristics*) verwendet werden.

Zusätzliche Differenzen bestehen bei den Abschlussposten (*elements*) und deren Definitionen, da das IPSASB für den öffentlichen Sektor folgende, relevante und spezifische Abschlussposten identifiziert hat, die zum Teil vom IASB übernommen und angepasst wurden bzw. auch neu definiert wurden: Vermögenswerte (*assets*), Schulden (*liabilities*), Erträge (*revenue*), Aufwendungen (*expenses*), aufgeschobene Zuflüsse (*deferred inflows*), aufgeschobene Abflüsse (*deferred outflows*), Eigentümerbeiträge (*ownership contributions*), Eigentümerentnahmen (*ownership distributions*).

Eine grundsätzliche Vergleichbarkeit besteht im Bereich der behandelten Wertmaßstäbe (*measurement*). Das IASB bzw. das IPSASB sprechen von historischen Kosten (*historical cost*) (IASB und IPSASB), vom Tageswert (*current cost*) (IASB) bzw. von Wiederbeschaffungskosten (*replacement cost*) (IPSASB), vom Nettoveräußerungswert (*net realizable value*) (IASB) bzw. vom Nettoveräußerungspreis (*net selling price*) (IPSASB), vom beizulegenden Zeitwert (*fair value*) (IASB) bzw. vom Marktwert (*market value*) (IPSASB) und vom Nutzungswert (*value in use*) (IASB und IPSASB). Für *liabilities* verwendet das IPSASB zusätzlich die Ablösungskosten (*cost of release*), den Übernahmewert (*assumption price*) und den Erfüllungsbetrag (*cost of fulfillment*).

In Bezug auf das Kapitalerhaltungskonzept (*concepts of capital and capital maintenance*) legen sich weder das IASB-Framework (sowohl das Konzept der finanzwirtschaftlichen Kapitalerhaltung als auch das Konzept der leistungswirtschaftlichen Kapitalerhaltung wird erwähnt) noch das IPSASB-Framework (allerdings ist Entwicklungsprojekt noch nicht beendet) fest. In der vorliegenden Arbeit wird für den öffentlichen Sektor ein leistungswirtschaftlicher Kapitalerhaltungsansatz vorgeschlagen, da so der intergenerativen bzw. interperiodischen Gerechtigkeit und dem Erhalt der Ressourcen der Verwaltungseinheit für künftige Generationen am besten entsprochen werden kann.

Neben den angesprochenen Bestandteilen eines Rahmenkonzeptes ist auch auf Fragen des Ausweises und der Präsentation (*presentation*) der Informationen anzugehen, was jedoch im IASB-Framework nicht passiert ist. Für das IPSASB-Framework sind allerdings grundsätzliche Aussagen vorgesehen, wie die darzustellenden Informationen auszuwählen (*information selection*), an welchem Ort die Informationen zu präsentieren (*information location*) und wie die Informationen zu organisieren (*information organization*) sind.

Ein Framework ist die Grundlage eines in sich stimmigen und einheitlichen Normensystems, dient der Entwicklung neuer Standards und ist bei Regelungslücken heranzuziehen. In den IPSAS bestehen keine detaillierte Vorgaben zur Bilanzierung von Natur- und Kulturgüter (*heritage assets*). Da diese Güter eine Besonderheit des öffentlichen Sektors darstellen, für die es keine Referenz im privatwirtschaftlichen Unternehmensbereich gibt und somit keine Anlehnung an bestehende Vorschriften möglich ist, diese Güter im öffentlichen Sektor jedoch eine große Bedeutung haben können, wird in der vorliegenden Arbeit die bestehende Regelungslücke der IPSAS geschlossen, indem eine Kategorisierung und an den Eigenschaften der Natur- und Kulturgüter ausgerichtete Bilanzierungsvorschriften entwickelt werden.

Für die vorliegende Arbeit werden Natur- und Kulturgüter (*heritage assets*) als materielle und immaterielle Güter mit historischen, künstlerischen, religiösen, kulturellen, wissenschaftlichen, technischen, geophysikalischen oder für die Natur bedeutsamen Eigenschaften definiert, die von der öffentlichen Hand oder einer anderen kulturfördernden Einrichtung hauptsächlich im öffentlichen Interesse gehalten und erhalten werden. Hinweise auf die Einzigartigkeit, besondere Bedeutung und damit auf die Erhaltungswürdigkeit der hier betrachteten Natur- und Kulturgüter können aus dem Natur- und Denkmalschutz abgeleitet werden, bei Kunstwerken sind Werke anerkannter Meister zu berücksichtigen.

Die in der Arbeit vorgeschlagene Kategorisierung der *heritage assets* orientiert sich an der Bewertbarkeit der *heritage assets*, da dieses Kriterium wesentlich für den Ansatz in der öffentlichen Vermögensrechnung ist und bei Natur- und Kulturgütern eine verlässliche Wertfindung schwierig bzw. unmöglich sein kann.

Unter die Kategorie „Materielle Natur- und Kulturgüter, die veräußerbar sind“ fallen materielle Natur- und Kulturgüter, die zwar auch zu erhalten sind, aber deren Verkauf durch Gesetze, Statuten oder sonstige Regelungen nicht ausgeschlossen ist, durch die Verwaltungsführung auch nicht ausgeschlossen wird und für die ein aktiver Markt existiert. Als Beispiele sind hierunter Kunstwerke, aber auch Sammlungsgegenstände (z.B. Fossilien) und Naturgüter (z.B. Verkauf von unter Naturschutz stehenden Flächen, wobei die Naturschutzauflagen weiterhin gewahrt werden müssen) zu subsumieren. Die Erstbewertung erfolgt gemäß IPSAS 17.26 grundsätzlich zu Anschaffungs- oder Herstellungskosten (alternativ: beizulegender Zeitwert). Damit dem leistungswirtschaftlichen Kapitalerhaltungsansatz entsprochen werden kann, sollte gemäß dem erarbeiteten Vorschlag zur Folgebewertung das Neubewertungsmodell verwendet werden. Zur Wertermittlung dienen hierbei Marktwerte, Vergleichswerte, Schätzungen von Sachverständigen oder die Wertmaßstäbe des IPSAS 21 (abgeschriebene Wiederbeschaffungskosten-, Instandsetzungskosten- oder Serviceeinheitenansatz). Der Erhaltungsauftrag der Natur- und Kulturgüter erfordert definitionsgemäß keine planmäßigen Abschreibungen. Ein zusätzlicher *impairment*-Test ist gemäß IPSAS 26.2 (e) nicht vorzunehmen, da gemäß den IPSASB-Regelungen eine Neubewertung in regelmäßigen Abständen ausreicht, um Wertminderungen zu erfassen. Zusätzlich sollten spezifische Anhangangaben gewährt werden, die sich aufgrund der Rechenschafts- und Informationsfunktion u.a. mit den Erhaltungsmaßnahmen, den verbundenen Kosten, der Finanzierung und der Leistung der Natur- und Kulturgüter für die Allgemeinheit befassen.

In die nächste Kategorie „Materielle Natur- und Kulturgüter, die nicht veräußerbar sind, aber zusätzlich einen wirtschaftlichen Nutzen bieten“ fällt z.B. ein historisches Baudenkmal, das als Verwaltungsgebäude genutzt werden kann, und somit Mietaufwendungen vermieden werden, oder ein wirtschaftlicher Nutzen eines Baudenkmals wird über Eintrittsgelder generiert. Hierbei ist kennzeichnend, dass einerseits die Veräußerbarkeit dieser *heritage assets* durch Gesetze, Statuten oder sonstige Regelungen ausgeschlossen ist und auch kein aktiver Markt besteht, sich aber andererseits neben dem Hauptzweck zur Erhaltung im öffentlichen Interesse auch ein wirtschaftlicher Nutzen für die Verwaltungseinheit ergibt. IPSAS 17.11 sieht für diese *heritage assets* gegenwärtig eine Behandlung wie das „reguläre" Sachanlagevermögen vor. Gemäß des in der Arbeit entwickelten Vorschlags wird die Erstbewertung in Höhe der Anschaffungs- oder Herstellungskosten (alternativ: beizulegender Zeitwert) vorgenommen. Zur Folgebewertung sollte die Anschaffungskostenmethode verwendet werden, jedoch ohne planmäßige Abschreibungen. Ein eventueller außerplanmäßiger Abschreibungsbedarf sollte bei Anzeichen mittels des Wertminderungstests gemäß IPSAS 21 oder IPSAS 26 ermittelt werden. Des Weiteren sollten die für Natur- und Kulturgüter spezifischen Anhangangaben bereitgestellt werden.

In einer weiteren Kategorie zeichnen sich die anzusetzenden immateriellen Natur- und Kulturgüter durch eine verlässliche Bewertbarkeit aus und umfassen z.B. Verwertungs- und Nutzungsrechte eines UNESCO-Natur- oder Kulturerbes für Sammlermünzen, Briefmarken etc. oder den Mitschnitt historischer Ereignisse. Für die Erstbewertung sind die Anschaffungs- oder Herstellungskosten (alternativ: beizulegender Zeitwert) der anzuwendende Wertmaßstab. Da aufgrund der Einzigartigkeit kein aktiver Markt für diese immateriellen Natur- und Kulturgüter besteht, scheidet für die Folgebewertung die Neubewertungsmethode aus und dem Vorschlag entsprechend sollte die Anschaffungskostenmethode zugrunde gelegt werden. Zusätzlich sollte bei bestehenden Anzeichen ein Wertminderungstest gemäß IPSAS 21 oder IPSAS 26 erfolgen. Ergänzende Anhangangaben runden die gewährten Informationen zu immateriellen Natur- und Kulturgütern ab.

Die letzte Kategorie „Materielle Natur- und Kulturgüter ohne verlässliche Bewertbarkeit" umfasst z.B. einzigartige Denkmäler, Monumente oder Naturformationen. Für diese Güter ist eine Wiederbeschaffung unmöglich und aufgrund der Einzigartigkeit und individuellen Beschaffenheit fehlen vergleichbare Vermögenswerte und funktionierende Märkte, auch ist ein neben der Erhaltungswürdigkeit zusätzlicher wirtschaftlicher Nutzen nicht geben. Eine verlässliche Bewertung ist nicht möglich, so dass die Kriterien für eine konkrete Bilanzierungsfähigkeit nicht erfüllt sind. Zur Erfüllung der Rechenschaftsfunktion der Rechnungslegung sind zur Rechtfertigung der für diese Natur- und Kulturgüter anfallenden Unterhalts-, Restaurations- und Instandhaltungsaufwendungen weiterführende Anhangangaben notwendig. Der

Nutzen für die Allgemeinheit und die Erhaltung im öffentlichen Interesse sollte gemäß des entwickelten Vorschlags so dargestellt werden, dass z.B. beschrieben wird, welche und in welchem Umfang *heritage assets* gehalten werden und welche Erhaltungspläne, Erhaltungsmaßnahmen (realisierte und geplante) verfolgt werden und welche Kosten (angefallene und geplante) damit verbunden sind. Um den Ressourceneinsatz zu rechtfertigen, sollte auch darauf eingegangen werden, aus welchen Quellen die Aufwendungen finanziert wurden (z.B. öffentliche Mittel, Spenden etc.). Damit der Nutzen besser verdeutlicht werden kann, sollten auch Leistungsindikatoren, wie Anzahl der geschützten Pflanzen und Tiere oder Besucherzahlen und Führungen, angegeben werden.

Die Anhangangaben müssen für jede Kategorie der Natur- und Kulturgüter grundsätzlich auch immer unter einer Kosten-Nutzen-Abwägung erfolgen und es sollte auch eine Verknüpfung zur Leistungs- und Wirkungsberichterstattung vorgenommen werden.

8.2 Ausblick

Mit den erarbeiteten Vorschlägen zur Bilanzierung der Natur- und Kulturgüter wird eine Regelungslücke der IPSAS geschlossen und ein Beitrag zur Vereinheitlichung der Rechnungslegungspraxis im öffentlichen Sektor geleistet. Die Vorschläge können auch als Referenz für andere, nationale Normensysteme herangezogen werden.

Wie in der Arbeit ausgeführt wurde, ist die Tätigkeit des IPSASB zur Entwicklung eines vollständigen Satzes an Rechnungslegungsstandards noch nicht abgeschlossen, und wird auch in Zukunft immer wieder neue Entwicklungen und Sachverhalte aufgreifen und thematisieren müssen. Je mehr relevante Bereiche durch die IPSAS abgedeckt werden, desto wichtiger werden die IPSAS für die öffentliche Rechnungslegung werden und desto eher kann das IPSASB sein Ziel erreichen, qualitativ hochwertige Rechnungslegungsstandards für den öffentlichen Sektor zu entwickeln, durch deren Akzeptanz die Konvergenz internationaler und nationaler Standards erleichtert und somit eine weltweit harmonisierte und vergleichbare Berichterstattung im öffentlichen Sektor ermöglicht wird. Auf lange Sicht können sich die IPSAS von einem „Ideenpool" zu einem international beachteten Normensystem entwickeln, wenn die angesprochenen Anwendungshindernisse und -grenzen der IPSAS weiter behoben werden. Aus den spezifischen öffentlichen Sachverhalten, die auch in aktuellen Projekten des IPSASB behandelt werden, werden sich immer wieder neue Forschungsfragen ergeben.

Forschungsgebiete, die sich an die Thematik der vorliegenden Arbeit anschließen, werden im Ausblick exemplarisch angeführt.

Neben der Berichterstattung über *heritage assets* in den Berichtsinstrumenten der finanziellen Berichterstattung (wie Vermögens-, Finanz- und Ergebnisrechnung und Anhang), da hier eine Bewertung nicht immer erfolgen kann, bedarf es weiterer Berichtsformate, um dem Nachhaltigkeitsgedanken der öffentlichen Aufgabenerfüllung und den Leistungsbeitrag und das Leistungspotenzial der Natur- und Kulturgüter für die Allgemeinheit darstellen und den damit verbundenen Ressourceneinsatz rechtfertigen zu können.[1819] Dies steht in Verbindung zur in Kapitel 3.3.2.1.2.2.2 beschriebenen, durch das NPM und den gesellschaftlichen Wandel bedingten Veränderung der Ansprüche der Öffentlichkeit an das Verwaltungshandeln. Der Nachhaltigkeitsgedanke ist im öffentlichen Sektor aufgrund der gesamtgesellschaftlichen Verantwortung im Vergleich zum privatwirtschaftlichen Unternehmensbereich noch viel stärker ausgeprägt, da sich zum einen die Politik und Verwaltung am Gemeinwohl orientieren müssen und zum anderen die Erfüllung des öffentlichen Leistungsauftrages unter Beachtung der intergenerativen bzw. -periodischen Gerechtigkeit zu erfolgen hat. Die drei gleichberechtigten Nachhaltigkeitsdimensionen (Ökonomie, Ökologie und Soziales) können, wie bereits im Kapitel 3.3.2.1.2.2.2 beschrieben, um eine vierte institutionelle Dimension, die die Bedeutung der Partizipation und Rolle der Bürger sowie institutionelle Reformen verdeutlicht, erweitert werden.[1820]

In Hinblick auf die hier thematisierten Natur- und Kulturgüter ist eine Erweiterung der Dimensionen auch dahingehend möglich, dass das „Zielquadrat anstelle des Zieldreiecks"[1821] der Nachhaltigkeit bestimmt wird, indem die Dimension „Soziales" weiter aufgespalten wird und die vier Dimensionen „Ökonomie", „Ökologie", „Soziales" und „Kultur" betrachtet werden.[1822] Aufgrund der Abgrenzungsproblematik des Begriffs „Kultur" wird es schwierig sein, diesen strikt vom Bereich „Soziales" zu trennen – z.B. der Bereich Bildung und der damit verbundene Bildungsauftrag –, so dass „Kultur" aufgrund der nachhaltigen Bedeutung als Unterkategorie im Bereich „Soziales" aufgeführt werden sollte.[1823] Die Bewahrung der Natur- und Kulturgüter für zukünftige Generationen entspricht dem Nachhaltigkeitsprinzip, so dass die Leistungen der Verwaltungseinheit in Bezug auf die Naturgüter unter dem Bereich „Ökologie" und Kulturgüter unter dem Aspekt „Kultur" im Bereich „Soziales" in einen Nachhaltigkeitsbericht einer öffentlichen Einheit aufgenommen werden sollte. Für die öffentlichen Verwaltungseinheiten kann diese Berichtsform der *triple bottom line performance* eine Mög-

[1819] Vgl. Sayce, S. et al. (2009), S. 24; Warren, K. (2012), S. 39-40.
[1820] Vgl. Gehrlein, U. (2004), S. 20.
[1821] Böhm, H. R./Hilligardt, J. (2000), S. 103.
[1822] Vgl. Böhm, H. R./Hilligardt, J. (2000), S. 103; Gehrlein, U. (2004), S. 21.
[1823] Vgl. Stahmer, C. (2010), S. 59-60, 73.

lichkeit sein, ihren Beitrag für die Gesellschaft in Bezug auf die *heritage assets* umfangreicher und transparenter darstellen zu können.[1824]

Wie eine Nachhaltigkeitsberichterstattung einer Verwaltungseinheit (auch unter Beachtung der in Kapitel 5.4.3.1 und 5.4.3.2 beschriebenen, aktuellen Projekte des IPSASB) ausgestaltet werden könnte, kann in weiteren Forschungsarbeiten untersucht und thematisiert werden. Hierbei kann ebenfalls auf die Erfahrungen aus dem privatwirtschaftlichen Unternehmensbereich und auf internationale Richtlinien zur Nachhaltigkeitsberichterstattung, wie die Guidelines der Global Reporting Initiative (GRI), welche bereits Ansätze und Hinweise zur Ausgestaltung im öffentlichen Sektor (Pilotversion des Public Agency Sector Supplement)[1825] enthalten, zurückgegriffen werden.

Da im öffentlichen Sektor über den Steuerungskreis des 3-Ebenen-Konzepts[1826] eine Verbindung zwischen der Berichterstattung und der Planungs- und Steuerungsebene besteht, ist es naheliegend, den Bezug zum Konzept des Integrated Reporting herzustellen, das im Unternehmensbereich über die Nachhaltigkeitsberichterstattung hinausgehend auch die Steuerung und Ausrichtung des Unternehmens am Prinzip der Nachhaltigkeit fordert und ein dazu integriertes Berichtsformat zwischen finanziellen und nicht-finanziellen Größen anstrebt. Das Konzept des Integrated Reporting wird von einzelnen Wissenschaftlern[1827] und dem 2009 gegründeten International Integrated Reporting Council (IIRC)[1828] gefördert und verbreitet.[1829] Zur Festlegung der Grundprinzipien des Integrated Reporting entwickelt das IIRC derzeit ein Framework und hat hierzu am 16.04.2013 ein Consultation Draft „*Consultation Draft of the International <IR> Framework*"[1830] veröffentlicht und zur 90-tägigen Kommentierung freigegeben. Grundsätzlich richtet sich das IIRC an die Neugestaltung der Unternehmensberichterstattung, das neu zu entwickelnde Framework kann aber auch auf den öffentlichen Sektor angewendet werden.[1831] Hieraus ergeben sich weitere Forschungsfelder für das Rechnungswesen im öffentlichen Verwaltungsbereich, indem z.B. das Konzept des Integrated Re-

1824 Vgl. Sayce, S. et al. (2009), S. 24.

1825 Siehe zur weiteren Information die Homepage der GRI: https://www.globalreporting.org/reporting/sector-guidance/pilot-versions/public-agency/Pages/default.aspx; Stand: 29.04.2012. Vgl. z.B. Blab, D./Stojanovic, M. (2013), S. 505-509. Vgl. grundlegend zur GRI z.B. Haller, A./Ernstberger, J. (2006), S. 2516-2524.

1826 Siehe hierzu Kapitel 2.4.3.

1827 Vgl. u.a. Eccles, R. G. et al. (2010); Eccles, R. G./Krzus, M. (2010); Krzus, M. (2011), S. 271-276.

1828 In 2009 als International Integrated Reporting Committee (IIRC) gegründet und im November 2011 in International Integrated Reporting Council (IIRC) umbenannt. Vgl. zur Gründung und zum Aufbau des IIRC Haller, A./Zellner, P. (2011), S. 523-529.

1829 Vgl. Haller, A./Fuhrmann, C. (2013), S. 243.

1830 Vgl. IIRC (2013).

1831 Vgl. IIRC (2013), Tz. 1.10.

porting mit der Leistungs- und Wirkungsberichterstattung und erläuternden Berichterstattung des IPSASB verglichen wird, um Gemeinsamkeiten und Unterschiede herauszuarbeiten.[1832]

[1832] Auf nationaler Unternehmensebene wurde z.B. bereits in einer Studie die Übereinstimmung der Lageberichterstattung und des Konzepts des Integrated Reporting untersucht; vgl. Haller, A./Fuhrmann, C. (2012), S. 461-469; Haller, A./Fuhrmann, C. (2013), S. 243-251. Darüber hinaus gibt es einen Vergleich zwischen dem DRS 20 „Konzernlagebericht" und dem Konzept des Integrated Reporting; vgl. Behncke, N. et al. (2012), S. 3063-3068.

Verzeichnis der Gesetze, Verordnungen, Rechnungslegungsstandards und anderer Verlautbarungen

AASB (2009): AASB 116: Property, Plant and Equipment (issued October 2009), Melbourne 2009.

ASB (1999): FRS 15: Tangible Fixed Assets (issued February 1999), London 1999.

ASB (2009): FRS 30: Heritage Assets (issued June 2009), London 2009.

BewertL-BB (2009): Bewertungsleitfaden Brandenburg (BewertL-BB), Leitfaden zur Bewertung und Bilanzierung des kommunalen Vermögens und der kommunalen Verbindlichkeiten vom 23.09.2009, online: http://www.doppik-kom.brandenburg.de/sixcms/media.php/4055/ BewertL%20komplett%202009%2009%2023.pdf, Stand: 29.04.2013.

BilMoG (2009): Gesetz zur Modernisierung des Bilanzrechts (Bilanzrechtsmodernisierungsgesetz – BilMoG) vom 25.05.2009, in: BGBl. I 2009, S. 1102-1137.

BNatSchG (2013): Gesetz über Naturschutz und Landschaftspflege (Bundesnaturschutzgesetz – BNatSchG) vom 29.07.2009, zuletzt geändert durch Artikel 7 des Gesetzes vom 21.01.2013, in: BGBl. I 2013, S. 95.

BW-Leitfaden (2011): Leitfaden zur Bilanzierung nach den Grundlagen des Neuen Kommunalen Haushalts-und Rechnungswesens (NKHR) in Baden-Württemberg, Januar 2011, online: http://www.nkhr-bw.de/site/KDRS-NKHR/get/1445892/2011-03-23%20Bilanzierungsleitfaden%20Fassung%2001-2011.pdf, Stand: 29.04.2013.

BY-BewertR (2008): Erfassung und Bewertung kommunalen Vermögens (Bewertungsrichtlinie – BewertR), Bekanntmachung des Bayerischen Staatsministeriums des Innern vom 29.09.2008, in: AllMBl. Nr. 12/2008, S. 558-574.

BY-KommHV-Doppik (2011): Verordnung über das Haushalts-, Kassen- und Rechnungswesen der Gemeinden, der Landkreise und der Bezirke nach den Grundsätzen der doppelten kommunalen Buchführung (Kommunalhaushaltsverordnung-Doppik – KommHV-Doppik; Bayern) vom 15.10.2007, zuletzt geändert durch die Verordnung vom 03.01.2011, in: GVBl. 2011, S. 22.

CICA (2006): Public Sector Accounting Board (PSAB) Handbook Section PS 3150 „Tangible Capital Assets“, Toronto 2006.

DRSC (2012): Deutscher Rechnungslegungs Standard (DRS) 20 „Konzernlagebericht“, Berlin 2012.

DSchG (2009): Gesetz zum Schutz und zur Pflege der Denkmäler (Denkmalschutzgesetz – DSchG; Bayern), zuletzt geändert am 27.07.2009, in: GVBl. 2009, S. 385.

EröffBilSoRL (2006): Sonderrichtlinien zur Bewertung in der Eröffnungsbilanz (EröffBilSoRL; Saarland) vom 06.11.2006, in: Amtsbl. 2006, S. 2090 ff.

EStG (2013): Einkommensteuergesetz (EStG) vom 08.10.2009, zuletzt geändert durch Artikel 2 Absatz 11 des Gesetzes vom 03.05.2013, in: BGBl. I 2013, S. 1084.

Europäisches Parlament und Rat der Europäischen Kommission (2002): Verordnung (EG) Nr. 1606/2002 des Europäischen Parlaments und des Rates vom 19.07.2002 betreffend die Anwendung internationaler Rechnungslegungsstandards, in: Amtsblatt der Europäischen Gemeinschaft Nr. L 243 vom 11.09.2002, S. 1-4.

FASAB (2005): SFFAS 29: Heritage Assets and Stewardship Land (issued July 2005), Washington 2005.

FASB (2010): Statement of Financial Accounting Concepts No. 8 (SFAC 8): Conceptual Framework for Financial Reporting, Chapter 1, The Objective of General Purpose Financial Reporting, and Chapter 3, Qualitative Characteristics of Useful Financial Information, a replacement of FASB Concepts Statements No. 1 and No. 2 (issued September 2010), Norwalk 2010.

GASB (1999): Statement No. 34 of the Governmental Accounting Standards Board (GASBS 34): Basic Financial Statements – and Management's Discussion and Analysis – for State and Local Governments (issued June 1999), Norwalk 1999.

GemEBilBewVO (2007): Gemeindeeröffnungsbilanz-Bewertungsverordnung (GemEBilBewVO; Rheinland-Pfalz) vom 28.12.2007, in: GVBl. 2008, S. 23 ff.

GemHVO NRW (2004): Verordnung über das Haushaltswesen der Gemeinden im Land Nordrhein-Westfalen (Gemeindehaushaltsverordnung NRW – GemHVO NRW) vom 16.11.2004, in: GV. NRW. 2004, S. 643 ff.

GG (2012): Grundgesetz für die Bundesrepublik Deutschland vom 23.05.1949, zuletzt geändert durch Artikel 1 des Gesetzes vom 11.07.2012, in: BGBl. I 2012, S. 1478.

Haushaltsrechts-Fortentwicklungsgesetz (1997): Gesetz zur Fortentwicklung des Haushaltsrechts von Bund und Ländern (Haushaltsrechts-Fortentwicklungsgesetz) vom 22.12.1997, in: BGBl. I 1997, S. 3251-3255.

HE-GemHVO (2011): Verordnung über die Aufstellung und Ausführung des Haushaltsplans der Gemeinden (Gemeindehaushaltsverordnung – GemHVO; Hessen) vom 02.04.2006, zuletzt mehrfach geändert durch die Verordnung vom 27.12.2011, in: GVBl. I 2011, S. 840-926.

HGB (2013): Handelsgesetzbuch (HGB) vom 10.05.1897, zuletzt geändert durch Artikel 1 des Gesetzes vom 20.04.2013, in: BGBl. I 2013, S. 831.

HGO (2011): Hessische Gemeindeordnung (HGO) in der Fassung der Bekanntmachung vom 07.03.2005, zuletzt geändert durch Artikel 1 des Gesetzes vom 16.12.2011, in: GVBl. I 2011, S. 786-794.

HGrGMoG (2009): Gesetz zur Modernisierung des Haushaltsgrundsätzegesetzes und zur Änderung anderer Gesetze (Haushaltsgrundsätzemodernisierungsgesetz – HGrGMoG) vom 31.07.2009, in: BGBl. I 2009, S. 2580-2584.

HGrGMoG-Entwurf (2009): Gesetzentwurf der Bunderegierung, Entwurf eines Gesetzes zur Modernisierung des Haushaltsgrundsätzegesetzes (Haushaltsgrundsätzemodernisierungsgesetz – HGrGMoG), 26.02.2009, Bundestag-Drucksache 16/12060.

IASB (2013): International Financial Reporting Standards as issued at 1 January 2013 – The Conceptual Framework for Financial Reporting, the Preface to International Financial Reporting Standards (IFRS) and the consolidated text of IFRSs including International Accounting Standards (IASs) and Interpretations, as issued at 1 January 2013, London 2013.

IDW (2001): Entwurf IDW Stellungnahme zur Rechnungslegung: Rechnungslegung der öffentlichen Verwaltung nach den Grundsätzen der doppelten Buchführung (IDW ERS ÖFA 1) vom 30.10.2001, Düsseldorf 2001.

IFAC-IPSASB (2012): Handbook of International Public Sector Accounting Pronouncements, 2012 Edition, New York 2012.

IVSC (2011): International Valuation Standards 2011 as issued at 1 July 2011, London 2011.

KommHVO (2009): Kommunalhaushaltsverordnung (KommHVO; Saarland) vom 10.10.2006, zuletzt geändert durch die Verordnung vom 05.10.2009, in: Amtsbl. 2009, S. 1694 ff.

Ministère de l'Économie et des Finances (2013): Central Government Accounting Standard 6 „Tangible Assets" (issued February 2013), Paris 2013.

NI-GemHKVO (2011): Verordnung über die Aufstellung und Ausführung des Haushaltsplans sowie die Abwicklung der Kassengeschäfte der Gemeinden auf der Grundlage der kommunalen Doppik (Gemeindehaushalts- und -kassenverordnung – GemHKVO; Niedersachsen) vom 22.12.2005, zuletzt geändert durch die Verordnung vom 01.02.2011, in: NDS GVBl. 2011, S. 31 ff.

NKHR-MV (2008a): Neues Kommunales Haushalts- und Rechnungswesen in Mecklenburg-Vorpommern, Leitfaden zur Bilanzierung und Bewertung des kommunalen Vermögens, Januar 2006, zuletzt geändert September 2008, online: http://nkhr.mvnet.de/land-mv/NKHR_prod/NKHR/Ergebnisse/Leitfaeden_und_Praxishilfen/Leitfaden_zur_Bilanzierung_und_Bewertung_des_kommunalen_Vermoegens/Leitfaden_V%2bB_Januar2006_mit MarkierungAend_2008-07-31.pdf, Stand: 29.04.2013.

NKHR-MV (2008b): Anlage 8 – Hinweise zur Bewertung einzelner Vermögensgegenstände des Anlagevermögens in der Eröffnungsbilanz, Januar 2006, zuletzt geändert September 2008, online: http://nkhr.mvnet.de/land-mv/NKHR_prod/NKHR/Ergebnisse/Leitfaeden_und_Praxishilfen/Leitfaden_zur_Bilanzierung_und_Bewertung_des_kommunalen_Vermoegens/Anlage8_Hinweise_Eroeffnungsbilanz__mitMarkierungAend.pdf, Stand: 29.04.2013.

NZICA (2003): FRS 3: Accounting for Property, Plant and Equipment (issued March 2001, revised October 2003), Wellington 2003.

NZICA (2010): NZ IAS 16: Property, Plant and Equipment (issued October 2010), Wellington 2010.

Rat der Europäischen Kommission (2011): Richtlinie 2011/85/EU des Rates vom 08.11.2011über die Anforderungen an die haushaltspolitischen Rahmen der Mitgliedstaaten, in: Amtsblatt der Europäischen Union Nr. L 306 vom 23.11.2011, S. 41-47.

RP-GemHVO (2010): Gemeindehaushaltsverordnung (GemHVO; Rheinland-Pfalz) vom 18.05.2006, zuletzt geändert durch die Verordnung vom 06.04.2010, in: GVBl. 2010, S. 64 ff.

SächsKomHVO-Doppik (2012): Verordnung des Sächsischen Staatsministeriums des Innern über die kommunale Haushaltswirtschaft nach den Regeln der Doppik (Sächsische Kommunalhaushaltsverordnung-Doppik – SächsKomHVO-Doppik) vom 08.02.2008, zuletzt geändert durch die Verordnung vom 19.12.2012, in: SächsGVBl. 2012, S. 764 ff.

SH-GemHVO-Doppik (2012): Landesverordnung über die Aufstellung und Ausführung eines doppischen Haushaltsplanes der Gemeinden (Gemeindehaushaltsverordnung-Doppik – GemHVO-Doppik; Schleswig-Holstein) vom 30.08.2012, in: GVOBl. 2012, S. 646 ff.

SN-BewertR (2008): Entwurf einer Bewertungsrichtlinie zur Erstellung der Eröffnungsbilanz vom 29.11.2008, online: http://www.kommunale-verwaltung.sachsen.de/5873.htm.

ST-BewertRL (2012): Richtlinie zur Bewertung des kommunalen Vermögens und der kommunalen Verbindlichkeiten (Bewertungsrichtlinie – BewertRL; Sachsen-Anhalt) vom 09.04.2006, zuletzt geändert durch die Verwaltungsvorschrift vom 26.04.2012, in: MBl. LSA 2012, S. 314 ff.

ST-GemHVO Doppik (2010): Verordnung über die Aufstellung und Ausführung des Haushaltsplanes der Gemeinden im Land Sachsen-Anhalt nach den Grundsätzen der doppelten Buchführung (Gemeindehaushaltsverordnung Doppik – GemHVO Doppik) vom 22.12.2010, in: GVBl. LSA 2010, S. 648 ff.

ThürGemBV (2008): Thüringer Verordnung über die Bewertung für die Eröffnungsbilanz der Gemeinden (Thüringer Gemeindebewertungsverordnung – ThürGemBV) vom 11.12.2008, in: GVBl. 2008, S. 594 ff.

ThürGemHV-Doppik (2008): Thüringer Gemeindehaushaltsverordnung-Doppik (ThürGemHV-Doppik) vom 11.12.2008, in: GVBl. 2008, S. 504 ff.

Treasury Board of Canada Secretariat (2001): Treasury Board Accounting Standard 3.1 „Capital Assets“, Ottawa 2001.

Literaturverzeichnis

Abdel-Khalik, A. R. (2011): Fair Value Accounting and Stewardship, in: Accounting Perspectives 2011, Jg. 9, Heft 4, S. 253-269.

Accounting Standards Board (2006): Discussion Paper – Heritage Assets: Can accounting do better?, London 2006.

Adam, B. (2004): Internationale Rechnungslegungsstandards für die öffentliche Verwaltung (IPSAS) – Eine kritische Analyse unter besonderer Berücksichtigung ihrer Anwendbarkeit in Deutschland, Frankfurt a.M. 2004.

Adamaschek, B. (2003): Leistungsvergleich, in: Eichhorn, P./Friedrich, P./Jann, W./ Oechsler, W. A./Püttner, G./Reinermann, H. (Hrsg.): Verwaltungslexikon, Baden-Baden 2003, S. 649-650.

Adamaschek, B. (2005): Kosten- und Leistungsrechnung für den öffentlichen Sektor, in: Blanke, B./Bandemer, S. von/Nullmeier, F./Wewer, G. (Hrsg.): Handbuch zur Verwaltungsreform, Wiesbaden 2005, S. 360-373.

Adamaschek, B. (2007): Leistungsvergleiche in der öffentlichen Verwaltung, in: Bräunig, D./Greiling, D. (Hrsg.): Stand und Perspektiven der Öffentlichen Betriebswirtschaftslehre II – Festschrift für Peter Eichhorn anlässlich seiner Emeritierung, Berlin 2007, S. 750-767.

Aggestam-Pontoppidan, C. (2011): Selecting International Standards for Accrual-Based Accounting in the Public Sector: IPSAS or IFRS?, in: Journal of Government Financial Management 2011, Jg. 60, Heft 1, S. 28-32.

Ahlgrimm, C. (2000): Kosten- und Leistungsrechnung in der Bundesanstalt für Materialforschung und -prüfung, in: Budäus, D./Küpper, W./Streitferdt, L. (Hrsg.): Neues öffentliches Rechnungswesen – Stand und Perspektiven – Klaus Lüder zum 65. Geburtstag, Wiesbaden 2000, S. 367-385.

Aiken, M. (1994): Parliamentary Sovereignty and Valuation Accruals: Uncongenial Conventions, in: Financial Accountability & Management 1994, Jg. 10, Heft 1, S. 17-32.

Akerlof, G. A. (1970): The market for "lemons": Qualitative uncertainty and the market mechanism, in: Quarterly Journal of Economics 1970, Jg. 84, Heft 3, S. 488-500.

Alchian, A. A./Demsetz, H. (1972): Production, information costs and economic organization, in: American Economic Review 1972, Jg. 62, Heft 5, S. 777-795.

Ambrosius, G. (2007): Die Europäisierung des Gemeinwohls und die Entwicklung der öffentlichen Dienstleistungen in Europa, in: Bräunig, D./Greiling, D. (Hrsg.): Stand und Perspektiven der Öffentlichen Betriebswirtschaftslehre II – Festschrift für Peter Eichhorn anlässlich seiner Emeritierung, Berlin 2007, S. 99-110.

Ambrosius, G. (2011): Öffentliche Aufgabenerfüllung in Zeiten von Haushaltsnotlagen: die historische Perspektive, in: Zeitschrift für öffentliche und gemeinwirtschaftliche Unternehmen 2011, Jg. 34, Heft 3, S. 301-312.

Andrew, A./Pitt, M. (2000): Asset valuation of specialised public sector listed buildings by depreciated replacement costs, in: Journal of Property Investments & Finance 2000, Jg. 18, Heft 6, S. 627-636.

Anthony, R. N. (1978): Financial Accounting in Nonbusiness Organizations: An Exploratory Study of Conceptual Issues, Stamford 1978.

Antonakopoulos, N. (2007): Gewinnkonzeptionen und Erfolgsdarstellung nach IFRS – Analyse der direkt im Eigenkapital erfassten Erfolgsbestandteile, Wiesbaden 2007.

Aprill, R. (2008): Anforderungen für eine Neuordnung des Haushalts- und Rechnungswesens des Bundes, in: Die Öffentliche Verwaltung 2008, Jg. 61, Heft 5, S. 184-189.

Arbeitskreis „Integrierte Verbundrechnung“ (2005): Eckpunkte für die Grundsätze ordnungsmäßiger Buchführung im öffentlichen Haushalts- und Rechnungswesen auf Basis der Integrierten Verbundrechnung, in: Die Wirtschaftsprüfung 2005, Jg. 58, Heft 16, S. 887-890.

Arndt, H.-W. (2003): Parafisci, in: Eichhorn, P./Friedrich, P./Jann, W./Oechsler, W. A./ Püttner, G./Reinermann, H. (Hrsg.): Verwaltungslexikon, Baden-Baden 2003, S. 789-789.

Arnim, H. H. von (1981): Die Öffentlichkeit kommunaler Finanzkontrollberichte als Verfassungsgebot – Karl-Bräuer-Institut des Bundes der Steuerzahler, Heft 51, Wiesbaden 1981.

Arnim, H. H. von (2007): Von der Handlungs(un)fähigkeit der Politik, in: Bräunig, D./ Greiling, D. (Hrsg.): Stand und Perspektiven der Öffentlichen Betriebswirtschaftslehre II – Festschrift für Peter Eichhorn anlässlich seiner Emeritierung, Berlin 2007, S. 297-312.

Arrow, K. J. (1951): Social Science and Individual Values, New York 1951.

Atamian, R./Ganguli, G. (1991): The Recipients of Municipal Annual Financial Reports: A Nationalwide Study, in: The Government Accountants Journal 1991, Jg. 40, Heft 3, S. 3-21.

Bac, A. (Hrsg.) (2001): International issues in government accounting, Boston u.a. 2001.

Baetge, J. (1970): Möglichkeiten der Objektivierung des Jahreserfolges, Düsseldorf 1970.

Baetge, J. (1976): Rechnungslegungszwecke des aktienrechtlichen Jahresabschlusses, in: Baetge, J./Moxter, A./Schneider, D. (Hrsg.): Bilanzfragen – Festschrift zum 65. Geburtstag von Prof. Dr. Ulrich Leffson, Düsseldorf 1976, S. 11-30.

Baetge, J./Kirsch, H.-J./Thiele, S. (2009): Bilanzen, 10. Aufl., Düsseldorf 2009.

Baetge, J./Moxter, A./Schneider, D. (Hrsg.) (1976): Bilanzfragen – Festschrift zum 65. Geburtstag von Prof. Dr. Ulrich Leffson, Düsseldorf 1976.

Bajohr, S. (2009): Beratender Sanierungsmanager in einer hoch verschuldeten Kommune – Ein Erfahrungsbericht aus der Stadt Hagen, in: Verwaltung und Management 2009, Jg. 15, Heft 4, S. 171-185.

Ball, I. (2012): New development: Transparency in the public sector, in: Public Money & Management 2012, Heft 1, S. 35-40.

Ballwieser, W./Böcking, H.-J./Drukarczyk, J./Schmidt, R. H. (Hrsg.) (1994): Bilanzrecht und Kapitalmarkt – Festschrift für zum 65. Geburtstag von Professor Dr. Dr. h.c. Dr. h.c. Adolf Moxter, Düsseldorf 1994.

Ballwieser, W./Coenenberg, A. G./Wysocki, K. von (Hrsg.) (2002): Handwörterbuch der Rechnungslegung und Prüfung, 3. Aufl., Stuttgart 2002.

Bals, H. (1989): Kostenrechnung öffentlicher Verwaltungen, in: Chmielewicz, K./Eichhorn, P. (Hrsg.): Handwörterbuch der Öffentlichen Betriebswirtschaft, Stuttgart 1989, Sp. 825-837.

Bals, H. (2003): Der Produkthaushalt – Wege zur Integration von Finanz- und Leistungssteuerung, in: Zeitschrift für Kommunalfinanzen 2003, Jg. 53, Heft 12, S. 321-329.

Balzer, K. (2005): Produkte als Informationsträger, in: Blanke, B./Bandemer, S. von/Nullmeier, F./Wewer, G. (Hrsg.): Handbuch zur Verwaltungsreform, Wiesbaden 2005, S. 422-430.

Banner, G. (1991): Von der Behörde zum Dienstleistungsunternehmen – Die Kommunen brauchen ein neues Steuerungsmodell, in: Zeitschrift für Verwaltung, Organisation und Personal 1991, Jg. 13, Heft 13, S. 6-11.

Banner, G. (2008): Logik des Scheiterns oder Scheitern an der Logik? – Kommentar zu Lars Holtkamp „Das Scheitern des Neuen Steuerungsmodells", in: Der moderne Staat – dms – Zeitschrift für Public Policy, Recht und Management 2008, Jg. 1, Heft 2, S. 447-455.

Barker, P. (2006): Heritage Assets can accounting do better?, in: Accountancy Ireland 2006, Jg. 38, Heft 4, S. 48-50.

Bartel, R./Hackl, F. (Hrsg.) (1994): Einführung in die Umweltpolitik, München 1994.

Barton, A. D. (1999a): A Trusteeship Theory of Accounting for Natural Capital Assets, in: ABACUS 1999, Jg. 35, Heft 2, S. 207-222.

Barton, A. D. (1999b): Public and Private Sector Accounting – The Non-identical Twins, in: Australian Accounting Review 1999, Jg. 9, Heft 2, S. 22-31.

Barton, A. D. (2000): Accounting for public heritage facilities – assets or liabilities of the government?, in: Accounting, Auditing and Accountability Journal 2000, Jg. 13, Heft 2, S. 219-235.

Barton, A. D. (2005): The conceptual arguments concerning accounting for public heritage assets: a note, in: Accounting, Auditing and Accountability Journal 2005, Jg. 18, Heft 3, S. 434-440.

Barton, A. D. (2011): Why Governments Should Use the Government Finance Statistics Accounting System, in: ABACUS 2011, Jg. 47, Heft 4, S. 411-445.

Barzelay, M. (1992): Breaking through bureaucracy – A new vision for managing in government, 2. Aufl., Berkeley 1992.

Baskerville, R./Evans, L. (2011): The darkening glass: Issues for translation of IFRS, Edinburgh 2011.

Bateman, I. J./Turner, R. K. (1993): Valuation of the Environment, Methodes and Techniques: The Contingent Valuation Method, in: Turner, R. K. (Hrsg.): Sustainable Environmental Economics and Management: Principles and Practice, London 1993, S. 120-191.

Bauer, H. (2012): Zukunftsthema "Rekommunalisierung", in: Die Öffentliche Verwaltung 2012, Jg. 65, Heft 9, S. 329-338.

Bauer, L./Kirchmann, U./Saß, J. (2009): Mögliche Auswirkungen der Änderungen durch das Bilanzrechtsmodernisierungsgesetz (BilMoG) auf die kommunale Doppik, in: Die Wirtschaftsprüfung 2009, Jg. 62, Heft 3, S. 143-151.

Baum, H.-G./Coenenberg, A. G./Heinold, M./Steiner, M. (Hrsg.) (1997): Controlling öffentlicher Einrichtungen, Stuttgart 1997.

Baumann, M. (2003): Kundenorientierung, in: Eichhorn, P./Friedrich, P./Jann, W./Oechsler, W. A./Püttner, G./Reinermann, H. (Hrsg.): Verwaltungslexikon, Baden-Baden 2003, S. 622-622.

Baumgartner, G. (2006): Ausgliederung und öffentlicher Dienst, Wien 2006.

Bea, F. X. (1987): Informationsbedarf für Entscheidungen in öffentlichen Verwaltungen, in: Eichhorn, P. (Hrsg.): Doppik und Kameralistik – Festschrift für Prof. Dr. Ludwig Mülhaupt zur Vollendung des 75. Lebensjahres, Baden-Baden 1987, S. 17-28.

Beck'scher Bilanzkommentar (2012): Handels- und Steuerbilanz, §§ 238 bis 339, 342 bis 342e HGB mit IFRS-Abweichungen, hrsg. von Ellrott, H./Förschle, G./Kozikowski, M./ Winkeljohann, N., 7. Aufl., München 2012.

Behncke, N./Hoffmann, T./Wulf, I. (2012): DRS 20: Auf dem Weg zum Integrated Reporting?, in: Betriebs-Berater 2012, Jg. 67, Heft 49, S. 3063-3068.

Benito, B./Brusca, I./Montesinos, V. (2007): The harmonization of government financial information systems: the role of the IPSASs, in: International Review of Administrative Sciences 2007, Jg. 73, Heft 2, S. 293-317.

Benz, A. (2005): Verwaltung als Mehrebenensystem, in: Blanke, B./Bandemer, S. von/Nullmeier, F./Wewer, G. (Hrsg.): Handbuch zur Verwaltungsreform, Wiesbaden 2005, S. 18-26.

Benz, A./Lütz, S./Schimank, U./Simonis, G. (Hrsg.) (2007): Handbuch Governance – Theoretische Grundlagen und empirische Anwendungsfelder, Wiesbaden 2007.

Berens, W./Budäus, D./Buschor, E./Fischer, E./Lüder, K./Mundhenke, E./Streim, H. (2008): Zum nicht mehr vertretbaren kameralen Haushalts- und Rechnungswesen in einem demokratischen Gemeinwesen – Hamburger Thesen zum notwendigen Wechsel von der Kameralistik zur integrierten Verbundrechnung mit outputorientierter Budgetierung, in: Die Öffentliche Verwaltung 2008, Jg. 61, Heft 3, S. 109-111.

Bergmann, A. (2009): Erfahrungen mit der Anwendung der International Public Sector Accounting Standards (IPSAS) in der Schweiz, in: Schauer, R. (Hrsg.): Neue Formen der Steuerung und Rechnungslegung in öffentlichen Haushalten – Tagung an der Johannes Kepler Universität Linz – Eine Dokumentation, Linz 2009, S. 35-53.

Bergmann, A. (2011): Rahmenkonzept für die öffentliche Rechnungslegung nimmt Gestalt an, in: Die Wirtschaftsprüfung 2011, Jg. 64, Heft 2, S. I-I.

Bergmann, A. (2012): The influence of the nature of government accounting and reporting in decision-making: evidence from Switzerland, in: Public Money & Management 2012, Jg. 32, Heft 1, S. 15-20.

Bergmann, A./Berger, S. (2011): IPSAS-Newsletter 04/11, online im Internet: http://www.sml.zhaw.ch/fileadmin/user_upload/management/ivm/forschung/pdf/ivm_newsletter_april_11.pdf, Stand: 01.04.2011, Abfrage: 28.09.2011, 10:00 Uhr.

Bergmann, A./Fausch, R. (2007): IPSAS Newsletter April 2007, online im Internet: http://www.sml.zhaw.ch/fileadmin/user_upload/management/ivm/forschung/pdf/ivm_newsletter_april_07.pdf, Stand: 01.04.2007, Abfrage: 17.09.2012, 12:00 Uhr.

Bergmann, A./Gamper, A. (2004): Chancen und Gefahren der Anwendung von IPSAS – Erfahrungen anhand eines Pilotprojektes mit der Stadt Kloten, in: Der Schweizer Treuhänder 2004, Jg. 78, Heft 8, S. 618-624.

Bergmann, A./Rauskala, I. (2012): Anforderungen an die Rechnungslegung der öffentlichen Hand vor dem Hintergrund der Staatsschuldenkrise, in: Die Wirtschaftsprüfung 2012, Jg. 65, Sonderheft 2, S. S70-S73.

Bertl, R./Eberhartinger, E./Egger, A./Kalss, S./Lang, M./Nowotny, C./Riegler, C./ Schuch, J. (Hrsg.) (2006): Immaterielle Vermögenswerte, Wien 2006.

Beyer, L./Kinzel, H. G. (2005): Öffentliches Rechnungswesen: Kameralistik oder Doppik?, in: Blanke, B./Bandemer, S. von/Nullmeier, F./Wewer, G. (Hrsg.): Handbuch zur Verwaltungsreform, Wiesbaden 2005, S. 351-360.

Bieg, H./Käufer, A. (2009): 1.1 Rahmenkonzept, in: Brösel, G./Zwirner, C. (Hrsg.): IFRS-Rechnungslegung – Grundlagen – Aufgaben – Fallstudien, München u.a. 2009, S. 3-20.

Bieker, M. (2006): Ökonomische Analyse des Fair Value Accounting, Frankfurt a.M. u.a. 2006.

Bitz, M./Dellmann, K./Domsch, M./Wagner, F. W. (Hrsg.) (1999): Vahlens Kompendium der Betriebswirtschaftslehre, Band 2, 4. Aufl., München 1999.

Blab, D./Stojanovic, M. (2013): The Application of the GRI Guidelines in the Public Sector, in: PVU International Slavic Institute "G.R.Derzhavin" Sveti Nikole (Hrsg.): Proceeding of the 4th International Scientific Conference "INTERNATIONAL DIALOGUE: EAST-WEST", 19.-20.04.2013, Sevti Nikole, Mazedonien, Sveti Nikole 2013, S. 505-509.

Black, D. (1958): The Theory of Committees and Elections, London u.a. 1958.

Blankart, C. B. (2008): Öffentliche Finanzen in der Demokratie, 7. Aufl., München 2008.

Blanke, B./Bandemer, S. von/Nullmeier, F./Wewer, G. (Hrsg.) (2005): Handbuch zur Verwaltungsreform, 3. Aufl., Wiesbaden 2005.

Blaser, B./Baur, A. (2010): Einfluss der Rechnungslegung auf die Staatsschulden – Transparente Rechnungslegung als zuverlässige Grundlage der Finanzstatistik, in: Der Schweizer Treuhänder 2010, Jg. 84, Heft 11, S. 804-809.

Bleyer, M. (2004): Verwaltungsreformen im öffentlichen Haushaltswesen durch Public Governance, Baden-Baden 2004.

Blümle, E.-B./Pernsteiner, H./Purtschert, R./Andeßner, R. C. (Hrsg.) (2003): Öffentliche Verwaltung und Nonprofit-Organisationen – Festschrift für Reinbert Schauer, Wien 2003.

Böcking, H.-J./Dutzi, A. (2008): Die Rechnungslegung der Freien und Hansestadt Hamburg – Eine Analyse aus betriebswirtschaftlicher Sichtweise, in: Der Konzern 2008, Jg. 7, Heft 7, S. 415-425.

Böcking, H.-J./Dutzi, A. (2009): Verbesserung der Transparenz durch öffentliche Rechnungslegung – Replik zu Budäus, Der Konzern 2009, 27 –, in: Der Konzern 2009, S. 36-39.

Bogumil, J./Grohs, S./Kuhlmann, S./Ohm, A. K. (2008): Zehn Jahre Neues Steuerungsmodell – Eine Bilanz kommunaler Verwaltungsmodernisierung, 2. Aufl., Berlin 2008.

Bogumil, J./Jann, W. (2005): Verwaltung und Verwaltungswissenschaft in Deutschland – Einführung in die Verwaltungswissenschaft, Wiesbaden 2005.

Böhm, H. R./Hilligardt, J. (2000): Nachhaltige Regionalentwicklung durch freiwillige Kooperation – das Praxisbeispiel 'Region Starkenburg', in: Gehrlein, U. (Hrsg.): Wege zur Zukunftsbeständigkeit – Strategien und Instrumente zur Umsetzung des Leitbildes nachhaltiger Entwicklung, Münster 2000, S. 99-115.

Böhret, C. (2003): Demokratie, in: Eichhorn, P./Friedrich, P./Jann, W./Oechsler, W. A./Püttner, G./Reinermann, H. (Hrsg.): Verwaltungslexikon, Baden-Baden 2003, S. 243-246.

Bolsenkötter, H. (2000): Integriertes öffentliches Rechnungswesen – Konzeption einer Neugestaltung der Rechnungslegung und des Rechnungswesens öffentlicher Gebietskörperschaften, Frankfurt a.M. 2000.

Bolsenkötter, H. (2002): Öffentliche Unternehmen, in: Ballwieser, W./Coenenberg, A. G./Wysocki, K. von (Hrsg.): Handwörterbuch der Rechnungslegung und Prüfung, Stuttgart 2002, Sp. 1589-1600.

Bolsenkötter, H. (2003): Reform des deutschen öffentlichen Rechnungswesens und internationale Reformbestrebungen, in: Der Gemeindehaushalt 2003, Jg. 104, Heft 8, S. 169-177.

Bolsenkötter, H. (2005): Öffentliche Verschuldung und neues (integriertes) öffentliches Rechnungswesen, in: Goldbach, A./Söffker, C./Di Pietro, S./Rahe, C. (Hrsg.): Entwicklungslinien und Problemschwerpunkte der Öffentlichen Betriebswirtschaftslehre – Festschrift für Helmut Brede zu seinem 70. Geburtstag, Frankfurt a.M. 2005, S. 165-180.

Bolsenkötter, H. (2007a): Vermögensgegenstände nach HGB, Vermögenswerte nach IFRS und IPSAS, in: Bolsenkötter, H. (Hrsg.): Die Zukunft des öffentlichen Rechnungswesens – Reformtendenzen und internationale Entwicklungen, Baden-Baden 2007, S. 91-120.

Bolsenkötter, H. (2007b): "Öffentliche Erwerbsunternehmen" nach internationalen Rechnungslegungsstandards, in: Bräunig, D./Greiling, D. (Hrsg.): Stand und Perspektiven der Öffentlichen Betriebswirtschaftslehre II – Festschrift für Peter Eichhorn anlässlich seiner Emeritierung, Berlin 2007, S. 641-649.

Bolsenkötter, H. (2007c): Einführung, in: Bolsenkötter, H. (Hrsg.): Die Zukunft des öffentlichen Rechnungswesens – Reformtendenzen und internationale Entwicklungen, Baden-Baden 2007, S. 13-25.

Bolsenkötter, H. (2008): Modernisierung des Bilanzrechts – Auswirkungen auf öffentliche Unternehmen und Verwaltungen, in: Zeitschrift für öffentliche und gemeinwirtschaftliche Unternehmen 2008, Jg. 31, Heft 3, S. 302-310.

Bolsenkötter, H. (2009): Modernisierung des Bilanzrechts – Auswirkungen auf öffentliche Unternehmen und Verwaltungen, in: Zeitschrift für öffentliche und gemeinwirtschaftliche Unternehmen 2009, Jg. 32, Heft 3, S. 258-271.

Bolsenkötter, H. (Hrsg.) (2007): Die Zukunft des öffentlichen Rechnungswesens – Reformtendenzen und internationale Entwicklungen, Baden-Baden 2007.

Bolsenkötter, H./Detemple, P./Marettek, C. (2002): Die Eröffnungsbilanz der Gebietskörperschaft – Erfassung und Bewertung von Vermögen und Schulden im Integrierten öffentlichen Rechnungswesen, Frankfurt a.M. 2002.

Bolsenkötter, H./Poullie, M./Vogelpoth, N. (2007): Zur Reform des öffentlichen Haushaltswesens, in: Bolsenkötter, H. (Hrsg.): Die Zukunft des öffentlichen Rechnungswesens – Reformtendenzen und internationale Entwicklungen, Baden-Baden 2007, S. 281-314.

Borgonovi, E. (1999): Consequences of the Managerial Approach to Public-Service Delivery, in: Bräunig, D./Greiling, D. (Hrsg.): Stand und Perspektiven der Öffentlichen Betriebswirtschaftslehre – Festschrift für Prof. Dr. Peter Eichhorn zur Vollendung des 60. Lebensjahres, Berlin 1999, S. 66-75.

Bostedt, G./Lundgren, T. (2010): Accounting for cultural heritage – A theoretical and empirical exploration with focus on Swedish reindeer husbandry, in: Ecological Economics 2010, Jg. 69, Heft 69, S. 651-657.

Boston, J./Pallot, J. (1997): Linking Strategy and Performance: Developments in New Zealand Public Sector, in: Journal of Policy Analysis and Management 1997, Jg. 16, Heft 3, S. 382-404.

Bouckaert, G./Halligan, J. (2008): Managing Performance – International comparisons, New York 2008.

Bourmistrov, A./Mellemvik, F. (Hrsg.) (2005): International Trends and Experiences in Government Accounting, Oslo 2005.

Bourn, J. (1992): Evaluating the Performance of Central Government, in: Pollitt, C./Harrison, S. (Hrsg.): Handbook of Public Services Management, Oxford 1992, S. 25-46.

Bovens, M. (2005): From financial accounting to public accountability, in: Hill, H. (Hrsg.): Bestandsaufnahme und Perspektiven des Haushalts- und Finanzmanagements 2005, S. 183-193.

Boyce, G. (2000): Public discourse and decision making: Exploring possibilities for financial, social and environmental accounting, in: Accounting, Auditing and Accountability Journal 2000, Jg. 13, Heft 1, S. 27-64.

Boyne, G. A./Meier, K. J./O'Toole, L. J./Walker, R. M. (Hrsg.) (2006): Public Service Performance: Perspectives on Measurement and Management, New York 2006.

Braun, G. E. (1988): Ziele in öffentlicher Verwaltung und privatem Betrieb – Vergleich zwischen öffentlicher Verwaltung und privatem Betrieb sowie eine Analyse der Einsatzbedingungen betriebswirtschaftlicher Planungsmethoden in der öffentlichen Verwaltung, Baden-Baden 1988.

Braun, S. (2011): Umstellung des Rechnungswesens der öffentlichen Verwaltung von der Kameralistik auf die Doppik, Hamburg 2011.

Bräunig, D. (2004): Rechnungswesen und Steuerung öffentlicher Verwaltungen, in: Betriebswirtschaftliche Forschung und Praxis 2004, Jg. 55, Heft 4, S. 309-322.

Bräunig, D./Eichhorn, P. (Hrsg.) (2002): Evaluation and Accounting Standards in Public Management – Proceedings of the 3rd International Public Sector Management Symposium, Baden-Baden 2002.

Bräunig, D./Greiling, D. (Hrsg.) (1999): Stand und Perspektiven der Öffentlichen Betriebswirtschaftslehre – Festschrift für Prof. Dr. Peter Eichhorn zur Vollendung des 60. Lebensjahres, Berlin 1999.

Bräunig, D./Greiling, D. (Hrsg.) (2007): Stand und Perspektiven der Öffentlichen Betriebswirtschaftslehre II – Festschrift für Peter Eichhorn anlässlich seiner Emeritierung, Berlin 2007.

Bräunig, D./Meier, J. (Hrsg.) (2008): Tagungsband zum Schmalenbach-Symposium – Zielvereinbarungen und Doppik an der Schnittstelle von Politik und Verwaltung, Köln 2008.

Bräuninger, M. (2010): Auswirkungen der aktuellen Finanzmarktkrise auf die öffentlichen Haushalte, in: Budäus, D./Hilgers, D. (Hrsg.): Reform des öffentlichen Haushalts- und Rechnungswesens zwischen Finanzkrise und Handlungsdruck, Berlin 2010, S. 53-64.

Brede, H. (1989): Ziele öffentlicher Verwaltungen, in: Chmielewicz, K./Eichhorn, P. (Hrsg.): Handwörterbuch der Öffentlichen Betriebswirtschaft, Stuttgart 1989, Sp. 1867-1877.

Brede, H. (1994): Die Reform des Öffentlichen Rechnungswesens – Eine Notwendigkeit, in: Zeitschrift für Verwaltung, Organisation und Personal 1994, Jg. 16, Heft 2, S. 88-91.

Brede, H. (1997): Der Erfolgsbegriff im Neuen Öffentlichen Rechnungswesen, in: Fischer, T. R./Hömberg, R. (Hrsg.): Jahresabschluß und Jahresabschlußprüfung – Probleme, Perspektiven, internationale Einflüsse – Festschrift zum 60. Geburtstag von Jörg Baetge, Düsseldorf 1997, S. 309-331.

Brede, H. (2000): Die Einführung einer Kosten- und Leistungsrechnung in der öffentlichen Verwaltung – auch eine Frage des Vorgehens, in: Budäus, D./Küpper, W./Streitferdt, L. (Hrsg.): Neues öffentliches Rechnungswesen – Stand und Perspektiven – Klaus Lüder zum 65. Geburtstag, Wiesbaden 2000, S. 349-368.

Brede, H. (2003a): Neues Öffentliches Rechnungswesen, in: Eichhorn, P./Friedrich, P./Jann, W./Oechsler, W. A./Püttner, G./Reinermann, H. (Hrsg.): Verwaltungslexikon, Baden-Baden 2003, S. 714-716.

Brede, H. (2003b): Zur Einheitlichkeit und Vollständigkeit der Jahresabschlüsse öffentlicher Einrichtungen, in: Blümle, E.-B./Pernsteiner, H./Purtschert, R./Andeßner, R. C. (Hrsg.): Öffentliche Verwaltung und Nonprofit-Organisationen – Festschrift für Reinbert Schauer, Wien 2003, S. 59-78.

Brede, H. (2005): Grundzüge der Öffentlichen Betriebswirtschaftslehre, 2. Aufl., München u.a. 2005.

Brede, H. (2007): Gestaltung des Hochschulrechnungswesens, in: Brüggemeier, M./Schauer, R./Schedler, K. (Hrsg.): Controlling und Performance-Management im öffentlichen Sektor – Festschrift für Prof. Dr. Dr. h.c. Dietrich Budäus zum 65. Geburtstag, Bern u.a. 2007, S. 203-211.

Brede, H./Buschor, E. (Hrsg.) (1993): Das neue Öffentliche Rechnungswesen – Betriebswirtschaftliche Beiträge zur Haushaltsreform in Deutschland, Österreich und der Schweiz, Baden-Baden 1993.

Breidert, U./Rüdinger, A. (2008): Zur Eignung der handelsrechtlichen GoB für die Rechnungslegung der öffentlichen Verwaltung – Erste Erkenntnisse aus dem Reformprojekt in Hessen –, in: Der Konzern 2008, Jg. 6, Heft 1, S. 32-42.

Brixner, H. C. (2007): Haushalt als Regierungsprogramm in Zahlen, in: Brüggemeier, M./Schauer, R./Schedler, K. (Hrsg.): Controlling und Performance-Management im öffentlichen Sektor – Festschrift für Prof. Dr. Dr. h.c. Dietrich Budäus zum 65. Geburtstag, Bern u.a. 2007.

Brösel, G./Zwirner, C. (Hrsg.) (2009): IFRS-Rechnungslegung – Grundlagen – Aufgaben – Fallstudien, 2. Aufl., München u.a. 2009.

Brüggemeier, M. (1998): Controlling in der Öffentlichen Verwaltung – Ansätze, Probleme und Entwicklungstendenzen eines betriebswirtschaftlichen Steuerungskonzeptes, München u.a. 1998.

Brüggemeier, M. (2004): Public Management – Modernisierung des öffentlichen Sektors, in: WISU - Das Wirtschaftsstudium 2004, Jg. 33, Heft 3, S. 333-337.

Brüggemeier, M./Schauer, R./Schedler, K. (Hrsg.) (2007): Controlling und Performance-Management im öffentlichen Sektor – Festschrift für Prof. Dr. Dr. h.c. Dietrich Budäus zum 65. Geburtstag, Bern u.a. 2007.

Brühlmeier, D./Haldemann, T./Mastronardi, P./Schedler, K. (1998): New Public Management für das Parlament: Ein Muster-Rahmenerlass WoV, in: Schweizerisches Zentralblatt für Staats- und Verwaltungsrecht 1998, Jg. 99, Heft 7, S. 297-316.

Brümmerhoff, D. (2007): Volkswirtschaftliche Gesamtrechnungen, 8. Aufl., München u.a. 2007.

Brusca, I./Montesinos, V. (2006): Are Citizens Significant Users of Government Financial Information?, in: Public Money & Management 2006, Jg. 26, Heft 4, S. 205-209.

Buch Goméz, E. J./Cabaleiro Casal, R. (2008): Are the IPSASB and ASB proposals adequate for public heritage assets? – Estableciendo puentes en una economíca global, Tagungsband, XXII Congreso Anual de la Academia Europea de Dirección y Economía de la Empresa (AEDEM) y el VI Internacional Conference de la International Academy of Business Disciplines (IABD), Vol. 2, online im Internet: http://dialnet.unirioja.es/servlet/articulo?codigo=2740060, Stand: 2008, Abfrage: 22.06.2011, 10:00 Uhr.

Buchanan, J. M./Tullock, G. (1962): The Calculus of Consent – Logical Foundations of Constitutional Democracy, Ann Arbor 1962.

Buchheim, R./Knorr, L./Schmidt, M. (2008a): Anwendung der IFRS in Europa: Die Auswirkung des neuen Endorsement-Verfahrens auf die Rechnungslegung, in: Zeitschrift für internationale und kapitalmarktorientierte Rechnungslegung 2008, Jg. 8, Heft 6, S. 373-379.

Buchheim, R./Knorr, L./Schmidt, M. (2008b): Anwendung der IFRS in Europa: Das neue Endorsement-Verfahren, in: Zeitschrift für internationale und kapitalmarktorientierte Rechnungslegung 2008, Jg. 8, Heft 5, S. 338-341.

Buchholtz, K. (2000): Verwaltungsmodernisierung durch Kosten- und Leistungsmanagement – Konzeptionelle Eckpunkte einer Kosten- und Leistungsrechnung (KLR) für ein New Public Management, in: Budäus, D./Küpper, W./Streitferdt, L. (Hrsg.): Neues öffentliches Rechnungswesen – Stand und Perspektiven – Klaus Lüder zum 65. Geburtstag, Wiesbaden 2000, S. 387-405.

Buchholtz, K. (2001): Verwaltungssteuerung mit Kosten- und Leistungsrechnung – Internationale Erfahrungen, Anforderungen und Konzepte, Wiesbaden 2001.

Buchholz, W. (2003): Kosten- und Leistungsrechnung, in: Eichhorn, P./Friedrich, P./Jann, W./Oechsler, W. A./Püttner, G./Reinermann, H. (Hrsg.): Verwaltungslexikon, Baden-Baden 2003, S. 605-608.

Budäus, D. (1991): Das interne öffentliche Rechnungswesen in der Bundesrepublik Deutschland – Thesenartige Kennzeichnung einzelner Aspekte unter besonderer Berücksichtigung der Forderung nach wirtschaftlichem Handeln im öffentlichen Bereich, in: Lüder, K. (Hrsg.): Staatliches Rechnungswesen in der Bundesrepublik Deutschland vor dem Hintergrund neuerer internationaler Entwicklungen, Berlin 1991, S. 193-219.

Budäus, D. (1994): Public Management – Konzepte und Verfahren zur Modernisierung öffentlicher Verwaltungen, Berlin 1994.

Budäus, D. (1997): Neue Wege im Rechnungswesen und Controlling öffentlicher Einrichtungen, in: Baum, H.-G./Coenenberg, A. G./Heinold, M./Steiner, M. (Hrsg.): Controlling öffentlicher Einrichtungen, Stuttgart 1997, S. 43-55.

Budäus, D. (1998): Von der bürokratischen Steuerung zum New Public Management, in: Budäus, D./Conrad, P./Schreyögg, G. (Hrsg.): New Public Management, Berlin u.a. 1998, S. 1-10.

Budäus, D. (1999): Von der Dominanz der Sachziele im öffentlichen Sektor zum System von Formalzielen als Grundlage zukünftiger Reformentwicklungen, in: Bräunig, D./Greiling,

D. (Hrsg.): Stand und Perspektiven der Öffentlichen Betriebswirtschaftslehre – Festschrift für Prof. Dr. Peter Eichhorn zur Vollendung des 60. Lebensjahres, Berlin 1999, S. 55-65.

Budäus, D. (2002a): Operatives und strategisches Verwaltungscontrolling im aktuellen Reformprozess des öffentlichen Sektors (Teil 1), in: Controlling 2002, Jg. 14, Heft 4/5, S. 205-211.

Budäus, D. (2002b): Operatives und strategisches Verwaltungscontrolling im aktuellen Reformprozess des öffentlichen Sektors (Teil 2), in: Controlling 2002, Jg. 14, Heft 7, S. 389-394.

Budäus, D. (2002c): Strategisches Management in öffentlichen Verwaltungen – Zur Funktion und Leistungsfähigkeit des Balanced Scorecard als strategisches Planungs- und Managementkonzept, in: Scherer, A. G./Alt, J. M. (Hrsg.): Balanced Scorecard in Verwaltung und Non-Profit-Organisationen, Stuttgart 2002, S. 319-338.

Budäus, D. (2005): Reform des öffentlichen Haushalts- und Rechnungswesens und dafür erforderliche Grundsätze ordnungsmäßiger Buchführung (GoöB), in: Müller, S./Jöhnk, T./Bruns, A. (Hrsg.): Beiträge zum Finanz-, Rechnungs- und Bankwesen – Stand und Perspektiven, Wiesbaden 2005, S. 607-623.

Budäus, D. (2006a): Reform des öffentlichen Haushalts- und Rechnungswesens in Deutschland, in: Die Verwaltung – Zeitschrift für Verwaltungsrecht und Verwaltungswissenschaften 2006, Jg. 39, Heft 2, S. 187-214.

Budäus, D. (2006b): Informations-, Struktur- und Finanzmanagement öffentlicher Verwaltungen (Public Management) – Notwendigkeit eines universitären Forschungs- und Ausbildungsschwerpunktes, in: Verwaltung und Management 2006, Heft 3, S. 116-120.

Budäus, D. (2006c): 5.1 Aktuelle Situation und Weiterentwicklung des öffentlichen Haushalts- und Rechnungswesens, in: Proll, R. U./Reckert, K. (Hrsg.): Neues Kommunales Finanzmanagement 2006, S. 131-156.

Budäus, D. (2007): Zum aktuellen Reformstand des öffentlichen Haushalts- und Rechnungswesens, in: Bolsenkötter, H. (Hrsg.): Die Zukunft des öffentlichen Rechnungswesens – Reformtendenzen und internationale Entwicklungen, Baden-Baden 2007, S. 45-67.

Budäus, D. (2009a): Manifest zum öffentlichen Haushalts- und Rechnungswesen in Deutschland – Mehr Transparenz, Effektivität und Effizienz in Politik und Verwaltungen durch ein einheitliches doppisches Haushalts- und Rechnungswesen, Berlin 2009.

Budäus, D. (2009b): Hamburg ist mit seiner Reform des öffentlichen Haushalts- und Rechnungswesens auf einem für Verwaltungen richtungsweisenden Weg – Eine Erwiderung zu Böcking/Dutzi, Der Konzern 2008, 415 –, in: Der Konzern 2009, Jg. 7, Heft 1, S. 27-35.

Budäus, D. (Hrsg.) (1998): Organisationswandel öffentlicher Aufgabenwahrnehmung, Baden-Baden 1998.

Budäus, D./Behm, C./Adam, B. (2004): Reformen des öffentlichen Haushalts- und Rechnungswesens in Deutschland – Stand, Konzepte, Entwicklungsperspektiven, in: Verwaltung und Management 2004, Jg. 10, Heft 5, S. 228-233.

Budäus, D./Behm, C./Adam, B. (2005): Reformen des öffentlichen Haushalts- und Rechnungswesens in Deutschland – Stand, Konzepte, Entwicklungsperspektiven (Teil 3 und Schluss), in: Verwaltung und Management 2005, Jg. 11, Heft 1, S. 48-53.

Budäus, D./Buchholtz, K. (1997): Konzeptionelle Grundlagen des Controlling in öffentlichen Verwaltungen, in: Die Betriebswirtschaft 1997, Jg. 57, Heft 3, S. 322-337.

Budäus, D./Conrad, P./Schreyögg, G. (Hrsg.) (1998): New Public Management, Berlin u.a. 1998.

Budäus, D./Finger, S. (1999): Stand und Perspektive der Verwaltungsreform in Deutschland, in: Die Verwaltung – Zeitschrift für Verwaltungsrecht und Verwaltungswissenschaften 1999, Jg. 32, Heft 3, S. 313-343.

Budäus, D./Grüb, B. (2007): Anhaltspunkte und Hypothesenbildung für eine Theorie der Public Private Partnership, in: Bräunig, D./Greiling, D. (Hrsg.): Stand und Perspektiven der Öffentlichen Betriebswirtschaftslehre II – Festschrift für Peter Eichhorn anlässlich seiner Emeritierung, Berlin 2007, S. 421-431.

Budäus, D./Grüning, G. (1996): Public Private Partnership – Notwendigkeit und Ansatz einer begrifflichen Strukturierung, in: Verwaltung und Management 1996, Jg. 2, Heft 5, S. 278-282.

Budäus, D./Grüning, G. (1998): New Public Management – Entwicklung und Grundlage einer „Revolution" im öffentlichen Sektor, in: Zeitschrift Führung & Organisation 1998, Jg. 67, Heft 1, S. 4-9.

Budäus, D./Hilgers, D. (2007): Reform des öffentlichen Haushalts- und Rechnungswesens in Deutschland – Stand und Perspektiven, in: Schauer, R. (Hrsg.): Die "Kommunale Doppik" – theoretische und praktische Überlegungen zur Neuorganisation des kommunalen Rechnungswesens im Lichte internationaler Erfahrungen – Tagung an der Johannes Kepler Universität Linz – Eine Dokumentation, Linz 2007, S. 23-60.

Budäus, D./Hilgers, D. (2008): Managementtheorien und Management öffentlicher Verwaltungen – Public Management, in: Wagner, F. W./Schildbach, T./Schneider, D. (Hrsg.): Private und öffentliche Rechnungslegung – Festschrift für Prof. Dr. Hannes Streim zum 65. Geburtstag, Wiesbaden 2008, S. 41-59.

Budäus, D./Hilgers, D. (2009): Reform des öffentlichen Haushalts- und Rechnungswesens in Deutschland – Konzepte, Umsetzungsstand und Entwicklungsperspektiven, in: Zeitschrift für Planung und Unternehmenssteuerung 2009, Jg. 19, Heft 4, S. 377-396.

Budäus, D./Hilgers, D. (2010a): Reform kommunaler Verwaltungen in Deutschland – Entwicklung, Schwerpunkte und Perspektiven, in: Schuster, W./Murawski, K.-P. (Hrsg.): Die regierbare Stadt, Stuttgart 2010, S. 80-108.

Budäus, D./Hilgers, D. (2010b): Brauchen wir die IPSAS?, in: Behörden Spiegel/Sonderheft „25 Jahre Behörden Spiegel" 2010, Jg. 25, Heft 52. Woche, S. 37-37.

Budäus, D./Hilgers, D. (2010c): Eigenkapital/Eigenkapitalquote – ein vernachlässigbarer Faktor?, in: Der Städtetag – Zeitschrift für kommunale Politik und Praxis 2010, Heft 4, S. 22-26.

Budäus, D./Hilgers, D. (2010d): Neues doppisches Haushalts- und Rechnungswesen als Grundlage öffentlicher Ressourcensteuerung, in: Betriebswirtschaftliche Forschung und Praxis 2010, Jg. 61, Heft 5, S. 501-520.

Budäus, D./Hilgers, D. (Hrsg.) (2010): Reform des öffentlichen Haushalts- und Rechnungswesens zwischen Finanzkrise und Handlungsdruck, Berlin 2010.

Budäus, D./Küpper, W./Streitferdt, L. (Hrsg.) (2000): Neues öffentliches Rechnungswesen – Stand und Perspektiven – Klaus Lüder zum 65. Geburtstag, Wiesbaden 2000.

Budäus, D./Reichard, C./Schauer, R. (Hrsg.) (2002): Public and Nonprofit Management: Neuere Entwicklungen und aktuelle Problemfelder, Linz u.a. 2002.

Bundesministerium der Finanzen (2011): Gremium zur Standardisierung des staatlichen Rechnungswesens, Meldung vom 02.12.2011, online im Internet: http://www.bundesfinanzministerium.de/nn_144182/DE/Wirtschaft__und__Verwaltung/Finanz__und__Wirtschaftspolitik/Standards__fuer__kamerale__doppische__Produkthaushalte/Standardisierung-Rechnungswesen.html?__nnn=true, Stand: 02.12.2011, Abfrage: 03.04.2012, 16:00 Uhr.

Bundesministerium der Finanzen (2012): Systematiken für staatliche Doppik und Produkthaushalte aktualisiert, Meldung vom 13.03.2012, online im Internet: http://www.bundesfinanzministerium.de/nn_4318/sid_260B26F20EBF04637FA4AD8FC5803447/DE/Wirtschaft__und__Verwaltung/Finanz__und__Wirtschaftspolitik/Projekt-MHR/Systematiken__Doppik.html?__nnn=true, Stand: 13.03.2012, Abfrage: 03.04.2012, 17:00 Uhr.

Bundesrechnungshof (Hrsg.) (2007): Modernisierung der Verwaltungsbeziehungen von Bund und Ländern – Gutachten des Präsidenten des Bundesrechnungshofes als Bundesbeauftragter für Wirtschaftlichkeit in der Verwaltung, Stuttgart 2007.

Burth, A. (2008): Modernisierung des Haushalts- und Rechnungswesens im Bund, online im Internet: http://www.haushaltssteuerung.de/dokumente/modernisierung-haushalts-und-rechnungswesen-bund-deutschland.pdf, Stand: 26.11.2008, Abfrage: 30.03.2012, 10:00 Uhr.

Burth, A./Gnädinger, M. (2011): Auf einen Blick: Haushaltsreformen in Deutschland, online im Internet: http://www.haushaltssteuerung.de/dokumente/auf-einen-blick-haushaltsreformen-in-deutschland.pdf, Stand: 22.06.2011, Abfrage: 30.03.2012, 13:00 Uhr.

Buschor, E. (1992): Controlling in öffentlichen Verwaltungen und Betrieben, in: Weilenmann, P./Fickert, R. (Hrsg.): Strategie-Controlling in Theorie und Praxis, Bern u.a. 1992, S. 205-221.

Buschor, E. (1993): Zwanzig Jahre Haushaltsreform – Eine verwaltungswissenschaftliche Bilanz, in: Brede, H./Buschor, E. (Hrsg.): Das neue Öffentliche Rechnungswesen – Betriebswirtschaftliche Beiträge zur Haushaltsreform in Deutschland, Österreich und der Schweiz, Baden-Baden 1993, S. 199-269.

Buschor, E. (2000): Das Rechnungswesen im New Public Management, in: Budäus, D./Küpper, W./Streitferdt, L. (Hrsg.): Neues öffentliches Rechnungswesen – Stand und Perspektiven – Klaus Lüder zum 65. Geburtstag, Wiesbaden 2000, S. 19-57.

Buschor, E. (2002): Evaluation und New Public Management, in: Zeitschrift für Evaluation 2002, Jg. 1, Heft 1, S. 61-73.

Buschor, E./Grünefelder, P. (1999): Politikentmachtung durch Verwaltungsentwicklung oder zeitgemäße Kompetenzstrukturen für Politik und Verwaltung, in: Klimecki, R./Müller, W. (Hrsg.): Verwaltung im Aufbruch – Modernisierung als Lernprozess, Zürich 1999, S. 131-140.

Buschor, E./Lüder, K. (1994): Thesen zur zukünftigen Gestaltung des öffentlichen Rechnungswesens, in: Lüder, K. (Hrsg.): Öffentliches Rechnungswesen 2000 – Vorträge und Diskussionsbeiträge einer wissenschaftlichen Arbeitstagung der Hochschule für Verwaltungswissenschaften Speyer, Berlin 1994, S. 163-188.

Buschor, E./Schedler, K. (Hrsg.) (1994): Perspectives on Performance Measurement and Public Sector Accounting, Bern u.a. 1994.

Busse, B. (2003): Verwaltungssteuerung und Motivation der Beschäftigten durch Leitungsanreize, in: Verwaltung und Management 2003, Jg. 9, Heft 4, S. 217-219.

Busse von Colbe, W./Crasselt, N./Pellens, B. (Hrsg.) (2011): Lexikon des Rechnungswesens, 5. Aufl., München 2011.

Busse von Colbe, W./Pellens, B. (Hrsg.) (1998): Lexikon des Rechnungswesens – Handbuch der Bilanzierung und Prüfung, der Erlös-, Finanz-, Investitions- und Kostenrechnung, 4. Aufl., München 1998.

Caba Pérez, C./López-Hernández, A. M. (2009): Governmental financial transparency in MERCOSUR member countries, in: International Review of Administration Sciences 2009, Jg. 75, Heft 1, S. 169-181.

Camfferman, K./Zeff, S. A. (2007): Financial Reporting and Global Capital Markets: A History of the International Accounting Standards Committee, 1973-2000, Oxford 2007.

Cansier, D. (1996): Umweltökonomie, 2. Aufl., Stuttgart 1996.

Caperchione, E./Lapsley, I. (2011): Making Comparisons in Government Accounting, in: Financial Accountability & Management 2011, Jg. 27, Heft 2, S. 103-106.

Caperchione, E./Mussari, R. (Hrsg.) (2000): Comparative issues in local government accounting, Boston u.a. 2000.

Carnegie, G. D./West, B. P. (2005): Making accounting accountable in the public sector, in: Critical Perspectives on Accounting 2005, Jg. 16, Heft 7, S. 905-928.

Carnegie, G. D./Wolnizer, P. W. (1996): Enabling accountability in museums, in: Accounting, Auditing and Accountability Journal 1996, Jg. 9, Heft 5, S. 84-99.

Carnegie, G. D./Wolnizer, P. W. (1997a): The Financial Reporting of Publicly-owned Collections: Whither Financial (Market) Values and Contingent Valuation Estimates?, in: Australian Accounting Review 1997, Jg. 7, Heft 1, S. 44-50.

Carnegie, G. D./Wolnizer, P. W. (1997b): The financial value of cultural, heritage and scientific collections: an accounting fiction, in: Nudds, J. R./Pettitt, C. W. (Hrsg.): The value and valuation of natural science collections – Proceedings of the international conference, Manchester, 1995, London 1997, S. 165-179.

Carnegie, G. D./Wolnizer, P. W. (1999): Unravelling the Rhetoric About the Financial Reporting of Public Collections as Assets – A response to Micallef and Peirson, in: Australian Accounting Review 1999, Jg. 9, Heft 1, S. 16-21.

Carter, N. (1991): Learning to measure performance – The use of indicators in organizations, in: Public Administration 1991, Jg. 69, Heft 1, S. 85-101.

Carter, N./Klein, R./Day, P. (1995): How Organizations Measure Success: The Use of Performance Indicators in Government, London u.a. 1995.

Chan, J. L. (2002): Global Government Accounting Principles, in: Bräunig, D./Eichhorn, P. (Hrsg.): Evaluation and Accounting Standards in Public Management – Proceedings of the 3rd International Public Sector Management Symposium, Baden-Baden 2002, S. 152-163.

Chan, J. L. (2008): A Comparison of Government Accounting and Business Accounting, in: Wagner, F. W./Schildbach, T./Schneider, D. (Hrsg.): Private und öffentliche Rechnungslegung – Festschrift für Prof. Dr. Hannes Streim zum 65. Geburtstag, Wiesbaden 2008, S. 61-73.

Chan, J. L./Jones, R./Lüder, K. (Hrsg.) (1996): Research in Governmental and Nonprofit Accounting – Volume 9, Bingley 1996.

Chan, J. L./Jones, R. H. (Hrsg.) (1988): Governmental Accounting and Auditing – International comparisons, London u.a. 1988.

Cheng, R. H. (1994): A Politico-Economic model of Governmental Accounting Policy Choice, in: Research in Governmental and Nonprofit Accounting 1994, Jg. 8, Heft 1, S. 39-68.

Chmielewicz, K. (1989): Öffentliche Unternehmen, in: Chmielewicz, K./Eichhorn, P. (Hrsg.): Handwörterbuch der Öffentlichen Betriebswirtschaft, Stuttgart 1989, Sp. 1093-1105.

Chmielewicz, K. (1991): Rechnungswesen, Band 2, Pagatorische und kalkulatorische Erfolgsrechnung, 2. Aufl., Bochum 1991.

Chmielewicz, K./Eichhorn, P. (Hrsg.) (1989): Handwörterbuch der Öffentlichen Betriebswirtschaft, Stuttgart 1989.

Chmielewicz, K./Schweitzer, M. (Hrsg.) (1993): Handwörterbuch des Rechnungswesens, 3. Aufl., Stuttgart 1993.

Christensen, J. (2002): Agency Theory, in: Küpper, H.-U./Wagenhofer, A. (Hrsg.): Handwörterbuch Unternehmensrechnung und Controlling/HWU, Stuttgart 2002, Sp. 28-39.

Christensen, M. (2007): What We Might Know (But Aren't Sure) About Public-Sector Accrual Accounting, in: Australian Accounting Review 2007, Jg. 17, Heft 1, S. 51-65.

Coenenberg, A. G. (1995): Einheitlichkeit oder Differenzierung von internem und externem Rechnungswesen – Die Anforderungen der internen Steuerung, in: Der Betrieb 1995, Jg. 48, Heft 42, S. 2077-2083.

Coenenberg, A. G./Fischer, T. M./Günther, T. (2012): Kostenrechnung und Kostenanalyse, 8. Aufl., Stuttgart 2012.

Coenenberg, A. G./Haller, A./Blab, D. (2011): Bilanztheorien, in: Busse von Colbe, W./ Crasselt, N./Pellens, B. (Hrsg.): Lexikon des Rechnungswesens, München 2011, S. 115-124.

Coenenberg, A. G./Haller, A./Mattner, G./Schultze, W. (2012): Einführung in das Rechnungswesen – Grundlagen der Buchführung und Bilanzierung, HGB und internationale Standards, Einzel- und Konzernabschluss, 4. Aufl., Stuttgart 2012.

Coenenberg, A. G./Haller, A./Schultze, W. (2012): Jahresabschluss und Jahresabschlussanalyse – Betriebswirtschaftliche, handelsrechtliche, steuerrechtliche und internationale Grundlagen – HGB, IAS/IFRS, US-GAAP, DRS, 22. Aufl., Stuttgart 2012.

Coenenberg, A. G./Straub, B. (2008): Rechenschaft versus Entscheidungsunterstützung: Harmonie oder Disharmonie der Rechnungszwecke?, in: Zeitschrift für internationale und kapitalmarktorientierte Rechnungslegung 2008, Jg. 8, Heft 1, S. 17-26.

Corbett, D. C. (1992): Australian public sector management, St. Leonards 1992.

Cordes, U. (1996): Das öffentliche Rechnungswesen – Datenquelle für den Staatssektor der volkswirtschaftlichen Gesamtrechnung, Wiesbaden 1996.

Cormier, D./Magnan, M. L. (2005): From Accounting to „Forecounting“, in: Canadian Accounting Perspectives 2005, Jg. 4, Heft 2, S. 243-255.

Craig, R./Taonui, R./Wild, S. (2012): The concept of taonga in Maori culture: insights for accounting, in: Accounting, Auditing & Accountability Journal 2012, Jg. 25, Heft 6, S. 1025-1047.

Cummings, R. G./Brookshire, D. S./Schulze, W. D. (1986): Valuing Environmental Goods – An Assessment of the Contingent Evaluation Method, Totowa 1986.

Dean, P. (1988): Governmental Financial Management Systems in Developing Nations, in: Chan, J. L./Jones, R. H. (Hrsg.): Governmental Accounting and Auditing – International comparisons, London u.a. 1988, S. 149-174.

Dickertmann, D. (2003a): Haushaltsgrundsätze, in: Eichhorn, P./Friedrich, P./Jann, W./ Oechsler, W. A./Püttner, G./Reinermann, H. (Hrsg.): Verwaltungslexikon, Baden-Baden 2003, S. 473-474.

Dickertmann, D. (2003b): Subsidiaritätsprinzip, in: Eichhorn, P./Friedrich, P./Jann, W./ Oechsler, W. A./Püttner, G./Reinermann, H. (Hrsg.): Verwaltungslexikon, Baden-Baden 2003, S. 1023-1024.

Diemer, R. (1996): Neukonzeption des kommunalen Rechnungswesens – Vergleich des betriebswirtschaftlichen Gestaltungspotentials von Doppik und Kameralistik, Wiesbaden 1996.

Dobler, M./Hettich, S. (2007): Geplante Änderungen der Rahmenkonzepte von IASB und FASB – Konzeption, Vergleich, Würdigung, in: Zeitschrift für internationale Rechnungslegung 2007, Jg. 2, Heft 1, S. 29-36.

Doppler, K./Lauterburg, C. (2008): Change Management – Den Unternehmenswandel gestalten, 12. Aufl., Frankfurt a.M. u.a. 2008.

Downs, A. (1957): An Economic Theory of Democracy, New York 1957.

Downs, A. (1967): Inside Bureaucracy, Boston 1967.

Downs, A. (1968): Ökonomische Theorie der Demokratie, Tübingen 1968.

Dressler, S./Northoff, T. (2006): Die Bundesbilanz – Erläuterungen zu Ansatz und Bewertung sowie zu einzelnen Bilanzpositionen, München 2006.

Dunleavy, P./Hood, C. (1994): From Old Public Administration to New Public Management, in: Public Money & Management 1994, Jg. 14, Heft July-September, S. 9-16.

Duve, T. (2008a): Staatskommissare als Manager kommunaler Haushaltskonsolidierungsprozesse, in: Verwaltung und Management 2008, Jg. 14, Heft 6, S. 283-293.

Duve, T. (2008b): Haushaltsnotlage bei Kommunen – Kommunale Besonderheiten, Indikatoren und Staatsverantwortung, in: Die Öffentliche Verwaltung 2008, Jg. 61, Heft 1, S. 22-27.

Duve, T. (2009): Die Wiederentdeckung der kommunalen Insolvenz im Kontext bestehender Präventions- und Sanierungsstrategien, in: Die Öffentliche Verwaltung 2009, Jg. 62, Heft 14, S. 574-580.

Dworatschek, S. (Hrsg.) (1972): Management für alle Führungskräfte in Wirtschaft und Verwaltung, Stuttgart 1972.

Dye, K. M. (1990): Value for Money: Toward Improved Organizational Functioning, in: Premchand, A. (Hrsg.): Government financial management – Issues and country studies, Washington 1990, S. 167-176.

Eccles, R. G./Cheng, B./Saltzman, D. (2010): The Landscape of Integrated Reporting – Reflexions and Next Steps, Cambridge 2010.

Eccles, R. G./Krzus, M. (2010): One Report – Integrated Reporting for a Sustainable Strategy, Hoboken 2010.

Edeling, T. (Hrsg.) (1998): Öffentliches und privates Management – Fundamentally alike in all unimportant respects?, Leverkusen 1998.

Edling, H. (2011): Die Hauptfunktionen des Staates, in: WISU - Das Wirtschaftsstudium 2011, Jg. 40, Heft 3, S. 379-391.

Eibelshäuser, M. (2006): Bilanzierungsgrundsätze und öffentliche Rechnungslegung, in: Der Konzern 2006, Jg. 4, Heft 9, S. 618-624.

Eibelshäuser, M. (Hrsg.) (2002): Finanzpolitik und Finanzkontrolle – Partner für Veränderung – Gedächtnisschrift für Udo Müller, Baden-Baden 2002.

Eichhorn, P. (1971): Öffentliche Haushalte und Betriebswirtschaftslehre, in: Zeitschrift für Betriebswirtschaft 1971, Jg. 41, Heft 9, S. 611-622.

Eichhorn, P. (1979): Verwaltungshandeln und Verwaltungskosten – Möglichkeiten zur Verbesserung der Wirtschaftlichkeit in der Verwaltung, Baden-Baden 1979.

Eichhorn, P. (1984): Betriebswirtschaftslehre und Gemeinwohl, in: Zeitschrift für Betriebswirtschaft 1984, Jg. 54, Heft 3, S. 238-251.

Eichhorn, P. (1985): Essentialien der Öffentlichen Betriebswirtschaftslehre, in: Eichhorn, P. (Hrsg.): Betriebswirtschaftliche Erkenntnisse für Regierung, Verwaltung und öffentliche Unternehmen – 25 Jahre Öffentliche Betriebswirtschaftslehre an der Universität Mannheim, Baden-Baden 1985, S. 175-184.

Eichhorn, P. (1993): Rechnungsziele und Rechnungssysteme in Unternehmen und Verwaltungen – Verstärkte Beachtung der Sachziele im Rechnungswesen, in: Der Schweizer Treuhänder 1993, Jg. 67, Heft 78, S. 493-498.

Eichhorn, P. (1997): Öffentliche Betriebswirtschaftslehre – Beiträge zur BWL der öffentlichen Verwaltungen und öffentlichen Unternehmen, Berlin 1997.

Eichhorn, P. (2003a): Öffentliche Verwaltung, in: Eichhorn, P./Friedrich, P./Jann, W./ Oechsler, W. A./Püttner, G./Reinermann, H. (Hrsg.): Verwaltungslexikon, Baden-Baden 2003, S. 760-763.

Eichhorn, P. (2003b): Öffentliches Unternehmen, in: Eichhorn, P./Friedrich, P./Jann, W./ Oechsler, W. A./Püttner, G./Reinermann, H. (Hrsg.): Verwaltungslexikon, Baden-Baden 2003, S. 754-757.

Eichhorn, P. (2003c): Verwaltungsziele, in: Eichhorn, P./Friedrich, P./Jann, W./Oechsler, W. A./Püttner, G./Reinermann, H. (Hrsg.): Verwaltungslexikon, Baden-Baden 2003, S. 1166-1168.

Eichhorn, P. (2003d): Öffentliche Betriebswirtschaftslehre, in: Eichhorn, P./Friedrich, P./ Jann, W./Oechsler, W. A./Püttner, G./Reinermann, H. (Hrsg.): Verwaltungslexikon, Baden-Baden 2003, S. 741-745.

Eichhorn, P. (2005): Das Prinzip Wirtschaftlichkeit – Basiswissen der Betriebswirtschaftslehre, 3. Aufl., Wiesbaden 2005.

Eichhorn, P. (2011): Outcomes- and Impact-Based Accountability, in: Greiling, D./ Halachmi, A./Schauer, R. (Hrsg.): Accounting, Accountability and Governance in the Public Sector – 9th International Symposium on Public Sector Management, Johannes Kepler University, Linz (Austria), Linz 2011, S. 133-144.

Eichhorn, P. (Hrsg.) (1985): Betriebswirtschaftliche Erkenntnisse für Regierung, Verwaltung und öffentliche Unternehmen – 25 Jahre Öffentliche Betriebswirtschaftslehre an der Universität Mannheim, Baden-Baden 1985.

Eichhorn, P. (Hrsg.) (1987): Doppik und Kameralistik – Festschrift für Prof. Dr. Ludwig Mülhaupt zur Vollendung des 75. Lebensjahres, Baden-Baden 1987.

Eichhorn, P./Friedrich, P. (1976): Verwaltungsökonomie I – Methodologie und Management der öffentlichen Verwaltung, Baden-Baden 1976.

Eichhorn, P./Friedrich, P./Jann, W./Oechsler, W. A./Püttner, G./Reinermann, H. (Hrsg.) (2003): Verwaltungslexikon, 3. Aufl., Baden-Baden 2003.

Eichhorn, P./Münch, P. (Hrsg.) (1983): Aufgaben öffentlicher und gemeinwirtschaftlicher Unternehmen im Wandel, Baden-Baden 1983.

Eichhorn, P./Noll, W. (1983): Öffentliche Aufgaben im Wandel, in: Eichhorn, P./Münch, P. (Hrsg.): Aufgaben öffentlicher und gemeinwirtschaftlicher Unternehmen im Wandel, Baden-Baden 1983, S. 39-52.

Eierle, B./Schultze, W. (2009): The Role of Management as a User of Accounting Information: Implications for Standard Setting, online im Internet: http://papers.ssrn.com/sol3/papers.cfm?abstract_id=1130162, Stand: 29.01.2009, Abfrage: 12.11.2012, 14:00 Uhr.

Eisenhardt, K. M. (1989): Agency theory: An assessment and review, in: Academy of Management Review 1989, Jg. 14, Heft 1, S. 57-74.

Ellerich, M. (2009a): Keine Auswirkung des BilMoG auf den kommunalen Jahresabschluss? – Zugleich ein Plädoyer gegen allzu bunte Blumensträuße, in: Die Wirtschaftsprüfung 2009, Jg. 62, Heft 7, S. I.

Ellerich, M. (2009b): Zur Reform der Rechnungslegung der öffentlichen Verwaltung in Deutschland, in: Weber, C.-P./Lorson, P./Pfitzer, N./Kessler, H./Wirth, J. (Hrsg.): Berichterstattung für den Kapitalmarkt – Festschrift für Karlheinz Küting zum 65. Geburtstag, Stuttgart 2009, S. 611-640.

Ellerich, M. (2012): Standards staatlicher Doppik – Zum Stand der Entwicklung einheitlicher Grundsätze für die Rechnungslegung des Bundes und der Länder, in: Die Wirtschaftsprüfung 2012, Jg. 65, Heft 21, S. 1131-1138.

Ellerich, M./Radde, J. (2009): Keine Auswirkungen des BilMoG auf den kommunalen Jahresabschluss?, in: Die Wirtschaftsprüfung 2009, Jg. 62, Heft 15, S. 780-786.

Ellerich, M./Radde, J. (2010): Kommunale Jahresabschlussprüfung nach der Reform des Gemeindehaushaltsrechts am Beispiel Nordrhein-Westfalen, in: Betriebswirtschaftliche Forschung und Praxis 2010, Jg. 61, Heft 5, S. 521-533.

Elsasser, P. (1996): Der Erholungswert des Waldes – Monetäre Bewertung der Erholungsleistung ausgewählter Wälder in Deutschland, Frankfurt a.M. 1996.

Elschen, R. (1998): Principal-Agent, in: Busse von Colbe, W./Pellens, B. (Hrsg.): Lexikon des Rechnungswesens – Handbuch der Bilanzierung und Prüfung, der Erlös-, Finanz-, Investitions- und Kostenrechnung, München 1998, S. 557-560.

Engels, D./Eibelshäuser, M. (2010): Öffentliche Rechnungslegung – Von der Kameralistik zur Doppik – Status – Reformen – Perspektiven, Köln 2010.

Erlei, M./Leschke, M./Sauerland, D. (2007): Neue Institutionenökonomik, 2. Aufl., Stuttgart 2007.

Ernstberger, J. (2004): Erfolgs- und Vermögensmessung nach International Financial Reporting Standards (IFRS), Frankfurt a.M. 2004.

EU-Kommission (2013): Bericht der Kommission an den Rat und das Europäische Parlament, Die angestrebte Umsetzung harmonisierter Rechnungsführungsgrundsätze für den öffentlichen Sektor in den Mitgliedstaaten – Die Eignung der IPSAS für die Mitgliedstaaten, Brüssel 2013.

Ewert, R./Wagenhofer, A. (2008): Interne Unternehmensrechnung, 7. Aufl., Berlin u.a. 2008.

Faber, M. (1986): Mikroökonomische Methoden der Präferenzerfassung bei Freizeiteinrichtungen, München 1986.

Fama, E. F. (1980): Agency Problems and the Theory of Firms, in: Journal of Political Economy 1980, Jg. 88, Heft 2, S. 288-307.

Faucheux, S./Noel, J.-F. (2001): Ökonomie natürlicher Ressourcen und der Umwelt, Marburg 2001.

FEE (2008): Implementation of Accrual Accounting: The Impact on Public Sector Audit, Brüssel 2008.

FEE (2011): IPSASB Exposure Draft CF-ED1 – Conceptual Framework for General Purpose Financial Reporting by Public Sector Entities: Role, Authority and Scope; Objectives and Users; Qualitative Characteristics; and Reporting Entity, online im Internet: http://www.fee.be/fileupload/upload/Fox%20110526%20IPSASB%20Conceptual%20Framework%20ED12752011481655.pdf, Stand: 26.05.2011, Abfrage: 23.05.2012, 14:30 Uhr.

FEE Public Sector Committee (2007): Accrual Accounting in the Public Sector, Brüssel 2007.

Feess, E. (2007): Umweltökonomie und Umweltpolitik, 3. Aufl., München 2007.

Feldbauer-Durstmüller, B./Schwarz, R./Wimmer, B. (Hrsg.) (2005): Handbuch Controlling und Consulting, Wien 2005.

Felderer, B./Homburg, S. (2005): Makroökonomie und neue Makroökonomik, 9. Aufl., Berlin u.a. 2005.

Fiedler, J. (2005): Erfahrungen, Bewertungen und Perspektiven der Verwaltungsreform – aus der Beraterperspektive, in: Blanke, B./Bandemer, S. von/Nullmeier, F./Wewer, G. (Hrsg.): Handbuch zur Verwaltungsreform, Wiesbaden 2005, S. 481-494.

Finger, S. (2001): Staatsverschuldung und Verwaltungsreform in der Demokratie – Reforminstrumente und ihre politische Durchsetzbarkeit, Wiesbaden 2001.

Finger, S. (2007): Das neue öffentliche Haushalts- und Rechnungswesen als Chance für Ansätze zur Ziel- und Wirkungsorientierung, in: Brüggemeier, M./Schauer, R./Schedler, K. (Hrsg.): Controlling und Performance-Management im öffentlichen Sektor – Festschrift für Prof. Dr. Dr. h.c. Dietrich Budäus zum 65. Geburtstag, Bern u.a. 2007, S. 93-100.

Fischer, D. T. (2010): Der Standardentwurf Conceptual Framework for Financial Reporting – The Reporting Entity (ED/2010/2), in: Praxis der internationalen Rechnungslegung 2010, Jg. 6, Heft 4, S. 112-113.

Fischer, D. T. (2011): IFRS 13 – Fair Value Measurement, in: Praxis der internationalen Rechnungslegung 2011, Jg. 7, Heft 8, S. 235-238.

Fischer, D. T./Pronobis, P. (2009): Das Diskussionspapier Preliminary Views on Financial Statement Presentation des IASB und FASB, in: Praxis der internationalen Rechnungslegung 2009, Jg. 5, Heft 9, S. 274-276.

Fischer, E. (2005): Reform des Haushalts- und Finanzmanagements aus der Sicht der KGSt, in: Hill, H. (Hrsg.): Bestandsaufnahme und Perspektiven des Haushalts- und Finanzmanagements 2005, S. 75-86.

Fischer, E./Gnädinger, M. (2009): Generationengerechte Haushaltswirtschaft – Schuldenverbot, HGrGMoG und Ergebnisausgleich, in: Verwaltung und Management 2009, Jg. 15, Heft 6, S. 283-292.

Fischer, T. R./Hömberg, R. (Hrsg.) (1997): Jahresabschluß und Jahresabschlußprüfung – Probleme, Perspektiven, internationale Einflüsse – Festschrift zum 60. Geburtstag von Jörg Baetge, Düsseldorf 1997.

Fleige, T. (1989): Zielbezogene Rechnungslegung und Berichterstattung von Kommunen, Münster 1989.

Forst, C./Müller, S. (2009): 4.2 Bilanzierung und Bewertung von Waldvermögen, in: Brösel, G./Zwirner, C. (Hrsg.): IFRS-Rechnungslegung – Grundlagen – Aufgaben – Fallstudien, München u.a. 2009, S. 441-455.

Frederickson, D. G./Frederickson, H. G. (2006): Measuring the Performance of the Hollow State, Washington D.C. 2006.

Freie Hansestadt Bremen (2010): Geschäftsbericht zur Eröffnungsbilanz zum 01.01.2010 des Landes und der Stadtgemeinde Bremen, Bremen 2010.

Freie und Hansestadt Hamburg (2006): Hamburg zieht Bilanz – Geschäftsbericht zur Eröffnungsbilanz auf den 1. Januar 2006, Hamburg 2006.

Freie und Hansestadt Hamburg (2007): Geschäftsbericht der Freien und Hansestadt Hamburg – Hamburg zieht Bilanz – Die erste kaufmännische Bilanz eines deutschen Bundeslandes, Hamburg 2007.

Freie und Hansestadt Hamburg (2008): Geschäftsbericht 2007 - Die erste Konzernbilanz eines deutschen Bundeslandes, Hamburg 2008.

Fritsch, M./Wein, T./Ewers, H.-J. (1999): Marktversagen und Wirtschaftspolitik – Mikroökonomische Grundlagen staatlichen Handelns, 3. Aufl., München 1999.

Fuchs, M. (1989): Betriebskameralistik, in: Chmielewicz, K./Eichhorn, P. (Hrsg.): Handwörterbuch der Öffentlichen Betriebswirtschaft, Stuttgart 1989, Sp. 132-140.

Fudalla, M. (2008): Rechenschaft als Jahresabschlusszweck im "Neuen Kommunalen Finanzmanagement" (NKF), in: Der Gemeindehaushalt 2008, Jg. 109, Heft 5, S. 110-113.

Fuertes, I. (2008): Towards Harmonization or Standardization in Governmental Accounting? The International Public Accounting Standards Board Experience, in: Journal of Comparative Policy Analysis 2008, Jg. 10, Heft 4, S. 327-345.

Fülbier, R. U./Gassen, J. (2008): Bilanzrechtsregulierung: Auf der ewigen Suche nach der eierlegenden Wollmilchsau, in: Wagner, F. W./Schildbach, T./Schneider, D. (Hrsg.): Private und öffentliche Rechnungslegung – Festschrift für Prof. Dr. Hannes Streim zum 65. Geburtstag, Wiesbaden 2008, S. 135-155.

Fülbier, R. U./Maier, F./Sellhorn, T. (2009): Internationale Abschlüsse in neuem Gewand – Das Discussion Paper zu „Financial Statement Presentation" (Phase B), in: Die Wirtschaftsprüfung 2009, Jg. 62, Heft 7, S. 405-410.

García, M. A. (1995): Armonización de la información financiera en Europa, Madrid 1995.

Gårseth-Nesbakk, L./Mellemvik, F. (2011): The construction of materiality in government accounting, a case of constraining factors and the difficulties of hybridization, in: Financial Accountability & Management 2011, Jg. 27, Heft 2, S. 195-216.

GASB (Hrsg.) (1985): The Needs of Users of Governmental Financial Reports, Stamford 1985.

Gassen, J./Eisenschink, T./Weil, M. (2010): Das Konzept der rechnungslegenden Einheit nach ED/2010/2, in: Die Wirtschaftsprüfung 2010, Jg. 63, Heft 16, S. 805-810.

Gassen, J./Fischkin, M./Hill, V. (2008): Das Rahmenkonzept-Projekt des IASB und des FASB: Eine normendeskriptive Analyse des aktuellen Stands, in: Die Wirtschaftsprüfung 2008, Jg. 61, Heft 18, S. 874-882.

Gehrlein, U. (2004): Nachhaltigkeitsindikatoren zur Steuerung kommunaler Entwicklung, Wiesbaden 2004.

Gehrlein, U. (Hrsg.) (2000): Wege zur Zukunftsbeständigkeit – Strategien und Instrumente zur Umsetzung des Leitbildes nachhaltiger Entwicklung, Münster 2000.

Gemmell, N. (1995): The Public Sector: Definition and Measurement Issues, in: Gemmell, N. (Hrsg.): The Growth of the Public Sector, Aldershot 1995, S. 1-14.

Gemmell, N. (Hrsg.) (1995): The Growth of the Public Sector, Aldershot 1995.

Gerloff, W./Neumark, F. (Hrsg.) (1952): Handbuch der Finanzwissenschaft, 2. Aufl., Tübingen 1952.

Gerstenberg, F. (2007): Sachanlagevermögen im kommunalen Abschluss auf Basis eines doppischen Haushaltsrechts – Theoretische Grundlagen und zweckorientierte Konzeption eines Deutschen Öffentlichen Rechnungslegungsstandards (DÖRS), Berlin 2007.

Gibson, K. (1996): Heritage assets and financial reporting: A botanical gardens case – unveröffentlichter Konferenzbeitrag, Accounting Conference of the Accounting Association of Australia & New Zealand, Christchurch 1996.

Gijsel, P. de (Hrsg.) (1997): Ökonomie und Gesellschaft – Jahrbuch 14 – Nachhaltigkeit in der ökonomischen Theorie, Frankfurt a.M. u.a. 1997.

Glanz, S. (2011): Zur Bilanzierung der Kultur- und Naturgüter (Heritage Assets) – Auf dem Weg zu internationaler Vereinheitlichung?, in: Zeitschrift für internationale Rechnungslegung 2011, Jg. 6, Heft 1, S. 39-45.

Glazer, A. S./Jaenicke, H. R. (1991): The Conceptual Framework, Museum Collections, and User-Orientied Financial Statements, in: Accounting Horizons 1991, Jg. 5, Heft 4, S. 28-43.

Glöckner, A./Mühlenkamp, H. (2009): Die kommunale Finanzkontrolle, in: Zeitschrift für Planung und Unternehmenssteuerung 2009, Jg. 19, Heft 4, S. 397-420.

Göbel, E. (2002): Neue Institutionenökonomik – Konzeption und betriebswirtschaftliche Anwendungen, Stuttgart 2002.

Göbel, M./Vogel, R. (2010): Von der Verwaltungsbürokratie zum New Public Management – Leitbilder administrativer Steuerung im Wandel (Sammelrezension), in: Die Betriebswirtschaft 2010, Jg. 70, Heft 1, S. 77-95.

Goetzke, W. (1979): Aufgabenanalyse als Grundlage der Gestaltung des Rechnungswesens nicht erwerbswirtschaftlicher Betriebe, in: Betriebswirtschaftliche Forschung und Praxis 1979, Jg. 31, Heft 6, S. 517-535.

Goldbach, A. (2003): Die Leistungsrechnung im Rahmen der öffentlichen Kosten- und Leistungsrechnung – Begründungszusammenhänge, Grundkonzeption und Problembereiche (Teil I) und (Teil II), in: Verwaltung und Management 2003, Jg. 9, Heft 3 und 4, S. 122-126 und 205-210.

Goldbach, A. (2005): Der Wertschöpfungsgedanke als Leitidee öffentlich-wirtschaftlicher Entscheidungen: Konsequenzen für die Gestaltung, Interpretation und Vermittlung des „Neuen Kommunalen Rechnungswesens (NKR)" – Eine instrumentelle Betrachtung der Reform des öffentlichen Rechnungswesens unter besonderer Berücksichtigung der Kosten- und Leistungsrechnung, in: Goldbach, A./Söffker, C./Di Pietro, S./Rahe, C. (Hrsg.): Entwicklungslinien und Problemschwerpunkte der Öffentlichen Betriebswirtschaftslehre – Festschrift für Helmut Brede zu seinem 70. Geburtstag, Frankfurt a.M. 2005, S. 112-135.

Goldbach, A./Söffker, C./Di Pietro, S./Rahe, C. (Hrsg.) (2005): Entwicklungslinien und Problemschwerpunkte der Öffentlichen Betriebswirtschaftslehre – Festschrift für Helmut Brede zu seinem 70. Geburtstag, Frankfurt a.M. 2005.

Gornas, J. (1976): Grundzüge einer Verwaltungskostenrechnung – Die Kostenrechnung als Instrument zur Planung und Kontrolle der Wirtschaftlichkeit in der öffentlichen Verwaltung, Baden-Baden 1976.

Gornas, J. (1989): Verwaltungskameralistik, in: Chmielewicz, K./Eichhorn, P. (Hrsg.): Handwörterbuch der Öffentlichen Betriebswirtschaft, Stuttgart 1989, Sp. 1650-1658.

Gornas, J. (1999): Internes versus externes öffentliches Rechnungswesen, in: Bräunig, D./ Greiling, D. (Hrsg.): Stand und Perspektiven der Öffentlichen Betriebswirtschaftslehre – Festschrift für Prof. Dr. Peter Eichhorn zur Vollendung des 60. Lebensjahres, Berlin 1999, S. 313-320.

Gornas, J./Beyer, W. (1991): Betriebswirtschaft in der öffentlichen Verwaltung – Systematische Darstellung, Köln u.a. 1991.

Grande, E./Prätorius, R. (Hrsg.) (1997): Modernisierung des Staates?, Baden-Baden 1997.

Gray, R. (1992): Accounting and environmentalism: an exploration of the challenge of gently accounting for accountability, transparency and sustainability, in: Accounting, Organizations and Society 1992, Jg. 17, Heft 5, S. 399-425.

Greiling, D. (2011): Ausgliederungen und Public Private Partnerships als Instrument zur Erfüllung öffentlicher Aufgaben: ein österreichischer Erfahrungsbericht, in: Zeitschrift für öffentliche und gemeinwirtschaftliche Unternehmen 2011, Jg. 34, Heft 1, S. 52-80.

Greiling, D./Halachmi, A./Schauer, R. (Hrsg.) (2011): Accounting, Accountability and Governance in the Public Sector – 9th International Symposium on Public Sector Management, Johannes Kepler University, Linz (Austria), Linz 2011.

Griliches, Z. (1971): Price Indexes and Quality Change, Cambridge 1971.

Grimmer, K. (1997): Struktur und Innovation – Theoretisch-praktische Grundlagen der Gestaltung öffentlicher Verwaltungen, Baden-Baden 1997.

Grommas, D. (2005): Wertdimensionen in internen Budgets öffentlicher Betriebe und Verwaltungen, in: Goldbach, A./Söffker, C./Di Pietro, S./Rahe, C. (Hrsg.): Entwicklungslinien und Problemschwerpunkte der Öffentlichen Betriebswirtschaftslehre – Festschrift für Helmut Brede zu seinem 70. Geburtstag, Frankfurt a.M. 2005, S. 139-163.

Gronemann, S./Hampicke, U. (1997): Die Monetarisierung der Natur – Möglichkeiten, Grenzen und Methoden, in: Gijsel, P. de (Hrsg.): Ökonomie und Gesellschaft – Jahrbuch 14 – Nachhaltigkeit in der ökonomischen Theorie, Frankfurt a.M. u.a. 1997, S. 164-207.

Gröpl, C. (2001): Haushaltsrecht und Reform – Dogmatik und Möglichkeiten der Fortentwicklung der Haushaltswirtschaft durch Flexibilisierung, Dezentralisierung, Budgetierung, Ökonomisierung und Fremdfinanzierung, Tübingen 2001.

Große, J.-V. (2011): IFRS 13 „Fair Value Measurement" – Was sich (nicht) ändert, in: Zeitschrift für internationale und kapitalmarktorientierte Rechnungslegung 2011, Jg. 11, Heft 6, S. 286-296.

Grüning, G. (2000): Grundlagen des New Public Management – Entwicklung, theoretischer Hintergrund und wissenschaftliche Bedeutung des New Public Management aus Sicht der politisch-administrativen Wissenschaften der USA, Münster 2000.

Grunow, D./Wollmann, H. (Hrsg.) (1998): Lokale Verwaltungsreform in Aktion: Fortschritte und Fallstricke, Basel u.a. 1998.

Gusy, C. (Hrsg.) (1998): Privatisierung von Staatsaufgaben – Kriterien – Grenzen – Folgen, Baden-Baden 1998.

Haaker, A./Freiberg, J. (2011): Pro & Contra: Phantasie statt Fakten bei der fair value-Bewertung, in: Praxis der internationalen Rechnungslegung 2011, Jg. 7, Heft 2, S. 47-48.

Hablützel, P./Haldemann, T./Schedler, K./Schwaar, K. (Hrsg.) (1995): Umbruch in Politik und Verwaltung – Ansichten und Erfahrungen zum New Public Management in der Schweiz, Bern u.a. 1995.

Hackl, F. (1994): Nachfrageseitige Bewertungsansätze für öffentliche Güter, in: Schneeberger, W./Wytrzens, H. K. (Hrsg.): Naturschutz und Landschaftspflege als agrar- und forstpolitische Herausforderung, Wien 1994, S. 71-83.

Hackl, F. (1997): Contingent Valuation als Instrument zur ökonomischen Bewertung der Landschaft, Frankfurt a.M. u.a. 1997.

Hackl, F./Pruckner, G. J. (1994): Die Kosten/Nutzen-Analyse als Bewertungsinstrument der Umweltpolitik, in: Bartel, R./Hackl, F. (Hrsg.): Einführung in die Umweltpolitik, München 1994, S. 81-100.

Haeseler, H. R. (1989): Gemischtwirtschaftliche Unternehmen, in: Chmielewicz, K./Eichhorn, P. (Hrsg.): Handwörterbuch der Öffentlichen Betriebswirtschaft, Stuttgart 1989, Sp. 479-485.

Häfner, P. (2009): Doppelte Buchführung für Kommunen, 4. Aufl., Freiburg u.a. 2009.

Hail, L./Meyer, C. (2001): Framework zur Abschlussanalyse und Unternehmensbewertung – Abschlussinformationen richtig interpretiert, in: Der Schweizer Treuhänder 2001, Jg. 75, Heft 8, S. 667-678.

Haller, A. (1994): Die Grundlagen der externen Rechnungslegung in den USA, 4. Aufl., Stuttgart 1994.

Haller, A. (1997): Wertschöpfungsrechnung – Ein Instrument zur Steigerung der Aussagefähigkeit von Unternehmensabschlüssen im internationalen Kontext – zugleich Habilitationsschrift Universität Augsburg 1996, Stuttgart 1997.

Haller, A. (2006a): Unternehmensberichterstattung – quo vadis?, in: Bertl, R./Eberhartinger, E./Egger, A./Kalss, S./Lang, M./Nowotny, C./Riegler, C./Schuch, J. (Hrsg.): Immaterielle Vermögenswerte, Wien 2006, S. 9-41.

Haller, A. (2006b): Nachhaltigkeitsleistung als Element des Value Reporting, in: Zeitschrift für Controlling & Management 2006, Jg. 50, Sonderheft 3, S. 62-73.

Haller, A. (2009): „Wertorientierte“ Unternehmensführung – Neuausrichtung der Corporate Governance vor dem Hintergrund der Nachhaltigkeitsdiskussion, in: IHK Regensburg (Hrsg.): Nachhaltigkeit – Unternehmenszukunft erfolgreich gestalten!, Schriftenreihe der Industrie- und Handelskammer Regensburg, Heft 19, Regensburg 2009, S. 23-44.

Haller, A./Blab, D. (2009): Internationale Rechnungslegungsgrundsätze für den öffentlichen Sektor – Eine konzeptionelle Analyse der Anwendungsmöglichkeiten und -grenzen, in: Zeitschrift für Planung und Unternehmenssteuerung 2009, Jg. 19, Heft 4, S. 441-465.

Haller, A./Egger, F. (2006): Bilanzierung landwirtschaftlicher Tätigkeiten nach IFRS, in: Die Wirtschaftsprüfung 2006, Jg. 59, Heft 5, S. 281-290.

Haller, A./Ernstberger, J. (2006): Global Reporting Initiative – Internationale Leitlinien zur Erstellung von Nachhaltigkeitsberichten, in: Betriebs-Berater 2006, Jg. 61, Heft 46, S. 2516-2524.

Haller, A./Fuhrmann, C. (2012): Die Entwicklung der Lageberichterstattung in Deutschland vor dem Hintergrund des Konzepts des „Integrated Reporting“, in: Zeitschrift für öffentliche und gemeinwirtschaftliche Unternehmen 2012, Jg. 12, Heft 10, S. 461-469.

Haller, A./Fuhrmann, C. (2013): Die Lageberichterstattung deutscher Unternehmen im Lichte des „Integrated Reporting“ – Erste empirische Erkenntnisse, in: Zeitschrift für internationale und kapitalmarktorientierte Rechnungslegung 2013, Jg. 13, Heft 5, S. 243-251.

Haller, A./Raffournier, B./Walton, P. (Hrsg.) (2000): Unternehmenspublizität im internationalen Wettbewerb, Stuttgart 2000.

Haller, A./Walton, P. (2000): Unternehmenspublizität im Spannungsfeld nationaler Prägung und internationaler Harmonisierung, in: Haller, A./Raffournier, B./Walton, P. (Hrsg.): Unternehmenspublizität im internationalen Wettbewerb, Stuttgart 2000, S. 3-72.

Haller, A./Walton, P. (2003): Country differences and harmonization, in: Walton, P./Haller, A./Raffournier, B. (Hrsg.): International Accounting, London 2003, S. 1-34.

Haller, A./Zellner, P. (2011): Integrated Reporting – ein Vorschlag zur Neugestaltung der Unternehmensberichterstattung, in: Zeitschrift für internationale und kapitalmarktorientierte Rechnungslegung 2011, Jg. 11, Heft 11, S. 523-529.

Hanusch, H. (Hrsg.) (1978): Reform öffentlicher Leistungen, Baden-Baden 1978.

Harlander, T. (1998): Stadtplanung und Stadtentwicklung in der Bundesrepublik Deutschland: Entwicklungsphasen seit 1945, in: DISP 1998, Jg. 34, Heft 132, S. 4-9.

Harms, J. (1999): Rechnungshöfe als Wirtschaftlichkeitsprüfer öffentlicher Verwaltungen, in: Bräunig, D./Greiling, D. (Hrsg.): Stand und Perspektiven der Öffentlichen Betriebswirtschaftslehre – Festschrift für Prof. Dr. Peter Eichhorn zur Vollendung des 60. Lebensjahres, Berlin 1999, S. 175-182.

Harms, J. (2004): Reformen der staatlichen Rechnungslegung in Deutschland – Entwicklungen und Anforderungen, in: Die Wirtschaftsprüfung 2004, Jg. 57, Sonderheft, S. S18-S23.

Harms, J./Reichard, C. (Hrsg.) (2003): Die Ökonomisierung des öffentlichen Sektors – Instrumente und Trends, Baden-Baden 2003.

Harringer, R. (2004): Reform der öffentlichen Rechnungslegung und Finanzpolitik – HRM und IPSAS unterscheiden sich in der Ausrichtung grundlegend, in: Der Schweizer Treuhänder 2004, Jg. 78, Heft 8, S. 625-628.

Hauptmann, T./Nowak, K. (2008): Auswirkungen des BilMoG auf die Überwachung öffentlicher Unternehmen, in: Der Konzern 2008, Jg. 6, Heft 8, S. 426-436.

Hay, L. E./Antonio, J. F. (1990): What users want in government financial reports, in: Journal of Accountancy 1990, Jg. 170, Heft 2, S. 91-98.

Heald, D./Georgiou, G. (2011): The Substance of Accounting for Public-Private Partnerships, in: Financial Accountability & Management 2011, Jg. 27, Heft 2, S. 217-247.

Hebeler, C. (2003): Harmonisierung des internen und externen Rechnungswesens – US-amerikanische Accounting-Systeme als konzeptionelle Grundlage für deutsche Unternehmen?, Wiesbaden 2003.

Hebeler, T. (2002): Die Budgetierung und das Budgetrecht – Unzulässige Kompetenzverschiebungen zu Lasten der Parlamente durch neue Haushaltsinstrumente?, in: Verwaltungsrundschau 2002, Jg. 48, Heft 2, S. 76-80.

Heiling, J. (2003a): Speyerer Verfahren, in: Eichhorn, P./Friedrich, P./Jann, W./Oechsler, W. A./Püttner, G./Reinermann, H. (Hrsg.): Verwaltungslexikon, Baden-Baden 2003, S. 978-980.

Heiling, J. (2003b): Wirkungsorientierte Budgetierung, in: Eichhorn, P./Friedrich, P./Jann, W./Oechsler, W. A./Püttner, G./Reinermann, H. (Hrsg.): Verwaltungslexikon, Baden-Baden 2003, S. 1207-1208.

Heiling, J./Wirtz, H. (2009): Anmerkungen zur Modernisierung des Haushaltsgrundsätzegesetzes – Grundsätze staatlicher Doppik, in: Die Wirtschaftsprüfung 2009, Jg. 62, Heft 16, S. 821-827.

Heintges, S./Wulbrand, H. (2011): Die Vorschläge zur neuen „Financial Statement Presentation“: Implikationen und Auswirkungen für den Anwender, in: Zeitschrift für internationale und kapitalmarktorientierte Rechnungslegung 2011, Jg. 11, Heft 1, S. 6-14.

Heinz, R. (2000): Kommunales Management – Überlegungen zu einem KGSt-Ansatz, Stuttgart 2000.

Held, B. (2009): Modell zur Ermittlung des Erhaltungsaufwandes von Kunst- und Kulturgütern in kommunalen Bilanzen – Weidener Diskussionspapier No. 16, Weiden 2009.

Held, B. (2010): Bewertungsmodell der musealen Kunstgegenstände von Kommunen – Weidener Diskussionspapiere No. 22, Weiden 2010.

Held, B. (2011): Bewertungsmodell gemeinnütziger Heritage Assets – Diskussionspapier, Stuttgart 2011.

Hendriksen, E. S./van Breda, M. F. (1992): Accounting Theory, Chicago 1992.

Henkes, J. (2008): Der Jahresabschluss kommunaler Gebietskörperschaften – Von der Verwaltungskameralistik zur kommunalen Doppik, Berlin 2008.

Henneke, H.-G./Strobl, H./Diemert, D. (Hrsg.) (2008): Recht der kommunalen Hauswirtschaft – Doppik – Neue Steuerung, München 2008.

Hennies, M. (2005): Bilanzpolitik und Bilanzanalyse im kommunalen Sektor – Beurteilung der wirtschaftlichen Lage des Konzerns Kommune mit Hilfe der Informationsinstrumente des Neuen Rechnungswesens, München 2005.

Henry, E./Holzmann, O. J. (2011): Conceptual Framework Revisions: Say Goodbye to "Reliability" and "Stewardship", in: The Journal of Corporate Accounting & Finance 2011, Jg. 22, Heft 3, S. 91-94.

Heuer, C.-H. (1995): Die Bewertung von Kunstgegenständen, in: Deutsches Steuerrecht 1995, Jg. 33, Heft 12, S. 438-443.

Heuer, C.-H. (2008): Die Bewertung von Kunstgegenständen, in: Neue Juristische Wochenschrift 2008, Jg. 61, Heft 11, S. 689-697.

Hilbertz, H.-J. (2001): Der richtige Weg, aber noch nicht am Ziel! Zehn Jahre Neues Steuerungsmodell – Zwischenbilanz und Ausblick, in: Zeitschrift für Verwaltung, Organisation und Personal 2001, Jg. 23, Heft 10, S. 9-12.

Hilgers, D. (2008a): Hochschulen im Reformprozess des öffentlichen Rechnungswesens, in: Verwaltung und Management 2008, Jg. 14, Heft 4, S. 180-188.

Hilgers, D. (2008b): Performance Management – Leistungserfassung und Leistungssteuerung in Unternehmen und öffentlichen Verwaltungen, Wiesbaden 2008.

Hilgers, D. (2009): Management by Performance – Konturen und Instrumente eines leistungsorientierten Verwaltungsmanagements, in: Der moderne Staat – dms – Zeitschrift für Public Policy, Recht und Management 2009, Jg. 2, Heft 2, S. 433-454.

Hilgers, D. (2010): Die Reform des öffentlichen Haushalts- und Rechnungswesens, in: WISU - Das Wirtschaftsstudium 2010, Jg. 39, Heft 8-9, S. 1101-1107.

Hilgers, D. (2012): Open Government: Theoretische Bezüge und konzeptionelle Grundlagen einer neuen Entwicklung in Staat und öffentlichen Verwaltungen, in: Zeitschrift für Betriebswirtschaft 2012, Jg. 82, Heft 6, S. 631-660.

Hilgers, D./Ihl, C. (2010): Citizensourcing: Applying the Concept of Open Innovation to the Public Sector, in: The International Journal of Public Participation 2010, Jg. 4, Heft 1, S. 67-88.

Hill, C. W. L./Jones, T. M. (1992): Stakeholder-agency theory, in: Journal of Management Studies 1992, S. 131-154.

Hill, H. (2007): Public Value Management, in: Brüggemeier, M./Schauer, R./Schedler, K. (Hrsg.): Controlling und Performance-Management im öffentlichen Sektor – Festschrift für Prof. Dr. Dr. h.c. Dietrich Budäus zum 65. Geburtstag, Bern u.a. 2007, S. 373-381.

Hill, H. (Hrsg.) (2005): Bestandsaufnahme und Perspektiven des Haushalts- und Finanzmanagements 2005.

Hitz, J.-M. (2005): Rechnungslegung zum fair value – Konzeption und Entscheidungsnützlichkeit, Frankfurt a.M. u.a. 2005.

Hitz, J.-M./Zachow, J. (2011): Vereinheitlichung des Wertmaßstabs „beizulegender Zeitwert" durch IFRS 13 „Fair Value Measurement", in: Die Wirtschaftsprüfung 2011, Jg. 64, Heft 20, S. 964-972.

Hoffjan, A. (2003): Controlling, in: Eichhorn, P./Friedrich, P./Jann, W./Oechsler, W. A./ Püttner, G./Reinermann, H. (Hrsg.): Verwaltungslexikon, Baden-Baden 2003, S. 225-225.

Hofmann, M. (Hrsg.) (1994): Neue Entwicklungen im Management, Heidelberg 1994.

Hofmeister, A. (2007): Die interne Revision als Stiefkind der Verwaltungsreform?, in: Brüggemeier, M./Schauer, R./Schedler, K. (Hrsg.): Controlling und Performance-Management im öffentlichen Sektor – Festschrift für Prof. Dr. Dr. h.c. Dietrich Budäus zum 65. Geburtstag, Bern u.a. 2007, S. 329-336.

Holder, W. W. (2011): Commentary: On the Desirability of Common Financial Reporting Standards for Business and Government, in: Australian Accounting Review 2011, Jg. 21, Heft 1, S. 107-110.

Holtkamp, L. (2008): Das Scheitern des Neuen Steuerungsmodells, in: Der moderne Staat – dms – Zeitschrift für Public Policy, Recht und Management 2008, Jg. 1, Heft 2, S. 423-446.

Holzinger, K. (2009): Vom ungeliebten Störenfried zum akzeptierten Paradigma? Zum Stand der (Neuen) Politischen Ökonomie in Deutschland, in: Politische Vierteljahresschrift 2009, Jg. 50, Heft 3, S. 539-576.

Hone, P. (1997): The Financial Value of Cultural, Heritage and Scientific Collections: A Public Management Necessity, in: Australian Accounting Review 1997, Jg. 7, Heft 1, S. 38-43.

Hood, C. (1991): A Public Management for all Seasons?, in: Public Administration 1991, Jg. 69, Heft 1, S. 3-19.

Hoogervorst, H./Teitler-Feinberg, E. (2012): We must speak the same accounting language! – Interview with Hans Hoogervorst, Chairman of IASB, in: Zeitschrift für internationale Rechnungslegung 2012, Jg. 7, Heft 9, S. 321-322.

Hope, D. (1999): Valuing national assets: the deprival value framework, in: Australian CPA 1999, Jg. 69, Heft 7, S. 58-59.

Hopper, K./Kearins, K./Green, R. (2005): Knowing "the price of everything and the value of nothing": accounting for heritage assets, in: Accounting, Auditing and Accountability Journal 2005, Jg. 18, Heft 3, S. 410-433.

Hotelling, H. (1947): Letter cited in the economics of public recreation – An economic study of the monetary evaluation of recreation in the national parks, Washington D.C. 1947.

IASB (2005): Discussion Paper – Measurement Bases for Financial Accounting – Measurement on Initial Recognition, London 2005.

IASB (2006): Discussion Paper – Preliminary Views on an improved Conceptual Framework for Financial Reporting: The Objective of Financial Reporting and Qualitative Characteristics of Decision-useful Financial Reporting Information, London 2006.

IASB (2008a): Exposure Draft of an improved Conceptual Framework for Financial Reporting: Chapter 1: The Objective of Financial Reporting – Chapter 2: Qualitative Characteristics and Constraints of Decision-useful Financial Reporting Information, London 2008.

IASB (2008b): Discussion Paper – Preliminary Views on an improved Conceptual Framework for Financial Reporting: The Reporting Entity, London 2008.

IASB (2008c): Discussion Paper – Preliminary Views on Financial Statement Presentation, London 2008.

IASB (2010a): Staff Draft of Exposure Draft IFRS X Financial Statement Presentation, London 2010.

IASB (2010b): Exposure Draft – Conceptual Framework for Financial Reporting: The Reporting Entity, London 2010.

IASB/IFAC (2011a): Memorandum of Understanding between The International Accounting Standards Board and The International Federation of Accountants, online im Internet: http://www.ifrs.org/NR/rdonlyres/79645C8F-6968-47BA-9B31-B07C65937E7E/0/IFACI ASBMOU.pdf, Stand: 22.11.2011, Abfrage: 24.11.2011, 12:00 Uhr.

IASB/IFAC (2011b): Press Release, 22.11.2011, IASB and IFAC to enhance co-operation in developing private and public sector accounting standards – MoU will lead to greater co-ordination of standard-setting activities, online im Internet: http://www.ifrs.org/NR/

rdonlyres/714BC81A-9D42-4F24-8367-0E84AE80AE60/0/IASBIFACMoU22Nov.pdf, Stand: 22.11.2011, Abfrage: 24.11.2011, 12:15 Uhr.

ICOMOS (1999): The Burra Charter – The Australia ICOMOS Charter for Places of Cultural Significance, Burwood 1999.

IDW (2005): Presseinformation 3/05 – IDW mahnt zu Augenmaß, Düsseldorf 2005.

IFAC (2006): IFAC Constitution, New York 2006.

IFAC (2012): 2011 Annual Report, New York 2012.

IFAC-IPSASB (2006a): Consultation Paper – Accounting for Heritage Assets under the Accrual Basis of Accounting, New York 2006.

IFAC-IPSASB (2006b): Public Sector Conceptual Framework – Project Brief: Collaborative project of the IPSASB and National Standards Setters and similar organizations, online im Internet: http://web.ifac.org/download/IPSASB-ProjectBrief-ConceptualFramework.pdf, Stand: 01.12.2006, Abfrage: 19.09.2011, 10:00 Uhr.

IFAC-IPSASB (2006c): IFAC IPSASB Meeting, November 2006 – Norwalk, USA, Agenda Materials: Item 13 Heritage Assets, online im Internet: http://www.ifac.org/PublicSector/Meeting-BGPapers.php?MID=0102&ViewCat=0658, Stand: 01.11.2006, Abfrage: 10.07.2011, 15:30 Uhr.

IFAC-IPSASB (2007): IPSAS Adoption by Governments, online im Internet: http://www.ifac.org/PublicSector/Downloads/IPSAS_Adoption_Governments.pdf, Stand: 01.09.2007, Abfrage: 01.09.2009, 16:00 Uhr.

IFAC-IPSASB (2008a): Consultation Paper – Conceptual Framework for General Purpose Financial Reporting by Public Sector Entities: The Objectives of Financial Reporting, The Scope of Financial Reporting, The Qualitative Characteristics of Information Included in General Purpose Financial Reports, The Reporting Entity, New York 2008.

IFAC-IPSASB (2008b): Exposure Draft 34 – Social Benefits: Disclosure of Cash Transfers to Individuals or Households, New York 2008.

IFAC-IPSASB (2008c): IFAC IPSASB Meeting, March 2008 – Toronto, Canada, Agenda Item 2, online im Internet: http://www.ifac.org/PublicSector/Meeting-BGPapers.php?MID=0158&ViewCat=0919, Stand: 01.03.2008, Abfrage: 17.05.2008, 15:00 Uhr.

IFAC-IPSASB (2008d): Consultation Paper – Social Benefits: Issues in Recognition and Measurement, New York 2008.

IFAC-IPSASB (2008e): Process of Reviewing and Modifying IASB Documents, New York 2008.

IFAC-IPSASB (2008f): Project Brief – Long-Term Fiscal Sustainability Reporting, New York 2008.

IFAC-IPSASB (2009a): Consultation Paper – Reporting on the Long-Term Sustainability of Public Finances, New York 2009.

IFAC-IPSASB (2009b): IPSASB Members, online im Internet: http://www.ifac.org/PublicSector/CommitteeMembers.php, Stand: 19.08.2009, Abfrage: 19.08.2009, 12:30 Uhr.

IFAC-IPSASB (2009c): Exposure Draft 41 – Entity Combinations from Exchange Transactions, New York 2009.

IFAC-IPSASB (2010a): Conceptual Framework Exposure Draft 1 – Conceptual Framework for General Purpose Financial Reporting by Public Sector Entities: Role, Authority and

Scope; Objectives and Users; Qualitative Characteristics; and Reporting Entity, New York 2010.

IFAC-IPSASB (2010b): IFAC IPSASB Meeting, April 2010 - Toronto, Canada, Agenda Paper 5.1 – IPSASB Vision Report, online im Internet: http://www.ifac.org/PublicSector/Meeting-BGPapers.php?MID=0231, Stand: 01.02.2010, Abfrage: 17.03.2010, 14:00 Uhr.

IFAC-IPSASB (2010c): Consultation Paper – Conceptual Framework for General Purpose Financial Reporting by Public Sector Entities: Elements and Recognition in Financial Statements, New York 2010.

IFAC-IPSASB (2010d): Consultation Paper – Conceptual Framework for General Purpose Financial Reporting by Public Sector Entities: Measurement of Assets and Liabilities in Financial Statements, New York 2010.

IFAC-IPSASB (2011a): Project Brief – First-Time Adoption of IPSASs, New York 2011.

IFAC-IPSASB (2011b): Consultation Paper – Reporting Service Performance Information, New York 2011.

IFAC-IPSASB (2011c): Project History: Public Sector Conceptual Framework, online im Internet: http://www.ifac.org/PublicSector/ProjectHistory.php?ProjID=0066, Stand: 23.06.2011, Abfrage: 23.08.2011, 19:00 Uhr.

IFAC-IPSASB (2011d): IFAC IPSASB Meeting, September 2011 – Toronto, Canada, Agenda Paper 4C.0 – Review of Submissions to Consultation Paper 2: Elements and Recognition in Financial Statements, online im Internet: http://www.ifac.org/sites/default/files/meetings/files/20110902-IPSASB-Agenda-Item-4C-Combined-V1.pdf, Stand: 02.09.2011, Abfrage: 08.12.2011, 13:00 Uhr.

IFAC-IPSASB (2011e): IFAC IPSASB Meeting, December 2011 – Brasilia, Brazil, Agenda Paper 3C.2 – Review of Responses to Conceptual Framework Phase 2 Consultation Paper – Extract of Draft Minutes of IPSASB September 2011 Meeting, online im Internet: http://www.ifac.org/sites/default/files/meetings/files/IPSASB%20Agenda%20Item%203C%20CP-2-V1.pdf, Stand: 24.11.2011, Abfrage: 06.12.2011, 10:00 Uhr.

IFAC-IPSASB (2011f): Exposure Draft 46 – Reporting on the Long-Term Sustainability of a Public Sector Entity's Finances, New York 2011.

IFAC-IPSASB (2011g): Study 14 – Transition to the Accrual Basis of Accounting: Guidance for Public Sector Entities, 3rd Edition, New York 2011.

IFAC-IPSASB (2011h): Exposure Draft – Key Characteristics of the Public Sector with Potential Implications for Financial Reporting, New York 2011.

IFAC-IPSASB (2011i): IFAC IPSASB Meeting, December 2011 – Brasilia, Brazil, Agenda Paper 3B.0 – Review of Submissions to Conceptual Framework Exposure Draft #1: Conceptual Framework for General Purpose Financial Reporting by Public Sector Entities: Role, Authority and Scope; Objectives and Users; Qualitative characteristics; and Reporting Entity, online im Internet: http://www.ifac.org/sites/default/files/meetings/files/Agenda%20Item%203B%20Conceptual%20Framework.pdf, Stand: 07.11.2011, Abfrage: 22.05.2012, 18:00 Uhr.

IFAC-IPSASB (2012a): Exposure Draft (ED) 47 – Financial Statement Discussion and Analysis, New York 2012.

IFAC-IPSASB (2012b): IPSASB Fact Sheet, online im Internet: http://www.ifac.org/sites/default/files/callouts/Fact_Sheet_IPSASB_April_2012_0.pdf, Stand: 01.04.2012, Abfrage: 01.11.2012, 13.00 Uhr.

IFAC-IPSASB (2012c): Consultation Paper – Public Sector Combinations, New York 2012.

IFAC-IPSASB (2012d): Conceptual Framework Exposure Draft 2 – Conceptual Framework for General Purpose Financial Reporting by Public Sector Entities: Elements and Recognition in Financial Statements, New York 2012.

IFAC-IPSASB (2012e): Conceptual Framework Exposure Draft 3 – Conceptual Framework for General Purpose Financial Reporting by Public Sector Entities: Measurement of Assets and Liabilities in Financial Statements, New York 2012.

IFAC-IPSASB (2012f): Consultation Paper – IPSASs and Government Finance Statistics Reporting Guidelines, New York 2012.

IFAC-IPSASB (2012g): Consultation Paper – Conceptual Framework for General Purpose Financial Reporting by Public Sector Entities: Presentation in General Purpose Financial Reports, New York 2012.

IFAC-IPSASB (2012h): 2012 Handbook of International Public Sector Accounting Pronouncements, New York 2012.

IFAC-IPSASB (2012i): Consultation Paper – Consultation on IPSASB Work Program 2013-2014, New York 2012.

IFAC-IPSASB (2013a): Conceptual Framework Exposure Draft 4 – Conceptual Framework for General Purpose Financial Reporting by Public Sector Entities: Presentation in General Purpose Financial Reports, New York 2013.

IFAC-IPSASB (2013b): The Conceptual Framework for General Purpose Financial Reporting by Public Sector Entities, New York 2013.

IFAC-PSC (1991): Study 1: Financial Reporting by National Governments, New York 1991.

IFAC-PSC (2000): Study 11: Government Financial Reporting – Accounting Issues and Practices, New York 2000.

IFAC-PSC (2004): Invitation to Comment: Accounting for Social Policies in Governments, New York 2004.

IFRS Foundation/IASB (2011): Who we are and what we do, online im Internet: http://www.ifrs.org/NR/rdonlyres/1D35BB5F-6E59-446F-9861-A84F9288CBB4/0/Who_we_areJuly11.pdf, Stand: 01.07.2011, Abfrage: 21.09.2011, 17:00 Uhr.

IHK Regensburg (Hrsg.) (2009): Nachhaltigkeit – Unternehmenszukunft erfolgreich gestalten!, Schriftenreihe der Industrie- und Handelskammer Regensburg, Heft 19, Regensburg 2009.

IIRC (2013): Consultation Draft of the International <IR> Framework – Integrated Reporting, London u.a. 2013.

IMF (Hrsg.) (2007): Manual on Fiscal Transparency, Washington 2007.

IMK (1999): Konzeption zur Reform des kommunalen Haushaltsrechts, Beschluss vom 11.06.1999, Berlin 1999.

IMK (2000): Eckpunkte für die Reform des kameralistischen Haushalts- und Rechnungssystems sowie Eckpunkte für ein kommunales Haushalts- und Rechnungssystem auf der Grundlage der doppelten Buchführung, Beschluss vom 24.11.2000, Bonn 2000.

IMK (2003): Von einem zahlungsorientierten zu einem ressourcenorientierten Haushalts- und Rechnungswesen, Beschluss Nr. 18 vom 23.11.2003, Jena 2003.

Jaenicke, H. R./Glazer, A. S. (1991): Accounting for Museum Collections and Contributions of Collection Items, American Association of Museums, Washington D.C. 1991.

Jäger von Weidenau (1810): Unterricht zur Anweisung der Gefällserträgnisse für die Staatsrechnungszentrale, o.O. 1810.

Jann, W. (2002): Teil I: 12. Der Wandel verwaltungspolitischer Leitbilder: Von Management zu Governance, in: König, K. (Hrsg.): Deutsche Verwaltung an der Wende zum 21. Jahrhundert, Baden-Baden 2002, S. 279-303.

Jann, W. (2003a): Kontraktmanagement, in: Eichhorn, P./Friedrich, P./Jann, W./Oechsler, W. A./Püttner, G./Reinermann, H. (Hrsg.): Verwaltungslexikon, Baden-Baden 2003, S. 592-592.

Jann, W. (2003b): Governance, in: Eichhorn, P./Friedrich, P./Jann, W./Oechsler, W. A./ Püttner, G./Reinermann, H. (Hrsg.): Verwaltungslexikon, Baden-Baden 2003, S. 449-451.

Jann, W. (2005): Neues Steuerungsmodell, in: Blanke, B./Bandemer, S. von/Nullmeier, F./ Wewer, G. (Hrsg.): Handbuch zur Verwaltungsreform, Wiesbaden 2005, S. 74-84.

Janning, H. (1996): Neue Steuerungsmodelle im Spannungsverhältnis von Politik und Verwaltung, in: Reichard, C./Wollmann, H. (Hrsg.): Kommunalverwaltung im Modernisierungsschub?, Basel u.a. 1996, S. 152-168.

Jensen, M. C./Meckling, W. H. (1976): Theory of the Firm – Managerial Behavior, Agency Costs and Ownership Structure, in: Journal of Financial Economics 1976, Jg. 3, Heft 4, S. 305-360.

Jöhnk, T. (2005): Balanced Scorecard – Eine Managementmode?, in: Müller, S./Jöhnk, T./ Bruns, A. (Hrsg.): Beiträge zum Finanz-, Rechnungs- und Bankwesen – Stand und Perspektiven, Wiesbaden 2005, S. 523-544.

Johns, R. (1938): Die Vollrechnung der Gemeinden, in: Zeitschrift für handelswissenschaftliche Forschung 1938, Jg. 32, Heft 4 und 5, S. 145-176 und 193-212.

Johnsen, A. (2005): What Does 25 Years of Experience Tell Us About the State of Performance Measurement in Public Policy and Management?, in: Public Money & Management 2005, Jg. 25, Heft 1, S. 9-17.

Jones, R. (2000): A critique of International Public Sector Accounting Standards, online im Internet: http://cosmic.rrz.uni-hamburg.de/webcat/hwwa/edok02/gb491g/jonecrit.pdf, Stand: 01.12.2000, Abfrage: 25.09.2009, 15:00 Uhr.

Jones, R. (2007): The functions of governmental accounting in Europe, in: Polytechnical Studies Review 2007, Jg. IV, Heft 7, S. 89-110.

Jorge, S. (Hrsg.) (2008): Implementing Reforms in Public Sector Accounting, Coimbra 2008.

Jost, P.-J. (2001): 1 Die Prinzipal-Agenten-Theorie im Unternehmenskontext, in: Jost, P.-J. (Hrsg.): Die Prinzipal-Agenten-Theorie in der Betriebswirtschaftslehre, Stuttgart 2001, S. 11-43.

Jost, P.-J. (Hrsg.) (2001): Die Prinzipal-Agenten-Theorie in der Betriebswirtschaftslehre, Stuttgart 2001.

Kajüter, P./Reisloh, C./Seidel, F. (2012): Rechnungslegung von Gebietskörperschaften – Ein Vergleich zwischen Deutschland und der Schweiz, in: Zeitschrift für internationale Rechnungslegung 2012, Jg. 7, Heft 6, S. 239-244.

Kalatschan, M. (2008): Performance Budgeting – Grundlagen – Ansätze – Effekte, Linz 2008.

Kämpfer, G./Breidert, U. (2004): Zweckentsprechende Bilanzierung in den Jahresabschlüssen der hessischen Landesverwaltung, in: Die Wirtschaftsprüfung 2004, Jg. 57, Sonderheft, S. S119-S129.

Kampmann, H./Schwedler, K. (2006): Zum Entwurf eines gemeinsamen Rahmenkonzepts von FASB und IASB – Rechnungslegungsziele und qualitative Anforderungen, in: Zeitschrift für internationale und kapitalmarktorientierte Rechnungslegung 2006, Jg. 6, Heft 9, S. 521-530.

Kaplan, R. S./Norton, D. P. (1996): The Balanced Scorecard, Boston 1996.

Kelly, G./Mulgan, G./Muers, S. (2002): Creating Public Value – An analytical framework for public service reform (Cabinet Office Strategy Unit), London 2002.

Kempen, E. O. (1975): Grundgesetz, amtliche Öffentlichkeitsarbeit und politische Willensbildung – Ein Aspekt des Legitimationsproblems in Verfassungsrecht, Verfassungspraxis und Verfassungstheorie, Berlin 1975.

Kempf, D. (1993): Reform des öffentlichen Rechnungswesens: Weg zu mehr Wirtschaftlichkeit in der öffentlichen Verwaltung?, in: Zeitschrift für Verwaltung, Organisation und Personal 1993, Jg. 15, Heft 2, S. 334-338.

Kettl, D. F. (2000): The Transformation of Governance: Globalization, Devolution, and the Role of Government, in: Public Administration Review 2000, Jg. 60, Heft 6, S. 488-497.

Keys, R. (1998): Looking to SGARAs: New standards for 'self-generating and regenerating assets', in: Australian CPA 1998, Jg. 68, Heft 9, S. 56-58.

KGSt (1991): Dezentrale Ressourcenverantwortung: Überlegungen zu einem neuen Steuerungsmodell – KGSt-Bericht Nr. 12/1991, Köln 1991.

KGSt (1992): Wege zum Dienstleistungsunternehmen Kommunalverwaltung: Fallstudie Tilburg – KGSt-Bericht Nr. 19/1992, Köln 1992.

KGSt (1993): Das Neue Steuerungsmodell: Begründung, Konturen, Umsetzung – KGSt-Bericht Nr. 5/1993, Köln 1993.

KGSt (1995): Vom Geldverbrauchs- zum Ressourcenverbrauchskonzept: Leitlinien für ein neues kommunales Haushalts- und Rechnungsmodell auf doppischer Grundlage – KGSt-Bericht Nr. 1/1995, Köln 1995.

KGSt (2008): Stand der Einführung des neuen Haushalts- und Rechnungswesens – KGSt-Materialien 4/2008, Köln 2008.

Kiaman, O./Wielenberg, S. (2010): Sind die Regeln der externen Unternehmensrechnung auf die kommunale Rechnungslegung übertragbar?, in: Zeitschrift für Betriebswirtschaft 2010, Jg. 80, Heft 3, S. 237-261.

Kiesel, B. (2005): Wirkungsorientierte Steuerung einer Landesverwaltung – Strategisches Controllingkonzept für ein Bundesland, Wiesbaden 2005.

Kirchhoff-Kestel, S./Ott, S. (2012): Die Nutzwertanalyse als Instrument zur Bewertung von strategischen Gestaltungsalternativen in der öffentlichen Verwaltung, in: Verwaltungsrundschau 2012, Jg. 58, Heft 1, S. 6-9.

Kirchmann, U. (2009): Steuerung von Kommunen nach International Public Sector Accounting Standards (IPSAS) – Verwendung internationaler Rechnungslegungsstandards zur Ressourcenbewirtschaftung im kommunalen Haushalt, Düsseldorf 2009.

Kirsch, H. (2008): Die Unternehmensperspektive und die berichterstattende Einheit im Conceptual Framework, in: Praxis der internationalen Rechnungslegung 2008, Jg. 4, Heft 8, S. 253-258.

Kirsch, H. (2009a): Discussion Paper: Preliminary Views on Financial Statement Presentation – Inhalt aus Sicht der qualitativen Anforderungen an die Rechnungslegung, in: Praxis der internationalen Rechnungslegung 2009, Jg. 5, Heft 3, S. 66-71.

Kirsch, H. (2009b): Discussion Paper: Preliminary Views on Financial Statement Presentation – Beurteilung aus Sicht der qualitativen Anforderungen an die Rechnungslegung, in: Praxis der internationalen Rechnungslegung 2009, Jg. 5, Heft 4, S. 96-102.

Kirsch, H. (2009c): Einheitliche Gliederungssystematik für die Abschlussinstrumente nach dem „Financial Statement Presentation"-Project – Ansatz und offene Fragen, in: Zeitschrift für internationale und kapitalmarktorientierte Rechnungslegung 2009, Jg. 9, Heft 4, S. 201-209.

Kirsch, H.-J./Koelen, P./Olbrich, A./Dettenrieder, D. (2012): Die Bedeutung der Verlässlichkeit der Berichterstattung im Conceptual Framework des IASB und des FASB, in: Die Wirtschaftsprüfung 2012, Jg. 65, Heft 14, S. 762-771.

Kirsch, H.-J./Thiele, S. (Hrsg.) (2007): Rechnungslegung und Wirtschaftsprüfung: Festschrift zum 70. Geburtstag von Professor Dr. Dr. h. c. Jörg Baetge, Düsseldorf 2007.

Klages, H. (1998): Verwaltungsmodernisierung: "Harte" und "weiche" Aspekte II, 2. Aufl., Speyer 1998.

Klaphake, A./Meyerhoff, J. (2003): Der ökonomische Wert städtischer Freiräume – Eine Anwendung der Kontingenten Bewertung auf eine städtische Parkanlage in Berlin, in: Raumforschung und Raumordnung 2003, Jg. 61, Heft 1/2, S. 107-117.

Klauer, B. (1998): Nachhaltigkeit und Naturbewertung – Welchen Beitrag kann das ökonomische Konzept der Preise zur Operationalisierung von Nachhaltigkeit leisten?, Heidelberg 1998.

Kleeberg, R./Eberl, W. (2001): Kulturgüter in Privatbesitz – Handbuch für das Denkmal- und Steuerrecht, 2. Aufl., Heidelberg 2001.

Klein, G. A. (1999): Unternehmenssteuerung auf der Basis der International Accounting Standards – Ein Beitrag zu Konvergenz von internem und externem Rechnungswesen, München 1999.

Klimecki, R./Müller, W. (Hrsg.) (1999): Verwaltung im Aufbruch – Modernisierung als Lernprozess, Zürich 1999.

Klug, F. (2003): Politik und Verwaltung im (New) Public Management einer globalisierten Welt, in: Blümle, E.-B./Pernsteiner, H./Purtschert, R./Andeßner, R. C. (Hrsg.): Öffentliche Verwaltung und Nonprofit-Organisationen – Festschrift für Reinbert Schauer, Wien 2003, S. 237-267.

Knödler, H./Stierle, M. H. (Hrsg.) (2003): Globale und monetäre Ökonomie – Festschrift für Dieter Duwendag, Heidelberg 2003.

Kodolitsch, P. (1996): Die Zusammenarbeit von Verwaltung und Rat, in: Reichard, C./ Wollmann, H. (Hrsg.): Kommunalverwaltung im Modernisierungsschub?, Basel u.a. 1996, S. 169-182.

Köhrmann, H. (2009): Die Rechnungslegung kommunaler Gebietskörperschaften – Eine Analyse der Regelungen des NKF und der IPSAS, Lohmar u.a. 2009.

König, K. (2000): Räumliche Planungen in der Ökonomisierung und Managerialisierung der öffentlichen Verwaltungen, in: König, K. (Hrsg.): Zur Managerialisierung und Ökonomisierung der öffentlichen Verwaltung, Speyer 2000, S. 33-43.

König, K. (2001): Öffentliches Management und Governance als Verwaltungskonzepte, in: Die Öffentliche Verwaltung 2001, Jg. 54, Heft 15, S. 617-625.

König, K. (2002): Governance als Steuerungskonzept, in: König, K./Adam, M./Speer, B./Theobald, C. (Hrsg.): Governance als entwicklungs- und transformationspolitisches Konzept, Berlin 2002, S. 9-54.

König, K. (Hrsg.) (2000): Zur Managerialisierung und Ökonomisierung der öffentlichen Verwaltung, Speyer 2000.

König, K. (Hrsg.) (2002): Deutsche Verwaltung an der Wende zum 21. Jahrhundert, Baden-Baden 2002.

König, K./Adam, M./Speer, B./Theobald, C. (Hrsg.) (2002): Governance als entwicklungs- und transformationspolitisches Konzept, Berlin 2002.

König, K./Siedentopf, H. (Hrsg.) (1997): Öffentliche Verwaltung in Deutschland, 2. Aufl., Baden-Baden 1997.

Kosiol, E. (1968): Einführung in die Betriebswirtschaftslehre – die Unternehmung als wirtschaftliches Aktionszentrum, Wiesbaden 1968.

KPMG (Hrsg.) (2012): IPSAS – Autorisierte Übersetzung der IPSAS Standards, Ausgabe 2011, Zürich u.a. 2012.

Krimpmann, A. (2008): Financial Reporting – Änderungen des Konzerns in Sicht?, in: Accounting 2008, Jg. 8, Heft 6, S. 8-9.

Kröger, C. W. (2005): Mögliche Auswirkungen der internationalen Rechnungslegung auf das öffentliche Rechnungswesen in Deutschland, in: Müller, S./Jöhnk, T./Bruns, A. (Hrsg.): Beiträge zum Finanz-, Rechnungs- und Bankwesen – Stand und Perspektiven, Wiesbaden 2005, S. 625-636.

Kroll, A./Küchler-Stahn, N. (2009): Performance Management in der öffentlichen Verwaltung – Zwischen Idealismus und Pragmatismus – Ein erweiterter Literaturbericht, in: Der moderne Staat – dms – Zeitschrift für Public Policy, Recht und Management 2009, Jg. 2, Heft 2, S. 475-490.

Kronawitter, G. (1994): Rettet unsere Städte jetzt! – Das Manifest der Oberbürgermeister, Düsseldorf u. a. 1994.

Kronthaler, L./Weichselbaumer, J. S. (2002): Kameralistik, in: Küpper, H.-U./Wagenhofer, A. (Hrsg.): Handwörterbuch Unternehmensrechnung und Controlling/HWU, Stuttgart 2002, Sp. 922-931.

Kropfberger, D. (2007): Steigerung der Leistungsfähigkeit des öffentlichen Sektors bei sinkenden Budgets, in: Bräunig, D./Greiling, D. (Hrsg.): Stand und Perspektiven der Öffentlichen Betriebswirtschaftslehre II – Festschrift für Peter Eichhorn anlässlich seiner Emeritierung, Berlin 2007, S. 47-57.

Krueger, A. O. (1974): The Political Economy of the Rent-Seeking Society, in: American Economic Review 1974, Jg. 64, Heft 3, S. 291-303.

Krzus, M. (2011): Integrated reporting: if not now, when?, in: Zeitschrift für internationale Rechnungslegung 2011, Jg. 6, Heft 6, S. 271-276.

Kubala, F./Petschow, U. (2001): Verwaltungsreform und Nachhaltigkeit, in: Verwaltung und Management 2001, Jg. 7, Heft 3, S. 171-176.

Kuhn, T. S. (1976): Die Struktur wissenschaftlicher Revolution, 2. Aufl., Frankfurt a.M. 1976.

Küpper, H.-U./Wagenhofer, A. (Hrsg.) (2002): Handwörterbuch Unternehmensrechnung und Controlling/HWU, 4. Aufl., Stuttgart 2002.

Kußmaul, H. (2001a): Die Kameralistik – Grundzüge der kameralistischen Buchhaltung (Teil I) und (Teil II), in: Der Steuerberater 2001, Jg. 52, Heft 4 und 5, S. 133-138 und 175-179.

Kußmaul, H. (2001b): Die Kameralistik – Beispiel zur Buchungstechnik in der Betriebskameralistik, Bezug zur kaufmännischen Buchhaltung und aktuelle Entwicklungen (Teil I) und (Teil II), in: Der Steuerberater 2001, Jg. 52, Heft 6 und 7, S. 224-231 und 254-259.

Kußmaul, H./Henkes, J. (2005a): Von der Kameralistik zur Doppik: Die Verwaltungskameralistik – Planung und Bewirtschaftung, in: Der Steuerberater 2005, Jg. 56, Heft 1, S. 20-27.

Kußmaul, H./Henkes, J. (2005b): Von der Kameralistik zur Doppik: Die Verwaltungskameralistik – Jahresrechnung und Haushaltsausgleich, in: Der Steuerberater 2005, Jg. 56, Heft 2, S. 59-65.

Kußmaul, H./Henkes, J. (2010): Kapitalflußrechnung nach DRS 2, eigenbetrieblicher Vermögensplan und kommunale Finanzrechnung – artverwandte Rechnungslegungsinstrumente zur Darstellung der Finanzlage, in: Betriebswirtschaftliche Forschung und Praxis 2010, Jg. 61, Heft 5, S. 467-482.

Küting, K./Lauer, P. (2011): Die Jahresabschlusszwecke nach HGB und IFRS – Polarität oder Konvergenz? – Zugleich eine Würdigung von Wolfgang Stützel, in: Der Betrieb 2011, Jg. 64, Heft 36, S. 1985-1991.

Küting, K./Lorson, P. (1998): Anmerkungen zum Spannungsfeld zwischen externen Zielgrößen und internen Steuerungsinstrumenten, in: Betriebs-Berater 1998, Jg. 53, Heft 9, S. 469-475.

Küting, K./Reuter, M. (2004): Bilanzierung im Spannungsfeld unterschiedlicher Adressaten, in: DSWR – Datenverarbeitung – Steuern – Wirtschaft – Recht 2004, Jg. 33, Heft 9, S. 230-233.

Land Hessen (2009): Geschäftsbericht Eröffnungsbilanz auf den 1. Januar 2009, Wiesbaden 2009.

Land Hessen (2010): Geschäftsbericht 2009 – Anpacken, Wiesbaden 2010.

Lande, E./Scheid, J.-C. (Hrsg.) (2006): Accounting Reform in the Public Sector: mimicry, fad or necessity, Paris 2006.

Lanfermann, G./Röhricht, V. (2008): Auswirkungen des geänderten IFRS-Endorsement-Prozesses auf die Unternehmen, in: Betriebs-Berater 2008, Jg. 63, Heft 16, S. 826-830.

Lapsley, I. (2008): The NPM Agenda – Back to the Future, in: Financial Accountability & Management 2008, Jg. 24, Heft 1, S. 77-96.

Lapsley, I. (2009): New Public Management: The Cruellest Invention of the Human Spirit?, in: ABACUS 2009, Jg. 45, Heft 1, S. 1-21.

Lasar, A. (2010): Keine Harmonisierung im öffentlichen Haushalts- und Rechnungswesen, in: Verwaltung und Management 2010, Jg. 16, Heft 1, S. 3-16.

Laughlin, R. (2008): A Conceptual Framework for Accounting for Public-Benefit Entities, in: Public Money & Management 2008, Jg. 28, Heft 4, S. 247-254.

Laughlin, R. (2012): Debate: Accrual Accounting: information for accountability or decision usefulness?, in: Public Money & Management 2012, Jg. 32, Heft 1, S. 45-46.

Laux, E. (1998): Privatwirtschaftliche Vorbilder für den öffentlichen Sektor?, in: Edeling, T. (Hrsg.): Öffentliches und privates Management – Fundamentally alike in all unimportant respects?, Leverkusen 1998, S. 71-78.

Leffson, U. (1987): Die Grundsätze ordnungsmäßiger Buchführung, 7. Aufl., Düsseldorf 1987.

Lehleiter, R./Riedl, A. (2010): Haushaltsgrundsätzemodernisierungsgesetz – Ein deutscher Sonderweg?, in: Praxis der internationalen Rechnungslegung 2010, Jg. 6, Heft 7, S. 199-202.

Lehner, B. (2007): Neues kommunales Rechnungswesen – Quo remanes, Austria?, Linz 2007.

Lenk, T./Kuntze, M. (2010): Zur Notwendigkeit, zum aktuellen Stand und zu den Perspektiven der Schuldenbremse, in: Budäus, D./Hilgers, D. (Hrsg.): Reform des öffentlichen Haushalts- und Rechnungswesens zwischen Finanzkrise und Handlungsdruck, Berlin 2010, S. 31-52.

Leue, R. (2001): Kameralistik oder Doppik, in: Der Gemeindehaushalt 2001, Jg. 102, Heft 4, S. 88-89.

Libbe, J./Hanke, S./Verbücheln, M. (2011): Rekommunalisierung – Eine Bestandsaufnahme, Difu-Papers, Berlin 2011.

Löffler, E. (1998): ‚New Public Management‘ im internationalen Vergleich, in: Grunow, D./Wollmann, H. (Hrsg.): Lokale Verwaltungsreform in Aktion: Fortschritte und Fallstricke, Basel u.a. 1998, S. 323-336.

López Hernández, A. M./Caba, C./Rodríguez, M. P. (2002): The Presentation of Governmental Financial Information on the Internet: an International View, in: Montesinos, V./ Vela, J. M. (Hrsg.): Innovations in Governmental Accounting, Boston 2002, S. 217-229.

Löw, E. (1994): Die externe Rechnungslegung der öffentlichen Verwaltung – Rechtlich-normative Anforderungen, Baden-Baden 1994.

Lowe, E. A./Tinker, A. M. (1977): Siting the Accounting Problematics: Towards an Intellectual Emancipation of Accounting, in: Journal of Business Finance and Accounting 1977, Jg. 4, Heft 3, S. 262-276.

Löwe, M. (2003): Rechnungslegung von Nonprofit-Organisationen – Anforderungen und Ausgestaltungsmöglichkeiten unter Berücksichtigung der Regelungen in Deutschland, USA und Großbritannien, Berlin 2003.

Lücke, W. (Hrsg.) (1988): Betriebswirtschaftliche Steuerungs- und Kontrollprobleme – Wissenschaftliche Tagung des Verbandes der Hochschullehrer für Betriebswirtschaft e.V. an der Universität Göttingen 1987, Wiesbaden 1988.

Lüdenbach, N./Hoffmann, W.-D. (2004): Verbindliches Mindestgliederungsschema für die IFRS-Bilanz, in: Zeitschrift für internationale und kapitalmarktorientierte Rechnungslegung 2004, Jg. 4, Heft 3, S. 89-94.

Lüder, K. (1987): Ein kaufmännisches Rechnungswesen für die öffentliche Verwaltung? – Plädoyer für das Überdenken der Zweckmäßigkeit des staatlichen Rechnungswesens in der Bundesrepublik Deutschland, in: Eichhorn, P. (Hrsg.): Doppik und Kameralistik – Festschrift für Prof. Dr. Ludwig Mülhaupt zur Vollendung des 75. Lebensjahres, Baden-Baden 1987, S. 245-261.

Lüder, K. (1989): Öffentliche Verwaltungen, in: Chmielewicz, K./Eichhorn, P. (Hrsg.): Handwörterbuch der Öffentlichen Betriebswirtschaft, Stuttgart 1989, Sp. 1152-1164.

Lüder, K. (1993): Verwaltungscontrolling, in: Die Öffentliche Verwaltung 1993, Jg. 46, Heft 7, S. 265-272.

Lüder, K. (1994): Neues Steuerungsmodell und öffentliches Rechnungswesen, in: Lüder, K. (Hrsg.): Öffentliches Rechnungswesen 2000 – Vorträge und Diskussionsbeiträge einer wissenschaftlichen Arbeitstagung der Hochschule für Verwaltungswissenschaften Speyer, Berlin 1994, S. 189-195.

Lüder, K. (1995): Konturen eines neuen kommunalen Haushalts- und Rechnungsmodells, Speyer 1995.

Lüder, K. (1996): "Triumph des Marktes im öffentlichen Sektor?" – Einige Anmerkungen zur aktuellen Verwaltungsreformdiskussion, in: Die Öffentliche Verwaltung 1996, Jg. 49, Heft 3, S. 93-100.

Lüder, K. (1997): 4. Haushalts- und Finanzplanung, in: König, K./Siedentopf, H. (Hrsg.): Öffentliche Verwaltung in Deutschland, Baden-Baden 1997, S. 417-432.

Lüder, K. (1998): Verpaßte Chance – Das Haushaltsrechts-Fortentwicklungsgesetz vom 22.12.1997 und seine Konsequenzen für die Reform des öffentlichen Rechnungswesens, in: Die Öffentliche Verwaltung 1998, Jg. 51, Heft 7, S. 285-287.

Lüder, K. (1999): Konzeptionelle Grundlagen des Neuen Kommunalen Rechnungswesens – (Speyerer Verfahren), 2. Aufl., Stuttgart 1999.

Lüder, K. (2000): Reform des öffentlichen Haushalts- und Rechnungswesens und Finanzkontrolle, in: Die Öffentliche Verwaltung 2000, Jg. 53, Heft 20, S. 837-845.

Lüder, K. (2001): Neues öffentliches Haushalts- und Rechnungswesen – Anforderungen, Konzept, Perspektiven, Berlin 2001.

Lüder, K. (2002): Internationale Standards für das öffentliche Rechnungswesen, in: Eibelshäuser, M. (Hrsg.): Finanzpolitik und Finanzkontrolle – Partner für Veränderung – Gedächtnisschrift für Udo Müller, Baden-Baden 2002, S. 151-166.

Lüder, K. (2003a): Globalisierung und transnationale Entwicklung des öffentlichen Rechnungswesens, in: Knödler, H./Stierle, M. H. (Hrsg.): Globale und monetäre Ökonomie – Festschrift für Dieter Duwendag, Heidelberg 2003, S. 407-418.

Lüder, K. (2003b): Internationale Harmonisierung des öffentlichen Rechnungswesens?, in: Blümle, E.-B./Pernsteiner, H./Purtschert, R./Andeßner, R. C. (Hrsg.): Öffentliche Verwaltung und Nonprofit-Organisationen – Festschrift für Reinbert Schauer, Wien 2003, S. 341-357.

Lüder, K. (2004): Zur Reform des öffentlichen Rechnungswesens in Europa, in: Die Wirtschaftsprüfung 2004, Jg. 57, Sonderheft, S. S11-S18.

Lüder, K. (2005): Das Speyerer Verfahren vor dem Hintergrund neuerer internationaler Entwicklungen im öffentlichen Rechnungswesen, in: Hill, H. (Hrsg.): Bestandsaufnahme und Perspektiven des Haushalts- und Finanzmanagements 2005, S. 35-45.

Lüder, K. (2006a): Notwendige rechtliche Rahmenbedingungen für ein reformiertes staatliches Rechnungs- und Haushaltswesen, in: Die Öffentliche Verwaltung 2006, Jg. 59, Heft 15, S. 641-648.

Lüder, K. (2006b): Ordnungsmäßigkeits-Grundsätze für das Neue Öffentliche Haushalts- und Rechnungswesen, in: Die Wirtschaftsprüfung 2006, Jg. 59, Heft 9, S. 605-612.

Lüder, K. (2007): Beiträge zum öffentlichen Rechnungswesen – Öffentliche Bilanz und Entwicklungsperspektive, Speyer 2007.

Lüder, K. (2008a): International Governmental Accounting Research, in: Wagner, F. W./ Schildbach, T./Schneider, D. (Hrsg.): Private und öffentliche Rechnungslegung – Festschrift für Prof. Dr. Hannes Streim zum 65. Geburtstag, Wiesbaden 2008, S. 235-250.

Lüder, K. (2008b): § 17 Vermögensrechnung, in: Henneke, H.-G./Strobl, H./Diemert, D. (Hrsg.): Recht der kommunalen Hauswirtschaft – Doppik – Neue Steuerung, München 2008, S. 319-349.

Lüder, K. (2009): Zum Entwurf eines Haushaltsgrundsätzemodernisierungsgesetzes (HGrGMoG), in: Die Öffentliche Verwaltung 2009, Jg. 62, Heft 14, S. 567-574.

Lüder, K. (Hrsg.) (1986): Entwicklungsperspektiven des öffentlichen Rechnungswesens 1986.

Lüder, K. (Hrsg.) (1991): Staatliches Rechnungswesen in der Bundesrepublik Deutschland vor dem Hintergrund neuerer internationaler Entwicklungen, Berlin 1991.

Lüder, K. (Hrsg.) (1994): Öffentliches Rechnungswesen 2000 – Vorträge und Diskussionsbeiträge einer wissenschaftlichen Arbeitstagung der Hochschule für Verwaltungswissenschaften Speyer, Berlin 1994.

Lüder, K./Hinzmann, C./Kampmann, B./Otte, R. (1991): Vergleichende Analyse öffentlicher Rechnungssysteme – Konzeptionelle Grundlagen für das staatliche Rechnungswesen mit besonderer Berücksichtigung der Bundesrepublik Deutschland, Speyer 1991.

Lüder, K./Jones, R. (Hrsg.) (2003): Reforming governmental accounting and budgeting in Europe, Frankfurt a.M. 2003.

Lüder, K./Kampmann, B. (1993): Harmonisierung des öffentlichen Rechnungswesens in der Europäischen Gemeinschaft, Speyer 1993.

Luhmann, N. (1998): Zweckbegriff und Systemrationalität, 6. Aufl., Frankfurt a.M. 1998.

Macdonald, H. I. (2007): Public-Private Partnerships: Old Wine in New Bottles?, in: Bräunig, D./Greiling, D. (Hrsg.): Stand und Perspektiven der Öffentlichen Betriebswirtschaftslehre II – Festschrift für Peter Eichhorn anlässlich seiner Emeritierung, Berlin 2007, S. 432-439.

Mack, J./Ryan, C. (2006): Reflections on the theoretical underpinnings of the general-purpose financial reports of Australian government departments, in: Accounting, Auditing & Accountability Journal 2006, Jg. 19, Heft 4, S. 592-612.

Mack, J./Ryan, C. (2007): Is there an audience for public sector annual reports: Australian evidence?, in: International Journal of Public Sector Management 2007, Jg. 20, Heft 2, S. 134-146.

Mackintosh, I. (2004): Aus der Arbeit des IFAC Public Sector Committee, in: Die Wirtschaftsprüfung 2004, Jg. 57, Sonderheft, S. S3-S7.

Mackscheidt, K./Steinhausen, J. (1977): Finanzpolitik II – Grundfragen versorgungspolitischer Eingriffe, Tübingen 1977.

Macve, R. (2010): The Case for Deprival Value, in: ABACUS 2010, Jg. 46, Heft 1, S. 111-119.

Mäder, H./Schedler, K. (1994): Die Entwicklung des öffentlichen Rechnungswesens in der Schweiz vor dem Hintergrund der spezifischen nationalen Rahmenbedingungen, in: Lüder, K. (Hrsg.): Öffentliches Rechnungswesen 2000 – Vorträge und Diskussionsbeiträge einer wissenschaftlichen Arbeitstagung der Hochschule für Verwaltungswissenschaften Speyer, Berlin 1994, S. 49-68.

Maerker, R. (2007): New Public Management, New Public Budgeting – Budgetierung und Leistungserwartungen als Leitbild neuer Verwaltungssteuerung auf der Grundlage eines neuen Haushalts- und Rechnungswesens, in: Brüggemeier, M./Schauer, R./Schedler, K. (Hrsg.): Controlling und Performance-Management im öffentlichen Sektor – Festschrift für Prof. Dr. Dr. h.c. Dietrich Budäus zum 65. Geburtstag, Bern u.a. 2007, S. 253-261.

Mag, W. (1999): Planung und Kontrolle, in: Bitz, M./Dellmann, K./Domsch, M./Wagner, F. W. (Hrsg.): Vahlens Kompendium der Betriebswirtschaftslehre, Band 2, München 1999, S. 1-63.

Magin, C. (2010): Die Wirkungslosigkeit der neuen Schuldenbremse – Warum die Staatsverschuldung weiterhin ungebremst steigen kann, in: Wirtschaftsdienst 2010, Jg. 90, Heft 4, S. 262-268.

Magin, C. (2011): Kommunale Rechnungslegung – Konzeptionelle Überlegungen, Bilanzanalyse, Rating und Insolvenz, Wiesbaden 2011.

Mahnkopf, R. (2008): § 14 Vermögenswirtschaft und Anlagenbuchhaltung, in: Henneke, H.-G./Strobl, H./Diemert, D. (Hrsg.): Recht der kommunalen Hauswirtschaft – Doppik – Neue Steuerung, München 2008, S. 257-281.

Mankiw, N. G./Taylor, M. P. (2008): Grundzüge der Volkswirtschaftslehre, 4. Aufl., Stuttgart 2008.

Marettek, C. (2011): Bedarfsgerechtes kaufmännisches Rechnungs- und Berichtswesen für öffentliche Hochschulen, in: Die Wirtschaftsprüfung 2011, Jg. 64, Heft 10, S. 462-473.

Marettek, C./Dörschell, A./Hellenbrand, A. (2006): Kommunales Vermögen richtig bewerten, 2. Aufl., Planegg/München 2006.

Marggraf, R./Streb, S. (1997): Ökonomische Bewertung der natürlichen Umwelt – Theorie, politische Bedeutung, ethische Diskussion, Heidelberg u.a. 1997.

Marten, K.-U./Quick, R./Ruhnke, K. (2011): Wirtschaftsprüfung – Grundlagen des betriebswirtschaftlichen Prüfungswesens nach nationalen und internationalen Normen, 4. Aufl., Stuttgart 2011.

Martí, C. (2006): Accrual Budgeting: Accounting Treatment of Key Public Sector Items and Implications for Fiscal Policy, in: Public Budgeting & Finance 2006, Jg. 26, Heft 2, S. 45-65.

Matschke, M. J./Wegmann, J. (1989): Eigengesellschaften, in: Chmielewicz, K./Eichhorn, P. (Hrsg.): Handwörterbuch der Öffentlichen Betriebswirtschaft, Stuttgart 1989, Sp. 294-304.

Matz, K. (2006): Was ist ein Stadtpark wert? Ökonomische Bewertung des Görlitzer Parks in Berlin mit einer Zahlungsbereitschaftsanalyse, Berlin 2006.

Mautz, R. K. (1981): Financial Reporting: Should Government Emulate Business?, in: Journal of Accountancy 1981, Jg. 152, Heft 2, S. 53-60.

Mautz, R. K. (1988): Monuments, Mistakes, and Opportunities, in: Accounting Horizons 1988, Jg. 2, Heft 2, S. 123-128.

Mayntz, R. (1997): Verwaltungsreform und gesellschaftlicher Wandel, in: Grande, E./Prätorius, R. (Hrsg.): Modernisierung des Staates?, Baden-Baden 1997, S. 65-74.

Meinen, J. (2012a): Vorschläge zur Anpassung der Standards staatlicher Doppik an die Zwecke der öffentlichen Rechnungslegung, in: Die Öffentliche Verwaltung 2012, Jg. 65, Heft 10, S. 393-398.

Meinen, J. (2012b): Internationale Rechnungslegung für die öffentliche Hand in Europa – IPSAS auf dem Prüfstand der EU-Kommission, in: Die Wirtschaftsprüfung 2012, Jg. 65, Heft 6, S. 305-316.

Merschbächer, G. (1987): Öffentliche Rechnungssysteme in der Bundesrepublik Deutschland, in Österreich und in der Schweiz – Bestandsaufnahme, Analyse und zweckorientierte Beurteilung, München 1987.

Meyering, S. (2011): Zukunft der steuerlichen Gewinnermittlung: Könnte das Drei-Komponenten-System den KMU ein eigenständiges Steuerbilanzrecht ersparen?, in: Deutsches Steuerrecht 2011, Jg. 49, Heft 17, S. 829-833.

Meyering, S. (2012): Kapitalflussrechnung: Direkte Ermittlung der Zahlungsströme, in: Der Betrieb 2012, Jg. 65, Heft 8, S. 419-420.

Micallef, F./Peirson, G. (1997): Financial Reporting of Cultural, Heritage, Scientific and Community Collections, in: Australian Accounting Review 1997, Jg. 7, Heft 1, S. 31-37.

Mitchell, R. C./Carson, R. T. (1989): Using Surveys to Value Public Goods: The Contingent Valuation Method, Washington D.C. 1989.

Molland, A./Clift, R. (2008): Has the management of infrastructure assets (IAs) improved with the use of the accrual method in local government?, in: Asian Review of Accounting 2008, Jg. 16, Heft 2, S. 97-108.

Möltgen, K. (2001): Politik im Neuen Steuerungsmodell – Eine qualitative Analyse zur Rolle des ehrenamtlichen Managements im Rahmen kommunaler Verwaltungsmodernisierung, Hamburg 2001.

Monsen, N. (1993): Regional Accounting Harmonization – a Case for Regional Accounting Standards, Paper presented on the 4th Biennial CIGAR Conference, 25. und 26.03.1993, St. Gallen 1993.

Monsen, N. (2005): Kapitalflussrechnungen – Kann das kaufmännische Rechnungswesen vom kameralistischen lernen?, in: Verwaltung und Management 2005, Jg. 11, Heft 1, S. 19-26.

Monsen, N. (2006): Das Gemeinderechnungswesen in Norwegen – Eine historische Studie über den Einfluss des kameralistischen und des kaufmännischen Rechnungswesens, in: Verwaltung und Management 2006, Jg. 12, Heft 1, S. 32-40.

Montesinos, V./Vela, J. M. (Hrsg.) (2002): Innovations in Governmental Accounting, Boston 2002.

Moore, M. H. (1995): Creating public value – Strategic management in government, Cambridge u.a. 1995.

Moser, W. (1982): Kriterien zur Beurteilung der finanziellen Lage öffentlicher Gemeinwesen, Bern u.a. 1982.

Moxter, A. (1976): Fundamentalgrundsätze ordnungsmäßiger Rechenschaft, in: Baetge, J./ Moxter, A./Schneider, D. (Hrsg.): Bilanzfragen – Festschrift zum 65. Geburtstag von Prof. Dr. Ulrich Leffson, Düsseldorf 1976, S. 87-100.

Moxter, A. (1984): Bilanzlehre, Band I: Einführung in die Bilanztheorie, Wiesbaden 1984.

Moynihan, D. P. (2008): The Dynamics of Performance Management: Constructing Information and Reform, Washington D.C. 2008.

Mueller, D. C. (2003): Public Choice III, Cambridge 2003.

Mühlen, M. zur/Loitz, R. (1998): Gründe und Gestaltungsoptionen für ein kaufmännisches Rechnungswesen bei Gebietskörperschaften, in: Betriebs-Berater 1998, Jg. 53, Heft 11, S. 578-585.

Mühlenkamp, H. (1993): Verfahren zur monetären Bewertung nichtmarktlicher Güter, Arbeitsbericht Nr.116/Universität Lüneburg, Lüneburg 1993.

Mühlenkamp, H. (1999): Eine ökonomische Analyse ausgewählter institutioneller Arrangements zur Erfüllung öffentlicher Aufgaben, Baden-Baden 1999.

Mühlenkamp, H. (2005): Zur „Ökonomisierung" des öffentlichen Sektors – Verständnisse, Mißverständnisse und Irrtümer – Speyerer Vorträge Heft 82, Speyer 2005.

Mühlenkamp, H. (2006): Öffentliche Unternehmen aus der Sicht der Neuen Institutionenökonomik, in: Zeitschrift für öffentliche und gemeinwirtschaftliche Unternehmen 2006, Jg. 29, Heft 4, S. 390-417.

Mühlenkamp, H. (2007): „Leistungsentgelte" im öffentlichen Sektor, in: Brüggemeier, M./ Schauer, R./Schedler, K. (Hrsg.): Controlling und Performance-Management im öffentlichen Sektor – Festschrift für Prof. Dr. Dr. h.c. Dietrich Budäus zum 65. Geburtstag, Bern u.a. 2007, S. 61-70.

Mühlenkamp, H./Glöckner, A. (2010a): Rechtsvergleich kommunale Doppik – Speyerer Forschungsberichte Nr. 260, Speyer 2010.

Mühlenkamp, H./Glöckner, A. (2010b): Grundsätze und (best-)mögliche Ansätze zur Bewertung des Vermögens von öffentlichen Gebietskörperschaften, in: Betriebswirtschaftliche Forschung und Praxis 2010, Jg. 61, Heft 5, S. 483-500.

Mühlenkamp, H./Magin, C. (2010): Zum Eigenkapital von Gebietskörperschaften – populäre Irrtümer und Missverständnisse, in: Der Gemeindehaushalt 2010, Jg. 111, Heft 1, S. 8-11.

Mühlenkamp, H./Sossong, P. (2011): Geleistete Zuwendungen in der staatlichen Doppik – Handelsrechtliche Grundsätze ordnungsmäßiger Buchführung versus Standards staatlicher Doppik, in: Der Konzern 2011, Jg. 9, Heft 12, S. 614-620.

Mülhaupt, L. (1987): Theorie und Praxis des öffentlichen Rechnungswesens in der Bundesrepublik Deutschland, Baden-Baden 1987.

Mülhaupt, L. (1990): Grundfragen des öffentlichen Rechnungswesens, in: Zeitschrift für Verwaltung, Organisation und Personal 1990, Jg. 12, Heft 1, S. 163-166.

Mülhaupt, L. (1993): Probleme der staatlichen und kommunalen Rechnungslegung und ihre Lösung, in: Brede, H./Buschor, E. (Hrsg.): Das neue Öffentliche Rechnungswesen – Betriebswirtschaftliche Beiträge zur Haushaltsreform in Deutschland, Österreich und der Schweiz, Baden-Baden 1993, S. 75-105.

Mülhaupt, L. (2003): Kameralistik, in: Eichhorn, P./Friedrich, P./Jann, W./Oechsler, W. A./ Püttner, G./Reinermann, H. (Hrsg.): Verwaltungslexikon, Baden-Baden 2003, S. 537-541.

Müller, D./Friesen, P. H./Mintzberg, H. (1984): Organizations: A Quantum View, Englewood Cliffs, N.J. 1984.

Müller, S./Jöhnk, T./Bruns, A. (Hrsg.) (2005): Beiträge zum Finanz-, Rechnungs- und Bankwesen – Stand und Perspektiven, Wiesbaden 2005.

Müller, S./Papenfuß, U./Schaefer, C. (2009): Rechnungslegung und Controlling in Kommunen – Status quo und Reformansätze, Berlin 2009.

Müller, S./Weller, N. (2008a): Bilanzrechtsmodernisierungsgesetz und mögliche Änderungen in kommunalen Gesamtabschlüssen sowie Änderungen für Beteiligungsunternehmen, in: Verwaltung und Management 2008, Jg. 14, Heft 6, S. 294-299.

Müller, S./Weller, N. (2008b): Bilanzrechtsmodernisierungsgesetz (BilMoG) und mögliche Änderungsnotwendigkeiten der kommunalen Einzelabschlüsse, in: Verwaltung und Management 2008, Jg. 14, Heft 5, S. 259-267.

Müller-Katzenburg, A./Hofmann, A. (2000): Abschreibungsmöglichkeiten bei Kunstgegenständen, in: Betriebs-Berater 2000, Jg. 55, Heft 50, S. 2563-2568.

Müller-Marqués Berger, T. (2008): Internationale Rechnungslegungsstandards für den öffentlichen Sektor (IPSAS) – Grundlagen und Einzeldarstellungen, Stuttgart 2008.

Müller-Marqués Berger, T. (2009a): Reform der öffentlichen Rechnungslegung: Auswirkungen auf den Berufsstand der Wirtschaftsprüfer, in: Die Wirtschaftsprüfung 2009, Jg. 62, Heft 17, S. 863-866.

Müller-Marqués Berger, T. (2009b): Kameralistik, NKF, Grundsätze staatlicher Doppik: What's next? – Aktuelles aus dem IPSAS-Board, in: Die Wirtschaftsprüfung 2009, Jg. 62, Heft 3, S. I-I.

Müller-Marqués Berger, T. (2012a): IPSAS Explained, 2. Aufl., Chichester 2012.

Müller-Marqués Berger, T. (2012b): Aktuelles Arbeitsprogramm des International Public Sector Accounting Standards Boards (IPSASB), in: Die Wirtschaftsprüfung 2012, Jg. 65, Sonderheft 2, S. S74-S79.

Müller-Marqués Berger, T./Heiling, J./Wirtz, H. (2010): IPSASB vollendet Konvergenz-Programm, in: Die Wirtschaftsprüfung 2010, Jg. 63, Heft 19, S. 959-963.

Müller-Marqués Berger, T./Paulitschek, P. (2013): Rahmenkonzept für die öffentliche Rechnungslegung – Phase 2 und Phase 3 des Conceptual-Framework-Projekts des International Public Sector Accounting Standards Board (IPSASB), in: Die Wirtschaftsprüfung 2013, Jg. 66, Heft 8, S. 357-364.

Müller-Marqués Berger, T./Wirtz, H. (2012): Konzernrechnungslegung der öffentlichen Hand – Das „Public Sector Combinations"-Projekt des IPSASB, in: Die Wirtschaftsprüfung 2012, Jg. 65, Heft 19, S. 1025-1028.

Müller-Marqués Berger, T./Wirtz, H. (2013): Ermittlung von Defizit und Verschuldung der öffentlichen Hand – Harmonisierung zwischen Jahresabschlüssen der öffentlichen Hand und der Finanzstatistik, in: Die Wirtschaftsprüfung 2013, Jg. 66, Heft 5, S. 208-213.

Münch, K.-N. (1978): Gebühren als Mittel zur Lösung staatlicher Finanzprobleme, in: Hanusch, H. (Hrsg.): Reform öffentlicher Leistungen, Baden-Baden 1978, S. 43-68.

Mundhenke, E. (2007): Ansätze zur Reform des Haushalts- und Rechnungswesens auf Bundesebene in Deutschland, in: Brüggemeier, M./Schauer, R./Schedler, K. (Hrsg.): Controlling und Performance-Management im öffentlichen Sektor – Festschrift für Prof. Dr. Dr. h.c. Dietrich Budäus zum 65. Geburtstag, Bern u.a. 2007, S. 233-241.

Musgrave, R. A./Musgrave, P. B./Kullmer, L. (1994): Die öffentlichen Finanzen in Theorie und Praxis, Band 1, 6. Aufl., Tübingen 1994.

Naschold, F. (1997): Umstrukturierung der Gemeindeverwaltung: eine international vergleichende Zwischenbilanz, in: Naschold, F./Oppen, M./Wegener, A. (Hrsg.): Innovative Kommunen – Internationale Trends und deutsche Erfahrungen, Stuttgart u.a. 1997, S. 15-48.

Naschold, F./Bogumil, J. (1998): Modernisierung des Staates – New Public Management und Verwaltungsreform, Opladen 1998.

Naschold, F./Budäus, D./Jann, W./Mezger, E./Oppen, M./Picot, A./Reichard, C./Schanze, E./Simon, N. (2000): Leistungstiefe im öffentlichen Sektor – Erfahrungen, Konzepte, Methoden, 2. Aufl., Berlin 2000.

Naschold, F./Oppen, M./Wegener, A. (Hrsg.) (1997): Innovative Kommunen – Internationale Trends und deutsche Erfahrungen, Stuttgart u.a. 1997.

Naumann, K.-P. (2006): Das Spannungsverhältnis zwischen Relevanz und Verlässlichkeit in der Rechnungslegung – Ein Beitrag zur Fortentwicklung von HGB und IFRS, in: Zeitschrift für Betriebswirtschaft 2006, Jg. 76, Sonderheft 6, S. 43-75.

Navarro Galera, A./Rodríguez Bolívar, M. P. (2007): The contribution of international accounting standards to implementing NPM in developing and developed countries, in: Public Administration and Development 2007, Jg. 27, Heft 5, S. 412-425.

Navarro Galera, A./Rodríguez Bolívar, M. P. (2010): Can government accountability be enhanced with international financial reporting standards?, in: Public Money & Management 2010, Jg. 30, Heft 6, S. 379-384.

Neumark, F. (1952): Theorie und Praxis der Budgetgestaltung, in: Gerloff, W./Neumark, F. (Hrsg.): Handbuch der Finanzwissenschaft, Tübingen 1952, S. 554-605.

Niederste Frielinghaus, S. (2008): Das Tabu der kommunalen Insolvenz, in: Die Öffentliche Verwaltung 2008, Jg. 61, Heft 23, S. 991-997.

Niehus, R. J. (2005): Die IFRS auf Deutsch – Fehler und Unzulänglichkeiten der Übersetzung, in: Der Betrieb 2005, Jg. 58, Heft 46, S. 2477-2483.

Niskanen, W. A. (1971): Bureaucracy and Representative Government, Chicago 1971.

Nissim, D./Penman, S. (2008): Principles for the Application of Fair Value Accounting, CEASA White Paper Number Two, New York 2008.

Nobes, C. (1988): An Historical-Comparative Perspective of Governmental Accounting, in: Chan, J. L./Jones, R. H. (Hrsg.): Governmental Accounting and Auditing – International comparisons, London u.a. 1988, S. 198-206.

Nowotny, E./Zagler, M. (2009): Der öffentliche Sektor – Einführung in die Finanzwissenschaft, 5. Aufl., Berlin u.a. 2009.

Nudds, J. R./Pettitt, C. W. (Hrsg.) (1997): The value and valuation of natural science collections – Proceedings of the international conference, Manchester, 1995, London 1997.

Nydegger, P. (2001): Zeitgemäße Führungsmethoden in der Öffentlichen Verwaltung, in: Insolvenz- und Wirtschaftsrecht 2001, Jg. 4, Heft 4, S. 141-145.

o.V. (2003a): Vorhaltung, in: Eichhorn, P./Friedrich, P./Jann, W./Oechsler, W. A./Püttner, G./ Reinermann, H. (Hrsg.): Verwaltungslexikon, Baden-Baden 2003, S. 1183-1184.

o.V. (2003b): Effizienz, in: Eichhorn, P./Friedrich, P./Jann, W./Oechsler, W. A./Püttner, G./ Reinermann, H. (Hrsg.): Verwaltungslexikon, Baden-Baden 2003, S. 283-284.

o.V. (2003c): Gemischtöffentliches Unternehmen, in: Eichhorn, P./Friedrich, P./Jann, W./ Oechsler, W. A./Püttner, G./Reinermann, H. (Hrsg.): Verwaltungslexikon, Baden-Baden 2003, S. 415-415.

o.V. (2003d): Bruttobetrieb, in: Eichhorn, P./Friedrich, P./Jann, W./Oechsler, W. A./Püttner, G./Reinermann, H. (Hrsg.): Verwaltungslexikon, Baden-Baden 2003, S. 166-167.

o.V. (2003e): Öffentlicher Sektor, in: Eichhorn, P./Friedrich, P./Jann, W./Oechsler, W. A./ Püttner, G./Reinermann, H. (Hrsg.): Verwaltungslexikon, Baden-Baden 2003, S. 751-751.

o.V. (2003f): Eigengesellschaft, in: Eichhorn, P./Friedrich, P./Jann, W./Oechsler, W. A./ Püttner, G./Reinermann, H. (Hrsg.): Verwaltungslexikon, Baden-Baden 2003, S. 286-286.

o.V. (2003g): Gemischtwirtschaftliches Unternehmen, in: Eichhorn, P./Friedrich, P./Jann, W./ Oechsler, W. A./Püttner, G./Reinermann, H. (Hrsg.): Verwaltungslexikon, Baden-Baden 2003, S. 415-416.

o.V. (2003h): Nettobetrieb, in: Eichhorn, P./Friedrich, P./Jann, W./Oechsler, W. A./Püttner, G./Reinermann, H. (Hrsg.): Verwaltungslexikon, Baden-Baden 2003, S. 707-707.

o.V. (2003i): Effektivität, in: Eichhorn, P./Friedrich, P./Jann, W./Oechsler, W. A./Püttner, G./ Reinermann, H. (Hrsg.): Verwaltungslexikon, Baden-Baden 2003, S. 283-283.

o.V. (2003j): Leistung, in: Eichhorn, P./Friedrich, P./Jann, W./Oechsler, W. A./Püttner, G./ Reinermann, H. (Hrsg.): Verwaltungslexikon, Baden-Baden 2003, S. 642-642.

O'Brien, P. C. (2009): Changing the Concepts to Justify the Standards, in: Accounting Perspectives 2009, Jg. 8, Heft 4, S. 263-275.

Oechsler, W. A. (1999): Human Ressource Management als Leitbild für eine Reform des Dienstrechts, in: Bräunig, D./Greiling, D. (Hrsg.): Stand und Perspektiven der Öffentlichen Betriebswirtschaftslehre – Festschrift für Prof. Dr. Peter Eichhorn zur Vollendung des 60. Lebensjahres, Berlin 1999, S. 400-407.

Oechsler, W. A. (2007): Leistungsentgelt im öffentlichen Dienst, in: Bräunig, D./Greiling, D. (Hrsg.): Stand und Perspektiven der Öffentlichen Betriebswirtschaftslehre II – Festschrift für Peter Eichhorn anlässlich seiner Emeritierung, Berlin 2007, S. 546-560.

Oettle, K. (1983): Zum Nutzen Kaufmännischer Rechnungslegung öffentlicher Betriebe, dargestellt am Beispiel der Krankenhäuser, in: Zeitschrift für betriebswirtschaftliche Forschung 1983, Jg. 35, Heft 12, S. 763-771.

Oettle, K. (1987): Möglichkeiten und Grenzen der Übertragung des kaufmännischen Rechnungswesens auf öffentliche Verwaltungen, in: Eichhorn, P. (Hrsg.): Doppik und Kameralistik – Festschrift für Prof. Dr. Ludwig Mülhaupt zur Vollendung des 75. Lebensjahres, Baden-Baden 1987, S. 275-290.

Oettle, K. (1991): Betriebswirtschaftliche Beiträge zur öffentlichen Finanzwirtschaft – Ausgewählte Aufsätze zum Haushalts- und Rechnungswesen öffentlicher Verwaltungen, Baden-Baden 1991.

Oettle, K. (1993): Kameralistik, in: Chmielewicz, K./Schweitzer, M. (Hrsg.): Handwörterbuch des Rechnungswesens, Stuttgart 1993, Sp. 1048-1054.

Oettle, K. (1999): Anfänge und Entwicklungslinien der Öffentlichen Betriebswirtschaftslehre, in: Bräunig, D./Greiling, D. (Hrsg.): Stand und Perspektiven der Öffentlichen Betriebswirtschaftslehre – Festschrift für Prof. Dr. Peter Eichhorn zur Vollendung des 60. Lebensjahres, Berlin 1999, S. 17-30.

Olbrich, M. (2011): IFRS 13 und finanzierungstheoretische Modelle zur Zeitwertbestimmung, in: Zeitschrift für internationale und kapitalmarktorientierte Rechnungslegung 2011, Jg. 11, Heft 9, S. 393-394.

Olson, M. (1965): The Logic of Collective Action: Public Goods and the Theory of Groups, Cambridge 1965.

Otte, R. (1990): Konzernabschlüsse im öffentlichen Bereich – Notwendigkeit und Zwecke konsolidierter Jahresabschlüsse von Gebietskörperschaften dargestellt am Beispiel der Bundesverwaltung der Bundesrepublik Deutschland, Frankfurt a.M. u.a. 1990.

Otte, R. (1991): Grundzüge der Konzernrechnungslegung für Gebietskörperschaften, in: Zeitschrift für betriebswirtschaftliche Forschung 1991, Jg. 43, Heft 6, S. 510-524.

Pallot, J. (1990): The Nature of Public Assets: A Response to Mautz, in: Accounting Horizons 1990, Jg. 4, Heft 2, S. 79-85.

Pallot, J. (1992): Elements of a Theoretical Framework for Public Sector Accounting, in: Accounting, Auditing and Accountability Journal 1992, Jg. 5, Heft 1, S. 38-59.

Pallot, J. (1997): Infrastructure accounting for local authorities: Technical management and political context, in: Financial Accountability & Management 1997, Jg. 13, Heft 3, S. 225-242.

Pannen, M. (2000): Messtheoretische Grundprobleme des Maßgeblichkeitsprinzips, Lohmar u.a. 2000.

Papenfuß, U./Schaefer, C. (2011): Innovatives Schulden- und Finanzmanagement in öffentlichen Unternehmen, in: Zeitschrift für öffentliche und gemeinwirtschaftliche Unternehmen 2011, Jg. 34, Heft 3, S. 313-324.

Papenfuß, U./Schmidt, C. A. (2012): HGB-Bilanzierungspraxis öffentlicher Unternehmen aus 20 Großstädten nach BilMoG, in: Der Betrieb 2012, Jg. 65, Heft 46, S. 2585-2590.

Parodi, O./Banse, G./Schaffer, A. (Hrsg.) (2010): Wechselspiele: Kultur und Nachhaltigkeit, Berlin 2010.

Paton, W./Littleton, A. (1940): An Introduction to Corporate Accounting Standards, Iowa 1940.

Paul, G. (2003): Das Optionsmodell – ein vermeidbarer Irrweg, in: Innovative Verwaltung 2003, Jg. 2, Heft 10, S. 26-27.

Pawelzik, K. U. (2011): Vorschlag für ein zweckmäßiges Bilanzgliederungsschema, in: Der Betrieb 2011, Jg. 64, Heft 20, S. 1117-1123.

Peace, R. (1997): Natural Resoucre Value – Presentation, 5th Interdisciplinary Perspectives on Accounting Conference, 07.-09.07.1997, Manchester 1997.

Pearce, D. W./Markandya, A. (1989): Environmental Policy Benefits: Monetary Valuation, Schriftenreihe der OECD, Paris 1989.

Peemöller, V. H. (2003): Bilanzanalyse und Bilanzpolitik, 3. Aufl., Wiesbaden 2003.

Pelger, C. (2009): Entscheidungsnützlichkeit in neuem Gewand: Der Exposure Draft zur Phase A des Conceptual Framework-Projekts, in: Zeitschrift für internationale und kapitalmarktorientierte Rechnungslegung 2009, Jg. 9, Heft 3, S. 156-163.

Pelger, C. (2011): Rechnungslegungszweck und qualitative Anforderungen im Conceptual Framework for Financial Reporting (2010) – Der erste Stein im neuen Fundament der internationalen Rechnungslegung, in: Die Wirtschaftsprüfung 2011, Jg. 64, Heft 19, S. 908-916.

Pellens, B./Bonse, A./Fülbier, R. U. (1996): Organisatorischer und konzeptioneller Rahmen des IASC, in: WPK-Mitteilungen 1996, Jg. 35, Heft 4, S. 264-278.

Pellens, B./Fülbier, R. U./Gassen, J./Sellhorn, T. (2011): Internationale Rechnungslegung – IFRS 1 bis 9, IAS 1 bis 41, IFRIC-Interpretationen, Standardentwürfe – Mit Beispielen, Aufgaben und Fallstudie, 8. Aufl., Stuttgart 2011.

Peters, G. (1996): The future of governing: four emerging models, studies in government and public policy, Kansas 1996.

Pierre, J./Peters, B. G. (2000): Governance, Politics and the State, Basingstoke 2000.

Pollitt, C./Bouckaert, G. (2004): Public Management Reform – A Comparative Analysis, 2. Aufl., Oxford 2004.

Pollitt, C./Harrison, S. (Hrsg.) (1992): Handbook of Public Services Management, Oxford 1992.

Pommerehne, W. W. (1987): Präferenzen für öffentliche Güter – Ansätze zu ihrer Erfassung, Tübingen 1987.

Pommerehne, W. W./Römer, A. U. (1992): Ansätze zur Erfassung der Präferenzen für öffentliche Güter, in: Jahrbuch für Sozialwissenschaft 1992, Jg. 43, Heft 2, S. 171-210.

Porter, S. (2004): An examination of measurement methods for valuing heritage assets using a tourism perspective, in: Qualitative Research in Accounting & Management 2004, Jg. 1, Heft 2, S. 68-92.

Potthoff, E. (1985): Entwicklungsgeschichte der öffentlichen Betriebswirtschaftslehre, in: Eichhorn, P. (Hrsg.): Betriebswirtschaftliche Erkenntnisse für Regierung, Verwaltung und öffentliche Unternehmen – 25 Jahre Öffentliche Betriebswirtschaftslehre an der Universität Mannheim, Baden-Baden 1985, S. 35-46.

Potthoff, E. (1987): Leistungsrechnung und Leistungsbeurteilung in wissenschaftlichen Hochschulen, in: Eichhorn, P. (Hrsg.): Doppik und Kameralistik – Festschrift für Prof. Dr. Ludwig Mülhaupt zur Vollendung des 75. Lebensjahres, Baden-Baden 1987, S. 83-97.

Premchand, A. (Hrsg.) (1990): Government financial management – Issues and country studies, Washington 1990.

PricewaterhouseCoopers (Hrsg.) (2009): Der reformierte öffentliche Haushalt – Stand nationaler Reformen und internationale Reformtendenzen, Stuttgart 2009.

Proeller, I./Siegel, J. P. (2009): Performance Management in der deutschen Verwaltung – Eine explorative Einschätzung, in: Der moderne Staat – dms – Zeitschrift für Public Policy, Recht und Management 2009, Jg. 2, Heft 2, S. 455-474.

Proll, R. U./Reckert, K. (Hrsg.) (2006): Neues Kommunales Finanzmanagement 2006.

Prowle, A./Prowle, M. (2011): The preventive services agenda – delivering value for money, in: Public Money & Management 2011, Jg. 31, Heft 2, S. 139-143.

Puechberg, J. M. (1762): Einleitung zu einem verbesserten Kameral-Rechnungsfuße, auf die Verwaltung einer Kameral-Herrschaft angewandt, Wien 1762.

Püttner, G. (1985): Die öffentlichen Unternehmen, Stuttgart 1985.

Püttner, G. (2003): Öffentliche Aufgabe, in: Eichhorn, P./Friedrich, P./Jann, W./Oechsler, W. A./Püttner, G./Reinermann, H. (Hrsg.): Verwaltungslexikon, Baden-Baden 2003, S. 739-740.

Püttner, G. (2007a): Zur Internationalisierung des Rechnungswesens – Anmerkungen zur Begründung, zum Verfahren und zum Stand der Rechtsangleichung, in: Bolsenkötter, H. (Hrsg.): Die Zukunft des öffentlichen Rechnungswesens – Reformtendenzen und internationale Entwicklungen, Baden-Baden 2007, S. 29-44.

Püttner, G. (2007b): Verwaltungen als Dienstleistungsbetriebe, in: Bräunig, D./Greiling, D. (Hrsg.): Stand und Perspektiven der Öffentlichen Betriebswirtschaftslehre II – Festschrift für Peter Eichhorn anlässlich seiner Emeritierung, Berlin 2007, S. 68-74.

PVU International Slavic Institute "G.R.Derzhavin" Sveti Nikole (Hrsg.) (2013): Proceeding of the 4th International Scientific Conference "INTERNATIONAL DIALOGUE: EAST-WEST", 19.-20.04.2013, Sevti Nikole, Mazedonien, Sveti Nikole 2013.

Radermacher, W. (2012): Studie zur Eignung der IPSAS für die europäischen Mitgliedstaaten, in: Die Wirtschaftsprüfung 2012, Jg. 65, Sonderheft 2, S. S85-S89.

Radin, B. A. (2006): Challenging the Performance Movement: Accountability, Complexity and Democratic Values, Washington D.C. 2006.

Rahe, C. (2005): Die erstmalige Vermögenserfassung im neuen Öffentlichen Rechnungswesen – eine kritische Darstellung aus kommunaler Sicht, in: Goldbach, A./Söffker, C./Di Pietro, S./Rahe, C. (Hrsg.): Entwicklungslinien und Problemschwerpunkte der Öffentlichen Betriebswirtschaftslehre – Festschrift für Helmut Brede zu seinem 70. Geburtstag, Frankfurt a.M. 2005, S. 219-236.

Rauch, B./Göttsche, M./Brähler, G./Engel, S. (2011): Fact and Fiction in EU-Governmental Economic Data, in: German Economic Review 2011, Jg. 12, Heft 3, S. 243-255.

Raupach, B./Stangenberg, K. (2009): Doppik in der öffentlichen Verwaltung – Grundlagen, Verfahrensweisen, Einsatzgebiete, 2. Aufl., Wiesbaden 2009.

Recktenwald, H. C. (1978): Ursachen für Unwirtschaftlichkeit im Staatsbereich, Elemente einer Theorie des ökonomischen Staats»versagens«, in: Hanusch, H. (Hrsg.): Reform öffentlicher Leistungen, Baden-Baden 1978, S. 15-24.

Rehm, H. (2007): Öffentliche Private Partnerschaften (ÖPP): Befund – Probleme – Perspektiven, in: Bräunig, D./Greiling, D. (Hrsg.): Stand und Perspektiven der Öffentlichen Betriebswirtschaftslehre II – Festschrift für Peter Eichhorn anlässlich seiner Emeritierung, Berlin 2007, S. 440-450.

Reichard, C. (1988): Der Dritte Sektor – Entstehung, Funktion und Problematik von „Nonprofit"-Organisationen aus verwaltungswissenschaftlicher Sicht, in: Die Öffentliche Verwaltung 1988, Jg. 41, Heft 9, S. 363-370.

Reichard, C. (1989): Gemischtöffentliche Unternehmen, in: Chmielewicz, K./Eichhorn, P. (Hrsg.): Handwörterbuch der Öffentlichen Betriebswirtschaft, Stuttgart 1989, Sp. 472-479.

Reichard, C. (1994): Internationale Ansätze eines „New Public Management", in: Hofmann, M. (Hrsg.): Neue Entwicklungen im Management, Heidelberg 1994, S. 135-164.

Reichard, C. (1995): Von Max Weber zum »New Public Management«, in: Hablützel, P./ Haldemann, T./Schedler, K./Schwaar, K. (Hrsg.): Umbruch in Politik und Verwaltung – Ansichten und Erfahrungen zum New Public Management in der Schweiz, Bern u.a. 1995, S. 57-79.

Reichard, C. (1998): Institutionelle Wahlmöglichkeiten bei der öffentlichen Aufgabenwahrnehmung, in: Budäus, D. (Hrsg.): Organisationswandel öffentlicher Aufgabenwahrnehmung, Baden-Baden 1998, S. 121-154.

Reichard, C. (1999): Interdependenzen zwischen Öffentlicher Betriebswirtschaftslehre und Public Management, in: Bräunig, D./Greiling, D. (Hrsg.): Stand und Perspektiven der Öffentlichen Betriebswirtschaftslehre – Festschrift für Prof. Dr. Peter Eichhorn zur Vollendung des 60. Lebensjahres, Berlin 1999, S. 47-54.

Reichard, C. (2002): Teil I: 11. Verwaltung als öffentliches Management, in: König, K. (Hrsg.): Deutsche Verwaltung an der Wende zum 21. Jahrhundert, Baden-Baden 2002, S. 255-277.

Reichard, C. (2003a): „New Public Management" als Auslöser zunehmender Ökonomisierung der Verwaltung, in: Harms, J./Reichard, C. (Hrsg.): Die Ökonomisierung des öffentlichen Sektors – Instrumente und Trends, Baden-Baden 2003, S. 119-143.

Reichard, C. (2003b): Public Management im deutschsprachigen Raum, in: Blümle, E.-B./ Pernsteiner, H./Purtschert, R./Andeßner, R. C. (Hrsg.): Öffentliche Verwaltung und Nonprofit-Organisationen – Festschrift für Reinbert Schauer, Wien 2003, S. 495-518.

Reichard, C. (2003c): Performance Reporting, in: Eichhorn, P./Friedrich, P./Jann, W./ Oechsler, W. A./Püttner, G./Reinermann, H. (Hrsg.): Verwaltungslexikon, Baden-Baden 2003, S. 796-796.

Reichard, C. (2003d): Performance Monitoring, in: Eichhorn, P./Friedrich, P./Jann, W./ Oechsler, W. A./Püttner, G./Reinermann, H. (Hrsg.): Verwaltungslexikon, Baden-Baden 2003, S. 796-796.

Reichard, C. (2003e): Performance Budgeting, in: Eichhorn, P./Friedrich, P./Jann, W./ Oechsler, W. A./Püttner, G./Reinermann, H. (Hrsg.): Verwaltungslexikon, Baden-Baden 2003, S. 794-794.

Reichard, C. (2003f): Performance Measurement, in: Eichhorn, P./Friedrich, P./Jann, W./ Oechsler, W. A./Püttner, G./Reinermann, H. (Hrsg.): Verwaltungslexikon, Baden-Baden 2003, S. 795-796.

Reichard, C./Bals, H. (2002): Resource-based Accounting and Output-Budgeting as Common Patterns of Public Sector Financial Management Reforms, in: Bräunig, D./Eichhorn, P. (Hrsg.): Evaluation and Accounting Standards in Public Management – Proceedings of the 3rd International Public Sector Management Symposium, Baden-Baden 2002, S. 137-151.

Reichard, C./Wollmann, H. (Hrsg.) (1996): Kommunalverwaltung im Modernisierungsschub?, Basel u.a. 1996.

Reinermann, H. (1993): Ein neues Paradigma für die öffentliche Verwaltung? Was Max Weber heute empfehlen dürfte, Speyer 1993.

Reinermann, H. (2000a): Neues Politik- und Verwaltungsmanagement: Leitbild und theoretische Grundlagen, Speyer 2000.

Reinermann, H. (2000b): Über Möglichkeiten und Grenzen des öffentlichen Rechnungswesens zur Erzeugung von Führungsinformation, in: Budäus, D./Küpper, W./Streitferdt, L. (Hrsg.): Neues öffentliches Rechnungswesen – Stand und Perspektiven – Klaus Lüder zum 65. Geburtstag, Wiesbaden 2000, S. 605-627.

Richter, R./Furubotn, E. G. (2003): Neue Institutionenökonomik – Eine Einführung und kritische Würdigung, 3. Aufl., Tübingen 2003.

Ritz, A. (2003): Public Private Partnership, in: Eichhorn, P./Friedrich, P./Jann, W./Oechsler, W. A./Püttner, G./Reinermann, H. (Hrsg.): Verwaltungslexikon, Baden-Baden 2003, S. 858-858.

Rodríguez Bolívar, M. P./Navarro Galera, A. (2012): The Role of Fair Value Accounting in Promoting Government Accountability, in: ABACUS 2012, Jg. 48, Heft 3, S. 348-386.

Röhrig, A. (2008): Wirkungsorientiertes Controlling im politisch-administrativen System – Unter besonderer Berücksichtigung der Gestaltungsmöglichkeiten von öffentlichen Verwaltungen, Frankfurt a.M. 2008.

Rosen, S. (1974): Hedonic Prices and Implicit Markets: Product Differentiation in Pure Competition, in: Journal of Political Economy 1974, Jg. 82, Heft 1, S. 34-55.

Ross, S. A. (1973): The economic theory of agency: The principal's problem, in: American Economic Review 1973, Jg. 63, Heft 2, S. 134-139.

Rowles, T. R. (1992): Financial Reporting on Infrastructure and Heritage Assets by Public Sector Entities, Caulfield 1992.

Ruter, R. X./Häfele, M. (2007): Public Corporate Governance Kodex – Herausforderungen für die öffentliche Hand, in: Brüggemeier, M./Schauer, R./Schedler, K. (Hrsg.): Controlling und Performance-Management im öffentlichen Sektor – Festschrift für Prof. Dr. Dr. h.c. Dietrich Budäus zum 65. Geburtstag, Bern u.a. 2007, S. 355-362.

Sabogal, M. (2011): Psychologische Aspekte im Change Management, Hamburg 2011.

Sappington, D. (1991): Incentives in Principal-Agent Relationships, in: Journal of Economic Perspectives 1991, Jg. 5, Heft 2, S. 45-66.

Sass, J./Sienz, R. (2007): Leitungsorientierte Vergütung im Rahmen der neuen Verwaltungssteuerung, in: Brüggemeier, M./Schauer, R./Schedler, K. (Hrsg.): Controlling und Performance-Management im öffentlichen Sektor – Festschrift für Prof. Dr. Dr. h.c. Dietrich Budäus zum 65. Geburtstag, Bern u.a. 2007, S. 71-79.

Sayce, S./Britton, P./Morris, A./Sundberg, A./Watkins, D. (2009): Valuing Heritage Assets – Final Report of a Research Project, London 2009.

Schauer, R. (1988): Kosten- und Leistungsrechnung für öffentliche Verwaltungen – Ein Überblick über die Literatur eines Jahrzehnts, in: Die Betriebswirtschaft 1988, Jg. 48, Heft 4, S. 509-524.

Schauer, R. (1993): Die Eignung verschiedener Rechnungsstile für den managementorientierten Informationsbedarf in öffentlichen Verwaltungen, in: Brede, H./Buschor, E. (Hrsg.): Das neue Öffentliche Rechnungswesen – Betriebswirtschaftliche Beiträge zur Haushaltsreform in Deutschland, Österreich und der Schweiz, Baden-Baden 1993, S. 143-166.

Schauer, R. (1994): Verwaltungsreform und Reform des öffentlichen Rechnungswesens, in: Lüder, K. (Hrsg.): Öffentliches Rechnungswesen 2000 – Vorträge und Diskussionsbeiträge einer wissenschaftlichen Arbeitstagung der Hochschule für Verwaltungswissenschaften Speyer, Berlin 1994, S. 23-43.

Schauer, R. (1999): 20 Jahre Wissenschaftliche Kommission „Öffentliche Unternehmen und Verwaltungen" im Verband der Hochschullehrer für Betriebswirtschaft e.V. – Ein Leistungsbericht, in: Zeitschrift für öffentliche und gemeinwirtschaftliche Unternehmen 1999, Jg. 22, Heft 3, S. 304-319.

Schauer, R. (2000): Kameralistik und Doppik – kein Gegensatz? – Zur Neuorganisation des Öffentlichen Rechnungswesens in Österreich, in: Budäus, D./Küpper, W./Streitferdt, L. (Hrsg.): Neues öffentliches Rechnungswesen – Stand und Perspektiven – Klaus Lüder zum 65. Geburtstag, Wiesbaden 2000, S. 81-103.

Schauer, R. (2003a): Nettoetatisierung, in: Eichhorn, P./Friedrich, P./Jann, W./Oechsler, W. A./Püttner, G./Reinermann, H. (Hrsg.): Verwaltungslexikon, Baden-Baden 2003, S. 707-707.

Schauer, R. (2003b): Bruttoetatisierung, in: Eichhorn, P./Friedrich, P./Jann, W./Oechsler, W. A./Püttner, G./Reinermann, H. (Hrsg.): Verwaltungslexikon, Baden-Baden 2003, S. 167-167.

Schauer, R. (2005a): International Public Sector Accounting Standards (IPSAS) – Ist eine Reform des Öffentlichen Rechnungswesens in Österreich geboten?, in: Das Öffentliche Haushaltswesen in Österreich 2005, Jg. 46, Heft 1/2, S. 13-30.

Schauer, R. (2005b): 25 Jahre Wissenschaftliche Kommission „Öffentliche Betriebswirtschaft" im Verband der Hochschullehrer für Betriebswirtschaft e.V. – Ein Leistungsbericht, in: Zeitschrift für öffentliche und gemeinwirtschaftliche Unternehmen 2005, Jg. 28, Heft 1, S. 58-71.

Schauer, R. (2005c): International Public Sector Accounting Standards (IPSAS) – Notwendigkeit für eine Reform des öffentlichen Rechnungswesens?, in: Feldbauer-Durstmüller, B./Schwarz, R./Wimmer, B. (Hrsg.): Handbuch Controlling und Consulting, Wien 2005, S. 591-612.

Schauer, R. (2006): Braucht Österreich eine Harmonisierung des öffentlichen Rechnungswesens nach internationalen Standards?, in: Das Öffentliche Haushaltswesen in Österreich 2006, Jg. 47, Heft 1/2, S. 4-23.

Schauer, R. (2007): Die „Kommunale Doppik" – eine Notwendigkeit?, in: Schauer, R. (Hrsg.): Die "Kommunale Doppik" – theoretische und praktische Überlegungen zur Neuorganisation des kommunalen Rechnungswesens im Lichte internationaler Erfahrungen – Tagung an der Johannes Kepler Universität Linz – Eine Dokumentation, Linz 2007, S. 7-22.

Schauer, R. (2008): Rechnungswesen für Nonprofit-Organisationen – Ergebnisorientiertes Informations- und Steuerungsinstrument für das Management in Verbänden und anderen Nonprofit-Organisationen, 3. Aufl., Bern 2008.

Schauer, R. (2009): Fachlexikon öffentliche Betriebswirtschaft – Von Abgaben bis Zweckverband, Wien 2009.

Schauer, R. (2010): Öffentliche Betriebswirtschaftslehre - Public Management – Grundzüge betriebswirtschaftlichen Denkens und Handelns in öffentlichen Einrichtungen, 2. Aufl., Wien 2010.

Schauer, R. (2012): Rechnungswesen in öffentlichen Verwaltungen, 2. Aufl., Wien 2012.

Schauer, R. (Hrsg.) (2007): Die "Kommunale Doppik" – theoretische und praktische Überlegungen zur Neuorganisation des kommunalen Rechnungswesens im Lichte internationaler Erfahrungen – Tagung an der Johannes Kepler Universität Linz – Eine Dokumentation, Linz 2007.

Schauer, R. (Hrsg.) (2009): Neue Formen der Steuerung und Rechnungslegung in öffentlichen Haushalten – Tagung an der Johannes Kepler Universität Linz – Eine Dokumentation, Linz 2009.

Schedler, K. (1996): Ansätze einer wirkungsorientierten Verwaltungsführung – Von der Idee des New Public Managements (NPM) zum konkreten Gestaltungsmodell: Fallbeispiel Schweiz, 2. Aufl., Bern 1996.

Schedler, K. (2003a): New Public Management, in: Eichhorn, P./Friedrich, P./Jann, W./ Oechsler, W. A./Püttner, G./Reinermann, H. (Hrsg.): Verwaltungslexikon, Baden-Baden 2003, S. 717-719.

Schedler, K. (2003b): Globalbudget, in: Eichhorn, P./Friedrich, P./Jann, W./Oechsler, W. A./ Püttner, G./Reinermann, H. (Hrsg.): Verwaltungslexikon, Baden-Baden 2003, S. 446-447.

Schedler, K. (2007): Public Management und Public Governance, in: Benz, A./Lütz, S./ Schimank, U./Simonis, G. (Hrsg.): Handbuch Governance – Theoretische Grundlagen und empirische Anwendungsfelder, Wiesbaden 2007, S. 253-268.

Schedler, K./Knechtenhofer, B. (2003): IPSAS als möglicher Leitfaden für die aktuelle Entwicklung der Rechnungslegung öffentlicher Gemeinwesen in der Schweiz, in: Blümle, E.-B./Pernsteiner, H./Purtschert, R./Andeßner, R. C. (Hrsg.): Öffentliche Verwaltung und Nonprofit-Organisationen – Festschrift für Reinbert Schauer, Wien 2003, S. 543-559.

Schedler, K./Knechtenhofer, B. (2007): IPSAS in der Praxisanwendung, in: Brüggemeier, M./Schauer, R./Schedler, K. (Hrsg.): Controlling und Performance-Management im öffentlichen Sektor – Festschrift für Prof. Dr. Dr. h.c. Dietrich Budäus zum 65. Geburtstag, Bern u.a. 2007, S. 299-307.

Schedler, K./Proeller, I. (2009): New Public Management, 4. Aufl., Bern u.a. 2009.

Scherer, A. G./Alt, J. M. (Hrsg.) (2002): Balanced Scorecard in Verwaltung und Non-Profit-Organisationen, Stuttgart 2002.

Scherr, E./Klein, M./Grimmig, T. (2010): Hürden bei der Umsetzung des Konvergenzprojekts „Financial Statement Presentation" – Eine empirische Darstellung ausgewählter Interessenskonflikte, in: Zeitschrift für internationale und kapitalmarktorientierte Rechnungslegung 2010, Jg. 10, Heft 12, S. 597-604.

Schierenbeck, H./Wöhle, C. B. (2008): Grundzüge der Betriebswirtschaftslehre, 17. Aufl., München 2008.

Schildbach, T. (2011): Information des Kapitalmarkts mithilfe der fair value-Statik: „fair is foul and foul is fair", in: Zeitschrift für internationale Rechnungslegung 2011, Jg. 6, Heft 2, S. 71-77.

Schildbach, T. (2012): Fair value accounting und Information des Marktes, in: Zeitschrift für betriebswirtschaftliche Forschung 2012, Jg. 64, Heft 8, S. 522-535.

Schläpfer, F./Zweifel, P. (2008): Nutzenmessung bei öffentlichen Gütern – Konzeptionelle und empirische Probleme in der Praxis, in: Wirtschaftsdienst 2008, Jg. 88, Heft 3, S. 210-216.

Schmalenbach, E. (1962): Dynamische Bilanz, 13. Aufl., Köln u.a. 1962.

Schmidt, J. (1996): Wirtschaftlichkeit in der öffentlichen Verwaltung, Berlin 1996.

Schmidt, L. (2008): Einführung in die Denkmalpflege, Darmstadt 2008.

Schmidt, M. (2006): Der Bewertungsmaßstab bei erstmaliger Erfassung – Das IASB-Diskussionspapier, in: Zeitschrift für internationale und kapitalmarktorientierte Rechnungslegung 2006, Jg. 6, Heft 2, S. 65-75.

Schmölders, G. (2007): Finanzpolitik, Reprint der 3. Aufl., Berlin 2007.

Schneeberger, W./Wytrzens, H. K. (Hrsg.) (1994): Naturschutz und Landschaftspflege als agrar- und forstpolitische Herausforderung, Wien 1994.

Schneider, D. (1997): Betriebswirtschaftslehre – Band 2: Rechnungswesen, 2. Aufl., München 1997.

Schneidewind, T. (2006): Das Produktkonzept des Neuen Steuerungsmodells – Möglichkeiten für eine strategische Ziel- und Ergebnisorientierung des Verwaltungshandelns, Hamburg 2006.

Scholl, B. (2010): Die Neuregelung der Verschuldungsregeln von Bund und Ländern in den Art. 109 und 115 GG, in: Die Öffentliche Verwaltung 2010, Jg. 63, Heft 4, S. 160-169.

Schröter, E./Wollmann, H. (2005): New Public Management, in: Blanke, B./Bandemer, S. von/Nullmeier, F./Wewer, G. (Hrsg.): Handbuch zur Verwaltungsreform, Wiesbaden 2005, S. 63-74.

Schruff, W. (2011): Die IFRS-Rechnungslegung im Spannungsfeld zwischen Cashflow-Prognose und Rechenschaft, in: Die Wirtschaftsprüfung 2011, Jg. 64, Heft 18, S. 855-860.

Schubert, U. (1972): Der Managementkreis, in: Dworatschek, S. (Hrsg.): Management für alle Führungskräfte in Wirtschaft und Verwaltung, Stuttgart 1972, S. 39-45.

Schulte-Nölke, W. (2001): US-GAAP als Steuerungsgrundlage für Unternehmen – Möglichkeiten einer Konvergenz von internem und externem Rechnungswesen, Wiesbaden 2001.

Schultze, W./Hirsch, C. (2005): Unternehmenswertsteigerung durch wertorientiertes Controlling – Goodwill-Bilanzierung in der Unternehmenssteuerung, München 2005.

Schuppert, G. F. (1998): Die öffentliche Verwaltung im Kooperationsspektrum staatlicher und privater Aufgabenerfüllung: zum Denken in Verantwortungsstufen, in: Die Verwaltung – Zeitschrift für Verwaltungsrecht und Verwaltungswissenschaften 1998, Jg. 31, Heft 3, S. 415-447.

Schuppert, G. F. (2000): Verwaltungswissenschaft – Verwaltung, Verwaltungsrecht, Verwaltungslehre, Baden-Baden 2000.

Schuppert, G. F. (2003): Staatswissenschaft, Baden-Baden 2003.

Schuster, W./Murawski, K.-P. (Hrsg.) (2010): Die regierbare Stadt, Stuttgart 2010.

Shirvani, F. (2008): New Public Management und europäische Agenturen: Transparenzfragen bei der Modernisierung der Verwaltungsorganisation, in: Die Öffentliche Verwaltung 2008, Jg. 61, Heft 1, S. 1-10.

Siefke, M. (1999): Externes Rechnungswesen als Datenbasis der Unternehmenssteuerung – Vergleich mit der Kostenrechnung und Shareholder-Value-Ansätzen, Wiesbaden 1999.

Smekal, C. (1977): Flucht aus dem Budget, Wien 1977.

Smith, A. (1776): An Inquiry into the Nature and Causes of the wealth of Nations, London 1776.

Smith, P. (2007): Money and Monuments, in: Accountancy 2007, Jg. 139, Heft 1362, S. 22-25.

Sohlmann, J. H. (2011): Framework, in: Busse von Colbe, W./Crasselt, N./Pellens, B. (Hrsg.): Lexikon des Rechnungswesens, München 2011, S. 291-292.

Spraul, K./Scheefer, A./Helmig, B./Eckstein, B. (2012): Doppik und Produkthaushalte als Instrumente strategischen Managements in Kommunen – Eine vergleichende Fallstudie, in: Zeitschrift für Betriebswirtschaft 2012, Jg. 82, Heft 9, S. 935-968.

Spremann, K. (1989): Stakeholder-Ansatz versus Agency-Theorie, in: Zeitschrift für Betriebswirtschaft 1989, S. 742-746.

Sprouse, R. T./Moonitz, M. (1962): A Tentative Set of Broad Accounting Principles for Business Enterprises, Accounting Research Study No. 3, herausgegeben von AICPA, New York 1962.

Srocke, I. (2002): Konsequenzen der Internationalisierung für das öffentliche Rechnungswesen, in: Budäus, D./Reichard, C./Schauer, R. (Hrsg.): Public and Nonprofit Management: Neuere Entwicklungen und aktuelle Problemfelder, Linz u.a. 2002, S. 73-108.

Srocke, I. (2003): Segmentberichterstattung für die interne Steuerung und externe Publizität im öffentlichen Sektor, in: Die Wirtschaftsprüfung 2003, Jg. 56, Heft 13, S. 692-708.

Srocke, I. (2004): Konzernrechnungslegung in Gebietskörperschaften – Unter Berücksichtigung von HGB, IAS/IFRS und IPSAS, Düsseldorf 2004.

Srocke, I. (2007): Ausgewählte Fragestellungen der öffentlichen Konzernrechnungslegung unter Berücksichtigung internationaler Rechnungslegungsstandards, in: Bolsenkötter, H. (Hrsg.): Die Zukunft des öffentlichen Rechnungswesens – Reformtendenzen und internationale Entwicklungen, Baden-Baden 2007, S. 249-277.

Stafford, A. (2010): Accounting for the past: the challenges for UK public benefit entities in accounting for heritage assets, Paper presented on the 33rd EAA Annual Congress - Istanbul, 19.-21.05.2010, Istanbul 2010.

Stahmer, C. (2010): Kulturelle Nachhaltigkeit – vom magischen Dreieck zum magischen Viereck?, in: Parodi, O./Banse, G./Schaffer, A. (Hrsg.): Wechselspiele: Kultur und Nachhaltigkeit, Berlin 2010, S. 59-77.

Stanton, P. J./Stanton, P. A. (1997): Governmental accounting for heritage assets: economic, social implications, in: International Journal of Social Economics 1997, Jg. 24, Heft 7/8/9, S. 988-1006.

Stein, B./Franke, R. (2005): Die Bewertung von Kunstgegenständen und Kulturgütern in kommunalen Bilanzen, in: Der Gemeindehaushalt 2005, Jg. 106, Heft 12, S. 270-275.

Stein, L. von (1885): Lehrbuch der Finanzwissenschaft, Band I, Leipzig 1885.

Stein, P. (2009): Die Bedeutung der Entwicklung von internationalen Rechnungslegungsnormen (IPSAS) für die öffentliche Verwaltung: Konvergenzprozess und auftretende Problemfelder sowie der aktuelle Entwicklungsstand im Bereich IPSAS, in: Der Gemeindehaushalt 2009, Jg. 110, Heft 1, S. 1-7.

Sterck, M./Scheers, B. (2005): Deckt der Name die Sache? – Zu einer Verfeinerung des Begriffs „ergebnisorientiertes Haushaltswesen", in: Hill, H. (Hrsg.): Bestandsaufnahme und Perspektiven des Haushalts- und Finanzmanagements 2005, S. 11-33.

Stevenson, K. M. (2010): Commentary: IFRS and the Domestic Standard Setter – Is the Mourning Period Over?, in: Australian Accounting Review 2010, Jg. 20, Heft 3, S. 308-312.

Stockel-Veltmann, C. (2010a): Abwendung einer (drohenden) bilanziellen Überschuldung – Rechtliche und ökonomische Beurteilung aufsichtsrechtlicher Maßnahmen, in: Der Gemeindehaushalt 2010, Jg. 111, Heft 2, S. 34-44.

Stockel-Veltmann, C. (2010b): Drohende Überschuldung kommunaler Haushalte – Ursachen einer bilanziellen Überschuldung und Ziele aufsichtsrechtlichen Einschreitens, in: Der Gemeindehaushalt 2010, Jg. 111, Heft 1, S. 1-8.

Streim, H. (1986): Grundsätzliche Anmerkungen zu den Zwecken des Rechnungswesens, in: Lüder, K. (Hrsg.): Entwicklungsperspektiven des öffentlichen Rechnungswesens 1986, S. 1-26.

Streim, H. (1987): Der kommunale Lagebericht als Ergänzung der Rechnungslegung von Gemeinden, in: Eichhorn, P. (Hrsg.): Doppik und Kameralistik – Festschrift für Prof. Dr. Ludwig Mülhaupt zur Vollendung des 75. Lebensjahres, Baden-Baden 1987, S. 308-327.

Streim, H. (1988): Grundzüge der handels- und steuerrechtlichen Bilanzierung, Stuttgart 1988.

Streim, H. (1999): Der Informationsgehalt einer auf kaufmännischen Grundsätzen basierenden Rechnungslegung von Gebietskörperschaften, in: Bräunig, D./Greiling, D. (Hrsg.): Stand und Perspektiven der Öffentlichen Betriebswirtschaftslehre – Festschrift für Prof. Dr. Peter Eichhorn zur Vollendung des 60. Lebensjahres, Berlin 1999, S. 321-327.

Streim, H. (2007): Rechnungslegung von Gebietskörperschaften, in: Brüggemeier, M./ Schauer, R./Schedler, K. (Hrsg.): Controlling und Performance-Management im öffentlichen Sektor – Festschrift für Prof. Dr. Dr. h.c. Dietrich Budäus zum 65. Geburtstag, Bern u.a. 2007, S. 291-298.

Streitferdt, L. (1994): Ansätze zu einer betriebswirtschaftlich orientierten Reform des öffentlichen Rechnungswesens, in: Ballwieser, W./Böcking, H.-J./Drukarczyk, J./Schmidt, R. H. (Hrsg.): Bilanzrecht und Kapitalmarkt – Festschrift für zum 65. Geburtstag von Professor Dr. Dr. h.c. Dr. h.c. Adolf Moxter, Düsseldorf 1994, S. 861-882.

Streitferdt, L. (2000): Das Neue Kommunale Rechnungswesen als Instrument zur Beurteilung der Wirtschaftlichkeit und der Wertschöpfung im öffentlichen Sektor, in: Budäus, D./ Küpper, W./Streitferdt, L. (Hrsg.): Neues öffentliches Rechnungswesen – Stand und Perspektiven – Klaus Lüder zum 65. Geburtstag, Wiesbaden 2000, S. 271-299.

Streitferdt, L./Kruse, J. (1988): Agency-Probleme und Mitbestimmung in öffentlichen Unternehmen in der Bundesrepublik, in: Lücke, W. (Hrsg.): Betriebswirtschaftliche Steuerungs- und Kontrollprobleme – Wissenschaftliche Tagung des Verbandes der Hochschullehrer für Betriebswirtschaft e.V. an der Universität Göttingen 1987, Wiesbaden 1988, S. 321-340.

Stützel, W. (1967): Bemerkungen zur Bilanztheorie, in: Zeitschrift für Betriebswirtschaft 1967, Jg. 37, Heft 5, S. 314-340.

Sürken, S. (1999): Abgrenzung der wirtschaftlichen Einheit nach US-GAAP – Neuere Entwicklungen und Vergleich mit den deutschen Vorschriften, Frankfurt a.M. 1999.

Sutcliffe, P. (2003): The Standards Programme of IFAC's Public Sector Committee, in: Public Money & Management 2003, Jg. 23, Heft 1, S. 29-36.

Talbot, C. (2011): Paradoxes and prospects of 'public value', in: Public Money & Management 2011, Jg. 31, Heft 1, S. 27-34.

Tappe, H. (2009): Die neue „Schuldenbremse" im Grundgesetz – Defizite (in) der Föderalismusreform II, in: Die Öffentliche Verwaltung 2009, Jg. 62, Heft 21, S. 881-890.

Tappe, H. (2010): Wie passt die Schuldenbremse zur staatlichen Doppik?, in: Wirtschaftsdienst 2010, Jg. 90, Heft 4, S. 269-271.

Tauberger, A. (2008): Controlling für die öffentliche Verwaltung, München 2008.

Tay, J. S. W./Parker, R. H. (1990): Measuring International Harmonization and Standardization, in: ABACUS 1990, Jg. 26, Heft 1, S. 71-88.

Teitler-Feinberg, E. (2008): Der Due Process des IASB – Seine Umsetzung, aufgezeigt am Vorgehen des Standard Settings-Verfahrens zu IFRS 3 und dem Projekt für Private Entities, in: Zeitschrift für internationale Rechnungslegung 2008, Jg. 3, Heft 12, S. 545-551.

Teitler-Feinberg, E. (2011): Reporting Entity, in: Zeitschrift für internationale Rechnungslegung 2011, Jg. 6, Heft 1, S. 3-5.

Thau, A. (2009): Benchmarking in öffentlichen Verwaltungen, Berlin 2009.

Theuvsen, L./Zschache, U. (2011): Die Privatisierung kommunaler Unternehmen im Spiegel massenmedialer Diskurse, in: Zeitschrift für öffentliche und gemeinwirtschaftliche Unternehmen 2011, Jg. 34, Heft 1, S. 3-24.

Thieme, W. (1984): Verwaltungslehre, 4. Aufl., Köln u.a. 1984.

Thieme, W. (2008): Kaufmännische Buchführung in der öffentlichen Verwaltung?, in: Die Öffentliche Verwaltung 2008, Jg. 61, Heft 11, S. 433-441.

Thom, N./Alfes, K. (2007): Strategisches Personalmanagement im öffentlichen Sektor, in: Bräunig, D./Greiling, D. (Hrsg.): Stand und Perspektiven der Öffentlichen Betriebswirtschaftslehre II – Festschrift für Peter Eichhorn anlässlich seiner Emeritierung, Berlin 2007, S. 567-581.

Thom, N./Ritz, A. (2008): Public Management – Innovative Konzepte zur Führung im öffentlichen Sektor, 4. Aufl., Wiesbaden 2008.

Throsby, D. (2007): The Value of Heritage – Heritage Economics Workshop ANU, 11.-12.10.2007, Sydney 2007.

Turner, R. K. (Hrsg.) (1993): Sustainable Environmental Economics and Management: Principles and Practice, London 1993.

UNESCO (1972): Übereinkommen zum Schutz des Kultur- und Naturerbes der Welt – Offizielle deutsche Übersetzung, online im Internet: http://www.unesco.de/welterbekonvention .html, Stand: 01.01.1977, Abfrage: 20.04.2011, 14:00 Uhr.

Van Dooren, W. (2008): Nothing New Under the Sun? Change and Continuity in the Twentieth-Century Performance Movements, in: Van Dooren, W./Van de Walle, S. (Hrsg.): Performance Information in the Public Sector – How it is Used, Basingstoke 2008, S. 11-23.

Van Dooren, W./Van de Walle, S. (Hrsg.) (2008): Performance Information in the Public Sector – How it is Used, Basingstoke 2008.

Van Hulle, K. (1989): The EC experience of harmonization: part II, in: Accountancy 1989, Jg. 104, Heft 1154, S. 96-99.

Van Schaik, F./Sanderson, I. (2009): Presentation of Budget Information in Financial Statements – IPSAS 24, in: Der Schweizer Treuhänder 2009, Jg. 83, Heft 3, S. 138-104.

Vehmanen, P. (2010): A Science-Based Approach to the Conceptual Framework for General Purpose Financial Reporting by Public Sector Entities, in: International Journal of Governmental Financial Management 2010, Jg. X, Heft 1, S. 1-19.

Vernau, K. (2002): Effektive politisch-administrative Steuerung in Stadtverwaltungen – Möglichkeiten und Grenzen einer Reform, Wiesbaden 2002.

Viehweger, C. (2007a): Wertminderung von Zahlungsmittel generierenden Vermögenswerten – Einwurf eines IPSAS, in: Die Wirtschaftsprüfung 2007, Jg. 60, Heft 6, S. 245-248.

Viehweger, C. (2007b): Bilanzielle Behandlung von gesellschaftlichen Verpflichtungen des öffentlichen Sektors, in: Bolsenkötter, H. (Hrsg.): Die Zukunft des öffentlichen Rechnungswesens – Reformtendenzen und internationale Entwicklungen, Baden-Baden 2007, S. 193-208.

Vogel, R. (2006): Zur Institutionalisierung von New Public Management – Disziplindynamik der Verwaltungswissenschaft unter dem Einfluss ökonomischer Theorie, Wiesbaden 2006.

Vogel, R. (2009): Aufkommen und Verbreitung von New Public Management in Deutschland: Eine institutionalistische Diskursanalyse mit bibliometrischen Methoden, in: Der moderne Staat – dms – Zeitschrift für Public Policy, Recht und Management 2009, Jg. 2, Heft 2, S. 367-390.

Vogelpoth, N. (2004): Vergleich der IPSAS mit den deutschen Rechnungslegungsgrundsätzen für den öffentlichen Bereich, in: Die Wirtschaftsprüfung 2004, Jg. 57, Sonderheft, S. S23-S40.

Vogelpoth, N. (2007a): Haushaltsplanung und internationale Rechnungslegung, in: Brüggemeier, M./Schauer, R./Schedler, K. (Hrsg.): Controlling und Performance-Management im öffentlichen Sektor – Festschrift für Prof. Dr. Dr. h.c. Dietrich Budäus zum 65. Geburtstag, Bern u.a. 2007, S. 263-270.

Vogelpoth, N. (2007b): Deutsche Haushaltsreformen vor dem Hintergrund internationaler Harmonisierung, in: Bräunig, D./Greiling, D. (Hrsg.): Stand und Perspektiven der Öffentlichen Betriebswirtschaftslehre II – Festschrift für Peter Eichhorn anlässlich seiner Emeritierung, Berlin 2007, S. 628-635.

Vogelpoth, N./Dörschell, A. (2001): Internationale Rechnungslegungsstandards für öffentliche Verwaltungen – Das Standards-Projekt des IFAC Public Sector Committee, in: Die Wirtschaftsprüfung 2001, Jg. 54, Heft 14/15, S. 752-762.

Vogelpoth, N./Dörschell, A./Viehweger, C. (2002): Die Bilanzierung und Bewertung von Sachanlagevermögen nach den International Public Sector Accounting Standards, in: Die Wirtschaftsprüfung 2002, Jg. 55, Heft 24, S. 1360-1371.

Vogelpoth, N./Dörschell, A./Viehweger, C. (2007): Rechnungslegung nach den IPSAS – Aktuelle Entwicklungen, in: Die Wirtschaftsprüfung 2007, Jg. 60, Heft 23, S. 1001-1011.

Vogelpoth, N./Meinen, J. (2008): Natur- und Kulturgüter in der öffentlichen Rechnungslegung – Konsultationspapier des IPSAS Board, in: Die Wirtschaftsprüfung 2008, Jg. 61, Heft 20, S. 974-977.

Vogelpoth, N./Poullie, M. (2007): Einführung der Doppik im Gemeindehaushaltsrecht der Bundesländer, in: Die Wirtschaftsprüfung 2007, Jg. 60, Heft 12, S. 517-525.

Vogelpoth, N./Poullie, M./Voß, K. (2009): Probleme im Zusammenwirken von HGB, BilMoG und kommunaler Rechnungslegung, in: Die Wirtschaftsprüfung 2009, Jg. 62, Heft 2, S. 83-89.

Voormeulen, R. (1991): Internationale Harmonisierung des öffentlichen Rechnungswesens – Stand und Perspektiven, in: Lüder, K. (Hrsg.): Staatliches Rechnungswesen in der Bundesrepublik Deutschland vor dem Hintergrund neuerer internationaler Entwicklungen, Berlin 1991, S. 119-134.

Wagenführer, A. (2003): Veränderung des Haushaltsausgleichs durch eine Reform des Gemeindehaushaltsrechts?, in: Der Gemeindehaushalt 2003, Jg. 104, Heft 1, S. 7-12.

Wagenhofer, A. (2009): Internationale Rechnungslegungsstandards – IAS/IFRS, 6. Aufl., München 2009.

Wagenhofer, A./Ewert, R. (2007): Externe Unternehmensrechnung, 2. Aufl., Berlin u.a. 2007.

Wagner, F. W. (1976): Regierbarkeit? Dezentralisation? Entstaatlichung?, Bonn 1976.

Wagner, F. W./Schildbach, T./Schneider, D. (Hrsg.) (2008): Private und öffentliche Rechnungslegung – Festschrift für Prof. Dr. Hannes Streim zum 65. Geburtstag, Wiesbaden 2008.

Wagschal, U./Wenzelburger, G. (2008): Die Rückgewinnung staatlicher Handlungsfähigkeit – Staatsverschuldung und Haushaltskonsolidierung im internationalen Vergleich, in: Der moderne Staat – dms – Zeitschrift für Public Policy, Recht und Management 2008, Jg. 1, Heft 1, S. 141-164.

Walb, E. (1926): Die Erfolgsrechnung privater und öffentlicher Betriebe, Berlin 1926.

Walker, R. G. (2002): Are Annual Reports of Government Agencies really ‚General Purpose' if they do not include Performance Indicators?, in: Australian Accounting Review 2002, Jg. 12, Heft 1, S. 43-54.

Walton, P./Haller, A./Raffournier, B. (Hrsg.) (2003): International Accounting, 2. Aufl., London 2003.

Warren, K. (2012): IPSASs through the looking glass, in: Chartered Accountants Journal 2012, Jg. 91, Heft 8, S. 38-40.

Weber, C.-P./Lorson, P./Pfitzer, N./Kessler, H./Wirth, J. (Hrsg.) (2009): Berichterstattung für den Kapitalmarkt – Festschrift für Karlheinz Küting zum 65. Geburtstag, Stuttgart 2009.

Weber, M. (1972): Wirtschaft und Gesellschaft, 5. Aufl., Tübingen 1972.

Weilenmann, P./Fickert, R. (Hrsg.) (1992): Strategie-Controlling in Theorie und Praxis, Bern u.a. 1992.

Whittington, G. (2008): Fair Value and the IASB/FASB Conceptual Framework Project: An Alternative View, in: ABACUS 2008, Jg. 44, Heft 2, S. 139-168.

Wiedmann, H./Schwedler, K. (2007): Die Rahmenkonzepte von IASB und FASB: Konzeption, Vergleich und Entwicklungstendenzen, in: Kirsch, H.-J./Thiele, S. (Hrsg.): Rechnungslegung und Wirtschaftsprüfung: Festschrift zum 70. Geburtstag von Professor Dr. Dr. h. c. Jörg Baetge, Düsseldorf 2007, S. 679-716.

Wild, S. (2010): Accounting for Cultural Assets – An Alternative Metrics from New Zealand Maori Culture, Paper presented on the 9th CSEAR Australasian Conference, 05.-07.10.2010, Albury Wodonga/Australia 2010.

Wirtz, H. (2010): Grundsätze ordnungsmäßiger öffentlicher Buchführung, 2. Aufl., Berlin 2010.

Wissenschaftliche Kommission „Öffentliche Unternehmen und Verwaltungen" (1988): Leitlinien für die Reform des öffentlichen Rechnungswesens, in: Die Betriebswirtschaft 1988, Jg. 48, Heft 5, S. 683-685.

Wissenschaftliche Kommission „Öffentliche Unternehmen und Verwaltungen" (1993): Empfehlungen für das öffentliche Rechnungswesen im Rahmen der Haushaltsreform, in: Brede, H./Buschor, E. (Hrsg.): Das neue Öffentliche Rechnungswesen – Betriebswirtschaftliche Beiträge zur Haushaltsreform in Deutschland, Österreich und der Schweiz, Baden-Baden 1993, S. 287-294.

Wittmann, W. (1983): Öffentliche Finanzen – Einführung in die Finanzwissenschaft, 2. Aufl., Opladen 1983.

Wöhe, G./Döring, U. (2010): Einführung in die Allgemeine Betriebswirtschaftslehre, 24. Aufl., München 2010.

Wolfrum, G. (2009): Finanzstrukturreform der Gebietskörperschaften in den Ländern Europas, Entwicklungen in der EU und im internationalen Umfeld – Die Finanzstrukturen der öffentlichen Rechnungssysteme sind europaweit im Umbruch, in: Der Gemeindehaushalt 2009, Jg. 110, Heft 12, S. 270-275.

Wolfrum, G. (2010): Gibt es Chancen für ein zukünftiges einheitliches Haushalts- und Rechnungssystem der drei Ebenen der Gebietskörperschaften in Deutschland? – Bisherige Entwicklungen und Zukunftsperspektiven, in: Der Gemeindehaushalt 2010, Jg. 111, Heft 10, S. 217-225.

Woll, A. (2007): Volkswirtschaftslehre, 15. Aufl., München 2007.

Wollmann, H. (1996): Verwaltungsmodernisierung: Ausgangsbedingungen, Reformanläufe und aktuelle Modernisierungsdiskurse, in: Reichard, C./Wollmann, H. (Hrsg.): Kommunalverwaltung im Modernisierungsschub?, Basel u.a. 1996, S. 1-49.

Worms, M. J./Tegeler, E. (2010): Die Eröffnungsbilanz des Landes Hessen – Erfahrungen, Fragen, Perspektiven, in: Die Öffentliche Verwaltung 2010, Jg. 63, Heft 13, S. 542-553.

Wysocki, K. von (1965): Kameralistisches Rechnungswesen, Stuttgart 1965.

XRB (2011a): Consultation Paper – Accounting Standards for General Purpose Financial Reporting by For-Profit Entities, Wellington 2011.

XRB (2011b): Consultation Paper – Accounting Standards Framework for General Purpose Financial Reporting by Public Benefit Entities, Wellington 2011.

XRB (2012): Proposals for the New Zealand Accounting Standards Framework, Wellington 2012.

Zahradnik, S. (1997): Das kommunale Rechnungswesen – Bestandsaufnahme und Reformbausteine, Düsseldorf 1997.

Zeis, A. (1999): Ein neues kommunales Haushaltsrecht für ein Neues Steuerungsmodell – Was kommt nach der Experimentierklausel?, Tübingen 1999.

Zeiß, F. (1989): Eigenbetriebe, in: Chmielewicz, K./Eichhorn, P. (Hrsg.): Handwörterbuch der Öffentlichen Betriebswirtschaft, Stuttgart 1989, Sp. 282-294.

Zimmermann, G. (1993): Die Leistungsfähigkeit von Kostenrechnungssystemen für den managementorientierten Informationsbedarf, in: Brede, H./Buschor, E. (Hrsg.): Das neue Öffentliche Rechnungswesen – Betriebswirtschaftliche Beiträge zur Haushaltsreform in Deutschland, Österreich und der Schweiz, Baden-Baden 1993, S. 167-197.

Zimmermann, H./Henke, K.-D./Broer, M. (2009): Finanzwissenschaft, 10. Aufl., München 2009.

Zülch, H./Fischer, D. T. (2006): Diskussionspapier: Measurement Bases for Financial Accounting – Measurement on Initial Recognition, in: Steuern und Bilanzen 2006, Jg. 8, Heft 4, S. 153-154.

Zülch, H./Fischer, D. T. (2007): Das Joint Financial Statement Presentation Project von IASB und FASB – Arbeitsergebnisse und mögliche Auswirkungen, in: Der Betrieb 2007, Jg. 60, Heft 33, S. 1765-1770.

Zülch, H./Fischer, D. T./Willms, J. (2006): Die Neugestaltung der Ertragsrealisation nach IFRS im Lichte der „Asset-Liability-Theory", in: Betriebs-Berater 2006, Jg. 61, Heft 10, Beilage 3, S. 2-23.

Zülch, H./Gebhardt, R. (2006): Anmerkungen zum Entwurf eines überarbeiteten Conceptual Framework für die Finanzberichterstattung, in: Praxis der internationalen Rechnungslegung 2006, Jg. 2, Heft 10, S. 203-204.

Zülch, H./Nellessen, T. (2008): Die Überarbeitung der Rahmenkonzepte von IASB und FASB: aktueller Stand des "Conceptual Framework-Project", in: Praxis der internationalen Rechnungslegung 2008, Jg. 4, Heft 8, S. 270-273.

Zülch, H./Pronobis, P. (2008): Das ‚Joint Financial Statement Presentation Project' von IASB und FASB: angedachte Neuerungen im Rahmen der Phase B, in: Praxis der internationalen Rechnungslegung 2008, Jg. 4, Heft 9, S. 302-304.

Zülch, H./Pronobis, P. (2009): Bevorstehender Paradigmenwechsel in der Darstellung eines IFRS-Abschlusses – Die angedachten Änderungen im Rahmen des Konvergenzprojektes Financial Statement Presentation (Phase B) von IASB und FASB, in: Zeitschrift für internationale und kapitalmarktorientierte Rechnungslegung 2009, Jg. 9, Heft 10, S. 555-565.

Zwehl, W. von/Zupancic, G. M. (1990): Der kommunale Lagebericht – ein Instrument zur Verbesserung der kommunalen Rechnungslegung, in: Die Öffentliche Verwaltung 1990, Jg. 43, Heft 7, S. 265-270.

EINZELSCHRIFTEN

Jorgete Vitorino Clarindo dos Santos
Rechtsfragen der Compliance in der internationalen Unternehmensgruppe
Lohmar – Köln 2013 • 276 S. • € 58,- (D) • ISBN 978-3-8441-0288-8

Robert Piehler
E-Government: Post-Akzeptanz und Servicequalität – Eine empirische Analyse am Beispiel kommunaler E-Government-Portale
Lohmar – Köln 2014 • 392 S. • € 66,- (D) • ISBN 978-3-8441-0298-7

Adriano Pistoia
Qualität der elektronischen Wertpapieranlageberatung
Lohmar – Köln 2014 • 360 S. • € 64,- (D) • ISBN 978-3-8441-0299-4

Gil Opher
Prozyklische Wirkung der Kreditvergabe – Ein regulierungs- sowie rechnungslegungsorientierter Lösungsansatz
Lohmar – Köln 2014 • 292 S. • € 59,- (D) • ISBN 978-3-8441-0300-7

Oliver Thomsen
Ökonomische Bewertung von Natur – besonders geschützte Bereiche als wertrelevante Faktoren in der hedonischen Modellierung – Die Zahlungsbereitschaft für ein naturnahes, grünes Wohnumfeld am Beispiel von Freiburg (Brsg.)
Lohmar – Köln 2014 • 236 S. • € 56,- (D) • ISBN 978-3-8441-0301-4

Jens Ortgiese und Carlo Velten (Hrsg.)
Entrepreneurship, Venture Capital und Investment Banking – Gewidmet Prof. Dr. Klaus Nathusius anlässlich seines 70. Geburtstages
Lohmar – Köln 2014 • 216 S. • € 55,- (D) • ISBN 978-3-8441-0302-1

Daniel M. Blab
Die Anwendung der International Public Sector Accounting Standards (IPSAS) als funktionales Element einer Neuordnung der öffentlichen Verwaltung – Eine konzeptionelle und normative Analyse am Beispiel von Natur- und Kulturgütern
Lohmar – Köln 2014 • 460 S. • € 69,- (D) • ISBN 978-3-8441-0305-2